Horst Niemeyer
Edgar Wermuth

Lineare Algebra

Rechnerorientierte Ingenieurmathematik

Herausgegeben von Gisela Engeln-Müllges

Grundlagenbände

Funktionen einer Veränderlichen
von Klaus Niederdrenk, Harry Yserentant

Lineare Algebra
von Horst Niemeyer, Edgar Wermuth

Gewöhnliche Differentialgleichungen
von Wolfram Luther, Klaus Niederdrenk, Fritz Reutter, Harry Yserentant

In Vorbereitung sind Bände mit den Themen:

„Funktionen mehrerer Veränderlichen" und **„Geometrie"**

Aufbaubände und Sondergebiete

Methoden und Modelle des Operations Research
von Hans-Jürgen Zimmermann

In Vorbereitung sind Bände mit den Themen:

„Funktionentheorie", **„Statistik"** und **„Partielle Differentialgleichungen"**

Ergänzend zur Reihe sind erschienen:

Die endliche Fourier- und Walsh-Transformation mit einer Einführung in die Bildverarbeitung
von Klaus Niederdrenk

Computer-Lösung gewöhnlicher Differentialgleichungen
von Lawrence F. Shampine, Marilyn K. Gordon

Numerische Lösung partieller Differentialgleichungen mit der Finite-Elemente-Methode
von Wieland Richter

Horst Niemeyer
Edgar Wermuth

Lineare Algebra

Analytische und numerische Behandlung

Friedr. Vieweg & Sohn Braunschweig / Wiesbaden

1987

Umschlaggestaltung: Ludwig Markgraf, Wiesbaden
Satz: Vieweg, Braunschweig

ISBN-13: 978-3-528-04163-2 e-ISBN-13: 978-3-322-83034-0
DOI: 10.1007/978-3-322-83034-0

Vorwort der Herausgeberin

Die Reihe soll ein möglichst vollständiges Angebot an Lehr- und Arbeitsbüchern bereitstellen, die das für den Ingenieur in Hochschule und Wirtschaft erforderliche mathematische Grundwissen darstellen und durch Zusatzbände zu Sondergebieten und kommentierte Literaturhinweise komplettieren. Anders als in der traditionellen Literatur verknüpft diese Reihe die Methoden der Analysis unmittelbar mit denen der Numerik mit dem Ziel, die Mathematik handfester, anwendungsorientierter und vor allem rechnerorientiert zu präsentieren.

Da es Bereiche der Ingenieurtätigkeit ohne Einsatz des Computers kaum noch gibt, müßte dieser Tatsache auch in der mathematischen Ausbildung des Ingenieurs entsprechend Rechnung getragen werden. Dies wird in dieser Reihe versucht, indem computergerechten numerischen Methoden, die eine Brücke zwischen der höheren Mathematik und dem Rechner darstellen, ein ebenso breiter Raum eingeräumt wird wie dem klassischen Stoff.

Die Einzelbände der Reihe sind inhaltlich, im didaktischen Aufbau, in der Terminologie und in der äußeren Gestaltung aufeinander abgestimmt, um das Arbeiten mit der Reihe zu erleichtern. Den Text begleiten zahlreiche durchgerechnete Beispiele. Die numerischen Gesichtspunkte werden an einigen größeren technischen Aufgaben verdeutlicht. Es werden abprogrammierbare Algorithmen angegeben und Entscheidungshilfen für die Auswahl der geeigneten Methode. Am Ende der einzelnen Kapitel werden noch strategisch wichtige Aufgaben zusammengestellt, deren Lösungen am Ende des jeweiligen Bandes angegeben werden. Dieses Konzept läßt die Bände auch besonders zum Selbststudium geeignet erscheinen. Da durch den einheitlichen Aufbau der Reihe die Orientierung über einen größeren Teil der Mathematik für Ingenieure erleichtert wird, ist auch ein (erst in zweiter Linie beabsichtigter) Einsatz der Bände als Nachschlagewerk möglich.

Aachen, 1987 *G. Engeln-Müllges*

Vorwort der Autoren

Der Band „Lineare Algebra“ der Reihe „Rechnerorientierte Ingenieurmathematik“ behandelt die grundlegenden Teile der Theorie sowie die wichtigsten numerischen Verfahren der linearen Algebra in einheitlichem Zusammenhang. Probleme und Aufgaben, die mit Methoden der linearen Algebra behandelt werden, treten in fast allen Gebieten der Mathematik und ihrer Anwendungen auf. So führt zum Beispiel die Berechnung elektrischer Netzwerke, die Methode der finiten Elemente in der Elastizitätstheorie oder allgemeiner bei partiellen Differentialgleichungen auf die Lösung linearer Gleichungssysteme. Der heute immer breitere Einsatz von Rechnern zur Lösung linear-algebraisch formulierbarer oder approximierbarer Probleme läßt es sinnvoll erscheinen, in einer Darstellung für den anwendungsorientierten Leser von vornherein die numerischen Aspekte stärker zu betonen, als es in den meisten Lehrbüchern der linearen Algebra geschieht. Dies bedingt eine ausführlichere Behandlung normierter Vektorräume mit den zugehörigen Normen linearer Abbildungen sowie der metrischen Eigenschaften des Eigenwertproblems.

Die im Buch dargestellten Verfahren werden nach Möglichkeit algorithmisch formuliert; angesichts der vorhandenen gut dokumentierten Programmpakete zur linearen Algebra und der Vielzahl gebräuchlicher Programmiersprachen wurde jedoch auf die Wiedergabe spezieller Programme bewußt verzichtet.

Im übrigen werden die wichtigsten Begriffe und Sätze der linearen Algebra erläutert, wobei auf Beweise in der Regel nicht verzichtet wird, da ein Durcharbeiten der Beweise das Verständnis der abstrakten Begriffe sehr vertieft. Einige längere Beweise können jedoch ohne Einbuße an Verständlichkeit zunächst übergangen werden. Eine größere Zahl ausführlicher Beispiele erläutern die dargestellten Methoden und Verfahren und machen exemplarisch mit Anwendungen vertraut. Die Aufgaben zu jedem Kapitel bringen weitere Beispiele sowie stoffliche Ergänzungen; ihre Lösungen finden sich am Schluß des Bandes. Innerhalb eines Kapitels sind Definitionen, Sätze und Lemmata sowie Beispiele durchlaufend numeriert, sie werden z.B. mit „Satz 5.31“ zitiert.

Verweise auf das Literaturverzeichnis enthalten einen Anfangsbuchstaben, in der Regel den Anfangsbuchstaben des erstgenannten Verfassers, und eine Numerierung innerhalb desselben Buchstabens. Am Ende eines jeden Kapitels findet man Hinweise auf weiterführende und ergänzende Literatur und gegebenenfalls Entscheidungshilfen für die Auswahl numerischer Verfahren.

Das Buch wendet sich an Studenten der Ingenieur- und Naturwissenschaften, an in Forschung und Entwicklung tätige Praktiker aus diesen Bereichen, an Informatiker und anwendungsorientierte Mathematiker. Die Darstellung deckt insbesondere den an Technischen Hochschulen und Universitäten üblicherweise in den Kursvorlesungen

„Höhere Mathematik" gebotenen Stoff im Bereich „Lineare Algebra" ab, geht aber vertiefend darüber hinaus. Vorausgesetzt wird die Kenntnis der reellen und komplexen Zahlen und eine Vertrautheit mit dem Begriff der Konvergenz, wie sie etwa im Band „Funktionen einer Veränderlichen" dieser Reihe vermittelt wird.

Wir danken Herrn Dr. Heep für die sorgfältige Durchsicht des Manuskripts und Frau C. Wermuth sowie Alice und Barbara Niemeyer für die Anfertigung von Zeichnungen. Nicht zuletzt gilt unser Dank der Herausgeberin dieser Reihe, Frau Prof. Dr. Engeln-Müllges, und dem Verlag, insbesondere Frau Schmickler-Hirzebruch, für ihr Entgegenkommen in vielen Fragen und die Geduld, die sie bewiesen haben. Dem Verlag danken wir auch für die gute technische Ausstattung des Bandes.

Aachen, im Frühjahr 1987

Horst Niemeyer
Edgar Wermuth

Inhaltsverzeichnis

Symbolverzeichnis

$\neg$	nicht
$\wedge$	und
$\vee$	oder
$\Rightarrow$	wenn-dann bzw. hat zur Folge
$\Leftrightarrow$	genau dann-wenn bzw. ist gleichbedeutend mit
$:=$	nach Definition gleich
$<\ \leqslant$	kleiner, kleiner oder gleich
$>\ \geqslant$	größer, größer oder gleich
$a \ll b$	a ist wesentlich kleiner als b
$\simeq$	ungefähr gleich
$\sim$	proportional bzw. gleichmächtig zu
$\{a_1, a_2, \ldots\}$	Menge aus den Elementen $a_1, a_2, \ldots$
$\{x \mid \ldots\}$	Menge aller x für die gilt
$\in$	Element von
$\notin$	nicht Element von
$\subseteq$	enthalten in oder Teilmenge von
$\subset$	echt enthalten in oder echte Teilmenge von
$\not\subset$	nicht Teilmenge von
$A \setminus B$	A ohne B
$A \cup B$	A vereinigt mit B
$A \cap B$	A geschnitten mit B
$A \times B$	Paarmenge
$\mathbb{N}$	Menge der natürlichen Zahlen
$\mathbb{N}_0$	Menge der natürlichen Zahlen einschließlich der Null
$\mathbb{Z}$	Menge der ganzen Zahlen
$\mathbb{Q}$	Menge der rationalen Zahlen
$\mathbb{R}$	Menge der reellen Zahlen
$\mathbb{C}$	Menge der komplexen Zahlen
$\mathbb{R}^+, \mathbb{R}^-$	Menge der positiven bzw. negativen reellen Zahlen
$\mathbb{R}_0^+, \mathbb{R}_0^-$	Menge der nichtnegativen bzw. nichtpositiven reellen Zahlen
(a, b)	offenes Intervall von a bis b, $a < b$
$[a, b]$	abgeschlossenes Intervall von a bis b, $a \leqslant b$
$(a, b]$	halboffenes Intervall von a bis b (links offen), $a < b$
$[a, b)$	halboffenes Intervall von a bis b (rechts offen), $a < b$
$\arg z$	Argument von z, $z \in \mathbb{C}$
$\operatorname{Re} z$	Realteil von z, $z \in \mathbb{C}$
$\operatorname{Im} z$	Imaginärteil von z, $z \in \mathbb{C}$
$n!$	n Fakultät mit $n! := 1 \cdot 2 \cdot 3 \cdot \ldots \cdot n$, $n \in \mathbb{N}$, $0! := 1$
$\binom{\alpha}{k}$	α über k mit $\binom{\alpha}{k} := \frac{\alpha(\alpha-1)\ldots(\alpha-k+1)}{k!}$, $k \in \mathbb{N}$, $\binom{\alpha}{0} := 1$

$\prod_{i=1}^{n} a_i$	$= a_1 \cdot a_2 \cdot \ldots \cdot a_n$
$\sum_{i=1}^{n} a_i$	$= a_1 + a_2 + \ldots + a_n$
$\int_a^b$	Integral in den Grenzen a und b
i	imaginäre Einheit i mit $i^2 = -1$
e	Eulersche Zahl
$\|a\|$	Betrag von a
$\\| \\|$	allgemeine Norm
(a_k)	Folge der a_k
$\lim_{k \to \infty} a_k$	Limes von a_k für $k \to \infty$
$\overline{\lim}$	Limes superior
$\underline{\lim}$	Limes inferior
$f: D \to \mathbb{R}$	Abbildung f von D in $\mathbb{R}$ (bzw. auf D definierte reellwertige Funktion f)
$x \mapsto f(x), x \in D$	x wird f(x) zugeordnet für $x \in D$
f^{-1}	Umkehrabbildung zu f (bzw. Umkehrfunktion zu f)
$f', f'', \ldots, f^{(n)}$	erste, zweite, ..., n-te Ableitung von f
$C[a, b]$	Menge der auf [a, b] stetigen Funktionen
$C^n[a, b]$	Menge der auf [a, b] n-mal stetig differenzierbaren Funktionen
$\mathbb{R}^n$	n-dimensionaler reeller euklidischer Raum
$\max\{f(x)\|x \in [a,b]\}$	Maximum aller Funktionswerte f(x) für $x \in [a,b]$
$\min\{\|M_i\|\,\|i = 1,2,\ldots,m\}$	Minimum aller $\|M_i\|$ für i = 1, 2, ... m
(x, y)	geordnetes Paar
$(x_1, x_2, \ldots, x_n)$	n-Tupel
$\times_{i=1}^{n} M_i$	kartesisches Produkt $M_1 \times M_2 \times \ldots \times M_n$
M^n	kartesisches Produkt $M \times M \times \ldots \times M$ (n-mal)
$A = \mathcal{O}(h^q), h \to 0$	$\|A/h^q\| \leqslant C$ für $h \to 0$, C = const. (Landausches Symbol)
$\mathbf{0}$	Nullvektor
$\mathbf{a}, \mathbf{b}, \mathbf{x}, \ldots$	Vektoren
$\mathbf{A}, \mathbf{B}, \mathbf{X}, \ldots$	Matrizen
$(\mathbf{a}, \mathbf{b})$	Skalarprodukt
$\mathbf{a} \times \mathbf{b}$	Vektorprodukt
$\mathbf{A} \otimes \mathbf{B}$	Kroneckerprodukt der Matrizen **A** und **B**
$\mathbf{E}, \mathbf{E}_p$	Einheitsmatrix, p-reihige Einheitsmatrix
Ω	Nullmatrix
$\langle \mathbf{a}_1, \ldots, \mathbf{a}_k \rangle$	Teilraum, der von den Vektoren $\mathbf{a}_1, \ldots, \mathbf{a}_k$ aufgespannt wird
[A]	siehe im Literaturverzeichnis unter [A]

1 Die euklidischen Vektorräume $\mathbb{R}^2$ und $\mathbb{R}^3$

Dieses Kapitel dient der anschaulichen Einführung der Vektoren in der Ebene und im Raum. Dabei werden wir einige geometrische Grundbegriffe verwenden (Punkt, Strecke, Abstand, Winkel), ohne sie vorher präzisiert zu haben. Insofern hat dieses Kapitel heuristischen Charakter, liefert aber einerseits erforderliches Anschauungsmaterial für die folgenden Kapitel und einen schnellen Zugang zu Anwendungen der Vektorrechnung, z. B. in der analytischen Geometrie. Diese wird ausführlich im Band „Geometrie" der Reihe behandelt.

1.1 Der euklidische Vektorraum $\mathbb{R}^2$

Wir denken uns in der Ebene ein kartesisches Koordinatensystem mit dem Ursprung O eingeführt (Bild 1.1). Jeder Punkt P dieser Ebene ist dann eindeutig durch Angabe seiner Koordinaten (x_1, x_2) gegeben. Durch das Punktepaar (O, P) ist eine Strecke mit Angabe der Richtung festgelegt, die wir durch $\overrightarrow{OP}$ kennzeichnen wollen. Unter einem *Vektor* verstehen wir nun die Gesamtheit aller parallelen, gleichlangen und gleichgerichteten Strecken der Ebene. Sie bildet eine „Äquivalenzklasse", die wir durch Symbole $\mathbf{x}, \mathbf{y}, \mathbf{z}, \mathbf{a}, \ldots$ kennzeichnen wollen. Um mit Vektoren rechnen zu kön-

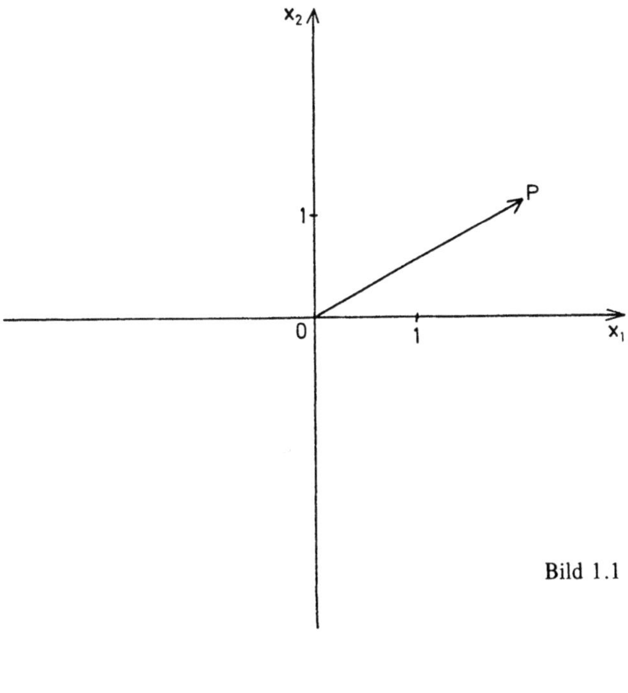

Bild 1.1

nen, wählen wir aus jeder Äquivalenzklasse als „Repräsentanten" gerade die gerichtete Strecke $\overrightarrow{OP}$ aus, deren Anfangspunkt mit dem Ursprung O zusammenfällt (*Ortsvektor*). Diese Strecke ist durch die Koordinaten (x_1, x_2) von P eindeutig festgelegt und wir setzen $\overrightarrow{OP} = \mathbf{x} = \begin{pmatrix} x_1 \\ x_2 \end{pmatrix} = \mathbf{x}(P)$. Die reellen Zahlen x_1, x_2 heißen auch Koordinaten des Vektors $\overrightarrow{OP}$ – bezüglich des gewählten Koordinatensystems. Die Gesamtheit dieser Vektoren bezeichnen wir mit $\mathbb{R}^2$.
Die wichtigsten Rechenoperationen, die sich mit Vektoren ausführen lassen, sind die Addition von Vektoren, die Multiplikation eines Vektors mit einem Skalar (einer reellen Zahl) und das Skalarprodukt zweier Vektoren. Sie sind wie folgt festgelegt:

1.1 **Definition.**

Es sei $\mathbf{x} = \begin{pmatrix} x_1 \\ x_2 \end{pmatrix}$, $\mathbf{y} = \begin{pmatrix} y_1 \\ y_2 \end{pmatrix} \in \mathbb{R}^2$, $\lambda \in \mathbb{R}$.

Dann ist a) $\mathbf{x} + \mathbf{y} := \begin{pmatrix} x_1 + y_1 \\ x_2 + y_2 \end{pmatrix}$ (Addition zweier Vektoren)

b) $\lambda \cdot \mathbf{x} := \begin{pmatrix} \lambda x_1 \\ \lambda x_2 \end{pmatrix}$ (Multiplikation mit einem Skalar)

c) $(\mathbf{x}, \mathbf{y}) := x_1 y_1 + x_2 y_2$ (*Skalarprodukt* zweier Vektoren)

d) $|\mathbf{x}| := {}_{+}\sqrt{(\mathbf{x}, \mathbf{x})} = {}_{+}\sqrt{x_1^2 + x_2^2}$ (Länge des Vektors $\mathbf{x}$)

Die so festgelegte Vektoraddition entspricht geometrisch der Parallelogrammkonstruktion, die auch bei der Konstruktion der Resultante zweier Kräfte verwendet wird (Bild 1.2).

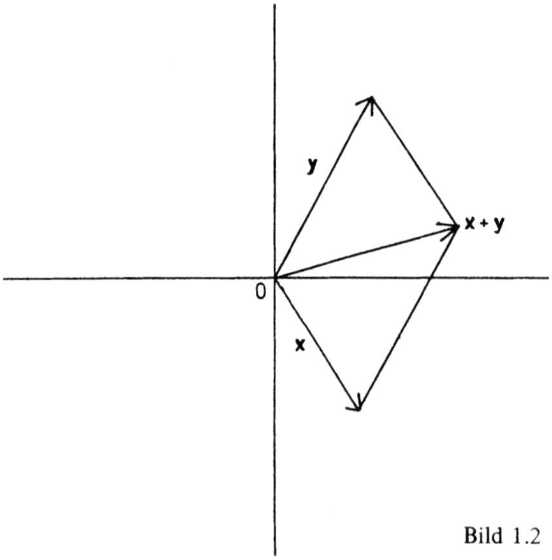

Bild 1.2 Vektoraddition

Den Vektor $\mathbf{0} = \begin{pmatrix} 0 \\ 0 \end{pmatrix} = 0 \cdot \mathbf{x}$ bezeichnet man auch als *Nullvektor,* er repräsentiert alle Strecken, bei denen Anfangs- und Endpunkt zusammenfallen. Es ist leicht einzusehen, daß die so festgelegten Rechenoperationen einfachen Regeln genügen, wie z.B. dem Kommutativgesetz: $\mathbf{x} + \mathbf{y} = \mathbf{y} + \mathbf{x}$, dem Assoziativgesetz: $\mathbf{x} + (\mathbf{y} + \mathbf{z}) = (\mathbf{x} + \mathbf{y}) + \mathbf{z}$ und den Distributivgesetzen $\lambda \cdot (\mathbf{x} + \mathbf{y}) = \lambda \cdot \mathbf{x} + \lambda \cdot \mathbf{y}$, $(\lambda + \mu) \cdot \mathbf{x} = \lambda \cdot \mathbf{x} + \mu \cdot \mathbf{x}$, ferner $(\lambda \cdot \mu) \cdot \mathbf{x} = \lambda \cdot (\mu \mathbf{x})$. In Anlehnung an die Schreibweise bei dem Produkt reeller Zahlen kann man auch beim Produkt eines Vektors mit einem Skalar den Punkt weglassen, also $\lambda \mathbf{x} := \lambda \cdot \mathbf{x}$. Sind $\mathbf{a} = \begin{pmatrix} a_1 \\ a_2 \end{pmatrix}$ und $\mathbf{b} = \begin{pmatrix} b_1 \\ b_2 \end{pmatrix}$ gegebene Vektoren, so wird die Vektorgleichung:

$\mathbf{x} + \mathbf{a} = \mathbf{b}$ durch $\mathbf{x} = \mathbf{b} - \mathbf{a} = \mathbf{b} + (-1) \cdot \mathbf{a}$ eindeutig gelöst.

Verwendet man die speziellen Vektoren $\mathbf{e}_1 = \begin{pmatrix} 1 \\ 0 \end{pmatrix}$, $\mathbf{e}_2 = \begin{pmatrix} 0 \\ 1 \end{pmatrix}$, so läßt sich jeder Vektor $\mathbf{x}$ durch $\mathbf{x} = x_1 \mathbf{e}_1 + x_2 \mathbf{e}_2$ darstellen. Man sagt auch, die Vektoren $\mathbf{e}_1, \mathbf{e}_2$ bilden eine *Basis* des Vektorraumes $\mathbb{R}^2$.

Für das Skalarprodukt $(\mathbf{x}, \mathbf{y})$ gelten ebenfalls einfache Rechenregeln. Es ist additiv: $(\mathbf{x} + \mathbf{y}, \mathbf{z}) = (\mathbf{x}, \mathbf{z}) + (\mathbf{y}, \mathbf{z})$, homogen: $(\lambda \mathbf{x}, \mathbf{y}) = \lambda (\mathbf{x}, \mathbf{y})$, kommutativ: $(\mathbf{x}, \mathbf{y}) = (\mathbf{y}, \mathbf{x})$ und definit: $(\mathbf{x}, \mathbf{x}) \geqq 0$, wobei das Gleichheitszeichen nur für $\mathbf{x} = \mathbf{0}$ gilt. Mit dem Skalarprodukt lassen sich Längen und Winkel messen. Es gilt nämlich

1.2 **Lemma.**

$$(\mathbf{x}, \mathbf{y}) = |\mathbf{x}| \cdot |\mathbf{y}| \cdot \cos \alpha \tag{1.1}$$

wobei α der Winkel zwischen den Vektoren $\mathbf{x}$ und $\mathbf{y}$ ist $(0 \leqq \alpha \leqq \pi)$.

Aus der Aussage dieses Lemmas folgt, daß das Skalarprodukt nur von der Länge der Vektoren $\mathbf{x}$ und $\mathbf{y}$ und dem eingeschlossenen Winkel α abhängt, nicht aber von der Darstellung der Vektoren in dem gewählten Koordinatensystem. Zum Beweis betrachten wir

$$\begin{aligned} (\mathbf{x} - \mathbf{y}, \mathbf{x} - \mathbf{y}) &= (\mathbf{x}, \mathbf{x}) + (\mathbf{y}, \mathbf{y}) - 2 (\mathbf{x}, \mathbf{y}), \quad \text{d.h.} \\ |\mathbf{x} - \mathbf{y}|^2 &= |\mathbf{x}|^2 + |\mathbf{y}|^2 - 2 (\mathbf{x}, \mathbf{y}) \end{aligned} \tag{1.2}$$

Nach dem Kosinussatz der Trigonometrie ist daher

$$(\mathbf{x}, \mathbf{y}) = |\mathbf{x}| \cdot |\mathbf{y}| \cdot \cos \alpha, \quad \text{vgl. Bild 1.3.} \qquad \blacksquare$$

Gilt $(\mathbf{x}, \mathbf{y}) = 0$, so sagt man, die Vektoren $\mathbf{x}$ und $\mathbf{y}$ sind zueinander orthogonal oder stehen aufeinander senkrecht $(\mathbf{x} \perp \mathbf{y})$. Sind beide ungleich $\mathbf{0}$, so muß nämlich $\alpha = \pi/2$ sein.

Als Anwendung wollen wir die Hessesche Normalform der Geradengleichung betrachten. Legen wir wieder die Ebene mit dem gegebenen kartesischen Koordinatensystem zugrunde, so läßt sich eine beliebige Gerade G in dieser Ebene durch die Gleichung $ax_1 + bx_2 + c = 0$ beschreiben, wobei $a, b, c \in \mathbb{R}$ und $a^2 + b^2 > 0$ ist. Fassen wir $\mathbf{x} = \begin{pmatrix} x_1 \\ x_2 \end{pmatrix} = \mathbf{x}(P)$ als Ortsvektor auf und führen den festen Vektor $\mathbf{a} = \begin{pmatrix} a \\ b \end{pmatrix}$ ein, so läßt sich die Geradengleichung in der Form: (*) $(\mathbf{a}, \mathbf{x}) + c = 0$ schreiben.

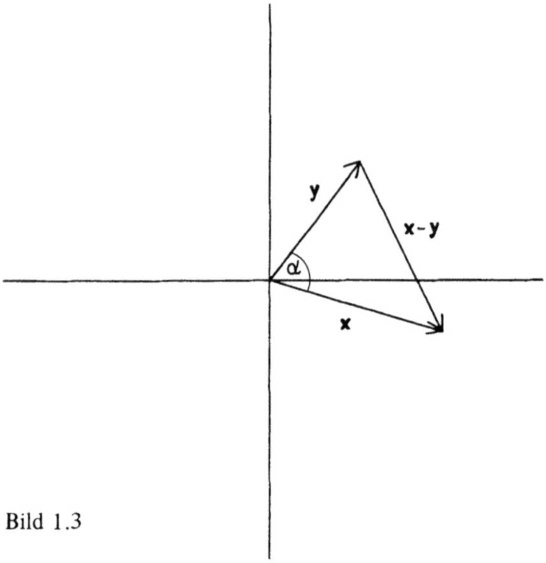

Bild 1.3

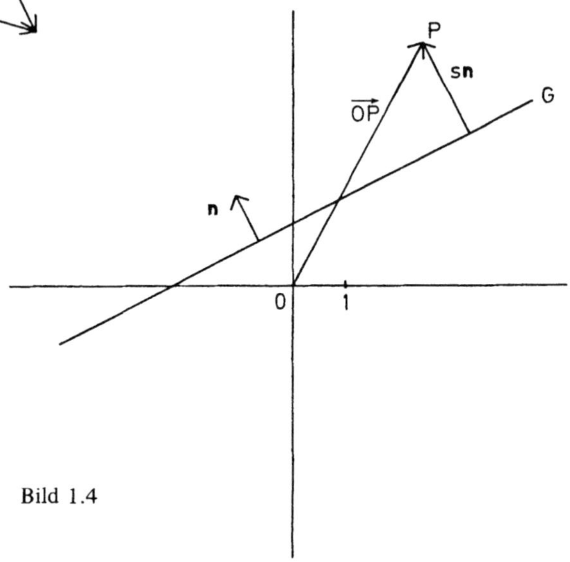

Bild 1.4

Sind $\mathbf{x}_1$ und $\mathbf{x}_2$ Ortsvektoren, die zu verschiedenen Punkten der Geraden G führen, so erfüllen beide die Gleichung (*) und durch Differenzbildung ergibt sich $(\mathbf{a}, \mathbf{x}_1 - \mathbf{x}_2) = 0$, d.h. $\mathbf{a} \perp (\mathbf{x}_1 - \mathbf{x}_2)$, also $\mathbf{a}$ steht senkrecht auf allen Vektoren parallel zu G, (Bild 1.4). Dividieren wir (*) durch die Länge $|\mathbf{a}|$ von $\mathbf{a}$ ($|\mathbf{a}| > 0$), so können wir den „Normalenvektor" $\mathbf{n} = \mathbf{a}/|\mathbf{a}|$ verwenden, der zugleich ein „Einheitsvektor" ist, also ein Vektor der Länge 1. Wir erhalten aus (*):

$$(\mathbf{n}, \mathbf{x}) + d = 0, \quad d = c/|\mathbf{a}| , \tag{1.3}$$

die sogenannte Hessesche Normalform der Geradengleichung. $\mathbf{x}_0 = -d\mathbf{n}$ ist ein Ortsvektor, der zu einem Punkt auf G führt und zugleich senkrecht auf G steht, der also den Fußpunkt des Lotes von O auf G angibt. Daher ist $|\mathbf{x}_0| = |d|$ der Abstand von O zu G. Ist d positiv, liegt der Nullpunkt auf der Seite von G, auf die $\mathbf{n}$ weist.

Bei einem beliebigen Ortsvektor $\mathbf{z}$ ist der Betrag $|s|$ von $s := (\mathbf{n}, \mathbf{z}) + d$ der Abstand von $\mathbf{z}$ zu G. Denn der Vektor $\mathbf{z} - s\mathbf{n}$ erfüllt (1.3), führt also zum Fußpunkt des Lotes von $\mathbf{z}$ auf G, so daß $-s\mathbf{n}$ der Lotvektor ist. Der Abstand von $\mathbf{z}$ zu G ist daher $|-s\mathbf{n}| = |s|$ (Bild 1.4). Schließlich ist s positiv, wenn $\mathbf{z}$ auf dieselbe Seite von G weist wie $\mathbf{n}$.

Eine andere Art, die Gerade G darzustellen, ist die Parameterform: $\mathbf{x} = \mathbf{x}_0 + t\mathbf{g}$, sie liefert für alle Werte des Parameters $t \in \mathbb{R}$ genau die Ortsvektoren, die die Punkte von G darstellen, wenn $\mathbf{x}_0$ ein beliebiger, aber fester Ortsvektor von G und $\mathbf{g}$ ein Richtungsvektor der Geraden G ist, z.B. $\mathbf{g} = \begin{pmatrix} -b \\ a \end{pmatrix}$, $(\mathbf{g} \perp \mathbf{n}), \mathbf{g} \neq \mathbf{0}$.

1.2 Der euklidische Vektorraum $\mathbb{R}^3$

Wir denken uns nunmehr im Raum ein kartesisches Koordinatensystem mit dem Ursprung O eingeführt. Dann ist jeder Punkt P durch drei Koordinaten (x_1, x_2, x_3) gekennzeichnet und wir können ihm wieder einen Vektor $\mathbf{x} = \begin{pmatrix} x_1 \\ x_2 \\ x_3 \end{pmatrix}$ zuordnen, der die Äquivalenzklasse aller zu $\overrightarrow{OP}$ parallelen, gleichlangen und gleichgerichteten Strecken repräsentiert. Wie im $\mathbb{R}^2$ können wir Addition zweier Vektoren, Multiplikation mit einer reellen Zahl (Skalar) und Skalarprodukt erklären und damit den euklidischen Vektorraum $\mathbb{R}^3$ einführen:

1.3 **Definition.**

Es seien $\mathbf{x} = \begin{pmatrix} x_1 \\ x_2 \\ x_3 \end{pmatrix}$, $\mathbf{y} = \begin{pmatrix} y_1 \\ y_2 \\ y_3 \end{pmatrix} \in \mathbb{R}^3$, $\lambda \in \mathbb{R}$.

Dann ist a) $\mathbf{x} + \mathbf{y} := \begin{pmatrix} x_1 + y_1 \\ x_2 + y_2 \\ x_3 + y_3 \end{pmatrix}$ (Addition)

b) $\lambda \cdot \mathbf{x} := \begin{pmatrix} \lambda x_1 \\ \lambda x_2 \\ \lambda x_3 \end{pmatrix}$ (Multiplikation mit einem Skalar)

c) $(\mathbf{x}, \mathbf{y}) := x_1 y_1 + x_2 y_2 + x_3 y_3$ (*Skalarprodukt*)

d) $|\mathbf{x}| := {}_{+}\sqrt{(\mathbf{x}, \mathbf{x})} = {}_{+}\sqrt{x_1^2 + x_2^2 + x_3^2}$ (Länge von $\mathbf{x}$)

e) $\mathbf{x} \times \mathbf{y} := \begin{pmatrix} x_2 y_3 - x_3 y_2 \\ x_3 y_1 - x_1 y_3 \\ x_1 y_2 - x_2 y_1 \end{pmatrix}$ (*Vektorprodukt*)

In dieser Definition ist im Vergleich mit Definition 1.1 lediglich das Vektorprodukt neuartig. Während das Skalarprodukt jedem Paar von Vektoren $\mathbf{x}$, $\mathbf{y}$ eine reelle Zahl (Skalar) zuordnet, ordnet das Vektorprodukt jedem Paar $\mathbf{x}$, $\mathbf{y}$ einen Vektor $\mathbf{x} \times \mathbf{y}$ zu, wobei es offenbar auf die Reihenfolge der Vektoren $\mathbf{x}$ und $\mathbf{y}$ ankommt.

Wie im $\mathbb{R}^2$ gelten hinsichtlich Addition und Multiplikation mit einem Skalar die gleichen Rechenregeln, nämlich Kommutativgesetz, Assoziativgesetze und Distributivgesetze. Das Skalarprodukt ist wiederum linear, homogen, kommutativ und definit.

Der Nullvektor ist jetzt durch $\mathbf{0} = \begin{pmatrix} 0 \\ 0 \\ 0 \end{pmatrix}$ gegeben. Wir notieren für das Skalarprodukt:

1.4 **Lemma.**

Für $\mathbf{x}, \mathbf{y} \in \mathbb{R}^3$ gilt

a) $(\mathbf{x}, \mathbf{y}) = |\mathbf{x}| \cdot |\mathbf{y}| \cdot \cos \alpha$ (1.4)

wobei α der Winkel zwischen $\mathbf{x}$ und $\mathbf{y}$ ist $(0 \leqq \alpha \leqq \pi)$.

b) $|\mathbf{x} + \mathbf{y}| \leqq |\mathbf{x}| + |\mathbf{y}|$ (*Dreiecksungleichung*). (1.5)

Teil a) kann wie in Lemma 1.2 bewiesen werden. Aus a) folgt zunächst die *Schwarzsche Ungleichung*

$$|(\mathbf{x}, \mathbf{y})| \leqq |\mathbf{x}| \cdot |\mathbf{y}| \,, \tag{1.6}$$

wobei das Gleichheitszeichen nur für $\alpha = 0$ oder $\alpha = \pi$, also für gleich- oder entgegengesetzt gerichtete Vektoren gilt. Wir beweisen noch b):

$$\begin{aligned} |\mathbf{x} + \mathbf{y}|^2 &= (\mathbf{x} + \mathbf{y}, \mathbf{x} + \mathbf{y}) = (\mathbf{x}, \mathbf{x}) + (\mathbf{x}, \mathbf{y}) + (\mathbf{y}, \mathbf{x}) + (\mathbf{y}, \mathbf{y}) \\ &= |\mathbf{x}|^2 + |\mathbf{y}|^2 + 2\,(\mathbf{x}, \mathbf{y}) \\ &\leqslant |\mathbf{x}|^2 + |\mathbf{y}|^2 + 2\,|\mathbf{x}|\,|\mathbf{y}| \quad \text{(mit (1.6))} \end{aligned}$$

Also $|\mathbf{x} + \mathbf{y}|^2 \leqq (|\mathbf{x}| + |\mathbf{y}|)^2$, und daraus ergibt sich b), wobei das Gleichheitszeichen nur für gleichgerichtete Vektoren gilt. ■

Das Vektorprodukt besitzt folgende wichtige Eigenschaften.

1.5 **Lemma.**

Es seien $\mathbf{x}, \mathbf{y}, \mathbf{z} \in \mathbb{R}^3$, $\lambda \in \mathbb{R}$.

Dann gilt: a) Das Vektorprodukt ist antisymmetrisch, d.h.

$\mathbf{x} \times \mathbf{y} = -\mathbf{y} \times \mathbf{x}$,

b) $(\mathbf{x} + \mathbf{z}) \times \mathbf{y} = \mathbf{x} \times \mathbf{y} + \mathbf{z} \times \mathbf{y}$ (Additivität)

c) $(\lambda \mathbf{x}) \times \mathbf{y} = \lambda (\mathbf{x} \times \mathbf{y})$ (Homogenität)

d) $(\mathbf{x}, \mathbf{x} \times \mathbf{y}) = (\mathbf{y}, \mathbf{x} \times \mathbf{y}) = 0$ (1.7)

e) $|\mathbf{x} \times \mathbf{y}|^2 = |\mathbf{x}|^2\,|\mathbf{y}|^2 - ((\mathbf{x}, \mathbf{y}))^2$. (1.8)

Beweis.

Die Eigenschaften a), b) und c) folgen unmittelbar aus der Definition des Vektorproduktes (Definition 1.3, e)). Wir beweisen noch d) und e):

$$(\mathbf{x}, \mathbf{x} \times \mathbf{y}) = x_1(x_2 y_3 - x_3 y_2) + x_2(x_3 y_1 - x_1 y_3) + x_3(x_1 y_2 - x_2 y_1) = 0 \,,$$

da je zwei Terme entgegengesetztes Vorzeichen haben. Natürlich folgt damit auch $(\mathbf{y}, \mathbf{x} \times \mathbf{y}) = -(\mathbf{y}, \mathbf{y} \times \mathbf{x}) = 0$.

Das Vektorprodukt steht also senkrecht auf seinen beiden Faktoren.
Schließlich ist

$$|\mathbf{x} \times \mathbf{y}|^2 + (\mathbf{x}, \mathbf{y})^2 = (x_2 y_3 - x_3 y_2)^2 + (x_3 y_1 - x_1 y_3)^2 + (x_1 y_2 - x_2 y_1)^2 + (x_1 y_1 + x_2 y_2 + x_3 y_3)^2 .$$

Rechnet man die Quadrate aus, so heben sich die gemischten Terme gegenseitig auf:

$$\begin{aligned} |\mathbf{x} \times \mathbf{y}|^2 + (\mathbf{x}, \mathbf{y})^2 &= x_2^2 y_3^2 + x_3^2 y_2^2 + x_3^2 y_1^2 + x_1^2 y_3^2 + x_1^2 y_2^2 + x_2^2 y_1^2 + x_1^2 y_1^2 + \\ &\quad + x_2^2 y_2^2 + x_3^2 y_3^2 \\ &= (x_1^2 + x_2^2 + x_3^2)(y_1^2 + y_2^2 + y_3^2) = |\mathbf{x}|^2 \cdot |\mathbf{y}|^2 . \end{aligned}$$ ■

Wir können (1.8) noch umformen:

$$|\mathbf{x} \times \mathbf{y}|^2 = |\mathbf{x}|^2 \, |\mathbf{y}|^2 - |\mathbf{x}|^2 \, |\mathbf{y}|^2 \cos^2 \alpha = |\mathbf{x}|^2 \, |\mathbf{y}|^2 \sin^2 \alpha , \quad \text{d.h.}$$

$$|\mathbf{x} \times \mathbf{y}| = |\mathbf{x}| \cdot |\mathbf{y}| \cdot \sin \alpha . \tag{1.9}$$

Der Betrag des Vektorproduktes ist also zahlenmäßig gleich dem Flächeninhalt des von den Vektoren $\mathbf{x}$ und $\mathbf{y}$ aufgespannten Parallelogramms. Da $\mathbf{x} \times \mathbf{y}$ senkrecht auf den Vektoren $\mathbf{x}$ und $\mathbf{y}$ steht und seine Länge durch (1.9) gegeben ist, gibt es für seine Lage im Raum nur zwei Möglichkeiten, die durch entgegengesetzt gerichtete Vektoren dargestellt werden. Zur Festlegung seiner Orientierung setzen wir voraus, daß das gegebene kartesische Koordinatensystem positiv orientiert ist oder ein „Rechtssystem" bildet: Dreht man den Einheitsvektor $\mathbf{e}_1 = \begin{pmatrix} 1 \\ 0 \\ 0 \end{pmatrix}$ auf kürzestem Weg in den Vektor

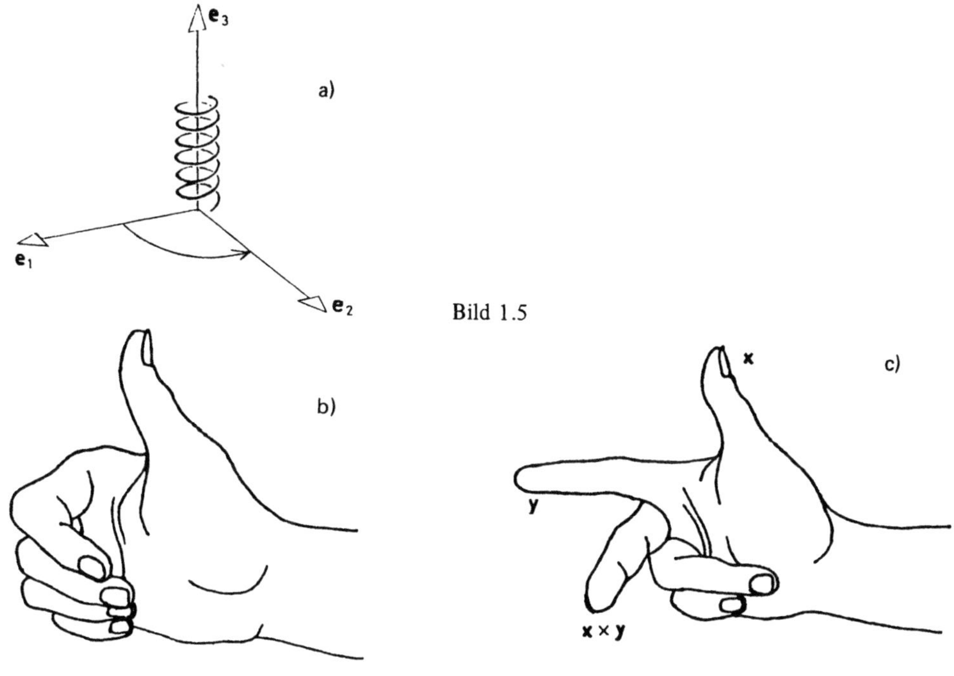

Bild 1.5

$\mathbf{e}_2 = \begin{pmatrix} 0 \\ 1 \\ 0 \end{pmatrix}$, so bewegt sich eine Rechtsschraube, die senkrecht auf $\mathbf{e}_1$ und $\mathbf{e}_2$ steht, bei gleicher Drehung in Richtung des Vektors $\mathbf{e}_3 = \mathbf{e}_1 \times \mathbf{e}_2$ (vgl. Bild 1.5a). Oder: legt man die rechte Hand so auf die $\mathbf{e}_1 - \mathbf{e}_2$-Ebene, daß die Finger die Drehrichtung von $\mathbf{e}_1$ in $\mathbf{e}_2$ auf kürzestem Weg anzeigen, so weist der Daumen in Richtung $\mathbf{e}_3$ (Bild 1.5b). Bewegt man das „Dreibein" $\mathbf{x}, \mathbf{y}, \mathbf{x} \times \mathbf{y}$ stetig durch Drehung um $\mathbf{0}$, so ändert es wegen der Stetigkeit von $\mathbf{x} \times \mathbf{y}$ seine Orientierung nicht. Man kann so stets erreichen, daß $\mathbf{x}$ in Richtung der $\mathbf{e}_1$-Achse weist, d.h. $\mathbf{x} = \begin{pmatrix} x_1 \\ 0 \\ 0 \end{pmatrix}$ $(x_1 > 0)$ und $\mathbf{y}$ in die $\mathbf{e}_1 - \mathbf{e}_2$-Ebene fällt, d.h. $\mathbf{y} = \begin{pmatrix} y_1 \\ y_2 \\ 0 \end{pmatrix}$ $(y_2 \geqslant 0)$ ist. Dann ergibt sich $\mathbf{x} \times \mathbf{y} = \begin{pmatrix} 0 \\ 0 \\ x_1 y_2 \end{pmatrix} = x_1 y_2 \mathbf{e}_3$, so daß die Vektoren $\mathbf{x}, \mathbf{y}$ und $\mathbf{x} \times \mathbf{y}$ ebenfalls positiv orientiert sind (vgl. Bild 1.5 c).

Eine Gerade G im Raum läßt sich wieder in Parameterform angeben:
$G = \{\mathbf{x} \mid \mathbf{x} = \mathbf{x}_0 + t\mathbf{g} : \mathbf{g} \neq \mathbf{0}, -\infty < t < \infty\}$. Dabei ist $\mathbf{x}_0$ ein Ortsvektor, der zu einem Punkt auf G führt und $\mathbf{g}$ ein Vektor in Richtung der Geraden.
Entsprechend wird durch

$$E = \{\mathbf{x} \mid \mathbf{x} = \mathbf{x}_0 + s\mathbf{g}_1 + t\mathbf{g}_2, \mathbf{g}_1 \times \mathbf{g}_2 \neq \mathbf{0}, -\infty < s, t < \infty\}$$

eine Ebene durch $\mathbf{x}_0$ dargestellt. $\mathbf{g}_1$ und $\mathbf{g}_2$ sind Richtungsvektoren der Ebene, die nicht parallel sein dürfen. Diese Bedingung kann auch durch $\mathbf{g}_1 \times \mathbf{g}_2 \neq \mathbf{0}$ ausgedrückt werden. Die Frage, wann drei Vektoren in einer Ebene liegen, führt auf den wichtigen Begriff der linearen Abhängigkeit:

1.6 **Definition.**

Die Vektoren $\mathbf{x}_1, \ldots, \mathbf{x}_k$ $(k \in \mathbb{N})$ heißen *linear abhängig*, wenn es reelle Zahlen $c_1, \ldots, c_k$ gibt, die nicht alle gleich Null sind, so daß

$$c_1 \mathbf{x}_1 + \ldots + c_k \mathbf{x}_k = \mathbf{0} \quad \text{ist} .$$

Andernfalls heißen die Vektoren $\mathbf{x}_1, \ldots, \mathbf{x}_k$ *linear unabhängig*.

Die Vektoren $\mathbf{x}_1, \ldots, \mathbf{x}_k$ sind also linear unabhängig, wenn die Gleichung $c_1 \mathbf{x}_1 + \ldots + c_k \mathbf{x}_k = \mathbf{0}$ nur gilt für $c_1 = c_2 = \ldots = c_k = 0$. Lineare Abhängigkeit bzw. Unabhängigkeit ist eine Eigenschaft, die einer (endlichen) Menge von Vektoren zukommt. Sind zwei Vektoren linear abhängig, ist also $c_1 \mathbf{x}_1 + c_2 \mathbf{x}_2 = \mathbf{0}$ und c_1, c_2 sind nicht beide gleich Null, so ist z.B. $c_1 \neq 0$ und $\mathbf{x}_1 = -(c_2/c_1)\mathbf{x}_2$, d.h. $\mathbf{x}_1$ und $\mathbf{x}_2$ liegen auf derselben Geraden durch den Nullpunkt, sie sind „kollinear". Offenbar sind $\mathbf{x}_1, \mathbf{x}_2$ genau dann linear abhängig, wenn $\mathbf{x}_1 \times \mathbf{x}_2 = \mathbf{0}$ ist, denn genau dann ist $|\mathbf{x}_1| \cdot |\mathbf{x}_2| \cdot \sin\alpha = 0$, d.h. entweder ist einer der Vektoren der Nullvektor oder der Winkel α ist gleich 0 oder gleich π. Sind drei Vektoren $\mathbf{x}_1, \mathbf{x}_2, \mathbf{x}_3$ linear abhängig, so ist $c_1 \mathbf{x}_1 + c_2 \mathbf{x}_2 + c_3 \mathbf{x}_3 = \mathbf{0}$ und etwa $c_1 \neq 0$, d.h. $\mathbf{x}_1 = -(c_2/c_1)\mathbf{x}_2 - (c_3/c_1)\mathbf{x}_3$, also liegt $\mathbf{x}_1$ in der von $\mathbf{x}_2$ und $\mathbf{x}_3$ „aufgespannten" Ebene durch den Nullpunkt, d.h. $\mathbf{x}_1, \mathbf{x}_2$ und $\mathbf{x}_3$ sind „komplanar".

Im $\mathbb{R}^3$ gibt es drei linear unabhängige Vektoren, z.B. $\mathbf{e}_1, \mathbf{e}_2$ und $\mathbf{e}_3$. Ein Kriterium, ob drei Vektoren im $\mathbb{R}^3$ linear abhängig sind oder nicht, liefert das sogenannte Spatprodukt.

1.7 **Definition.**

Gegeben seien die Vektoren $\mathbf{x}, \mathbf{y}, \mathbf{z} \in \mathbb{R}^3$.
Dann heißt $(\mathbf{x}, \mathbf{y} \times \mathbf{z})$ das *Spatprodukt* des (geordneten) Tripels $\mathbf{x}, \mathbf{y}, \mathbf{z}$.

Das Spatprodukt ordnet also den Vektoren $\mathbf{x}, \mathbf{y}, \mathbf{z}$ eine reelle Zahl zu, eine andere Bezeichnung dafür ist auch $\det(\mathbf{x}, \mathbf{y}, \mathbf{z})$ (*Determinante*).

$$\det(\mathbf{x}, \mathbf{y}, \mathbf{z}) := (\mathbf{x}, \mathbf{y} \times \mathbf{z}).$$

Wir notieren einige Eigenschaften des Spatproduktes oder der Determinante. Sind

$$\mathbf{x} = \begin{pmatrix} x_1 \\ x_2 \\ x_3 \end{pmatrix}, \quad \mathbf{y} = \begin{pmatrix} y_1 \\ y_2 \\ y_3 \end{pmatrix}, \quad \mathbf{z} = \begin{pmatrix} z_1 \\ z_2 \\ z_3 \end{pmatrix}$$

die gegebenen Vektoren, so ist

$$\det(\mathbf{x}, \mathbf{y}, \mathbf{z}) = \det \begin{pmatrix} x_1 & y_1 & z_1 \\ x_2 & y_2 & z_2 \\ x_3 & y_3 & z_3 \end{pmatrix} = (\mathbf{x}, \mathbf{y} \times \mathbf{z}) \tag{1.10}$$

$$= x_1 y_2 z_3 - x_1 y_3 z_2 + x_2 y_3 z_1 - x_2 y_1 z_3 + x_3 y_1 z_2 - x_3 y_2 z_1 .$$

Dies folgt unmittelbar durch Bildung des Vektorproduktes $\mathbf{y} \times \mathbf{z}$ und schließlich des Spatproduktes. Man kann sich diese Formel (allerdings nur für „dreireihige" Determinanten – wir werden später noch allgemeinere Determinanten kennenlernen) auch mit Hilfe der *Sarrusschen Regel* merken. Dazu schreibt man die Vektoren $\mathbf{x}, \mathbf{y}, \mathbf{z}, \mathbf{x}, \mathbf{y}$ als Spalten in dieser Reihenfolge nebeneinander und addiert die Produkte der Elemente in den Parallelen zur Hauptdiagonalen (x_1, y_2, z_3) (mit positivem Vorzeichen) bzw. zur Nebendiagonalen (z_1, y_2, x_3) mit negativem Vorzeichen:

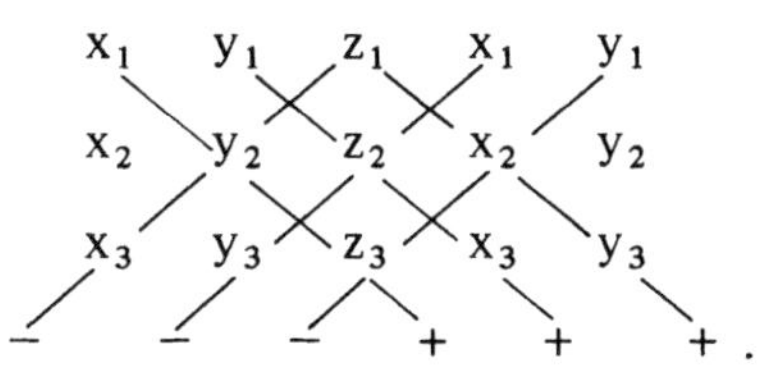

1.8 **Lemma.**

a) $(\mathbf{x}, \mathbf{y} \times \mathbf{z}) = (\mathbf{x} \times \mathbf{y}, \mathbf{z})$

b) $\det(\mathbf{x}, \mathbf{y}, \mathbf{z}) = -\det(\mathbf{y}, \mathbf{x}, \mathbf{z}) = -\det(\mathbf{x}, \mathbf{z}, \mathbf{y}) = -\det(\mathbf{z}, \mathbf{y}, \mathbf{x})$
(Vertauschung zweier Spalten einer Determinante ändert das Vorzeichen),

c) $\det(\mathbf{x}, \mathbf{y}, \mathbf{z})$ ist das (orientierte) Volumen des von $\mathbf{x}, \mathbf{y}$ und $\mathbf{z}$ aufgespannten „Parallelepipeds"

d) $\mathbf{x}, \mathbf{y}, \mathbf{z}$ sind genau dann linear abhängig, wenn $\det(\mathbf{x}, \mathbf{y}, \mathbf{z}) = 0$ ist.

Beweis.

Die Beziehung a) rechnet man mit der Definition des Vektorprodukts und Skalarprodukts direkt nach. b) folgt aus a) und der Antisymmetrie $\mathbf{x} \times \mathbf{y} = -\mathbf{y} \times \mathbf{x}$, z.B.:
$\det(\mathbf{x}, \mathbf{y}, \mathbf{z}) = (\mathbf{x}, \mathbf{y} \times \mathbf{z}) = (\mathbf{x} \times \mathbf{y}, \mathbf{z}) = -(\mathbf{y} \times \mathbf{x}, \mathbf{z}) = -\det(\mathbf{y}, \mathbf{x}, \mathbf{z})$.

Zu c) vgl. Bild 1.6. Es ist $(\mathbf{x}, \mathbf{y} \times \mathbf{z}) = |\mathbf{x}| \cdot |\mathbf{y} \times \mathbf{z}| \cdot \cos\gamma$, wobei γ der Winkel zwischen $\mathbf{x}$ und $\mathbf{y} \times \mathbf{z}$ ist, daher $|\mathbf{x}| \cdot \cos\gamma = h$ die Höhe des Parallelepipeds zur Grundfläche $|\mathbf{y} \times \mathbf{z}|$.

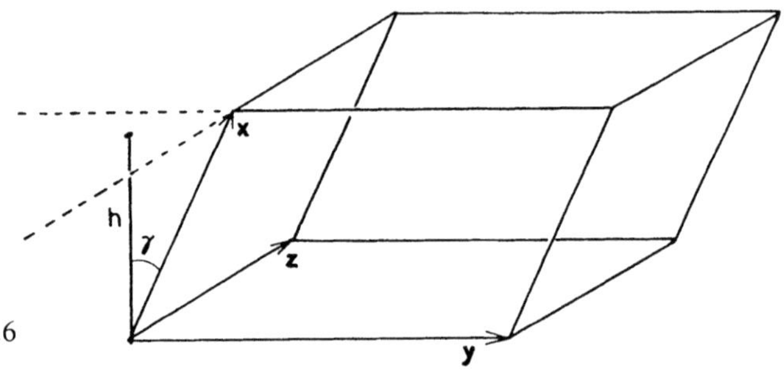

Bild 1.6

Sind schließlich $\mathbf{x}, \mathbf{y}, \mathbf{z}$ linear abhängig, so ist $c_1 \mathbf{x} + c_2 \mathbf{y} + c_3 \mathbf{z} = \mathbf{0}$ und etwa $c_1 \neq 0$. Bildet man das Skalarprodukt auf beiden Seiten mit $\mathbf{y} \times \mathbf{z}$, so folgt mit (1.7):
$c_1 \det(\mathbf{x}, \mathbf{y}, \mathbf{z}) = 0$, d.h. $\det(\mathbf{x}, \mathbf{y}, \mathbf{z}) = 0$. Ist umgekehrt $\det(\mathbf{x}, \mathbf{y}, \mathbf{z}) = (\mathbf{x}, \mathbf{y} \times \mathbf{z}) = 0$, so ist $\mathbf{x} = \mathbf{0}$ oder $(\mathbf{y} \times \mathbf{z}) = \mathbf{0}$ oder $\mathbf{x} \perp \mathbf{y} \times \mathbf{z}$, d.h. $\mathbf{x}$ liegt in der von $\mathbf{y}$ und $\mathbf{z}$ aufgespannten Ebene. In allen Fällen sind die Vektoren $\mathbf{x}, \mathbf{y}, \mathbf{z}$ komplanar. ∎

Der folgende Hilfssatz bringt u.a. Regeln über zusammengesetzte Vektorprodukte.

1.9 **Lemma.**

Für $\mathbf{x}, \mathbf{y}, \mathbf{z}, \mathbf{u} \in \mathbb{R}^3$ gilt:

a) $\mathbf{x} \times (\mathbf{y} \times \mathbf{z}) = (\mathbf{x}, \mathbf{z})\,\mathbf{y} - (\mathbf{x}, \mathbf{y})\,\mathbf{z}$ (1.11)

b) $(\mathbf{x} \times \mathbf{y}, \mathbf{z} \times \mathbf{u}) = (\mathbf{x}, \mathbf{z})(\mathbf{y}, \mathbf{u}) - (\mathbf{x}, \mathbf{u})(\mathbf{y}, \mathbf{z})$ (1.12)

c) $\det(\mathbf{x}, \mathbf{y}, \mathbf{z})\,\mathbf{u} = \det(\mathbf{u}, \mathbf{y}, \mathbf{z})\,\mathbf{x} + \det(\mathbf{x}, \mathbf{u}, \mathbf{z})\,\mathbf{y} + \det(\mathbf{x}, \mathbf{y}, \mathbf{u})\,\mathbf{z}$ (1.13)

Beweis.

a) ist zunächst erfüllt, wenn $\mathbf{y} \times \mathbf{z} = \mathbf{0}$ ist, da dann $\mathbf{y}$ und $\mathbf{z}$ linear abhängig, etwa $\mathbf{y} = c\mathbf{z}$, und beide Seiten gleich Null sind.
Ist $\mathbf{y} \times \mathbf{z} \neq \mathbf{0}$, so ist $\mathbf{x} \times (\mathbf{y} \times \mathbf{z}) \perp \mathbf{y} \times \mathbf{z}$, liegt also in der von $\mathbf{y}$ und $\mathbf{z}$ aufgespannten Ebene. Mithin gilt $\mathbf{x} \times (\mathbf{y} \times \mathbf{z}) = \lambda\mathbf{y} + \mu\mathbf{z}$. Skalare Multiplikation mit $\mathbf{x}$ ergibt $0 = \lambda(\mathbf{x}, \mathbf{y}) + \mu(\mathbf{x}, \mathbf{z})$, also $\lambda = \kappa(\mathbf{x}, \mathbf{z})$, $\mu = -\kappa(\mathbf{x}, \mathbf{y})$ mit geeignetem $\kappa \in \mathbb{R}$, bzw. $\mathbf{x} \times (\mathbf{y} \times \mathbf{z}) = \kappa\{(\mathbf{x}, \mathbf{z})\,\mathbf{y} - (\mathbf{x}, \mathbf{y})\,\mathbf{z}\}$. (Im Fall $(\mathbf{x}, \mathbf{y}) = (\mathbf{x}, \mathbf{z}) = 0$ verschwinden beide Seiten). Aus

$$(\mathbf{z}, \mathbf{y} \times (\mathbf{y} \times \mathbf{z})) = -(\mathbf{y} \times \mathbf{z})^2 = \{(\mathbf{y}, \mathbf{z})^2 - (\mathbf{y}, \mathbf{y})(\mathbf{z}, \mathbf{z})\}$$

ergibt sich $\kappa = 1$ zunächst im Fall $\mathbf{x} = \mathbf{y}$ bzw. ebenso im Fall $\mathbf{x} = \mathbf{z}$. Damit gilt (1.11) aber für alle $\mathbf{x}$, die in der von $\mathbf{y}$ und $\mathbf{z}$ aufgespannten Ebene liegen und schließlich für alle $\mathbf{x} \in \mathbb{R}^3$, da der Übergang von $\mathbf{x}$ zu $\mathbf{x} - s(\mathbf{y} \times \mathbf{z})$, $s \in \mathbb{R}$ so gewählt, daß $\mathbf{x} - s(\mathbf{y} \times \mathbf{z}) \perp (\mathbf{y} \times \mathbf{z})$ ist, weder die linke, noch die rechte Seite von (1.11) ändert.

b) (1.12) ist eine leichte Folgerung aus (1.11):

$$\begin{aligned}(\mathbf{x} \times \mathbf{y}, \mathbf{z} \times \mathbf{u}) &= (\mathbf{x}, \mathbf{y} \times (\mathbf{z} \times \mathbf{u})) = (\mathbf{x}, (\mathbf{y}, \mathbf{u})\, \mathbf{z} - (\mathbf{y}, \mathbf{z})\, \mathbf{u}) \\ &= (\mathbf{x}, \mathbf{z})\,(\mathbf{y}, \mathbf{u}) - (\mathbf{x}, \mathbf{u})\,(\mathbf{y}, \mathbf{z})\,.\end{aligned}$$

c) Schließlich ergibt sich ebenfalls aus (1.11):

$$(\mathbf{x} \times \mathbf{y}) \times (\mathbf{z} \times \mathbf{u}) = (\mathbf{x} \times \mathbf{y}, \mathbf{u})\, \mathbf{z} - (\mathbf{x} \times \mathbf{y}, \mathbf{z})\, \mathbf{u} = \det(\mathbf{x}, \mathbf{y}, \mathbf{u})\, \mathbf{z} - \det(\mathbf{x}, \mathbf{y}, \mathbf{z})\, \mathbf{u}$$

und ebenso

$$(\mathbf{z} \times \mathbf{u}) \times (\mathbf{x} \times \mathbf{y}) = -(\mathbf{z} \times \mathbf{u}, \mathbf{x})\, \mathbf{y} + (\mathbf{z} \times \mathbf{u}, \mathbf{y})\, \mathbf{x} = \det(\mathbf{x}, \mathbf{u}, \mathbf{z})\, \mathbf{y} + \det(\mathbf{u}, \mathbf{y}, \mathbf{z})\, \mathbf{x}\,.$$

Da die linken Seiten dieser Gleichungen entgegengesetztes Vorzeichen haben, folgt durch Addition:

$$\det(\mathbf{x}, \mathbf{y}, \mathbf{z})\, \mathbf{u} = \det(\mathbf{u}, \mathbf{y}, \mathbf{z})\, \mathbf{x} + \det(\mathbf{x}, \mathbf{u}, \mathbf{z})\, \mathbf{y} + \det(\mathbf{x}, \mathbf{y}, \mathbf{u})\, \mathbf{z}\,.$$ ∎

Aus (1.13) ziehen wir einige Folgerungen.

Korollar:

(1) Je vier Vektoren $\in \mathbb{R}^3$ sind linear abhängig. Sind nämlich $\mathbf{x}, \mathbf{y}, \mathbf{z}, \mathbf{u}$ gegeben, so sind entweder $\mathbf{x}, \mathbf{y}, \mathbf{z}$ bereits linear abhängig, dann aber auch $\mathbf{x}, \mathbf{y}, \mathbf{z}, \mathbf{u}$ (Begründung?), oder $\mathbf{x}, \mathbf{y}, \mathbf{z}$ sind linear unabhängig, d.h. $\det(\mathbf{x}, \mathbf{y}, \mathbf{z}) \neq 0$ und (1.13) liefert eine lineare Relation $\mathbf{u} = c_1 \mathbf{x} + c_2 \mathbf{y} + c_3 \mathbf{z}$.

(2) Sind die Vektoren $\mathbf{a}, \mathbf{b}, \mathbf{c} \in \mathbb{R}^3$ gegeben und linear unabhängig, ist also $\det(\mathbf{a}, \mathbf{b}, \mathbf{c}) \neq 0$, so ist das Gleichungssystem $x_1 \mathbf{a} + x_2 \mathbf{b} + x_3 \mathbf{c} = \mathbf{y}$ bei gegebenem $\mathbf{y}$ eindeutig lösbar. Die Lösung ergibt sich nach Lemma 1.9 zu

$$\begin{aligned} x_1 &= \det(\mathbf{y}, \mathbf{b}, \mathbf{c})/\det(\mathbf{a}, \mathbf{b}, \mathbf{c})\,; \\ x_2 &= \det(\mathbf{a}, \mathbf{y}, \mathbf{c})/\det(\mathbf{a}, \mathbf{b}, \mathbf{c})\,; \quad \text{(Cramersche Regel)} \\ x_3 &= \det(\mathbf{a}, \mathbf{b}, \mathbf{y})/\det(\mathbf{a}, \mathbf{b}, \mathbf{c})\,. \end{aligned} \tag{1.14}$$

1.3 Anwendungen und Beispiele

1.3.1 Hessesche Normalform der Ebenengleichung

Eine Ebene E im Raum kann in Parameterform

$$\mathbf{x} = \mathbf{x}(s, t) = \mathbf{x}_0 + s\mathbf{g}_1 + t\mathbf{g}_2\,, \quad (\mathbf{g}_1 \times \mathbf{g}_2 \neq \mathbf{0}\,;\ s, t \in \mathbb{R}) \tag{1.15}$$

oder in Form einer linearen Gleichung

$$a_1 x_1 + a_2 x_2 + a_3 x_3 + c = 0 \quad (a_1^2 + a_2^2 + a_3^2 > 0)\,,$$

d.h.

$$(\mathbf{a}, \mathbf{x}) + c = 0 \qquad \mathbf{a} = \begin{pmatrix} a_1 \\ a_2 \\ a_3 \end{pmatrix} \neq \mathbf{0} \tag{1.16}$$

dargestellt werden. Der Übergang von (1.15) zu (1.16) geschieht durch Bildung des Skalarprodukts beider Seiten von (1.15) mit einem „Normalenvektor" $\mathbf{a} = (\mathbf{g}_1 \times \mathbf{g}_2)$. Bildet man das Skalarprodukt mit dem bis auf einen Faktor (± 1) eindeutig bestimmten Normaleneinheitsvektor

$$\mathbf{n} = (\mathbf{g}_1 \times \mathbf{g}_2)/|\mathbf{g}_1 \times \mathbf{g}_2|,$$

so erhält man

$$(\mathbf{n}, \mathbf{x}) = (\mathbf{n}, \mathbf{x}_0) \quad \text{oder} \quad (\mathbf{n}, \mathbf{x}) + d = 0\,, \tag{1.17}$$

die *Hessesche Normalform* der Ebenengleichung.

Sie folgt auch unmittelbar aus (1.16) durch Division durch $|\mathbf{a}|$. Wieder stellt $-d\mathbf{n} = (\mathbf{n}, \mathbf{x}_0)\,\mathbf{n}$ den Lotvektor von O auf E dar, so daß $|d|$ der Abstand des Koordinatenursprungs von E ist. Analog gibt $s := (\mathbf{n}, \mathbf{z}) + d$ den Abstand (mit Vorzeichen) von dem durch den Ortsvektor $\mathbf{z}$ gegebenen Punkt zu E an, da $\mathbf{x}_1 = \mathbf{z} - s\mathbf{n}$ die Ebenengleichung (1.17) erfüllt, also $-s\mathbf{n}$ der Lotvektor von $\mathbf{z}$ auf E ist.

Beispiel.

Gegeben seien drei Punkte durch $P_1 = (1, 1, 0)$; $P_2 = (1, 0, 1)$; $P_3 = (0, 1, 1)$. Bestimme den Abstand des Punktes $Q = (-2, -1, 2)$ von der Ebene E durch P_1, P_2, P_3 und den Fußpunkt des Lotes von Q auf E.

Lösung: Ist $\mathbf{x}_j = \overrightarrow{OP}_j$ (j = 1, 2, 3), und $\mathbf{g}_1 = \mathbf{x}_2 - \mathbf{x}_1 = \begin{pmatrix} 0 \\ -1 \\ 1 \end{pmatrix}$, $\mathbf{g}_2 = \mathbf{x}_3 - \mathbf{x}_1 = \begin{pmatrix} -1 \\ 0 \\ 1 \end{pmatrix}$,

so ist $\mathbf{n} = -\frac{1}{\sqrt{3}} \begin{pmatrix} 1 \\ 1 \\ 1 \end{pmatrix}$ und $(\mathbf{n}, \mathbf{x}) = (\mathbf{n}, \mathbf{x}_1) = -\frac{2}{\sqrt{3}} = -d$, daher $s = \sqrt{3}$ und $\mathbf{x}_F = \begin{pmatrix} -1 \\ 0 \\ 3 \end{pmatrix}$

ist der Fußpunkt des Lotes von Q auf E.

1.3.2 Abstand windschiefer Geraden

Sind zwei Vektoren $\mathbf{x}_1$ und $\mathbf{g}_1$ ($\mathbf{g}_1 \neq \mathbf{0}$) gegeben, so stellt $\mathbf{x} = \mathbf{x}(t) = \mathbf{x}_1 + t\mathbf{g}_1$ ($t \in \mathbb{R}$) die Parametergleichung einer Geraden G_1 dar. Ist entsprechend

$$\mathbf{y} = \mathbf{y}(s) = \mathbf{x}_2 + s\mathbf{g}_2\ (\mathbf{g}_2 \neq \mathbf{0},\ s \in \mathbb{R})$$

die Parametergleichung einer zweiten Geraden G_2, so sind für $\mathbf{g}_1 \times \mathbf{g}_2 = \mathbf{0}$ die Geraden parallel bzw. fallen zusammen. Ist dagegen $\mathbf{g}_1 \times \mathbf{g}_2 \neq \mathbf{0}$ und schneiden sich die Geraden nicht, so nennt man sie *windschief*.

Offenbar wird durch $\mathbf{n} = (\mathbf{g}_1 \times \mathbf{g}_2)/|\mathbf{g}_1 \times \mathbf{g}_2|$ ein auf beiden Geraden senkrecht stehender Loteinheitsvektor gegeben und die Vektoren $\mathbf{g}_1, \mathbf{g}_2$ und $\mathbf{n}$ sind linear unabhängig. Daher ist das Gleichungssystem

$$\mathbf{x}_1 + t_0\mathbf{g}_1 + d\mathbf{n} = \mathbf{x}_2 + s_0\mathbf{g}_2$$

für t_0, d, s_0 eindeutig lösbar und insbesondere ist

$$d = (x_2 - x_1, n)$$

der Abstand der windschiefen Geraden.

1.3.3 Drehungen im $\mathbb{R}^3$

a) Es sei **a** ein gegebener Einheitsvektor ($|\mathbf{a}| = 1$) und $\varphi \in \mathbb{R}$.
Man betrachte die durch $\mathbf{x} \mapsto \mathbf{y} = T(\mathbf{x})$, ($T: \mathbb{R}^3 \to \mathbb{R}^3$):

$$\mathbf{y} = T(\mathbf{x}) = (\mathbf{a}, \mathbf{x})\,\mathbf{a} + (\mathbf{a} \times \mathbf{x}) \times \mathbf{a} \cdot \cos\varphi + (\mathbf{a} \times \mathbf{x}) \sin\varphi$$

gegebene Abbildung. Sie stellt eine Rotation um die durch den Vektor **a** gegebene Drehachse im positiven Sinn um den Winkel φ dar (Bild 1.7).

Es gilt nämlich:

(i) Für $\mathbf{x} = \lambda\mathbf{a}$ ist $T(\mathbf{x}) = \mathbf{x}$.

(ii) Die Vektoren $\mathbf{a}$, $(\mathbf{a} \times \mathbf{x}) \times \mathbf{a}$, $\mathbf{a} \times \mathbf{x}$ sind paarweise orthogonal und bilden (falls $\mathbf{a} \times \mathbf{x} \neq \mathbf{0}$ ist) ein Rechtssystem, da

$$\det(\mathbf{a}, (\mathbf{a} \times \mathbf{x}) \times \mathbf{a}, \mathbf{a} \times \mathbf{x}) = (\mathbf{a} \times \mathbf{x})^2 > 0 \text{ ist.}$$

Der Vektor $(\mathbf{a} \times \mathbf{x}) \times \mathbf{a} = \mathbf{x} - (\mathbf{x}, \mathbf{a})\,\mathbf{a}$ stellt die Komponente von **x** senkrecht zu **a** dar.

(iii) Für alle $\mathbf{x} \in \mathbb{R}^3$ ist $(\mathbf{y}, \mathbf{a}) = (\mathbf{x}, \mathbf{a})$, daher stellt $\mathbf{z} = \mathbf{y} - (\mathbf{a}, \mathbf{y})\,\mathbf{a} = \mathbf{y} - (\mathbf{a}, \mathbf{x})\,\mathbf{a} = (\mathbf{x} - (\mathbf{a}, \mathbf{x})\,\mathbf{a}) \cos\varphi + (\mathbf{a} \times \mathbf{x}) \sin\varphi$ den durch Drehung der Komponente $(\mathbf{x} - (\mathbf{a}, \mathbf{x})\,\mathbf{a})$ in der Ebene senkrecht zu **a** um den Winkel φ erhaltenen Vektor dar (vgl. Bild 1.7).

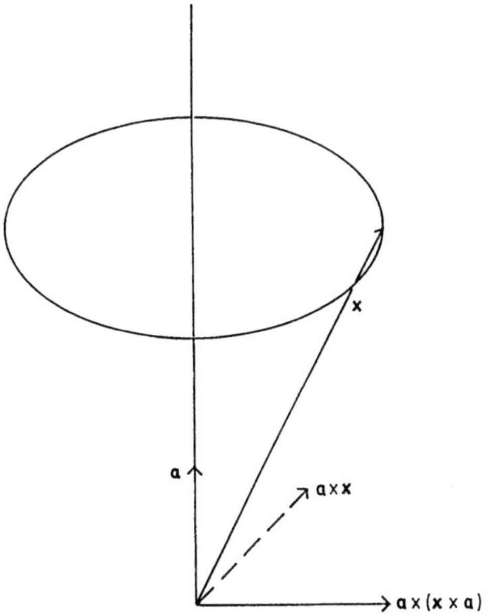

Bild 1.7

b) Aus der äquivalenten Darstellung der Abbildung T(**x**):

$$T(\mathbf{x}) = \mathbf{x}\cdot\cos\varphi + (\mathbf{a},\mathbf{x})\,\mathbf{a}(1-\cos\varphi) + (\mathbf{a}\times\mathbf{x})\sin\varphi$$

entnimmt man noch folgende Gleichung, die den Drehwinkel φ kennzeichnet:

$$\mathrm{Spur}(T) := \sum_{j=1}^{3} (T\mathbf{e}_j, \mathbf{e}_j) = 3\cos\varphi + (1-\cos\varphi) = 1 + 2\cos\varphi\,.$$

c) Häufig kommen gleichförmige Drehbewegungen um eine feste Drehachse **a** vor. In diesem Fall ist der Drehwinkel $\varphi = \omega t$ eine lineare Funktion der Zeit t, und ω die (konstante) Winkelgeschwindigkeit. Betrachtet man die Bewegung $\mathbf{x}(t)$ eines festen Vektors $\mathbf{x}_0 = \mathbf{x}(0)$, so ist

$$\mathbf{x}(t) = T(\mathbf{x}_0) = (\mathbf{a},\mathbf{x}_0)\,\mathbf{a} + (\mathbf{a}\times\mathbf{x}_0)\times\mathbf{a}\cdot\cos\omega t + (\mathbf{a}\times\mathbf{x}_0)\sin\omega t\,.$$

Für den Geschwindigkeitsvektor erhält man durch Differentiation

$$\dot{\mathbf{x}}(t) = \frac{d}{dt}\mathbf{x}(t) := \begin{pmatrix}\dot{x}_1(t)\\ \dot{x}_2(t)\\ \dot{x}_3(t)\end{pmatrix} = -\,\omega\,(\mathbf{a}\times\mathbf{x}_0)\times\mathbf{a}\sin\omega t + \omega(\mathbf{a}\times\mathbf{x}_0)\cos\omega t\,,$$

oder

$$\dot{\mathbf{x}}(t) = \omega\mathbf{a}\times\mathbf{x}(t)\,.$$

Man bezeichnet $\omega\mathbf{a}$ als den Vektor der Winkelgeschwindigkeit.

1.4 Aufgaben zu Kapitel 1

1. Welche Punktmengen werden durch folgende Gleichungen bzw. Ungleichungen beschrieben? $(\mathbf{x} = \mathbf{x}(P) = \overrightarrow{OP} \in \mathbb{R}^3)$

a) $\mathbf{x}\times\mathbf{g} = \mathbf{a}$; $\mathbf{a}, \mathbf{g}$ gegeben, $(\mathbf{a},\mathbf{g}) = 0$, $|\mathbf{g}| \neq 0$ („Plückersche Geradengleichung");

b) $|\mathbf{x}-\mathbf{x}_0|^2 \leqq r^2$, $(r \geqq 0)$ $(\mathbf{x}_0 = \mathbf{x}(P_0)$ gegeben);

c) $(\mathbf{x}-\mathbf{x}_0, \mathbf{a}) = |\mathbf{x}-\mathbf{x}_0|\cdot\cos\alpha$; α, $\mathbf{x}_0$, $\mathbf{a}$ gegeben, $|\mathbf{a}| = 1$, $\alpha \in \left[0, \frac{\pi}{2}\right]$;

d) $\mathbf{x} = \{\alpha_1\mathbf{x}_1 + \alpha_2\mathbf{x}_2 + \alpha_3\mathbf{x}_3\}$ für $\alpha_j \geqq 0$ (j = 1, 2, 3) und $\alpha_1 + \alpha_2 + \alpha_3 = 1$ $(\mathbf{x}_j = \mathbf{x}(P_j)$ gegeben).

2. Gebe sämtliche Lösungen der folgenden Vektorgleichungen für **x** an:

a) $\mathbf{x} + (\mathbf{a},\mathbf{x})\,\mathbf{a} = \mathbf{b}$

b) $\mathbf{x} + (\mathbf{a}\times\mathbf{x}) = \mathbf{b}$.

3. Stelle die Gleichung der Tangentialebene an die Kugel $|\mathbf{x}-\mathbf{x}_0| = r$ im Punkte P_1 $(|\mathbf{x}(P_1)-\mathbf{x}_0| = r)$ auf.

4. Stelle die Gleichungen der Tangenten an den Kreis $|\mathbf{x}-\mathbf{x}_0| = r\ (r > 0)$ auf, die durch den Punkt P_1 gehen, $(|\mathbf{x}(P_1)-\mathbf{x}_0| > r)$; $\mathbf{x}(P_1) = \mathbf{x}_1$.

1.5 Entscheidungshilfen und Literaturhinweise zu Kapitel 1

Das in diesem Kapitel nur knapp behandelte Gebiet der Analytischen Geometrie wird ausführlich im Band „Geometrie" dieser Reihe dargestellt. Vergleiche auch die dort genannte Literatur. Eine leicht lesbare, elementare Darstellung gibt das – englischsprachige – Buch „Analytic Geometry with Vectors" [P1]. Im übrigen enthalten alle Lehrbücher der Höheren Mathematik Kapitel über Vektorrechnung bzw. Lineare Algebra, vgl. z.B. Dallmann/Elster [D1] Einführung in die Höhere Mathematik Bd. 2.

2 Vektorräume, lineare Abbildungen, Matrizen

Im ersten Kapitel hatten wir die euklidischen Vektorräume $\mathbb{R}^2$ und $\mathbb{R}^3$ betrachtet. Zahlreiche Probleme in den Natur- und Ingenieurwissenschaften erfordern jedoch zu ihrer Behandlung einen allgemeineren Vektorbegriff. Schon bei der Lösung linearer Gleichungssysteme

$$\begin{aligned} a_{11}x_1 + a_{12}x_2 + \ldots + a_{1p}x_p &= y_1 \\ a_{21}x_1 + a_{22}x_2 + \ldots + a_{2p}x_p &= y_2 \\ \ldots\ldots\ldots\ldots\ldots\ldots\ldots\ldots & \\ a_{p1}x_1 + a_{p2}x_2 + \ldots + a_{pp}x_p &= y_p \ , \end{aligned}$$

ist es zweckmäßig, die gegebenen rechten Seiten $y_1, \ldots, y_p$ zu einem Vektor $\mathbf{y} = \begin{pmatrix} y_1 \\ \vdots \\ y_p \end{pmatrix}$ und ebenso die gesuchten Lösungen zu einem Vektor $\mathbf{x} = \begin{pmatrix} x_1 \\ \vdots \\ x_p \end{pmatrix}$ zusammenzufassen, und mit diesen Vektoren auf analoge Weise zu rechnen, wie wir es im ersten Kapitel getan haben. Gleichungssysteme mit einer großen Zahl von Gleichungen und Unbekannten ($p \geqslant 100$) treten z.B. bei der Berechnung großer statischer Systeme, elektrischer Netzwerke, bei der numerischen Lösung partieller Differentialgleichungen (vgl. Bd. „Partielle Differentialgleichungen") und an vielen anderen Stellen auf. Mitunter sind auch Gleichungssysteme in komplexen Zahlen zu lösen. Wir wollen jetzt den Vektorraumbegriff so verallgemeinern, daß er alle diese Fälle umfaßt.

2.1 Vektorräume über $\mathbb{R}$ oder $\mathbb{C}$

Wir haben bereits im ersten Band „Funktionen einer Veränderlichen" die reellen Zahlen $\mathbb{R}$ und die komplexen Zahlen $\mathbb{C}$ kennengelernt (vgl. dort Kapitel 1). Auch die Begriffe „Gruppe" und „Körper" wurden dort eingeführt. Wir wollen weiterhin wahlweise mit reellen oder komplexen Zahlen rechnen und setzen zur Abkürzung für den Körper der reellen oder den Körper der komplexen Zahlen den Buchstaben K ($K = \mathbb{R}$ oder $\mathbb{C}$).

2.1 **Definition.** (*Vektorraum über* K)

Unter einem *Vektorraum über* K versteht man eine Menge $V = \{x, y, z, \ldots\}$ von Elementen („Vektoren"), für die zwei Verknüpfungen erklärt sind:

- die Addition $x + y$, also eine Abbildung, die jedem (geordneten) Paar $x, y \in V$ eindeutig eine „Summe" $x + y \in V$ zuordnet,
- die Multiplikation mit Elementen von K, also eine Abbildung, die jedem $\lambda \in K$ und jedem $x \in V$ eindeutig ein Element $(\lambda \cdot x) \in V$ zuordnet, wobei folgende Axiome für beliebige $x, y, z \in V$ und $\lambda, \mu \in K$ gelten:

1. $x + (y + z) = (x + y) + z$ (Assoziativgesetz), (2.1)
2. $x + y = y + x$ (Kommutativgesetz), (2.2)
3. es existiert ein (eindeutig bestimmter) Vektor $\mathbf{0} \in V$ („Nullvektor") mit

   $x + \mathbf{0} = x$ für alle $x \in V$. (2.3)
4. Zu jedem $x \in V$ existiert ein (eindeutig bestimmter) Vektor $(-x) \in V$ mit

   $x + (-x) = \mathbf{0}$, (2.4)
5. $\lambda(x + y) = \lambda x + \lambda y$ (2.5)
6. $(\lambda + \mu)x = \lambda x + \mu x$ (2.6) (Distributivgesetze),
7. $(\lambda \cdot \mu) \cdot x = \lambda \cdot (\mu \cdot x)$ (Assoziativgesetz), (2.7)
8. $1 \cdot x = x$. (2.8)

Um den Körper K mit anzugeben, schreibt man auch V(K) (*Vektorraum* V *über dem Körper* K).

Ein Vektorraum ist also hinsichtlich der Addition von Vektoren eine kommutative Gruppe, und für die Multiplikation von Vektoren mit Elementen des Körpers K gelten insbesondere Distributiv- und Assoziativgesetze, also die üblichen Klammerregeln. Im Unterschied zu den Elementen von V, den Vektoren, nennt man die Elemente von K *Skalare*. Die euklidischen Vektorräume $\mathbb{R}^2$ und $\mathbb{R}^3$ erfüllen offenbar die Regeln 1. bis 8. und sind daher Vektorräume über $\mathbb{R}$. Sie haben allerdings weitere Eigenschaften, unter denen die der endlichen Dimension (2 bzw. 3) besonders wichtig ist. Wie wir gleich an einfachen Beispielen sehen werden, treffen die Regeln der Definition 2.1 auf Vektorräume unterschiedlicher, ja sogar *unendlicher* Dimension zu. Wir wollen daher zunächst festlegen, was wir unter der Dimension eines Vektorraumes verstehen wollen.

Dazu erinnern wir uns, daß im Vektorraum $\mathbb{R}^3$ jeder Vektor $x \in \mathbb{R}^3$ etwa durch die drei Einheitsvektoren $\mathbf{e}_1$, $\mathbf{e}_2$ und $\mathbf{e}_3$ dargestellt werden konnte:

$$x = x_1\mathbf{e}_1 + x_2\mathbf{e}_2 + x_3\mathbf{e}_3 .$$

Man sagt auch, die drei Vektoren $\mathbf{e}_1$, $\mathbf{e}_2$ und $\mathbf{e}_3$ „spannen den Vektorraum $\mathbb{R}^3$ auf".

2.2 **Definition.** (*Dimension eines Vektorraumes*)

Es sei V ein Vektorraum über dem Körper K, $V \neq \{\mathbf{0}\}$.
V heißt endlich-dimensional, und zwar p-dimensional, falls es p Vektoren $\mathbf{z}_1, \mathbf{z}_2, \ldots, \mathbf{z}_p \in V$ gibt, die V aufspannen, d.h. falls jeder Vektor $\mathbf{x} \in V$ sich in der Form

$$\mathbf{x} = c_1 \mathbf{z}_1 + c_2 \mathbf{z}_2 + \ldots + c_p \mathbf{z}_p \tag{2.9}$$

mit geeigneten Konstanten $c_1, c_2, \ldots, c_p \in K$ darstellen läßt, und es keine Menge von weniger als p Vektoren gibt, die V ebenfalls aufspannen.

Die Vektoren $\mathbf{z}_1, \mathbf{z}_2, \ldots, \mathbf{z}_p$ heißen *Basis* von V und p die *Dimension* von V ($p = \dim(V)$).

Ist $V = \{\mathbf{0}\}$, so setzt man $\dim V = 0$.

2.2 Beispiele

a) Der Vektorraum $V_p(\mathbb{R})$ ($K = \mathbb{R}$). Wir betrachten die Menge der Spalten von p reellen Zahlen, die Vektoren

$$\mathbf{x} := \begin{pmatrix} x_1 \\ x_2 \\ \vdots \\ x_p \end{pmatrix} \qquad (x_j \in \mathbb{R},\ j = 1, 2, \ldots, p)\,.$$

Ist ein weiterer Vektor $\mathbf{y} \in V$, $\mathbf{y} = \begin{pmatrix} y_1 \\ \vdots \\ y_p \end{pmatrix}$ gegeben, so setzt man durch

$$\mathbf{x} + \mathbf{y} := \begin{pmatrix} x_1 + y_1 \\ x_2 + y_2 \\ \vdots \\ x_p + x_p \end{pmatrix} \quad \text{und} \quad \lambda \mathbf{x} := \begin{pmatrix} \lambda x_1 \\ \lambda x_2 \\ \vdots \\ \lambda x_p \end{pmatrix} \quad (\lambda \in \mathbb{R})$$

Addition zweier Vektoren und die Multiplikation mit einem Skalar ($\lambda \in \mathbb{R}$) fest. Offenbar sind die Eigenschaften 1. bis 8. der Definition 2.1 erfüllt, insbesondere sind der Nullvektor $\mathbf{0}$ und der Vektor $(-\mathbf{x})$ gegeben durch

$$\mathbf{0} = \begin{pmatrix} 0 \\ \vdots \\ 0 \end{pmatrix}, \quad (-\mathbf{x}) = \begin{pmatrix} -x_1 \\ \vdots \\ -x_p \end{pmatrix} = (-1) \cdot \mathbf{x}\,.$$

$V_p(\mathbb{R})$ ist ein endlich-dimensionaler (p-dimensionaler) Vektorraum gemäß Def. 2.2, denn die Vektoren

$$\mathbf{e}_1 = \begin{pmatrix} 1 \\ 0 \\ \vdots \\ 0 \end{pmatrix}, \quad \mathbf{e}_2 = \begin{pmatrix} 0 \\ 1 \\ \vdots \\ 0 \end{pmatrix}, \ldots, \mathbf{e}_p = \begin{pmatrix} 0 \\ 0 \\ \vdots \\ 1 \end{pmatrix}$$

bilden eine (*kanonische*) Basis. Für $\mathbf{x} \in V$ gilt nämlich

$$\mathbf{x} = x_1 \mathbf{e}_1 + x_2 \mathbf{e}_2 + \ldots + x_p \mathbf{e}_p \;.$$

(Daß es keine Basis von weniger als p Vektoren gibt, wird später gezeigt.)

b) Der Vektorraum $\mathscr{P}(\mathbb{R})$ der Polynome über $\mathbb{R}$.

Es sei V die Menge der reellen Polynome:

$$V = \{P \mid P = P(x) = a_0 + a_1 x + \ldots + a_n x^n,\ a_j \in \mathbb{R},\ j = 0, \ldots, n,\ n \in \mathbb{N}_0\} \;.$$

Dabei sei der Grad n der Polynome beliebig ($\in \mathbb{N}_0$).

Auf natürliche Weise ist eine Addition zweier Polynome

$$(P + Q)(x) := P(x) + Q(x)$$

und durch $(\lambda \cdot P)(x) := \lambda \cdot P(x) \quad (\lambda \in \mathbb{R})$

eine Multiplikation mit $\lambda \in \mathbb{R}$ festgelegt. Wieder sind die Eigenschaften 1. bis 8. der Definition 2.1 erfüllt. (Der Nullvektor wird durch das Polynom $P_0(x) \equiv 0$ gegeben). $V = \mathscr{P}(\mathbb{R})$ ist jedoch nicht endlich-dimensional, denn gäbe es eine Basis von p Polynomen $Q_1(x), \ldots, Q_p(x)$, so wäre nach Def. 2.2 für jedes Polynom $P \in \mathscr{P}(\mathbb{R})$:

$$P(x) = \sum_{j=1}^{p} c_j Q_j(x) \;;$$

d.h. P hätte einen Grad, der höchstens so groß wäre wie der maximale Grad der Polynome Q_j.

c) Analog kann man den Vektorraum C [a, b], (a, b $\in \mathbb{R}$, a < b) der über dem abgeschlossenen Intervall [a, b] stetigen Funktionen betrachten, Wieder ist für f, g $\in$ C [a, b]

$$(f + g)(x) := f(x) + g(x); \quad (\lambda f)(x) := \lambda f(x) \;,$$

und damit ein Vektorraum über $\mathbb{R}$ gegeben.

d) Der Vektorraum $V_p(\mathbb{C})$, $(K = \mathbb{C})$. $V_p(\mathbb{C})$ sei die Menge aller Spalten von p komplexen Zahlen, also für $\mathbf{x}, \mathbf{y} \in V_p(\mathbb{C})$:

$$\mathbf{x} = \begin{pmatrix} z_1 \\ \vdots \\ z_p \end{pmatrix}; \quad \mathbf{y} = \begin{pmatrix} w_1 \\ \vdots \\ w_p \end{pmatrix} \quad (z_j, w_j \in \mathbb{C},\ j = 1, \ldots, p) \;.$$

Durch $\mathbf{x} + \mathbf{y} := \begin{pmatrix} z_1 + w_1 \\ \vdots \\ z_p + w_p \end{pmatrix}, \ \lambda \mathbf{x} := \begin{pmatrix} \lambda z_1 \\ \vdots \\ \lambda z_p \end{pmatrix} \quad (\lambda \in \mathbb{C})$

ist ein (p-dimensionaler) Vektorraum über dem Körper der komplexen Zahlen gegeben.

2.3 Erste Folgerungen aus den Vektorraumaxiomen

Wir hatten bereits vorausgesetzt, daß in jedem Vektorraum V der Nullvektor **0** und der zu $\mathbf{x} \in V$ existierende Vektor $(-\mathbf{x})$ eindeutig bestimmt sind (Man kann auf diese Voraussetzungen verzichten und die Eindeutigkeit aus den geänderten Axiomen herleiten). Wir notieren einige Folgerungen aus Definition 2.1.

2.3 **Lemma.**

V sei ein Vektorraum über K. Dann gilt

1. Die Gleichung $\mathbf{x} + \mathbf{a} = \mathbf{b}$ bei gegebenem $\mathbf{a}, \mathbf{b} \in V$ ist stets eindeutig lösbar durch $\mathbf{x} = \mathbf{b} + (-\mathbf{a}) = \mathbf{b} - \mathbf{a}$.
2. $\lambda \mathbf{x} = 0$ genau dann, wenn $\lambda = 0$ oder $\mathbf{x} = \mathbf{0}$ ist.
3. $$\left(\sum_{j=1}^{m} \lambda_j\right) \mathbf{x} = \sum_{j=1}^{m} \lambda_j \mathbf{x}; \quad \lambda\left(\sum_{j=1}^{n} \mathbf{x}_j\right) = \sum_{j=1}^{n} \lambda \mathbf{x}_j \tag{2.10}$$

oder – allgemeiner –:

$$\left(\sum_{j=1}^{m} \lambda_j\right)\left(\sum_{k=1}^{n} \mathbf{x}_k\right) = \sum_{j=1}^{m} \sum_{k=1}^{n} \lambda_j \mathbf{x}_k = \sum_{k=1}^{n} \sum_{j=1}^{m} \lambda_j \mathbf{x}_k \tag{2.11}$$

Beweis.

1. Aus $\mathbf{x} + \mathbf{a} = \mathbf{b}$ folgt durch Anwendung der jeweils angegebenen Regeln der Definition 2.1 sukzessiv:

$$(\mathbf{x} + \mathbf{a}) + (-\mathbf{a}) = \mathbf{b} + (-\mathbf{a}) \qquad \text{Regel (2.4)}$$
$$\mathbf{x} + (\mathbf{a} + (-\mathbf{a})) = \mathbf{b} + (-\mathbf{a}) \qquad \text{Regel (2.1)}$$
$$\mathbf{x} + \mathbf{0} = \mathbf{x} = \mathbf{b} + (-\mathbf{a}) \qquad \text{Regeln (2.3) und (2.4)}$$

Umgekehrt gilt $(\mathbf{b} + (-\mathbf{a})) + \mathbf{a} = \mathbf{b} + ((-\mathbf{a}) + \mathbf{a}) = \mathbf{b} + \mathbf{0} = \mathbf{b}$, so daß die Gleichung $\mathbf{x} + \mathbf{a} = \mathbf{b}$ durch $\mathbf{x} = \mathbf{b} + (-\mathbf{a}) =: \mathbf{b} - \mathbf{a}$ eindeutig lösbar ist. Insbesondere ist $(-\mathbf{a}) = (-1) \cdot \mathbf{a}$, und die Gleichung $\mathbf{x} + \mathbf{a} = \mathbf{a}$ wird nur durch $\mathbf{x} = \mathbf{0}$ erfüllt.

2. Ist $\mathbf{x} \in V$, so folgt $\mathbf{x} = 1 \cdot \mathbf{x} = (1 + 0)\, \mathbf{x} = 1 \cdot \mathbf{x} + 0 \cdot \mathbf{x} = \mathbf{x} + 0 \cdot \mathbf{x}$ nach (2.8) und (2.6), so daß nach der ersten Aussage dieses Lemmas $0 \cdot \mathbf{x} = \mathbf{0}$ folgt. Analog gilt für $\lambda \in \mathbf{K}$: $\lambda \cdot \mathbf{x} = \lambda \cdot (\mathbf{x} + \mathbf{0}) = \lambda \cdot \mathbf{x} + \lambda \cdot \mathbf{0} \Rightarrow \lambda \cdot \mathbf{0} = \mathbf{0}$. Ist umgekehrt $\lambda \cdot \mathbf{x} = \mathbf{0}$ und etwa $\lambda \neq 0$ $(\lambda \in K)$, so ergibt sich durch Multiplikation mit $\lambda^{-1} \in K$:

$$\lambda^{-1}(\lambda \mathbf{x}) = (\lambda^{-1} \lambda)\, \mathbf{x} = 1 \cdot \mathbf{x} = \mathbf{x} = \lambda^{-1}\, \mathbf{0} = \mathbf{0}\,,$$

also $\mathbf{x} = \mathbf{0}$.

3. ergibt sich durch vollständige Induktion nach m bzw. n aus (2.5) bzw. (2.6). ■

2.4 Lineare Abhängigkeit, Basis, Dimension, Steinitzscher Austauschsatz

Bereits im ersten Kapitel hatten wir den Begriff „lineare Abhängigkeit von Vektoren" eingeführt (Def. 1.6). Die folgende Definition ist daher zunächst nur eine Wiederholung. Weiter werden in diesem Abschnitt die Unterräume eingeführt, insbesondere die von einer (endlichen) Menge von Vektoren erzeugten Unterräume.

2.4 **Definition.** (*Lineare Abhängigkeit*)

V (K) sei ein Vektorraum.

Die Vektoren $\mathbf{a}_1, \ldots, \mathbf{a}_k$ ($\mathbf{a}_j \in V$, $j = 1, \ldots, k$) heißen *linear abhängig*, wenn es Skalare $\lambda_1, \ldots, \lambda_k \in K$ gibt, die nicht alle gleich Null sind, so daß

$$\lambda_1 \mathbf{a}_1 + \ldots + \lambda_k \mathbf{a}_k = \mathbf{0} \tag{2.12}$$

ist. Andernfalls heißen die Vektoren $\mathbf{a}_1, \ldots, \mathbf{a}_k$ *linear unabhängig*.

Beispiel.

Die Vektoren $\mathbf{a}_1 = \begin{pmatrix}1\\1\\2\\3\end{pmatrix}$, $\mathbf{a}_2 = \begin{pmatrix}2\\1\\3\\2\end{pmatrix}$, $\mathbf{a}_3 = \begin{pmatrix}0\\1\\1\\4\end{pmatrix}$ ($\in V_4(\mathbb{R})$) sind linear abhängig, denn es ist $2\,\mathbf{a}_1 - \mathbf{a}_2 - \mathbf{a}_3 = \mathbf{0}$, andererseits sind $\mathbf{a}_1, \mathbf{a}_2$ linear unabhängig, denn $\lambda_1 \mathbf{a}_1 + \lambda_2 \mathbf{a}_2 = \mathbf{0}$ ist nur für $\lambda_1 = \lambda_2 = 0$ erfüllt. Die Frage, ob gegebene Vektoren linear abhängig oder linear unabhängig sind, führt auf lineare (homogene) Gleichungssysteme, die wir in Kapitel 4 eingehender betrachten werden. Allgemein gilt: Die Vektoren $\mathbf{a}_1, \mathbf{a}_2, \ldots, \mathbf{a}_k$ sind genau dann linear unabhängig, wenn die Gleichung (2.12) nur für $\lambda_1 = \lambda_2 = \ldots = \lambda_k = 0$ erfüllt ist. Ferner sind für $k \geqq 2$ die Vektoren $\mathbf{a}_1, \ldots \mathbf{a}_k$ genau dann linear abhängig, wenn mindestens einer von ihnen sich als „Linearkombination" der übrigen Vektoren darstellen läßt. Ist nämlich etwa

$$\mathbf{a}_k = d_1 \mathbf{a}_1 + d_2 \mathbf{a}_2 + \ldots + d_{k-1} \mathbf{a}_{k-1} \tag{2.13}$$

mit geeignetem Koeffizienten $d_j \in K$ ($j = 1, \ldots, k-1$), so gilt

$$d_1 \mathbf{a}_1 + d_2 \mathbf{a}_2 + \ldots + d_{k-1} \mathbf{a}_{k-1} - \mathbf{a}_k = \mathbf{0}\,, \tag{2.14}$$

d.h. es gilt (2.12) mit $\lambda_k = -1 \neq 0$.

Sind andererseits die Vektoren $\mathbf{a}_1, \ldots, \mathbf{a}_k$ linear abhängig, so ist in (2.12) mindestens ein Koeffizient von Null verschieden, etwa $\lambda_k \neq 0$, und man kann (2.12) nach $\mathbf{a}_k$ auflösen:

$$\begin{aligned}\mathbf{a}_k &= -\left(\frac{\lambda_1}{\lambda_k}\mathbf{a}_1 + \ldots + \frac{\lambda_{k-1}}{\lambda_k}\mathbf{a}_{k-1}\right)\\ &= d_1 \mathbf{a}_1 + \ldots + d_{k-1}\mathbf{a}_{k-1}\,.\end{aligned}$$

Vgl. auch die entsprechenden Überlegungen im Kapitel 1 (S. 8).

Sind die Vektoren $\mathbf{a}_1, \ldots, \mathbf{a}_k$ gegeben, dann nennen wir einen Ausdruck der Form

$$c_1 \mathbf{a}_1 + \ldots + c_k \mathbf{a}_k \qquad (c_j \in K)$$

eine *Linearkombination* dieser Vektoren.

2.5 **Definition.** (*Unterraum*)

V (K) sei ein Vektorraum und $\mathbf{a}_1, \ldots, \mathbf{a}_k$ gegebene Vektoren aus V. Dann heißt die Menge aller Linearkombinationen der Vektoren $\mathbf{a}_1, \ldots, \mathbf{a}_k$, d.h. die Menge

$$U = \{\mathbf{x} \mid \mathbf{x} = c_1 \mathbf{a}_1 + \ldots + c_k \mathbf{a}_k, \quad c_j \in K\}$$

der von den Vektoren $\mathbf{a}_1, \ldots, \mathbf{a}_k$ erzeugte *Unterraum* von V. Man schreibt auch $U = \langle \mathbf{a}_1, \ldots, \mathbf{a}_k \rangle$.

Allgemein ist ein Unterraum U des Vektorraums V (K) eine Teilmenge $U \subseteq V$, die selbst wieder ein Vektorraum ist. Dazu ist erforderlich, daß

$$\left.\begin{array}{ll} & \text{a) mit } \mathbf{x} \in U,\ \mathbf{y} \in U \text{ auch } \mathbf{x} + \mathbf{y} \in U \\ \text{und} & \text{b) mit } \mathbf{x} \in U,\ \lambda \in K \text{ auch } \lambda\mathbf{x} \in U \text{ ist.} \end{array}\right\} \qquad (2.15)$$

Diese beiden Bedingungen sind auch hinreichend, denn ist $U \neq \emptyset$, so folgt aus b) mit $\mathbf{x} \in U$ auch $0 \cdot \mathbf{x} = \mathbf{0} \in U$ (Axiom 3.) und $(-1) \cdot \mathbf{x} = (-\mathbf{x}) \in U$ (Axiom 4.). Die übrigen Axiome der Definition 2.1 gelten in ganz V, daher auch in U. Mithin ist U wieder ein Vektorraum. Hiernach ist es auch gerechtfertigt, die Menge $U = \langle \mathbf{a}_1, \ldots, \mathbf{a}_k \rangle$ aller Linearkombinationen der Vektoren $\mathbf{a}_1, \ldots, \mathbf{a}_k$ einen Unterraum zu nennen. Denn sind

$$\mathbf{x} = c_1 \mathbf{a}_1 + \ldots + c_k \mathbf{a}_k \text{ und } \mathbf{y} = d_1 \mathbf{a}_1 + \ldots + d_k \mathbf{a}_k$$

zwei Vektoren, $\mathbf{x} \in U$, $\mathbf{y} \in U$, so ist offenbar auch

a) $\mathbf{x} + \mathbf{y} = (c_1 + d_1)\mathbf{a}_1 + \ldots + (c_k + d_k)\mathbf{a}_k \in U$ und

b) $\lambda \cdot \mathbf{x} = (\lambda c_1)\mathbf{a}_1 + \ldots + (\lambda c_k)\mathbf{a}_k \in U$.

Wir ziehen noch einige Folgerungen aus diesen letzten Definitionen.

2.6 **Lemma.**

a) V (K) sei ein endlich-dimensionaler (p-dimensionaler) Vektorraum. Dann sind die Basisvektoren $\mathbf{z}_1, \ldots, \mathbf{z}_p$ (vgl. Def. 2.2) linear unabhängig und die Darstellung für jedes $\mathbf{x} \in V$

$$\mathbf{x} = c_1 \mathbf{z}_1 + \ldots + c_p \mathbf{z}_p \qquad (2.16)$$

ist eindeutig, d.h. die Koeffizienten $c_j \in K$ sind durch den Vektor $\mathbf{x}$ eindeutig bestimmt.

b) Es sei $U \subseteq V(K)$ und $U = \langle \mathbf{a}_1, \ldots, \mathbf{a}_k \rangle$, $U \neq \{\mathbf{0}\}$. Dann gibt es eine Teilmenge der Vektoren $\{\mathbf{a}_1, \ldots, \mathbf{a}_k\}$, die eine Basis von U bilden, also linear unabhängig sind.

Beweis.

a) Angenommen, die Vektoren $\mathbf{z}_1, \ldots, \mathbf{z}_p$ wären linear abhängig. Dann wäre mindestens einer dieser Vektoren, etwa $\mathbf{z}_p$, eine Linearkombination der übrigen Vektoren, d.h.

$$\mathbf{z}_p = \lambda_1 \mathbf{z}_1 + \ldots + \lambda_{p-1} \mathbf{z}_{p-1} ,$$

und diese Beziehung könnte in die Darstellung (2.9) eines beliebigen Vektors $\mathbf{x} \in V$

$$\mathbf{x} = c_1 \mathbf{z}_1 + \ldots + c_p \mathbf{z}_p$$

eingesetzt werden:

$$\mathbf{x} = (c_1 + c_p \lambda_1) \mathbf{z}_1 + \ldots + (c_{p-1} + c_p \lambda_{p-1}) \mathbf{z}_{p-1} .$$

Also gäbe es weniger als p Vektoren (nämlich $\mathbf{z}_1, \ldots, \mathbf{z}_{p-1}$), mit denen jeder Vektor $\mathbf{x} \in V$ dargestellt werden kann, im Widerspruch zu Def. 2.2.

Da also die Basisvektoren $\mathbf{z}_1, \ldots, \mathbf{z}_p$ linear unabhängig sind, ist die Darstellung (2.9) auch eindeutig. Zwei Darstellungen

$$\mathbf{x} = c_1 \mathbf{z}_1 + \ldots + c_p \mathbf{z}_p \quad \text{und} \quad \mathbf{x} = d_1 \mathbf{z}_1 + \ldots + d_p \mathbf{z}_p$$

führen nämlich zu

$$\mathbf{0} = (c_1 - d_1) \mathbf{z}_1 + \ldots + (c_p - d_p) \mathbf{z}_p \quad \text{und damit zu}$$

$$c_1 = d_1, \ c_2 = d_2, \ldots, c_p = d_p .$$

b) Sind die Vektoren $\mathbf{a}_1, \ldots, \mathbf{a}_k$ linear unabhängig, so ist die Behauptung richtig. Andernfalls ist mindestens einer der Vektoren $\mathbf{a}_1, \ldots, \mathbf{a}_k$ eine Linearkombination der übrigen Vektoren, etwa $\mathbf{a}_k$:

$$\mathbf{a}_k = \lambda_1 \mathbf{a}_1 + \ldots + \lambda_{k-1} \mathbf{a}_{k-1} .$$

Wie im Teil a) dieses Lemmas kann dies in die Darstellung $\mathbf{x} \in U$, also $\mathbf{x} = c_1 \mathbf{a}_1 + \ldots + c_k \mathbf{a}_k$ eingesetzt werden und es ergibt sich wie oben

$$\mathbf{x} = (c_1 + c_k \lambda_1) \mathbf{a}_1 + \ldots + (c_{k-1} + c_k \lambda_{k-1}) \mathbf{a}_{k-1} ,$$

d.h. $U = \langle \mathbf{a}_1, \ldots, \mathbf{a}_{k-1} \rangle$. Sind jetzt die Vektoren $\mathbf{a}_1, \ldots, \mathbf{a}_{k-1}$ linear unabhängig, so ist die Behauptung bewiesen, andernfalls kann dieser Schritt wiederholt werden. Nach endlich vielen Schritten ist auf diese Weise eine linear unabhängige Teilmenge von $\{\mathbf{a}_1, \ldots, \mathbf{a}_k\}$ gefunden, die U erzeugt oder, wie man auch sagt, „aufspannt". ■

In einem endlich-dimensionalen (p-dimensionalen) Vektorraum V (K) gibt es verschiedene Mengen von Vektoren, die je eine Basis bilden. Häufig ist es zweckmäßig, gegebene Basisvektoren durch andere der Aufgabenstellung angepaßte Vektoren auszutauschen. Dazu beweisen wir den folgenden Satz:

2.7 **Satz.** (*Steinitzscher Austauschsatz*)

Gegeben sei ein Vektorraum V (K) und k linear unabhängige Vektoren $\mathbf{a}_1, \ldots, \mathbf{a}_k \in V$. U sei der von $\mathbf{a}_1, \ldots, \mathbf{a}_k$ erzeugte Unterraum, $U = \langle \mathbf{a}_1, \ldots, \mathbf{a}_k \rangle$. Ferner seien $\mathbf{b}_1, \ldots, \mathbf{b}_s$ gegebene, linear unabhängige Vektoren aus U, $(\mathbf{b}_j \in U, j = 1, \ldots, s)$.
Dann können geeignete s Basisvektoren der $\mathbf{a}_1, \ldots, \mathbf{a}_k$ durch $\mathbf{b}_1, \ldots, \mathbf{b}_s$ ausgetauscht werden, d.h. *nach geeigneter Umnumerierung* der $\mathbf{a}_1, \ldots, \mathbf{a}_k$ ist $U = \langle \mathbf{b}_1, \ldots, \mathbf{b}_s, \mathbf{a}_{s+1}, \ldots, \mathbf{a}_k \rangle$ und dieses Erzeugendensystem ist ebenfalls linear unabhängig, also eine Basis von U.

Beweis.

Der Austausch kann sukzessiv erfolgen. Es seien also bereits $r \ (0 \leqq r < s)$ Vektoren $\mathbf{b}_1, \ldots, \mathbf{b}_r$ ausgetauscht, d.h. es sei

$$U = \langle \mathbf{b}_1, \ldots, \mathbf{b}_r, \mathbf{a}_{r+1}, \ldots, \mathbf{a}_k \rangle \tag{2.17}$$

und die Vektoren $\mathbf{b}_1, \ldots, \mathbf{b}_r, \mathbf{a}_{r+1}, \ldots, \mathbf{a}_k$ seien linear unabhängig.
Da $\mathbf{b}_{r+1} \in U$, folgt

$$\mathbf{b}_{r+1} = \mu_1 \mathbf{b}_1 + \ldots + \mu_r \mathbf{b}_r + \mu_{r+1} \mathbf{a}_{r+1} + \ldots + \mu_k \mathbf{a}_k \, . \tag{2.18}$$

Nun können nicht zugleich $\mu_{r+1} = \mu_{r+2} = \ldots = \mu_k = 0$ sein, da sonst die Vektoren $\mathbf{b}_1, \ldots, \mathbf{b}_{r+1}$ entgegen der Voraussetzung linear abhängig wären. Durch Umnumerierung der $\mathbf{a}_{r+1}, \ldots, \mathbf{a}_k$ kann erreicht werden, daß $\mu_{r+1} \neq 0$ ist. Löst man jetzt (2.18) nach $\mathbf{a}_{r+1}$ auf, so ergibt sich

$$\mathbf{a}_{r+1} = \mu_{r+1}^{-1} \mathbf{b}_{r+1} - \sum_{j=1}^{r} (\mu_j \mu_{r+1}^{-1}) \mathbf{b}_j - \sum_{j=r+2}^{k} (\mu_j \mu_{r+1}^{-1}) \mathbf{a}_j \, , \tag{2.19}$$

wobei die letzte Summe für $r + 1 = k$ nicht auftritt. Ist jetzt $\mathbf{x} \in U$, d.h.

$$\mathbf{x} = \sum_{j=1}^{r} d_j \mathbf{b}_j + \sum_{j=r+1}^{k} d_j \mathbf{a}_j \, ,$$

so kann die Darstellung (2.19) hierin eingesetzt werden:

$$\mathbf{x} = \sum_{j=1}^{r} (d_j - d_{r+1} \mu_j \mu_{r+1}^{-1}) \mathbf{b}_j + d_{r+1} \mu_{r+1}^{-1} \mathbf{b}_{r+1} + \sum_{j=r+2}^{k} (d_j - d_{r+1} \mu_j \mu_{r+1}^{-1}) \mathbf{a}_j \, , \tag{2.20}$$

also $U = \langle \mathbf{b}_1, \ldots, \mathbf{b}_{r+1}, \mathbf{a}_{r+2}, \ldots, \mathbf{a}_k \rangle$.
Die Vektoren $\mathbf{b}_1, \mathbf{b}_2, \ldots, \mathbf{b}_{r+1}, \mathbf{a}_{r+2}, \ldots, \mathbf{a}_k$ sind auch linear unabhängig, denn andernfalls wäre

$$\mathbf{0} = \sum_{j=1}^{r+1} c_j \mathbf{b}_j + \sum_{j=r+2}^{k} c_j \mathbf{a}_j \tag{2.21}$$

und es müßte insbesondere $c_{r+1} \neq 0$ sein, da nach Voraussetzung $\mathbf{b}_1, \mathbf{b}_2, \ldots, \mathbf{b}_r$, $\mathbf{a}_{r+1}, \ldots, \mathbf{a}_k$ linear unabhängig sind. Dann könnte aber (2.21) nach $\mathbf{b}_{r+1}$ aufgelöst werden und man erhielte eine von (2.18) verschiedene Darstellung von $\mathbf{b}_{r+1}$, im Widerspruch zur linearen Unabhängigkeit der Vektoren $\mathbf{b}_1, \ldots, \mathbf{b}_r, \mathbf{a}_{r+1}, \ldots, \mathbf{a}_k$. ■

2.5 Koordinaten, Unterräume und lineare Mannigfaltigkeiten

Aus dem Steinitzschen Austauschsatz (Satz 2.7) ergibt sich unmittelbar: Ist $\mathbf{a}_1, \ldots, \mathbf{a}_k$ eine (linear unabhängige) Basis von U, $U = \langle \mathbf{a}_1, \ldots, \mathbf{a}_k \rangle$, so ist $s \leqq k$, d.h. mehr als k Vektoren aus U sind stets linear abhängig. Andererseits bilden je k linear unabhängige Vektoren aus U ebenfalls eine Basis von U, da die $\mathbf{a}_1, \ldots, \mathbf{a}_k$ gegen diese Vektoren ausgetauscht werden können. Schließlich können $s\,(s \leqslant k)$ linear unabhängige Vektoren $\mathbf{b}_1, \ldots, \mathbf{b}_s$ stets zu einer Basis von U erweitert werden, da man ausgehend von einer beliebigen Basis $\mathbf{a}_1, \ldots, \mathbf{a}_k$ geeignete s dieser Vektoren gegen die Vektoren $\mathbf{b}_1, \ldots, \mathbf{b}_s$ austauschen kann. Speziell gilt: Ist $\dim V(K) = p$ (endlich), so sind je $(p + 1)$ Vektoren aus V linear abhängig. Je p linear unabhängige Vektoren bilden eine Basis von V, während keine Menge von weniger als p Vektoren eine Basis von V bilden kann. Siehe hierzu die letzte Bemerkung zum Beispiel a) in Abschnitt 2.2. Folgende Eigenschaften einer Menge von Vektoren $\{\mathbf{a}_1, \ldots, \mathbf{a}_p\}$ eines endlich dimensionalen Vektorraumes sind also äquivalent:

a) sie bilden eine Basis von V,

b) sie stellen eine maximale Menge linear unabhängiger Vektoren aus V dar,

c) sie bilden ein minimales Erzeugendensystem von V, d.h. $V = \langle \mathbf{a}_1, \ldots, \mathbf{a}_p \rangle$ und weniger als p Vektoren spannen V nicht auf,

d) $p = \dim(V)$ und $\mathbf{a}_1, \ldots, \mathbf{a}_p$ sind linear unabhängig.

Ist V(K) ein p-dimensionaler Vektorraum und $B = \{\mathbf{z}_1, \ldots, \mathbf{z}_p\}$ eine Basis von V, so läßt sich jeder Vektor $\mathbf{x} \in V$ eindeutig als Linearkombination der Basisvektoren darstellen

$$\mathbf{x} = x_1 \mathbf{z}_1 + \ldots + x_p \mathbf{z}_p \qquad (x_j \in K)\,.$$

Man kann (bei festgehaltener Basis) jedem Vektor $\mathbf{x}$ die Zahlen $x_1, \ldots, x_p$ zuordnen, die man Koordinaten von $\mathbf{x}$ bezüglich der Basis B nennt. Wir ordnen sie wie in den Beispielen aus Abschnitt 2.2 in Form einer Spalte an. Zur Kennzeichnung der Basis B kann man der Spalte den Buchstaben B anhängen.

Wir haben damit eine umkehrbar eindeutige Zuordnung $(\mathbf{x} \in V(K))$

$$\mathbf{x} \longleftrightarrow \begin{pmatrix} x_1 \\ \vdots \\ x_p \end{pmatrix}_B, \qquad (2.22)$$

Diese Zuordnung ist verknüpfungstreu, d.h. sind $\mathbf{x}, \mathbf{y} \in V(K)$, $\lambda \in K$, ist also auch

$$\mathbf{y} \in V(K) \longleftrightarrow \begin{pmatrix} y_1 \\ \vdots \\ y_p \end{pmatrix}_B, \text{ so gilt } \mathbf{x} + \mathbf{y} \longleftrightarrow \begin{pmatrix} x_1 + y_1 \\ \vdots \\ x_p + y_p \end{pmatrix}_B \quad (2.23) \quad \text{und } \lambda\mathbf{x} \longleftrightarrow \begin{pmatrix} \lambda x_1 \\ \vdots \\ \lambda y_p \end{pmatrix}_B. \quad (2.24)$$

Die Koordinatenspalten können also als Elemente des Vektorraumes $V_p(K)$ aufgefaßt werden, vgl. die Beispiele in Abschnitt 2.2.

Man spricht bei einer solchen bijektiven, verknüpfungstreuen Abbildung $V(K) \leftrightarrow V_p(K)$ auch von einem *Isomorphismus*. Sind insbesondere den Vektoren $\mathbf{x}_j \in V(K)$ $(j = 1, \ldots, k)$ die Koordinatenspalten

$\begin{pmatrix} x_{1,j} \\ \vdots \\ x_{p,j} \end{pmatrix}_B$ zugeordnet, so besteht eine Gleichung

$$\sum_{j=1}^{k} \lambda_j \mathbf{x}_j = \mathbf{0} \text{ genau dann, wenn } \sum_{j=1}^{k} \lambda_j \begin{pmatrix} x_{1,j} \\ \vdots \\ x_{p,j} \end{pmatrix}_B = \mathbf{0} \text{ ist.}$$

Die Frage, ob die Vektoren $\mathbf{x}_1, \ldots, \mathbf{x}_k$ linear abhängig sind oder nicht, ist also gleichbedeutend mit der Frage, welche Lösungen $\lambda_1, \ldots, \lambda_k$ das Gleichungssystem

$$\begin{aligned} \lambda_1 x_{1,1} + \ldots + \lambda_k x_{1,k} &= 0 \\ \vdots \qquad\qquad \vdots \\ \lambda_1 x_{p,1} + \ldots + \lambda_k x_{p,k} &= 0 \end{aligned} \tag{2.25}$$

besitzt. Dies wird in Kapitel 4 untersucht.

Sind U_1 und U_2 Unterräume des Vektorraumes $V(K)$, so ist der Durchschnitt $U_1 \cap U_2$ ebenfalls ein Unterraum, denn liegen die Vektoren $\mathbf{x}$ und $\mathbf{y}$ im Durchschnitt $U_1 \cap U_2$, so liegen sie in jedem der beiden Teilräume, mithin auch ihre Summe $\mathbf{x} + \mathbf{y}$, die daher auch im Durchschnitt liegt. Analog ergibt sich für $\mathbf{x} \in U_1 \cap U_2$, $\lambda \in K$; $\lambda\mathbf{x} \in U_1 \cap U_2$, die beiden Unterraumeigenschaften Gl. (2.15) sind also erfüllt. Demgegenüber ist die Vereinigungsmenge $U_1 \cup U_2$ im allgemeinen kein Vektorraum.

Der kleinste Unterraum, der die Vereinigung $U_1 \cup U_2$ umfaßt, ist die *Summe*

$$U_1 + U_2 := \{\mathbf{u}_1 + \mathbf{u}_2 | \mathbf{u}_1 \in U_1 \text{ und } \mathbf{u}_2 \in U_2\} . \tag{2.26}$$

So ist z.B. in $V_3(\mathbb{R})$ die Summe der Unterräume $U_1 = \langle \begin{pmatrix} 1 \\ 0 \\ 1 \end{pmatrix} \rangle$ und $U_2 = \langle \begin{pmatrix} 1 \\ 1 \\ 1 \end{pmatrix} \rangle$ die „Ebene“ $U_1 + U_2 = \langle \begin{pmatrix} 1 \\ 0 \\ 1 \end{pmatrix}, \begin{pmatrix} 1 \\ 1 \\ 1 \end{pmatrix} \rangle = \left\{ \lambda \begin{pmatrix} 1 \\ 0 \\ 1 \end{pmatrix} + \mu \begin{pmatrix} 1 \\ 1 \\ 1 \end{pmatrix} \right\}$.

Ersichtlich erfüllt die Summe $U_1 + U_2$ die beiden Unterraumeigenschaften (2.15), ist also ein Vektorraum.

Über die Dimension dieses Vektorraums gibt folgender Satz Auskunft:

2.8 **Satz.** (*Dimensionssatz*)

U_1, U_2 seien endlich-dimensionale Unterräume des Vektorraums $V(K)$. Dann gilt

$$\dim(U_1) + \dim(U_2) = \dim(U_1 \cap U_2) + \dim(U_1 + U_2) . \tag{2.27}$$

Zum **Beweis** wähle man eine Basis $\{\mathbf{a}_1, \ldots, \mathbf{a}_r\}$ von $U_1 \cap U_2$ ($r = 0$, falls $U_1 \cap U_2 = \{\mathbf{0}\}$). Nach den Folgerungen aus dem Steinitzschen Austauschsatz (Satz 2.7) läßt sich diese Basis erweitern um Vektoren $\mathbf{b}_1, \ldots, \mathbf{b}_s$ zu einer Basis von U_1 und von Vektoren $\mathbf{c}_1, \ldots, \mathbf{c}_t$ zu einer Basis von U_2. Dann bildet $B = \{\mathbf{a}_1, \ldots, \mathbf{a}_r, \mathbf{b}_1, \ldots, \mathbf{b}_s, \mathbf{c}_1, \ldots, \mathbf{c}_t\}$ eine Basis von $U_1 + U_2$, denn jeder Vektor $\mathbf{u}_1 \in U_1$ und jeder Vektor $\mathbf{u}_2 \in U_2$ kann als Linearkombination der Vektoren von B dargestellt werden, mithin auch die Summe $\mathbf{u}_1 + \mathbf{u}_2$. Die Vektoren von B sind auch linear unabhängig, denn ist

$$x_1\mathbf{a}_1 + \ldots + x_r\mathbf{a}_r + y_1\mathbf{b}_1 + \ldots + y_s\mathbf{b}_s + z_1\mathbf{c}_1 + \ldots + z_t\mathbf{c}_t = \mathbf{0}\,,$$

so gilt $x_1\mathbf{a}_1 + \ldots + x_r\mathbf{a}_r + y_1\mathbf{b}_1 + \ldots + y_s\mathbf{b}_s = -z_1\mathbf{c}_1 - \ldots - z_t\mathbf{c}_t$, und der Vektor auf der linken Seite dieser Gleichung liegt in U_1, der Vektor auf der rechten Seite liegt in U_2, mithin beide in $U_1 \cap U_2$, beide Seiten müßten sich also als Linearkombination von $\mathbf{a}_1, \ldots, \mathbf{a}_r$ schreiben lassen. Da die Vektoren $\mathbf{a}_1, \ldots, \mathbf{a}_r, \mathbf{b}_1, \ldots, \mathbf{b}_s$ jedoch linear unabhängig sind, bedeutet dies $y_1 = \ldots = y_s = 0$ und damit auch $x_1 = \ldots = x_r = z_1 = \ldots = z_t = 0$. Daher ist $\dim(U_1 + U_2) = r + s + t = \dim(U_1) + \dim(U_2) - \dim(U_1 \cap U_2) = (r + s) + (r + t) - r$. ■

Die Darstellung eines Vektors $\mathbf{x} \in U_1 + U_2$ ist genau dann eindeutig, falls $U_1 \cap U_2 = \{\mathbf{0}\}$. Aus $\mathbf{u}_1 + \mathbf{u}_2 = \mathbf{v}_1 + \mathbf{v}_2$ ($\mathbf{u}_j, \mathbf{v}_j \in U_j$, $j = 1, 2$) folgt nämlich $\mathbf{u}_1 - \mathbf{v}_1 = \mathbf{v}_2 - \mathbf{u}_2$ und wieder liegt die linke Seite in U_1, die rechte in U_2, beide daher in $U_1 \cap U_2$, also $\mathbf{u}_1 - \mathbf{v}_1 = \mathbf{v}_2 - \mathbf{u}_2 = \mathbf{0}$, falls $U_1 \cap U_2 = \{\mathbf{0}\}$. Man spricht in diesem Fall auch von der *direkten Summe* der Unterräume U_1 und U_2 und setzt

$$U_1 \oplus U_2 := \{\mathbf{u}_1 + \mathbf{u}_2 \,|\, \mathbf{u}_1 \in U_1 \text{ und } \mathbf{u}_2 \in U_2\}\,,$$

falls $U_1 \cap U_2 = \{\mathbf{0}\}$, also die Darstellung eines Vektors $\mathbf{x} = \mathbf{u}_1 + \mathbf{u}_2$ eindeutig ist. Aus Satz 2.8 ergibt sich in diesem Fall

$$\dim(U_1 \oplus U_2) = \dim(U_1) + \dim(U_2)\,,$$

und diese Bedingung ist charakteristisch für die direkte Summe.
Analog gilt für Unterräume $U_1, \ldots, U_r$ ($\subseteq V(K)$),

$$U_1 \oplus U_2 \oplus \ldots \oplus U_r := \{\mathbf{u}_1 + \ldots + \mathbf{u}_r \,|\, \mathbf{u}_j \in U_j \text{ für } j = 1, \ldots, r\}\,,$$

falls die Darstellung $\mathbf{x} = \mathbf{u}_1 + \ldots + \mathbf{u}_r$ für jedes $\mathbf{x} \in U_1 + \ldots + U_r$ eindeutig ist. Dies ist genau dann der Fall, wenn

$$\dim(U_1 \oplus \ldots \oplus U_r) = \dim(U_1) + \dim(U_2) + \ldots + \dim(U_r)\,.$$

Wir wollen zum Schluß die Analoga der Geraden und Ebenen im $\mathbb{R}^3$ einführen, die „linearen Mannigfaltigkeiten".

Unterräume sind spezielle lineare Mannigfaltigkeiten, nämlich solche, die den Nullvektor $\mathbf{0}$ enthalten. Lineare Mannigfaltigkeiten entstehen aus Unterräumen durch Translation mit einem festen Vektor $\mathbf{x}_0$:

2.9 **Definition.** (*Lineare Mannigfaltigkeit*)

V (K) sei Vektorraum über K, $x_0 \in V(K)$ ein gegebener Vektor und $U \subseteq V(K)$ ein Unterraum von V (K). Dann heißt

$$L = \{x_0 + u \mid u \in U\}$$

lineare Mannigfaltigkeit im Vektorraum V (K), und man setzt $\dim(L) := \dim(U)$.

Wir notieren noch einige einfache Eigenschaften linearer Mannigfaltigkeiten.

2.10 **Lemma.**

L, L* seien lineare Mannigfaltigkeiten in V (K).

$$L = \{x_0 + u \mid u \in U\}, \qquad L^* = \{x_0^* + u^* \mid u^* \in U^*\} .$$

Es gilt $L = L^*$ genau dann, wenn $U = U^*$ und $x_0 - x_0^* \in U$ ist.

Beweis.

Aus $L = L^*$ folgt $x_0 + \mathbf{u} = x_0^* + \mathbf{u}^*$, d.h. zu jedem $\mathbf{u} \in U$ gibt es ein $\mathbf{u}^* \in U^*$ und umgekehrt. Speziell für $\mathbf{u} = \mathbf{0}$ ergibt sich $x_0 = x_0^* + u_0^*$, d.h. $x_0 - x_0^* \in U^*$ und umgekehrt $x_0 - x_0^* \in U$. Damit folgt weiterhin $\mathbf{u} = x_0^* - x_0 + \mathbf{u}^* \in U^*$, d.h. $U \subseteq U^*$ und umgekehrt $U^* \subseteq U$, also $U = U^*$. Ist andererseits $U = U^*$ und $x_0 - x_0^* \in U$, so ist offenbar $x_0^* + \mathbf{u}^* = x_0 + (x_0^* - x_0) + \mathbf{u}^* = x_0 + \mathbf{u}$, also $L = L^*$. ■

2.11 **Lemma.**

$L_1 = \{x_1 + \mathbf{u}_1 \mid \mathbf{u}_1 \in U_1\}$ und $L_2 = \{x_2 + \mathbf{u}_2 \mid \mathbf{u}_2 \in U_2\}$ seien lineare Mannigfaltigkeiten in V (K).

Dann ist $L_1 \cap L_2$ entweder leer oder eine lineare Mannigfaltigkeit.

Beweis.

Ist $L_1 \cap L_2 \neq \emptyset$, so gibt es einen Vektor $x_0 \in L_1 \cap L_2$, also $x_0 \in L_1$ und $x_0 \in L_2$. Daher lassen sich nach Lemma 2.10 L_1 und L_2 mit diesem Vektor x_0 darstellen: $L_1 = \{x_0 + \mathbf{u}_1 \mid \mathbf{u}_1 \in U_1\}$ und $L_2 = \{x_0 + \mathbf{u}_2 \mid \mathbf{u}_2 \in U_2\}$. Daher ist

$$L_1 \cap L_2 = \{x_0 + \mathbf{u} \mid \mathbf{u} \in U_1 \cap U_2\}$$

ebenfalls eine lineare Mannigfaltigkeit. ■

2.6 Anwendungen und Beispiele

Es sollen zunächst einige Beispiele von Vektorräumen behandelt werden, die die weite Anwendbarkeit dieser Begriffe zeigen.

2.6.1 $\mathcal{P}_n(\mathbb{R})$

Es sei $\mathcal{P}_n(\mathbb{R})$ der Vektorraum der reellen Polynome vom Grad $\leqq n$, ($n \in N$ fest). $\mathcal{P}_n(\mathbb{R})$ ist ein Untervektorraum des in Beispiel b) von Abschnitt 2.2 eingeführten Vektorraumes $\mathcal{P}(\mathbb{R})$ aller reellen Polynome. Man zeige:

a) Die Polynome $p_\nu(x) := x^\nu$ ($\nu = 0, 1, \ldots, n$) bilden eine Basis in $\mathcal{P}_n(\mathbb{R})$;

b) $\dim(\mathcal{P}_n) = n + 1$;

c) Sind $x_0, x_1, \ldots, x_n$ disjunkte reelle Zahlen, also $x_i \neq x_j$ für $i \neq j$, so bilden auch die „Interpolationspolynome"

$$\Lambda_\nu(x) = \frac{(x - x_0) \ldots (x - x_{\nu-1})(x - x_{\nu+1}) \ldots (x - x_n)}{(x_\nu - x_0) \ldots (x_\nu - x_{\nu-1})(x_\nu - x_{\nu+1}) \ldots (x_\nu - x_n)} \tag{2.28}$$

($\nu = 0, 1, \ldots, n$) eine Basis in $\mathcal{P}_n(\mathbb{R})$.

d) Die Menge U_k der Polynome $P \in \mathcal{P}_n(\mathbb{R})$ mit $P(0) = P'(0) = \ldots = P^{(k)}(0) = 0$ ($k \leqq n$), $P'(x) = \frac{dP(x)}{dx}$, bildet einen $(n-k)$-dimensionalen Unterraum von $\mathcal{P}_n(\mathbb{R})$. Entsprechend ist $L_k = \{P(x) \mid P^{(\nu)}(0) = a_\nu$ für $\nu = 0, 1, \ldots, k\}$ bei gegebenen $a_0, a_1, \ldots, a_k$ eine $(n-k)$-dimensionale lineare Mannigfaltigkeit.

Lösungen.

a) Es ist $\mathcal{P}_n(\mathbb{R}) = \langle p_0, p_1, \ldots, p_n \rangle$, denn jedes Polynom $P(x) = c_0 + c_1 x + \ldots + c_n x^n$ vom Grad $\leqq n$ ist als $P(x) = c_0 p_0(x) + c_1 p_1(x) + \ldots + c_n p_n(x)$ darstellbar. Die Polynome $p_0, p_1, \ldots, p_n$ sind über $\mathbb{R}$ linear unabhängig, denn $P(x) = c_0 + c_1 x + {}$ $+ \ldots + c_n x^n \equiv 0$ (für alle $x \in \mathbb{R}$) ist nur erfüllt, falls $c_0 = c_1 = \ldots = c_n = 0$.

b) $\dim(\mathcal{P}_n) = n + 1$, da eine Basis von $(n+1)$ linear unabhängigen Vektoren existiert.

c) Nach Abschnitt 2.5 genügt es zu zeigen, daß $\Lambda_0, \ldots, \Lambda_n$ linear unabhängige Polynome $\in \mathcal{P}_n(\mathbb{R})$ sind. Nun ist aber $\Lambda_\nu(x)$ für $\nu = 0, 1, \ldots, n$ ein Polynom vom Grad n, denn der Zähler von Λ_ν besteht aus n Linearfaktoren $(x - x_i)$ $(i \neq \nu)$, der Nenner ist eine reelle Zahl $\neq 0$. Ferner ist

$$\Lambda_\nu(x_i) = \left\{\begin{matrix} 1 & & \nu = i \\ & \text{für} & \\ 0 & & \nu \neq i \end{matrix}\right\} \quad (\nu, i = 0, 1, \ldots, n).$$

Ist daher $c_0 \Lambda_0(x) + c_1 \Lambda_1(x) + \ldots + c_n \Lambda_n(x) \equiv 0$, so setze man $x = x_i$ ($i = 0, 1, \ldots, n$) und erhält $c_i = 0$. Also gilt $\mathcal{P}_n(\mathbb{R}) = \langle \Lambda_0, \Lambda_1, \ldots, \Lambda_n \rangle$.

Zu d)

U_k ist ein Unterraum, denn die beiden Unterraumeigenschaften (2.15) sind erfüllt. Offenbar ist $U_k = \langle p_{k+1}, \ldots, p_n \rangle$, daher $\dim(U_k) = n - k$. Schließlich erfüllt bei gegebenen reellen Konstanten $a_0, a_1, \ldots, a_k$ das Polynom

$$P_0(x) = a_0 + a_1 \cdot \frac{x}{1!} + a_2 \cdot \frac{x^2}{2!} + \ldots + a_k \frac{x^k}{k!}$$

die Ableitungsgleichungen $P_0^{(\nu)}(0) = a_\nu$ ($\nu = 0, 1, \ldots, k$), daher ist $L_k = \{P_0(x) + Q(x) \mid Q(x) \in U_k\}$ eine lineare Mannigfaltigkeit der Dimension $n - k$.

2.6.2 $C_{2\pi}$

Es sei $C_{2\pi}$ der Vektorraum der auf ganz $\mathbb{R}$ stetigen, 2π-periodischen Funktionen ($f(x + 2\pi) = f(x)$ für alle $x \in \mathbb{R}$, $f \in C_{2\pi}$) und zwar mit der üblichen Addition und Multiplikation mit (reellen) Skalaren. Vergleiche dazu Beispiel c) zu Abschnitt 2.2. Es sei 1 die konstante Funktion ($1(x) \equiv 1$).

Man zeige:

a) Je endlich viele Funktionen der Menge $\{1, \cos x, \sin x, \cos 2x, \sin 2x, \ldots\}$ sind linear unabhängig, d.h. $C_{2\pi}$ ist unendlich-dimensional.

b) Die Teilmengen $G_{2\pi}$ und $U_{2\pi}$ der geraden ($f \in G_{2\pi} \Rightarrow f(x) = f(-x)$) und der ungeraden ($f \in U_{2\pi} \Rightarrow f(-x) = -f(x)$) Funktionen aus $C_{2\pi}$ sind Unterräume von $C_{2\pi}$. Es ist

$$C_{2\pi} = G_{2\pi} \oplus U_{2\pi} .$$

Lösungen.

a) Zunächst ist $\{1, \cos x, \sin x, \cos 2x, \sin 2x, \ldots\} \subseteq C_{2\pi}$. Eine endliche Teilmenge dieser Funktionen ist zugleich Teilmenge von $\{1, \sin x, \cos x, \ldots, \sin nx, \cos nx\}$ für geeignetes $n \in \mathbb{N}$. Ist $\frac{c_0}{2} 1 + \sum_{\nu=1}^{n} (c_\nu \cos \nu x + d_\nu \sin \nu x) = 0$ (für alle $x \in \mathbb{R}$), so ergibt sich durch Multiplikation mit $\cos kx$ bzw. $\sin kx$ ($k = 0, 1, \ldots, n$) und Integration über $[0, 2\pi]$: $c_k = 0$ bzw. $d_k = 0$. Also sind die Funktionen $1, \cos x, \sin x, \ldots, \cos nx, \sin nx$ linear unabhängig. Vgl. Band „Funktionen einer Veränderlichen"; Satz 13.5.

b) $G_{2\pi}$ und $U_{2\pi}$ erfüllen die Unterraumeigenschaften (2.15). Da für $f \in G_{2\pi} \cap U_{2\pi}$ die beiden Bedingungen $f(x) = f(-x) = -f(x)$ gelten müssen, folgt $f(x) \equiv 0$ ($x \in \mathbb{R}$), also ist $G_{2\pi} \cap U_{2\pi} = \{\mathbf{0}\}$. Andererseits ist für beliebiges $f \in C_{2\pi}$

$$f(x) = \frac{f(x) + f(-x)}{2} + \frac{f(x) - f(-x)}{2} =: f_1(x) + f_2(x)$$

mit $f_1(x) = \frac{1}{2}(f(x) + f(-x)) \in G_{2\pi}$, $f_2 \in U_{2\pi}$. Daher $C_{2\pi} = G_{2\pi} \oplus U_{2\pi}$.

2.6.3 Lineare Rekursionsgleichungen

Vielfach sind in Anwendungen „lineare Rekursionsgleichungen" zu lösen. Darunter versteht man Gleichungen der Form

$$a_{n+k} = \alpha_0 a_n + \alpha_1 a_{n+1} + \ldots \alpha_{k-1} a_{n+k-1} \quad (n = 1, 2, \ldots) \tag{2.29}$$

in denen $\alpha_0, \alpha_1, \ldots, \alpha_{k-1}$ feste reelle oder komplexe Konstanten sind ($\alpha_0 \neq 0$). Sind zusätzlich noch die ersten k Glieder $a_1, a_2, \ldots, a_k$, die sogenannten Anfangswerte der Folge $(a_n)_{n\in\mathbb{N}}$, gegeben, so sind die weiteren Glieder $a_{k+1}, a_{k+2}, \ldots$ der Folge durch (2.29) eindeutig festgelegt und sukzessiv berechenbar. Gesucht ist eine Möglichkeit, a_n zu bestimmen, ohne vorher rekursiv alle vorhergehenden Glieder der Folge berechnen zu müssen. Ein Beispiel bilden die bekannten Fibonacci-Zahlen, die der Rekursionsformel

$$a_{n+2} = a_n + a_{n+1} \qquad (n \in \mathbb{N}) \tag{2.30}$$

mit den Anfangswerten $a_1 = a_2 = 1$ genügen. Dann ergibt sich der Reihe nach $a_3 = 2$, $a_4 = 3$, $a_5 = 5$, $a_6 = 8$, $a_7 = 13$, usw., wobei jedes Glied die Summe seiner beiden Vorgänger ist. Die Folge ist wohl erstmalig von L. Fibonacci (um 1200 n.Chr.) bei der Lösung folgender Aufgabe betrachtet worden: Wieviel Kaninchenpaare kann ein einzelnes Paar im Laufe eines Jahres erzeugen? Dabei wird angenommen, daß jedes Kaninchenpaar jeden Monat ein neues Paar wirft und jedes neugeborene Paar nach einem Monat geschlechtsreif wird und daß schließlich kein Kaninchen stirbt (Antwort: 377 Paare).

Zur Lösung der allgemeinen Rekursionsformel (2.29) betrachten wir die Menge $V(\mathbb{C})$ aller Folgen $(a_n)_{n\in\mathbb{N}}$, die bei der fortgesetzten Anwendung dieser Rekursionsformel aus einem beliebigen Satz von Anfangswerten $a_1, a_2, \ldots, a_k$, $(a_j \in \mathbb{C})$, entstehen. Diese Menge bildet einen Vektorraum, denn sind (a_n) und (b_n) zwei solche Folgen, so ist auch $(a_n) + (b_n) := (a_n + b_n)$ eine Lösung der Rekursionsgleichung. Das gleiche gilt für die Folge $\lambda \cdot (a_n) := (\lambda a_n)$, $(\lambda \in \mathbb{C})$. Wir haben also in $V(\mathbb{C})$ eine Addition und eine Multiplikation mit Skalaren erklärt, die offenbar den Axiomen 1. bis 8. der Definition 2.1 genügen.

Dieser Vektorraum ist endlich-dimensional, und zwar k-dimensional, denn die Folgen („Vektoren") $(e_n^1), (e_n^2), \ldots, (e_n^k)$, die zu den Anfangswerten

$$(e_n^1) = (\underbrace{1, 0, 0, \ldots, 0}_{\text{k Werte}}, \ldots),\; (e_n^2) = (\underbrace{0, 1, 0, \ldots, 0}_{\text{k Werte}}, \ldots), \ldots, (e_n^k) = (\underbrace{0, 0, \ldots, 0, 1}_{\text{k Werte}}, \ldots)$$

gehören, sind bereits linear unabhängig und spannen andererseits $V(\mathbb{C})$ auf, da eine beliebige Folge $(a_n) \in V(\mathbb{C})$ sich offenbar durch

$$(a_n) = a_1 (e_n^1) + a_2 (e_n^2) + \ldots + a_k (e_n^k) \tag{2.31}$$

darstellen läßt.

Wir suchen nun eine andere Basis in $V(\mathbb{C})$, und zwar solche Folgen, die zugleich geometrische Folgen $(a_n) = (\rho^{n-1})$ sind $(\rho \neq 0)$. Soll eine geometrische Folge Lösung der Rekursionsformel (2.29) sein, so muß für alle n = 1, 2, ...

$$\rho^{n+k-1} = \alpha_0 \rho^{n-1} + \alpha_1 \rho^n + \ldots + \alpha_{k-1} \rho^{n+k-2}$$

gelten. Da wir durch ρ^{n-1} kürzen können, ist das genau dann der Fall, wenn

$$\rho^k = \alpha_0 + \alpha_1 \rho + \ldots + \alpha_{k-1} \rho^{k-1} \text{ gilt}, \tag{2.32}$$

ρ also Nullstelle des „charakteristischen Polynoms"

$$P(\rho) := \rho^k - \alpha_{k-1} \rho^{k-1} - \ldots - \alpha_0 \tag{2.33}$$

ist. Nehmen wir der Einfachheit halber an, daß die k (reellen oder komplexen) Nullstellen $\rho_1, \ldots, \rho_k$ dieses Polynoms voneinander verschieden sind, so stellen die Vektoren

$$(\rho_1^{n-1}), (\rho_2^{n-1}), \ldots, (\rho_k^{n-1})$$

k verschiedene Vektoren in $V(\mathbb{C})$ dar, die, wie wir später noch zeigen werden, vgl. Abschnitt 4.7, Aufgabe 2, linear unabhängig sind, also eine Basis in $V(\mathbb{C})$ bilden, so daß jeder Vektor (a_n) auch in dieser Basis ausgedrückt werden kann. Wir führen dies am Beispiel der Fibonacci-Zahlen durch. Das charakteristische Polynom lautet hier $(k = 2)$:

$$\rho^2 = 1 + \rho$$

und hat die beiden Nullstellen $\rho_1 = \frac{1}{2}(1 + \sqrt{5})$, $\rho_2 = \frac{1}{2}(1 - \sqrt{5})$. Eine beliebige Folge (a_n), die der Rekursionsformel $a_{n+2} = a_n + a_{n+1}$ $(n \in \mathbb{N})$ genügt, läßt sich durch die beiden Folgen (ρ_1^{n+1}) und (ρ_2^{n+1}) darstellen:

$$(a_n) = c_1(\rho_1^{n-1}) + c_2(\rho_2^{n-1}),$$

wobei sich die Koeffizienten c_1, c_2 aus den Anfangswerten errechnen, also Lösungen des Gleichungssystems

$$c_1 + c_2 = a_1, \quad c_1\rho_1 + c_2\rho_2 = a_2$$

sind. Speziell für die Fibonacci-Zahlen $(a_1 = a_2 = 1)$ ergibt sich

$$c_1 = \frac{1}{2\sqrt{5}}(1 + \sqrt{5}), \quad c_2 = -\frac{1}{2\sqrt{5}}(1 - \sqrt{5}),$$

und daher ist

$$a_n = \frac{1}{\sqrt{5}}\left(\frac{1+\sqrt{5}}{2}\right)^n - \frac{1}{\sqrt{5}}\left(\frac{1-\sqrt{5}}{2}\right)^n \quad (n \in \mathbb{N}) \tag{2.34}$$

die gesuchte Formel. Aus ihr lassen sich eine Reihe weiterer Eigenschaften herleiten, z.B. a_n ist die zu $\frac{1}{\sqrt{5}}\left(\frac{1+\sqrt{5}}{2}\right)^n$ nächstbenachbarte ganze Zahl, da

$$\left(\frac{\sqrt{5}-1}{2}\right)^n \frac{1}{\sqrt{5}} \leqslant \frac{\sqrt{5}-1}{2\sqrt{5}} \leqslant 0.2764 < 0.5 \text{ ist.}$$

Fibonacci-Zahlen treten an verschiedenen Stellen in der Mathematik auf, z.B. bei Effizienzuntersuchungen des euklidischen Algorithmus, bei der Bestimmung der Konvergenzordnung der regula falsi (vgl. Band „Funktionen einer Veränderlichen"), sowie in der Zahlentheorie. (In der Literatur, z.B. der Zeitschrift „Fibonacci Quarterly" wird anstelle der Folge (a_n) oft die Bezeichnung (F_n) verwendet.)

Dies Beispiel der linearen Rekursionsformeln zeigt auch, daß der abstrakte Vektorraumbegriff häufig vorteilhaft anzuwenden ist, und daß diese Anwendungen keineswegs auf die in Kapitel 1 behandelten reellen Vektorräume $\mathbb{R}^2$ und $\mathbb{R}^3$ beschränkt bleiben. Vergleiche auch Aufgabe 6b) in 2.7, bei der es erforderlich ist, Vektorräume über $\mathbb{C}$ zu betrachten.

2.7 Aufgaben zu Kapitel 2

1. Man untersuche, für welche $\lambda \in \mathbb{R}$ die Vektoren **a**, **b**, **c** eine Basis des $V_3(\mathbb{R})$ bilden und berechne ggf. die Koordinatendarstellung von **x** bezüglich dieser Basis.

$$\mathbf{a} = \begin{pmatrix} 1 \\ 2 \\ -1 \end{pmatrix}, \quad \mathbf{b} = \begin{pmatrix} 3 \\ 1 \\ 0 \end{pmatrix}, \quad \mathbf{c} = \begin{pmatrix} \lambda \\ 1 \\ 1 \end{pmatrix}, \quad \mathbf{x} = \begin{pmatrix} 3 \\ 2 \\ -1 \end{pmatrix}.$$

2. Man zeige, die Vektoren

$$\mathbf{a} = \begin{pmatrix} 1 \\ 0 \\ -1 \end{pmatrix}, \quad \mathbf{b} = \begin{pmatrix} i \\ 1 \\ 0 \end{pmatrix} \quad \text{und} \quad \mathbf{c} = \begin{pmatrix} i \\ 2 \\ 1+i \end{pmatrix}$$

sind linear unabhängig in $V_3(\mathbb{C})$ und stelle $\mathbf{x} = i\begin{pmatrix} 1 \\ 1 \\ 1 \end{pmatrix}$ als Linearkombination dieser Basisvektoren dar.

3. Im Vektorraum $\mathscr{P}_n(\mathbb{R})$ (vgl. 2.6.1) der Polynome über $\mathbb{R}$ vom Grad $\leqq n$ sind durch $a_\nu(x) = x^\nu$ und $b_\nu(x) = (x + \alpha)^\nu$, $\nu = 0, 1, \ldots, n$, $(\alpha \in \mathbb{R})$ zwei Basen gegeben. Man stelle die Vektoren b_ν als Linearkombination der a_ν dar und umgekehrt.

4. Im Vektorraum $V_4(\mathbb{R})$ der Vektoren $\mathbf{x} = \begin{pmatrix} x_1 \\ x_2 \\ x_3 \\ x_4 \end{pmatrix}$ sind durch
$U_1 = \{\mathbf{x} \mid x_1 + x_3 - x_4 = 0 \text{ und } x_2 - x_3 + x_4 = 0\}$ sowie durch $U_2 = \{\mathbf{x} \mid x_1 + x_2 + x_3 + x_4 = 0$ und $x_1 - x_2 - x_3 - x_4 = 0\}$ zwei Teilmengen von $V_4(\mathbb{R})$ gegeben.
Zeige: U_1 und U_2 sind Unterräume und $V_4(\mathbb{R}) = U_1 \oplus U_2$.

5. $L \subseteq V(\mathbb{R})$ ist lineare Mannigfaltigkeit in $V(\mathbb{R})$ genau dann, wenn für alle $\mathbf{x}_1, \mathbf{x}_2 \in L$ auch die „Gerade" $\mathbf{x}_1 + \lambda(\mathbf{x}_2 - \mathbf{x}_1)$ für alle $\lambda \in \mathbb{R}$ zu L gehört.

6. Man löse die linearen Rekursionen

a) $a_{n+2} = a_{n+1} + 6a_n, \qquad a_1 = 2,\ a_2 = 1$

b) $a_{n+2} = 2a_{n+1} - 2a_n, \qquad a_1 = 2,\ a_2 = 1$.

2.8 Entscheidungshilfen und Literaturhinweise zu Kapitel 2

Der Leser sollte sich in diesem Kapitel vor allem mit den grundlegenden Begriffen Vektorraum, lineare Abhängigkeit und Unabhängigkeit, Basis, Dimension und Unterraum vertraut machen und sie sich im Spezialfall des $\mathbb{R}^2$ und $\mathbb{R}^3$ veranschaulichen. Beweise können beim ersten Durcharbeiten auch übergangen werden. Im übrigen sei neben den bereits im ersten Kapitel und im Literaturverzeichnis aufgeführten Werken über ‚Höhere Mathematik' auch auf Lehrbücher über ‚Lineare Algebra' hingewiesen, z.B. H. Schaal [S1] (mit zahlreichen Übungsaufgaben in Band III), W. Klingenberg und P. Klein [K2], (ebenfalls mit einem gesonderten Band für Übungen), R. Lingenberg [L3].

3 Lineare Abbildungen und Matrizen

Die zu Beginn des letzten Kapitels erwähnten linearen Gleichungssysteme hängen eng mit den linearen Abbildungen zusammen. Als Beispiel betrachten wir folgendes Gleichungssystem

$$\begin{aligned} x_1 - x_2 &= y_1 \\ x_1 + x_2 &= y_2 \,. \end{aligned} \tag{3.1}$$

Wir können die rechten Seiten als Koordinaten eines Bildvektors $\mathbf{y} = \begin{pmatrix} y_1 \\ y_2 \end{pmatrix} \in \mathbb{R}^2$ auffassen, der dem Urbildvektor $\mathbf{x} = \begin{pmatrix} x_1 \\ x_2 \end{pmatrix} \in \mathbb{R}^2$ zugeordnet wird. Dem Gleichungssystem liegt die Abbildung

$$\mathbf{x} = \begin{pmatrix} x_1 \\ x_2 \end{pmatrix} \mapsto \mathbf{f}(\mathbf{x}) = \begin{pmatrix} x_1 - x_2 \\ x_1 + x_2 \end{pmatrix}$$

zugrunde, also eine Abbildung $\mathbf{f}\colon \mathbb{R}^2 \to \mathbb{R}^2$. Diese Abbildung ist linear, d.h. es gilt

$$\text{(L1)} \quad \mathbf{f}(\mathbf{x} + \mathbf{x}^*) = \mathbf{f}(\mathbf{x}) + \mathbf{f}(\mathbf{x}^*) \quad \text{und} \tag{3.2}$$

$$\text{(L2)} \quad \mathbf{f}(\lambda \mathbf{x}) = \lambda \mathbf{f}(\mathbf{x}) \tag{3.3}$$

(für alle $\mathbf{x}, \mathbf{x}^* \in \mathbb{R}^2$, $\lambda \in \mathbb{R}$). Sind nämlich $\mathbf{x} = \begin{pmatrix} x_1 \\ x_2 \end{pmatrix}$ und $\mathbf{x}^* = \begin{pmatrix} x_1^* \\ x_2^* \end{pmatrix}$ zwei Vektoren, so ist $\mathbf{f}(\mathbf{x} + \mathbf{x}^*) = \mathbf{f}\begin{pmatrix} x_1 + x_1^* \\ x_2 + x_2^* \end{pmatrix} = \begin{pmatrix} x_1 + x_1^* - (x_2 + x_2^*) \\ x_1 + x_1^* + (x_2 + x_2^*) \end{pmatrix} = \begin{pmatrix} x_1 - x_2 \\ x_1 + x_2 \end{pmatrix} + \begin{pmatrix} x_1^* - x_2^* \\ x_1^* + x_2^* \end{pmatrix} =$
$= \mathbf{f}(\mathbf{x}) + \mathbf{f}(\mathbf{x}^*)$ und analog $\mathbf{f}(\lambda \mathbf{x}) = \lambda \mathbf{f}(\mathbf{x})$.

Geometrisch bedeutet die Abbildung eine Drehung um $\frac{\pi}{4}$ im mathematisch positiven Sinn (entgegen dem Uhrzeigersinn), verbunden mit einer Streckung um den Faktor $\sqrt{2}$ (Bild 3.1). Führt man nämlich im $\mathbb{R}^2$ Polarkoordinaten ein, setzt also

$$\mathbf{x} = r \begin{pmatrix} \cos\phi \\ \sin\phi \end{pmatrix}, \quad \text{so ist}$$

$$\mathbf{f}(\mathbf{x}) = \sqrt{2} \cdot r \cdot \begin{pmatrix} \frac{1}{\sqrt{2}} \cos\phi - \frac{1}{\sqrt{2}} \sin\phi \\ \frac{1}{\sqrt{2}} \cos\phi + \frac{1}{\sqrt{2}} \sin\phi \end{pmatrix} = \sqrt{2}\, r \begin{pmatrix} \cos\left(\phi + \frac{\pi}{4}\right) \\ \sin\left(\phi + \frac{\pi}{4}\right) \end{pmatrix}.$$

Jedem Bildvektor $\mathbf{y}$ entspricht genau ein Urbildvektor $\mathbf{x}$, das Gleichungssystem ist also für jeden Vektor $\mathbf{y}$ eindeutig lösbar durch

$$\mathbf{x} = \hat{\mathbf{f}}(\mathbf{y}) = \frac{1}{2} \begin{pmatrix} y_1 + y_2 \\ y_2 - y_1 \end{pmatrix}.$$

Der Diskussion linearer Abbildungen dient dieses Kapitel. Dabei seien von jetzt ab alle Vektorräume endlich-dimensional, wenn nicht ausdrücklich etwas anderes gesagt ist.

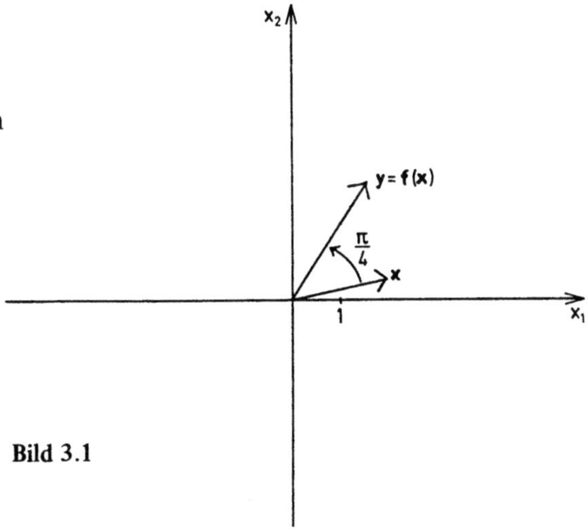

Bild 3.1

3.1 Lineare Abbildungen, Matrizen

Es seien zwei Vektorräume V (K) und V* (K) über demselben Skalarenkörper K gegeben. Dabei können V (K) und V* (K) verschiedene Vektorräume sein, insbesondere verschiedene Dimensionen haben. Abbildungen von V (K) in V* (K) heißen linear, wenn sie die Eigenschaften (L1) und (L2) besitzen:

3.1 **Definition.** (*Lineare Abbildung*)

V (K) und V* (K) seien gegebene Vektorräume über K.
Eine Abbildung f: V (K) → V* (K) heißt *linear*, falls

(L1) $\mathbf{f}(\mathbf{x}_1 + \mathbf{x}_2) = \mathbf{f}(\mathbf{x}_1) + \mathbf{f}(\mathbf{x}_2)$ für alle $\mathbf{x}_1, \mathbf{x}_2 \in V(K)$

und

(L2) $\mathbf{f}(\lambda \mathbf{x}) = \lambda \mathbf{f}(\mathbf{x})$ für alle $\mathbf{x} \in V(K)$ und alle $\lambda \in K$ gilt.

Für lineare Abbildungen ist stets

$$\mathbf{f}(\mathbf{0}) = \mathbf{0} \text{ und } \mathbf{f}(-\mathbf{x}) = -\mathbf{f}(\mathbf{x}), \tag{3.4}$$

denn wegen der zweiten Linearitätseigenschaft (L2) ist

$$\mathbf{f}(\mathbf{0}) = \mathbf{f}(0 \cdot \mathbf{0}) = 0\mathbf{f}(\mathbf{0}) = \mathbf{0}$$

und $\mathbf{f}(-\mathbf{x}) = \mathbf{f}((-1)\,\mathbf{x}) = (-1)\,\mathbf{f}(\mathbf{x}) = -\mathbf{f}(\mathbf{x}), (\mathbf{x} \in V(K))$.

Beide Linearitätseigenschaften sind enthalten in der Beziehung

$$\text{(L)} \quad \mathbf{f}\left(\sum_{j=1}^{n} \lambda_j \mathbf{x}_j\right) = \sum_{j=1}^{n} \lambda_j \mathbf{f}(\mathbf{x}_j) \quad (\mathbf{x}_j \in V, \lambda_j \in K, j = 1, \ldots, n), \tag{3.5}$$

die andererseits etwa mit vollständiger Induktion nach n aus (L1) und (L2) folgt.

Wie kann man lineare Abbildungen charakterisieren bzw. festlegen? Die Beantwortung dieser Frage führt unmittelbar zum Begriff der *Matrix*, der eine zentrale Rolle in der linearen Algebra spielt.

Dazu sei $\dim V(K) = p$ und $B = \{\mathbf{z}_1, \mathbf{z}_2, \ldots, \mathbf{z}_p\}$ eine Basis von $V(K)$, ferner $\dim V^*(K) = q$ und $B^* = \{\mathbf{z}_1^*, \ldots, \mathbf{z}_q^*\}$ eine Basis von $V^*(K)$.

Dann läßt sich jeder Vektor $\mathbf{x} \in V$ in der Basis B und jeder Vektor $\mathbf{y} \in V^*$ in der Basis B^* darstellen:

$$\mathbf{x} = \sum_{j=1}^{p} x_j \mathbf{z}_j, \qquad \mathbf{y} = \sum_{k=1}^{q} y_k \mathbf{z}_k^* . \tag{3.6}$$

Ist $\mathbf{f}: V \to V^*$ linear, so ergibt sich aus (3.5) und (3.6)

$$\begin{aligned} \mathbf{f}(\mathbf{x}) &= \mathbf{f}\left(\sum_{j=1}^{p} x_j \mathbf{z}_j\right) \\ &= \sum_{j=1}^{p} x_j \mathbf{f}(\mathbf{z}_j) . \end{aligned} \tag{3.7}$$

Die lineare Abbildung $\mathbf{f}$ ist also eindeutig bestimmt, wenn die Bildvektoren $\mathbf{f}(\mathbf{z}_j)$ der Basisvektoren $\mathbf{z}_j \in B$ $(j = 1, \ldots, p)$ gegeben sind, da dann der Bildvektor $\mathbf{f}(\mathbf{x})$ zu jedem $\mathbf{x} \in V$ nach (3.7) berechnet werden kann. Andererseits sind die Bildvektoren $\mathbf{f}(\mathbf{z}_j) \in V^*(K)$ beliebig vorschreibbar, stets wird durch diese Vorgabe eine lineare Abbildung $\mathbf{f}$ von V in V^* festgelegt. Stellt man diese Bildvektoren $\mathbf{f}(\mathbf{z}_j)$ in der Basis B^* des Vektorraumes V^* dar, also

$$\mathbf{f}(\mathbf{z}_j) = \sum_{k=1}^{q} a_{kj} \mathbf{z}_k^* \quad (j = 1, 2, \ldots, p) , \tag{3.8}$$

so sind $a_{kj} \in K$ für $k = 1, \ldots, q$ bei festem j die Koordinaten des Vektors $\mathbf{f}(\mathbf{z}_j)$ bezüglich der Basis B^*. Sie werden durch zwei Indices (k und j) gekennzeichnet. Gelegentlich trennt man der Deutlichkeit halber die Indices durch ein Komma, schreibt also $a_{k,j}$ statt a_{kj}.

Setzt man nun (3.8) in (3.7) ein, so ergibt sich

$$\begin{aligned} \mathbf{f}(\mathbf{x}) &= \sum_{j=1}^{p} x_j \sum_{k=1}^{q} a_{kj} \mathbf{z}_k^* \\ &= \sum_{k=1}^{q} \left(\sum_{j=1}^{p} a_{kj} x_j\right) \mathbf{z}_k^* . \end{aligned} \tag{3.9}$$

Für die Koordinaten y_k des Bildvektors $\mathbf{y} = \mathbf{f}(\mathbf{x}) = \sum_{k=1}^{q} y_k \mathbf{z}_k^*$ erhält man daher die Gleichung

$$y_k = \sum_{j=1}^{p} a_{kj} x_j \quad (k = 1, \ldots, q) , \tag{3.10}$$

oder – ausgeschrieben –

$$\left.\begin{aligned} y_1 &= a_{11}x_1 + a_{12}x_2 + \ldots + a_{1p}x_p \\ y_2 &= a_{21}x_1 + a_{22}x_2 + \ldots + a_{2p}x_p \\ &\vdots \\ y_q &= a_{q1}x_1 + a_{q2}x_2 + \ldots + a_{qp}x_p \ , \end{aligned}\right\} \tag{3.11}$$

durch die bei gegebenen Basen B und B* die lineare Abbildung eindeutig charakterisiert wird. Zur Abkürzung stellt man die Koeffizienten a_{kj} in einem Schema (*Matrix*) zusammen

$$\mathbf{A} = \begin{pmatrix} a_{11} & a_{12} & \ldots & a_{1p} \\ a_{21} & a_{22} & \ldots & a_{2p} \\ \vdots & & & \\ a_{q1} & a_{q2} & \ldots & a_{qp} \end{pmatrix} \tag{3.12}$$

und setzt

$$y_{B^*} = \begin{pmatrix} y_1 \\ \vdots \\ y_q \end{pmatrix}_{B^*} = \mathbf{A} \cdot x_B = \mathbf{A} \cdot \begin{pmatrix} x_1 \\ \vdots \\ x_p \end{pmatrix}_B . \tag{3.13}$$

3.2 **Definition.** (*Matrix*)

Eine rechteckige Anordnung von $q \cdot p$ Zahlen $a_{kj} \in K$ ($j = 1, \ldots, p$; $k = 1, \ldots, q$)

$$\mathbf{A} = \begin{pmatrix} a_{11} & a_{12} & \ldots & a_{1p} \\ a_{21} & a_{22} & \ldots & a_{2p} \\ \vdots & & & \\ a_{q1} & a_{q2} & \ldots & a_{qp} \end{pmatrix}$$

heißt Matrix, genauer (q, p)-Matrix. Die Matrix A heißt reell bzw. komplex je nachdem, ob ihre Elemente reelle oder komplexe Zahlen sind, ob also $K = \mathbb{R}$ oder $K = \mathbb{C}$ ist. Man nennt

$$\begin{pmatrix} a_{1j} \\ a_{2j} \\ \vdots \\ a_{qj} \end{pmatrix}$$ die j-te Spalte der Matrix (j-ter Spaltenvektor)

und

$(a_{k1}, a_{k2}, \ldots, a_{kp})$ die k-te Zeile der Matrix, (k-ter Zeilenvektor).

Insgesamt besitzt eine (q, p)-Matrix q Zeilen und p Spalten. Beispiel: Der Abbildung $f: \mathbb{R}^2 \to \mathbb{R}^2$ aus (3.1) entspricht (in der kanonischen Basis) die Matrix

$$\mathbf{A} = \begin{pmatrix} 1 & -1 \\ 1 & 1 \end{pmatrix}.$$

Eine Matrix ist also ein Verzeichnis – vgl. die Bedeutung des Wortes Matrikel –, das die bei der linearen Abbildung **f** auftretenden Koeffizienten in ein Schema zusammenfaßt.

Wir wollen Matrizen durch große lateinische Buchstaben kennzeichnen.

Andere Schreibweisen:

$$\mathbf{A} = (a_{kj}) = (a_{kj})_{\binom{k=1,\ldots,q}{j=1,\ldots,p}}, \text{ oder}$$

auch, wenn man ein Element der Matrix bezeichnen will:

$$(\mathbf{A})_{(k,j)} = a_{kj} .$$

Mit Matrizen läßt sich, wie auch mit linearen Abbildungen, nach einfachen Regeln rechnen („Matrizenkalkül").

3.3 **Definition.**

A und **B** seien gegebene Matrizen, $\mathbf{A} = (a_{kj})$ und $B = (b_{lm})$.

a) Die Matrizen **A** und **B** heißen gleich, **A** = **B**, wenn **A** und **B** beide (q, p) Matrizen sind und zugleich

$$a_{kj} = b_{kj} \quad (k = 1, \ldots, q, j = 1, \ldots, p) \text{ ist.}$$

b) Sind **A** und **B** zwei (q, p) Matrizen, so setzt man

$$\mathbf{A} + \mathbf{B} := (a_{kj} + b_{kj})$$

und für $\lambda \in K$

$$\lambda \cdot \mathbf{A} = (\lambda a_{kj}) .$$

Matrizen sind also nur dann gleich, wenn sie bei gegebenen Basen B, B* dieselbe lineare Abbildung repräsentieren, z. B. ist

$$\Omega_2 = \begin{pmatrix} 0 & 0 \\ 0 & 0 \end{pmatrix} \neq \Omega_3 = \begin{pmatrix} 0 & 0 & 0 \\ 0 & 0 & 0 \\ 0 & 0 & 0 \end{pmatrix} .$$

Die Addition zweier Matrizen ist nur definiert, wenn beide Summanden die gleiche Zeilen- und die gleiche Spaltenzahl besitzen. Entspricht (bei gegebenen Basen) **A** der Abbildung **f**, **B** der Abbildung **g** – beides lineare Abbildungen von V in V* – so entspricht

A + B der linearen Abbildung **f + g**

$\lambda \cdot \mathbf{A}$ der linearen Abbildung $\lambda \mathbf{f}$.

Die (q, p)-Matrizen bilden, ebenso wie die linearen Abbildungen von V(K) in V*(K), einen Vektorraum über K, der die Dimension $q \cdot p$ hat.

3.2 Das Matrizenprodukt

Lineare Abbildungen lassen sich auch durch Hintereinanderschalten verknüpfen. Sind V (K), V* (K) und V** (K) Vektorräume über K und sind

$$\mathbf{f}: \mathrm{V} \to \mathrm{V}^* \quad \text{sowie} \quad \mathbf{g}: \mathrm{V}^* \to \mathrm{V}^{**}$$

lineare Abbildungen, so ist $\mathbf{h} = \mathbf{g} \circ \mathbf{f}$, also

$$\mathbf{h}(\mathbf{x}) = \mathbf{g}(\mathbf{f}(\mathbf{x})) \quad \text{für alle} \quad \mathbf{x} \in \mathrm{V}$$

eine Abbildung des Vektorraumes V in den Vektorraum V**. Diese Abbildung ist auch linear, denn

$$\begin{aligned}(\mathrm{L1})\ \mathbf{h}(\mathbf{x}_1 + \mathbf{x}_2) = \mathbf{g}(\mathbf{f}(\mathbf{x}_1 + \mathbf{x}_2)) &= \mathbf{g}(\mathbf{f}(\mathbf{x}_1) + \mathbf{f}(\mathbf{x}_2)) \\ &= \mathbf{g}(\mathbf{f}(\mathbf{x}_1)) + \mathbf{g}(\mathbf{f}(\mathbf{x}_2)) = \mathbf{h}(\mathbf{x}_1) + \mathbf{h}(\mathbf{x}_2)\end{aligned} \tag{3.14}$$

und

$$(\mathrm{L2})\ \mathbf{h}(\lambda\mathbf{x}) = \mathbf{g}(\mathbf{f}(\lambda\mathbf{x})) = \mathbf{g}(\lambda\mathbf{f}(\mathbf{x})) = \lambda\mathbf{g}(\mathbf{f}(\mathbf{x})) = \lambda\mathbf{h}(\mathbf{x})\,, \tag{3.15}$$

da nach Voraussetzung die Abbildungen **f** und **g** linear sind.
Durch welche Matrix wird **h** dargestellt? Dazu nehmen wir an,

$$\begin{aligned} B &= \{\mathbf{z}_1, \ldots, \mathbf{z}_p\} && \text{sei eine Basis von } V(K),\ \dim V(K) = p\,, \\ B^* &= \{\mathbf{z}_1^*, \ldots, \mathbf{z}_q^*\} && \text{sei eine Basis von } V^*(K),\ \dim V^*(K) = q\,, \\ B^{**} &= \{\mathbf{z}_1^{**}, \ldots, \mathbf{z}_r^{**}\} && \text{sei eine Basis von } V^{**}(K),\ \dim V^{**}(K) = r\,. \end{aligned}$$

Wird in diesen gegebenen Basen die Abbildung **f** durch die (q, p)-Matrix $\mathbf{A} = (a_{kj})$ und entsprechend die Abbildung **g** durch die (r, q)-Matrix $\mathbf{B} = (b_{lk})$ dargestellt, gilt also

$$\mathbf{y}_{B^*} = \mathbf{A} \cdot \mathbf{x}_B \qquad \text{oder} \qquad \mathbf{y} = \mathbf{f}(\mathbf{x}) \tag{3.16}$$

und

$$\mathbf{w}_{B^{**}} = \mathbf{B} \cdot \mathbf{y}_{B^*} \qquad \text{oder} \qquad \mathbf{w} = \mathbf{g}(\mathbf{y}) = \mathbf{g}(\mathbf{f}(\mathbf{x})) = \mathbf{h}(\mathbf{x})\,, \tag{3.17}$$

so ist nach Gl. (3.10) bzw. Gl. (3.13)

$$y_k = \sum_{j=1}^{p} a_{kj} x_j \qquad \text{und} \qquad w_l = \sum_{k=1}^{q} b_{lk} y_k\,. \tag{3.18}$$

Für die zusammengesetzte Abbildung erhält man daher

$$\begin{aligned} w_l &= \sum_{k=1}^{q} b_{lk} \left(\sum_{j=1}^{p} a_{kj} x_j \right) \\ &= \sum_{k=1}^{q} \sum_{j=1}^{p} b_{lk} a_{kj} x_j = \sum_{j=1}^{p} \left(\sum_{k=1}^{q} b_{lk} a_{kj} \right) x_j \qquad (3.19) \\ &= \sum_{j=1}^{p} c_{lj} x_j \qquad (l = 1, 2, \ldots, r)\,. \end{aligned}$$

Die zusammengesetzte Abbildung $\mathbf{h} = \mathbf{g} \circ \mathbf{f}$ wird daher durch die (r, p)-Matrix $\mathbf{C} = (c_{lj})$ dargestellt, die sich aus den Matrizen **B** und **A** nach der Formel

$$c_{lj} = \sum_{k=1}^{q} b_{lk} a_{kj} \quad (j = 1, \ldots, p, \; l = 1, \ldots, r) \tag{3.20}$$

berechnet. Da nach (3.16) und (3.17)

$$\mathbf{w}_{B^{**}} = \mathbf{B}\mathbf{y}_{B^*} = \mathbf{B} \cdot \mathbf{A}\mathbf{x}_B = \mathbf{C}\mathbf{x}_B \tag{3.21}$$

ist, bezeichnet man $\mathbf{C} = \mathbf{B} \cdot \mathbf{A}$ als „Produkt" der Matrizen **B** und **A**.

3.4 **Definition.** (*Matrizenprodukt*)

Gegeben sei die (q, p)-Matrix $\mathbf{A} = (a_{kj})$ und die (r, q)-Matrix $\mathbf{B} = (b_{lk})$. Dann heißt die (r, p)-Matrix $\mathbf{C} = (c_{lj})$, deren Elemente gemäß der Formel

$$c_{lj} = \sum_{k=1}^{q} b_{lk} \cdot a_{kj} \quad (l = 1, \ldots, r; \; j = 1, \ldots, p) \tag{3.22}$$

berechnet sind, das *Produkt der Matrizen* **B** und **A**, also $\mathbf{C} = \mathbf{B} \cdot \mathbf{A}$.

Die vorangehenden Überlegungen fassen wir in folgendem Satz zusammen:

3.5 **Satz.**

Gegeben seien die Vektorräume V (K), V* (K) und V** (K) der Dimension p, q und r mit Basen B, B* und B**. Gegeben seien ferner die linearen Abbildungen $\mathbf{f}: V \to V^*$ und $\mathbf{g}: V^* \to V^{**}$ durch

$$\mathbf{y} = \mathbf{f}(\mathbf{x}) \quad \text{bzw.} \quad \mathbf{y}_{B^*} = \mathbf{A}\mathbf{x}_B \quad \text{und}$$

$$\mathbf{w} = \mathbf{g}(\mathbf{y}) \quad \text{bzw.} \quad \mathbf{w}_{B^{**}} = \mathbf{B}\mathbf{y}_{B^*} \, .$$

Dann wird die zusammengesetzte Abbildung $\mathbf{h}: V \to V^{**}$, $\mathbf{h} = \mathbf{g} \circ \mathbf{f}$ gegeben durch

$$\mathbf{w} = \mathbf{g}(\mathbf{f}(\mathbf{x})) \quad \text{bzw.} \quad \mathbf{w}_{B^{**}} = \mathbf{C}\mathbf{x}_B \, ,$$

wobei die der zusammengesetzten Abbildung zugeordnete Matrix **C** das Produkt der Matrizen **B** und **A** ist: $\mathbf{C} = \mathbf{B} \cdot \mathbf{A}$.

3.2.1 Schemata und Beispiele zur Matrizenmultiplikation

a) Das Matrizenprodukt $\mathbf{B} \cdot \mathbf{A}$ ist nur definiert, falls die Anzahl der Spalten des linken Faktors **B** gleich der Anzahl der Zeilen des rechten Faktors **A** ist.

Es wird nach folgendem Schema berechnet:

3.6 **Schema.** (für die Matrizenmultiplikation).

$$l\text{-te Zeile}\begin{pmatrix} \vdots & \vdots & & \vdots \\ b_{l1} & b_{l2} & \dots & b_{lq} \\ \vdots & \vdots & & \vdots \end{pmatrix} \cdot \begin{pmatrix} \dots & a_{1j} & \dots \\ \dots & a_{2j} & \dots \\ & \vdots & \\ \dots & a_{qj} & \dots \end{pmatrix} = \begin{pmatrix} & \vdots & \\ \dots & c_{lj} & \dots \\ & \vdots & \end{pmatrix} l\text{-te Zeile}$$

j-te Spalte j-te Spalte

$$c_{lj} = b_{l1} a_{1j} + b_{l2} a_{2j} + \dots + b_{lq} \cdot a_{qj} = \sum_{k=1}^{q} b_{lk} a_{kj}$$

Das Matrizenprodukt hat ebensoviel Zeilen wie der linke Faktor und ebensoviel Spalten wie der rechte Faktor.

b) Für die Berechnung „von Hand" des Matrizenproduktes $\mathbf{B} \cdot \mathbf{A}$ kann man die Matrizen auch nach folgendem Schema anordnen:

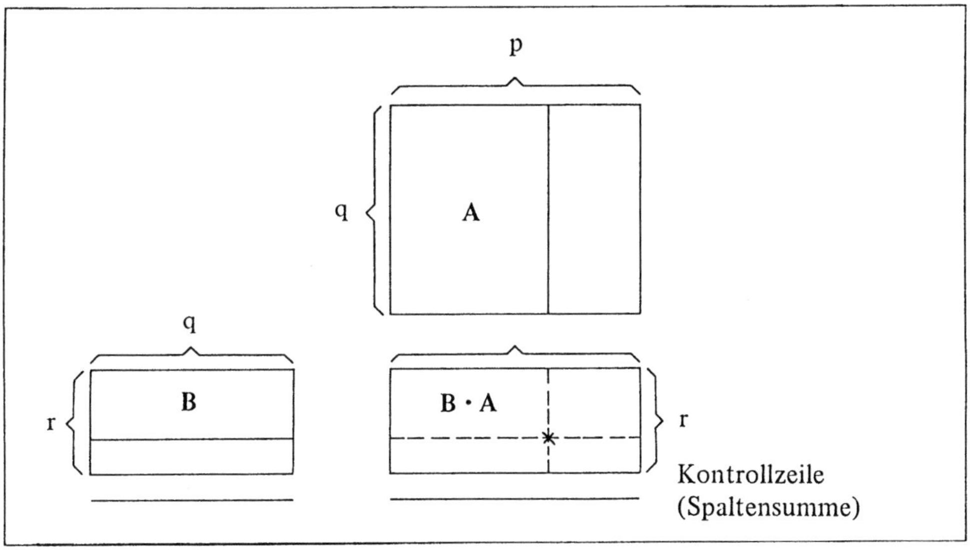

Dann steht im Schnittpunkt einer Zeile von **B** mit einer Spalte von **A** gerade das zugehörige Element der Produktmatrix $\mathbf{B} \cdot \mathbf{A}$.

Zusätzlich kann man eine Kontrollzeile hinzufügen, bei der unter der Matrix **B** jeweils die Summe der Elemente der darüberstehenden Spalte aufgeführt ist. Multipliziert man diese Zeile ebenfalls mit **A**, so ergibt sich eine weitere Zeile unter $\mathbf{B} \cdot \mathbf{A}$, die ebenfalls gleich der Spaltensumme von $\mathbf{B} \cdot \mathbf{A}$ sein muß.

c) Beispiel: $\mathbf{A} = \begin{pmatrix} 1 & 2 \\ 3 & -1 \\ 1 & 1 \end{pmatrix}$, $\mathbf{B} = \begin{pmatrix} 1 & 0 & 2 \\ 2 & 1 & -3 \end{pmatrix}$, $\mathbf{B} \cdot \mathbf{A} = ?$

$$\begin{array}{ccc|c|cc|c} & & & & 1 & 2 & \\ & & & & 3 & -1 & \mathbf{A} \\ & \mathbf{B} & & & 1 & 1 & \\ \hline 1 & 0 & 2 & & 3 & 4 & \\ 2 & 1 & -3 & & 2 & 0 & \\ \hline 3 & 1 & -1 & & 5 & 4 & \end{array}, \quad \text{also } \mathbf{B} \cdot \mathbf{A} = \begin{pmatrix} 3 & 4 \\ 2 & 0 \end{pmatrix}.$$

In diesem Fall ist auch $\mathbf{A} \cdot \mathbf{B}$ definiert, $\mathbf{A} \cdot \mathbf{B} = \begin{pmatrix} 5 & 2 & -4 \\ 1 & -1 & 9 \\ 3 & 1 & -1 \end{pmatrix}$, also $\mathbf{B} \cdot \mathbf{A} \neq \mathbf{A} \cdot \mathbf{B}$.

d) Auch bei quadratischen (p, p)-Matrizen ist das Matrizenprodukt im allgemeinen nicht kommutativ:

$$\begin{pmatrix} 1 & 2 \\ 3 & 4 \end{pmatrix} \cdot \begin{pmatrix} 0 & 1 \\ 2 & 3 \end{pmatrix} = \begin{pmatrix} 4 & 7 \\ 8 & 15 \end{pmatrix}, \quad \text{aber}$$

$$\begin{pmatrix} 0 & 1 \\ 2 & 3 \end{pmatrix} \cdot \begin{pmatrix} 1 & 2 \\ 3 & 4 \end{pmatrix} = \begin{pmatrix} 3 & 4 \\ 11 & 16 \end{pmatrix}.$$

e) Spalten oder Zeilen sind spezielle Matrizen. Das Produkt einer Zeile mit einer (gleich langen) Spalte liefert

$$(b_1 b_2 \ldots b_q) \cdot \begin{pmatrix} a_1 \\ a_2 \\ \vdots \\ a_q \end{pmatrix} = \sum_{k=1}^{q} b_k a_k, \text{ also eine Zahl } (\in \mathbf{K}), \tag{3.23}$$

während das Produkt einer Spalte mit einer Zeile die (q, p)-Matrix

$$\begin{pmatrix} a_1 \\ a_2 \\ \vdots \\ a_q \end{pmatrix} (b_1 b_2 \ldots b_p) = \begin{pmatrix} a_1 b_1 & a_1 b_2 & \ldots & a_1 b_p \\ a_2 b_1 & a_2 b_2 & \ldots & a_2 b_p \\ \ldots & \ldots & \ldots & . \\ a_q b_1 & a_q b_2 & \ldots & a_q b_p \end{pmatrix} \text{ ergibt.} \tag{3.24}$$

f) Das Matrizenprodukt Matrix mal Spalte

$$\mathbf{A}\mathbf{x}_B = \begin{pmatrix} a_{11} & \ldots & a_{1p} \\ \vdots & & \\ a_{q1} & \ldots & a_{qp} \end{pmatrix} \begin{pmatrix} x_1 \\ \vdots \\ x_p \end{pmatrix} = \begin{pmatrix} \sum_{j=1}^{p} a_{1j} x_j \\ \vdots \\ \sum_{j=1}^{p} a_{qj} x_j \end{pmatrix} \tag{3.25}$$

stellt eine Spalte dar, rechtfertigt also nachträglich die Produktschreibweise in (3.13).

g) Das Produkt $\mathbf{B} \cdot \mathbf{A}$ zweier Matrizen kann die Nullmatrix sein, auch wenn keiner der Faktoren die Nullmatrix ist. Beispiel:

$$\begin{pmatrix} 1 & 2 \\ 2 & 4 \end{pmatrix} \cdot \begin{pmatrix} 2 & -4 \\ -1 & 2 \end{pmatrix} = \begin{pmatrix} 0 & 0 \\ 0 & 0 \end{pmatrix},$$

solche Matrizen $\mathbf{B}$ und $\mathbf{A}$ heißen *Nullteiler*.

3.2.2 Blockmatrizen

Man kann Matrizen in Blöcke („Untermatrizen") unterteilen, wobei die untereinanderstehenden Blöcke gleichviele Spalten, die nebeneinanderstehenden Blöcke gleichviele Zeilen haben sollen.

Beispiel:

$$\mathbf{B} = \begin{pmatrix} \mathbf{B}_{11} & \mathbf{B}_{12} \\ \mathbf{B}_{21} & \mathbf{B}_{22} \end{pmatrix} \begin{matrix} \} \, r_1 \\ \} \, r_2 \end{matrix}, \quad \mathbf{A} = \begin{pmatrix} \mathbf{A}_{11} & \mathbf{A}_{12} \\ \mathbf{A}_{21} & \mathbf{A}_{22} \end{pmatrix} \begin{matrix} \} \, q_1 \\ \} \, q_2 \end{matrix} \quad \text{Zeilen}$$

$$\underbrace{\phantom{B_{11}}}_{q_1} \; \underbrace{\phantom{B_{12}}}_{q_2} \text{ Spalten} \qquad \underbrace{\phantom{A_{11}}}_{p_1} \; \underbrace{\phantom{A_{12}}}_{p_2} \text{ Spalten}$$

Dann gilt

$$\mathbf{C} = \mathbf{B} \cdot \mathbf{A} = \begin{pmatrix} \mathbf{B}_{11}\mathbf{A}_{11} + \mathbf{B}_{12}\mathbf{A}_{21} & \mathbf{B}_{11}\mathbf{A}_{12} + \mathbf{B}_{12}\mathbf{A}_{22} \\ \mathbf{B}_{21}\mathbf{A}_{11} + \mathbf{B}_{22}\mathbf{A}_{21} & \mathbf{B}_{21}\mathbf{A}_{12} + \mathbf{B}_{22}\mathbf{A}_{22} \end{pmatrix} \tag{3.26}$$

und entsprechend auch für Unterteilungen in mehrere Blöcke. Wichtig ist, daß der Unterteilung des linken Faktors in Blöcke hinsichtlich der Spalten die Unterteilung des rechten Faktors in Blöcke hinsichtlich der Zeilen entspricht, so daß die Produkte entsprechender Blöcke definiert sind, und daß bei den Produkten der Blockmatrizen auf die Reihenfolge der Faktoren geachtet wird.

Die Gültigkeit von (3.26) beruht auf der Darstellung eines beliebigen Elements c_{lj} (etwa $l \leqslant r_1$, $j \leqslant p_1$) der Produktmatrix

$$c_{lj} = \sum_{k=1}^{q} b_{lk} a_{kj} = \sum_{k=1}^{q_1} b_{lk} a_{kj} + \sum_{k=q_1+1}^{q_1+q_2} b_{lk} a_{kj}$$

Der erste Summand ist das entsprechende Element des Produkts $\mathbf{B}_{11} \cdot \mathbf{A}_{11}$, der zweite das an gleicher Stelle stehende Element des Produkts $\mathbf{B}_{12} \cdot \mathbf{A}_{21}$.

3.3 Regeln für das Rechnen mit Matrizen

Bevor wir die wichtigsten Regeln über das Rechnen mit Matrizen zusammenstellen, sollen zwei einfache Operationen mit Matrizen eingeführt werden.

3.7 **Definition.** (*transponierte Matrix, konjugierte Matrix*)

a) Vertauscht man in einer gegebenen Matrix $\mathbf{A}$ Zeilen und Spalten miteinander, stürzt die Matrix also um die Linie durch die Elemente $a_{11}, a_{22}, \ldots$, so entsteht die gestürzte oder *transponierte Matrix* $\mathbf{A}^T$.

b) Geht man in allen Elementen einer Matrix $\mathbf{A}$ zum konjugiert-komplexen Element über, so entsteht die *konjugierte Matrix* $\overline{\mathbf{A}}$.

Beispiel:

$$\mathbf{A} = \begin{pmatrix} a_{11} & a_{12} & a_{13} \\ a_{21} & a_{22} & a_{23} \end{pmatrix}, \quad \mathbf{A}^T = \begin{pmatrix} a_{11} & a_{21} \\ a_{12} & a_{22} \\ a_{13} & a_{23} \end{pmatrix}, \quad \overline{\mathbf{A}} = \begin{pmatrix} \overline{a}_{11} & \overline{a}_{12} & \overline{a}_{13} \\ \overline{a}_{21} & \overline{a}_{22} & \overline{a}_{23} \end{pmatrix}.$$

3.8 **Satz.** (*Rechenregeln*)

$\mathbf{A}, \mathbf{A}_1, \mathbf{A}_2, \mathbf{B}, \mathbf{B}_1, \mathbf{B}_2$ und $\mathbf{C}$ seien gegebene Matrizen.
Dann gilt

a) $\mathbf{B} \cdot (\mathbf{A}_1 + \mathbf{A}_2) = \mathbf{B} \cdot \mathbf{A}_1 + \mathbf{B} \cdot \mathbf{A}_2$ } Distributivgesetze

b) $(\mathbf{B}_1 + \mathbf{B}_2) \cdot \mathbf{A} = \mathbf{B}_1 \cdot \mathbf{A} + \mathbf{B}_2 \cdot \mathbf{A}$ }

c) $\mathbf{C} \cdot (\mathbf{B} \cdot \mathbf{A}) = (\mathbf{C} \cdot \mathbf{B}) \cdot \mathbf{A}$ Assoziativgesetz

d) $(\mathbf{B} \cdot \mathbf{A})^T = \mathbf{A}^T \cdot \mathbf{B}^T$,

sofern die Matrizensummen und Matrizenprodukte auf einer Seite dieser Gleichungen ausführbar (definiert) sind.

Beweis.

Distributivgesetze und Assoziativgesetz folgen unmittelbar aus den entsprechenden Eigenschaften linearer Abbildungen. So ist z.B.

$$\mathbf{g} \circ (\mathbf{f}_1 + \mathbf{f}_2) = \mathbf{g} \circ \mathbf{f}_1 + \mathbf{g} \circ \mathbf{f}_2, \text{d.h. } \mathbf{g}(\mathbf{f}_1(\mathbf{x}) + \mathbf{f}_2(\mathbf{x})) = \mathbf{g}(\mathbf{f}_1(\mathbf{x})) + \mathbf{g}(\mathbf{f}_2(\mathbf{x})),$$

da insbesondere $\mathbf{g}$ linear ist.
Ferner ist $\mathbf{h} \circ (\mathbf{g} \circ \mathbf{f}) = (\mathbf{h} \circ \mathbf{g}) \circ \mathbf{f}$, da beide Seiten auf $\mathbf{x}$ angewendet den Bildvektor $\mathbf{h}(\mathbf{g}(\mathbf{f}(\mathbf{x})))$ liefern. Die Regel d) rechnen wir explizit nach: Ist $\mathbf{C} = \mathbf{BA}$, also

$$c_{lj} = \sum_{k=1}^{q} b_{lk} a_{kj}, \text{ so folgt } (\mathbf{A}^T)_{(j,k)} = a_{kj}, \ (\mathbf{B}^T)_{(k,l)} = b_{lk}, \text{ und somit}$$

$$(\mathbf{A}^T \mathbf{B}^T)_{(j,l)} = \sum_{k=1}^{q} (\mathbf{A}^T)_{(j,k)} \cdot (\mathbf{B}^T)_{(k,l)} = \sum_{k=1}^{q} a_{kj} b_{lk} = c_{lj}, \text{ d.h. } (\mathbf{A}^T \mathbf{B}^T) = \mathbf{C}^T. \quad \blacksquare$$

3.3.1 Spezielle Matrizen

Wichtige spezielle Matrizen sind die sogenannten Einheitsmatrizen $\mathbf{E}_p$:

$$\mathbf{E}_p = \begin{pmatrix} 1 & 0 & \dots & 0 \\ 0 & 1 & & \vdots \\ \vdots & & \ddots & \vdots \\ \vdots & & \ddots & 0 \\ 0 & \dots & 0 & 1 \end{pmatrix}, \tag{3.27}$$

also quadratische (p, p)-Matrizen, für die $(\mathbf{E}_p)_{(k,j)} = \delta_{kj} := \begin{cases} 1 & k = j \\ 0 & k \neq j \end{cases}$ ist.

Ist **A** eine beliebige (q, p)-Matrix, so gilt

$$\mathbf{E}_q \cdot \mathbf{A} = \mathbf{A} \cdot \mathbf{E}_p = \mathbf{A} , \tag{3.28}$$

und die Einheitsmatrizen sind die einzigen Matrizen, die diese Gleichung für beliebiges **A** erfüllen.

Eine etwas allgemeinere Klasse bilden die (quadratischen) Diagonalmatrizen

$$\mathbf{D} = \begin{pmatrix} d_1 & & & 0 \\ & d_2 & & \\ & & \ddots & \\ 0 & & & d_p \end{pmatrix}, \quad \text{d.h.} \quad (\mathbf{D})_{jk} = d_j \delta_{jk} ,$$

bei denen allenfalls in der „Hauptdiagonalen“ von Null verschiedene Elemente stehen. Sind $\mathbf{a}_1, \mathbf{a}_2, \ldots, \mathbf{a}_p$ die p Spaltenvektoren einer (q,p)-Matrix **A**, also $\mathbf{A} = (\mathbf{a}_1, \mathbf{a}_2, \ldots, \mathbf{a}_p)$, so ist $\mathbf{AD} = (d_1 \mathbf{a}_1, \ldots, d_p \mathbf{a}_p)$. Entsprechend werden bei dem Produkt **DA** einer q-reihigen Diagonalmatrix **D** die Zeilenvektoren von **A** der Reihe nach mit den Diagonalelementen multipliziert. Insbesondere ist das Produkt von Diagonalmatrizen wieder eine Diagonalmatrix.

In manchen numerischen Anwendungen treten „Bandmatrizen“ auf, also quadratische (p, p)-Matrizen $\mathbf{B}_{2m+1} = (b_{kj})$, bei denen $b_{kj} = 0$ für $|k - j| > m$ ist, bei denen also allenfalls die Hauptdiagonale und die benachbarten 2m Diagonalen mit von Null verschiedenen Elementen besetzt sind, z.B.

$$\mathbf{B}_3 = \begin{pmatrix} b_{11} & b_{12} & 0 & 0 & \cdots & 0 \\ b_{21} & b_{22} & b_{23} & 0 & \cdots & 0 \\ 0 & b_{32} & b_{33} & \ddots & \ddots & \vdots \\ \vdots & \ddots & \ddots & \ddots & \ddots & 0 \\ \vdots & & \ddots & \ddots & \ddots & b_{p-1\,p} \\ 0 & \cdots & 0 & & b_{pp-1} & b_{pp} \end{pmatrix} .$$

Das Produkt von Bandmatrizen ist wieder eine Bandmatrix, und zwar gilt im allgemeinen

$$\mathbf{B}_{2m+1} \cdot \mathbf{B}_{2k+1} = \mathbf{B}_{2(m+k)+1} .$$

3.3.2 Funktionen von Matrizen

Ist **A** eine quadratische (p, p)-Matrix, so lassen sich der Reihe nach die Produkte $\mathbf{A}^2 = \mathbf{A} \cdot \mathbf{A}$, $\mathbf{A}^3 = \mathbf{A}^2 \cdot \mathbf{A}, \ldots, \mathbf{A}^{n+1} = \mathbf{A}^n \cdot \mathbf{A}$ bilden.

Entspricht die Matrix **A** bei gegebener Basis B des Vektorraumes V(K) der Abbildung **f**: V(K) → V(K), so entspricht $\mathbf{A}^n$ der n-fach iterierten Abbildung $\mathbf{f}^n = \mathbf{f} \circ \mathbf{f} \circ \ldots \circ \mathbf{f}$. Setzt man noch $\mathbf{A}^0 = \mathbf{E}_p$, so gelten offenbar die Potenzregeln $\mathbf{A}^n \mathbf{A}^m = \mathbf{A}^{n+m}$ und $(\mathbf{A}^n)^m = \mathbf{A}^{nm}$ zunächst für nicht-negative Exponenten.

Ist $P(x) = a_0 + a_1 x + \ldots + a_k x^k$ ein Polynom mit Koeffizienten $a_j \in K$, so versteht man unter $P(\mathbf{A})$ die Matrix

$$P(\mathbf{A}) := a_0 \mathbf{E}_p + a_1 \mathbf{A} + \ldots + a_k \mathbf{A}^k . \tag{3.29}$$

Obwohl die Matrizenmultiplikation im allgemeinen nicht kommutativ ist, gilt für beliebige Polynome P, Q: $P(\mathbf{A}) \cdot Q(\mathbf{A}) = Q(\mathbf{A}) \cdot P(\mathbf{A})$.
Als letztes Beispiel behandeln wir die Exponentialfunktion. Man setzt

$$e^{\mathbf{A}} := \sum_{\nu=0}^{\infty} \frac{1}{\nu!} \mathbf{A}^{\nu}, \tag{3.30}$$

analog zur Potenzreihe für e^x. Die Reihe konvergiert für jedes der p^2 Elemente von $e^{\mathbf{A}}$, denn ist $M = \operatorname{Max} |a_{kj}|$ $(k, j = 1, \dots, p)$, so gilt (vollständige Induktion nach n):

$$|(\mathbf{A}^n)_{(k,j)}| \leqq p^{n-1} M^n \leqslant p^n M^n$$

daher ist $|(e^{\mathbf{A}})_{(k,j)}| \leqq \sum_{\nu=0}^{\infty} \frac{p^{\nu} M^{\nu}}{\nu!} = e^{pM}$ eine Abschätzung durch eine konvergente Majorante.
Übrigens ist die Funktionalgleichung $e^{\mathbf{A}} \cdot e^{\mathbf{B}} = e^{\mathbf{A}+\mathbf{B}}$ im allgemeinen nicht richtig. Sie gilt jedoch, falls **A** und **B** kommutieren, d.h. falls **AB** = **BA** ist.

3.4 Lineare Abbildungen und lineare Gleichungssysteme

Es sollen noch einige grundlegende Eigenschaften linearer Abbildungen und ihr Zusammenhang mit entsprechenden Eigenschaften linearer Gleichungssysteme diskutiert werden. Dabei sei $\mathbf{f}$: $V(K) \to V^*(K)$ eine lineare Abbildung des p-dimensionalen Vektorraumes V (K) in den q-dimensionalen Vektorraum $V^*(K)$. Bei gegebenen Basen B und B^* sei **A** die der Abbildung zugeordnete Matrix, so daß die Gleichungen

$$\mathbf{y} = \mathbf{f}(\mathbf{x}) \quad \text{und} \quad \mathbf{y}_{B^*} = \mathbf{A}\mathbf{x}_B \tag{3.31}$$

$(\mathbf{x}_B \in V_p(K),\ \mathbf{y}_{B^*} \in V_q(K))$ äquivalent sind.

3.9 **Definition.**

Die Abbildung $\mathbf{f}$: $V(K) \to V^*(K)$ heißt
- *injektiv* (eineindeutig), falls für $\mathbf{x}_1 \neq \mathbf{x}_2$ auch $\mathbf{f}(\mathbf{x}_1) \neq \mathbf{f}(\mathbf{x}_2)$ ist, falls also verschiedene Urbilder stets auch verschiedene Bilder haben,
- *surjektiv* (Abbildung „auf"), falls es zu jedem $\mathbf{y} \in V^*$ mindestens ein $\mathbf{x} \in V(K)$ gibt mit $\mathbf{y} = \mathbf{f}(\mathbf{x})$, falls also $\mathbf{f}(V) = V^*$ ist,
- *bijektiv* (umkehrbar eindeutig auf), falls **f** sowohl injektiv wie auch surjektiv ist.

Ist **f** injektiv, so kann neben dem Nullvektor $\mathbf{0} \in V$ kein weiterer Vektor den Bildvektor $\mathbf{0} \in V^*$ besitzen. Ist andererseits **f** nicht injektiv, so gibt es mindestens zwei verschiedene Vektoren $\mathbf{x}_1$ und $\mathbf{x}_2$ in V, die denselben Bildvektor haben $(\mathbf{f}(\mathbf{x}_1) = \mathbf{f}(\mathbf{x}_2))$, dann aber ist $\mathbf{f}(\mathbf{x}_1 - \mathbf{x}_2) = \mathbf{0}$, d.h. $\mathbf{x}_1 - \mathbf{x}_2 \neq \mathbf{0}$ wird auf dem Nullvektor abgebildet.

Dies legt folgende Definition nahe:

3.10 **Definition.** (*Kern* von f)

Kern f: = $\{\mathbf{x} \mid \mathbf{x} \in V \text{ und } \mathbf{f}(\mathbf{x}) = \mathbf{0}\}$.

Offenbar ist Kern **f** ein Unterraum von V (K), denn die Unterraumeigenschaft Gl. (2.15) ist erfüllt: Sind $\mathbf{x}_1 \in$ Kern **f** und $\mathbf{x}_2 \in$ Kern **f** so ist $\mathbf{f}(\lambda_1 \mathbf{x}_1 + \lambda_2 \mathbf{x}_2) = \lambda_1 \mathbf{f}(\mathbf{x}_1) + \lambda_2 \mathbf{f}(\mathbf{x}_2) = \mathbf{0}$, also $\lambda_1 \mathbf{x}_1 + \lambda_2 \mathbf{x}_2 \in$ Kern **f**. Aus Gl. (3.31) entnehmen wir noch, daß $\mathbf{x} \in$ Kern **f** genau dann gilt, wenn der Spaltenvektor $\mathbf{x}_B$ Lösung des „homogenen Gleichungssystems" $\mathbf{A}\mathbf{x}_B = \mathbf{0}$ ist. Es gilt also

3.11 **Lemma.**

f: V (K) → V* (K) ist dann und nur dann injektiv, falls Kern **f** = $\{\mathbf{0}\}$ ist, d.h. falls das homogene lineare Gleichungssystem $\mathbf{A}\mathbf{x}_B = \mathbf{0}$ nur die Lösung $\mathbf{x}_B = \mathbf{0}$ besitzt.

Sind $\mathbf{a}_1, \ldots, \mathbf{a}_p$ die Spaltenvektoren von **A** und $\mathbf{x}_B = \begin{pmatrix} x_1 \\ \vdots \\ x_p \end{pmatrix}$, so lautet das homogene Gleichungssystem auch

$$\mathbf{A}\mathbf{x}_B = x_1 \mathbf{a}_1 + \ldots + x_p \mathbf{a}_p = \mathbf{0}\,. \tag{3.32}$$

Mithin gilt Kern $\mathbf{f} \neq \{\mathbf{0}\}$, wenn die Spaltenvektoren der Matrix **A** linear abhängig sind, wenn also $\dim \langle \mathbf{a}_1, \ldots, \mathbf{a}_p \rangle < p$ ist.

3.12 **Definition.** (*Spalten- und Zeilenrang einer Matrix*)

Sind $\mathbf{a}_1, \ldots, \mathbf{a}_p$ die Spaltenvektoren von **A**, so heißt $\dim \langle \mathbf{a}_1, \ldots, \mathbf{a}_p \rangle = \mathrm{SRg}(\mathbf{A})$ der *Spaltenrang* von **A** bzw. der Rang von **f**, (abgekürzt Rg (**f**)). Ferner ist $\mathrm{ZRg}(\mathbf{A}) := \mathrm{SRg}(\mathbf{A}^T)$ der *Zeilenrang* von **A**.

Der *Spaltenrang* einer Matrix **A** ist also die Maximalzahl linear unabhängiger *Spaltenvektoren*, entsprechend der Zeilenrang von **A** – d.h. der Spaltenrang der transponierten Matrix $\mathbf{A}^T$ – die Maximalzahl linear unabhängiger Zeilenvektoren. Ist der Spaltenrang $\mathrm{SRg}(\mathbf{A}) = r < p$, sind etwa die Spaltenvektoren $\mathbf{a}_1, \ldots, \mathbf{a}_r$ linear unabhängig, also $\langle \mathbf{a}_1, \ldots, \mathbf{a}_p \rangle = \langle \mathbf{a}_1, \ldots, \mathbf{a}_r \rangle$, so können die Koordinaten $x_{r+1}, \ldots, x_p$ einer Lösung $\mathbf{x}_B$ des homogenen Systems $\mathbf{A}\mathbf{x}_B = \mathbf{0}$ beliebig gewählt werden, während die Koordinaten $x_1, \ldots, x_r$ dazu eindeutig bestimmt sind. Es gilt daher

3.13 **Satz.** dim (Kern **f**) = dim (V (K)) – Rg(**f**).

Ist die Abbildung **f** surjektiv, so ist das „inhomogene Gleichungssystem" $\mathbf{A}\mathbf{x}_B = \mathbf{y}_{B^*}$ für jeden Vektor $\mathbf{y}_{B^*} \in V_q(K)$ lösbar, d.h.

$$x_1 \mathbf{a}_1 + \ldots + x_p \mathbf{a}_p = \mathbf{y}_{B^*} \tag{3.33}$$

hat mindestens eine Lösung $x_B = (x_1, \ldots, x_p)^T$. Das ist genau dann der Fall, falls $Rg(\mathbf{f}) = \dim \langle \mathbf{a}_1, \ldots, \mathbf{a}_p \rangle = \dim(V^*(K)) = q$ ist, falls also $SRg(\mathbf{A}) = q$ ist. Allgemein ist $\mathbf{f}(V) = \{\mathbf{y} \in V^* \mid \mathbf{y} = \mathbf{f}(\mathbf{x})$ für wenigstens ein $\mathbf{x} \in V\}$ ein Unterraum von V^*, denn aus $\mathbf{y}_1 = \mathbf{f}(\mathbf{x}_1) \in \mathbf{f}(V)$ und $\mathbf{y}_2 = \mathbf{f}(\mathbf{x}_2) \in \mathbf{f}(V^*)$ folgt $\lambda_1 \mathbf{y}_1 + \lambda_2 \mathbf{y}_2 = \mathbf{f}(\lambda_1 \mathbf{x}_1 + \lambda_2 \mathbf{x}_2) \in \mathbf{f}(V)$. Daher gilt

3.14 **Lemma.**

a) $\dim(\mathbf{f}(V)) = SRg(\mathbf{A}) = Rg(\mathbf{f})$.

b) $\mathbf{f}$ ist surjektiv, falls $Rg(\mathbf{f}) = \dim(V^*(K))$.

Schließlich ist $\mathbf{f}$ genau dann bijektiv, wenn $\mathbf{f}$ sowohl injektiv als auch surjektiv ist, wenn also sowohl $SRg(\mathbf{A}) = \dim(V) = p$ als auch $SRg(\mathbf{A}) = \dim(V^*) = q$ gilt:

3.15 **Satz.**

f: $V(K) \to V^*(K)$ ist bijektiv genau dann, wenn

$$\dim(V(K)) = \dim(V^*(K)) = Rg(\mathbf{f}) = SRg(\mathbf{A}) \text{ ist.}$$

Ist die lineare Abbildung $\mathbf{f}: V \to V^*$ bijektiv, existiert also zu jedem Vektor $\mathbf{y} \in V^*$ genau ein Urbildvektor $\mathbf{x} \in V$, so ist hierdurch die Umkehrabbildung $\hat{\mathbf{f}}: V^* \to V$ definiert und die Gleichungen $\mathbf{y} = \mathbf{f}(\mathbf{x})$ sowie $\mathbf{x} = \hat{\mathbf{f}}(\mathbf{y})$ bedingen sich gegenseitig. $\hat{\mathbf{f}}$ ist ebenfalls linear, denn gilt $\mathbf{y}_1 = \mathbf{f}(\mathbf{x}_1)$, $\mathbf{y}_2 = \mathbf{f}(\mathbf{x}_2)$, so folgt aus $\mathbf{f}(\lambda_1 \mathbf{x}_1 + \lambda_2 \mathbf{x}_2) = \lambda_1 \mathbf{y}_1 + \lambda_2 \mathbf{y}_2$ auch $\hat{\mathbf{f}}(\lambda_1 \mathbf{y}_1 + \lambda_2 \mathbf{y}_2) = \lambda_1 \mathbf{x}_1 + \lambda_2 \mathbf{x}_2$. Ist – bei gegebenen Basen B (in V) und B* (in V*) – der Abbildung $\mathbf{f}$ die Matrix $\mathbf{A}$ zugeordnet, so ist der Umkehrabbildung $\hat{\mathbf{f}}$ die sogenannte inverse Matrix $\mathbf{A}^{-1}$ zugeordnet, d.h. die Gleichungen

$$\mathbf{y}_{B^*} = \mathbf{A}\mathbf{x}_B \quad \text{und} \quad \mathbf{x}_B = \mathbf{A}^{-1}\mathbf{y}_{B^*} \quad \text{sind äquivalent.}$$

Setzt man eine dieser Gleichungen in die andere ein, so ergibt sich

$$\mathbf{A}\mathbf{A}^{-1} = \mathbf{A}^{-1}\mathbf{A} = \mathbf{E}_p \qquad (\dim(V) = \dim(V^*) = p)\,.$$

Es gilt also

3.16 **Satz.**

Besitzt die (p, p)-Matrix $\mathbf{A}$ den Spaltenrang p, so existiert die inverse (p, p)-Matrix $\mathbf{A}^{-1}$ mit

$$\mathbf{A}\mathbf{A}^{-1} = \mathbf{A}^{-1}\mathbf{A} = \mathbf{E}_p\,. \tag{3.34}$$

Quadratische (p, p)-Matrizen A mit SRg(a) = p nennt man auch *reguläre* Matrizen.

3.5 Rang einer Matrix

Bei der Diskussion der Eigenschaften linearer Abbildungen spielte der Spaltenrang von $\mathbf{A}$ eine zentrale Rolle. Wir werden im nächsten Kapitel effektive Verfahren kennenlernen, ihn zu bestimmen.

Dieser Abschnitt ist vor allem dem Beweis des folgenden Satzes gewidmet.

3.16 **Satz.**

Für jede Matrix $\mathbf{A}$ gilt $\mathrm{SRg}(\mathbf{A}) = \mathrm{ZRg}(\mathbf{A}) = \mathrm{Rg}(\mathbf{A})$ (Rang der Matrix $\mathbf{A}$).

Dazu überlegen wir uns zunächst, daß bestimmte „elementare Umformungen" einer Matrix $\mathbf{A}$ weder den Zeilenrang noch den Spaltenrang ändern. Solche elementaren Umformungen sind:

1a) Multiplikation einer Spalte mit $\lambda \neq 0$ ($\lambda \in K$)
2a) Addition einer Spalte zu einer anderen Spalte von $\mathbf{A}$
1b) Multiplikation einer Zeile mit $\lambda \neq 0$ ($\lambda \in K$)
2b) Addition einer Zeile zu einer anderen Zeile von $\mathbf{A}$.

3.17 **Lemma.**

Die elementaren Umformungen von $\mathbf{A}$ ändern weder den Spaltenrang von $\mathbf{A}$ noch den Zeilenrang von $\mathbf{A}$.

Beweis.

Es genügt zu zeigen, daß die Umformungen 1a) und 2a) weder $\mathrm{SRg}(\mathbf{A})$ noch $\mathrm{ZRg}(\mathbf{A})$ ändern. Für die Umformungen 1b) und 2b) folgt dann die Behauptung analog ($\mathrm{SRg}(\mathbf{A}) = \mathrm{ZRg}(\mathbf{A}^T)$, $\mathrm{ZRg}(\mathbf{A}) = \mathrm{SRg}(\mathbf{A}^T)$). Die Umformung 1a) ändert nun den Spaltenrang von $\mathbf{A}$ nicht, denn sind $\mathbf{a}_1, \ldots, \mathbf{a}_p$ die Spaltenvektoren von $\mathbf{A}$, so ist $\langle \mathbf{a}_1, \ldots, \mathbf{a}_i, \ldots, \mathbf{a}_p \rangle = \langle \mathbf{a}_1, \ldots, \lambda\mathbf{a}_i, \ldots, \mathbf{a}_p \rangle$, falls $\lambda \neq 0$. 1a) und 2a) ändern auch nicht den Zeilenrang von $\mathbf{A}$, da lineare Relationen zwischen den Zeilenvektoren hierbei erhalten bleiben. Schließlich ändert 2a) den Spaltenrang nicht, denn aus $\mathbf{y}_{B^*} \in \langle \mathbf{a}_1, \ldots, \mathbf{a}_p \rangle$, also aus $\mathbf{y}_{B^*} = x_1 \mathbf{a}_1 + \ldots + x_i \mathbf{a}_i + \ldots + x_k \mathbf{a}_k + \ldots + x_p \mathbf{a}_p$ folgt

$$\mathbf{y}_{B^*} = x_1 \mathbf{a}_1 + \ldots + x_i(\mathbf{a}_i + \mathbf{a}_k) + \ldots + (x_k - x_i)\, \mathbf{a}_k + \ldots + x_p \mathbf{a}_p$$

und umgekehrt, also wiederum $\langle \mathbf{a}_1, \ldots, \mathbf{a}_i, \ldots, \mathbf{a}_k, \ldots, \mathbf{a}_p \rangle =$
$= \langle \mathbf{a}_1, \ldots, \mathbf{a}_i + \mathbf{a}_k, \ldots, \mathbf{a}_k, \ldots, \mathbf{a}_p \rangle$. ∎

Mit den elementaren Umformungen sind folgende weitere Umformungen stets ausführbar:

3a) Addition des λ-fachen einer Spalte zu einer anderen Spalte, ($\lambda \in K$)
3b) Addition des λ-fachen einer Zeile zu einer anderen Zeile
4a) Vertauschung zweier Spalten
4b) Vertauschung zweier Zeilen,

3a) ergibt sich (für $\lambda \neq 0$) aus folgendem Schema

$$(\ldots, a_i, \ldots, a_k, \ldots) \underset{1a)}{\rightarrow} (\ldots, a_i, \ldots, \lambda a_k, \ldots) \underset{2a)}{\rightarrow} (\ldots, a_i + \lambda a_k, \ldots, \lambda a_k, \ldots)$$

$$\underset{1a)}{\rightarrow} (\ldots, a_i + \lambda a_k, \ldots, a_k, \ldots),$$

und 4a) ergibt sich aus 1a), 2a) und 3a) nach dem Schema

$$(\ldots, a_i, \ldots, a_k, \ldots) \underset{2a)}{\rightarrow} (\ldots, a_i + a_k, \ldots, a_k, \ldots) \underset{3a)}{\rightarrow} (\ldots, a_i + a_k, \ldots, -a_i, \ldots)$$

$$\underset{2a)}{\rightarrow} (\ldots, a_k, \ldots, -a_i, \ldots) \underset{1a)}{\rightarrow} (\ldots, a_k, \ldots, a_i, \ldots).$$

Die Behauptung von Satz 3.16 ergibt sich unmittelbar aus

3.18 **Lemma.**

Durch elementare Umformungen läßt sich jede (q, p) Matrix **A** in die nachstehende Normalform bringen

$$\begin{pmatrix} 1 & 0 & \ldots & & 0 \\ 0 & 1 & & & . \\ . & & \ddots & & . \\ . & & 1 & & . \\ . & & & 0 & 0 \\ 0 & \ldots & & \ddots\ 0 & 0 \end{pmatrix},$$

bei der lediglich die ersten r $(0 \leqq r \leqq \mathrm{Min}(q, p))$ Elemente der Hauptdiagonalen ungleich Null (und zwar gleich 1) sind.

Beweis.

Ist **A** die Nullmatrix Ω, so liegt bereits die Normalform vor. Andernfalls gibt es mindestens ein Element $a_{kj} \neq 0$. Durch Spalten- und Zeilenvertauschungen 4a) und 4b) läßt sich dieses Element an die Stelle von a_{11} bringen:

$$\mathbf{A} \underset{4a), 4b)}{\rightarrow} \begin{pmatrix} a_{kj} & . & . & . & . \\ & . & . & . & . \\ & . & . & . & . \end{pmatrix}, \quad a_{kj} \neq 0 .$$

Multiplikation der ersten Spalte mit $\frac{1}{a_{kj}}$ führt diese Matrix über in

$$\underset{1a)}{\rightarrow} \begin{pmatrix} 1 & . & . & . & . \\ . & . & . & . & . \\ . & . & . & . & . \end{pmatrix}.$$

Durch mehrfache Anwendung von 3a) und 3b) lassen sich an den übrigen Stellen der ersten Zeile und der ersten Spalte Nullen erzeugen:

$$\underset{3a), 3b)}{\rightarrow} \begin{pmatrix} 1 & 0 & \ldots & 0 \\ 0 & a_{22}^* & & a_{2p}^* \\ \vdots & \vdots & & \vdots \\ 0 & a_{q2}^* & & a_{qp}^* \end{pmatrix}.$$

Die Untermatrix $\begin{pmatrix} a_{22}^* & \dots & a_{2p}^* \\ \vdots & & \vdots \\ a_{q2}^* & \dots & a_{qp}^* \end{pmatrix}$ wird nunmehr analog umgeformt. Dabei ändern sich die erste Zeile und erste Spalte nicht mehr. Nach endlich vielen Schritten ist die Normalform erreicht. ∎

Nach Lemma 3.17 ändert sich bei diesen Umformungen weder der Zeilenrang noch der Spaltenrang. Beide haben aber bei der erzielten Normalform

$$\mathbf{A} \to \left(\begin{array}{cccccc} \overbrace{1 & 0 \dots & 0}^{r \text{ Spalten}} \dots & & 0 & 0 \\ 0 & 1 & 0 & & & \\ \vdots & & \ddots \vdots & & & \\ 0 & 0 & 1 & 0 & & \\ & & & 0 & \ddots & \\ 0 & & & & & 0 \end{array}\right) \begin{array}{l} \left.\begin{array}{l} \\ \\ \\ \\ \end{array}\right\} r \text{ Zeilen} \\ \\ \\ \end{array}$$

den Wert r, d.h. $\mathrm{ZRg}(\mathbf{A}) = \mathrm{SRg}(\mathbf{A}) = \mathrm{Rg}(\mathbf{A}) = r$, also gilt Satz 3.16. ∎

3.6 Anwendungen und Beispiele

3.6.1 Rangbestimmung

Das im letzten Abschnitt beschriebene Verfahren zur Bestimmung des Ranges einer Matrix ist unnötig aufwendig. Im nächsten Kapitel wird ein effizienterer Algorithmus angegeben. Doch soll die Überführung einer Matrix in Normalform an einem Beispiel durchgeführt werden.

Gegeben sei die Matrix $\mathbf{A} = \begin{pmatrix} 1 & 2 & 3 \\ 2 & 3 & 4 \\ 3 & 4 & 5 \end{pmatrix}$, bestimme $\mathrm{Rg}(\mathbf{A})$.

$$\begin{pmatrix} 1 & 2 & 3 \\ 2 & 3 & 4 \\ 3 & 4 & 5 \end{pmatrix} \underset{(3a)}{\to} \begin{pmatrix} 1 & 0 & 0 \\ 2 & -1 & -2 \\ 3 & -2 & -4 \end{pmatrix} \underset{(3b)}{\to} \begin{pmatrix} 1 & 0 & 0 \\ 0 & -1 & -2 \\ 0 & -2 & -4 \end{pmatrix}$$

$$\underset{(1a)}{\to} \begin{pmatrix} 1 & 0 & 0 \\ 0 & 1 & -2 \\ 0 & 2 & -4 \end{pmatrix} \underset{(3a)}{\to} \begin{pmatrix} 1 & 0 & 0 \\ 0 & 1 & 0 \\ 0 & 2 & 0 \end{pmatrix} \underset{(3b)}{\to} \begin{pmatrix} 1 & 0 & 0 \\ 0 & 1 & 0 \\ 0 & 0 & 0 \end{pmatrix}$$

also $\mathrm{Rg}(\mathbf{A}) = 2$.

Die hierbei verwendeten Umformungen der Matrix **A** lassen sich auch durch Matrizenprodukte darstellen, und zwar die Umformung

1a) (Multiplikation der k-ten Spalte mit $\lambda \neq 0$) durch Multiplikation der (q, p)-Matrix **A** von rechts mit der (p, p) Matrix $(\mathbf{e}_1, \dots, \lambda\mathbf{e}_k, \dots, \mathbf{e}_p)$;

3a) (Addition des λ-fachen der i-ten Spalte zur k-ten Spalte) durch Multiplikation von rechts mit der Matrix

$$(\mathbf{e}_1, \ldots, \mathbf{e}_i, \ldots, \lambda\mathbf{e}_i + \mathbf{e}_k, \ldots, \mathbf{e}_p) \quad (i \neq k)\,;$$

4a) (Vertauschung der i-ten und k-ten Spalte) durch Multiplikation von rechts mit der Matrix

$$\begin{matrix} & & \text{i-te} & & \text{k-te Spalte} & & \\ & & \downarrow & & \downarrow & & \\ (\mathbf{e}_1, & \ldots, & \mathbf{e}_k, & \ldots, & \mathbf{e}_i, & \ldots, & \mathbf{e}_p) \end{matrix} \quad (i \neq k)\,.$$

Die Zeilenumformungen 1b), 3b) und 4b) erhält man durch Multiplikation entsprechender (q, q)-Matrizen von links, also z. B. 1b) (Multiplikation der k-ten Zeile mit $\lambda \neq 0$) durch Multiplikation von links mit der Matrix $(\mathbf{e}_1, \ldots, \lambda\mathbf{e}_k, \ldots, \mathbf{e}_q)^T$. Stellt man diese Matrizen für das obige Beispiel auf, so erhält man

$$\begin{pmatrix} 1 & 0 & 0 \\ 0 & 1 & 0 \\ 0 & -2 & 1 \end{pmatrix} \cdot \begin{pmatrix} 1 & 0 & 0 \\ -2 & 1 & 0 \\ -3 & 0 & 1 \end{pmatrix} \cdot \begin{pmatrix} 1 & 2 & 3 \\ 2 & 3 & 4 \\ 3 & 4 & 5 \end{pmatrix} \cdot \begin{pmatrix} 1 & -2 & -3 \\ 0 & 1 & 0 \\ 0 & 0 & 1 \end{pmatrix} \cdot \begin{pmatrix} 1 & 0 & 0 \\ 0 & -1 & 0 \\ 0 & 0 & 1 \end{pmatrix} \cdot \begin{pmatrix} 1 & 0 & 0 \\ 0 & 1 & 2 \\ 0 & 0 & 1 \end{pmatrix}$$

$$= \begin{pmatrix} 1 & 0 & 0 \\ -2 & 1 & 0 \\ 1 & -2 & 1 \end{pmatrix} \cdot \begin{pmatrix} 1 & 2 & 3 \\ 2 & 3 & 4 \\ 3 & 4 & 5 \end{pmatrix} \cdot \begin{pmatrix} 1 & 2 & 1 \\ 0 & -1 & -2 \\ 0 & 0 & 1 \end{pmatrix} = \begin{pmatrix} 1 & 0 & 0 \\ 0 & 1 & 0 \\ 0 & 0 & 0 \end{pmatrix}$$

Dabei sind die rechten und die linken Faktoren zu einer Produktmatrix zusammengefaßt worden. Übrigens stellen die Faktoren stets bijektive Abbildungen dar.

3.6.2 Lineare Abbildungen

a) Gegeben seien die linearen Abbildungen $\mathbf{f}$: $V_2(\mathbb{R}) \to V_3(\mathbb{R})$ und $\mathbf{g}$: $V_3(\mathbb{R}) \to V_4(\mathbb{R})$ durch

$$\mathbf{f}\left(\begin{pmatrix} 1 \\ 0 \end{pmatrix}\right) = \begin{pmatrix} 1 \\ 2 \\ 3 \end{pmatrix}, \quad \mathbf{f}\left(\begin{pmatrix} 0 \\ 1 \end{pmatrix}\right) = \begin{pmatrix} -1 \\ 2 \\ -1 \end{pmatrix} \quad \text{und} \quad \mathbf{g}\left(\begin{pmatrix} 1 \\ 0 \\ 0 \end{pmatrix}\right) = \begin{pmatrix} 1 \\ 1 \\ 0 \\ 1 \end{pmatrix},$$

$$\mathbf{g}\left(\begin{pmatrix} 0 \\ 1 \\ 0 \end{pmatrix}\right) = \begin{pmatrix} 0 \\ 1 \\ 2 \\ 0 \end{pmatrix}, \quad \mathbf{g}\left(\begin{pmatrix} 0 \\ 0 \\ 1 \end{pmatrix}\right) = \begin{pmatrix} -1 \\ 0 \\ 0 \\ 1 \end{pmatrix}.$$

Man bestimme die Matrix der Abbildung $\mathbf{g} \circ \mathbf{f}$: $V_2(\mathbb{R}) \to V_4(\mathbb{R})$ sowie den Rang dieser Abbildung.

Lösung.

In den kanonischen Basen sind der Abbildung $\mathbf{f}$ die Matrix $\mathbf{A} = \begin{pmatrix} 1 & -1 \\ 2 & 2 \\ 3 & -1 \end{pmatrix}$ und der Abbildung $\mathbf{g}$ die Matrix $\mathbf{B} = \begin{pmatrix} 1 & 0 & -1 \\ 1 & 1 & 0 \\ 0 & 2 & 0 \\ 1 & 0 & 1 \end{pmatrix}$ zugeordnet.

Mithin ist der Abbildung

$\mathbf{g} \circ \mathbf{f}$ die Matrix $\mathbf{BA} = \begin{pmatrix} -2 & 0 \\ 3 & 1 \\ 4 & 4 \\ 4 & -2 \end{pmatrix}$ zugeordnet, deren Rang = 2 ist.

b) Man untersuche die folgenden Abbildungen $\mathbf{f}_i$: $V_p(\mathbb{R}) \to V_p(\mathbb{R})$ auf Linearität, Injektivität, Surjektivität und Bijektivität und gebe ggf. die Abbildungsmatrix bezüglich der kanonischen Basis im $V_p(\mathbb{R})$ an:

$$\mathbf{f}_1(\mathbf{x}) = \mathbf{x} + \begin{pmatrix} 1 \\ 2 \\ \vdots \\ p \end{pmatrix}; \quad \mathbf{f}_2(\mathbf{x}) = \begin{pmatrix} 1 \cdot x_1 \\ 2 \cdot x_2 \\ \vdots \\ p \cdot x_p \end{pmatrix}; \quad \mathbf{f}_3(\mathbf{x}) = \begin{pmatrix} x_p \\ x_{p-1}^2 \\ x_{p-2}^3 \\ \vdots \\ x_1^p \end{pmatrix}; \quad \mathbf{f}_4(\mathbf{x}) = \begin{pmatrix} x_p \\ x_{p-1}^3 \\ x_{p-2}^5 \\ \vdots \\ x_1^{2p-1} \end{pmatrix}.$$

Lösung.

$\mathbf{f}_1$ ist nicht linear, da z.B. $\mathbf{f}_1(\lambda\mathbf{x}) \neq \lambda\mathbf{f}_1(\mathbf{x})$ für $\lambda \neq 1$, die Abbildung ist aber injektiv und surjektiv, also bijektiv; $\mathbf{f}_2$ ist linear und bijektiv, die Abbildungsmatrix lautet

$$\mathbf{A} = \begin{pmatrix} 1 & & 0 \\ & 2 & \\ & & \ddots & \\ 0 & & & p \end{pmatrix}.$$

Für $p > 1$ sind $\mathbf{f}_3$ und $\mathbf{f}_4$ nicht linear, $\mathbf{f}_3$ weder injektiv noch surjektiv, jedoch $\mathbf{f}_4$ bijektiv. Es ist z.B. $\mathbf{f}_3(-\mathbf{e}_{p-1}) = \mathbf{f}_3(\mathbf{e}_{p-1})$ und die zweite Komponente von $\mathbf{f}_3$ ist stets $\geqq 0$. Für $\mathbf{f}_4$ ist die Gleichung $y_j = x_{p+1-j}^{2j-1}$ für $j = 1, 2, \ldots, p$ eindeutig lösbar in $\mathbb{R}$.

3.6.3 Inverse Matrix einer (2, 2)-Matrix

Man zeige: Die Matrix $\mathbf{A} = \begin{pmatrix} a & b \\ c & d \end{pmatrix}$ $(a, b, c, d \in \mathbb{C})$ hat genau dann den Rang 2, falls $ad - bc \neq 0$. In diesem Fall ist $\mathbf{A}^{-1} = \dfrac{1}{ad - bc} \begin{pmatrix} d & -b \\ -c & a \end{pmatrix}$. (3.35)

Lösung.

Ist $ad - bc \neq 0$ oder ist $\mathrm{Rg}(\mathbf{A}) = 2$, so können nicht beide Zahlen a und b gleich Null sein. Ist etwa $a \neq 0$, so ergibt sich durch erlaubte Umformungen

$\mathbf{A} \to \begin{pmatrix} a & b \\ 0 & (ad - bc)/a \end{pmatrix}$ und daraus folgt die

Behauptung. (Im Fall a = 0 vertausche man zunächst die beiden Spalten). Durch Ausmultiplizieren sieht man, daß $\mathbf{AA}^{-1} = \mathbf{A}^{-1}\mathbf{A} = \mathbf{E}$ ist.

3.6.4 Funktionen von Matrizen

a) Gegeben sei die reelle zweireihige Matrix $\mathbf{A} = \begin{pmatrix} 1 & a \\ 0 & b \end{pmatrix}$. Man berechne $\mathbf{A}^n$ und $e^{\mathbf{A}}$.

b) Gegeben seien die (p, p) Matrizen **A** und **B**, **E** sei die p-reihige Einheitsmatrix und Ω die p-reihige Nullmatrix. Ferner existiere $(\mathbf{E} - \mathbf{B})^{-1}$.

Setzt man $\mathbf{D} = \begin{pmatrix} \mathbf{E} & \mathbf{A} \\ \Omega & \mathbf{B} \end{pmatrix}$, so berechne man $\mathbf{D}^n$ sowie $e^{\mathbf{D}}$.

Lösungen.

a) Es ist $\mathbf{A}^2 = \begin{pmatrix} 1 & a(1+b) \\ 0 & b^2 \end{pmatrix}$ und $\mathbf{A}^3 = \begin{pmatrix} 1 & a(1+b+b^2) \\ 0 & b^3 \end{pmatrix}$.

Daher vermutet man $\mathbf{A}^n = \begin{pmatrix} 1 & c_n \\ 0 & b^n \end{pmatrix}$ mit $c_n = a(1 + b + b^2 + \ldots + b^{n-1})$.

Diese Vermutung läßt sich durch vollständige Induktion leicht verifizieren. Für $b \neq 1$ ist dann

$$e^{\mathbf{A}} = \begin{pmatrix} e & a(e^b - e)/(b-1) \\ 0 & e^b \end{pmatrix} \quad \text{und für } b = 1: \; e^{\mathbf{A}} = \begin{pmatrix} e & ae \\ 0 & e \end{pmatrix}.$$

b) Durch das Rechnen mit Blockmatrizen, wobei auf die Reihenfolge der Faktoren zu achten ist, ergibt sich analog zu a)

$$\mathbf{D}^n = \begin{pmatrix} \mathbf{E} & \mathbf{C}_n \\ \Omega & \mathbf{B}^n \end{pmatrix} \quad \text{mit } \mathbf{C}_n = \mathbf{A}(\mathbf{E} + \mathbf{B} + \mathbf{B}^2 + \ldots + \mathbf{B}^{n-1}).$$

Nun ist $\mathbf{C}_n(\mathbf{E} - \mathbf{B}) = \mathbf{A}(\mathbf{E} + \mathbf{B} + \mathbf{B}^2 + \ldots + \mathbf{B}^{n-1} - \mathbf{B} - \mathbf{B}^2 - \ldots - \mathbf{B}^n) = \mathbf{A}(\mathbf{E} - \mathbf{B}^n)$, also $\mathbf{C}_n = \mathbf{A}(\mathbf{E} - \mathbf{B}^n)(\mathbf{E} - \mathbf{B})^{-1}$ und man erhält in diesem Fall

$$e^{\mathbf{D}} = \begin{pmatrix} e\mathbf{E} & \mathbf{A}(e\mathbf{E} - e^{\mathbf{B}})(\mathbf{E} - \mathbf{B})^{-1} \\ \Omega & e^{\mathbf{B}} \end{pmatrix}.$$

3.6.5 Anwendung der Matrizenrechnung in der Vierpoltheorie

Beim Aufbau von Nachrichtenverbindungen oder Leitungsnetzen lassen sich häufig die verwendeten Bauteile (z. B. Filter, Dämpfungsglieder, Entzerrer, Phasenausgleicher) als lineare Vierpole behandeln und entsprechend die Wirkung mehrerer solcher zusammengeschalteter Bauteile berechnen. Unter einem linearen Vierpol verstehen wir dabei eine beliebige elektrische Anordnung (bestehend beispielsweise aus Ohmschen, induktiven, kapazitativen Widerständen), die vier äußere Anschlüsse (Klemmen) besitzt, die zu zwei Paaren (1 und 1', 2 und 2') geordnet sind (vgl. Bild 3.2).

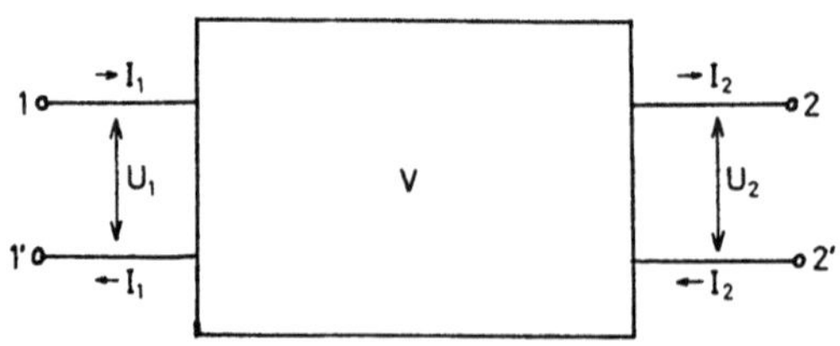

Bild 3.2 Vierpol

Dabei wird vorausgesetzt, daß der Strom I_1, der dem Anschluß 1 zufließt, gleich dem Strom ist, der vom Anschluß 1′ wieder abfließt, entsprechend für den Strom I_2, der vom Anschluß 2 abfließt bzw. dem Anschluß 2′ zufließt. Ferner soll zwischen den Potentialdifferenzen U_1 (zwischen den Anschlüssen 1 und 1′) und U_2 (zwischen den Anschlüssen 2 und 2′) einerseits und den Strömen I_1 und I_2 ein linearer Zusammenhang bestehen:

$$\begin{aligned} U_1 &= W_{11} I_1 + W_{12} I_2 \\ U_2 &= W_{21} I_1 + W_{22} I_2 \end{aligned} \tag{3.36}$$

Das elektrische Verhalten des Vierpols ist durch dieses Gleichungssystem vollständig gekennzeichnet. Dabei werden in der Regel die Widerstandswerte W_{ij} sowie Stromstärken und Spannungen wie bei der komplexen Berechnung von Wechselstromschaltungen (vgl. [A2], Kap. 6) durch frequenzabhängige komplexe Zahlen dargestellt. Faßt man die Spannungen und die Stromstärken zu je einem Vektor sowie die Widerstandswerte zu einer Matrix zusammen, so lautet (3.36) in Matrizenschreibweise:

$$\mathbf{U} = \mathbf{W}\mathbf{I}, \quad \mathbf{U} = \begin{pmatrix} U_1 \\ U_2 \end{pmatrix}, \quad \mathbf{W} = \begin{pmatrix} W_{11} & W_{12} \\ W_{21} & W_{22} \end{pmatrix}, \quad \mathbf{I} = \begin{pmatrix} I_1 \\ I_2 \end{pmatrix} \tag{3.37}$$

Diese Gleichung entspricht dem Ohmschen Gesetz. Man nennt sie auch die Widerstandsform der Vierpolgleichung. Ist $W := W_{11} W_{22} - W_{12} W_{21} \neq 0$, so läßt sich (3.37) nach I auflösen: (vgl. Abschnitt 3.6.3)

$$\mathbf{I} = \mathbf{W}^{-1} \mathbf{U} = \mathbf{Y} \mathbf{U} \quad \text{(Leitwertform)}$$

Die Matrix **Y** ergibt sich dabei aus

$$\mathbf{Y} = \begin{pmatrix} Y_{11} & Y_{12} \\ Y_{21} & Y_{22} \end{pmatrix} = \frac{1}{W} \begin{pmatrix} W_{22} & -W_{12} \\ -W_{21} & W_{11} \end{pmatrix}. \tag{3.38}$$

Ist darüber hinaus $W_{21} \neq 0$, so kann die Vierpolgleichung (3.36) auch nach U_1 und I_1 aufgelöst werden.

$$\mathbf{S}_1 := \begin{pmatrix} U_1 \\ I_1 \end{pmatrix} = \begin{pmatrix} A_{11} & A_{12} \\ A_{21} & A_{22} \end{pmatrix} \cdot \begin{pmatrix} U_2 \\ I_2 \end{pmatrix} = \mathbf{A} \cdot \mathbf{S}_2 \tag{3.39}$$

mit $A_{11} = W_{11}/W_{21}$, $A_{12} = (W_{12} W_{21} - W_{11} W_{22})/W_{21} = -W/W_{21}$

$A_{21} = 1/W_{21}$ und $A_{22} = -W_{22}/W_{21}$.

(3.39) nennt man auch die Kettenform der Vierpolgleichung.

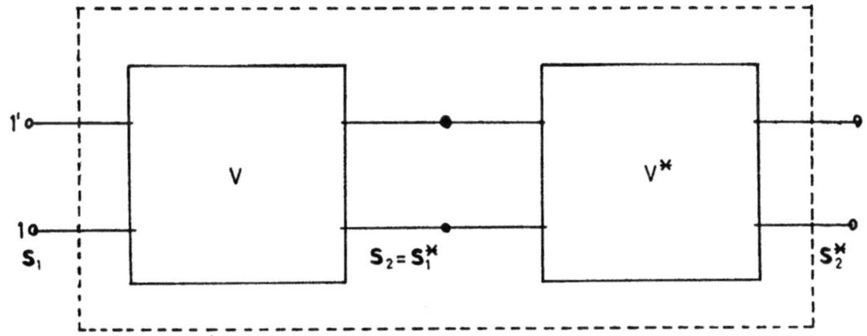

Bild 3.3 Kettenschaltung von Vierpolen

Vierpole können nun auf verschiedene Weisen zusammengeschaltet werden. Wir betrachten hier

a) die Kettenschaltung (vgl. Bild 3.3).
Es ist $\mathbf{S}_1 = \mathbf{A}\mathbf{S}_2$ und $\mathbf{S}_1^* = \mathbf{A}^*\mathbf{S}_2^*$. Wegen der Kettenschaltung gilt $\mathbf{S}_2 = \mathbf{S}_1^*$, also

$$\mathbf{S}_1 = \mathbf{A}\,\mathbf{A}^*\,\mathbf{S}_2^* \,. \tag{3.40}$$

Bei der Kettenschaltung ist also das Matrizenprodukt $\mathbf{A}\,\mathbf{A}^*$ zu bilden. Es entsteht die Gleichung eines (Ersatz-)Vierpols in Kettenform;

b) Die Reihenschaltung (vgl. Bild 3.4)
Hier sind $I_1 = I_1^*$ und $I_2 = I_2^*$, während sich die Potentialdifferenzen addieren. Sind daher

$$\mathbf{U} = \mathbf{W}\,\mathbf{I} \quad \text{und} \quad \mathbf{U}^* = \mathbf{W}^*\,\mathbf{I}^*$$

die Gleichungen der beiden Vierpole in Widerstandsform, so ist
$\mathbf{U}^{**} = (\mathbf{U} + \mathbf{U}^*) = (\mathbf{W} + \mathbf{W}^*) \cdot \mathbf{I}$ die Gleichung der in Reihe geschalteten Vierpole in Widerstandsform.

c) Parallelschaltung von Vierpolen (vgl. Bild 3.5)
Hier sind die Potentialdifferenzen gleich, während sich die Ströme addieren. Sind also

$\mathbf{I} = \mathbf{Y} \cdot \mathbf{U}$ und $\mathbf{I}^* = \mathbf{Y}^* \cdot \mathbf{U}^*$ die Gleichungen der

beiden Vierpole in Leitwertform, so ist

$\mathbf{I}^{**} = \mathbf{I} + \mathbf{I}^* = (\mathbf{Y} + \mathbf{Y}^*)\,\mathbf{U}$ die Gleichung der

parallel geschalteten Vierpole in Leitwertform.

Ein Zweipol (vgl. Bild 3.6) kann zusammen mit einem Stück der Rückleitung als Vierpol aufgefaßt werden. Aus Bild 3.6 entnehmen wir die Vierpolgleichungen $I_1 = I_2$ und $U_1 = U_2 + Z_2 I_2$.

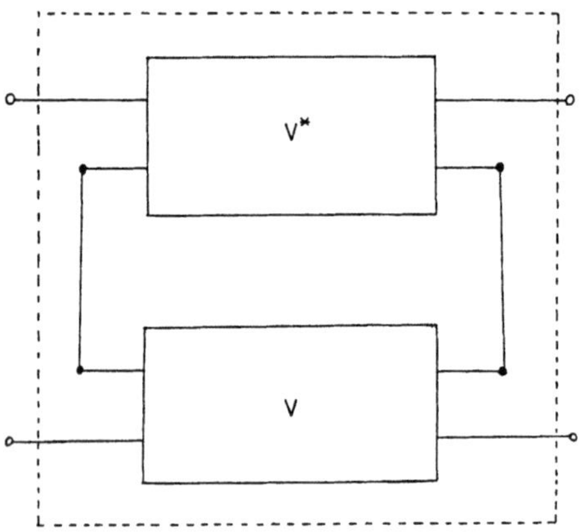

Bild 3.4 Reihenschaltung von Vierpolen

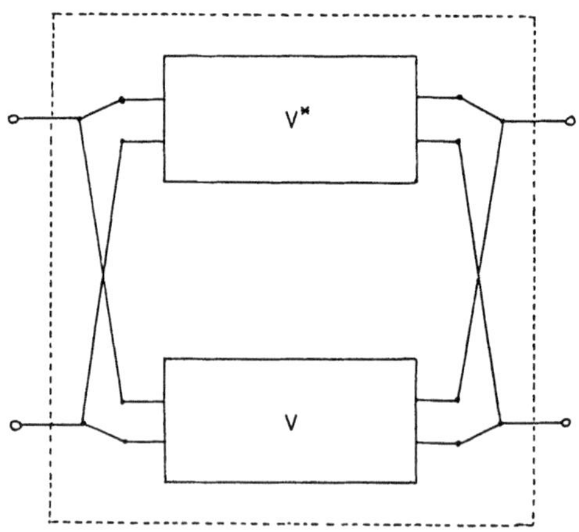

Bild 3.5 Parallelschaltung

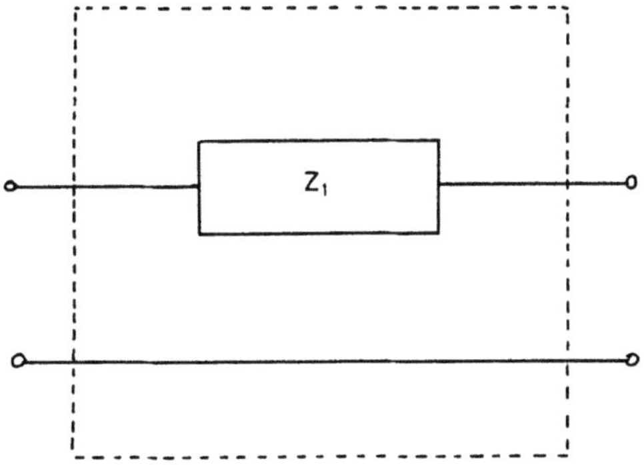

Bild 3.6 Zweipol

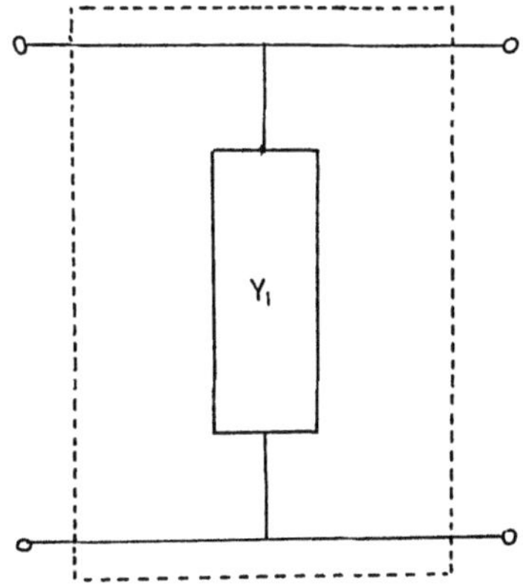

Bild 3.7

Daher erhält man die Matrizen

$$\mathbf{A} = \begin{pmatrix} 1 & Z_2 \\ 0 & 1 \end{pmatrix} \quad \mathbf{Y} = \frac{1}{Z_2}\begin{pmatrix} 1 & -1 \\ 1 & -1 \end{pmatrix}, \quad \text{während } \mathbf{W} \text{ nicht existiert.}$$

Für einen Zweipol als Querverbindung in einer Leitung (vgl. Bild 3.7) haben wir entsprechend $U_1 = U_2$, $I_1 = Y_1 U_2 + I_2$, also

$$\mathbf{A} = \begin{pmatrix} 1 & 0 \\ Y_1 & 1 \end{pmatrix} \quad \mathbf{W} = \frac{1}{Y_1}\begin{pmatrix} 1 & -1 \\ 1 & -1 \end{pmatrix}, \quad \text{während } \mathbf{Y} \text{ nicht existiert.}$$

Man kann auf diese Weise eine homogene Leitung auch als Kette infinitesimaler Vierpole ansehen und so z.B. Dämpfungskonstante, Phasenkonstante, Leitungskonstante dieser Leitung berechnen, vgl. [W6], C, V, § 11, S. 442.

3.7 Aufgaben zu Kapitel 3

1. Man berechne folgende Matrizenprodukte

$$\mathbf{A}_1 = \begin{pmatrix} 1 & 3 & 2 \\ 4 & 7 & 5 \end{pmatrix}\begin{pmatrix} 3 & 5 \\ -1 & 0 \\ 0 & -4 \end{pmatrix}, \quad \mathbf{A}_2 = \begin{pmatrix} 3 & 5 \\ -1 & 0 \\ 0 & -4 \end{pmatrix}\begin{pmatrix} 1 & 3 & 2 \\ 4 & 7 & 5 \end{pmatrix},$$

$$\mathbf{A}_3 = (\mathrm{i} \quad 2+2\mathrm{i} \quad 5)\begin{pmatrix} 7 & \mathrm{i} \\ (1+3\mathrm{i})/2 & -1 \\ -\mathrm{i} & -2+2\mathrm{i} \end{pmatrix}.$$

2. Die quadratische (n + m)-reihige Matrix **B** besitze folgende Blockstruktur

$$\mathbf{B} = \begin{pmatrix} E_n & \Omega_1 \\ \Omega_2 & -E_m \end{pmatrix}, \quad \text{wobei } \Omega_1 \text{ die (n, m)-Nullmatrix}$$

und Ω_2 die (m, n)-Nullmatrix darstellt. Man bestimme alle Matrizen **A**, für die **AB** = **BA** gilt.

3. Man bestimme den Rang folgender Matrizen

$$\mathbf{A}_4 = \begin{pmatrix} -1 & 2 & -3 & 4 \\ 4 & -1 & 2 & -3 \\ -3 & 4 & -1 & 2 \end{pmatrix}, \quad \mathbf{A}_5 = \begin{pmatrix} 0 & -a & b \\ a & 0 & -c \\ -b & c & 0 \end{pmatrix}, \quad (a, b, c \in \mathbb{R}),$$

$$\mathbf{A}_6 = \begin{pmatrix} 2+i & 3i & 1 \\ 2-2i & 1 & 4i \\ 1 & -2 & 5i \end{pmatrix}.$$

4. Zu gegebenem $\lambda \in \mathbb{R}$ bestimme man für die lineare Abbildung $\mathbf{f}\colon V_3(\mathbb{R}) \to V_3(\mathbb{R})$

$$\mathbf{y} = \mathbf{f}(\mathbf{x}) = \begin{pmatrix} 2 & 0 & 4 \\ 1 & -1 & 0 \\ -1 & \lambda & 0 \end{pmatrix} \mathbf{x}$$

Kern($\mathbf{f}$), $\mathbf{f}(V_3)$ und $\dim \mathbf{f}(V_3)$.

5. Man berechne $e^{\mathbf{C}}$ für $\mathbf{C} = \begin{pmatrix} 0 & 1 \\ -1 & 0 \end{pmatrix} \omega t \quad (\omega, t \in \mathbb{R})$.

3.8 Entscheidungshilfen und Literaturhinweise zu Kapitel 3

Neben den Lehrbüchern über Höhere Mathematik und Lehrbüchern über Lineare Algebra (vgl. Abschnitt 2.8) gibt es eine Reihe spezieller Bücher über Matrizen,unter denen insbesondere die Bände von Zurmühl-Falk [Z2] und Gröbner [G7] zu erwähnen sind. Weitere Werke sind im Literaturverzeichnis aufgeführt.

4 Lineare Gleichungssysteme, Determinanten

Lineare Gleichungssysteme treten in vielen Anwendungen auf, sei es, weil die Probleme direkt auf lineare Gleichungssysteme führen (z.B. Berechnung statisch unbestimmter Systeme, Berechnung elektrischer Netzwerke usw.), sei es, weil im Verlauf der Lösung des Problems teilweise wiederholt lineare Gleichungssysteme auftreten (z.B. bei Rand- und Eigenwertproblemen partieller Differentialgleichungen, nichtlinearen Gleichungssystemen, Ausgleichsrechnung). In diesem Kapitel soll zunächst der Gaußsche Algorithmus behandelt werden, der sowohl für die Theorie linearer Gleichungssysteme von Bedeutung ist wie auch für numerische Rechnungen vielfach angewendet wird. Insbesondere liefert der Gaußsche Algorithmus ein Kriterium, ob ein gegebenes Gleichungssystem überhaupt eine Lösung besitzt, und ein Verfahren, die Gesamtheit der Lösungen zu berechnen. Hierzu einige einfache Beispiele. Das Gleichungssystem

$$\begin{aligned} x_1 - x_2 + 2x_3 &= 4 \\ 2x_1 - x_2 - x_3 &= 2 \\ 3x_1 + 2x_2 + x_3 &= 2 \end{aligned} \tag{4.1}$$

kann auf folgende Weise gelöst werden. Man eliminiert die Unbekannte x_1, indem man das (− 2)-fache der ersten Gleichung zu der zweiten Gleichung und das (− 3)-fache der ersten Gleichung zu der dritten Gleichung addiert. Das entstehende Gleichungssystem

$$\begin{aligned} x_1 - x_2 - 2x_3 &= 4 \\ x_2 - 5x_3 &= -6 \\ 5x_2 - 5x_3 &= -10 \end{aligned} \tag{4.2}$$

besitzt dieselben Lösungen wie das gegebene Gleichungssystem, denn jede Lösung des ersten Systems ist auch Lösung des zweiten Systems und umgekehrt, da durch Addition des 2-fachen bzw. des 3-fachen der ersten Gleichung in (4.2) zur zweiten Gleichung bzw. zur dritten Gleichung wieder das ursprüngliche System (4.1) entsteht. Eliminiert man in (4.2) analog die Unbekannte x_2 aus der dritten Gleichung durch Addition des (− 5)-fachen der zweiten zur dritten Gleichung, so erhält man

$$\begin{aligned} x_1 - x_2 + 2x_3 &= 4 \\ x_2 - 5x_3 &= -6 \\ 20x_3 &= 20 \end{aligned} \tag{4.3}$$

Dieses Gleichungssystem ist jetzt sukzessive durch „Rückwärtseinsetzen" zu lösen:

$$x_3 = 1, \quad x_2 = -1, \quad x_1 = 1 .$$

Ändert man das Gleichungssystem (4.1) an einer Stelle ab, z.B. in

$$\begin{aligned} x_1 - x_2 + 2x_3 &= 4 \\ 2x_1 - x_2 - x_3 &= 2 \\ 3x_1 - 2x_2 + x_3 &= 2\,, \end{aligned} \tag{4.4}$$

so liefert ein analoges Eliminationsverfahren das äquivalente Gleichungssystem

$$\begin{aligned} x_1 - x_2 + 2x_3 &= 4 \\ x_2 - 5x_3 &= -6 \\ 0 &= -4\,. \end{aligned} \tag{4.5}$$

Der in der letzten Gleichung enthaltene Widerspruch zeigt, daß das Gleichungssystem (4.4) keine Lösungen besitzt.

4.1 Lösungen linearer Gleichungssysteme

Wir wollen einen Algorithmus aufstellen, mit dem ein vorgegebenes Gleichungssystem

$$\begin{aligned} a_{11}x_1 + a_{12}x_2 + \ldots + a_{1p}x_p &= y_1 \\ a_{21}x_1 + a_{22}x_2 + \ldots + a_{2p}x_p &= y_2 \\ \ldots \quad \ldots \quad \ldots & \\ a_{q1}x_1 + a_{q2}x_2 + \ldots + a_{qp}x_p &= y_q \end{aligned} \tag{4.6}$$

gelöst werden kann. In Matrizenschreibweise lautet das Gleichungssystem

$$\mathbf{A}\mathbf{x} = \mathbf{y}\,, \tag{4.7}$$

wobei $\mathbf{A}$ eine gegebene (q, p)-Matrix, $\mathbf{A} = (a_{jk})$, $(a_{jk} \in \mathbf{K})$ und $\mathbf{y} \in V_q(\mathbf{K})$ ein gegebener Vektor ist, während die Gesamtheit aller Lösungsvektoren $\mathbf{x} \in V_p(\mathbf{K})$ gesucht ist. Es sei $M = \{\mathbf{x} \mid \mathbf{A}\mathbf{x} = \mathbf{y}\}$ die Menge aller Lösungen, wobei M entweder die leere Menge ist oder eine lineare Mannigfaltigkeit in $V_p(\mathbf{K})$ darstellt, (vgl. Def. 2.9).

Bereits in Abschnitt 3.5 hatten wir elementare Umformungen einer Matrix kennengelernt, die den Rang der Matrix nicht ändern und die Matrix in eine Normalform besonders einfacher Gestalt überführen. Um auch das Gleichungssystem auf einfachere Gestalt zu bringen, betrachten wir zweckmäßig die „erweiterte Matrix" $(\mathbf{A}, \mathbf{y})$, also die $(q, p+1)$-Matrix,

$$\mathbf{A}_0 = (\mathbf{A}, \mathbf{y}) = \begin{pmatrix} a_{11} & a_{12} & \cdots & a_{1p} & y_1 \\ a_{21} & a_{22} & \cdots & a_{2p} & y_2 \\ \vdots & \vdots & & \vdots & \vdots \\ a_{q1} & a_{q2} & \cdots & a_{qp} & y_q \end{pmatrix} \tag{4.8}$$

durch die das Gleichungssystem (4.6) eindeutig dargestellt wird. Wenden wir jetzt die in Abschnitt 3.5 betrachteten elementaren Umformungen auf die erweiterte Matrix $\mathbf{A}_0$ an, so ändern zunächst Zeilenumformungen die Lösungsmenge M nicht, d.h. die Umformungen

– Multiplikation einer Zeile mit $\lambda \neq 0$ $(\lambda \in \mathbf{K})$ 1b)

– Addition einer Zeile zu einer anderen Zeile 2b)

und damit weiterhin

– Addition des λ-fachen einer Zeile zu einer anderen Zeile 3b)

– Vertauschung zweier Zeilen 4b)

lassen M invariant. Durch die Umformungen 1b) und 2b) wird nämlich das Gleichungssystem (4.1) in ein äquivalentes Gleichungssystem überführt, da beide Umformungen reversibel sind. Die Umformungen 3b) und 4b) ergeben sich aus mehrfachen Anwendungen von 1b) und 2b) (vgl. S. 49).

Aber auch die

– Vertauschung zweier Spalten der Matrix **A** bei gleichzeitiger Vertauschung der entsprechenden Unbekannten 4a)

ändert die Lösungsmenge M nicht. Wichtig ist hierbei lediglich, daß die letzte Spalte **y** der erweiterten Matrix nicht vertauscht werden darf. Über die auf diese Weise erreichbare Form des Gleichungssystems gilt

4.1 **Lemma.** (*Gauß-Elimination*)

Durch die Zeilenumformungen 1b) bis 4b) und Vertauschungen zweier Spalten der Matrix **A** bei gleichzeitiger Umnumerierung der Unbekannten läßt sich das Gleichungssystem (4.1) in die Form

$$\mathbf{B} \cdot \mathbf{x}^* = \mathbf{y}^*$$

mit

$$\mathbf{B} = \begin{pmatrix} b_{11} & b_{12} & & \cdots & b_{1p} \\ 0 & \ddots & & & \\ \vdots & & b_{rr} & \cdots & b_{rp} \\ \vdots & & 0 & \cdots & 0 \\ \vdots & & \vdots & & \vdots \\ 0 & \cdots & 0 & \cdots & 0 \end{pmatrix}, \quad r \leqq q, \quad \mathbf{y}^* = \begin{pmatrix} y_1^* \\ \vdots \\ y_q^* \end{pmatrix}, \tag{4.9}$$

überführen, in der die Diagonalelemente $b_{11}, \ldots, b_{rr}$ von Null verschieden sind. Dabei ist $\mathbf{x}^*$ der durch die Vertauschungen der Unbekannten aus $\mathbf{x}$ entstehende Vektor und

$$\mathbf{B}_0 = (\mathbf{B}, \mathbf{y}^*)$$

die durch die Umformungen aus $\mathbf{A}_0$ entstehende erweiterte Matrix und $r = \text{Rg}(\mathbf{A})$.

Beweis.

Wie bei Lemma 3.16 läßt sich, falls **A** nicht die Nullmatrix ist, durch Zeilen- und evtl. Spaltenvertauschungen erreichen, daß ein von Null verschiedenes Element b_{11} in der ersten Zeile und ersten Spalte steht. Durch Addition eines geeigneten Vielfachen der ersten Zeile zu den übrigen Zeilen können die übrigen Elemente der ersten Spalte zu

Null gemacht werden. Auf die ohne die erste Spalte und erste Zeile entstehende Untermatrix kann dasselbe Verfahren angewendet werden, wobei lediglich bei Spaltenvertauschungen die Elemente der ersten Zeile mitvertauscht werden müssen. Nach endlich vielen Schritten ist die Form (4.9) erreicht. Da nach Lemma 3.15 der Rang durch diese Umformungen nicht geändert wird, gilt

$$\mathrm{Rg}(\mathbf{A}) = \mathrm{Rg}(\mathbf{B}) = r\,. \qquad \blacksquare$$

Für die Gesamtheit M der Lösungen des Gleichungssystems (4.6) folgt daher:

4.2 **Satz.** (*Lösungen linearer Gleichungssysteme*)

$\mathbf{A}$ sei eine gegebene (q, p) Matrix, $\mathbf{A} = (a_{jk})$ $(a_{jk} \in K)$, $\mathrm{Rg}(\mathbf{A}) = r$, sowie $\mathbf{y} \in V_q(K)$ ein gegebener Vektor. Dann gilt:

a) Das inhomogene Gleichungssystem $\mathbf{Ax} = \mathbf{y}$ ist genau dann lösbar $(M \neq \emptyset)$, falls $\mathrm{Rg}(\mathbf{A}) = \mathrm{Rg}(\mathbf{A}, \mathbf{y})$.

b) Das homogene Gleichungssystem $\mathbf{Ax} = \mathbf{0}$ ist stets lösbar. Es besitzt $p - r$ linear unabhängige Lösungsvektoren $\mathbf{z}_1, \ldots, \mathbf{z}_{p-r}$ $(\mathbf{z}_j \in V_p(K))$, und die Gesamtheit M_h der Lösungen des homogenen Systems ist der von diesen Vektoren aufgespannte Unterraum

$$M_h = \langle \mathbf{z}_1, \ldots, \mathbf{z}_{p-r} \rangle = \left\{ \mathbf{x}_h \mid \mathbf{x}_h = \sum_{j=1}^{p-r} c_j \mathbf{z}_j,\ c_j \in K,\ j = 1, \ldots, p-r \right\}.$$

c) Ist $\mathrm{Rg}(\mathbf{A}) = \mathrm{Rg}(\mathbf{A}, \mathbf{y})$, so ist die Gesamtheit M aller Lösungen des Gleichungssystems $\mathbf{Ax} = \mathbf{y}$ gegeben durch

$$M = \{\mathbf{x} \mid \mathbf{x} = \mathbf{x}_0 + \mathbf{x}_h\}$$

wobei $\mathbf{x}_0$ eine spezielle Lösung des inhomogenen Gleichungssystems ist.

Zum **Beweis** dieses Satzes und gleichzeitig zur effektiven Berechnung der Lösungen werden wir die Gauß-Elimination auf das gegebene Gleichungssystem $\mathbf{Ax} = \mathbf{y}$ an. Es entsteht ein äquivalentes Gleichungssystem der Form (4.9):

$$\begin{aligned} b_{11}x_1^* + b_{12}x_2^* + \ldots + b_{1p}x_p^* &= y_1^* \\ b_{22}x_2^* + \ldots + b_{2p}x_p^* &= y_2^* \\ \ldots\ldots\ldots\ldots\ldots\ldots &\ \ . \\ b_{rr}x_r^* + \ldots + b_{rp}x_p^* &= y_r^* \\ 0 &= y_{r+1}^* \\ \ldots\ldots\ldots\ldots & \\ 0 &= y_q^*\,. \end{aligned} \tag{4.10}$$

Hierbei sind die Elemente b_{jj} $(j = 1, \ldots, r)$ von Null verschieden und $r = \mathrm{Rg}(\mathbf{B}) = \mathrm{Rg}(\mathbf{A})$, $(r \leqslant \mathrm{Min}(p, q))$. Die Unbekannten $(x_1^*, \ldots, x_p^*)$ gehen aus den Unbekannten $(x_1, \ldots, x_p)$ durch Vertauschungen hervor, d.h. $x_1^* = x_{i_1}$ $x_2^* = x_{i_2}, \ldots, x_p^* = x_{i_p}$, wobei $(i_1, i_2, \ldots, i_p)$ eine Permutation der Zahlen $(1, \ldots, p)$ darstellt.

Ist nun $r < q$ und ist mindestens eine der Zahlen $y^*_{r+1}, \ldots, y^*_q$ ungleich Null, so enthält das Gleichungssystem (4.10) und damit auch das ursprüngliche System (4.7) einen Widerspruch, d.h. $M = \emptyset$. Das ist genau dann der Fall, wenn

$$r = \mathrm{Rg}(\mathbf{A}) < \mathrm{Rg}(\mathbf{A}, \mathbf{y}) = \mathrm{Rg}(\mathbf{B}, \mathbf{y}^*) \quad \text{ist.}$$

Sind andererseits $y^*_{r+1} = \ldots = y^*_q = 0$, ist also die „Lösbarkeitsbedingung" $\mathrm{Rg}(\mathbf{A}) = \mathrm{Rg}(\mathbf{A}, \mathbf{y})$ erfüllt, so lassen sich die Unbekannten $x^*_{r+1}, \ldots, x^*_p$ als frei wählbare Parameter aus K vorgeben und dann die r Unbekannten $x^*_1, \ldots, x^*_r$ sukzessive aus der r-ten, der $(r-1)$-ten, ..., der ersten Gleichung berechnen:

$$x^*_j = \left(y^*_j - \sum_{k=j+1}^{p} b_{jk}\, x^*_k\right) \cdot b_{jj}^{-1} \quad (j = r, r-1, \ldots, 1) \tag{4.11}$$

(*Rückwärtseinsetzen*).

Das homogene Gleichungssystem ($y^*_j = 0$ für $j = 1, \ldots, q$ in (4.10)) besitzt $p - r$ linear unabhängige Lösungen, z.B. die Lösungen $\mathbf{z}^*_1, \ldots, \mathbf{z}^*_{p-r}$, die man erhält, wenn man für den aus den letzten $p - r$ Komponenten gebildeten Vektor der Reihe nach die Basisvektoren

$$\mathbf{e}_1 = \begin{pmatrix}1\\0\\ \vdots\\ \vdots\\0\end{pmatrix}, \quad \mathbf{e}_2 = \begin{pmatrix}0\\1\\0\\ \vdots\\0\end{pmatrix}, \ldots, \mathbf{e}_{p-r} = \begin{pmatrix}0\\0\\ \vdots\\0\\1\end{pmatrix}$$

einsetzt. Den Lösungen $\mathbf{z}^*_1, \ldots, \mathbf{z}^*_{p-r}$ entsprechen die Lösungen $\mathbf{z}_1, \ldots, \mathbf{z}_{p-r}$ des ursprünglichen homogenen Systems. Also ist $M_h = \langle \mathbf{z}_1, \ldots, \mathbf{z}_{p-r} \rangle$, (vgl. auch Satz 3.13). Ist $p = r$, so besitzt das homogene Gleichungssystem nur die Lösung $\mathbf{x} = \mathbf{0}$ („triviale Lösung"). Das inhomogene Gleichungssystem $\mathbf{Ax} = \mathbf{y}$ besitzt speziell die Lösung $(\mathbf{x}^*_0)^T = (x^*_1, \ldots, x^*_r, 0, \ldots, 0)$, die sich durch das Rückwärtseinsetzen aus (4.11) ergibt, falls $x^*_{r+1} = x^*_{r+2} = \; = x^*_p = 0$ gesetzt wird. Die allgemeine Lösung des inhomogenen Systems setzt sich zusammen aus der speziellen Lösung $\mathbf{x}_0$ und der allgemeinen Lösung $\mathbf{x}_h$ des homogenen Systems: $\mathbf{x} = \mathbf{x}_0 + \mathbf{x}_h$. ■

4.2 Bemerkungen und Beispiele

1. Da nach Satz 3.17 der Rang einer Matrix stets gleich ihrem Zeilenrang ist, bedeutet die Lösbarkeitsbedingung $\mathrm{Rg}(\mathbf{A}) = \mathrm{Rg}(\mathbf{A}, \mathbf{y})$, daß jede lineare Relation zwischen den Zeilenvektoren von $\mathbf{A}$ auch von den Koordinaten von $\mathbf{y}$ erfüllt wird. Jede lineare Relation zwischen den Zeilenvektoren von $\mathbf{A}$ ist aber zugleich eine Lösung der homogenen transponierten Gleichung $\mathbf{A}^T\mathbf{w} = \mathbf{0}$ ($\mathbf{w} \in V_q(\mathbf{K})$. Das Gleichungssystem $\mathbf{Ax} = \mathbf{y}$ ist also genau dann lösbar, wenn für jede Lösung $\mathbf{w}$ des homogenen transponierten Systems $\mathbf{A}^T\mathbf{w} = \mathbf{0}$ auch $\mathbf{w}^T\mathbf{y} = 0$ gilt. In dieser Form ist die Lösbarkeitsbedingung auf wesentlich allgemeinere Fälle übertragbar (z.B. auf bestimmte Klassen linearer Integralgleichungen).

2. Für den wichtigen Spezialfall einer quadratischen Matrix, also eines Gleichungssystems mit ebensovielen Gleichungen wie Unbekannten ($p = q$), läßt sich Satz 4.2 auch so formulieren:

   Entweder besitzt das homogene Gleichungssystem $\mathbf{Ax} = \mathbf{0}$ nur die triviale Lösung $\mathbf{x} = \mathbf{0}$, dann ist das inhomogene Gleichungssystem $\mathbf{Ax} = \mathbf{y}$ für jedes $\mathbf{y} \in V_q(K)$ eindeutig lösbar,
   oder das homogene System $\mathbf{Ax} = \mathbf{0}$ besitzt $(p - r) > 0$ linear unabhängige Lösungen, dann besitzt auch das homogene transponierte System $\mathbf{A}^T \mathbf{w} = \mathbf{0}$ $(p - r)$ linear unabhängige Lösungen und das inhomogene Gleichungssystem $\mathbf{Ax} = \mathbf{y}$ ist lösbar, falls $\mathbf{w}^T \mathbf{y} = \mathbf{0}$ für alle diese Lösungen $\mathbf{w}$ gilt.

3. Beispiel: Gegeben sei das Gleichungssystem

$$\begin{aligned} x_1 + 2x_2 + 3x_3 + 4x_4 &= y_1 \\ 2x_1 + 3x_2 - x_3 + 3x_4 &= y_2 \\ x_1 + 3x_2 + 10x_3 + 9x_4 &= y_3 \,. \end{aligned}$$

Man bestimme alle $\mathbf{y} \in V_3(\mathbb{R})$, für die das Gleichungssystem lösbar ist und gebe hierfür die allgemeine Lösung an.

Bei schriftlicher Rechnung fügt man der erweiterten Matrix zweckmäßig noch eine Kontrollspalte hinzu, deren Elemente die jeweiligen Zeilensummen der erweiterten Matrix sind. Diese Eigenschaft der Elemente der Kontrollspalte bleibt erhalten, wenn man alle Zeilenumformungen der erweiterten Matrix auch mit den Elementen der Kontrollspalte durchführt. Die erweiterte Matrix mit Kontrollspalte und die sich nach dem Eliminationsverfahren ergebenden Matrizen lauten in diesem Fall

1	2	3	4	y_1	$10 + y_1$
2	3	−1	3	y_2	$7 + y_2$
1	3	10	9	y_3	$23 + y_3$
1	2	3	4	y_1	$10 + y_1$
0	−1	−7	−5	$y_2 - 2y_1$	$-13 + y_2 - 2y_1$
0	1	7	5	$y_3 - y_1$	$13 + y_3 - y_1$
1	2	3	4	y_1	$10 + y_1$
0	−1	−7	−5	$y_2 - 2y_1$	$-13 - 2y_2 + y_1$
0	0	0	0	$y_3 + y_2 - 3y_1$	$y_3 + y_2 - 3y_1$.

Das gegebene Gleichungssystem ist also genau dann lösbar, wenn $y_3 + y_2 - 3y_1 = 0$ ist. In diesem Fall lautet die allgemeine Lösung

$$\mathbf{x} = \begin{pmatrix} x_1 \\ x_2 \\ x_3 \\ x_4 \end{pmatrix} = \begin{pmatrix} 2y_2 - 3y_1 + 11s + 6t \\ 2y_1 - y_2 - 7s - 5t \\ s \\ t \end{pmatrix} = \begin{pmatrix} 2y_2 - 3y_1 \\ 2y_1 - y_2 \\ 0 \\ 0 \end{pmatrix} + s \begin{pmatrix} 11 \\ -7 \\ 1 \\ 0 \end{pmatrix} + t \begin{pmatrix} 6 \\ -5 \\ 0 \\ 1 \end{pmatrix} .$$

Dabei sind mit beliebigen Parameterwerten $s, t \in \mathbb{R}$ $x_3 = s$ und $x_4 = t$ gesetzt worden.

4.3 Der Gaußsche Algorithmus, LR-Zerlegung von Matrizen

Wendet man das Gaußsche Eliminationsverfahren von Lemma 4.1 ohne Spaltenvertauschungen an, so kann die gegebene Matrix $\mathbf{A}_0$ in eine Matrix $\mathbf{B}_0$ überführt werden, die „Stufenform" besitzt, z. B.

$$\mathbf{B}_0 = \begin{pmatrix} 0 & b_{1,j(1)} & \cdot & \cdot & \cdot & \cdot & \cdot & \cdot & \cdot & \cdot & y_1^* \\ \cdot & 0 & 0 & b_{2,j(2)} & \cdot & \cdot & \cdot & \cdot & \cdot & \cdot & y_2^* \\ \cdot & \cdot & \cdot & 0 & \cdot & \cdot & \cdot & \cdot & \cdot & \cdot & \vdots \\ \vdots & \vdots & \vdots & \vdots & \vdots & \vdots & \vdots & \vdots & \vdots & \vdots & \vdots \\ \cdot & \cdot & \cdot & \cdot & \cdot & \cdot & 0 & b_{r,j(r)} & \cdot & \cdot & y_r^* \\ \cdot & \cdot & \cdot & \cdot & \cdot & \cdot & & 0 & \cdot & 0 & y_{r+1}^* \\ & & & & & & & \cdot & \cdot & \cdot & 0 \\ & & & & & & & & & & \vdots \\ 0 & 0 & 0 & 0 & \cdot & \cdot & 0 & 0 & & & 0 \end{pmatrix}$$

wobei die Elemente $b_{1,j(1)}, \ldots, b_{r,j(r)}$, die am Anfang jeder Stufe stehen, ungleich Null sind. Die Stufenhöhe beträgt stets eine Zeile der Matrix. Bezeichnet allgemein $j(i)$ den kleinsten Spaltenindex, für den ein Element der i-ten Zeile $\neq 0$ ist (also $b_{ij} = 0$ für $j < j(i)$, $b_{i,j(i)} \neq 0$, und setzt man $j(i) = p + 1 + i$, falls alle Elemente der i-ten Zeile verschwinden[1])), so hat $\mathbf{B}_0$ Stufenform, falls $j(i + 1) > j(i)$ gilt. $\mathbf{B}_0 = (\mathbf{B}, \mathbf{y}^*)$. Die Elemente $b_{i,j(i)}$ $(i = 1, \ldots, r)$ heißen „Pivotelemente".

Das Gleichungssystem $\mathbf{Bx} = \mathbf{y}^*$ ist wiederum dem ursprünglichen Gleichungssystem äquivalent. Die Lösbarkeitsbedingung bedeutet jetzt, daß in der letzten Spalte von $\mathbf{B}_0$, also in $\mathbf{y}^*$, keine weitere Stufe beginnt, denn dann ist

$$\mathrm{Rg}(\mathbf{A}) = \mathrm{Rg}(\mathbf{B}) = \mathrm{Rg}(\mathbf{B}, \mathbf{y}) = r\,.$$

Aus dem Gleichungssystem $\mathbf{Bx} = \mathbf{y}^*$ können die Unbekannten $x_{j(r)}, x_{j(r-1)}, \ldots, x_{j(1)}$ sukzessiv berechnet werden, für alle übrigen Unbekannte können beliebige Werte $(\in K)$ eingesetzt werden.

Nachstehend stellen wir die beim Gaußschen Algorithmus (ohne Spaltenvertauschungen) durchzuführenden Schritte zusammen, wobei vorausgesetzt ist, daß die Rechnungen exakt durchgeführt werden können. Auf Modifikationen bei numerischen Rechnungen mit Näherungswerten (gerundeten Werten etc.) wird in Kapitel 6 eingegangen. Der Einfachheit halber sei ferner $p = q$, das Gleichungssystem habe also ebensoviel Gleichungen wie Unbekannte, und die Matrix $\mathbf{A}$ sei regulär ($\mathrm{Rg}(\mathbf{A}) = p$). Es sei $\mathbf{A}_0$ die erweiterte Matrix (4.8) im Fall $p = q$.

[1]) Diese Festsetzung ermöglicht, daß die nachfolgende Bedingung für die Stufenform uneingeschränkt gilt.

4.3 **Algorithmus.** (*Gauß-Algorithmus* für ein (p, p)-Gleichungssystem mit teilweiser Pivotisierung)

1. Gauß-Elimination

   Mit $A_0 = (a_{ij}^{(0)})$, $i = 1\,(1)\,p$, $j = 1\,(1)\,(p+1)$ setze für $k = 1\,(1)\,(p-1)$:

   $a_{ij}^{(k)} := a_{ij}^{(k-1)}$ für $i = 1\,(1)\,(k-1)$, $j = 1\,(1)\,(p+1)$ sowie $i = k\,(1)\,p$, $j = 1\,(1)\,(k-1)$ und wähle $i_0 \in \{k, \dots, p\}$, so daß $|a_{i_0k}^{(k-1)}| = \operatorname{Max} |a_{ik}^{(k-1)}|$, $i = k\,(1)\,p$

   (Auswahl des betragsgrößten Elements in der jeweiligen Spalte als „Pivotelement", nach Voraussetzung ist $a_{i_0k}^{(k-1)} \neq 0$. Bei exakter Rechnung kann jedes Element $a_{ik}^{(k-1)} \neq 0$ $(i \geqslant k)$ als Pivotelement gewählt werden), ferner $a_{kj}^{(k)} := a_{i_0j}^{(k-1)}$ für $j = k\,(1)\,(p+1)$ (Austausch der Zeilen mit den Indizes i_0 und k), sowie

$$l_{ik} := \begin{cases} a_{ik}^{(k-1)}/a_{i_0k}^{(k-1)} & i = (k+1)\,(1)\,p,\ i \neq i_0 \\ a_{kk}^{(k-1)}/a_{i_0k}^{(k-1)} & i = i_0 \ (\text{falls } i_0 \neq k) \end{cases}$$

$$a_{ij}^{(k)} := \left.\begin{cases} a_{ij}^{(k-1)} - l_{ik}\,a_{i_0j}^{(k-1)} & i = (k+1)\,(1)\,p,\ i \neq i_0 \\ a_{kj}^{(k-1)} - l_{i_0k}\,a_{i_0j}^{(k-1)} & i = i_0 \ (\text{falls } i_0 \neq k) \end{cases}\right\}\ j = k\,(1)\,(p+1).$$

2. Rückwärtseinsetzen

   für $k = p\,(-1)\,1$ setze

$$x_k := \left(a_{k,p+1}^{(p-1)} - \sum_{j=k+1}^{p} a_{kj}^{(p-1)} x_j\right) \Big/ a_{kk}^{(p-1)}.$$

Die bei der Gauß-Elimination auftretenden Matrizen $\mathbf{A}_{k-1}$ haben die Form

$$\mathbf{A}_{k-1} = \begin{pmatrix} a_{11}^{(k-1)} & \cdots & & & a_{1,p+1}^{(k-1)} \\ 0 & \ddots & & & \vdots \\ \vdots & & a_{k-1,k-1}^{(k-1)} & \cdots & a_{k-1,p+1}^{(k-1)} \\ \vdots & & 0 & a_{k,k}^{(k-1)} \ \cdots & a_{k,p+1}^{(k-1)} \\ \vdots & & \vdots & \vdots & \vdots \\ 0 & & 0 & a_{p,k}^{(k-1)} \ \cdots & a_{p,p+1}^{(k-1)} \end{pmatrix}, \tag{4.12}$$

die ersten (k − 1) Zeilen und Spalten bleiben beim Übergang zu $\mathbf{A}_k$ ungeändert.

Dieser Übergang läßt sich auch im Matrizenkalkül darstellen, denn die durchgeführten Umformungen sind

- Vertauschung der k-ten Zeile mit der i_0-ten Zeile ($i_0 > k$); Diese Zeilenvertauschung kann durch Multiplikation der Matrix $\mathbf{A}_{k-1}$ von links mit der „Permutationsmatrix"

$$\mathbf{P}_k := \mathbf{P}_k(i_0) = \overset{\begin{array}{ccc}\text{k-te} & \qquad & i_0\text{-te Spalte}\end{array}}{\begin{pmatrix} 1 & \vdots & & \vdots & \\ \ddots & \vdots & & \vdots & \\ 1 & \vdots & & \vdots & \\ \cdots & 0 & \cdots & 1 & \cdots \\ & \vdots & 1 & \vdots & \\ & \vdots & \ddots & \vdots & \\ & \vdots & 1 & \vdots & \\ \cdots & 1 & \cdots & 0 & \cdots \\ & \vdots & & \vdots & 1 \\ & \vdots & & \vdots & \ddots \\ & & & & 1 \end{pmatrix}} \begin{array}{l} \\ \\ \\ \left.\begin{array}{l}\text{k-te} \\ \\ \\ \\ i_0\text{-te}\end{array}\right\}\text{Zeile} \\ \\ \\ \\ \end{array} \qquad (4.13)$$

  erzeugt werden. $\mathbf{P}_k$ geht dabei aus der (p-reihigen) Einheitsmatrix ebenfalls durch Vertauschung der k-ten mit der i_0-Zeile hervor;

- Subtraktion des l_{ik}-fachen der k-ten Zeile von der i-ten Zeile für $i = k + 1, \ldots, p$. Diese Umformung kann durch Multiplikation von links mit der Matrix

$$\mathbf{L}_k := \overset{\text{k-te Spalte}\ \downarrow}{\begin{pmatrix} 1 & 0 & & 0 & \cdots & 0 \\ 0 & 1 & & & & \vdots \\ \vdots & & & 0 & & \vdots \\ 0 & \cdots & 0 & 1 & 0 \cdots & 0 \\ \vdots & & & -l_{k+1,k} & & \vdots \\ \vdots & & & -l_{k+2,k} & & \vdots \\ \vdots & & & \vdots & & 0 \\ 0 & & & -l_{p,k} & & 1 \end{pmatrix}} \begin{array}{l} \\ \\ \\ \leftarrow \text{(k-te Zeile)} \\ \\ \\ \\ \\ \end{array} = \mathbf{E}_p - \begin{pmatrix} 0 \\ 0 \\ \vdots \\ 0 \\ l_{k+1,k} \\ \vdots \\ l_{p,k} \end{pmatrix} \cdot \mathbf{e}_k^T \qquad (4.14)$$

  $=: \mathbf{E}_p - \boldsymbol{l}_k \mathbf{e}_k^T$ dargestellt werden.
  ($\mathbf{E}_p$ ist die p-reihige Einheitsmatrix und $\boldsymbol{l}_k$ zur Abkürzung für den Spaltenvektor $(0, \ldots, 0,\ l_{k+1,k} \ldots l_{p,k})^T$ gesetzt.)

  Insgesamt läßt sich die Gauß-Elimination in den Matrizengleichungen

$$\mathbf{L}_k \mathbf{P}_k \mathbf{A}_{k-1} = \mathbf{A}_k \qquad (k = 1, 2, \ldots, p-1) \qquad (4.15)$$

  oder – ohne Berücksichtigung der letzten Spalte in $\mathbf{A}_0$ und $\mathbf{B}_0$ –

$$\mathbf{L}_{p-1} \mathbf{P}_{p-1} \mathbf{L}_{p-2} \mathbf{P}_{p-2} \ldots \mathbf{L}_1 \mathbf{P}_1 \mathbf{A} = \mathbf{B} \qquad (4.16)$$

  zusammenfassen.

Dabei ist

$$\mathbf{B} = \begin{pmatrix} a_{11}^{(p-1)} & \cdots\cdots & a_{1p}^{(p-1)} \\ 0 & \ddots & \vdots \\ \vdots & \ddots & \vdots \\ 0 & \cdots\cdots\; 0 & a_{pp}^{(p-1)} \end{pmatrix} . \tag{4.17}$$

Die Inversen der (regulären) Matrizen $\mathbf{P}_k$ und $\mathbf{L}_k$ sind leicht zu berechnen:

4.4 **Lemma.**

a) $\mathbf{P}_k^{-1} = \mathbf{P}_k$ (4.18)

b) $\mathbf{L}_k^{-1} = \mathbf{E}_p + l_k\, \mathbf{e}_k^T$ (4.19)

Die Vertauschung zweier Zeilen kann nämlich durch nochmalige Vertauschung rückgängig gemacht werden und die Subtraktion des l_{ik}-fachen der k-ten Zeile zur i-ten Zeile durch entsprechende Addition kompensiert werden. ■

Wir können daher (4.16) nach **A** auflösen und erhalten

$$\mathbf{A} = \mathbf{P}_1 \mathbf{L}_1^{-1} \mathbf{P}_2 \mathbf{L}_2^{-1} \ldots \mathbf{P}_{p-1} \mathbf{L}_{p-1}^{-1} \mathbf{B} . \tag{4.20}$$

Läßt sich der Gaußsche Algorithmus speziell ohne Zeilenvertauschungen durchführen, so treten die Permutationsmatrizen $\mathbf{P}_j$ in (4.20) nicht auf und es gilt

$$\mathbf{A} = \mathbf{L}_1^{-1} \mathbf{L}_2^{-1} \ldots \mathbf{L}_{p-1}^{-1} \mathbf{B} . \tag{4.21}$$

Das Matrizenprodukt $\mathbf{L} := \mathbf{L}_1^{-1} \mathbf{L}_2^{-1} \ldots \mathbf{L}_{p-1}^{-1}$ läßt sich in einfacher Weise angeben:

4.5 **Lemma.**

$$\mathbf{L} = \mathbf{L}_1^{-1} \mathbf{L}_2^{-1} \ldots \mathbf{L}_{p-1}^{-1} = \mathbf{E}_p + \sum_{k=1}^{p-1} l_k \mathbf{e}_k^T$$

$$= \begin{pmatrix} 1 & 0 & \cdots\cdots & & 0 \\ l_{21} & 1 & 0 & & \vdots \\ \vdots & l_{32} & \ddots & \ddots & \vdots \\ \vdots & \vdots & & 1 & 0 \\ l_{p1} & l_{p2} & \cdots & l_{p,p-1} & 1 \end{pmatrix} \tag{4.22}$$

Beweis.

Ist $L_1^{-1} L_2^{-1} \ldots L_k^{-1} = E_p + \sum_{v=1}^{k} l_v e_v^T$ $(1 \leqslant k < p-1)$ bereits bewiesen, so folgt

$$\begin{aligned} L_1^{-1} L_2^{-1} \ldots L_k^{-1} L_{k+1}^{-1} &= \left(E_p + \sum_{v=1}^{k} l_v e_v^T\right) \left(E_p + l_{k+1} e_{k+1}^T\right) \\ &= E_p + \sum_{v=1}^{k} l_v e_v^T + l_{k+1} e_{k+1}^T + \sum_{v=1}^{k} l_v (e_v^T l_{k+1}) e_{k+1}^T \\ &= E_p + \sum_{v=1}^{k+1} l_v e_v^T , \end{aligned}$$

denn $e_v^T l_{k+1} = 0$, da die ersten $(k+1)$ Komponenten von l_{k+1} verschwinden. ■

Wir fassen diese Ergebnisse in folgendem Satz zusammen.

4.6 **Satz.**

Jede reguläre (p, p)-Matrix **A** läßt sich gemäß

$$A = P_1 L_1^{-1} P_2 L_2^{-1} \ldots P_{p-1} L_{p-1}^{-1} B \tag{4.23}$$

faktorisieren. Ist der Gaußsche Algorithmus ohne Zeilenvertauschungen durchführbar (ist also $a_{kk}^{(k-1)} \neq 0$ für $k = 1, 2, \ldots, p-1$), so lautet die Faktorisierung

$$A = LB \tag{4.24}$$

In beiden Fällen ist **B** eine obere Dreiecksmatrix (vgl. (4.17)).

In der Literatur wird die Matrix **B** auch häufig mit dem Buchstaben **R** (bzw. in der englisch-sprachigen Literatur mit **U**) bezeichnet. Daher heißt die Zerlegung (4.24) auch **LR**-*Zerlegung* bzw. **LU**-*Zerlegung der Matrix* **A**.

Nicht für jede reguläre Matrix existiert eine **LR**-Zerlegung, so z. B. nicht für die Matrix

$$A = \begin{pmatrix} 0 & 1 \\ 1 & 0 \end{pmatrix} .$$

4.4 Das Verfahren von Gauß-Jordan

Zur Berechnung der inversen Matrix A^{-1} einer gegebenen regulären (p, p)-Matrix **A** kann eine geeignete Modifikation des Gaußschen Algorithmus verwendet werden.

Die Spaltenvektoren $x_1, x_2, \ldots, x_p$ von A^{-1} sind nämlich Lösungen der Gleichungssysteme

$$A x_j = e_j \quad (j = 1, 2, \ldots, p) .$$

Man löst diese Gleichungssysteme simultan, indem man die gegebene Matrix **A** und die Einheitsmatrix $\mathbf{E}_p$ nebeneinander schreibt und auf diese (p, 2 p)-Matrix das Gaußsche Eliminationsverfahren anwendet. Dabei werden durch Addition geeigneter Vielfache der Pivotzeile zu den übrigen Zeilen nicht nur unterhalb des Pivotelements, sondern auch oberhalb des Pivotelements Nullen erzeugt. Nach Abschluß des Eliminationsverfahrens steht links eine Diagonalmatrix. Dividiert man noch jede Zeile durch das in ihr enthaltene Diagonalelement, so erhält man eine Matrix der Form $(\mathbf{E}_p\mathbf{C})$.
Da links jetzt die Einheitsmatrix steht, ist ein Rückwärtseinsetzen nicht mehr erforderlich. Die Spaltenvektoren von **C** sind zugleich die Lösungen der Gleichungssysteme $\mathbf{A}\mathbf{x}_j = \mathbf{e}_j$. Daher ist $\mathbf{C} = \mathbf{A}^{-1}$.
Wir führen das Verfahren an einem Beispiel durch:

$$\text{Gegeben sei die Matrix } \mathbf{A} = \begin{pmatrix} 2 & 3 & 6 \\ 4 & 5 & 10 \\ -2 & 1 & 1 \end{pmatrix}.$$

Das Verfahren von Gauß-Jordan führt dann zu folgender Tabelle; bei der als letzte Spalte wiederum eine Zeilensummenspalte hinzugefügt worden ist.

2	3	6	1	0	0	12
4	5	10	0	1	0	20
−2	1	1	0	0	1	1
2	3	6	1	0	0	12
0	−1	−2	−2	1	0	−4
0	4	7	1	0	1	13
2	0	0	−5	3	0	0
0	−1	−2	−2	1	0	−4
0	0	−1	−7	4	1	−3
2	0	0	−5	3	0	0
0	−1	0	12	−7	−2	2
0	0	−1	−7	4	1	−3

$$\text{Also ist } \begin{pmatrix} 2 & 3 & 6 \\ 4 & 5 & 10 \\ -2 & 1 & 1 \end{pmatrix}^{-1} = \begin{pmatrix} -5/2 & 3/2 & 0 \\ -12 & 7 & 2 \\ 7 & -4 & -1 \end{pmatrix}.$$

4.5 Determinanten

Der Gaußsche Algorithmus stellt ein effektives Verfahren dar, Lösungen linearer Gleichungssysteme zu berechnen, liefert jedoch keine fertigen Formeln für diese Lösungen. Hierfür und für manche andere Überlegungen sind Determinanten von Nutzen. Wir haben dreireihige Determinanten bereits im ersten Kapitel kennengelernt und sie dort beispielsweise zur Lösung dreireihiger Gleichungssysteme verwendet. In diesem Abschnitt sollen jetzt beliebige (p-reihige) Determinanten betrachtet werden.

Dazu legen wir quadratische (p, p)-Matrizen $\mathbf{A} = (a_{ij})$, $a_{ij} \in K$, zugrunde. Die Spalten $\mathbf{a}_1, \mathbf{a}_2, \ldots, \mathbf{a}_p$ fassen wir als Vektoren aus $V_p(K)$ auf.

4.7 **Definition.** (*Determinante*)

Als (p-reihige) Determinante bezeichnet man eine Funktion, die jeder (p, p)-Matrix $\mathbf{A} = (a_{ij})$, $(a_{ij} \in K)$ eine Zahl $\det(\mathbf{A}) \in K$ zugeordnet und folgende Eigenschaften besitzt:

1. (Homogenität in jeder Spalte):

$$\det(\mathbf{a}_1, \ldots, \lambda\mathbf{a}_k, \ldots, \mathbf{a}_p) = \lambda \det(\mathbf{a}_1, \ldots, \mathbf{a}_k, \ldots, \mathbf{a}_p)\ ; \tag{4.25}$$

2. (Additivität in jeder Spalte):

$$\begin{aligned}\det(\mathbf{a}_1, \ldots, \mathbf{a}_k + \mathbf{a}_k^*, \ldots, \mathbf{a}_p) = {} & \det(\mathbf{a}_1, \ldots, \mathbf{a}_k, \ldots, \mathbf{a}_p) + \\ & + \det(\mathbf{a}_1, \ldots, \mathbf{a}_k^*, \ldots, \mathbf{a}_p)\ ;\end{aligned} \tag{4.26}$$

3. (Vorzeichenwechsel bei Vertauschung benachbarter Spalten):

$$\begin{aligned}\det(\mathbf{a}_1, \ldots, \mathbf{a}_k, \mathbf{a}_{k+1}, \ldots, \mathbf{a}_p) = -\det(\mathbf{a}_1, \ldots, \mathbf{a}_{k+1}, \mathbf{a}_k, \ldots, \mathbf{a}_p), \\ (k < p)\ ;\end{aligned} \tag{4.27}$$

4. (Normierung):

$$\det(\mathbf{e}_1, \ldots, \mathbf{e}_p) = +1\ , \tag{4.28}$$

wobei $\mathbf{e}_1, \mathbf{e}_2, \ldots, \mathbf{e}_p$ die kanonische Basis in $V_p(K)$ darstellt.

Funktionen, die jedem n-Tupel von Vektoren $(\mathbf{a}_1, \mathbf{a}_2, \ldots, \mathbf{a}_n)$ aus $V_p(K)$ eine Zahl $L(\mathbf{a}_1, \mathbf{a}_2, \ldots, \mathbf{a}_n) \in K$ zuordnen und die Eigenschaften 1. und 2. besitzen, heißen Multilinearformen. In diesem Sinn ist die Determinante eine alternierende (Eigenschaft 3.), normierte (Eigenschaft 4.) Multilinearform. Häufig bezeichnet man die Determinante von $\mathbf{A}$ auch durch senkrechte Striche, also

$$\det(\mathbf{A}) = \det\begin{pmatrix} a_{11} & \cdots & a_{1p} \\ \cdots & \cdots & \cdots \\ a_{p1} & \cdots & a_{pp} \end{pmatrix} = \begin{vmatrix} a_{11} & \cdots & a_{1p} \\ \cdots & \cdots & \cdots \\ a_{p1} & \cdots & a_{pp} \end{vmatrix}$$

Es ist nicht von vorneherein klar, ob es eine Funktion $\det(\mathbf{A})$ mit den geforderten Eigenschaften überhaupt gibt und ob sie eindeutig bestimmt ist. Unter der Voraussetzung, daß eine solche Funktion existiert, ziehen wir zunächst einige einfache Folgerungen aus den Eigenschaften 1. bis 4.

4.8 **Lemma.**

$$\det(\ldots, \mathbf{a}_j, \ldots, \mathbf{a}_k, \ldots) = -\det(\ldots, \mathbf{a}_k, \ldots, \mathbf{a}_j, \ldots), \quad (j < k) \tag{4.29}$$

(Eine Vertauschung zweier beliebiger Spalten ändert das Vorzeichen der Determinante).

Beweis.

Durch (k − j) Vertauschungen unmittelbar benachbarter Spalten kann die k-te Spalte $\mathbf{a}_k$ an die Stelle der j-ten Spalte gebracht werden. Hierbei erhält die Determinante den Vorzeichenfaktor $(-1)^{k-j}$. Anschließend sind (k − j − 1) Vertauschungen unmittelbar benachbarter Spalten erforderlich, um den Spaltenvektor $\mathbf{a}_j$ an die Stelle der k-ten Spalte zu bringen:

$$\begin{aligned}\det(\ldots, \mathbf{a}_j, \ldots, \mathbf{a}_k, \ldots) &= (-1)^{k-j} \det(\ldots, \mathbf{a}_k, \mathbf{a}_j, \ldots, \mathbf{a}_{k-1}, \ldots) \\ &= (-1)^{(k-j)+(k-j-1)} \det(\ldots, \mathbf{a}_k, \ldots, \mathbf{a}_j, \ldots)\,.\end{aligned}$$

Insgesamt ergibt sich der Vorzeichenfaktor $(-1)^{(k-j)+(k-j-1)} = (-1)$. ■

4.9 **Lemma.**

$$\det(\mathbf{a}_1, \ldots, \mathbf{a}_i, \ldots, \mathbf{a}_k, \ldots, \mathbf{a}_p) = 0, \quad \text{falls} \quad \mathbf{a}_i = \mathbf{a}_k \quad \text{für} \quad i \neq k \tag{4.30}$$

(Stimmen zwei Spalten überein, so hat die Determinante den Wert Null).

Beweis.

Eine Vertauschung der beiden übereinstimmenden Spalten ändert einerseits den Wert der Determinante nicht, ergibt aber andererseits nach Lemma 4.8 den Vorzeichenfaktor (− 1).
Daraus folgt $\det(\mathbf{a}_1, \ldots, \mathbf{a}_p) = 0$. ■

4.10 **Lemma.**

$$\det(\mathbf{a}_1, \ldots, \mathbf{a}_i, \ldots, \mathbf{a}_k, \ldots, \mathbf{a}_p) = \det(\mathbf{a}_1, \ldots, \mathbf{a}_i + \lambda\mathbf{a}_k, \ldots, \mathbf{a}_k, \ldots, \mathbf{a}_p), \quad (i \neq k) \tag{4.31}$$

(Der Wert der Determinante ändert sich nicht, falls zu einer Spalte das Vielfache einer anderen Spalte addiert wird).

Beweis.

$$\begin{aligned}\det(\ldots, \mathbf{a}_i + \lambda\mathbf{a}_k, \ldots, \mathbf{a}_k, \ldots) &= \det(\ldots, \mathbf{a}_i, \ldots, \mathbf{a}_k, \ldots) + \lambda \det(\ldots, \mathbf{a}_k, \ldots, \mathbf{a}_k, \ldots) \\ &= \det(\ldots, \mathbf{a}_i, \ldots, \mathbf{a}_k, \ldots)\,.\end{aligned}$$ ■

4.11 **Lemma.**

Sind die Spaltenvektoren $\mathbf{a}_1, \ldots, \mathbf{a}_p$ linear abhängig über K, so ist $\det(\mathbf{a}_1, \ldots, \mathbf{a}_p) = 0$.

Beweis.

Die Spaltenvektoren sind genau dann linear abhängig, wenn einer dieser Vektoren (etwa $\mathbf{a}_1$) als Linearkombination der übrigen Vektoren dargestellt werden kann. Ist also etwa

$$\mathbf{a}_1 = \sum_{j=2}^{p} c_j \mathbf{a}_j, \quad \text{so ergibt sich} \quad \det(\mathbf{a}_1, \ldots, \mathbf{a}_p) = \det\left(\sum_{j=2}^{p} c_j \mathbf{a}_j, \mathbf{a}_2, \ldots, \mathbf{a}_p\right)$$

$$= \sum_{j=2}^{p} c_j \det(\mathbf{a}_j, \mathbf{a}_2, \ldots, \mathbf{a}_p) = 0$$

nach Lemma 4.9. ∎

Um die Determinante allgemein zu berechnen, stellen wir die Spaltenvektoren $\mathbf{a}_1, \ldots, \mathbf{a}_p$ in der kanonischen Basis $\mathbf{e}_1, \ldots, \mathbf{e}_p$ des Vektorraumes $V_p(K)$ dar:

$$\mathbf{a}_k = \sum_{j_k=1}^{p} a_{j_k k} \mathbf{e}_{j_k} \quad (k = 1, \ldots, p).$$

Setzen wir diese Darstellung in die Determinante ein, so folgt zunächst wegen der Linearität in jeder Spalte

$$\left.\begin{aligned} \det(\mathbf{a}_1, \ldots, \mathbf{a}_p) &= \det\left(\sum_{j_1=1}^{p} a_{j_1 1} \mathbf{e}_{j_1}, \ldots, \sum_{j_p=1}^{p} a_{j_p p} \mathbf{e}_{j_p}\right) \\ &= \sum_{j_1=1}^{p} \cdots \sum_{j_p=1}^{p} a_{j_1 1} \ldots a_{j_p p} \det(\mathbf{e}_{j_1}, \ldots, \mathbf{e}_{j_p}). \end{aligned}\right\} \tag{4.32}$$

Hierbei ist noch $\det(\mathbf{e}_{j_1}, \ldots, \ldots, \mathbf{e}_{j_p}) =: e^{j_1, \ldots, j_p}$ zu berechnen. Stimmen in dieser Determinante wenigstens zwei der Indizes $j_1, \ldots, j_p$ überein, so ist nach Lemma 4.9 $\det(\mathbf{e}_{j_1}, \ldots, \mathbf{e}_{j_p}) = 0$. Sind aber die Indizes $j_1, \ldots, j_p$ paarweise verschieden, so stellt $(j_1, \ldots, j_p)$ eine Permutation der Zahlen $(1, \ldots, p)$ dar. In diesem Fall kann die Matrix $(\mathbf{e}_{j_1}, \ldots, \mathbf{e}_{j_p})$ durch Vertauschungen von je zwei Spaltenvektoren in die Einheitsmatrix $\mathbf{E}_p = (\mathbf{e}_1, \ldots, \mathbf{e}_p)$ überführt werden. Je nachdem, ob hierzu eine gerade oder ungerade Anzahl von Vertauschungen erforderlich ist, hat $\det(\mathbf{e}_{j_1}, \ldots, \mathbf{e}_{j_p})$ den Wert $(+1)$ oder (-1).

Die Anzahl der Vertauschungen unmittelbar benachbarter Elemente, die erforderlich ist, um $(j_1, \ldots, j_p)$ in die natürliche Reihenfolge $(1, 2, \ldots, p)$ zu überführen, wird durch die Zahl $z(j_1, j_2, \ldots, j_p)$ der Inversionen (oder „Umstellungen“) gegeben,

$$\begin{aligned} z(j_1, j_2, \ldots, j_p) &:= \text{Anzahl der Fälle } (j_i > j_k \text{ für } 1 \leqq i < k \leqq p) \\ &= \text{Anzahl der Inversionen.} \end{aligned}$$

(Beispiel: $z(2, 4, 6, 3, 1, 5) = 7$, jede Inversion ist durch einen Bogen gekennzeichnet.)

Jede Vertauschung unmittelbar benachbarter Zahlen j_k und j_{k+1} ändert nämlich die Anzahl der Inversionen um + 1, falls $j_k < j_{k+1}$, falls also durch die Vertauschung von j_k und j_{k+1} eine zusätzliche Inversion entsteht, und um − 1, falls $j_k > j_{k+1}$, falls also durch diese Vertauschung eine Inversion entfällt. Im übrigen ändert die Vertauschung zweier beliebiger Zahlen j_k und j_l $(k \neq l)$ die Anzahl der Inversionen um eine ungerade Anzahl, vgl. dazu den Beweis von Lemma 4.8.

Insgesamt gilt

$$\det(\mathbf{e}_{j_1}, \mathbf{e}_{j_2}, \ldots, \mathbf{e}_{j_p}) = \epsilon^{j_1, j_2, \ldots, j_p} := \begin{cases} 0, & \text{falls } j_i = j_k \text{ für } i \neq k \\ (-1)^{z(j_1, \ldots, j_p)}, & \text{sonst} \end{cases} \tag{4.33}$$

Wir fassen das Ergebnis in folgendem Satz zusammen.

4.12 **Satz.**

Es sei $\mathbf{A} = (a_{ij})$ eine (p, p)-Matrix ($a_{ij} \in K$ für i, j = 1, 2, ..., p).
Dann gilt

$$\det(\mathbf{A}) = \sum_{j_1=1}^{p} \ldots \sum_{j_p=1}^{p} \epsilon^{j_1, j_2, \ldots, j_p} a_{j_1 1} a_{j_2 2} \ldots a_{j_p p}, \tag{4.34}$$

Dabei genügt es, die p-fache Summe über alle p! Permutationen $(j_1, j_2, \ldots, j_p)$ der Zahlen (1, 2, ..., p) zu erstrecken.

Umgekehrt erfüllt der Ausdruck (4.34) die Eigenschaften 1. bis 4. der Definition 4.7. In dem Produkt $a_{j_1 1} a_{j_2 2} \ldots a_{j_p p}$ ist nämlich jede Spalte mit genau einem Faktor vertreten, so daß jeder Summand und damit die gesamte Summe homogen und additiv sind (Eigenschaften 1. und 2.). Eine Vertauschung benachbarter Spalten bedeutet eine Vertauschung zweier benachbarter Indizes j_k und j_{k+1}, ändert also das Vorzeichen von $\epsilon^{j_1, \ldots, j_p}$, d.h. Eigenschaft 3. ist erfüllt. Ebenso gilt 4., da in diesem Fall das Produkt $a_{j_1 1} a_{j_2 2} \ldots a_{j_p p}$ nur dann ungleich Null (und zwar = 1) ist, wenn $j_1 = 1, \ldots, j_p = p$ ist.
Läßt man andererseits die Normierungsbedingung 4. fallen, betrachtet also eine beliebige multilineare alternierende Abbildung F mit $\mathbf{A} \to F(\mathbf{A}) \in K$, so folgt aus (4.32) und (4.33) analog: ∎

4.13 **Satz.**

Es sei F eine multilineare und alternierende Abbildung, die jeder quadratischen p-reihigen Matrix **A** eine Zahl $F(\mathbf{A}) \in K$ zuordnet (und dabei die Bedingungen 1.–3. aus Def. 4.7 erfüllt). Dann ist

$$F(\mathbf{A}) = \det(\mathbf{A})\, F(\mathbf{E}_p). \tag{4.35}$$

Hieraus ergibt sich weiterhin der sogenannte Produktsatz für Determinanten:

4.14 **Satz.**

Für beliebige (p, p) Matrizen **A** und **B** (mit Elementen aus K) gilt

$$\det(\mathbf{BA}) = \det(\mathbf{A})\det(\mathbf{B}) \qquad (4.36)$$

Entsprechend gilt dann auch $\det(\mathbf{AB}) = \det(\mathbf{A})\det(\mathbf{B})$. Man beachte, daß das Matrizenprodukt nicht kommutativ ist, also im allgemeinen $\mathbf{AB} \neq \mathbf{BA}$. Dennoch folgt aus Satz 4.14: $\det(\mathbf{AB}) = \det(\mathbf{BA}) = \det(\mathbf{A})\det(\mathbf{B})$.

Beweis.

Sind $\mathbf{a}_1, \ldots, \mathbf{a}_p$ die Spaltenvektoren der Matrix **A**, so sind $\mathbf{Ba}_1, \mathbf{Ba}_2, \ldots, \mathbf{Ba}_p$ die Spaltenvektoren des Matrizenprodukts **BA**. Bei festgehaltener Matrix **B** ist daher

$$\det(\mathbf{BA}) = \det(\mathbf{Ba}_1, \ldots, \mathbf{Ba}_p) = F_{\mathbf{B}}(\mathbf{a}_1, \ldots, \mathbf{a}_p)$$

eine Abbildung $F_{\mathbf{B}}$, die jeder (p-reihigen) Matrix **A** einen Wert $F_{\mathbf{B}}(\mathbf{A}) \in K$ zuordnet, die die Eigenschaften 1., 2. und 3. der Def. 4.7 erfüllt, auf die also Satz 4.13 anwendbar ist.

Es folgt $\det(\mathbf{BA}) = F_{\mathbf{B}}(\mathbf{A}) = \det(\mathbf{A})\, F_{\mathbf{B}}(\mathbf{E}_p) = \det(\mathbf{A})\det(\mathbf{B})$. ■

Als Anwendung von Satz 4.12 betrachten wir dreireihige Determinanten.

Es ist $\det\begin{pmatrix} a_{11} & a_{12} & a_{13} \\ a_{21} & a_{22} & a_{23} \\ a_{31} & a_{32} & a_{33} \end{pmatrix} = \sum_{j_1=1}^{3}\sum_{j_2=1}^{3}\sum_{j_3=1}^{3} \epsilon^{j_1,j_2,j_3}\, a_{j_1 1} a_{j_2 2} a_{j_3 3}$.

In der dreifachen Summe sind nur die Summanden $\neq 0$, für die (j_1, j_2, j_3) eine der sechs Permutationen der Zahlen (1, 2, 3) ist. Diese sechs Permutationen sind (1, 2, 3), (2, 3, 1), (3, 1, 2), (2, 1, 3), (1, 3, 2) und (3, 2, 1). Davon sind die ersten drei gerade, die letzten drei ungerade Permutationen. Also ist

$$\det\begin{pmatrix} a_{11} & a_{12} & a_{13} \\ a_{21} & a_{22} & a_{23} \\ a_{31} & a_{32} & a_{33} \end{pmatrix} = a_{11}a_{22}a_{33} + a_{21}a_{32}a_{13} + a_{31}a_{12}a_{23} - a_{21}a_{12}a_{33} - a_{11}a_{32}a_{23} - a_{31}a_{22}a_{13} .$$

Dies entspricht der Sarrusschen Regel (vgl. (1.10)).

Im Prinzip kann man mit Hilfe des Satzes 4.12 p-reihige Determinanten berechnen. Allerdings führt dies für größere Werte von p zu einem erheblichen Rechenaufwand, da die Zahl der Summanden p! und die Zahl der erforderlichen Multiplikationen $(p-1)p!$ für wachsendes p stark ansteigt: $4! = 24$, $5! = 120$. d.h. Satz 4.11, auf eine fünfreihige Determinante angewendet, führt bereits zu 120 Summanden und 480 Multiplikationen.

Wir benötigen daher effektivere Verfahren zur Berechnung von Determinanten. Wir beweisen zunächst

4.15 **Satz.**

$$\det(\mathbf{A}) = \det(\mathbf{A}^T) . \qquad (4.37)$$

Beweis.

Es ist

$$\mathbf{A} = \begin{pmatrix} a_{11} & \dots & a_{1p} \\ \vdots & & \vdots \\ a_{p1} & \dots & a_{pp} \end{pmatrix}, \quad \mathbf{A}^T = \begin{pmatrix} a_{11} & \dots & a_{p1} \\ \vdots & & \vdots \\ a_{1p} & \dots & a_{pp} \end{pmatrix},$$

daher $\det(\mathbf{A}^T) = \sum_{j_1=1}^{p} \dots \sum_{j_p=1}^{p} \epsilon^{j_1,\dots,j_p} a_{1j_1} a_{2j_2} \dots a_{pj_p}$.

In dieser Summe ist wiederum der Faktor $\epsilon^{j_1,j_2,\dots,j_p}$ nur dann ungleich Null, wenn $(j_1, j_2, \dots, j_p)$ eine Permutation der Zahlen $(1, 2, \dots, p)$ ist, also unter den Zahlen $j_1, j_2, \dots, j_p$ jede der Zahlen $1, 2, \dots, p$ genau einmal auftritt. Wir können daher die Faktoren des Produkts $a_{1j_1} a_{2j_2} \dots a_{pj_p}$ so umordnen, etwa durch Vertauschungen unmittelbar benachbarter Faktoren, daß das Element aus der ersten Spalte an erster Stelle, das Element aus der zweiten Spalte an zweiter Stelle steht usw. Dann ist

$$a_{1j_1} a_{2j_2} \dots a_{pj_p} = a_{i_1 1} a_{i_2 2} \dots a_{i_p p}$$

und die Paare $(1, j_1), (2, j_2), \dots, (p, j_p)$ gehen durch diese Vertauschungen über in die Paare $(i_1, 1), (i_2, 2), \dots, (i_p, p)$. Also entsteht die Permutation $(i_1, i_2, \dots, i_p)$ durch dieselben Vertauschungen unmittelbar benachbarter Elemente, die $(j_1, \dots, j_p)$ in $(1, \dots, p)$ überführt, d.h. $z(j_1, \dots, j_p) = z(i_1, \dots, i_p)$ und damit auch

$$\epsilon^{j_1,j_2,\dots,j_p} = \epsilon^{i_1,i_2,\dots,i_p}.$$

Durchläuft $(j_1, \dots, j_p)$ alle p! Permutationen von $(1, 2, \dots, p)$, so auch $(i_1, i_2, \dots, i_p)$, daher ist insgesamt

$$\sum_{j_1=1}^{p} \dots \sum_{j_p=1}^{p} \epsilon^{j_1,\dots,j_p} a_{1j_1} a_{2j_2} \dots a_{pj_p} = \sum_{i_1=1}^{p} \dots \sum_{i_p=1}^{p} \epsilon^{i_1,\dots,i_p} a_{i_1 1} a_{i_2 2} \dots a_{i_p p},$$

oder $\det(\mathbf{A}^T) = \det(\mathbf{A})$. ■

Aus Satz 4.15 folgt insbesondere, daß die Determinante einer Matrix **A** auch hinsichtlich der Zeilen(-vektoren) der Matrix **A** multilinear und alternierend ist, daß man also mit den Zeilen einer Determinante dieselben Umformungen vornehmen darf wie mit den Spalten. Diese Regeln seien noch einmal zusammengestellt:

Sind $\mathbf{z}_1, \mathbf{z}_2, \dots, \mathbf{z}_p$ die Zeilen der Matrix **A**, also $\mathbf{A} = \begin{pmatrix} \mathbf{z}_1 \\ \mathbf{z}_2 \\ \vdots \\ \mathbf{z}_p \end{pmatrix}$, so gilt

(1) $\det \begin{pmatrix} \vdots \\ \lambda \mathbf{z}_k \\ \vdots \end{pmatrix} = \lambda \det \begin{pmatrix} \vdots \\ \mathbf{z}_k \\ \vdots \end{pmatrix}$, vgl. (4.25) (4.38)

(2) $\det \begin{pmatrix} \vdots \\ \mathbf{z}_k + \mathbf{z}_k^* \\ \vdots \end{pmatrix} = \det \begin{pmatrix} \vdots \\ \mathbf{z}_k \\ \vdots \end{pmatrix} + \det \begin{pmatrix} \vdots \\ \mathbf{z}_k^* \\ \vdots \end{pmatrix}$, vgl. (4.26) (4.39)

$$(3)\quad \det\begin{pmatrix} \vdots \\ z_i \\ \vdots \\ z_k \\ \vdots \end{pmatrix} = -\det\begin{pmatrix} \vdots \\ z_k \\ \vdots \\ z_i \\ \vdots \end{pmatrix}, \qquad \text{vgl. (4.29)} \tag{4.40}$$

$$(4)\quad \det\begin{pmatrix} \vdots \\ z_i \\ \vdots \\ z_k \\ \vdots \end{pmatrix} = \det\begin{pmatrix} \vdots \\ z_i + \lambda z_k \\ \vdots \\ z_k \\ \vdots \end{pmatrix}, \qquad \text{vgl. (4.31)} \tag{4.41}$$

Aus dem Satz über den Zeilen- und Spaltenrang einer Matrix (Satz 3.16 und Lemma 4.11) folgt bereits, daß $\det(\mathbf{A})$ auch dann verschwindet, wenn die Zeilenvektoren von $\mathbf{A}$ linear abhängig sind.

Wir entnehmen Satz 4.12 eine weitere einfache Folgerung, die für die Berechnung von Determinanten nützlich ist und ein Spezialfall des später zu behandelnden Laplaceschen Entwicklungssatzes darstellt.

4.16 **Lemma.**

Die (p, p)-Matrix $\mathbf{A}$ sei von der Form

$$\mathbf{A} = \begin{pmatrix} a_{11} & a_{12} & \dots & a_{1p} \\ 0 & & & \\ \vdots & & \mathbf{A}_{11} & \\ 0 & & & \end{pmatrix}$$

mit einer (p − 1)-reihigen Untermatrix $\mathbf{A}_{11}$. Dann ist $\det(\mathbf{A}) = a_{11}\det(\mathbf{A}_{11})$.

Beweis.

Nach (4.30) ist $\det(\mathbf{A}) = \sum_{j_1=1}^{p} \dots \sum_{j_p=1}^{p} \epsilon^{j_1,\dots,j_p} a_{j_1 1} \dots a_{j_p p}$.

Nun ist $a_{j_1 1}$ nur dann ungleich Null, wenn $j_1 = 1$ ist. Dann muß aber $(j_2, \dots, j_p)$ eine Permutation der Zahlen $(2, \dots, p)$ sein und $z(j_1, j_2, \dots, j_p) = z(1, j_2, \dots, j_p) = z(j_2, \dots, j_p)$. Daher gilt $\det(A) = a_{11} \sum_{j_2=2}^{p} \dots \sum_{j_p=2}^{p} \epsilon^{j_2,\dots,j_p} a_{j_2 2} a_{j_3 3} \dots a_{j_p p} = a_{11}\det(\mathbf{A}_{11})$. ■

Als Korollar folgt durch wiederholte Anwendung dieses Lemmas:

$$\det\begin{pmatrix} a_{11} & a_{12} & \dots & a_{1p} \\ 0 & a_{22} & \dots & a_{2p} \\ \vdots & \ddots & \ddots & \vdots \\ 0 & \dots & 0 & a_{pp} \end{pmatrix} = a_{11} a_{22} \dots a_{pp}. \tag{4.42}$$

Die Determinante einer oberen Dreiecksmatrix ist gleich dem Produkt der Hauptdiagonalelemente. Nach Satz 4.14 gilt dasselbe für eine untere Dreiecksmatrix.
Mit Lemma 4.1 ergibt sich daraus: $\det(\mathbf{A}) = 0$ dann und nur dann, wenn $Rg(\mathbf{A}) < p$, vgl. Lemma 4.9.

Das folgende Beispiel soll zeigen, wie durch Zeilen- und Spaltenumformungen eine Determinante berechnet werden kann. Bei der Überführung der Matrix in Dreiecksform kann man sich desselben Verfahrens bedienen, das beim Gaußschen Algorithmus angewendet wurde.

Beispiel.

$$\begin{vmatrix} 1 & 2 & 3 & 4 \\ 2 & 3 & 4 & 1 \\ 3 & 4 & 1 & 2 \\ 4 & 1 & 2 & 3 \end{vmatrix} = \begin{vmatrix} 1 & 2 & 3 & 4 \\ 0 & -1 & -2 & -7 \\ 0 & -2 & -8 & -10 \\ 0 & -7 & -10 & -13 \end{vmatrix} \quad \text{(Subtraktion des 2-, 3-, 4-fachen der ersten Zeile von der 2., 3., und 4. Zeile)}$$

$$= \begin{vmatrix} 1 & 2 & 3 & 4 \\ 0 & -1 & -2 & -7 \\ 0 & 0 & -4 & 4 \\ 0 & 0 & 4 & 36 \end{vmatrix} \quad \text{(Subtraktion des 2- bzw. 7-fachen der 2. Zeile von der 3. bzw. 4. Zeile)}$$

$$= \begin{vmatrix} 1 & 2 & 3 & 4 \\ 0 & -1 & -2 & -7 \\ 0 & 0 & -4 & 4 \\ 0 & 0 & 0 & 40 \end{vmatrix}$$

$$= 160.$$

In Lemma 4.16 ist uns bereits eine spezielle Unterdeterminante begegnet, nämlich $\det(\mathbf{A}_{11})$. Allgemein legt man fest:

4.17 **Definition.** (*Unterdeterminanten, algebraisches Komplement*)

a) Streicht man in der p-reihigen Matrix $\mathbf{A}$ die j-te Zeile und k-te Spalte, so bezeichne $\mathbf{A}_{jk}$ die $(p-1)$-reihige Restmatrix und $D_{jk} = \det(\mathbf{A}_{jk})$ die Determinante dieser Restmatrix, also eine $(p-1)$-reihige *Unterdeterminante* der Matrix $\mathbf{A}$.

b) Als *algebraisches Komplement* a_{jk}^* des Elements a_{jk} der Matrix $\mathbf{A}$ bezeichnet man die mit dem Vorzeichenfaktor $(-1)^{j+k}$ multiplizierte Unterdeterminante D_{jk}, also

$$a_{jk}^* = (-1)^{j+k} D_{jk} = (-1)^{j+k} \det(\mathbf{A}_{jk}) : \tag{4.43}$$

c) Sind allgemeiner $1 \leqslant j_1 < j_2 < \ldots < j_r \leqslant p$ und $1 \leqslant k_1 < k_2 < \ldots < k_r \leqslant p$ zwei Sätze von $r\ (\leqslant p)$ Indizes, so bezeichne $\mathbf{A}_{j_1, j_2, \ldots, j_r; k_1, k_2, \ldots, k_r}$ die Untermatrix von $\mathbf{A}$, die nach *Streichung* der Zeilen $j_1, j_2, \ldots, j_r$ und der Spalten $k_1, k_2, \ldots, k_r$ aus der Matrix $\mathbf{A}$ entsteht und

$$D_{j_1, j_2, \ldots, j_r; k_1, k_2, \ldots, k_r} = \det(\mathbf{A}_{j_1, j_2, \ldots, j_r; k_1, k_2, \ldots, k_r})$$

die entsprechende $(p-r)$-reihige Unterdeterminante von $\mathbf{A}$.

d) Analog ist

$$A_{\overline{j_1,j_2,\dots,j_r};\overline{k_1,\dots,k_r}} = \begin{pmatrix} a_{j_1k_1} & a_{j_1k_2} & \cdots & a_{j_1k_r} \\ a_{j_2k_1} & a_{j_2k_2} & \cdots & a_{j_2k_r} \\ \vdots & \vdots & & \vdots \\ a_{j_rk_1} & a_{j_rk_2} & \cdots & a_{j_rk_r} \end{pmatrix}$$

die Untermatrix der Elemente von $\mathbf{A}$, die in den Zeilen $j_1, \dots, j_r$ und zugleich den Spalten $k_1, \dots, k_r$ stehen und

$$D_{\overline{j_1,\dots,j_r};\overline{k_1,\dots,k_r}} = \det(A_{\overline{j_1,\dots,j_r};\overline{k_1,\dots,k_r}})$$

die entsprechende r-reihige Unterdeterminante.

Beispiel.

Gegeben sei die 5-reihige Matrix $\mathbf{A} = (a_{jk})$. Dann ist

$$D_{1,2;3,5} = \begin{vmatrix} a_{31} & a_{32} & a_{34} \\ a_{41} & a_{42} & a_{44} \\ a_{51} & a_{52} & a_{54} \end{vmatrix}$$

und $D_{\overline{1,2};\overline{3,5}} = \begin{vmatrix} a_{13} & a_{15} \\ a_{23} & a_{25} \end{vmatrix}$.

Analog kann man Untermatrizen und Unterdeterminanten beliebiger rechteckiger Matrizen kennzeichnen, wobei Unterdeterminanten natürlich nur von quadratischen Untermatrizen gebildet werden können.

Wir bemerken noch

$$A_{\overline{j_1,\dots,j_r};\overline{k_1,\dots,k_r}} = A_{i_1,\dots,i_{p-r};l_1,\dots,l_{p-r}},$$

wenn $\{i_1, \dots, i_{p-r}\}$ die Indizes $\{j_1, \dots, j_r\}$ zu $\{1, 2, \dots, p\}$ ergänzen, analog $\{l_1, \dots, l_{p-r}\}$ die Indizes $\{k_1, \dots, k_r\}$. Mit diesen Bezeichnungen läßt sich der Laplacesche Entwicklungssatz formulieren.

4.18 **Satz.** (*Laplacescher Entwicklungssatz*)

Es sei $\mathbf{A} = (a_{jk})$ eine (p, p)-Matrix.

Dann gilt

$$\det(\mathbf{A}) = \sum_{j=1}^{p} (-1)^{j+k} a_{jk} D_{jk} \qquad (4.44)$$

$$\det(\mathbf{A}) = \sum_{k=1}^{p} (-1)^{j+k} a_{jk} D_{jk} \, . \qquad (4.45)$$

Dabei sagt man, daß die Determinante von $\mathbf{A}$ nach der k-ten Spalte (4.44) bzw. nach der j-ten Zeile (4.45) entwickelt ist.

Beweis.

Es genügt, (4.44) zu betrachten, da (4.45) mit Satz 4.12 daraus folgt. Es seien $\mathbf{a}_1, \mathbf{a}_2, \ldots, \mathbf{a}_p$ die Spaltenvektoren der Matrix $\mathbf{A}$. Dann ist – ähnlich wie in (4.32) –

$$\mathbf{a}_k = \sum_{j=1}^{p} a_{jk}\, \mathbf{e}_j$$

und daher $\det(\mathbf{A}) = \sum_{j=1}^{p} a_{jk} \det(\mathbf{a}_1, \ldots, \mathbf{a}_{k-1}, \mathbf{e}_j, \mathbf{a}_{k+1}, \ldots, \mathbf{a}_p)$.

Die in dieser Summe auftretenden Determinanten sind die algebraischen Komplemente a_{jk}^*, denn vertauscht man die k-te Spalte ($\mathbf{e}_j$) der Reihe nach mit den vorangehenden Spalten, so ist zunächst

$$\det(\mathbf{a}_1, \ldots, \mathbf{a}_{k-1}, \mathbf{e}_j, \mathbf{a}_{k+1}, \ldots, \mathbf{a}_p) = (-1)^{k-1} \det(\mathbf{e}_j, \mathbf{a}_1, \ldots, \mathbf{a}_p)\,,$$

wobei in der letzten Determinante der Spaltenvektor $\mathbf{a}_k$ nicht auftritt. Vertauscht man nunmehr die j-te Zeile der Reihe nach mit den darüber stehenden Zeilen, so folgt

$$\det(\mathbf{a}_1, \ldots, \mathbf{a}_{k-1}, \mathbf{e}_j, \mathbf{a}_{k+1}, \ldots, \mathbf{a}_p) =$$

$$= (-1)^{k-1} \begin{vmatrix} 0 & a_{11} & \cdots & a_{1\,k-1} & a_{1\,k+1} & \cdots & a_{1p} \\ \vdots & & & \vdots & \vdots & & \vdots \\ 1 & a_{j1} & \cdots & a_{jk-1} & a_{jk+1} & \cdots & a_{jp} \\ \vdots & & & \vdots & \vdots & & \vdots \\ 0 & a_{p1} & \cdots & a_{pk-1} & a_{pk+1} & \cdots & a_{pp} \end{vmatrix}$$

$$= (-1)^{k-1+j-1} \begin{vmatrix} 1 & a_{j1} & \cdots & a_{jk-1} & a_{jk+1} & \cdots & a_{jp} \\ 0 & & & & & & \\ \vdots & & & \mathbf{A}_{jk} & & & \\ 0 & & & & & & \end{vmatrix}$$

$$= (-1)^{k+j} D_{jk} = a_{jk}^*\,,$$

also mit Lemma 4.16 die Behauptung (4.44). ■

Als Folgerung aus dem Laplaceschen Entwicklungssatz erhält man die Beziehungen

$$\sum_{j=1}^{p} (-1)^{j+k} a_{jl} D_{jk} = \sum_{j=1}^{p} a_{jl} a_{jk}^* = \begin{cases} \det(\mathbf{A}) & \text{falls} \quad k = l \\ 0 & \phantom{\text{falls}} \quad k \neq l \end{cases} \tag{4.46}$$

und

$$\sum_{k=1}^{p} (-1)^{j+k} a_{lk} D_{jk} = \sum_{k=1}^{p} a_{lk} a_{jk}^* = \begin{cases} \det(\mathbf{A}) & \text{falls} \quad l = j \\ 0 & \phantom{\text{falls}} \quad l \neq j\,. \end{cases} \tag{4.47}$$

Ersetzt man nämlich in der Matrix $\mathbf{A}$ die k-te Spalte durch die l-te Spalte ($k \neq l$), so hat die abgeänderte Determinante den Wert Null (Lemma 4.9). Entwickelt man diese abgeänderte Determinante andererseits gemäß Satz 4.18 nach den Elementen a_{jl} der k-ten Spalte, so folgt

$$0 = \sum_{j=1}^{p} (-1)^{j+k} a_{jl} D_{jk} = \sum_{j=1}^{p} a_{jl} a_{jk}^{*} \quad (k \neq l),$$

also der zweite Fall in (4.46). Analog ergibt sich der zweite Fall in (4.47) durch Ersetzung der j-ten Zeile durch die l-te Zeile ($j \neq l$) in der Determinante der Matrix **A**.

Man kann die Gleichungen (4.46) und (4.47) auch als Matrizengleichungen schreiben. Dazu bildet man die Matrix aus den algebraischen Komplementen a_{jk}^{*}:

4.19 **Definition.** (*Adjunkte einer Matrix*)

Es sei **A** eine (p, p)-Matrix. Als Adjunkte der Matrix **A**, – adj (**A**) – bezeichnet man die transponierte Matrix der algebraischen Komplemente von **A**, also

$$\operatorname{adj}(\mathbf{A}) = \begin{pmatrix} D_{11} & -D_{12} & \dots & (-1)^{1+p} D_{1p} \\ -D_{21} & D_{22} & \dots & (-1)^{2+p} D_{2p} \\ \vdots & & & \vdots \\ (-1)^{p+1} D_{p1} & \dots\dots\dots & & (-1)^{2p} D_{pp} \end{pmatrix}^{T} = \begin{pmatrix} a_{11}^{*} & \dots & a_{p1}^{*} \\ a_{12}^{*} & \dots & a_{p2}^{*} \\ \vdots & & \vdots \\ a_{1p}^{*} & \dots & a_{pp}^{*} \end{pmatrix}. \tag{4.48}$$

Mit Hilfe der Adjunkten von **A** lassen sich die Gleichungen (4.46) und (4.47) zusammenfassen in

$$\operatorname{adj}(\mathbf{A}) \cdot \mathbf{A} = \mathbf{A} \cdot \operatorname{adj}(\mathbf{A}) = \det(\mathbf{A})\, \mathbf{E}_p . \tag{4.49}$$

Für reguläre Matrizen **A** ergibt sich hieraus eine Darstellung der inversen Matrix $\mathbf{A}^{-1}$:

4.20 **Satz.**

Es sei **A** eine reguläre (p, p)-Matrix, also $\det(\mathbf{A}) \neq 0$.
Dann ist

$$\mathbf{A}^{-1} = \frac{1}{\det(\mathbf{A})} \operatorname{adj}(\mathbf{A}) . \tag{4.50}$$

Die – eindeutig bestimmte – Lösung des Gleichungssystems

$$\mathbf{Ax} = \mathbf{b}, \quad \mathbf{b} = \begin{pmatrix} b_1 \\ \vdots \\ b_p \end{pmatrix} \in V_p(K)$$

wird gegeben durch

$$x_j = \frac{\det(\mathbf{a}_1, \dots, \underset{\substack{\uparrow \\ \text{j-te Spalte}}}{\mathbf{b}}, \dots, \mathbf{a}_p)}{\det(\mathbf{A})} \tag{4.51}$$

für $j = 1, 2, \dots, p$; $\mathbf{x} = \begin{pmatrix} x_1 \\ \vdots \\ x_p \end{pmatrix}$, (Cramersche Regel).

Beweis.

Die Gleichung (4.50) ergibt sich aus (4.49) nach Division durch det $(\mathbf{A})$ – man beachte, daß $\mathbf{A}^{-1}$ für reguläre Matrizen eindeutig bestimmt ist.

Unter den Voraussetzungen des Satzes wird die Lösung $\mathbf{x}$ des Gleichungssystems $\mathbf{Ax} = \mathbf{b}$ durch $\mathbf{x} = \mathbf{A}^{-1}\mathbf{b}$ gegeben, also nach (4.50) auch durch

$$\mathbf{x} = (\operatorname{adj}(\mathbf{A}) \cdot \mathbf{b})/\det(\mathbf{A}) .$$

Für die mit det (A) multiplizierte j-te Koordinate von $\mathbf{x}$ folgt mit (4.48)

$$\det(\mathbf{A}) \cdot x_j = \sum_{k=1}^{p} a_{kj}^{*} b_k = \sum_{k=1}^{p} (-1)^{j+k} D_{kj} b_k$$

$$= \det(\mathbf{a}_1, \ldots, \underbrace{\mathbf{b}}_{\text{j-te Spalte}}, \ldots, \mathbf{a}_p) ,$$

wenn auf die letzte Determinante der Laplacesche Entwicklungssatz (Satz 4.18) mit einer Entwicklung nach der j-ten Spalte angewendet wird. ∎

Wir stellen noch einige nützliche Regeln über inverse Matrizen zusammen.

4.21 **Satz.**

Es seien $\mathbf{A}$ und $\mathbf{B}$ reguläre (p, p)-Matrizen. Dann gilt

$$(\lambda \cdot \mathbf{A})^{-1} = \lambda^{-1} \cdot \mathbf{A}^{-1} \quad (\lambda \in K, \lambda \neq 0) \tag{4.52}$$

$$(\mathbf{AB})^{-1} = \mathbf{B}^{-1}\mathbf{A}^{-1} \tag{4.53}$$

$$(\mathbf{A}^T)^{-1} = (\mathbf{A}^{-1})^T . \tag{4.54}$$

Beweis.

Für $\lambda \neq 0$ ist $(\lambda\mathbf{A}) \cdot (\lambda^{-1}\mathbf{A}^{-1}) = \mathbf{AA}^{-1} = \mathbf{E}_p$, also $(\lambda\mathbf{A})^{-1} = \lambda^{-1}\mathbf{A}^{-1}$ (Eindeutigkeit der inversen Matrix). Analog ist $\mathbf{AB}(\mathbf{B}^{-1}\mathbf{A}^{-1}) = \mathbf{ABB}^{-1}\mathbf{A}^{-1} = \mathbf{AE}_p\mathbf{A}^{-1} = \mathbf{AA}^{-1} = \mathbf{E}_p$, also $(\mathbf{AB})^{-1} = \mathbf{B}^{-1}\mathbf{A}^{-1}$, und schließlich $\mathbf{A}^T(\mathbf{A}^{-1})^T = (\mathbf{A}^{-1}\mathbf{A})^T$ (nach Satz 3.8, d), also $\mathbf{A}^T(\mathbf{A}^{-1})^T = \mathbf{E}_p^T = \mathbf{E}_p$, folglich $(\mathbf{A}^T)^{-1} = (\mathbf{A}^{-1})^T$. ∎

Schließlich erwähnen wir noch die folgende allgemeine Fassung des Laplaceschen Entwicklungssatzes.

4.22 **Satz.** (*Allgemeiner Laplacescher Entwicklungssatz*)

Es sei **A** eine (p, p)-Matrix und $K = (k_1, k_2, \ldots, k_r)$ ein geordnetes r-Tupel von (Spalten-)indizes, also $1 \leqslant k_1 < k_2 < \ldots < k_r \leqslant p$. Setzt man zur Abkürzung $|K| := k_1 + k_2 + \ldots + k_r$, so gilt

$$\det(\mathbf{A}) = \sum_J \ldots \sum (-1)^{|J|+|K|} D_{J;K} \cdot D_{\bar{J};\bar{K}} \,. \tag{4.55}$$

Hierbei ist die Summation über alle r-Tupel $J = (j_1, j_2, \ldots, j_r)$ zu erstrecken mit $1 \leqslant j_1 < j_2 < \ldots < j_r \leqslant p$. $|J| := j_1 + \ldots + j_r$. (Entwicklung nach den r Spalten, die durch K gegeben sind). Eine analoge Formel gilt bei festem J und Summation über alle K.

Für einen Beweis siehe z.B. [K5], § 14.

Beispiele.

a) $\mathbf{A} = \begin{pmatrix} 1 & 2 & 0 \\ 0 & -1 & 3 \\ 1 & 0 & 3 \end{pmatrix}$, man berechne adj (**A**) sowie $\mathbf{A}^{-1}$.

Es ist $\operatorname{adj}(\mathbf{A}) = \begin{pmatrix} -3 & -6 & 6 \\ 3 & 3 & -3 \\ 1 & 2 & -1 \end{pmatrix}$ $\mathbf{A}^{-1} = \frac{1}{3}\operatorname{adj}(\mathbf{A}) = \begin{pmatrix} -1 & -2 & 2 \\ 1 & 1 & -1 \\ 1/3 & 2/3 & -1/3 \end{pmatrix}$.

b) Man entwickle die Determinante $D = \begin{vmatrix} 1 & 2 & 3 & 4 \\ 2 & 1 & 4 & 3 \\ 3 & 4 & 1 & 2 \\ 0 & 0 & 3 & 4 \end{vmatrix}$ nach den beiden ersten Spalten.

Lösung.

$$D = \begin{vmatrix} 1 & 2 \\ 2 & 1 \end{vmatrix} \cdot \begin{vmatrix} 1 & 2 \\ 3 & 4 \end{vmatrix} - \begin{vmatrix} 1 & 2 \\ 3 & 4 \end{vmatrix} \cdot \begin{vmatrix} 4 & 3 \\ 3 & 4 \end{vmatrix} + \begin{vmatrix} 2 & 1 \\ 3 & 4 \end{vmatrix} \cdot \begin{vmatrix} 3 & 4 \\ 3 & 4 \end{vmatrix} = 20 \,.$$

Allgemein erhält man bei Entwicklung einer vierreihigen Determinante nach den Unterdeterminanten der beiden ersten Spalten ($k_1 = 1$, $k_2 = 2$):

$$\begin{vmatrix} a_{11} & a_{12} & a_{13} & a_{14} \\ a_{21} & a_{22} & a_{23} & a_{24} \\ a_{31} & a_{32} & a_{33} & a_{34} \\ a_{41} & a_{42} & a_{43} & a_{44} \end{vmatrix} = \begin{vmatrix} a_{11} & a_{12} \\ a_{21} & a_{22} \end{vmatrix} \cdot \begin{vmatrix} a_{33} & a_{34} \\ a_{43} & a_{44} \end{vmatrix} - \begin{vmatrix} a_{11} & a_{12} \\ a_{31} & a_{32} \end{vmatrix} \cdot \begin{vmatrix} a_{23} & a_{24} \\ a_{43} & a_{44} \end{vmatrix}$$

$$+ \begin{vmatrix} a_{11} & a_{12} \\ a_{41} & a_{42} \end{vmatrix} \cdot \begin{vmatrix} a_{23} & a_{24} \\ a_{33} & a_{34} \end{vmatrix} + \begin{vmatrix} a_{21} & a_{22} \\ a_{31} & a_{32} \end{vmatrix} \cdot \begin{vmatrix} a_{13} & a_{14} \\ a_{43} & a_{44} \end{vmatrix}$$

$$- \begin{vmatrix} a_{21} & a_{22} \\ a_{41} & a_{42} \end{vmatrix} \cdot \begin{vmatrix} a_{13} & a_{14} \\ a_{33} & a_{34} \end{vmatrix} + \begin{vmatrix} a_{31} & a_{32} \\ a_{41} & a_{42} \end{vmatrix} \cdot \begin{vmatrix} a_{13} & a_{14} \\ a_{23} & a_{24} \end{vmatrix} \,.$$

c) Gegeben sei die quadratische Matrix B in Blockstruktur:

$$\mathbf{B} = \begin{pmatrix} \boxed{\mathbf{B}_1} & \cdots & & \\ & \boxed{\mathbf{B}_2} & & \vdots \\ 0 & & \ddots & \\ & & & \boxed{\mathbf{B}_r} \end{pmatrix},$$ wobei die Matrizen $\mathbf{B}_j$ quadratisch mit m_j Zeilen und Spalten seien.

Dann ist $\det(\mathbf{B}) = \det(\mathbf{B}_1)\det(\mathbf{B}_2)\ldots\det(\mathbf{B}_r)$. (4.56)

Wendet man nämlich den allgemeinen Laplaceschen Entwicklungssatz (Satz 4.22) an, indem man zunächst nach den ersten m_1 Spalten der Matrix **B** entwickelt, so ist $D_{\bar{J};\bar{K}}$ nur dann $\neq 0$, wenn $J = (1, 2, \ldots, m_1)$, also

$$\det(\mathbf{B}) = \det(\mathbf{B}_1)\det\begin{pmatrix} \boxed{\mathbf{B}_2} & \cdots & & \\ & \boxed{\mathbf{B}_3} & & \vdots \\ 0 & & \ddots & \\ & & & \boxed{\mathbf{B}_r} \end{pmatrix},$$ und daher

rekursiv: $\det(\mathbf{B}) = \det(\mathbf{B}_1)\det(\mathbf{B}_2)\ldots\det(\mathbf{B}_r)$.

4.6 Anwendungen und Beispiele

4.6.1 LR-Zerlegung tridiagonaler Blockmatrizen

Gegeben sei die tridiagonale Blockmatrix

$$\mathbf{A} = \begin{pmatrix} \mathbf{A}_1 & \mathbf{B}_1 & & & & \\ \mathbf{C}_2 & \mathbf{A}_2 & \mathbf{B}_2 & & 0 & \\ & \mathbf{C}_3 & \mathbf{A}_3 & \mathbf{B}_3 & & \\ & & \ddots & \ddots & \ddots & \\ & 0 & & \mathbf{C}_{n-1} & \mathbf{A}_{n-1} & \mathbf{B}_{n-1} \\ & & & & \mathbf{C}_n & \mathbf{A}_n \end{pmatrix}$$

bei der $\mathbf{A}_i, \mathbf{B}_i, \mathbf{C}_i$ $(i = 1, \ldots, n)$ gegebene (m, m) Matrizen sind $(\mathbf{C}_1 = \mathbf{B}_n = \Omega)$. Gesucht ist die **LR**-Zerlegung von **A** in der Form

$$\mathbf{A} = \begin{pmatrix} \mathbf{D}_1 & & & 0 \\ \mathbf{C}_2 & \mathbf{D}_2 & & \\ & \ddots & \ddots & \\ 0 & & \mathbf{C}_n & \mathbf{D}_n \end{pmatrix} \cdot \begin{pmatrix} \mathbf{E} & \mathbf{F}_1 & & 0 \\ & \mathbf{E} & \mathbf{F}_2 & \\ & & \ddots & \ddots \\ 0 & & & \mathbf{F}_{n-1} \\ & & & \mathbf{E} \end{pmatrix} := \mathbf{L} \cdot \mathbf{R}$$

mit geeigneten (m, m) Matrizen $\mathbf{D}_i$ und $\mathbf{F}_i$; $\mathbf{E} = \mathbf{E}_m$ ist die m-reihige Einheitsmatrix. Gesucht ist ferner ein Algorithmus zur Lösung des Gleichungssystems $\mathbf{Ax} = \mathbf{y}$.

Lösung.

Die Matrizengleichung $\mathbf{A} = \mathbf{LR}$ führt nach den Regeln über das Rechnen mit Blockmatrizen auf die Gleichungen ($\mathbf{F}_0 = \mathbf{F}_n = \Omega$)

$$\mathbf{A}_1 = \mathbf{D}_1, \mathbf{A}_\nu = \mathbf{C}_\nu \mathbf{F}_{\nu-1} + \mathbf{D}_\nu, \mathbf{B}_\nu = \mathbf{D}_\nu \mathbf{F}_\nu \qquad (\nu = 1, \ldots, n)$$

oder

$$\left.\begin{aligned} \mathbf{D}_\nu &= (\mathbf{A}_\nu - \mathbf{C}_\nu \mathbf{F}_{\nu-1}) \\ \mathbf{F}_\nu &= \mathbf{D}_\nu^{-1} \mathbf{B}_\nu \end{aligned}\right\} \nu = 1, \ldots, n . \tag{4.57}$$

Hierdurch werden die Matrizen $\mathbf{D}_\nu$ und $\mathbf{F}_\nu$ sukzessiv berechnet, vorausgesetzt $\det(\mathbf{D}_\nu) \neq 0$ für $\nu = 1, \ldots, n$.

Da für $r \leqslant n$

$$\det \begin{pmatrix} \mathbf{A}_1 & \mathbf{B}_1 & & 0 \\ \mathbf{C}_2 & \mathbf{A}_2 & \mathbf{B}_2 & \\ & \ddots & \ddots & \mathbf{B}_{r-1} \\ 0 & & \mathbf{C}_r & \mathbf{A}_r \end{pmatrix} = \det \begin{pmatrix} \mathbf{D}_1 & & 0 \\ \mathbf{C}_2 & \ddots & \\ & \ddots & \\ 0 & \mathbf{C}_r & \mathbf{D}_r \end{pmatrix} \cdot \det \begin{pmatrix} \mathbf{E} & \mathbf{F}_1 & 0 \\ & \mathbf{E} & \mathbf{F}_2 \\ & & \ddots \ \mathbf{F}_{r-1} \\ 0 & & \mathbf{E} \end{pmatrix}$$

$$= \det(\mathbf{D}_1) \cdot \det(\mathbf{D}_2) \ldots \det(\mathbf{D}_r)$$

ist, gilt diese Voraussetzung ($\det \mathbf{D}_r \neq 0$) genau dann, wenn alle n Block-Hauptunterdeterminanten von $\mathbf{A}$ von Null verschieden sind, also alle Hauptunterdeterminanten mit $r \cdot m$ Zeilen und Spalten.

Zur Lösung des Gleichungssystems $\mathbf{Ax} = \mathbf{y}$, $\mathbf{y} \in V_{n \cdot m}(K)$ zerlegen wir die Vektoren $\mathbf{x}$ und $\mathbf{y}$ ebenfalls in Blöcke der Länge m:

$$\mathbf{x} = \begin{pmatrix} \mathbf{x}_1 \\ \vdots \\ \mathbf{x}_n \end{pmatrix}, \quad \mathbf{y} = \begin{pmatrix} \mathbf{y}_1 \\ \vdots \\ \mathbf{y}_n \end{pmatrix}.$$

Dann läßt sich das Gleichungssystem $\mathbf{LRx} = \mathbf{y}$ durch $\mathbf{Lz} = \mathbf{y}$ und $\mathbf{Rx} = \mathbf{z}$, also durch Vorwärts- und Rückwärtseinsetzen auflösen:

$$\left.\begin{aligned} \mathbf{z}_1 &= \mathbf{D}_1^{-1} \mathbf{y}_1 \\ \mathbf{z}_\nu &= \mathbf{D}_\nu^{-1} (\mathbf{y}_\nu - \mathbf{C}_\nu \mathbf{z}_{\nu-1}) \quad (\nu = 2, \ldots, n) \\ \mathbf{x}_n &= \mathbf{z}_n \\ \mathbf{x}_\nu &= \mathbf{z}_\nu - \mathbf{F}_\nu \mathbf{x}_{\nu+1} \qquad (\nu = n-1, n-2, \ldots, 1) . \end{aligned}\right\} \tag{4.58}$$

4.6.2 Determinante von Tridiagonalmatrizen

Man leite eine Rekursionsformel für die Determinante einer p-reihigen Tridiagonalmatrix her und berechne Determinante sowie Inverse der speziellen p-reihigen Matrix

$$\mathbf{A}_p = \begin{pmatrix} 2 & -1 & & & & 0 \\ -1 & 2 & -1 & & & \\ & -1 & 2 & -1 & & \\ & & -1 & \ddots & \ddots & \\ & & & \ddots & \ddots & -1 \\ 0 & & & & -1 & 2 \end{pmatrix}$$

Lösung.

Bezeichnet man mit D_p die Determinante einer p-reihigen Tridiagonalmatrix, also

$$D_p = \det \begin{pmatrix} a_1 & b_1 & & & 0 \\ c_2 & a_2 & b_2 & & \\ & c_3 & a_3 & b_3 & \\ & & \ddots & \ddots & b_{p-1} \\ 0 & & & c_p & a_p \end{pmatrix}$$

so ergibt sich durch Entwicklung nach der letzten Spalte

$$D_p = a_p D_{p-1} - b_{p-1} c_p D_{p-2} \qquad (p \geqslant 2) \tag{4.59}$$

mit den Anfangsgliedern $D_1 = a_1$ und $D_2 = a_1 a_2 - b_1 c_2$, aus denen rekursiv $D_3, D_4, \ldots, D_p$ berechnet werden können. Speziell für die Matrix $\mathbf{A}_p$ gilt

$$D_p = 2\,D_{p-1} - D_{p-2}, \quad D_1 = 2; \quad D_2 = 3\,.$$

Durch vollständige Induktion nach p erhält man unmittelbar $D_p = p + 1$. Zur Bestimmung von $\mathbf{A}_p^{-1}$ berechnen wir das algebraische Komplement des Elements a_{ij}:

$$\begin{aligned} a_{ij}^* &= (-1)^{i+j}\, D_{i-1}\, D_{p-j}\, (-1)^{j-i} \qquad (\text{für } i \leqslant j) \\ &= i\,(p + 1 - j) \end{aligned}$$

und $a_{ij}^* = a_{ji}^*$ falls $j < i$.

Dabei ist (4.56) verwendet worden, denn die Determinante des algebraischen Komplements läßt sich in Blockstruktur durch

$$a_{ij}^* = (-1)^{i+j} \det \begin{pmatrix} \mathbf{A}_{i-1} & & 0 \\ & \mathbf{B} & \\ 0 & & \mathbf{A}_{p-j} \end{pmatrix}$$

angeben, wobei **B** eine (j–i)-reihige obere Dreiecksmatrix ist, deren Hauptdiagonalelemente gleich (−1) sind.

Z.B. ist

$$\begin{pmatrix} 2 & -1 & 0 & 0 \\ -1 & 2 & -1 & 0 \\ 0 & -1 & 2 & -1 \\ 0 & 0 & -1 & 2 \end{pmatrix}^{-1} = \frac{1}{5}\begin{pmatrix} 4 & 3 & 2 & 1 \\ 3 & 6 & 4 & 2 \\ 2 & 4 & 6 & 3 \\ 1 & 2 & 3 & 4 \end{pmatrix}.$$

Die Elemente der inversen Matrix $\mathbf{A}_p^{-1}$ sind also alle $\neq 0$ (die Matrix ist „vollbesetzt"), während die **LR**-Zerlegung von $\mathbf{A}_p$ sich gemäß (4.57) zu

$$\mathbf{L} = \begin{pmatrix} 2 & & & & 0 \\ -1 & 3/2 & & & \\ & -1 & 4/3 & & \\ & & -1 & \ddots & \\ 0 & & & \ddots & \ddots \\ & & & -1 & (p+1)/p \end{pmatrix},$$

$$\mathbf{R} = \begin{pmatrix} 1 & -1/2 & & & 0 \\ & 1 & -2/3 & & \\ & & 1 & -3/4 & \\ & & & \ddots & \ddots \\ 0 & & & & -(p-1)/p \\ & & & & 1 \end{pmatrix}$$

ergibt. □

4.6.3 Kroneckerprodukt von Matrizen

Eine interessante Anwendung der Blockstruktur im Matrizenkalkül bietet das Kroneckerprodukt, mit dessen Hilfe leicht Matrizen mit großer Zeilen- und Spaltenzahl gebildet werden können, deren Determinante und gegebenenfalls Inverse bekannt sind.

Es seien $\mathbf{A} = (a_{ij})$ eine (p, p)-Matrix und $\mathbf{B}$ eine (q, q)-Matrix. Dann ist das Kroneckerprodukt $\mathbf{A} \otimes \mathbf{B}$ definiert durch

$$\mathbf{A} \otimes \mathbf{B} = \begin{pmatrix} a_{11}\mathbf{B} & a_{12}\mathbf{B} & \dots & a_{1p}\mathbf{B} \\ \vdots & \vdots & & \vdots \\ a_{p1}\mathbf{B} & a_{p2}\mathbf{B} & \dots & a_{pp}\mathbf{B} \end{pmatrix}, \tag{4.60}$$

stellt also eine (pq, pq) Matrix dar. Man zeige:

(1) $(\mathbf{A} \otimes \mathbf{B}) \cdot (\mathbf{C} \otimes \mathbf{D}) = (\mathbf{AC}) \otimes (\mathbf{BD})$, (4.61)

vorausgesetzt, **AC** und **BD** sind definiert,

(2) $\det(\mathbf{A} \otimes \mathbf{B}) = (\det \mathbf{A})^q (\det \mathbf{B})^p$ (4.62)

(3) $(\mathbf{A} \otimes \mathbf{B})^{-1} = (\mathbf{A}^{-1} \otimes \mathbf{B}^{-1})$, falls **A** und **B** regulär sind, (4.63)

(4) $(\mathbf{A} \otimes \mathbf{B})^T = \mathbf{A}^T \otimes \mathbf{B}^T$. (4.64)

Man beachte bei den beiden letzten Formeln, daß hier – anders als bei dem gewöhnlichen Matrizenprodukt – keine Vertauschung der Reihenfolge der Faktoren eintritt.

Lösung.

(1) Es sei $\mathbf{A} = (a_{ij})$, $\mathbf{C} = (c_{jk})$ $(1 \leqslant i, j, k \leqslant p)$ und $\mathbf{AC} = (g_{ik})$. Dann ist

$$(\mathbf{A} \otimes \mathbf{B}) \cdot (\mathbf{C} \otimes \mathbf{D}) = \begin{pmatrix} a_{11}\mathbf{B} & \dots & a_{1p}\mathbf{B} \\ \vdots & & \vdots \\ a_{p1}\mathbf{B} & \dots & a_{pp}\mathbf{B} \end{pmatrix} \cdot \begin{pmatrix} c_{11}\mathbf{D} & \dots & c_{1p}\mathbf{D} \\ \vdots & & \vdots \\ c_{p1}\mathbf{D} & \dots & c_{pp}\mathbf{D} \end{pmatrix},$$

und die Matrix, die im i-ten Zeilenblock und k-ten Spaltenblock dieses Matrizenprodukts steht, berechnet sich nach den Regeln über das Rechnen mit Blockmatrizen gemäß

$$\sum_{j=1}^{p} a_{ij}\mathbf{B}c_{jk}\mathbf{D} = \left(\sum_{j=1}^{p} a_{ij}c_{jk}\right) \mathbf{BD} = g_{ik}\mathbf{BD}\,.$$

Dieselbe Matrix steht aber an gleicher Stelle, wenn wir von dem Kroneckerprodukt $(\mathbf{AC}) \otimes (\mathbf{BD})$ ausgehen.

(2) Wendet man das Gaußsche Eliminationsverfahren auf die Matrix $\mathbf{A}$ und gleichzeitig auf die q-reihigen Blöcke der Matrix $\mathbf{A} \otimes \mathbf{B}$ an, so lassen sich durch elementare Zeilenoperationen – vgl. Abschnitt 4.3 – die Matrix $\mathbf{A}$ auf obere Dreiecksform bringen:

$$\mathbf{A} \to \begin{pmatrix} a_{11}^* & \cdots & \cdots & \vdots \\ & a_{22}^* & & \vdots \\ & & \ddots & \vdots \\ 0 & & & a_{pp}^* \end{pmatrix}, \qquad \det(\mathbf{A}) = (-1)^k a_{11}^* \dots a_{pp}^*\,,$$

wobei k Zeilenvertauschungen erforderlich waren.
Gleichzeitig geht die Blockmatrix $\mathbf{A} \otimes \mathbf{B}$ über in

$$\mathbf{A} \otimes \mathbf{B} \to \begin{pmatrix} a_{11}^*\mathbf{B} & \cdots & \cdots & \vdots \\ & a_{22}^*\mathbf{B} & & \vdots \\ & & \ddots & \vdots \\ 0 & & & a_{pp}^*\mathbf{B} \end{pmatrix},$$

wobei k Zeilenblöcke oder kq Zeilen der Matrix $\mathbf{A} \otimes \mathbf{B}$ vertauscht wurden. Daher ist nach Gl. (4.56)

$$\begin{aligned} \det(\mathbf{A} \otimes \mathbf{B}) &= (-1)^{kq} \det(a_{11}^*\mathbf{B}) \det(a_{22}^*\mathbf{B}) \dots \det(a_{pp}^*\mathbf{B}) \\ &= (-1)^{kq} (a_{11}^* a_{22}^* \dots a_{pp}^*)^q (\det \mathbf{B})^p \\ &= (\det \mathbf{A})^q (\det \mathbf{B})^p\,. \end{aligned}$$

(3) Es ist $(\mathbf{A} \otimes \mathbf{B})(\mathbf{A}^{-1} \otimes \mathbf{B}^{-1}) = \mathbf{AA}^{-1} \otimes \mathbf{BB}^{-1}$ (nach 1)
$= \mathbf{E}_p \otimes \mathbf{E}_q = \mathbf{E}_{pq}\,.$

(4) Folgt unmittelbar aus der Definition des Kroneckerprodukts. Aus den Eigenschaften (1) und (4) folgt noch: Sind $\mathbf{A}$ und $\mathbf{B}$ orthogonal bzw. unitär (vgl. Kapitel 5), so ist auch $\mathbf{A} \otimes \mathbf{B}$ orthogonal bzw. unitär.

Beispiel.

Es sei

$$\mathbf{A} = \begin{pmatrix} 36 & 17 \\ 19 & 9 \end{pmatrix} \quad \text{und} \quad \mathbf{B} = \begin{pmatrix} 2 & 3 & 5 \\ 3 & 4 & 7 \\ 6 & 5 & 10 \end{pmatrix}.$$

Dann ist $\det(\mathbf{A}) = \det(\mathbf{B}) = 1$, d.h. sowohl $\mathbf{A} \otimes \mathbf{B}$ als auch $\mathbf{A}^{-1} \otimes \mathbf{B}^{-1}$ haben ganzzahlige Elemente. Es ist

$$\mathbf{A} \otimes \mathbf{B} = \begin{pmatrix} 72 & 108 & 180 & 34 & 51 & 85 \\ 108 & 144 & 252 & 51 & 68 & 119 \\ 216 & 180 & 360 & 102 & 85 & 170 \\ 38 & 57 & 95 & 18 & 27 & 45 \\ 57 & 76 & 133 & 27 & 36 & 63 \\ 114 & 95 & 190 & 54 & 45 & 90 \end{pmatrix}$$

und aus $\mathbf{A}^{-1} = \begin{pmatrix} 9 & -17 \\ -19 & 36 \end{pmatrix}$ sowie $\mathbf{B}^{-1} = \begin{pmatrix} 5 & -5 & 1 \\ 12 & -10 & 1 \\ -9 & 8 & -1 \end{pmatrix}$ ergibt sich

$$(\mathbf{A} \otimes \mathbf{B})^{-1} = \mathbf{A}^{-1} \otimes \mathbf{B}^{-1} = \begin{pmatrix} 45 & -45 & 9 & -85 & 85 & -17 \\ 108 & -90 & 9 & -204 & 170 & -17 \\ -81 & 72 & -9 & 153 & -136 & 17 \\ -95 & 95 & -19 & 180 & -180 & 36 \\ -228 & 190 & -19 & 432 & -360 & 36 \\ 171 & -152 & 19 & -324 & 288 & -36 \end{pmatrix}.$$

Auf diese oder andere Art erzeugte Matrizen können als Testmatrizen für numerische Verfahren zur Lösung linearer Gleichungssysteme oder zur Berechnung der inversen Matrix dienen. □

4.7 Aufgaben zu Kapitel 4

1. Man berechne folgende Determinanten $(a, b, c \in \mathbb{R})$

$$\text{(i)} \begin{vmatrix} 1 & a & a^2 \\ a^3 & a^4 & a^5 \\ a^6 & a^7 & a^8 \end{vmatrix}, \quad \text{(ii)} \begin{vmatrix} a^2 & (a+1)^2 & (a+2)^2 \\ b^2 & (b+1)^2 & (b+2)^2 \\ c^2 & (c+1)^2 & (c+2)^2 \end{vmatrix}, \quad \text{(iii)} \begin{vmatrix} 2 & 0 & 2 & 3 \\ 1 & 1 & 3 & 4 \\ 0 & 3 & 1 & 3 \\ 8 & 2 & 2 & 2 \end{vmatrix}.$$

2. Man zeige für die folgende p-reihige Determinante $(x_1, \ldots, x_p \in \mathbb{R}$ bzw. $\mathbb{C})$

$$V_p = \begin{vmatrix} 1 & x_1 & x_1^2 & \ldots & x_1^{p-1} \\ 1 & x_2 & x_2^2 & \ldots & x_2^{p-1} \\ \vdots & \vdots & \vdots & & \vdots \\ 1 & x_p & x_p^2 & \ldots & x_p^{p-1} \end{vmatrix} = \prod_{i>k} (x_i - x_k) \tag{4.65}$$

wobei das Produkt über alle Differenzen $(x_i - x_k)$ mit $i > k$ zu erstrecken ist. V_p heißt Vandermondsche Determinante. Sie verschwindet nur, wenn mindestens zwei der Zahlen $x_1, \ldots, x_p$ übereinstimmen. Anleitung: Man wende vollständige Induktion nach p an. Für $p = 2$ ist die Formel richtig. Sei die Formel (65) nun richtig für alle natürliche Zahlen $< p$. Dann ziehe man, mit der letzten Spalte in V_p beginnend, von jeder Spalte das x_1-fache der vorhergehenden Spalte ab. Sodann entwickle man die Determinante nach der ersten Zeile, und erhält eine Rekursionsformel

$$V_p = \prod_{i=2}^{p} (x_i - x_1)\, V_{p-1}(x_2, \ldots, x_p)\,,$$

auf die die Induktionsvoraussetzung angewendet werden kann.

3. Man zeige für die folgende p-reihige Determinante

$$\begin{vmatrix} 1 & 1 & 1 & \cdots & 1 \\ b_1 & a_1 & a_1 & \cdots & a_1 \\ b_1 & b_2 & a_2 & \cdots & a_2 \\ \cdot & \cdot & b_3 & \cdots & a_3 \\ \cdot & \cdot & \cdot & & \cdot \\ \cdot & \cdot & \cdot & & \cdot \\ b_1 & b_2 & b_3 & b_{p-1} & a_{p-1} \end{vmatrix} = \prod_{i=1}^{p-1} (a_i - b_i); \quad a_i, b_i \in \mathbb{R}, \qquad i = 1, \ldots, p-1\,.$$

4. **A** und **B** seien (p, p)-Matrizen. Man berechne durch p-reihige Determinanten

$$\text{(i)} \quad \det\begin{pmatrix} \mathbf{A} & \mathbf{B} \\ \mathbf{B} & \mathbf{A} \end{pmatrix}, \qquad \text{(ii)} \quad \det\begin{pmatrix} \mathbf{A} & -\mathbf{B} \\ \mathbf{B} & \mathbf{A} \end{pmatrix}.$$

5. **A** sei eine reguläre p-reihige Matrix, $\mathbf{u}, \mathbf{v} \in V_p(\mathbb{R})$.
Man zeige: Ist $1 + \mathbf{v}^T \mathbf{A}^{-1} \mathbf{u} \neq 0$, so gilt

$$(\mathbf{A} + \mathbf{u}\mathbf{v}^T)^{-1} = \mathbf{A}^{-1} - \frac{\mathbf{A}^{-1}\mathbf{u}\mathbf{v}^T\mathbf{A}^{-1}}{1 + \mathbf{v}^T\mathbf{A}^{-1}\mathbf{u}}\,.$$

(Berechnung der Inversen einer abgeänderten Matrix).

6. Unter Verwendung von 5) berechne man zu $\mathbf{B} := (a\mathbf{E}_p + b\mathbf{x}\mathbf{x}^T)$ $\det(\mathbf{B})$ und $\mathbf{B}^{-1}$ ($a, b \in \mathbb{R}$, $\mathbf{x} \in V_p(\mathbb{R})$).

4.8 Entscheidungshilfen und Literaturhinweise zu Kapitel 4

Für weitergehende Fragen aus der Determinantentheorie sei auf die Spezialliteratur über Determinanten hingewiesen, z.B. Aitken [A1], Kowalewski [K4] und weitere Werke im Literaturverzeichnis.

5 Skalarprodukte, Normen, Orthogonale Transformationen

In den euklidischen Vektorräumen $\mathbb{R}^2$ und $\mathbb{R}^3$ konnten mit Hilfe des Skalarprodukts Längen von Vektoren und Winkel zwischen Vektoren berechnet werden. Bei den in Kapitel 2 eingeführten Vektorräumen steht ein solches Skalarprodukt bisher nicht zur Verfügung. Es ist auch nicht offensichtlich, wie ein Skalarprodukt etwa im Vektorraum der Polynome vom Grad $\leqq n$ (vgl. Abschnitt 2.6.1) eingeführt werden sollte. Wie wir sehen werden, gibt es verschiedene Möglichkeiten, Skalarprodukte und damit Längen von Vektoren festzulegen, wobei die Auswahl häufig durch die ins Auge gefaßten Anwendungen bestimmt wird. In der numerischen Mathematik werden auch „Längen" von Vektoren verwendet, die sich nicht aus einem Skalarprodukt herleiten lassen. Zunächst sollen daher die allgemeinen Eigenschaften eines Skalarprodukts zusammengestellt werden.

5.1 Skalarprodukte, Normen

5.1 **Definition.** (*Skalarprodukt*)

Es sei V (K) ein Vektorraum über dem Körper K ($\mathbb{R}$ oder $\mathbb{C}$). Eine Abbildung ϕ: V (K) $\times$ V (K) $\to$ K heißt *Skalarprodukt*, falls ϕ folgende Eigenschaften besitzt

1. $\phi(\lambda x, y) = \lambda\phi(x, y)$ (5.1)
2. $\phi(x_1 + x_2, y) = \phi(x_1, y) + \phi(x_2, y)$ (5.2)
3. $\phi(x, y) = \overline{\phi(y, x)}$ (5.3)
4. $\phi(x, x) > 0$ für $x \neq \mathbf{0}$ (5.4)

für alle $x, y \in V$, $\lambda \in K$.

Ist $K = \mathbb{R}$, so ist das Skalarprodukt $\phi(x, y)$ stets reell und Eigenschaft 3. bedeutet dann die Symmetrie $\phi(y, x) = \phi(x, y)$ des Skalarprodukts. In allen Fällen, also auch für komplexe Vektorräume, folgt aus der Eigenschaft 3. mit $y = x$

$$\phi(x, x) = \overline{\phi(x, x)}$$

d.h. $\phi(x, x)$ ist reell und Eigenschaft 4. fordert zusätzlich, daß für $x \neq \mathbf{0}$ diese reelle Zahl positiv ist. Man sagt auch, das Skalarprodukt ist *positiv definit*. Es ist also

$\phi(x, x) \geqq 0$ und $\phi(x, x) = 0$ nur für $x = \mathbf{0}$. Wir ziehen noch einige einfache Folgerungen aus den Eigenschaften der Definition 5.1:

$$\phi(x, y_1 + y_2) = \phi(x, y_1) + \phi(x, y_2) \tag{5.5}$$

$$\phi(x, \lambda y) = \bar{\lambda}\phi(x, y) \tag{5.6}$$

$$\phi(\mathbf{0}, y) = \phi(x, \mathbf{0}) = 0\,, \tag{5.7}$$

denn $\phi(x, y_1 + y_2) = \overline{\phi(y_1 + y_2, x)} = \overline{\phi(y_1, x)} + \overline{\phi(y_2, x)} = \phi(x, y_1) + \phi(x, y_2)$ und analog für (5.6). Schließlich ist

$$\phi(0 \cdot x, y) = \phi(\mathbf{0}, y) = 0 \cdot \phi(x, y) = 0 \quad (x, y \in V \text{ beliebig})\,.$$

Die nachstehenden Beispiele zeigen, daß durchaus verschiedene Skalarprodukte in demselben Vektorraum eingeführt werden können.

a) $V = V_p(\mathbb{R})$ mit $x = \begin{pmatrix} x_1 \\ \vdots \\ x_p \end{pmatrix}$, $y = \begin{pmatrix} y_1 \\ \vdots \\ y_p \end{pmatrix}$ und $\phi(x, y) = \sum_{j=1}^{p} x_j y_j$.

ϕ ist das sogenannte *Standardskalarprodukt* als direkte Verallgemeinerung des Skalarprodukts im $\mathbb{R}^2$ und $\mathbb{R}^3$. Das Standardskalarprodukt soll weiterhin auch mit (x, y) gekennzeichnet werden.

b) In $V_p(\mathbb{R})$ lassen sich auf vielfache Weise andere Skalarprodukte definieren, z.B. durch

$$\phi(x, y) = \sum_{j=1}^{p} c_j x_j y_j\,, \quad \text{falls } c_j > 0 \text{ für } j = 1, \ldots, p \text{ ist.}$$

c) In $V_p(\mathbb{C})$ mit $x = \begin{pmatrix} x_1 \\ \vdots \\ x_p \end{pmatrix}$ und $y = \begin{pmatrix} y_1 \\ \vdots \\ y_p \end{pmatrix}$ $(x_j, y_j \in \mathbb{C})$ ist $\phi(x, y) = \sum_{j=1}^{p} x_j \overline{y_j}$ ebenfalls das Standardskalarprodukt, das auch mit (x, y) bezeichnet wird.

d) $V = C[a, b]$, dann ist mit $f, g \in C[a, b]$: $\phi(f, g) = \int_a^b f(t)\overline{g(t)}\,dt$ $(a < b)$ ein Skalarprodukt, ebenso die mit Gewichtsfunktionen $w \in C[a, b]$, $w(t) > 0$ gebildeten Skalarprodukte

$$\phi_w(f, g) = \int_a^b w(t) f(t) \overline{g(t)}\,dt\,.$$

Mit Hilfe eines Skalarprodukts lassen sich „Längen“ oder „Normen“ von Vektoren definieren:

5.2 **Definition.**

ϕ sei ein Skalarprodukt in V (K), dann heißt

$$\|\mathbf{x}\| = {}_{+}\sqrt{\phi(\mathbf{x}, \mathbf{x})} \tag{5.8}$$

die (zu ϕ gehörige) *Norm* oder *Länge* des Vektors $\mathbf{x}$.

Die Norm erfüllt einige grundlegende Relationen, die im folgenden Satz zusammengestellt sind.

5.3 **Satz.**

ϕ sei ein Skalarprodukt in V (K), $\|\cdot\|$ die zugehörige Norm.
Dann gilt für $\mathbf{x}, \mathbf{y} \in V(K)$, $\lambda \in K$

a) $\|\lambda\mathbf{x}\| = |\lambda| \cdot \|\mathbf{x}\|$, (5.9)

b) $\|\mathbf{x}\| \geqq 0$, $\|\mathbf{x}\| = 0$ nur falls $\mathbf{x} = \mathbf{0}$, (5.10)

c) $|\phi(\mathbf{x}, \mathbf{y})| \leqq \|\mathbf{x}\| \cdot \|\mathbf{y}\|$ (Schwarzsche Ungleichung), (5.11)

d) $\|\mathbf{x} + \mathbf{y}\| \leqq \|\mathbf{x}\| + \|\mathbf{y}\|$ (Dreiecksungleichung). (5.12)

Beweis.

a) $\|\lambda\mathbf{x}\| = {}_{+}\sqrt{\phi(\lambda\mathbf{x}, \lambda\mathbf{x})} = \sqrt{\lambda\bar{\lambda}\phi(\mathbf{x}, \mathbf{x})} = |\lambda|\ \|\mathbf{x}\|$.

b) folgt unmittelbar aus (5.4) und (5.8).

c) Für $\mathbf{y} = \mathbf{0}$ ist (5.11) offenbar erfüllt. Es sei daher $\mathbf{y} \neq \mathbf{0}$ und $\lambda \in K$. Dann ist

$$\begin{aligned} 0 \leqq \|\mathbf{x} + \lambda\mathbf{y}\|^2 &= \phi(\mathbf{x} + \lambda\mathbf{y}, \mathbf{x} + \lambda\mathbf{y}) = \phi(\mathbf{x}, \mathbf{x}) + \lambda\phi(\mathbf{y}, \mathbf{x}) + \\ &\quad + \bar{\lambda}\phi(\mathbf{x}, \mathbf{y}) + \lambda\bar{\lambda}\phi(\mathbf{y}, \mathbf{y}) \end{aligned} \tag{5.13}$$

Setzt man daher $\lambda = -\phi(\mathbf{x}, \mathbf{y})/\|\mathbf{y}\|^2$, so folgt speziell

$$0 \leqq \|\mathbf{x}\|^2 - \phi(\mathbf{x}, \mathbf{y}) \cdot \phi(\mathbf{y}, \mathbf{x})/\|\mathbf{y}\|^2 \qquad \text{oder}$$

$$|\phi(\mathbf{x}, \mathbf{y})| \leqq \|\mathbf{x}\| \cdot \|\mathbf{y}\| .$$

Das Gleichheitszeichen gilt nur, falls $\mathbf{y} = \mathbf{0}$ oder $\mathbf{x} = \lambda\mathbf{y}$ ($\lambda \in K$), also $\mathbf{x}, \mathbf{y}$ linear abhängig sind.

d) Setzt man $\lambda = 1$ in (5.13), so ergibt sich

$$\begin{aligned} \|\mathbf{x} + \mathbf{y}\|^2 &= \|\mathbf{x}\|^2 + 2\,\mathrm{Re}\,\phi(\mathbf{x}, \mathbf{y}) + \|\mathbf{y}\|^2 \\ &\leqslant \|\mathbf{x}\|^2 + 2\,|\phi(\mathbf{x}, \mathbf{y})| + \|\mathbf{y}\|^2 \\ &\leqslant \|\mathbf{x}\|^2 + 2\,\|\mathbf{x}\| \cdot \|\mathbf{y}\| + \|\mathbf{y}\|^2 = (\|\mathbf{x}\| + \|\mathbf{y}\|)^2 . \end{aligned}$$

Das Gleichheitszeichen gilt nur, falls $\mathbf{y} = \mathbf{0}$ oder $\mathbf{x} = \lambda\mathbf{y}$ mit $\lambda \in \mathbb{R}$, $\lambda \geqslant 0$ ist. ∎

5.4 **Definition.** (*euklidischer* bzw. *unitärer Vektorraum*)

Ein Vektorraum V(K) mit Skalarprodukt ϕ und zugehöriger Norm $\|\cdot\|$ heißt *euklidischer Vektorraum* ($K = \mathbb{R}$) bzw. *unitärer Vektorraum* ($K = \mathbb{C}$). Mit $\mathbb{R}^p$ bzw. $\mathbb{C}^p$ bezeichnen wir die Vektorräume $V_p(\mathbb{R})$ bzw. $V_p(\mathbb{C})$ mit dem Standardskalarprodukt $(\mathbf{x}, \mathbf{y})$.

Wie bereits in der Einleitung dieses Kapitels angedeutet, werden in manchen Anwendungen auch Normen verwendet, die nicht aus einem Skalarprodukt hergeleitet werden können. Auch diese Normen sollen die Relationen (5.9), (5.10) und (5.12) erfüllen:

5.5 **Definition.** (*Norm*)

V(K) sei ein Vektorraum und $\|\cdot\|$ eine Abbildung von V(K) in $\mathbb{R}$ mit den Eigenschaften ($\mathbf{x}, \mathbf{y}$ beliebig $\in V(K)$, $\lambda \in K$):

a) $\|\mathbf{x}\| \geqq 0$ und $\|\mathbf{x}\| = 0$ nur für $\mathbf{x} = \mathbf{0}$ (5.14)

b) $\|\lambda\mathbf{x}\| = |\lambda| \cdot \|\mathbf{x}\|$ (5.15)

c) $\|\mathbf{x} + \mathbf{y}\| \leqq \|\mathbf{x}\| + \|\mathbf{y}\|$ (Dreiecksungleichung) (5.16)

Dann heißt $\|\cdot\|$ *Norm* in V(K), und $(V(K), \|\cdot\|)$ *normierter Vektorraum.*

Beispiele.

In $V_p(\mathbb{R})$ bzw. in $V_p(\mathbb{C})$, $\mathbf{x} = \begin{pmatrix} x_1 \\ \vdots \\ x_p \end{pmatrix}$, werden u.a. folgende Normen häufig verwendet:

$$\|\mathbf{x}\|_1 = \sum_{j=1}^{p} |x_j| \quad \textit{(1-Norm oder Summennorm)} \tag{5.17}$$

allgemeiner mit einer reellen Zahl $\alpha \geqq 1$

$$\|\mathbf{x}\|_\alpha = \sqrt[\alpha]{\sum_{j=1}^{p} |x_j|^\alpha} \tag{5.18}$$

und (als Grenzfall $\alpha \to \infty$)

$$\|\mathbf{x}\|_\infty = \underset{j=1,\ldots,p}{\operatorname{Max}} |x_j| \quad (\infty\textit{-Norm oder Maximumnorm})\,. \tag{5.19}$$

Der Fall $\alpha = 2$ entspricht der euklidischen Norm des Standardskalarprodukts, die nach Satz 5.3 eine Norm im Sinne der Definition 5.5 ist. In den übrigen Fällen ($\alpha \geqslant 1$, $\alpha \neq 2$) müssen die Eigenschaften einer Norm noch nachgewiesen werden. Wir prüfen beispielsweise für die ∞-Norm die Dreiecksungleichung nach:

$$\begin{aligned} \|\mathbf{x} + \mathbf{y}\|_\infty &= \underset{j=1,\ldots,p}{\operatorname{Max}} |x_j + y_j| = |x_i + y_i| \quad \text{(für geeignetes i)} \\ &\leqq |x_i| + |y_i| \leqq \underset{j=1,\ldots,p}{\operatorname{Max}} |x_j| + \underset{j=1,\ldots,p}{\operatorname{Max}} |y_j| \\ &\leqq \|\mathbf{x}\|_\infty + \|\mathbf{y}\|_\infty\,. \end{aligned}$$

Wir wollen noch die Frage beantworten, wie sich entscheiden läßt, ob eine Norm im Sinne der obigen Definition aus einem Skalarprodukt stammt.

5.6 **Lemma.**

ϕ sei ein Skalarprodukt in V(K) und $\|\cdot\|$ zugehörige Norm. Dann gilt für $\mathbf{x}, \mathbf{y} \in V(K)$ die sogenannte Parallelogrammgleichung

$$\|\mathbf{x}+\mathbf{y}\|^2 + \|\mathbf{x}-\mathbf{y}\|^2 = 2\,\|\mathbf{x}\|^2 + 2\,\|\mathbf{y}\|^2\,. \tag{5.20}$$

Zum **Beweis** setze man in (5.13) $\lambda = 1$ und $\lambda = -1$ und addiere die entstehenden Gleichungen. Man kann zeigen, daß die Parallelogrammgleichung nicht nur notwendig, sondern auch hinreichend dafür ist, daß die Norm aus einem Skalarprodukt stammt. Die 1-Norm (und alle Normen $\|\cdot\|_\alpha$ mit $\alpha \neq 2$) erfüllen die Parallelogrammgleichung (20) nicht, z.B. in $V_2(K)$ mit

$$\mathbf{x} = \begin{pmatrix} 1 \\ -1 \end{pmatrix}, \quad \mathbf{y} = \begin{pmatrix} 1 \\ 1 \end{pmatrix} \quad \|\mathbf{x}+\mathbf{y}\|_1^2 + \|\mathbf{x}-\mathbf{y}\|_1^2 = 2^2 + 2^2 \neq 2\,\|\mathbf{x}\|_1^2 + 2\,\|\mathbf{y}\|_1^2 = 16\,.$$

Man kann die Normen $\|\mathbf{x}\|_1$ und $\|\mathbf{x}\|_\infty$ im euklidischen Vektorraum $\mathbb{R}^2$ leicht veranschaulichen. In den folgenden Abbildungen sind die Vektoren eingezeichnet, für die die Norm den Wert 1 hat:

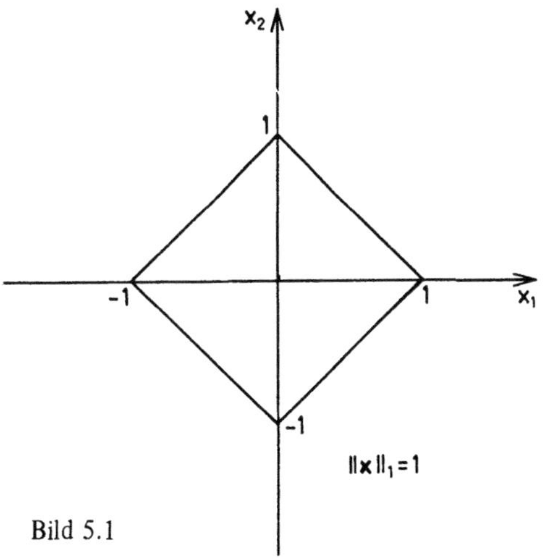

Bild 5.1

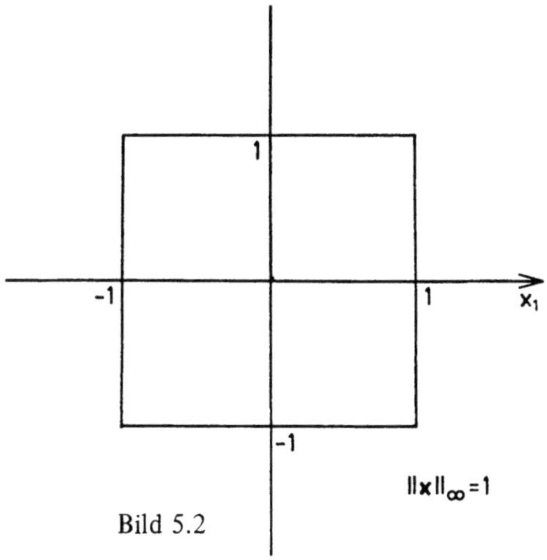

Bild 5.2

Für alle normierten Vektorräume folgt aus der Dreiecksungleichung ($\mathbf{x}, \mathbf{y} \in V(K)$) die zur Dreiecksungleichung äquivalente Ungleichung

$$\big|\|\mathbf{x}\| - \|\mathbf{y}\|\big| \leqq \|\mathbf{x}-\mathbf{y}\| \tag{5.21}$$

Der Beweis verläuft wie in $\mathbb{R}$ (vgl. Satz 1.25 im Band „Funktionen einer Veränderlichen“.

Abschließend noch eine Bemerkung zur Darstellung von Skalarprodukten in $V_p(K)$. Ist $A = \{\mathbf{a}_1, \mathbf{a}_2, \ldots, \mathbf{a}_p\}$ eine Basis in $V_p(K)$ und ϕ ein Skalarprodukt in diesem Vektorraum,

also $\mathbf{x} = \sum_{j=1}^{p} x_j \mathbf{a}_j$ und $\mathbf{y} = \sum_{j=1}^{p} y_j \mathbf{a}_j$, bzw. $\mathbf{x}_A = \begin{pmatrix} x_1 \\ \vdots \\ x_p \end{pmatrix}$, $\mathbf{y}_A = \begin{pmatrix} y_1 \\ \vdots \\ y_p \end{pmatrix}$.

Dann ist

$$\begin{aligned}\phi(\mathbf{x}, \mathbf{y}) &= \phi\left(\sum_{j=1}^{p} x_j \mathbf{a}_j, \sum_{k=1}^{p} y_k \mathbf{a}_k\right) \\ &= \sum_{j=1}^{p} \sum_{k=1}^{p} x_j \bar{y}_k \, \phi(\mathbf{a}_j, \mathbf{a}_k) \qquad (5.22) \\ &= \mathbf{x}_A^T \mathbf{B} \bar{\mathbf{y}}_A\end{aligned}$$

mit der (p, p) Matrix $\mathbf{B} = (b_{jk})$, $b_{jk} = \phi(\mathbf{a}_j, \mathbf{a}_k)$.

Aus $\phi(\mathbf{a}_j, \mathbf{a}_k) = \overline{\phi(\mathbf{a}_k, \mathbf{a}_j)}$ ergibt sich noch $b_{jk} = \overline{b_{kj}}$, also $\mathbf{B} = \bar{\mathbf{B}}^T$, d.h. die Matrix ist hermitesch (im reellen Fall symmetrisch). Zusätzlich ist für $\mathbf{x} \neq \mathbf{0}$, $\mathbf{x}_A^T \mathbf{B} \bar{\mathbf{x}}_A > 0$.

Matrizen mit diesen Eigenschaften nennt man *positiv definite hermitesche (symmetrische) Matrizen.*

Mit Hilfe des Skalarprodukts läßt sich ein Kriterium angeben, ob gegebene Vektoren $\{\mathbf{a}_1, \mathbf{a}_2, \ldots, \mathbf{a}_r\} \subset V_p(K)$ linear unabhängig sind:

5.7 **Lemma.**

$(V(K), \phi)$ sei ein Vektorraum mit Skalarprodukt.

$\{\mathbf{a}_1, \mathbf{a}_2, \ldots, \mathbf{a}_r\}$ sei eine Menge von r Vektoren in $V(K)$.

Diese Vektoren sind genau dann linear abhängig, wenn die *Gramsche Determinante*

$\det(\phi(\mathbf{a}_i, \mathbf{a}_j)) = 0$ ist.

Beweis.

Sind die gegebenen Vektoren linear abhängig, so ist einer von ihnen, etwa $\mathbf{a}_1$, eine Linearkombination der übrigen. Dann läßt sich in der Gramschen Matrix

$$\mathbf{G} := \begin{pmatrix} \phi(\mathbf{a}_1, \mathbf{a}_1) & \ldots & \phi(\mathbf{a}_1, \mathbf{a}_r) \\ \vdots & & \vdots \\ \phi(\mathbf{a}_r, \mathbf{a}_1) & \ldots & \phi(\mathbf{a}_r, \mathbf{a}_r) \end{pmatrix} \qquad (5.23)$$

entsprechend die erste Zeile als Linearkombination der übrigen Zeilen darstellen, d.h. die Determinante der Gramschen Matrix hat den Wert Null. Ist umgekehrt die Gramsche Determinante gleich Null, so hat das Gleichungssystem

$$\mathbf{G}\bar{\mathbf{x}}_A = \mathbf{0}$$

eine nichttriviale Lösung. Dann ist aber auch

$$x_A^T G \bar{x}_A = 0 \quad \text{oder}$$

$$\left\| \sum_{j=1}^{r} x_j a_j \right\|^2 = \phi\left(\sum_{j=1}^{r} x_j a_j, \sum_{j=1}^{r} x_j a_j \right) = x_A^T G \bar{x}_A = 0 ,$$

d.h. die Vektoren sind linear abhängig. ∎

5.2 Normierte und metrische Räume, Banachscher Fixpunktsatz

Ist V(K) ein Vektorraum und $\|\cdot\|$ eine Norm in V(K) (vgl. Definition 5.5), so bezeichnet man

$$\rho(x, y) = \|x - y\| \quad (x, y \in V(K))$$

als *Abstand* der Vektoren x und y. Dieser Abstand hat folgende Eigenschaften, die sich unmittelbar aus der Definition der Norm ergeben:

1. $\rho(x, y) \geqq 0$ und $\rho(x, y) = 0$ nur falls $x = y$, (5.24)
2. $\rho(x, y) = \rho(y, x)$ (Symmetrie) (5.25)
3. $\rho(x, y) \leqq \rho(x, z) + \rho(z, y)$ (Dreiecksungleichung). (5.26)

Der normierte Vektorraum stellt damit einen Spezialfall des allgemeineren metrischen Raumes dar.

5.8 **Definition.** (*Metrischer Raum*)

Auf einer (nicht-leeren) Menge M sei ein Abstand ρ: $M \times M \to \mathbb{R}$ – auch Metrik genannt – definiert, der die Eigenschaften (1), (2) und (3) erfüllt (Gleichungen (5.24), (5.25), (5.26)). Dann heißt (M, ρ) *metrischer Raum.*

Wie bei den reellen Zahlen oder allgemeiner normierten Vektorräumen ist wiederum

$$|\rho(x, y) - \rho(y, z)| \leqq \rho(x, z) \tag{5.27}$$

äquivalent zur Dreiecksungleichung.

Beispiele metrischer Räume sind

a) normierte Vektorräume,

b) beliebige nichtleere Teilmengen normierter Vektorräume,

c) ein normierter Vektorraum (V(K), $\|\cdot\|$), in dem durch $\rho(x, y) := \|x - y\| / (1 + \|x - y\|)$ eine Metrik eingeführt ist (Beweis, daß dies eine Metrik ist?)

In normierten Räumen oder allgemeiner in metrischen Räumen lassen sich die Begriffe „Konvergenz" und „Grenzwert" einführen.

5.9 **Definition.**

(M, ρ) sei metrischer Raum, $(x_n)_{n \in \mathbb{N}}$ sei eine Folge von Elementen aus M.

a) Das Element $z \in M$ heißt *Grenzwert* der Folge (x_n), falls $\lim\limits_{n \to \infty} \rho(x_n, z) = 0$ ist, man setzt dann: $\lim\limits_{n \to \infty} x_n = z$.

b) Die Folge $(x_n)_{n \in \mathbb{N}}$ heißt *Cauchyfolge*, falls zu jedem $\epsilon > 0$ ein $N(\epsilon) \in \mathbb{N}$ existiert, so daß $\rho(x_n, x_m) \leqq \epsilon$ für alle $n, m \geqq N(\epsilon)$ ist.

c) Der metrische Raum (M, ρ) heißt *vollständig*, falls jede Cauchyfolge von Elementen aus M auch in M einen Grenzwert besitzt.

Wie bei konvergenten Folgen reeller Zahlen ist der Grenzwert eindeutig bestimmt.

Beispiele.

1. $\mathbb{R}^p$, $\rho(x, y) = \|x - y\|_2$ ist ein vollständiger metrischer Raum, vgl. Band „Funktionen mehrerer Veränderlicher".
2. Die Menge (offene Kugel) $K^0(z, r) = \{x \mid x \in \mathbb{R}^p, \rho(x, z) < r\}$ ist kein vollständiger metrischer Raum (Warum?).
3. der metrische Raum $C[a, b]$ mit der Metrik $\rho(f, g) = \underset{t \in [a,b]}{\text{Max}} |f(t) - g(t)|$ ist ein vollständiger metrischer Raum. Eine Cauchyfolge in dieser Metrik ist zugleich eine gleichmäßig in $[a, b]$ konvergente Folge stetiger Funktionen, die gegen eine stetige Grenzfunktion konvergiert. Vgl. Band „Funktionen einer Veränderlichen" dieser Reihe, Satz 3.26.

   Andererseits ist $C[a, b]$ mit der Metrik $\rho(f, g) = \sqrt{\int_a^b |f(t) - g(t)|^2 \, dt}$ kein vollständiger metrischer Raum.

In numerischen Anwendungen wie auch bei Existenzbeweisen werden häufig Iterationsverfahren verwandt (vgl. die Beispiele im Band „Funktionen einer Veränderlichen"). Hierbei ist eine Menge M (z.B. Zahlen, Vektoren, Funktionen, ...) gegeben und eine Abbildung $f\colon M \to M$. Ausgehend von einem „Startwert" $x_0 \in M$ läßt sich dann iterativ durch $x_{n+1} = f(x_n)$ $(n = 0, 1, 2, 3, \ldots)$ eine Folge $(x_n)_{n \in N_0}$ von Elementen aus M bilden. Unter bestimmten Voraussetzungen kann diese Folge zur näherungsweisen Berechnung eines „Fixpunktes" z der Abbildung f dienen. Dabei heißt $z \in M$ *Fixpunkt* von f, falls $z = f(z)$ gilt. Hinreichende Voraussetzungen für die Konvergenz der Iterationsfolge werden in dem nachstehenden Satz gegeben.

5.10 **Satz.** (*Banachscher Fixpunktsatz*)

(M, ρ) sei ein vollständiger metrischer Raum und $\mathbf{f}: M \to M$ sei eine *kontrahierende Abbildung*, d.h. es gebe eine Konstante $q \in \mathbb{R}$, $0 \leqq q < 1$, so daß für alle $\mathbf{x}, \mathbf{y} \in M$

$$\rho(\mathbf{f}(\mathbf{x}), \mathbf{f}(\mathbf{y})) \leqq q \cdot \rho(\mathbf{x}, \mathbf{y})$$

gilt. Dann besitzt $\mathbf{f}$ genau einen Fixpunkt $\mathbf{z} \in M$.
Ferner konvergiert jede Iterationsfolge $(\mathbf{x}_n)_{n \in \mathbb{N}_0}$ bei beliebigem Startwert $\mathbf{x}_0 \in M$ gegen den Fixpunkt $\mathbf{z}$. Für die Abstände $\rho(\mathbf{x}_n, \mathbf{z})$ („Fehler") lassen sich folgende Abschätzungen angeben

$$\rho(\mathbf{x}_n, \mathbf{z}) \leqq \frac{q^n}{1-q} \cdot \rho(\mathbf{x}_1, \mathbf{x}_0) \quad \text{(a priori Abschätzung)} \tag{5.28}$$

bzw.

$$\rho(\mathbf{x}_n, \mathbf{z}) \leqq \frac{q}{1-q} \cdot \rho(\mathbf{x}_n, \mathbf{x}_{n-1}) \quad \text{(a posteriori Abschätzung)} \tag{5.29}$$

Die erste dieser Abschätzungen zeigt, daß $\lim\limits_{n \to \infty} \mathbf{x}_n = \mathbf{z}$ gilt. Sie läßt sich bereits anwenden, wenn nur ein Iterationsschritt ausgeführt wurde, also $\mathbf{x}_1 = \mathbf{f}(\mathbf{x}_0)$ bekannt ist. Die zweite Abschätzung (a posteriori Abschätzung) kann erst angewendet werden, wenn bereits n Iterationsschritte ausgeführt wurden. Sie liefert dafür in der Regel genauere Fehlerschätzungen.

Beweis.

Es sei $\mathbf{x}_0 \in M$ gegeben und $\mathbf{x}_{n+1} = \mathbf{f}(\mathbf{x}_n)$ $(n = 0, 1, 2, \ldots)$ rekursiv gebildet. Da nach Voraussetzung $\mathbf{f}$ kontrahierend ist, gilt zunächst für $n \geqq 1$

$$\begin{aligned} \rho(\mathbf{x}_{n+1}, \mathbf{x}_n) &= \rho(\mathbf{f}(\mathbf{x}_n), \mathbf{f}(\mathbf{x}_{n-1})) \\ &\leqq q \cdot \rho(\mathbf{x}_n, \mathbf{x}_{n-1}) \end{aligned} \tag{5.30}$$

und damit auch für alle $k \in \mathbb{N}_0$ (vollständige Induktion nach k)

$$\rho(\mathbf{x}_{n+k}, \mathbf{x}_{n+k-1}) \leqq q^k \cdot \rho(\mathbf{x}_n, \mathbf{x}_{n-1}), \tag{5.31}$$

speziell für $n = 1$

$$\rho(\mathbf{x}_{k+1}, \mathbf{x}_k) \leqslant q^k \cdot \rho(\mathbf{x}_1, \mathbf{x}_0). \tag{5.32}$$

Wendet man nun mehrfach die Dreiecksungleichung an, so erhält man

$$\begin{aligned} \rho(\mathbf{x}_{n+k}, \mathbf{x}_n) &\leqq \rho(\mathbf{x}_{n+k}, \mathbf{x}_{n+k-1}) + \rho(\mathbf{x}_{n+k-1}, \mathbf{x}_n) \leqslant \ldots \\ &\leqq \sum_{j=1}^{k} \rho(\mathbf{x}_{n+j}, \mathbf{x}_{n+j-1}) \end{aligned} \tag{5.33}$$

und mit (5.31)

$$\rho(x_{n+k}, x_n) \leqq \sum_{j=1}^{k} q^j \rho(x_n, x_{n-1}) \leqq \frac{q}{1-q} \rho(x_n, x_{n-1}) \tag{5.34}$$

bzw.

$$\rho(x_{n+k}, x_n) \leqq (q^n/(1-q))\, \rho(x_1, x_0)\,. \tag{5.35}$$

Da (q^n) eine Nullfolge ist, entnimmt man der letzten Gleichung, daß $(x_n)_{n \in \mathbb{N}_0}$ eine Cauchyfolge ist, die wegen der Vollständigkeit des metrischen Raumes einen Grenzwert $\mathbf{z} \in M$ besitzt. Ferner ist

$$\rho(\mathbf{f}(\mathbf{z}), x_{n+1}) = \rho(\mathbf{f}(\mathbf{z}), \mathbf{f}(x_n)) \leqq q\, \rho(\mathbf{z}, x_n) \to 0\,,$$

daher ist sowohl $\mathbf{z}$ als auch $\mathbf{f}(\mathbf{z})$ Grenzwert der Folge (x_n), d.h. $\mathbf{z} = \mathbf{f}(\mathbf{z})$. Die Abschätzung (5.28) ergibt sich schließlich aus (5.35) für $k \to \infty$ und (5.29) analog aus (5.34).

Der Grenzwert $\mathbf{z}$ ist auch der einzige Fixpunkt von $\mathbf{f}$, denn gäbe es einen weiteren Fixpunkt $\mathbf{z}^* \in M$, so wäre

$$\rho(\mathbf{z}, \mathbf{z}^*) = \rho(\mathbf{f}(\mathbf{z}), \mathbf{f}(\mathbf{z}^*)) \leqq q \cdot \rho(\mathbf{z}, \mathbf{z}^*) \quad \text{und daher} \quad \rho(\mathbf{z}, \mathbf{z}^*) = 0, \text{ also}$$

$\mathbf{z} = \mathbf{z}^*$. ∎

Der Banachsche Fixpunktsatz wird häufig auf nicht-lineare Abbildungen angewendet, die nicht überall im gegebenen metrischen Raum M kontrahierend sind, sondern nur in einer Umgebung des gesuchten Fixpunktes. Daher soll noch ein Kriterium für den Startwert $x_0 \in M$ angegeben werden, das die Konvergenz der Iterationsfolge sicherstellt.

5.12 **Lemma.**

(M, ρ) sei ein vollständiger metrischer Raum und $\mathbf{f}$ eine Abbildung von M in M. In einer Kugel $K(x_0, r) = \{x \in M \mid \rho(x, x_0) \leqq r\}$ sei $\mathbf{f}$ kontrahierend mit $q < 1$, also

$$\rho(\mathbf{f}(x), \mathbf{f}(y)) \leqq q\, \rho(x, y) \qquad \text{für alle } x, y \in K(x_0, r)\,.$$

Ist dann $\rho(x_0, \mathbf{f}(x_0)) \leqslant (1-q)\, r$, so bildet $\mathbf{f}$ die Kugel $K(x_0, r)$ in sich ab, insbesondere konvergiert die Iterationsfolge $x_{n+1} = \mathbf{f}(x_n)$ gegen einen Fixpunkt $\mathbf{z}$ der Abbildung $\mathbf{f}$.

Beweis.

Da die Kugel $K(x_0, r)$ selbst ein vollständiger metrischer Raum ist, braucht für die Anwendung des Banachschen Fixpunktsatzes nur gezeigt zu werden, daß $\mathbf{f}$ die Kugel in sich abbildet. Dies ergibt sich für $x \in K(x_0, r)$ aus

$$\rho(\mathbf{f}(x), x_0) \leqq \rho(\mathbf{f}(x), \mathbf{f}(x_0)) + \rho(\mathbf{f}(x_0), x_0) \leqq q \cdot r + (1-q)\, r \leqq r\,.$$ ∎

In numerischen Anwendungen sind Iterationsverfahren kontrahierender Abbildungen auch deswegen gut brauchbar, weil Rundungs- und Rechenfehler sich nicht wesentlich auf den weiteren Verlauf der Rechnung auswirken. Zur Fehlerfortpflanzung beweisen wir noch

5.13 **Satz.**

(M, ρ) sei vollständiger metrischer Raum und $\mathbf{f}$: $M \to M$ sei kontrahierend auf M mit $0 \leqq q < 1$. Die Folge $(\mathbf{x}_n)$ $(n = 0, 1, 2, \ldots)$ $(\mathbf{x}_n \in M)$ erfülle mit festem $\delta > 0$: $\rho(\mathbf{x}_{n+1}, \mathbf{f}(\mathbf{x}_n)) \leqq \delta$.
Dann gilt für den Fixpunkt $\mathbf{z}$ der Abbildung $\mathbf{f}$ die Fehlerabschätzung

$$\rho(\mathbf{x}_n, \mathbf{z}) \leqslant \frac{\delta}{1-q} + \frac{q^n}{1-q}\rho(\mathbf{x}_1, \mathbf{x}_0) . \tag{5.36}$$

In diesem Satz wird angenommen, daß bei jedem Iterationsschritt ein Fehler höchstens der Größe δ entsteht. Wenn auch die so gebildete Folge $(\mathbf{x}_n)$ nicht mehr zu konvergieren braucht, stellt sie – falls n genügend groß gewählt ist, damit der zweite Summand in (5.36) klein wird – doch eine Approximation des gesuchten Fixpunktes $\mathbf{z}$ dar, deren Güte durch $\delta/(1-q)$ begrenzt wird.

Beweis.

Es sei $(\mathbf{x}'_n)$ die exakte Iterationsfolge zum Startwert $\mathbf{x}_0$: $(\mathbf{x}'_{n+1} = \mathbf{f}(\mathbf{x}'_n), \mathbf{x}'_0 = \mathbf{x}_0)$. Wir zeigen zunächst mit vollständiger Induktion

$$\rho(\mathbf{x}_n, \mathbf{x}'_n) \leqq \delta(1 + q + q^2 + \ldots + q^{n-1}) = \delta(1-q^n)/(1-q) . \tag{5.37}$$

Für $n = 1$ ist $\rho(\mathbf{x}_1, \mathbf{x}'_1) = \rho(\mathbf{x}_1, \mathbf{f}(\mathbf{x}_0)) \leqq \delta$ nach Voraussetzung. Es sei (5.37) richtig für n (Induktionsannahme), so folgt mit Hilfe der Dreiecksungleichung für $(n + 1)$:

$$\begin{aligned}\rho(\mathbf{x}_{n+1}, \mathbf{x}'_{n+1}) &= \rho(\mathbf{x}_{n+1}, \mathbf{f}(\mathbf{x}'_n)) \leqq \rho(\mathbf{x}_{n+1}, \mathbf{f}(\mathbf{x}_n)) + \rho(\mathbf{f}(\mathbf{x}_n), \mathbf{f}(\mathbf{x}'_n)) \\ &\leqq \delta + q\,\rho(\mathbf{x}_n, \mathbf{x}'_n) \leqq \delta + q\,\delta(1 + q + \ldots + q^{n-1}), \quad \text{also}\end{aligned}$$

$$\rho(\mathbf{x}_{n+1}, \mathbf{x}'_{n+1}) \leqq \delta(1 + q + q^2 + \ldots + q^n) .$$

Schließlich ist
$$\begin{aligned}\rho(\mathbf{x}_n, \mathbf{z}) &\leqq \rho(\mathbf{x}_n, \mathbf{x}'_n) + \rho(\mathbf{x}'_n, \mathbf{z}) \\ &\leqq \delta(1-q^n)/(1-q) + (q^n/(1-q))\,\rho(\mathbf{x}'_1, \mathbf{x}_0) \\ &\leqq \{\delta(1-q^n) + q^n(\rho(\mathbf{x}'_1, \mathbf{x}_1) + \rho(\mathbf{x}_1, \mathbf{x}_0))\}/(1-q) \\ &\leqq (\delta + q^n \rho(\mathbf{x}_1, \mathbf{x}_0))/(1-q) .\end{aligned}$$
■

Abschließend sei noch der Begriff „Konvergenzordnung" einer Iterationsfolge oder allgemeiner einer konvergenten Folge erwähnt.

5.14 **Definition.** (*Konvergenzordnung*)

(M, ρ) sei ein vollständiger metrischer Raum und $(\mathbf{x}_n)$, $n \in \mathbb{N}$ eine konvergente Folge mit $\lim_{n\to\infty} \mathbf{x}_n = \mathbf{z}$, $\mathbf{z} \in M$. Gibt es Konstanten C und $\gamma \geqq 1$, so daß $\rho(\mathbf{x}_{n+1}, \mathbf{z}) \leqq C(\rho(\mathbf{x}_n, \mathbf{z}))^\gamma$ ist für alle $n \in \mathbb{N}$, dann sagt man, die Folge habe mindestens die *Konvergenzordnung* γ, $(C < 1$ falls $\gamma = 1)$.

Gilt $\overline{\lim} \dfrac{\rho(x_{n+1}, z)}{(\rho(x_n, z))^\gamma} = c > 0$, (5.38)

so hat die Folge genau die Konvergenzordnung γ, c heißt dann der asymptotische Fehlerkoeffizient. Ein Iterationsverfahren $\mathbf{f}$: $M \to M$ ($x_{n+1} = \mathbf{f}(x_n)$) hat die Konvergenzordnung γ, wenn die durch das Iterationsverfahren erzeugten Folgen die Konvergenzordnung γ haben. Siehe hierzu das Beispiel in Abschnitt 5.6.3.

5.3 Äquivalenz von Normen, Normen linearer Abbildungen

Ein gegebener Vektorraum kann auf mannigfache Weise normiert werden. Dabei unterscheiden sich etwa hinsichtlich der Konvergenz von Folgen Normen nicht wesentlich, die äquivalent sind.

5.15 **Definition.**

Es sei V(K) ein Vektorraum und $\|\cdot\|$ sowie $\|\cdot\|_*$ zwei Normen in V(K). Die Normen heißen *äquivalent* ($\|\cdot\| \simeq \|\cdot\|_*$), falls es Konstanten $c_1 > 0$ und $c_2 > 0$ gibt, so daß für alle $\mathbf{x} \in V(K)$

$$c_1 \|\mathbf{x}\| \leqq \|\mathbf{x}\|_* \leqq c_2 \|\mathbf{x}\| \quad \text{gilt.}$$

Die Äquivalenz von Normen ist reflexiv ($\|\cdot\| \simeq \|\cdot\|$), symmetrisch (aus $\|\cdot\| \simeq \|\cdot\|_*$ folgt $\|\cdot\|_* \simeq \|\cdot\|$) und transitiv (aus $\|\cdot\| \simeq \|\cdot\|_*$ und $\|\cdot\|_* \simeq \|\cdot\|_{**}$ folgt $\|\cdot\| \simeq \|\cdot\|_{**}$), also eine Äquivalenzrelation im üblichen Sinn. Sind zwei Normen äquivalent, so zieht die Konvergenz einer Folge in der einen Norm die Konvergenz der Folge auch in der anderen Norm nach sich.

5.16 **Lemma.**

In $V_p(K)$ sind $\|\cdot\|_1$, $\|\cdot\|_2$ und $\|\cdot\|_\infty$ äquivalent, da für alle $\mathbf{x} \in V_p(K)$ die Ungleichungen

$$\|\mathbf{x}\|_\infty \leqq \|\mathbf{x}\|_2 \leqq \|\mathbf{x}\|_1 \leqq \sqrt{p}\,\|\mathbf{x}\|_2 \leqq p\,\|\mathbf{x}\|_\infty \tag{5.39}$$

erfüllt sind.

Diese Ungleichungen folgen unmittelbar für $\mathbf{x} = (x_1, \ldots, x_p)^T$

aus $$\|\mathbf{x}\|_\infty = \operatorname*{Max}_j |x_j| \leqq \sqrt{\sum_{j=1}^p |x_j|^2} \leqq \sum_{j=1}^p |x_j| \leqq \sqrt{p}\sqrt{\sum_{j=1}^p |x_j|^2} \leqq \sqrt{p}\sqrt{p}\operatorname*{Max}_j |x_j|,$$

wobei nur in der dritten Abschätzung die Schwarzsche Ungleichung benutzt wurde. ■

Obgleich für die meisten Anwendungen die expliziten Schranken der Gl. (5.39) ausreichen, zeigen wir noch, daß in endlich-dimensionalen Vektorräumen alle Normen äquivalent sind. Dazu reicht es aus, wenn wir die Äquivalenz einer beliebigen Norm in $V_p(K)$ mit der $\|\cdot\|_\infty$ Norm beweisen.

5.17 **Lemma.**

In $V_p(K)$ ist eine beliebige Norm $\|\cdot\|$ äquivalent zu $\|\cdot\|_\infty$.

Beweis.

a) Für $\mathbf{x} = (x_1, x_2, \ldots, x_p)^T = \sum_{j=1}^{p} x_j \mathbf{e}_j$ erhalten wir durch Anwendung der Dreiecksungleichung bezüglich $\|\cdot\|$

$$\|\mathbf{x}\| = \|\sum_{j=1}^{p} x_j \mathbf{e}_j\| \leqq \sum_{j=1}^{p} |x_j| \, \|\mathbf{e}_j\| \leqq \operatorname*{Max}_k |x_k| \cdot \sum_{j=1}^{p} \|\mathbf{e}_j\|$$

also $\|\mathbf{x}\| \leqq c_2 \|\mathbf{x}\|_\infty$ mit $c_2 = \sum_{j=1}^{p} \|e_j\|$.

b) Die andere Abschätzung ($c_1 \|\mathbf{x}\|_\infty \leqq \|\mathbf{x}\|$) ist etwas schwieriger einzusehen. Setzt man

$$c_1 = \inf_{x \neq 0} \frac{\|\mathbf{x}\|}{\|\mathbf{x}\|_\infty} = \inf_{x \neq 0} \|\mathbf{x}/\|\mathbf{x}\|_\infty\| = \inf_{\|\mathbf{u}\|_\infty = 1} \|\mathbf{u}\|,$$

so ist $c_1 > 0$, denn andernfalls ($c_1 = 0$) gäbe es eine Folge $(\mathbf{u}_n)$ mit $\|\mathbf{u}_n\| \to 0$ und $\|\mathbf{u}_n\|_\infty = 1$ für $n \in \mathbb{N}$. Da die Komponenten der Vektoren $\mathbf{u}_n$ alle beschränkt sind (durch die Konstante 1), läßt sich nach dem Satz von Bolzano-Weierstraß (vgl. Band „Funktionen mehrerer Veränderlicher“) eine Teilfolge auswählen, so daß die erste Komponente konvergiert, ferner eine Teilfolge dieser Teilfolge, so daß auch die zweite Komponente konvergiert usw. Es entsteht eine Teilfolge $(\mathbf{u}_{n_k})$, die in jeder Komponente konvergiert. Bezeichnet $\mathbf{v}$ den Grenzwert dieser Folge, so gilt $\|\mathbf{u}_{n_k} - \mathbf{v}\|_\infty \to 0$ und damit nach a) auch $\|\mathbf{u}_{n_k} - \mathbf{v}\| \to 0$. Aus der Annahme $\|\mathbf{u}_n\| \to 0$ ergäbe sich $\mathbf{v} = \mathbf{0}$ im Widerspruch zu $\|\mathbf{v}\|_\infty = 1$. ∎

Bei der Anwendung des Banachschen Fixpunktsatzes und bei Fehlerbetrachtungen sind häufig die Bildvektoren linearer Abbildungen abzuschätzen. Hierbei spielt die „induzierte Norm“ einer linearen Abbildung eine besondere Rolle.

5.18 **Definition.** (*Induzierte Norm einer linearen Abbildung*)

$(V_p(K), \|\cdot\|)$ und $(V_q(K), \|\cdot\|_*)$ seien zwei normierte Vektorräume. Ferner sei die (q, p)-Matrix **A** die Matrix einer linearen Abbildung von $V_p(K)$ in $V_q(K)$ (bezüglich der Standardbasen).

Dann heißt

$$\|\mathbf{A}\| = \sup_{\substack{\mathbf{x} \neq \mathbf{0} \\ \mathbf{x} \in V_p}} \frac{\|\mathbf{A}\mathbf{x}\|_*}{\|\mathbf{x}\|} \tag{5.40}$$

die (zugehörige bzw. *induzierte*) *Norm der Matrix* **A**.

Für alle $\mathbf{x} \in V_p(K)$ ist dann $\|\mathbf{Ax}\|_* \leqq \|\mathbf{A}\| \cdot \|\mathbf{x}\|$ und $\|\mathbf{A}\|$ ist die kleinste Konstante mit dieser Eigenschaft bzw. der maximale Dehnungsfaktor. Sind in $V_p(K)$ und $V_q(K)$ gleichartige Normen ($\|\cdot\|_\alpha$) eingeführt, so kennzeichnen wir die Norm von A entsprechend, also

$$\|\mathbf{A}\|_\alpha = \sup_{\mathbf{x} \neq 0} \frac{\|\mathbf{A} \cdot \mathbf{x}\|_\alpha}{\|\mathbf{x}\|_\alpha}.$$

Die Definition der Matrixnorm ist nur sinnvoll, wenn der Quotient ($\|\mathbf{Ax}\|_* / \|\mathbf{x}\|$) für alle $\mathbf{x} \neq \mathbf{0}$ beschränkt bleibt. Für die Normen $\|\cdot\|_1$, $\|\cdot\|_2$ und $\|\cdot\|_\infty$ ergibt sich dies aus folgendem Satz.

5.19 **Satz.**

$\mathbf{A} = (a_{ij})$ sei gegebene (q, p)-Matrix, ($a_{ij} \in K$).
Dann ist

a) $$\|\mathbf{A}\|_1 = \operatorname*{Max}_j \sum_{i=1}^{q} |a_{ij}| \quad \text{(maximale Spaltensumme)}, \tag{5.41}$$

b) $$\|\mathbf{A}\|_2 \leqq \sqrt{\sum_{i=1}^{q} \sum_{j=1}^{p} |a_{ij}|^2}, \tag{5.42}$$

c) $$\|\mathbf{A}\|_\infty = \operatorname*{Max}_i \sum_{j=1}^{p} |a_{ij}| \quad \text{(maximale Zeilensumme)}. \tag{5.43}$$

Wir beweisen b) und c) und behandeln a) als Übungsaufgabe.

Zu b):

$$\|\mathbf{Ax}\|_2^2 = \sum_{i=1}^{q} \left| \sum_{j=1}^{p} a_{ij} x_j \right|^2 \leqq \sum_{i=1}^{q} \sum_{j=1}^{p} |a_{ij}|^2 \cdot \sum_{j=1}^{p} |x_j|^2$$

$$\leqq \sum_{i=1}^{q} \sum_{j=1}^{p} |a_{ij}|^2 \cdot \|\mathbf{x}\|_2^2, \text{ daher } \|\mathbf{A}\|_2 \leqq \sqrt{\sum_{i=1}^{q} \sum_{j=1}^{p} |a_{ij}|^2}.$$

Zu c):

$$\|\mathbf{Ax}\|_\infty = \operatorname*{Max}_i \left| \sum_{j=1}^{p} a_{ij} x_j \right| \leqq \operatorname*{Max}_i \sum_{j=1}^{p} |a_{ij}| |x_j|$$

$$\leqq \operatorname*{Max}_i \sum_{j=1}^{p} |a_{ij}| (\operatorname*{Max}_j |x_j|) = \left(\sum_{j=1}^{p} |a_{i_0 j}| \right) \cdot \|\mathbf{x}\|_\infty,$$

mit $$\operatorname*{Max}_i \sum_{j=1}^{p} |a_{ij}| = \sum_{j=1}^{p} |a_{i_0 j}|.$$

Für $x_j = \text{sign}(a_{i_0 j})$ ist $\|x\|_\infty = 1$ und $\|Ax\|_\infty = \|A\|_\infty$, also wird das Gleichheitszeichen angenommen, die für $\|A\|_\infty$ angegebene Konstante kann nicht durch eine kleinere ersetzt werden. Wir bemerken noch, daß für $\|A\|_2$ nur eine Abschätzung gegeben wurde. Wir werden später $\|A\|_2$ genau bestimmen. ■

Aus Lemma 5.17 und Satz 5.19 ergibt sich nun sofort

$\frac{\|Ax\|_*}{\|x\|} \leqq \frac{c_2^* \|A \cdot x\|_\infty}{c_1 \|x\|_\infty} \leqq (c_2^*/c_1) \|A\|_\infty$, also die Beschränktheit des Ausdrucks

$\|Ax\|_* / \|x\|$, so daß $\|A\|$ stets existiert. Aus Lemma 5.17 folgt weiterhin

5.20 **Lemma.**

$A = (a_{ij})$ sei eine gegebene (q, p)-Matrix. Dann ist

$$\frac{1}{p} \|A\|_\infty \leqq \frac{1}{\sqrt{p}} \|A\|_2 \leqq \|A\|_1 \leqq \sqrt{q} \|A\|_2 \leqq q \|A\|_\infty . \qquad (5.44)$$

Wir beweisen lediglich die erste Ungleichung (die anderen folgen analog).
Es ist nach Lemma 5.16

$$\|A\|_\infty = \sup(\|Ax\|_\infty / \|x\|_\infty) \leqq \sup\left(\frac{\|Ax\|_2}{\|x\|_2/\sqrt{p}}\right) = \sqrt{p}\|A\|_2 .$$ ■

Beispiel.

$A = \begin{pmatrix} 1 & -2 \\ -3 & 4 \end{pmatrix}$. Nach Satz 5.19 ist $\|A\|_\infty = 7$, $\|A\|_1 = 6$, $\|A\|_2 \leqq \sqrt{30} \simeq 5.477$.
(Exakt ist $\|A\|_2 = \sqrt{15 + \sqrt{221}} \cong 5.465$).

Abschließend seien noch einige nützliche Beziehungen notiert:

5.21 **Lemma.**

$\|\cdot\|$ sei eine induzierte Matrixnorm. Dann gilt für beliebige Matrizen **A**, **B** und $\lambda \in K$

a) $\|A + B\| \leqslant \|A\| + \|B\|$,

b) $\|\lambda A\| = |\lambda| \|A\|$

c) $\|A \cdot B\| \leqslant \|A\| \cdot \|B\|$,

falls die Matrizenoperationen ausführbar sind.

Hierbei ergeben sich a) und b) unmittelbar aus der Definition – bei a) unter Anwendung der Dreiecksungleichung.
c) folgt aus $\|ABx\| \leqslant \|A\| \cdot \|Bx\| \leqslant \|A\| \cdot \|B\| \cdot \|x\|$. ■

Beispiel.

Wir betrachten ein einfaches Beispiel für die Anwendung des Banachschen Fixpunktsatzes. Gegeben sei das Gleichungssystem

$$\begin{aligned} 20x_1 - x_2 + 2x_3 &= 24 \\ 2x_1 + 10x_2 - x_3 &= 19 \\ -x_1 - 3x_2 + 20x_3 &= 53\,, \end{aligned}$$

mit der exakten Lösung $x_1 = 1$, $x_2 = 2$, und $x_3 = 3$.
Löst man die erste Gleichung nach x_1, die zweite nach x_2 und die dritte nach x_3 auf, so erhält man

$$\begin{aligned} \mathbf{x} = \begin{pmatrix} x_1 \\ x_2 \\ x_3 \end{pmatrix} &= \begin{pmatrix} 1.2 \\ 1.9 \\ 2.65 \end{pmatrix} + \frac{1}{20}\begin{pmatrix} 0 & 1 & -2 \\ -4 & 0 & 2 \\ 1 & 3 & 0 \end{pmatrix}\mathbf{x} \\ &= \mathbf{f}(\mathbf{x})\,. \end{aligned}$$

Die gesuchte Lösung ist also Fixpunkt der Abbildung $\mathbf{f}\colon V_3(\mathbb{R}) \to V_3(\mathbb{R})$, die durch die rechte Seite des letzten Gleichungssystems gegeben ist. Wir wollen in $V_3(\mathbb{R})$ die Norm $\|\cdot\|_\infty$ einführen. Dann ist $V_3(\mathbb{R})$ mit $\rho(\mathbf{x}, \mathbf{y}) = \|\mathbf{x} - \mathbf{y}\|_\infty$ ein vollständiger metrischer Raum und die Abbildung $\mathbf{f}$ in dieser Norm kontrahierend. Es ist nämlich

$$\|\mathbf{f}(\mathbf{x}) - \mathbf{f}(\mathbf{y})\|_\infty = \left\| \frac{1}{20}\begin{pmatrix} 0 & 1 & -2 \\ -4 & 0 & 2 \\ 1 & 3 & 0 \end{pmatrix}(\mathbf{x} - \mathbf{y}) \right\|_\infty \leqq \frac{3}{10}\,\|\mathbf{x} - \mathbf{y}\|_\infty\,.$$

Der Banachsche Fixpunktsatz ist also anwendbar mit $q = 0.3$ und ausgehend vom Startvektor $\mathbf{x}_0 = \mathbf{0}$ erhält man

$$\mathbf{x}_1 = \begin{pmatrix} 1.2 \\ 1.9 \\ 2.65 \end{pmatrix}, \quad \mathbf{x}_2 = \begin{pmatrix} 1.03 \\ 1.925 \\ 2.995 \end{pmatrix}, \quad \mathbf{x}_3 = \begin{pmatrix} 0.99675 \\ 1.9935 \\ 2.99025 \end{pmatrix}, \quad \mathbf{x}_4 = \begin{pmatrix} 1.00065 \\ 1.999675 \\ 2.9988625 \end{pmatrix}.$$

Für die Abstände $\rho(\mathbf{x}_4, \mathbf{z})$ ($\mathbf{z} = (1, 2, 3)^T$) ergeben sich nach Gleichung (5.28) und (5.29) die Abschätzungen:

$\rho(\mathbf{x}_4, \mathbf{z}) \leqq 3.1 \cdot 10^{-2}$ (a priori-Abschätzung)

$\rho(\mathbf{x}_4, \mathbf{z}) \leqq 3.7 \cdot 10^{-3}$ (a posteriori-Abschätzung)

während tatsächlich $\rho(\mathbf{x}_4, \mathbf{z}) \leqslant 1.2 \cdot 10^{-3}$ ist. □

5.4 Orthogonalsysteme, Orthonormalbasen, orthogonale Unterräume

Nunmehr sollen wieder Vektorräume mit Skalarprodukt betrachtet werden: $V_p(K)$ mit Skalarprodukt ϕ, also euklidische Vektorräume ($K = \mathbb{R}$) bzw. unitäre Vektorräume ($K = \mathbb{C}$). $\|\cdot\|$ sei die aus dem Skalarprodukt stammende Norm. In diesen Vektorräumen lassen sich Begriffe wie „orthogonal", „Orthogonalsystem", „orthogonale" bzw. „unitäre" Transformation einführen.

5.21 **Definition.**

a) ϕ sei Skalarprodukt in $V_p(\mathbb{R})$, $\|x\| = \sqrt{\phi(x, x)}$.
Dann ist durch

$$\cos\alpha = \frac{\phi(x, y)}{\|x\| \cdot \|y\|} \quad (0 \leqq \alpha \leqq \pi) \tag{5.45}$$

eindeutig ein Winkel α gegeben, der Winkel zwischen den Vektoren x und y genannt wird.

b) ϕ sei Skalarprodukt in $V_p(K)$, ($K = \mathbb{R}$ oder $\mathbb{C}$).
Die Vektoren x und $y \in V_p(K)$ heißen *orthogonal* zueinander, falls $\phi(x, y) = 0$ ist.

c) Die Vektoren $\{x_1, x_2, \ldots, x_r\} \subset V_p(K)$,
bilden ein *Orthonormalsystem*, falls $\phi(x_j, x_k) = 0$ ist für alle $j \neq k$ $(1 \leqq j, k \leqq r)$.
Diese Vektoren bilden ein *Orthonormalsystem* (abgekürzt ONS), falls darüber hinaus noch $\|x_j\| = 1$ ist $(1 \leqq j \leqq r)$.

Zu a) bemerken wir noch, daß wegen der Schwarzschen Ungleichung

$|\phi(x, y)| \leqq \|x\| \cdot \|y\|$ gilt, so daß in reellen Vektorräumen $-1 \leqq \dfrac{\phi(x, y)}{\|x\| \cdot \|y\|} \leqq 1$

ist.
Zum Beispiel bilden im $\mathbb{R}^p$ oder $\mathbb{C}^p$ die Basisvektoren $(e_1, \ldots, e_p)$ ein Orthonormalsystem bezüglich des Standardskalarprodukts. Orthonormalysteme bilden ausgezeichnete Basen in Vektorräumen.

5.22 **Satz.**

ϕ sei Skalarprodukt in $V_p(K)$ und $(x_1, x_2, \ldots, x_p)$ ein Orthonormalsystem. Dann bilden diese Vektoren eine Basis in $V_p(K)$ (*Orthonormalbasis*) und für jeden Vektor $z \in V_p(K)$ gilt

$$z = \sum_{j=1}^{p} c_j x_j \quad \text{mit } c_k = \phi(z, x_k) \ (k = 1, 2, \ldots, p)\,. \tag{5.46}$$

Beweis.

Es sei $z \in \langle x_1, x_2, \ldots, x_p \rangle$, also $z = \sum_{j=1}^{p} c_j x_j$.

Dann ist $\phi(z, x_k) = \sum_{j=1}^{p} c_j\, \phi(x_j, x_k) = c_k$ $(k = 1, 2, \ldots, p)$, da die Vektoren $x_1, x_2, \ldots, x_p$ ein Orthonormalsystem bilden. Speziell für $z = 0$ ergibt sich $c_k = 0$ für $k = 1, 2, \ldots, p$, d.h. die Vektoren $x_1, x_2, \ldots, x_p$ sind linear unabhängig, bilden

also eine Basis in $V_p(K)$. Daher läßt sich jeder Vektor $\mathbf{z} \in V_p(K)$ in dieser Basis darstellen und es gilt (5.46).
Aus den gleichen Gründen ist jedes Orthogonalsystem von Vektoren linear unabhängig. ■

Wir wollen jetzt einen Algorithmus angeben, Orthonormalsysteme zu erzeugen, nämlich das Schmidtsche Orthogonalisierungsverfahren:

5.23 **Algorithmus.** (*Schmidtsches Orthogonalisierungsverfahren*)

Gegeben seien r linear unabhängige Vektoren $\mathbf{a}_1, \mathbf{a}_2, \ldots, \mathbf{a}_r$.

1. Schritt:
Setze $\mathbf{x}_1 = \mathbf{a}_1/\|\mathbf{a}_1\| = \mathbf{a}_1/d_{11}$.

j-ter Schritt (j = 2, 3, ..., r):
Sind $\mathbf{x}_1, \ldots, \mathbf{x}_{j-1}$ bereits bestimmt und bilden sie ein ONS mit
$\langle \mathbf{x}_1, \mathbf{x}_2, \ldots, \mathbf{x}_{j-1} \rangle = \langle \mathbf{a}_1, \mathbf{a}_2, \ldots, \mathbf{a}_{j-1} \rangle$,

so setze man $\mathbf{x}_j^* = \mathbf{a}_j - \sum_{\nu=1}^{j-1} d_{\nu j}\mathbf{x}_\nu$

und bestimme die Koeffizienten $d_{\nu j}$ aus den Bedingungen

$$\begin{aligned} 0 &= \phi(\mathbf{x}_j^*, \mathbf{x}_k) = \phi(\mathbf{a}_j, \mathbf{x}_k) - d_{kj}, \text{ also} \\ d_{kj} &= \phi(\mathbf{a}_j, \mathbf{x}_k) \quad (k = 1, 2, \ldots, j-1) \end{aligned} \tag{5.47}$$

Setze schließlich $d_{jj} = \|\mathbf{x}_j^*\| \; (\neq 0)$

und $\mathbf{x}_j = \mathbf{x}_j^*/d_{jj}$. (5.48)

Der Algorithmus ist stets ausführbar:

5.24 **Satz.** (*Schmidtsches Orthogonalisierungsverfahren*).

U sei ein Unterraum des Vektorraums $V_p(K)$ mit Skalarprodukt ϕ.
$U = \langle \mathbf{a}_1, \mathbf{a}_2, \ldots, \mathbf{a}_r \rangle$ und $\dim(U) = r$. Dann erhält man auf die dargestellte Weise eine Orthonormalbasis $(\mathbf{x}_1, \mathbf{x}_2, \ldots, \mathbf{x}_r)$, die U aufspannt.

Beweis.

Es ist zunächst $d_{11} \neq 0$, da $\mathbf{a}_1 \neq \mathbf{0}$, also $\langle \mathbf{x}_1 \rangle = \langle \mathbf{a}_1 \rangle$. Ist dann bereits $\langle \mathbf{x}_1, \mathbf{x}_2, \ldots, \mathbf{x}_{j-1} \rangle = \langle \mathbf{a}_1, \mathbf{a}_2, \ldots, \mathbf{a}_{j-1} \rangle$, so sind die d_{kj} durch (5.47) eindeutig bestimmt für $k = 1, 2, \ldots, j-1$. Ferner ist $\mathbf{x}_j^* \neq \mathbf{0}$, da sonst $\mathbf{a}_j \in \langle \mathbf{x}_1, \ldots, \mathbf{x}_{j-1} \rangle = \langle \mathbf{a}_1, \ldots, \mathbf{a}_{j-1} \rangle$ wäre im Widerspruch zur Voraussetzung der linearen Unabhängigkeit der $\mathbf{a}_1, \mathbf{a}_2, \ldots, \mathbf{a}_r$. Somit ist $d_{jj} \neq 0$ und $\langle \mathbf{a}_1, \mathbf{a}_2, \ldots, \mathbf{a}_j \rangle = \langle \mathbf{x}_1, \mathbf{x}_2, \ldots, \mathbf{x}_j \rangle$ für $1 \leqslant j \leqslant r$. ■

In Matrizenschreibweise läßt sich der Zusammenhang zwischen den Basisvektoren so darstellen:

Es ist $\mathbf{a}_j = d_{jj}\mathbf{x}_j + \sum_{\nu=1}^{j-1} d_{\nu j}\mathbf{x}_\nu$. Faßt man also die Vektoren $\mathbf{a}_j$ und $\mathbf{x}_j$ als Spaltenvektoren einer (p, r)-Matrix auf, so erhält man

$$(\mathbf{a}_1, \mathbf{a}_2, \ldots, \mathbf{a}_r) = (\mathbf{x}_1, \mathbf{x}_2, \ldots, \mathbf{x}_r) \begin{pmatrix} d_{11} & d_{12} & \ldots & d_{1r} \\ 0 & d_{22} & \ldots & d_{2r} \\ 0 & 0 & \ddots & \vdots \\ \vdots & \vdots & \ddots & \vdots \\ 0 & 0 & 0 & d_{rr} \end{pmatrix}$$

eine Zerlegung der Matrix $\mathbf{A}$ in eine *orthogonale Matrix* $\mathbf{Q} = (\mathbf{x}_1, \mathbf{x}_2, \ldots, \mathbf{x}_r)$ und eine obere Dreiecksmatrix $\mathbf{R}$, $\mathbf{A} = \mathbf{Q}\mathbf{R}$, die deshalb auch *QR-Zerlegung* genannt wird.

Durch die Forderungen $\langle \mathbf{a}_1, \mathbf{a}_2, \ldots, \mathbf{a}_j \rangle = \langle \mathbf{x}_1, \mathbf{x}_2, \ldots, \mathbf{x}_j \rangle$ und $\phi(\mathbf{a}_j, \mathbf{x}_j) > 0$ für $j = 1, 2, \ldots, r$ ist das ONS auch eindeutig bestimmt.

Eine weitere Folgerung aus Satz 5.24 ist

5.25 **Lemma.**

Es sei U ein Unterraum des Vektorraumes $(V_p(K), \phi)$. Dann existiert ein eindeutig bestimmter Unterraum $U^\perp$ in V_p,

$$U^\perp = \{\mathbf{z} \mid \mathbf{z} \in V_p(K) \text{ und } \phi(\mathbf{z}, \mathbf{y}) = 0 \text{ für alle } \mathbf{y} \in U\},$$

so daß

$$V_p(K) = U \oplus U^\perp \text{ ist,} \tag{5.49}$$

bzw. für alle $\mathbf{x} \in V_p(K)$ ein $\mathbf{y} \in U$ und $\mathbf{z} \in U^\perp$ existiert mit

$$\mathbf{x} = \mathbf{y} + \mathbf{z} \tag{5.50}$$

und

$$\|\mathbf{x}\|^2 = \|\mathbf{y}\|^2 + \|\mathbf{z}\|^2 . \tag{5.51}$$

Beweis.

Setzt man, wie oben angegeben,

$$U^\perp = \{\mathbf{z} \mid \mathbf{z} \in V_p(K) \text{ und } \phi(\mathbf{z}, \mathbf{y}) = 0 \text{ für alle } \mathbf{y} \in U\} ,$$

so ist $U^\perp$ ein Unterraum, da die Unterraumeigenschaften (2.15) erfüllt sind. Ferner ist $U \cap U^\perp = \{\mathbf{0}\}$; Vektoren in $U \cap U^\perp$ müssen nämlich zu sich selbst orthogonal sein und diese Eigenschaft besitzt nur der Nullvektor.

Ist schließlich $\mathbf{x} \in V_p$ und $\{\mathbf{x}_1, \mathbf{x}_2, \ldots, \mathbf{x}_r\}$ eine Orthonormalbasis von U (Satz 5.24), so setze

$$\mathbf{y} = \sum_{j=1}^{r} \phi(\mathbf{x}, \mathbf{x}_j)\, \mathbf{x}_j .$$

Dann ist $\phi(\mathbf{x}-\mathbf{y}, \mathbf{x}_j) = \phi(\mathbf{x}, \mathbf{x}_j) - \phi(\mathbf{y}, \mathbf{x}_j) = 0$ für $j = 1, 2, \ldots, r$, also $\mathbf{x}-\mathbf{y} =: \mathbf{z} \in U^\perp$. Daher gilt (5.50) bzw. (5.49). Aus (5.50) folgt noch

$$\|\mathbf{x}\|^2 = \phi(\mathbf{x}, \mathbf{x}) = \phi(\mathbf{y}+\mathbf{z}, \mathbf{y}+\mathbf{z}) = \phi(\mathbf{y}, \mathbf{y}) + 2\,\mathrm{Re}\,\underbrace{\phi(\mathbf{y}, \mathbf{z})}_{=0} + \phi(\mathbf{z}, \mathbf{z}) = \|\mathbf{y}\|^2 + \|\mathbf{z}\|^2 ,$$

d.h. im $\mathbb{R}^p$ der Satz des Pythagoras. ■

Die Anwendung des Schmidtschen Orthogonalisierungsverfahren soll an folgenden Beispielen erläutert werden.

5.26 **Beispiel.** $V = \mathbb{R}^3$ mit Standardskalarprodukt, $U = \left\langle \begin{pmatrix}1\\1\\1\end{pmatrix}, \begin{pmatrix}1\\2\\3\end{pmatrix} \right\rangle$.

1\. Schritt: $\mathbf{x}_1 = \frac{1}{\sqrt{3}}\begin{pmatrix}1\\1\\1\end{pmatrix}$; 2. Schritt: $\mathbf{x}_2^* = \begin{pmatrix}1\\2\\3\end{pmatrix} - d_{12}\mathbf{x}_1$, $d_{12} = \left(\begin{pmatrix}1\\2\\3\end{pmatrix}, \mathbf{x}_1\right) = 2\sqrt{3}$,

also $\mathbf{x}_2^* = \begin{pmatrix}1\\2\\3\end{pmatrix} - 2\begin{pmatrix}1\\1\\1\end{pmatrix} = \begin{pmatrix}-1\\0\\1\end{pmatrix}$, $\mathbf{x}_2 = \begin{pmatrix}-1\\0\\1\end{pmatrix}\frac{1}{\sqrt{2}}$.

Daher ist $\{\mathbf{x}_1, \mathbf{x}_2\}$ eine Orthonormalbasis von U und

$$\begin{pmatrix}1 & 1\\1 & 2\\1 & 3\end{pmatrix} = \begin{pmatrix}1/\sqrt{3} & -1/\sqrt{2}\\1/\sqrt{3} & 0\\1/\sqrt{3} & 1/\sqrt{2}\end{pmatrix} \cdot \begin{pmatrix}\sqrt{3} & 2\sqrt{3}\\0 & \sqrt{2}\end{pmatrix}$$

die **QR**-Zerlegung der linksstehenden Matrix. □

5.27 **Beispiel.** (Legendre-Polynome)

Die Legendrepolynome bilden ein Orthogonalsystem in $C[-1, 1]$ mit dem Skalarprodukt $\phi(f, g) = \int_{-1}^{1} f(t)\,g(t)\,dt$ $(f, g \in C[-1, 1])$. Wir haben sie bereits im ersten Band bei den Gaußschen Quadraturformeln kennengelernt. Sie kommen in vielen Anwendungen vor. Sie sind durch folgende Bedingungen eindeutig bestimmt:

a) P_n ist ein Polynom vom Grad n $(n = 0, 1, 2, \ldots)$
b) $\phi(P_n, P_m) = 0$ für $n \neq m$ (5.52)
c) $P_n(1) = 1$.

Um diese Aussage zu begründen, betrachten wir zunächst ein etwas anders definiertes Polynomsystem $p_0, p_1, p_2, \ldots, p_n, \ldots$.

Wendet man nämlich das Schmidtsche Orthogonalisierungsverfahren auf die von den Potenzfunktionen $1, t, t^2, t^3, \dots, t^n$ erzeugten Unterräume an, so erhält man folgendes Orthonormalsystem $p_0, p_1, p_2, \dots$;

$$p_0(t) = 1/\sqrt{2},\ p_1(t) = \sqrt{3/2}\,t,\ d_{22}p_2(t) = t^2 - d_{02}p_0(t) - d_{12}p_1(t)\,;$$

$$d_{02} = \int_{-1}^{1} t^2/\sqrt{2}\,dt = \sqrt{2}/3\,,$$

$$d_{12} = \int_{-1}^{1} t^2(\sqrt{3}/2\,t)\,dt = 0,\ \text{mithin}\ d_{22}p_2(t) = t^2 - 1/3\ \text{und}$$

$$d_{22} = \left(\int_{-1}^{-1} (t^2 - 1/3)^2\,dt\right)^{1/2} = 2\cdot\sqrt{2}/(3\sqrt{5}),\ \text{also}\ p_2(t) = \frac{\sqrt{5}}{2\sqrt{2}}(3\,t^2 - 1)\,,$$

usw.

Die Polynome $p_n(t)$ sind auf diese Weise eindeutig festgelegt, sie sind Polynome vom Grad n, bilden ein Orthonormalsystem und der Koeffizient von t^n in $p_n(t)$ ist positiv.

Die Legendreschen Polynome unterscheiden sich von diesem ONS nur durch die andere Normierungsbedingung c): $P_n(1) = 1$. Daher ist $P_0(t) = 1$, $P_1(t) = t$, $P_2(t) = (3\,t^2 - 1)/2, \dots$. Es ist allerdings fraglich, ob diese Bedingung ($P_n(1) = 1$) immer erfüllbar ist, d.h. ob $p_n(1)$ stets ungleich Null ist. Hierzu betrachten wir die Polynome $\tilde{p}_n(t) := (d/dt)^n\,(t^2 - 1)^n$. Auch $\tilde{p}_n(t)$ ist ein Polynom vom Grad n. Setzt man $u_n(t) = (t^2 - 1)^n$, und ist $f \in C[-1, 1]$ n-mal stetig differenzierbar, so gilt mit n-facher partieller Integration

$$\phi(\tilde{p}_n, f) = \int_{-1}^{1} \left(\left(\frac{d}{dt}\right)^n u_n(t)\right) f(t)\,dt = (-1)^n \int_{-1}^{1} u_n(t)\,f^{(n)}(t)\,dt\,, \tag{5.53}$$

da die bei den partiellen Integrationen auftretenden Ableitungen $\left(\frac{d}{dt}\right)^k u_n(t)$ an den Stellen -1 und 1 verschwinden ($0 \leqq k < n$) ($u_n(t)$ hat Nullstellen n-ter Ordnung an den Stellen -1 und 1, daher hat $u_n^{(k)}(t)$ Nullstellen $(n-k)$-ter Ordnung an ± 1, $0 \leqq k < n$). Die ausintegrierten Bestandteile verschwinden also und man erhält die anangegebene Formel, die auch in der Form

$$\phi(\tilde{p}_n, f) = (-1)^n\,\phi(u_n, f^{(n)})\ \text{geschrieben werden kann.}$$

Ist insbesondere $f^{(n)}(t) = 0$ für alle t, ist also f ein Polynom vom Grad $< n$, so ist $\phi(\tilde{p}_n, f) = 0$. Die Polynome $\tilde{p}_n(t)$ bilden also ebenfalls ein Orthogonalsystem bezüglich ϕ.

Daher unterscheiden sich die Polynome p_n und $\tilde{p}_n$ nur durch einen konstanten (von n abhängenden) Faktor.

Insbesondere ist $\tilde{p}_n(1) = \left(\left(\frac{d}{dt}\right)^n (t-1)^n (t+1)^n\right)_{t=1} = 2^n \cdot n!$, da die n Ableitungen sämtlich vom ersten Faktor gebildet werden müssen, wenn man nicht Summanden erhalten will, die an der Stelle t = 1 ohnehin verschwinden.

Also sind $\tilde{p}_n(1)$ und damit auch $p_n(1) \neq 0$ und

$$P_n(t) = \frac{1}{2^n\, n!}\left(\frac{d}{dt}\right)^n (t^2-1)^n \quad \text{(Formel v. Rodrigues)}\,. \tag{5.54}$$

Übrigens ist $\phi(P_n, P_n) = (1/2^n \cdot n!)^2\, \phi(\tilde{p}_n, \tilde{p}_n)$, und nach Gl. (5.50)

$$\phi(P_n, P_n) = (2^{-n}/n!)^2\,(2n)! \int_{-1}^{1} (1-t^2)^n\, dt = \frac{1}{2n+1}$$

so daß

$$p_n(t) = \frac{1}{\sqrt{2n+1}}\,\frac{1}{2^n \cdot n!}\left(\frac{d}{dt}\right)^n (t^2-1)^n \quad \text{ist.}$$

Bei den Gaußschen Quadraturformeln (Band „Funktionen einer Veränderlichen“, Kapitel 11) wurde benötigt, daß die Nullstellen des Legendrepolynoms P_n alle reell, einfach und im (offenen) Intervall $(-1, 1)$ liegen. Das ist mit Hilfe des Satzes von Rolle (Satz 4.12 im genannten Band) und der Formel von Rodrigues (5.51) leicht einzusehen: Bis auf einen konstanten Faktor ist P_n die n-te Ableitung des Polynoms u_n vom Grad 2 n. Nun hat $u_n(t)$ je eine n-fache Nullstelle an den Stellen -1 und 1, ihre erste Ableitung $u_n'(t)$ hat daher je eine $(n-1)$-fache Nullstelle an den Stellen -1 und 1 und nach dem Satz von Rolle weitere Nullstellen im Intervall $(-1,1)$. Da u_n' den Grad $(2n-1)$ besitzt, kann nur eine einfache Nullstelle im Intervall $(-1,1)$ vorliegen. Wendet man dieselben Überlegungen auf u_n'' an, so sieht man, daß u_n'' je eine $(n-2)$-fache Nullstelle an $-1,1$ und zwei einfache Nullstellen in $(-1,1)$ besitzt, die durch die einfache Nullstelle von u_n' getrennt werden, usw. Nach n Schritten erhält man, daß $u_n^{(n)}$ genau n einfache Nullstellen im offenen Intervall $(-1,1)$ besitzt.

Die effektive Berechnung der Legendreschen Polynome erfolgt zweckmäßig über eine Rekursionsformel. Wir zeigen noch:

$$nP_n(t) = (2n-1)\, tP_{n-1}(t) - (n-1)\, P_{n-2}(t)\,. \tag{5.55}$$

Dazu betrachten wir das Polynom

$$Q_n(t) := nP_n(t) - (2n-1)\, tP_{n-1}(t) + (n-1)\, P_{n-2}(t)\,,$$

von dem zu zeigen ist, daß es identisch Null ist.

Da $P_0, P_1, P_2, \ldots, P_n$ den Vektorraum aller Polynome vom Grad n aufspannen, gilt jedenfalls $Q_n = \sum_{j=0}^{n} c_j P_j$, wobei die c_j noch von n abhängen können. Nun ist wegen der Orthogonalität der P_k zu allen Polynomen vom Grad $\leqq (k-1)$:

$$(2j+1)^{-1}\, c_j = \int_{-1}^{1} Q_n(t)\, P_j(t)\, dt = 0 \quad \text{für } 0 \leqq j \leqq n-3\,,$$

also $Q_n = c_n P_n + c_{n-1} P_{n-1} + c_{n-2} P_{n-2}$. Für $t = 1$ folgt $Q_n(1) = n - (2n-1) + (n-1) = 0$, daher auch $c_n + c_{n-1} + c_{n-2} = 0$, und für $t = -1$ ergibt sich aus $P_n(-t) = (-1)^n P_n(t)$ eine weitere Gleichung: $c_n - c_{n-1} + c_{n-2} = 0$, so daß $c_{n-1} = 0$ und $c_n + c_{n-2} = 0$ sind. Durch Vergleich der Koeffizienten von t^n in $Q_n(t)$ ergibt sich schließlich $c_n = 0$ und damit auch $c_{n-2} = 0$.

Mit Hilfe der Rekursionsformel lassen sich die weiteren Legendreschen Polynome leicht berechnen:

$$P_3(t) = (5\,t^3 - 3\,t)/2, \quad P_4(t) = (35\,t^4 - 30\,t^2 + 3)/8 \quad \text{usw.}$$

Die wichtigsten Eigenschaften der Legendreschen Polynome sollen nachstehend zusammengefaßt werden.

5.28 **Lemma.**

Die Legendreschen Polynome $P_0, P_1, P_2, \ldots$ haben folgende Eigenschaften.

(1) P_n ist ein Polynom mit reellen Koeffizienten vom Grad n für alle $n \in \mathbb{N}_0$,

(2) $\int_{-1}^{1} P_n(t)\,P_m(t)\,dt = 0$ für $n \neq m$,

(3) $P_n(1) = 1$,

(4) $\int_{-1}^{1} P_n^2(t)\,dt = 1/(2\,n+1)$,

(5) $P_n(t) = \frac{1}{2^n\,n!}\left(\frac{d}{dt}\right)^n (t^2-1)^n$,

(6) P_n hat n reelle, einfache Nullstellen im Intervall $(-1,1)$

(7) $nP_n(t) = (2\,n-1)\,tP_{n-1}(t) - (n-1)\,P_{n-2}(t)$.

Weitere Eigenschaften kann man einschlägigen Formelsammlungen entnehmen, z.B. [M1]. □

5.5 Adjungierte, orthogonale und unitäre Transformationen

Der Einfachheit halber betrachten wir in diesem Abschnitt den euklidischen Vektorraum $\mathbb{R}^p$ bzw. den unitären Vektorraum $\mathbb{C}^p$ mit dem Standardskalarprodukt $(x, y) = \sum_{j=1}^{p} x_j \bar{y}_j$ bzw. $\sum_{j=1}^{p} x_j y_j$ in $\mathbb{R}^p$. Wir beweisen zunächst folgenden einfachen Hilfssatz.

5.29 **Lemma.**

Es sei $\mathbf{A}$ eine gegebene (q, p)-Matrix, $\mathbf{A} = (a_{ij})$, ($a_{ij} \in \mathbb{C}$ für $i = 1, \ldots, q$; $j = 1, \ldots, p$). Dann gilt für alle $\mathbf{x} \in \mathbb{C}^p$ und $\mathbf{y} \in \mathbb{C}^q$

$$(\mathbf{Ax}, \mathbf{y}) = (\mathbf{x}, \overline{\mathbf{A}}^T \mathbf{y}) ,$$

wobei links das Skalarprodukt in $\mathbb{C}^q$, rechts in $\mathbb{C}^p$ zu nehmen ist.

Beweis.

$$(\mathbf{Ax}, \mathbf{y}) = \sum_{i=1}^{q} \sum_{j=1}^{p} a_{ij} x_j \overline{y}_i = \sum_{j=1}^{p} x_j \sum_{i=1}^{q} a_{ij} \overline{y}_i$$

$$= \sum_{j=1}^{p} x_j \sum_{i=1}^{q} \overline{\overline{a}_{ij} y_i} = (\mathbf{x}, \overline{\mathbf{A}}^T \mathbf{y}) .$$ ∎

Sind die Vektorräume reell, so gilt speziell $(\mathbf{Ax}, \mathbf{y}) = (\mathbf{x}, \mathbf{A}^T \mathbf{y})$.

5.30 **Definition.**

a) Die Matrix $\overline{\mathbf{A}}^T$ heißt die zu $\mathbf{A}$ *adjungierte Matrix* (bezüglich des Standardskalarprodukts). Ist $\mathbf{A} = \overline{\mathbf{A}}^T$ (bzw. $\mathbf{A} = \mathbf{A}^T$ im reellen Fall), also $\mathbf{A}$ hermitesch, so heißt $\mathbf{A}$ auch *selbstadjungiert.*

b) Die Funktion F: $\mathbb{R}^p \to \mathbb{R}$ $F(\mathbf{x}) = (\mathbf{Ax}, \mathbf{x})$, wobei $\mathbf{A}$ eine reelle (p, p)-Matrix ist, heißt (reelle) quadratische Form.

c) Eine reelle quadratische Form heißt
   - *positiv definit*, falls für alle $\mathbf{x} \neq \mathbf{0}$ $(\mathbf{Ax}, \mathbf{x}) > 0$,
   - *negativ definit*, falls für alle $\mathbf{x} \neq \mathbf{0}$ $(\mathbf{Ax}, \mathbf{x}) < 0$,
   - *indefinit*, falls $(\mathbf{Ax}_1, \mathbf{x}_1) > 0$ und $(\mathbf{Ax}_2, \mathbf{x}_2) < 0$ für gewisse $\mathbf{x}_1, \mathbf{x}_2 \in \mathbb{R}^p$ gilt,
   - *positiv semidefinit*, falls $(\mathbf{Ax}, \mathbf{x}) \geqq 0$ und $(\mathbf{Ax}_1, \mathbf{x}_1) = 0$ für $\mathbf{x}_1 \neq \mathbf{0}$, (analog negativ semidefinit, falls stets $(\mathbf{Ax}, \mathbf{x}) \leqq 0$).

Positiv definite quadratische Formen entstehen z.B. aus einem Skalarprodukt $\phi(\mathbf{x}, \mathbf{y})$ über $V_p(\mathbb{R})$. Denn dann ist $\phi(\mathbf{x}, \mathbf{x})$ eine positiv-definite quadratische Form.

Für viele Überlegungen ist es nützlich, Kriterien zu kennen, wann eine quadratische Form positiv definit ist.

Dabei kann bei reellen quadratischen Formen $(\mathbf{Ax}, \mathbf{x})$ stets davon ausgegangen werden, daß $\mathbf{A}$ symmetrisch ist ($\mathbf{A} = \mathbf{A}^T$), denn $(\mathbf{Ax}, \mathbf{x}) = (\mathbf{x}, \mathbf{A}^T \mathbf{x}) = (\mathbf{A}^T \mathbf{x}, \mathbf{x}) = (\mathbf{Bx}, \mathbf{x})$ mit $\mathbf{B} = (\mathbf{A} + \mathbf{A}^T)/2$, dem „symmetrischen Anteil von $\mathbf{A}$", $\mathbf{B} = \mathbf{B}^T$.

Wie kann man bei einer reellen, symmetrischen Matrix entscheiden, daß die mit ihr gebildete quadratische Form positiv definit ist? Man sagt auch abkürzend, die reelle (symmetrische) Matrix $\mathbf{A}$ ist positiv definit (negativ definit, indefinit, ...), wenn die mit ihr gebildete quadratische Form $(\mathbf{Ax}, \mathbf{x})$ positiv definit (negativ definit, indefinit, ...) ist.

5.31 **Satz.**

A sei eine reelle, symmetrische (p, p)-Matrix. $\mathbf{A} = (a_{ij})$. **A** ist genau dann positiv definit, falls die p *Hauptunterdeterminanten* der Matrix **A**:

$$\Delta_1 = a_{11},\ \Delta_2 = \begin{vmatrix} a_{11} & a_{12} \\ a_{21} & a_{22} \end{vmatrix},\quad \Delta_3 = \begin{vmatrix} a_{11} & a_{12} & a_{13} \\ a_{21} & a_{22} & a_{23} \\ a_{31} & a_{32} & a_{33} \end{vmatrix},\ \ldots,\ \Delta_p = \det(\mathbf{A})$$

sämtlich positiv sind.

Beweis. (vollständige Induktion nach p):

Der Satz ist offenbar richtig für p = 1. Er sei richtig für alle symmetrischen Matrizen mit bis zu (p − 1) Zeilen und Spalten.

a) Es sei jetzt die (p, p)-Matrix **A** positiv definit, also $F(\mathbf{x}) = (\mathbf{A}\mathbf{x}, \mathbf{x}) > 0$ für $\mathbf{x} \neq \mathbf{0}$. Dann ist $F(\mathbf{e}_1, \mathbf{e}_1) = a_{11} > 0$ und

$$\left.\begin{aligned} F(x) &= \sum_{i=1}^{p} \sum_{j=1}^{p} a_{ij}x_ix_j = a_{11}x_1^2 + \sum_{i=2}^{p} a_{i1}x_ix_1 + \sum_{j=2}^{p} a_{1j}x_1x_j + \sum_{i=2}^{p}\sum_{j=2}^{p} a_{ij}x_ix_j \\ &= a_{11}x_1^2 + 2\sum_{j=2}^{p} a_{1j}x_1x_j + \sum_{i=2}^{p}\sum_{j=2}^{p} a_{ij}x_ix_j \\ &= a_{11}\left(x_1 + \sum_{j=2}^{p} (a_{1j}/a_{11})x_j\right)^2 + \sum_{i=2}^{p}\sum_{j=2}^{p}\left(a_{ij} - \frac{a_{1j}a_{1i}}{a_{11}}\right)x_ix_j \\ &= a_{11}\left(x_1 + \sum_{j=2}^{p} (a_{1j}/a_{11})x_j\right)^2 + F^*(x^*). \end{aligned}\right\} \quad (5.56)$$

Bei diesen Umformungen wurde $a_{i1} = a_{1i}$ verwendet.

Aus $F > 0$ folgt $F^* > 0$ für $\mathbf{x}^* = (x_2, \ldots, x_p)^T \neq \mathbf{0}$, denn wäre für $\mathbf{x}^* \neq 0$ $F^*(\mathbf{x}^*) \leqq 0$, so könnte man zu $\mathbf{x}^*$ ein x_1 so wählen, daß der erste Summand der letzten Gleichung verschwindet, d.h. es wäre auch $F(\mathbf{x}) \leqslant 0$. Auf $F^*(\mathbf{x}^*)$ läßt sich die Induktionsvoraussetzung anwenden.

Die (r − 1)-reihigen Hauptunterdeterminanten $(2 \leqslant r \leqslant p)$ der quadratischen Form F^* sind aber bis auf den positiven Faktor a_{11} gleich den r-reihigen Hauptunterdeterminanten Δ_r von F. Es ist nämlich

$$\Delta_r = \begin{vmatrix} a_{11} & \cdots & a_{1j} & \cdots & a_{1r} \\ \vdots & & \vdots & & \vdots \\ a_{i1} & \cdots & a_{ij} & \cdots & a_{ir} \\ \vdots & & \vdots & & \vdots \\ a_{r1} & \cdots & a_{rj} & \cdots & a_{rr} \end{vmatrix} = \begin{vmatrix} a_{11} & \cdots & a_{1j} & \cdots & a_{1r} \\ & & \vdots & & \\ 0 & & \left(a_{ij} - \dfrac{a_{i1}a_{1j}}{a_{11}}\right) & & \\ & & \vdots & & \\ 0 & & & & \end{vmatrix} = a_{11}\det\left(a_{ij} - \frac{a_{i1}a_{1j}}{a_{11}}\right) \quad i, j = 2, \ldots, r$$

b) Es seien jetzt alle Hauptunterdeterminanten der Matrix A positiv ($\Delta_r > 0$ für $1 \leqslant r \leqslant p$). Dann ist insbesondere $\Delta_1 = a_{11} > 0$ und die Umformungen (5.56) lassen sich durchführen. Nach Induktionsvoraussetzung ist dann $F^*(x^*) > 0$ für $x^* \neq \mathbf{0}$, damit aber auch $F(x) > 0$. Ist $x^* = \mathbf{0}$, so muß $x_1 \neq 0$ sein ($x \neq \mathbf{0}$) und damit ist ebenfalls $F(x) > 0$. ∎

Wir wollen abschließend noch einige Eigenschaften orthogonaler bzw. unitärer Transformationen behandeln.

5.33 **Definition.**

Eine reelle (p, p)-Matrix $\mathbf{T}$ heißt *orthogonal*, falls

$$\mathbf{T}^T \cdot \mathbf{T} = \mathbf{E}_p \quad \text{ist.} \tag{5.58}$$

Eine komplexe (p, p)-Matrix $\mathbf{T}$ heißt *unitär*, falls $\overline{\mathbf{T}}^T \cdot \mathbf{T} = \mathbf{E}_p$ ist.

Die orthogonalen bzw. unitären Matrizen lassen sich dadurch charakterisieren, daß ihre Spaltenvektoren ein Orthonormalsystem bilden.

5.34 **Satz.**

a) Eine reelle (komplexe) (p, p)-Matrix $\mathbf{T}$ ist orthogonal (unitär), falls die Spaltenvektoren $\mathbf{z}_1, \mathbf{z}_2, \ldots, \mathbf{z}_p$ ein Orthonormalsystem bezüglich des Standardskalarprodukts bilden.

b) Eine reelle (komplexe) (p, p)-Matrix $\mathbf{T}$ ist genau dann orthogonal (unitär), wenn sie das Skalarprodukt invariant läßt, wenn also für alle $\mathbf{x}, \mathbf{y} \in \mathbb{R}^p$ ($\mathbf{x}, \mathbf{y} \in \mathbb{C}^p$)

$$(\mathbf{Tx}, \mathbf{Ty}) = (\mathbf{x}, \mathbf{y}) \quad \text{gilt.}$$

Beweis.

a) folgt unmittelbar aus Definition 5.33, denn mit $\mathbf{T} = (\mathbf{z}_1, \mathbf{z}_2, \ldots, \mathbf{z}_p)$ gilt

$$\overline{\mathbf{T}}^T \cdot \mathbf{T} = \begin{pmatrix} \overline{\mathbf{z}}_1^T \\ \vdots \\ \overline{\mathbf{z}}_p^T \end{pmatrix} \cdot (\mathbf{z}_1, \mathbf{z}_2, \ldots, \mathbf{z}_p) = \begin{pmatrix} \overline{\mathbf{z}}_1^T \mathbf{z}_1 & \overline{\mathbf{z}}_1^T \mathbf{z}_2 & \ldots & \overline{\mathbf{z}}_1^T \mathbf{z}_p \\ \vdots & \vdots & & \vdots \\ \overline{\mathbf{z}}_p^T \mathbf{z}_1 & \overline{\mathbf{z}}_p^T \mathbf{z}_2 & \ldots & \overline{\mathbf{z}}_p^T \mathbf{z}_p \end{pmatrix}$$

$$= \begin{pmatrix} 1 & & 0 \\ & \ddots & \\ 0 & & 1 \end{pmatrix} = \mathbf{E}_p$$

genau dann, wenn $\mathbf{z}_1, \mathbf{z}_2, \ldots, \mathbf{z}_p$ ein Orthonormalsystem bilden.

b) Nach Lemma 5.29 ist $(\mathbf{Tx}, \mathbf{Ty}) = (\mathbf{x}, \overline{\mathbf{T}}^T \mathbf{T}\, \mathbf{y}) = (\mathbf{x}, \mathbf{y})$ dann und nur dann, falls $\overline{\mathbf{T}}^T \cdot \mathbf{T} = \mathbf{E}_p$, also $\mathbf{T}$ orthogonal bzw. unitär ist. ∎

Man kann eine orthogonale Matrix $\mathbf{T}$ einmal als Matrix einer Abbildung $\mathbf{f}: \mathbb{R}^p \to \mathbb{R}^p$ ansehen, andererseits auch als Matrix einer Basistransformation auffassen. Dabei wird durch $B = \{\mathbf{z}_1, \mathbf{z}_2, \ldots, \mathbf{z}_p\}$, also durch die Spaltenvektoren von $\mathbf{T}$, in $\mathbb{R}^p$ eine neue

Orthonormalbasis eingeführt, mithin ein neues kartesisches Koordinatensystem, während das ursprüngliche Koordinatensystem durch die kanonische Basis $A = \{\mathbf{e}_1, \mathbf{e}_2, \ldots, \mathbf{e}_p\}$ in $\mathbb{R}^p$ gegeben ist. Die Umrechnung der Koordinaten eines Vektors vom ursprünglichen in das neue Basis wird durch die Matrix $\mathbf{T}$ bewerkstelligt:

$$\mathbf{x} = \begin{pmatrix} x_1 \\ x_2 \\ \vdots \\ x_p \end{pmatrix} = (\mathbf{x})_A = \sum_{j=1}^{p} \xi_j \mathbf{z}_j = \mathbf{T} \begin{pmatrix} \xi_1 \\ \vdots \\ \xi_p \end{pmatrix} = \mathbf{T}(\mathbf{x})_B .$$

Also geschieht die Umrechnung von einem ins andere Koordinatensystem nach den Formeln

$$(\mathbf{x})_A = \mathbf{T}(\mathbf{x})_B \quad \text{und} \quad (\mathbf{x})_B = \mathbf{T}^T(\mathbf{x})_A \tag{5.59}$$

oder ausführlicher

$$\begin{pmatrix} x_1 \\ x_2 \\ \vdots \\ x_p \end{pmatrix} = \mathbf{T} \begin{pmatrix} \xi_1 \\ \xi_2 \\ \vdots \\ \xi_p \end{pmatrix} \quad \text{und} \quad \begin{pmatrix} \xi_1 \\ \xi_2 \\ \vdots \\ \xi_p \end{pmatrix} = \mathbf{T}^T \begin{pmatrix} x_1 \\ x_2 \\ \vdots \\ x_p \end{pmatrix} .$$

5.6 Anwendungen und Beispiele

5.6.1 Beste Approximation

Es sei U ein Unterraum des Vektorraumes V(K) mit Skalarprodukt ϕ und zugehöriger Norm $\|\cdot\|$, $\dim(U) = r$ sei endlich. Zu beliebigem $\mathbf{x} \in V(K)$ bestimme man den Vektor $\mathbf{y} \in U$, der $\mathbf{x}$ bestmöglich approximiert, d.h. für den

$$\|\mathbf{x} - \mathbf{y}\| = \min_{\mathbf{w} \in U} \|\mathbf{x} - \mathbf{w}\| \quad \text{gilt.}$$

Lösung.

Ist $\{\mathbf{x}_1, \mathbf{x}_2, \ldots, \mathbf{x}_r\}$ eine Orthonormalbasis in U, die beispielsweise nach dem Schmidtschen Orthogonalisierungsverfahren erzeugt werden kann, so ist nach Lemma 5.25

$$\mathbf{x} = \mathbf{y} + \mathbf{z} \quad \text{mit} \quad \mathbf{y} = \sum_{j=1}^{r} \phi(\mathbf{x}, \mathbf{x}_j)\mathbf{x}_j \quad \text{und} \quad \mathbf{y} \in U, \mathbf{z} \in U^\perp .$$

Einen beliebigen Vektor $\mathbf{w} \in U$ kann man in der Form

$\mathbf{w} = \mathbf{y} + \mathbf{h}$ mit $\mathbf{h} \in U$ darstellen, entsprechend

$\mathbf{x} = \mathbf{w} + (\mathbf{z} - \mathbf{h})$. Dann ist

$$\|\mathbf{x} - \mathbf{w}\|^2 = \|\mathbf{z} - \mathbf{h}\|^2 = \phi(\mathbf{z} - \mathbf{h}, \mathbf{z} - \mathbf{h}) = \\ = \phi(\mathbf{z}, \mathbf{z}) - \phi(\mathbf{h}, \mathbf{z}) - \phi(\mathbf{z}, \mathbf{h}) + \phi(\mathbf{h}, \mathbf{h}) = \|\mathbf{z}\|^2 + \|\mathbf{h}\|^2 ,$$

da $\phi(\mathbf{z}, \mathbf{h}) = \phi(\mathbf{h}, \mathbf{z}) = 0$ $(\mathbf{h} \in U, \mathbf{z} \in U^\perp)$. Also ist $\|\mathbf{x} - \mathbf{w}\| > \|\mathbf{x} - \mathbf{y}\| = \|\mathbf{z}\|$ für $\mathbf{h} \neq \mathbf{0}$, und $\mathbf{y}$ ist beste Approximation des Vektors $\mathbf{x}$ in U. Um die beste Approximation zu bestimmen, ist es nicht notwendig, ein Orthonormalsystem in U zur Verfügung zu haben. Ist nämlich $\{\mathbf{a}_1, \mathbf{a}_2, \ldots, \mathbf{a}_r\}$ eine beliebige Basis, so führt der Ansatz

$$\mathbf{y} = \sum_{j=1}^{r} c_j \mathbf{a}_j$$ und die Bedingung $\mathbf{x} - \mathbf{y} \in U^\perp$, d.h. $\phi(\mathbf{x} - \mathbf{y}, \mathbf{a}_k) = 0$ auf das

Gleichungssystem

$$\sum_{j=1}^{r} \phi(\mathbf{a}_j, \mathbf{a}_k)\, c_j = \phi(\mathbf{x}, \mathbf{a}_k) \qquad (k = 1, 2, \ldots, r),$$

das eindeutig lösbar ist, vgl. Lemma 5.7.

Die Aufgabe, eine beste Approximation $\mathbf{y} \in U$ zu gegebenem $\mathbf{x} \in V(K)$ zu finden, ist bereits sinnvoll, wenn der Vektorraum V(K) mit einer Norm $\|\cdot\|$ versehen ist, die nicht aus einem Skalarprodukt stammt. In diesem Fall braucht jedoch die beste Approximation nicht eindeutig bestimmt zu sein, wie das folgende Beispiel zeigt.

Der Vektorraum $V_2(\mathbb{R})$ sei durch $\|\cdot\|_\infty$ normiert, ferner sei $U = \langle \mathbf{e}_1 \rangle$, $\mathbf{x} = (0, 1)^T$. Dann ist $(\mathbf{w} \in U)$

$$\|\mathbf{x} - \mathbf{w}\|_\infty = \left\| \begin{pmatrix} 0 \\ 1 \end{pmatrix} - \begin{pmatrix} x_1 \\ 0 \end{pmatrix} \right\|_\infty = \operatorname{Max}(|x_1|, 1) \geqslant 1$$

und dieser Mindestabstand wird von allen Vektoren $\mathbf{y} = x_1 \mathbf{e}_1$ mit $|x_1| \leqslant 1$ angenommen.

5.6.2 Iterationsverfahren zur Lösung linearer Gleichungssysteme

Ein gegebenes lineares Gleichungssystem kann in der Form

$$\mathbf{x} = \mathbf{C}\mathbf{x} + \mathbf{y} \tag{5.60}$$

geschrieben werden, bei der $\mathbf{C}$ eine gegebene (p, p)-Matrix und $\mathbf{y} \in V_p(K)$ ein gegebener Vektor ist. Die Lösung $\mathbf{x}^*$ sei eindeutig bestimmt, vgl. Beispiel S. 106. Man gebe eine hinreichende Bedingung an, unter der das Iterationsverfahren $\mathbf{x}_0 \in V_p(K)$ und

$$\mathbf{x}_{n+1} = \mathbf{C}\mathbf{x}_n + \mathbf{y} \qquad (n = 0, 1, 2, \ldots) \tag{5.61}$$

gegen die Lösung $\mathbf{x}^*$ von (5.60) konvergiert.

Lösung.

Damit der Lösungsvektor eindeutig bestimmt ist, muß zunächst die Matrix $(\mathbf{E} - \mathbf{C})$ regulär sein, also $\det(\mathbf{E} - \mathbf{C}) \neq 0$. Führt man im Vektorraum $V_p(K)$ eine Norm $\|\cdot\|$ ein, so ist $V_p(K)$ mit der Metrik $\rho(\mathbf{z}_1, \mathbf{z}_2) = \|\mathbf{z}_1 - \mathbf{z}_2\|$ ein vollständiger metrischer Raum. Die Abbildung $\mathbf{f}$: $V_p(K) \to V_p(K)$ mit

$$\mathbf{f}(\mathbf{x}) = \mathbf{C}\mathbf{x} + \mathbf{y}$$

ist genau dann kontrahierend, wenn die zugehörige Matrixnorm $\|C\| < 1$ ist, denn es ist

$$\rho(f(z_1), f(z_2)) = \|C(z_1 - z_2)\| \leqslant \|C\|\,\|z_1 - z_2\| = \|C\|\,\rho(z_1, z_2).$$

Der Grenzwert x^* (Fixpunkt von f) ist vom Startvektor x_0 unabhängig. Wählt man $x_0 = 0$, so ergibt sich

$$\begin{aligned} &x_1 = y,\ x_2 = y + Cy,\ x_3 = y + Cy + C^2 y, \ldots, \quad \text{allgemein} \\ &x_n = (E + C + C^2 + \ldots + C^{n-1})\,y\,. \end{aligned} \tag{5.62}$$

Die Folge $\sum_{\nu=0}^{n} C^\nu$ konvergiert in der Matrixnorm, da $\sum_{\nu=0}^{\infty} \|C^\nu\| \leqq \sum_{\nu=0}^{\infty} \|C\|^\nu$ eine konvergente Majorante ist. Multipliziert man die Glieder dieser Folge mit $(E - C)$, so folgt $(E - C) \cdot \sum_{\nu=0}^{n} C^\nu = E - C^{n+1} \to E$, so daß

$$\sum_{\nu=0}^{\infty} C^\nu = (E - C)^{-1} \tag{5.63}$$

ist. Man nennt die linke Seite auch die Neumannsche Reihe der Matrix $(E - C)^{-1}$.

(Die Neumannsche Reihe konvergiert nach dem Wurzelkriterium, vgl. Bd. „Funktionen einer Veränderlichen", Satz 2.13, falls

$\sigma(C) := \overline{\lim}\, \sqrt[n]{\|C^n\|} < 1$ ist. $\sigma(C)$ heißt auch Spektralradius der Matrix C.

Für jede Matrizennorm ist

$\sigma(C) \leqq \|C\|$).

5.6.3 Iterationsverfahren zur Berechnung der inversen Matrix

Es sei A eine reguläre (p, p)-Matrix und B_0 eine Näherung für die inverse Matrix A^{-1}. Mit $F_0 = E - AB_0$ gelte in einer zugeordneten Matrizennorm $\|F_0\| < 1$.
Man zeige, daß die durch das Iterationsverfahren gebildete Folge B_n:

$$\left.\begin{aligned} F_n &= E - AB_n \\ B_{n+1} &= B_n(E + F_n) \end{aligned}\right\} \quad n = 0, 1, 2, \ldots \tag{5.64}$$

gegen die inverse Matrix konvergiert, also $\lim_{n\to\infty} B_n = A^{-1}$ in der Matrixnorm, und bestimme die Konvergenzordnung.

Lösung.

Es ist

$$\begin{aligned} F_{n+1} &= E - AB_{n+1} = E - AB_n(E + F_n) \\ &= E - (E - F_n)(E + F_n) = F_n^2\,, \end{aligned}$$

mithin $\|F_{n+1}\| \leqq \|F_n\|^2$, und mit vollständiger Induktion

folgt $\|F_n\| \leqq \|F_0\|^{2^n} \to 0$ für $n \to \infty$.

Setzt man wiederum $\rho(\mathbf{A}^{-1}, \mathbf{B}_n) = \|\mathbf{A}^{-1} - \mathbf{B}_n\|$, so ergibt sich

$$\mathbf{F}_n = \mathbf{A}(\mathbf{A}^{-1} - \mathbf{B}_n), \text{ also } \|\mathbf{F}_n\| \leqq \|\mathbf{A}\|\,\|\mathbf{A}^{-1} - \mathbf{B}_n\| \leqq \|\mathbf{A}\|\,\rho(\mathbf{A}^{-1}, \mathbf{B}_n)$$

und

$$\rho(\mathbf{A}^{-1}, \mathbf{B}_n) = \|\mathbf{A}^{-1} - \mathbf{B}_n\| = \|\mathbf{A}^{-1}\mathbf{F}_n\| \leqq \|\mathbf{A}^{-1}\| \cdot \|\mathbf{F}_n\| \to 0 .$$

Es folgt

$$\begin{aligned}\rho(\mathbf{A}^{-1}, \mathbf{B}_{n+1}) &\leqq \|\mathbf{A}^{-1}\|\,\|\mathbf{F}_{n+1}\| \leqq \|\mathbf{A}^{-1}\|\,\|\mathbf{F}_n\|^2 \\ &\leqq \|\mathbf{A}^{-1}\| \cdot \|\mathbf{A}\|^2\,\rho(\mathbf{A}^{-1}, \mathbf{B}_n)^2 ,\end{aligned}$$

mithin ist die Konvergenzordnung mindestens 2.

Das folgende Beispiel zeigt, daß die Konvergenzordnung $\gamma = 2$ ist: Es sei

$$\mathbf{A} = \begin{pmatrix} 7 & 3 \\ 5 & 4 \end{pmatrix}, \quad \mathbf{B}_0 = \begin{pmatrix} 0.3 & -0.2 \\ -0.4 & 0.5 \end{pmatrix}, \text{ dann errechnet man}$$

$$\mathbf{F}_0 = \frac{1}{10}\begin{pmatrix} 1 & -1 \\ 1 & 0 \end{pmatrix} \quad \text{sowie}$$

$$\mathbf{B}_1 = \begin{pmatrix} 0.31 & -0.23 \\ -0.39 & 0.54 \end{pmatrix}, \ldots, \quad \mathbf{B}_3 = \begin{pmatrix} +0.30769231 & -0.23076923 \\ -0.38461539 & 0.53846154 \end{pmatrix},$$

wobei der Fehler in den Elementen von $\mathbf{B}_3$ kleiner als 10^{-8} ist.

Aus der Darstellung für $\mathbf{F}_0$ entnimmt man noch, daß $\mathbf{F}_n$ von der Form

$$\pm 10^{-(2^n)}\begin{pmatrix} 1 & -1 \\ 1 & 0 \end{pmatrix} \quad \text{oder} \quad 10^{-(2^n)}\begin{pmatrix} 0 & -1 \\ 1 & -1 \end{pmatrix} \text{ ist, mithin}$$

$$\overline{\lim}\ \frac{\rho(\mathbf{A}^{-1}, \mathbf{B}_{n+1})}{(\rho(\mathbf{A}^{-1}, \mathbf{B}_n))^2} \geqq \frac{1}{\|\mathbf{A}\| \cdot \|\mathbf{A}^{-1}\|^2}\ \frac{\left\|\begin{pmatrix} 1 & -1 \\ 1 & 0 \end{pmatrix}\right\|}{\left\|\begin{pmatrix} 0 & -1 \\ 1 & 1 \end{pmatrix}\right\|} > 0 , \text{ also die Konvergenz-}$$

ordnung $\gamma = 2$ ist.

5.6.4 Skalarprodukt und orthogonale Matrizen

Es sei $\mathbb{R}^p$ der p-dimensionale euklidische Vektorraum mit dem Standardskalarprodukt (,) und daraus abgeleiteter Norm $\|\cdot\|$.

Ferner sei $\mathbf{A}$ eine reell-symmetrisch p-reihige Matrix. Man zeige: Für $\mathbf{x}, \mathbf{y} \in \mathbb{R}^p$ gilt

$$4(\mathbf{A}\mathbf{x}, \mathbf{y}) = (\mathbf{A}(\mathbf{x} + \mathbf{y}), \mathbf{x} + \mathbf{y}) - (\mathbf{A}(\mathbf{x} - \mathbf{y}), \mathbf{x} - \mathbf{y}) . \qquad (5.65)$$

Man folgere daraus. Gilt für die reelle Matrix $\mathbf{T}$ und alle $\mathbf{x} \in \mathbb{R}^p$ $\|\mathbf{T}\mathbf{x}\| = \|\mathbf{x}\|$ bzw. $(\mathbf{T}\mathbf{x}, \mathbf{T}\mathbf{x}) = (\mathbf{x}, \mathbf{x})$, so ist $\mathbf{T}$ orthogonal.

Lösung.

Es ist $(\mathbf{A}(\mathbf{x} + \mathbf{y}), \mathbf{x} + \mathbf{y}) = (\mathbf{A}\mathbf{x}, \mathbf{x}) + (\mathbf{A}\mathbf{x}, \mathbf{y}) + (\mathbf{A}\mathbf{y}, \mathbf{x}) + (\mathbf{A}\mathbf{y}, \mathbf{y})$.

Aus der Symmetrie von $\mathbf{A}$ folgt $(\mathbf{A}\mathbf{y}, \mathbf{x}) = (\mathbf{y}, \mathbf{A}\mathbf{x}) = (\mathbf{A}\mathbf{x}, \mathbf{y})$, also

$$(\mathbf{A}(\mathbf{x} + \mathbf{y}), \mathbf{x} + \mathbf{y}) = (\mathbf{A}\mathbf{x}, \mathbf{x}) + 2(\mathbf{A}\mathbf{x}, \mathbf{y}) + (\mathbf{A}\mathbf{y}, \mathbf{y}) \text{ und analog}$$

$$(\mathbf{A}(\mathbf{x} - \mathbf{y}), \mathbf{x} - \mathbf{y}) = (\mathbf{A}\mathbf{x}, \mathbf{x}) - 2(\mathbf{A}\mathbf{x}, \mathbf{y}) + (\mathbf{A}\mathbf{y}, \mathbf{y}) .$$

Durch Subtraktion dieser beiden letzten Gleichungen ergibt sich die erste Behauptung.
Ist $(\mathbf{Tx}, \mathbf{Tx}) = (\mathbf{x}, \mathbf{x})$, so folgt $(\mathbf{T}^T \mathbf{Tx}, \mathbf{x}) = (\mathbf{x}, \mathbf{x}) = (\mathbf{Ex}, \mathbf{x})$ für alle $\mathbf{x}$.
Daher gilt für die symmetrische Matrix $\mathbf{A} = \mathbf{TT}^T$: $(\mathbf{Ax}, \mathbf{x}) = (\mathbf{Ex}, \mathbf{x})$ und somit nach (5.65) auch $(\mathbf{Ax}, \mathbf{y}) = (\mathbf{Ex}, \mathbf{y})$ für alle $\mathbf{x}, \mathbf{y} \in \mathbb{R}^p$. Dies ist nur möglich, wenn $\mathbf{A} = \mathbf{TT}^T = \mathbf{E}$ ist, d.h. wenn $\mathbf{T}$ orthogonal ist. Eine lineare Abbildung, die die Längen aller Vektoren des $\mathbb{R}^p$ invariant läßt, ist also eine orthogonale Transformation.

5.7 Aufgaben zu Kapitel 5

1. Man zeige: $\|\mathbf{A}\|_1 = \mathrm{Max} \sum_{i=1}^{p} |a_{ij}|$ und gebe einen Vektor $\mathbf{x}_0 \in V_p(K)$ an, für den $\|\mathbf{x}_0\|_1 = 1$ und $\|\mathbf{Ax}_0\|_1 = \mathrm{Max} \sum_{i=1}^{p} |a_{ij}|$ ist.

2. Im euklidischen Vektorraum $\mathbb{R}^4$ sei $U = \left\langle \begin{pmatrix} 1\\1\\1\\1 \end{pmatrix}, \begin{pmatrix} 1\\1\\1\\0 \end{pmatrix} \right\rangle$. Man bestimme die beste Approximation $\mathbf{y} \in U$ zu $\mathbf{x} = \begin{pmatrix} 12\\-1\\-5\\3 \end{pmatrix}$.

3. Man gebe die **QR**-Zerlegung der Matrix

$$A = \begin{pmatrix} 2 & -6 & 5 & 1\\ 2 & -4 & -2 & 5\\ 0 & 4 & -5 & -1\\ 1 & 2 & -6 & -3 \end{pmatrix} \quad \text{an.}$$

4. Im Vektorraum $\mathscr{P}_n(\mathbb{R})$ der reellen Polynome sei durch

$$\phi(f, g) = \int_{-1}^{1} \frac{f(x)\, g(x)}{\sqrt{1-x^2}}\, dx$$

ein Skalarprodukt eingeführt. Man orthogonalisiere die Potenzen $(1, x, x^2, x^3)$ und normiere die dadurch erzeugte Polynome T_0, T_1, T_2, T_3 durch $T_n(1) = 1$. Man zeige allgemein:

$$T_n(x) = \cos(n \arccos x) \quad (n \in N_0).$$

(Die Polynome $T_n(x)$ heißen ‚Tschebyscheff-Polynome').

5. Man berechne $\det(\mathbf{T})$ und $\|\mathbf{T}\|_2$ für eine orthogonale bzw. unitäre Matrix $\mathbf{T}$. Welche Abschätzungen ergeben sich hieraus für $\|\mathbf{T}\|_1$ und $\|\mathbf{T}\|_\infty$?

6. Es sei $\mathbf{A}$ eine symmetrische p-reihige Matrix ($a_{ij} = a_{ji} \in \mathbb{R}$). Man zeige: $\mathbf{A}$ ist genau dann negativ definit, falls die Hauptunterdeterminanten alternierendes Vorzeichen haben:

$$a_{11} < 0, \quad \begin{vmatrix} a_{11} & a_{12}\\ a_{21} & a_{22} \end{vmatrix} > 0, \quad \begin{vmatrix} a_{11} & \cdots & a_{13}\\ \vdots & & \vdots\\ a_{31} & \cdots & a_{33} \end{vmatrix} < 0, \quad \text{usw.}$$

7. Für welche a, b $\in \mathbb{R}$ sind die symmetrischen Tridiagonalmatrizen

$$\text{(i)} \quad \mathbf{D}_p = \begin{pmatrix} a & 1 & & & & \\ 1 & 2 & 1 & & & \\ & 1 & 2 & 1 & & \\ & & \ddots & \ddots & \ddots & \\ & & & \ddots & \ddots & 1 \\ & & & & 1 & 2 \end{pmatrix} \qquad \text{(ii)} \quad \mathbf{C}_p = \begin{pmatrix} b & 1 & & & \\ 1 & 2 & 1 & & \\ & 1 & 2 & \ddots & \\ & & \ddots & \ddots & \ddots \\ & & & \ddots & 2 & 1 \\ & & & & 1 & b \end{pmatrix}$$

positiv definit?

5.8 Entscheidungshilfen und Literaturhinweise zu Kapitel 5

Zur Vertiefung einiger in diesem Kapitel behandelten Begriffe (normierter Vektorraum, metrischer Raum, Banachscher Fixpunktsatz u.a.) sei auf einführende Werke über Funktionalanalysis und numerische Mathematik hingewiesen, z.B. Ljusternik-Sobolew [L5], Collatz [C2], H. Werner [W1, W2], sowie weitere Werke, s. Literaturverzeichnis.

6 Numerische Verfahren zur Lösung linearer Gleichungssysteme

Bereits in Kapitel 4 hatten wir verschiedene Verfahren zur Lösung linearer Gleichungssysteme kennengelernt, nämlich den Gaußschen Algorithmus und für quadratische Gleichungssysteme die Berechnung der inversen Matrix sowie die Cramersche Regel. Alle diese Verfahren lösen ein gegebenes Gleichungssystem mit regulärer Koeffizientenmatrix theoretisch in endlich vielen Schritten, allerdings mit einem ganz unterschiedlichen Rechenaufwand, insbesondere mit einer unterschiedlichen Anzahl von Punktoperationen (Multiplikationen und Divisionen). Solche Gesichtspunkte, die für die Konstruktion und Auswahl eines geeigneten numerischen Verfahrens zur Lösung großer linearer Gleichungssysteme und ihren Einsatz auf einem Computer eine wichtige Rolle spielen, sind

- Rechenzeitaufwand
- Speicherplatzbedarf
- Anfälligkeit des Verfahrens gegen Akkumulation von Rundungsfehlern und Auslöschungseffekte.

Es kommt hinzu, daß Gleichungssysteme mitunter ‚schlecht konditioniert' sind, d.h. kleine Änderungen der gebenen rechten Seite oder der Elemente der Koeffizientenmatrix rufen große Änderungen der Lösung hervor.

Auf alle Fälle ist es wünschenswert, Abschätzungen zu haben, wie weit die vom Computer errechneten Lösungen von den in der Regel unbekannten exakten Lösungen abweichen.

In diesem Kapitel sollen hauptsächlich reelle, quadratische Gleichungssysteme

$$\mathbf{A}\mathbf{x} = \mathbf{y} \tag{6.1}$$

behandelt werden. Dabei sei $\mathbf{A}$ eine gegebene, reelle (p, p)-Matrix, $\mathbf{y} \in V_p(\mathbb{R})$ die gegebene rechte Seite und $\mathbf{x} \in V_p(\mathbb{R})$ die gesuchte Lösung.

Die hier behandelten Verfahren sind jedoch – mit naheliegenden Abänderungen beim Cholesky- und dem QR-Verfahren – auch zur Lösung komplexer Gleichungssysteme geeignet. Man kann im übrigen bei einem komplexen Gleichungssystem durch Trennung von Real- und Imaginärteil direkt zu einem reellen Gleichungssystem mit der doppelten Zahl an Gleichungen und Unbekannten übergehen.

Bei den numerischen Verfahren zur Lösung linearer Gleichungssysteme unterscheidet man zwischen direkten und iterativen Verfahren. Bei den direkten Verfahren wird die Lösung in einer endlichen (von p abhängigen) Anzahl von Schritten gewonnen, die iterativen Verfahren dagegen erzeugen eine nicht abbrechende Folge von Näherungslösungen, die unter gewissen Voraussetzungen gegen die exakte Lösung konvergiert. In beiden Fällen sollen neben den Verfahren selbst Abschätzungen des Rechenaufwandes, Fehleranalysen und praktische Gesichtspunkte zur Auswahl der Verfahren behandelt werden.

Als Beispiel für das Auftreten großer Gleichungssysteme betrachten wir noch die numerische Lösung eines Randwertproblems der Potentialtheorie. Gesucht sei eine Funktion $u = u(x, y)$, die in einem Gebiet der (x, y)-Ebene – hier der Einfachheit halber einem achsenparallelen Quadrat G, $G = \{(x, y) | 0 < x < a, 0 < y < a\}$ – der Differentialgleichung

$$\Delta u := \frac{\partial^2 u(x, y)}{\partial x^2} + \frac{\partial^2 u(x, y)}{\partial y^2} = 0$$

genügt und zusätzlich auf dem Rand ∂G des Quadrats G vorgegebene Randwerte g annimmt ($u(x, y) = g(x, y)$ für $(x, y) \in \partial G$). Ist g z.B. stetig längs des Randes von G, so wird in der Theorie der partiellen Differentialgleichungen (s. Band „Partielle Differentialgleichungen") gezeigt, daß die Lösung u in G eindeutig bestimmt ist.

Solche Randwertprobleme treten an vielen Stellen auf – mit anderen Gebieten, anderen Randbedingungen und allgemeineren Differentialgleichungen –, so z.B. in der Elastizitätstheorie, der Hydrodynamik, der Elektrostatik, der Wärmelehre usw. Wir können etwa $u(x, y)$ in unserem Beispiel als die stationäre (zeitunabhängige) Temperaturverteilung in einem langen, homogenen, wärmeleitenden Stab mit dem Querschnitt G ansehen, dessen Randflächen auf der zeitunabhängigen Temperatur $g(x, y)$ gehalten werden.

Um die gesuchte Funktion $u(x, y)$ näherungsweise zu berechnen, führen wir in G ein quadratisches Gitternetz ein, indem wir die Intervalle $[0, a]$ auf der x- und der y-Achse in $(N + 1)$ gleichlange Teilintervalle unterteilen, vgl. Bild 6.1. Dann haben die Gitterpunkte die Koordinaten (ih, jh) $(0 \leqslant i, j \leqslant N + 1)$, wobei $h = a/(N + 1)$ die Maschenweite des Gitters ist.

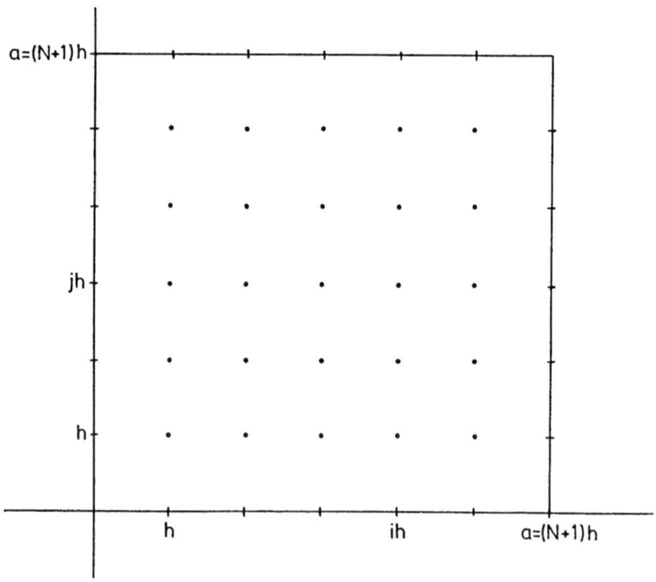

Bild 6.1

Bezeichnen wir mit v_{ij} die Näherung an die gesuchte Lösung u(ih, jh), so kann man in jedem inneren Punkt des Gitters die Ableitungen $\partial^2 u/\partial x^2$ sowie $\partial^2 u/\partial y^2$ durch Differenzenquotienten ersetzen, vgl. den Band „Funktionen einer Veränderlichen", Kapitel 6, Tabelle 6.33, und zwar durch

$$\frac{\partial^2 u(x,y)}{\partial x^2} \approx \frac{1}{h^2}(u(x-h,y) - 2u(x,y) + u(x+h,y)),$$

sowie $$\frac{\partial^2 u(x,y)}{\partial y^2} \approx \frac{1}{h^2}(u(x,y-h) - 2u(x,y) + u(x,y+h))$$

mit einem Fehler $\mathcal{O}(h^2)$. Setzt man jetzt x = ih, y = jh und ersetzt die Funktionswerte durch die Näherungswerte v_{ij}, so wird die Differentialgleichung $\Delta u = 0$ approximiert durch die Differenzengleichung

$$0 = -v_{i,j-1} - v_{i-1,j} + 4v_{i,j} - v_{i+1,j} - v_{i,j+1}$$

und zwar für $1 \leqslant i, j \leqslant N$. Zusätzlich folgt aus der Randbedingung

$$v_{i,0} = g(ih, 0), \quad v_{i,N+1} = g(ih, a) \quad (1 \leqslant i \leqslant N)$$

und

$$v_{0,j} = g(0, jh), \quad v_{j,N+1} = g(a, jh) \quad (1 \leqslant j \leqslant N).$$

Ordnet man die N^2 Unbekannten $(v_{i,j})$ zeilenweise hinsichtlich des Gitters in G zu einem Vektor zusammen:

$$\mathbf{v}_j := \begin{pmatrix} v_{1,j} \\ \vdots \\ v_{N,j} \end{pmatrix} \quad \text{und} \quad \mathbf{x} := \begin{pmatrix} \mathbf{v}_1 \\ \vdots \\ \mathbf{v}_N \end{pmatrix},$$

so ergibt sich aus dem Differenzengleichungen folgendes Gleichungssystem. In Blockschreibweise gilt mit der Matrix

$$\mathbf{P}_N := \underbrace{\begin{pmatrix} \mathbf{A} & -\mathbf{E} & & & \\ -\mathbf{E} & \mathbf{A} & -\mathbf{E} & & \\ & -\mathbf{E} & \mathbf{A} & \ddots & \\ & & \ddots & \ddots & -\mathbf{E} \\ & & & -\mathbf{E} & \mathbf{A} \end{pmatrix}}_{\text{N Blöcke zu je N Spalten}} \left.\vphantom{\begin{pmatrix} A \\ A \\ A \\ A \\ A \end{pmatrix}}\right\} \text{N Blöcke zu je N Zeilen}$$

die Gleichung $\mathbf{P}_N \mathbf{x} = \mathbf{y}$. Dabei ist $\mathbf{E} = \mathbf{E}_N$ die N-reihige Einheitsmatrix und $\mathbf{A}$ eine N-reihige Tridiagonalmatrix

$$\mathbf{A} := \begin{pmatrix} 4 & -1 & & & \\ -1 & 4 & \ddots & & \\ & -1 & \ddots & \ddots & \\ & & \ddots & \ddots & -1 \\ & & & -1 & 4 \end{pmatrix}$$

sowie **y** ein Vektor mit N^2 Komponenten, die sich aus den Randwerten in den Gitterpunkten auf dem Rand zusammensetzen. Die Matrix $\mathbf{P}_N$ ist ein Beispiel einer tridiagonalen Blockmatrix, wie sie allgemeiner bereits in Abschnitt 4.6.1 betrachtet wurden. Mit Hilfe der N-reihigen Matrix **I**:

$$\mathbf{I} := -\begin{pmatrix} 0 & 1 & & & & \\ 1 & 0 & 1 & & & \\ & 1 & 0 & \cdot & & \\ & & \cdot & \cdot & \cdot & \\ & & & \cdot & \cdot & 1 \\ & & & & 1 & 0 \end{pmatrix}$$

läßt sie sich auch durch Kroneckerprodukte darstellen,

$$\mathbf{P}_N = \mathbf{E} \otimes \mathbf{A} + \mathbf{I} \otimes \mathbf{E}\,, \quad \text{(vgl. Abschnitt 4.6.3)}\,.$$

(Hieraus ergibt sich – wie später gezeigt wird – auch das sogenannte Spektrum von $\mathbf{P}_N$).

Wie dies Beispiel zeigt, entstehen bei der Diskretisierung von (partiellen) Differentialgleichungen schnell Gleichungssysteme großer Ordnung p. Schon für verhältnismäßig große Schrittweiten, etwa für $N = 50$, ergibt sich ein Gleichungssystem der Ordnung $p = 2500$, also ein System von 2500 Gleichungen und Unbekannten. Berücksichtigt man, daß der Diskretisierungsfehler (s. die bereits zitierte Tabelle 6.33 aus dem Band „Funktionen einer Veränderlichen") von der Ordnung $\mathcal{O}(h^2)$ ist und daher – wie man beweisen kann – auch die numerische Lösung $v_{i,j}$ sich von der exakten Lösung u(ih,jh) um einen Fehler der Ordnung $\mathcal{O}(h^2)$ bei hinreichend glatten Randwerten unterscheidet, so bedeutet eine Halbierung der Schrittweite zwar, daß der Fehler um den Faktor 1/4 verkleinert wird aber gleichzeitig die Ordnung ca. um den Faktor 4 zunimmt.

Diese Verhältnisse werden noch ungünstiger, wenn wir ein dreidimensionales Randwertproblem betrachten. Hier ist die Ordnung $p = N^3$, also für $N = 50$ bereits $p = 125\,000$. Zwar sind auch hier die Matrizen dünn besetzt, dennoch sind sehr effiziente Lösungsverfahren für solche Gleichungssysteme erforderlich.

6.1 Fehlerabschätzungen, Konditionszahlen

Gegeben sei das p-reihige Gleichungssystem (6.1). In der Regel sind die Elemente a_{ij} der Matrix **A** $(i, j = 1, 2, \ldots, p)$ und die Komponenten y_i des Vektors **y** nicht genau bekannt, sei es, weil sie aus Meßwerten stammen und daher notwendig fehlerbehaftet sind, sei es, weil sie wegen der vorgegebenen Stellenzahl der Zahldarstellungen im Rechner gerundet werden müssen. Welchen Einfluß unter Umständen kleine Änderungen der Eingangsdaten auf das Ergebnis haben können, zeigt folgendes einfache Beispiel.

6.1 Beispiel.

Gegeben sei das Gleichungssystem

$$\begin{aligned} 1.01\,x_1 + \,x_2 &= 2.01 \\ x_1 + 0.99\,x_2 &= 1.99 \end{aligned} \qquad (6.2)$$

Die Determinante dieses Gleichungssystems ist von Null verschieden, die Lösung $x_1 = 1$, $x_2 = 1$ eindeutig bestimmt. Ändert man die gegebene rechte Seite des Gleichungssystems geringfügig ab, löst also das Gleichungssystem

$$\begin{aligned} 1.01\,x_1 + \,x_2 &= 2 \\ x_1 + 0.99\,x_2 &= 2 \end{aligned} \qquad (6.3)$$

so lautet die Lösung nunmehr $x_1 = 200$, $x_2 = -200$.

Eine Änderung der rechten Seiten um ca. 0.5 % bewirkt eine Änderung der Lösung um den Faktor 200.

Der Grund hierfür ist leicht zu sehen. Die beiden Geraden

$$1.01\,x_1 + x_2 = 2.01 \quad \text{und} \quad x_1 + 0.99\,x_2 = 1.99$$

sind nahezu parallel, eine geringfügige Verschiebung einer oder beider Geraden ändert die Lage des Schnittpunktes stark. Man sagt, das Gleichungssystem (6.1) ist schlecht konditioniert. □

Wir wollen nun eine Fehlerabschätzung bei Störungen der Eingangsdaten geben. Statt des exakten Gleichungssystems $\mathbf{A}\mathbf{x} = \mathbf{y}$ $(\det(\mathbf{A}) \neq 0)$ löst man in der Regel ein gestörtes Gleichungssystem

$$(\mathbf{A} + \Delta\mathbf{A})(\mathbf{x} + \Delta\mathbf{x}) = \mathbf{y} + \Delta\mathbf{y}\,, \qquad (6.4)$$

wobei die Störung $\Delta\mathbf{A}$ der Matrix $\mathbf{A}$ so klein sein soll, daß auch $(\mathbf{A} + \Delta\mathbf{A})$ nicht singulär ist.

Für die Fehlerabschätzung sei in $V_p(\mathbb{R})$ eine Norm $\|\cdot\|$ eingeführt, $\|\mathbf{A}\|$ bezeichne die dadurch induzierte Norm der Matrix $\mathbf{A}$, (vgl. Abschnitt 4.5).

Wir betrachten zunächst den Spezialfall $\Delta\mathbf{A} = \Omega$ (Nullmatrix), bei dem also nur die rechte Seite des Gleichungssystems (6.1) gestört ist.

6.2 **Lemma.**

Die (p, p) Matrix $\mathbf{A}$ sei nicht singulär $(\det(\mathbf{A}) \neq 0)$.
Dann gilt für die Lösung des Gleichungssystems

$\mathbf{A}\mathbf{x} = \mathbf{y}$ $(\mathbf{y} \in V_p(\mathbb{R}),\ \mathbf{y} \neq \mathbf{0})$ und des gestörten Systems

$\mathbf{A}(\mathbf{x} + \Delta\mathbf{x}) = \mathbf{y} + \Delta\mathbf{y}$ die Abschätzung

$$\frac{\|\Delta\mathbf{x}\|}{\|\mathbf{x}\|} \leq \|\mathbf{A}\| \cdot \|\mathbf{A}^{-1}\|\, \frac{\|\Delta\mathbf{y}\|}{\|\mathbf{y}\|}\,. \qquad (6.5)$$

In Gl. (6.5) wird der relative Fehler der Lösung durch den relativen Fehler der rechten Seite abgeschätzt. Der relative Fehler der Lösung kann dabei um den Faktor

$\|A\| \cdot \|A^{-1}\|$ größer sein, als der relative Fehler des Vektors $\mathbf{y}$. Dieser Faktor spielt in vielen Fehlerabschätzungen eine Rolle.

6.3 **Definition.** (*Konditionszahl*)

Es sei $\mathbf{A}$ eine nicht-singuläre (p, p)-Matrix und $\|\cdot\|$ eine induzierte Norm. Dann heißt

$$\kappa(\mathbf{A}) := \|\mathbf{A}\| \cdot \|\mathbf{A}^{-1}\|$$

Konditionszahl der Matrix $\mathbf{A}$ bezüglich der Norm $\|\cdot\|$.

Ist $V_p(\mathbb{R})$ durch eine Norm $\|\cdot\|_\alpha$ $(1 \leqq \alpha \leqq \infty)$ normiert, so kennzeichnen wir auch die Konditionszahl κ_α durch den Index α.

6.4 **Beispiel** (Fortsetzung des Beispiels 6.1).

Mit $\mathbf{A} = \begin{pmatrix} 1.01 & 1 \\ 1 & 0.99 \end{pmatrix}$ ist $\mathbf{A}^{-1} = 10^4 \begin{pmatrix} -0.99 & 1 \\ 1 & -1.01 \end{pmatrix}$,

daher $\|\mathbf{A}\|_\infty = 2.01$, $\|\mathbf{A}^{-1}\|_\infty = 2.01 \cdot 10^4$, also $\kappa_\infty(\mathbf{A}) = 40401$.

Wir wollen noch die Abschätzung des Lemmas 6.2 überprüfen. Es war

$$\mathbf{x} = \begin{pmatrix} 1 \\ 1 \end{pmatrix}, \quad \mathbf{y} = \begin{pmatrix} 2.01 \\ 1.99 \end{pmatrix}, \quad \Delta\mathbf{x} = \begin{pmatrix} 199 \\ -201 \end{pmatrix}, \quad \Delta\mathbf{y} = \begin{pmatrix} -0.01 \\ 0.01 \end{pmatrix},$$

also $\dfrac{\|\Delta\mathbf{x}\|_\infty}{\|\mathbf{x}\|_\infty} = \dfrac{201}{1} = \kappa_\infty(\mathbf{A}) \dfrac{\|\Delta\mathbf{y}\|_\infty}{\|\mathbf{y}\|_\infty} = 40401 \dfrac{0.01}{2.01}$, d.h. die Abschätzung des Lemmas 6.2 ist scharf. □

Beweis zu Lemma 6.2:

Gl. (6.5) ist äquivalent zur Ungleichung

$$\frac{\|\Delta\mathbf{x}\|}{\|\Delta\mathbf{y}\|} \cdot \frac{\|\mathbf{y}\|}{\|\mathbf{x}\|} \leqslant \|\mathbf{A}\| \cdot \|\mathbf{A}^{-1}\| .$$

Nach Definition der Matrizennorm ist $\|\mathbf{y}\| = \|\mathbf{Ax}\| \leqq \|\mathbf{A}\|\,\|\mathbf{x}\|$, mithin $\|\mathbf{y}\|/\|\mathbf{x}\| \leqq \|\mathbf{A}\|$, während $\|\Delta\mathbf{x}\| = \|\mathbf{A}^{-1}\Delta\mathbf{y}\|$, folglich $\|\Delta\mathbf{x}\|/\|\Delta\mathbf{y}\| \leqq \|\mathbf{A}^{-1}\|$. Das Produkt dieser beiden Ungleichungen liefert die Abschätzung Gl. (6.5).

Die Abschätzung ist scharf in dem Sinn, daß es Vektoren $\mathbf{x}$ und $\Delta\mathbf{x}$ mit $\|\mathbf{x}\| = 1$ und $\|\Delta\mathbf{x}\| = \epsilon$ ($\epsilon > 0$ beliebig) gibt, für die in Gl. (6.5) das Gleichheitszeichen steht. ■

Wir beweisen einige einfache Eigenschaften der Konditionszahlen.

6.5 **Lemma.**

a) Für jede Konditionszahl gilt: $\kappa(\mathbf{A}) \geqq 1$,

b) Es gelten die Ungleichungen

$$\frac{1}{p^2}\,\kappa_\infty(\mathbf{A}) \leqq \frac{1}{p}\,\kappa_2(\mathbf{A}) \leqq \kappa_1(\mathbf{A}) \leqq p\,\kappa_2(\mathbf{A}) \leqq p^2\,\kappa_\infty(\mathbf{A}) . \qquad (6.6)$$

Beweis.

a) ergibt sich aus $\mathbf{AA}^{-1} = \mathbf{E}$. Für jede (induzierte) Matrizennorm gilt nämlich $\|\mathbf{E}\| = 1 \leqq \|\mathbf{A}\|\,\|\mathbf{A}^{-1}\|$, vgl. Lemma 5.21.

b) folgt unmittelbar aus Lemma 5.20 (im Fall p = q), z.B. $\|\mathbf{A}\|_2 \leqq \sqrt{p}\,\|\mathbf{A}\|_1$ und entsprechend $\|\mathbf{A}^{-1}\|_2 \leqq \sqrt{p}\,\|\mathbf{A}^{-1}\|_1$, daher $\|\mathbf{A}\|_2\,\|\mathbf{A}^{-1}\|_2 \leqq p\,\|\mathbf{A}\|_1 \cdot \|\mathbf{A}^{-1}\|_1$ oder $\kappa_2(\mathbf{A}) \leqq p\,\kappa_1(\mathbf{A})$. ■

Wir wollen noch ein hinreichendes Kriterium angeben, wie ‚klein' die Störung einer nicht-singulären Matrix **A** sein darf, damit auch $(\mathbf{A} + \Delta\mathbf{A})$ nicht-singulär ist.

Dazu betrachten wir zunächst eine Störung der Einheitsmatrix:

6.6 **Lemma.**

Ist **B** eine (p, p)-Matrix mit $\|\mathbf{B}\| < 1$, so ist $(\mathbf{E} - \mathbf{B})$ nicht singulär.

Ferner gilt
$$\|(\mathbf{E} - \mathbf{B})^{-1}\| \leqq \frac{1}{1 - \|\mathbf{B}\|} \tag{6.7}$$

und
$$(\mathbf{E} - \mathbf{B})^{-1} = \mathbf{E} + \sum_{\nu=1}^{\infty} \mathbf{B}^{\nu} \quad (\textit{Neumannsche Reihe})\,, \tag{6.8}$$

wobei die Konvergenz der Reihe $\sum_{\nu=1}^{\infty} \mathbf{B}^{\nu}$ in der Matrizennorm eintritt.

Beweis.

a) Hätte das homogene Gleichungssystem $(\mathbf{E} - \mathbf{B})\,\mathbf{x} = \mathbf{0}$ eine nicht-triviale Lösung $\mathbf{x} \neq \mathbf{0}$, so ergäbe sich aus $\mathbf{x} = \mathbf{Bx}$ $\|\mathbf{x}\| \leq \|\mathbf{B}\| \cdot \|\mathbf{x}\| < \|\mathbf{x}\|$ (Widerspruch). Daher existiert $(\mathbf{E} - \mathbf{B})^{-1}$. Aus $\mathbf{y} = (\mathbf{E} - \mathbf{B})^{-1}\,\mathbf{x}$ oder $\mathbf{x} = (\mathbf{E} - \mathbf{B})\,\mathbf{y}$ bzw. $\mathbf{x} = \mathbf{y} - \mathbf{By}$ folgt $\|\mathbf{x}\| \geqq \|\mathbf{y}\| - \|\mathbf{B}\|\,\|\mathbf{y}\|$, also

$$\frac{\|\mathbf{y}\|}{\|\mathbf{x}\|} \leqq \frac{1}{1 - \|\mathbf{B}\|} \quad \text{und daher} \quad \|(\mathbf{E} - \mathbf{B})^{-1}\| = \sup \frac{\|\mathbf{y}\|}{\|\mathbf{x}\|} \leqslant \frac{1}{1 - \|\mathbf{B}\|}\,.$$

b) Die Reihe $\mathbf{E} + \sum_{\nu=1}^{\infty} \mathbf{B}^{\nu}$ konvergiert in der Matrizennorm,

denn $\|\mathbf{B}^n + \mathbf{B}^{n+1} + \ldots + \mathbf{B}^{n+k}\| \leqq \|\mathbf{B}\|^n + \|\mathbf{B}\|^{n+1} + \ldots + \|\mathbf{B}\|^{n+k} \leqq \|\mathbf{B}\|^n/(1 - \|\mathbf{B}\|) \to 0$ für $n \to \infty$. Ferner $(\mathbf{E} - \mathbf{B})\,(\mathbf{E} + \mathbf{B} + \mathbf{B}^2 + \ldots + \mathbf{B}^n) = \mathbf{E} - \mathbf{B}^{n+1}$, so daß

$(\mathbf{E} - \mathbf{B}) \cdot \left(\mathbf{E} + \lim_{n\to\infty} \sum_{\nu=1}^{n} \mathbf{B}^{\nu}\right) = \mathbf{E}$ ist. Daraus folgt die Behauptung Gl. (6.8). ■

Als Korollar zu Lemma 6.6 erhalten wir: Ist **A** nicht-singulär und ist $\|\mathbf{A}^{-1}\| \cdot \|\Delta\mathbf{A}\| < 1$ bzw. $\kappa(\mathbf{A}) \cdot (\|\Delta\mathbf{A}\|/\|\mathbf{A}\|) < 1$, so ist auch $(\mathbf{A} + \Delta\mathbf{A})$ nicht singulär und

$$\|(\mathbf{A} + \Delta\mathbf{A})^{-1}\| \leqq \frac{\|\mathbf{A}^{-1}\|}{1 - \|\Delta\mathbf{A}\|\,\|\mathbf{A}^{-1}\|} = \frac{\|\mathbf{A}^{-1}\|}{1 - \kappa(\mathbf{A})\,(\|\Delta\mathbf{A}\|/\|\mathbf{A}\|)} \tag{6.9}$$

Denn $\mathbf{A} + \Delta\mathbf{A} = \mathbf{A}(\mathbf{E} + \mathbf{A}^{-1}\Delta\mathbf{A}) = \mathbf{A}(\mathbf{E} - \mathbf{B})$ mit $\mathbf{B} = -\mathbf{A}^{-1}\Delta\mathbf{A}$ und $\|\mathbf{B}\| \leqq \|\mathbf{A}^{-1}\|\,\|\Delta\mathbf{A}\| < 1$. Daher existiert die inverse Matrix zu beiden Faktoren von $\mathbf{A}(\mathbf{E} - \mathbf{B})$ und $(\mathbf{A} + \Delta\mathbf{A})^{-1} = (\mathbf{E} - \mathbf{B})^{-1}\mathbf{A}^{-1}$, d.h. mit der Abschätzung Gl. (6.7) folgt

$$\|(\mathbf{A} + \Delta\mathbf{A})^{-1}\| \leqq \|(\mathbf{E} - \mathbf{B})^{-1}\|\,\|\mathbf{A}^{-1}\| \leqq \frac{\|\mathbf{A}^{-1}\|}{1 - \|\mathbf{B}\|} \leqq \frac{\|\mathbf{A}^{-1}\|}{1 - \|\mathbf{A}^{-1}\|\,\|\Delta\mathbf{A}\|}\,. \qquad (6.10)$$

Als weitere Folgerung aus Lemma 6.6 bemerken wir noch, daß die eindeutig bestimmte Lösung $\mathbf{x}$ des Gleichungssystems $(\mathbf{E} - \mathbf{B})\,\mathbf{x} = \mathbf{y}$ sich als Grenzwert der Iterationsfolge

$$x_{n+1} = \mathbf{B}\,x_n + y \qquad (x_0 \in V_p(\mathbb{R}) \text{ beliebig, } n = 0, 1, 2, \ldots)$$

ergibt, ein Ergebnis, das auch unmittelbar aus dem Banachschen Fixpunktsatz (Satz 5.10) hergeleitet werden kann, vgl. Beispiel 5.6.2.

Für das gestörte Gleichungssystem (6.4) läßt sich nunmehr folgende Abschätzung angeben.

6.7 **Satz.**

Es seien $\mathbf{y}$ und $\Delta\mathbf{y} \in (V_p(\mathbb{R}), \|\cdot\|)$, $(\mathbf{y} \neq 0)$ sowie die reellen (p, p) Matrizen $\mathbf{A}$ und $\Delta\mathbf{A}$ gegeben. Die Matrix $\mathbf{A}$ sei regulär und es gelte $\|\Delta\mathbf{A}\| \cdot \|\mathbf{A}^{-1}\| < 1$. Dann gilt für die Lösung des gestörten Gleichungssystems

$$(\mathbf{A} + \Delta\mathbf{A})\,(\mathbf{x} + \Delta\mathbf{x}) = \mathbf{y} + \Delta\mathbf{y} \qquad (6.11)$$

des Gleichungssystems $\mathbf{Ax} = \mathbf{y}$ die Abschätzung

$$\frac{\|\Delta\mathbf{x}\|}{\|\mathbf{x}\|} \leqslant \frac{\kappa(\mathbf{A})}{1 - \|\mathbf{A}^{-1}\|\,\|\Delta\mathbf{A}\|}\left(\frac{\|\Delta\mathbf{A}\|}{\|\mathbf{A}\|} + \frac{\|\Delta\mathbf{y}\|}{\|\mathbf{y}\|}\right). \qquad (6.12)$$

Für $\Delta\mathbf{A} = \Omega$ (Nullmatrix) geht diese Abschätzung in die Abschätzung aus Lemme 6.2 über.

Beweis.

Multipliziert man die linke Seite der Gl. (6.11) aus und beachtet $\mathbf{Ax} = \mathbf{y}$, so erhält man

$$(\mathbf{A} + \Delta\mathbf{A})\,\Delta\mathbf{x} + \Delta\mathbf{A}\,\mathbf{x} = \Delta\mathbf{y}$$

bzw.

$$\Delta\mathbf{x} = (\mathbf{A} + \Delta\mathbf{A})^{-1}\,(-\Delta\mathbf{A}\cdot\mathbf{x} + \Delta\mathbf{y})$$

also mit der Abschätzung aus Gl. (6.10)

$$\|\Delta\mathbf{x}\| \leqslant \frac{\|\mathbf{A}^{-1}\|}{1 - \|\mathbf{A}^{-1}\|\,\|\Delta\mathbf{A}\|}\,(\|\Delta\mathbf{A}\|\,\|\mathbf{x}\| + \|\Delta\mathbf{y}\|)\,.$$

Dividieren wir diese Ungleichung durch $\|\mathbf{x}\|$ $(\mathbf{x} \neq \mathbf{0})$ und verwenden $\|\mathbf{y}\| \leqslant \|\mathbf{A}\|\,\|\mathbf{x}\|$, so ergibt sich

$$\frac{\|\Delta\mathbf{x}\|}{\|\mathbf{x}\|} \leqslant \frac{\|\mathbf{A}^{-1}\|\cdot\|\mathbf{A}\|}{1-\|\mathbf{A}^{-1}\|\,\|\Delta\mathbf{A}\|}\left(\frac{\|\Delta\mathbf{A}\|}{\|\mathbf{A}\|}+\frac{\|\Delta\mathbf{y}\|}{\|\mathbf{y}\|}\right). \qquad \blacksquare$$

Die Konditionszahl $\kappa(\mathbf{A})$ einer Matrix spielt also bei Fehlerabschätzungen eine wichtige Rolle. Große Werte von $\kappa(\mathbf{A})$ bedeuten im allgemeinen schlecht konditionierte Gleichungssysteme, bei dem selbst bei exakten Ausgangsdaten durch Rundungsfehler bzw. Auslöschungen in einem Lösungsverfahren große Genauigkeitsverluste eintreten können. Eine Faustregel besagt, daß für geeignet skalierte (s.u.) Gleichungssysteme eine Konditionszahl $\kappa(\mathbf{A}) \approx 10^k$ bewirkt, daß bei Rechnungen mit t Dezimalstellen in den Komponenten der Lösung nur etwa $t-k$ Dezimalstellen genau sind. Da jedoch die Konditionszahl das Verhalten einer Matrix mit p^2 Elementen in eine Zahl komprimiert, wird man nicht erwarten dürfen, daß die obige Regel immer zutrifft.

Als Beispiel betrachten wir das Gleichungssystem $\mathbf{Ax} = \mathbf{y}$ mit

$$\mathbf{A} = \begin{pmatrix} 1 & 0 \\ 0 & 10^{-k} \end{pmatrix}, \quad \mathbf{A}^{-1} = \begin{pmatrix} 1 & 0 \\ 0 & 10^{k} \end{pmatrix} \quad (k \in \mathbb{N}).$$

Es ist z.B. $\|\mathbf{A}\|_\infty = 1$, $\|\mathbf{A}^{-1}\|_\infty = 10^k$, also $\kappa_\infty(\mathbf{A}) = 10^k$.

Diese Konditionszahl ist auch realistisch, denn eine Änderung der zweiten Komponente von y um ϵ bewirkt eine Änderung der zweiten Komponente der Lösung um $\epsilon \cdot 10^k$. Dennoch tritt bei der Lösung $x_1 = y_1$ und $x_2 = 10^k y_2$ kein Genauigkeitsverlust auf. Multipliziert man die zweite Gleichung dieses Systems mit 10^k, so entsteht aus $\mathbf{A}$ die Einheitsmatrix $\mathbf{E}$, deren Konditionszahl $\kappa(\mathbf{E}) = 1$ ist.

Allgemein spricht man von einer *Skalierung* des Gleichungssystems $\mathbf{Ax} = \mathbf{y}$, wenn man mit Diagonalmatrizen $\mathbf{D}_1$ und $\mathbf{D}_2$ (mit von Null verschiedenen Diagonalelementen) übergeht zum Gleichungssystem $\mathbf{D}_1\mathbf{A}\mathbf{D}_2\tilde{\mathbf{x}} = \mathbf{D}_1\mathbf{y}$. Dabei ändert offenbar der Übergang von $\mathbf{Ax} = \mathbf{y}$ zu $\mathbf{D}_1\mathbf{Ax} = \mathbf{D}_1\mathbf{y}$ $(\det(\mathbf{D}_1) \neq 0)$ die Lösung nicht, vielmehr wird jede Zeile des Gleichungssystems mit dem entsprechenden Diagonalelement der Matrix $\mathbf{D}_1$ multipliziert. Der Übergang von $\mathbf{x}$ zu $\mathbf{D}_2\tilde{\mathbf{x}}$ bedeutet eine Skalierung der Unbekannten, die durch $\mathbf{x} = \mathbf{D}_2\tilde{\mathbf{x}}$ bzw. $\tilde{\mathbf{x}} = \mathbf{D}_2^{-1}\mathbf{x}$ gegeben ist.

Die Frage, durch welche Skalierungsmatrizen man die Kondition eines Gleichungssystems wesentlich verbessert, ist allgemein schwierig zu beantworten. Wir führen hier (ohne Beweis) ein Ergebnis an, das jedenfalls für eine Zeilenskalierung spricht.

6.8 **Satz.**

Es sei $\mathbf{A}$ eine gegebene (p, p)-Matrix, $\mathbf{A} = (a_{ij})$ mit $\det(\mathbf{A}) \neq 0$. Das Gleichungssystem $\mathbf{Ax} = \mathbf{y}$ sei bereits so skaliert, daß

$$\sum_{j=1}^{p} |a_{ij}| = 1 \quad \text{ist für } i = 1, 2, \ldots, p\,.$$

Dann gilt für jede Diagonalmatrix $\mathbf{D}$ $(\det(\mathbf{D}) \neq 0)$

$$\kappa_\infty(\mathbf{DA}) \geqslant \kappa_\infty(\mathbf{A})\,.$$

Siehe dazu H. Werner, [W1] S. 160.

6.2 Bemerkungen zum Gaußschen Eliminationsverfahren

Das Gaußsche Eliminationsverfahren ist bereits in Kapitel 4 dargestellt worden (Algorithmus 4.3). Hier sollen lediglich einige zusätzliche, für numerische Rechnungen wichtige Punkte behandelt werden.

6.2.1 Auswahl der Pivotelemente, Skalierung

Bei dem in 4.3 beschriebenen Gaußschen Algorithmus ist bereits eine teilweise Pivotisierung durchgeführt, denn beim Übergang von A_{k-1} zu A_k wurde jeweils das betragsgrößte Element der Restmatrix (also der k-ten Spalte und der letzten $(p-k+1)$ Zeilen) als Pivotelement ausgewählt. Statt der teilweisen Pivotierung wird gelegentlich auch die vollständige Pivotierung verwendet, bei der man das betragsgrößte Element der gesamten Restmatrix (also der Spalten und Zeilen von $k, k+1, \ldots, p$) als Pivotelement wählt. Dabei ist i.a. neben einer Zeilen- auch eine Spaltenvertauschung und Umnumerierung der Unbekannten vorzunehmen. Das folgende einfache Beispiel soll zeigen, daß erhebliche Fehler auftreten können, falls keine Auswahl der Pivotelemente vorgenommen wird.

6.9 **Beispiel.**

Gegeben sei das Gleichungssystem

$$\begin{pmatrix} 7.835 \cdot 10^{-4} & 1 \\ 1 & 2 \end{pmatrix} \begin{pmatrix} x_1 \\ x_2 \end{pmatrix} \doteq \begin{pmatrix} 2 \\ 8 \end{pmatrix}$$

a) Wählt man zunächst das Element $a_{11} = 7.835 \cdot 10^{-4}$ als Pivotelement, so erhält man bei vierstelliger Gleitpunktrechnung:

$$\left(\begin{array}{cc|c} 7.835 \cdot 10^{-4} & 1 & 2 \\ 0 & 2 - \dfrac{10^4}{7.835} & 8 - \dfrac{2 \cdot 10^4}{7.835} \end{array}\right),$$

also $x_2 \approx 1.998$ (aus der zweiten Gleichung) und

$$x_1 \approx \frac{10^4}{7.835}(2 - x_2) \approx 2.553.$$

Die exakte Lösung lautet, auf vier Stellen gerundet

$$x_1 = 4.006 \quad \text{und} \quad x_2 = 1.997 \,.$$

Das Ergebnis für x_1 ist also schon in der ersten Dezimalstelle ungenau. Offenbar tritt eine erhebliche Auslöschung durch die Differenz ungefähr gleich großer Zahlen (x_2 und 2) ein.

b) Wählt man das betragsgrößte Element in jeder (Rest) Spalte als Pivotelement, so ergibt sich hingegen

$$\left(\begin{array}{cc|c} 1 & 2 & 8 \\ 0 & 0.9984 & 1.994 \end{array}\right)$$

und daraus $x_2 \approx 1.997$ und $x_1 \approx 4.006$, also vier exakte Stellen.

c) Die Regel, das betragsgrößte Element in der jeweiligen Spalte der Restmatrix als Pivotelement zu nehmen (teilweise Pivotisierung), kann *ohne Skalierung* ebenfalls zu erheblichen Fehlern führen. Ändert man die erste Gleichung durch Multiplikation mit 10^4 ab, betrachtet also das System

$$\begin{pmatrix} 7.835 & 10000 & \vdots & 20000 \\ 1 & 2 & \vdots & 8 \end{pmatrix}$$

so ist 7.835 das betragsgrößte Element der ersten Spalte, und bei vierstelliger Rechnung ergeben sich dieselben schlechten Werte wie im Fall a). □

Die Skalierung einer Matrix **A** kann auf verschiedene Weisen erfolgen:

a) Man berechne die Zeilensummen der Beträge, d.h. die Zahlen $s_i = \sum_{j=1}^{p} |a_{ij}|$ $(i = 1, 2, \ldots, p)$ und dividiere die i-te Zeile des Gleichungssystems durch s_i bzw. – um nicht schon durch die Skalierung zusätzliche Rundungsfehler zu verursachen – durch die der Zahl s_i nächstbenachbarte Zehnerpotenz.

b) Da die Skalierung ohnehin nur durch die Auswahl der Pivotelemente auf die Genauigkeit des Ergebnisses Einfluß besitzt, wähle man die Pivotelemente wie folgt: Es sei bereits die Matrix $\mathbf{A}_{k-1}$ erzeugt (vgl. Gl. (4.12)).

Man berechne $s_i^{(k-1)} := \sum_{j=i}^{p} |a_{ij}^{(k-1)}|$ für $i = k, \ldots, p$ und wähle das Pivotelement $a_{i_0}^{(k-1)}$ durch $|a_{i_0 k}^{(k-1)}|/s_{i_0} = \underset{i = k, \ldots, p}{\mathrm{Max}} |a_{ik}^{(k-1)}|/s_i$ aus.

Vgl. Stoer [S6], Noble [N1].

c) Sind die Elemente der Matrix **A** nicht exakt bekannt oder fehlerbehaftet, so sollte durch eine geeignete Skalierung erreicht werden, daß die Absolutbeträge der geschätzten Fehler der Matrixelemente annähernd gleich groß sind.

Im übrigen erreicht man durch eine Skalierung mit Zehnerpotenzen bei Dezimalzahlen nur dann eine Änderung der relativen Genauigkeit der Ergebnisse, wenn durch die Skalierung eine andere Reihenfolge der Pivotelemente erzielt wird. Bei gleicher Reihenfolge der Pivotelemente ändert sich die relative Genauigkeit nicht. Das folgende Beispiel soll daher den Einfluß der Auswahl der Pivotelemente zeigen.

6.10 Beispiel.

Gegeben sei das Gleichungssystem

$$\left.\begin{aligned} 0.0101\,x_1 + 0.705\,x_2 + 0.0142\,x_3 &= 0.409 \\ 0.705\,x_1 + 49.50\,x_2 + 1\,x_3 &= 28.7 \\ 0.0142\,x_1 + 1\,x_2 + 1\,x_3 &= -2.51 \end{aligned}\right\} \qquad (6.13)$$

Dieses Gleichungssystem wurde mit vierstelliger Gleitpunktarithmetik[1] nach dem Gaußschen Eliminationsverfahren gelöst und zwar

(i) mit Spaltenpivotsuche und Zeilenskalierung – wie unter b) beschrieben –
(ii) mit vollständiger Pivotsuche (das dem Betrag nach maximale Element der jeweiligen Restmatrix wird als Pivotelement gewählt)
(iii) mit Spaltenpivotsuche ohne Skalierung
ferner (iv) mit der Choleskyzerlegung der Matrix **A** (vgl. Beispiel 6.23)).

Zum Vergleich sind die exakten Werte angegeben – auf 5 Stellen gerundet –. Die folgende **Tabelle** enthält die so gewonnenen Lösungen:

6.11 Tabelle.

	exakt	Spaltenpivotsuche mit Skalierung (i)	vollständige Pivotsuche (ii)	Spaltenpivotsuche ohne Skalierung (iii)	Cholesky (iv)
x_1	1.8386	2.139	2.897	0.9362	2.149
x_2	0.61732	0.6131	0.6022	0.6302	0.6130
x_3	−3.1534	−3.154	−3.154	−3.154	−3.154

Offenbar liefert die Spaltenpivotsuche mit Skalierung und das Choleskyverfahren in diesem Beispiel die genauesten Werte, während die vollständige Pivotsuche ohne Skalierung (ii) und die Spaltenpivotsuche ohne Skalierung (iii) die schlechtesten Ergebnisse bringen. Ein Grund hierfür ist folgender. Bei jeder Form des Gaußschen Eliminationsverfahrens ohne Skalierung ist das Produkt der Pivotelemente konstant, nämlich – bis auf einen Faktor ±1 – gleich der Determinante von **A**. Wählt man bei der vollständigen Pivotsuche für die ersten Pivotelemente möglichst große Elemente der Matrix aus, so müssen die letzten Pivotelemente zwangsläufig relativ klein sein, relativ zur Determinante von **A** (genauer relativ zu $|\det(\mathbf{A})|^{1/p}$). Bei kleinen Pivotelementen können aber insbesondere bei den Zahlen der rechten Seite des Gleichungssystems Auslöschungseffekte verstärkt auftreten[2]). In der folgenden **Tabelle** sind die Pivotelemente der einzelnen Verfahren angegeben:

6.12 Tabelle.

	(i)	(ii)	(iii)	(iv)
1. Pivotelement	$1.01 \cdot 10^{-2}$	49.5	0.705	0.1005
2. Pivotelement	0.29	0.9798	$-4.3 \cdot 10^{-3}$	0.5385
3. Pivotelement	0.9797	$6 \cdot 10^{-5}$	0.9798	0.9898

Bei der Choleskyzerlegung sind die Diagonalelemente der Matrix **R** angegeben, vgl. Beispiel 6.23. Der exakte Wert von $\det(\mathbf{A}) = 2.8658 \cdot 10^{-3}$. Hinsichtlich eines anderen Beispiels vgl. Noble [N1], S. 90 f. Siehe ferner Stoer [S6], Abschnitt 4.5.

1) Dabei werden auch alle Zwischenergebnisse auf vier Stellen gerundet.

2) Siehe jedoch [W3], Kap. 4.32.

6.2.2 Rechen- und Speicherplatzbedarf

Die Lösung linearer Gleichungssysteme mit Hilfe des Gaußschen Algorithmus erfordert lediglich die Anwendung der vier Grundrechenarten Addition, Subtraktion, Multiplikation und Division. Da Multiplikationen und Divisionen wesentlich zeitaufwendiger sind als Additionen und Subtraktionen, ist es zulässig, die Zahl der Multiplikationen und Divisionen als Maß für den Rechenaufwand verschiedener Verfahren heranzuziehen. Es sollen zunächst die drei bisher behandelten Verfahren zur Lösung linearer Gleichungssysteme verglichen werden, nämlich der Gaußsche Algorithmus, das Verfahren von Gauß-Jordan und die Cramersche Regel.

Dabei soll vorausgesetzt werden, daß m ($\geqslant 1$) p-reihige Gleichungssysteme der Form $\mathbf{A}\mathbf{x}_i = \mathbf{y}_i$ ($i = 1, 2, \ldots, m$) mit derselben reellen (p, p)-Matrix $\mathbf{A}$ zu lösen sind. Eine Abzählung der erforderlichen Operationen ergibt (vgl. Isaacson, Keller [I 1]) folgende Tabelle:

6.13 Tabelle. Anzahl der Punktoperationen.

Gaußsches Eliminationsverfahren		Gauß-Jordan		Cramersche Regel	
für	Anzahl Multiplikation + Divisionen	für	Anzahl Multiplikation + Divisionen	für	Anzahl Multiplikation + Divisionen
LR-Zerlegung	$(p^3 - p)/3$	A^{-1}	p^3	1 Det.	$(p^3 + 2p)/3$
Vorwärts- und Rückwärtseinsetzen	p^2	damit Lösung eines Gleichungssystems	p^2	(p + 1) Det.	$\approx (p^4 + p^3)/3$
Lösung von m Gleichungssystemen	$\approx p^3/3 + mp^2$	Lösung von m Gleichungssystemen	$p^3 + mp^2$	Lösung von m Gleichungssystemen	$\approx (mp^4 + p^3 + 2mp^2)/3$

Fazit: Von den drei Verfahren ist die Cramersche Regel bei weitem am aufwendigsten. Aber auch die Berechnung von $\mathbf{A}^{-1}$ nach dem Verfahren von Gauß-Jordan ist wesentlich aufwendiger als das Gaußsche Eliminationsverfahren. Die Cramersche Regel und das Verfahren von Gauß-Jordan sollten daher für numerische Zwecke bei der Lösung linearer Gleichungssysteme nicht verwendet werden. Der Vorteil des Gaußschen Eliminationsverfahrens wird noch deutlicher, wenn die Matrix $\mathbf{A}$ nur dünn besetzt ist, wenn also nur ein Bruchteil der Elemente von $\mathbf{A}$ von Null verschieden ist, wie z.B. bei Bandmatrizen mit kleiner Bandbreite (vgl. 6.2.3).

Man kann den Gaußschen Algorithmus so anlegen, daß zur Herstellung der LR-Zerlegung nur die p^2 Speicherplätze benötigt werden, auf denen die Elemente der Matrix $\mathbf{A}$ gespeichert waren (falls keine Zeilenvertauschungen vorgenommen werden). Hierzu speichert man bei jedem Eliminationsschritt die Elemente der Matrix $\mathbf{A}_k$ – vgl. die Bezeichnungen im Algorithmus 4.3 – auf die entsprechenden Elemente der Matrix $\mathbf{A}_{k-1}$ und die Werte l_{ik} $(i = k + 1, \ldots, p)$ auf die Plätze der k-ten Spalte unterhalb der Hauptdiagonalen.

Nach Ausführung des Gaußschen Eliminationsverfahrens sind dann auf den Speicherplätzen der ursprünglichen Matrix **A** oberhalb und auf der Hauptdiagonalen die entsprechenden Elemente der Matrix **B** (= **R**) und unterhalb der Hauptdiagonalen die Elemente l_{ik} $(1 \leqslant k < i \leqslant p)$ der Matrix **L** gespeichert. Dabei werden die Elemente der ursprünglichen Matrix **A** überschrieben, stehen also für weitere Rechnungen, etwa für Nachiterationen, vgl. 6.2.5, nicht mehr zur Verfügung.

6.2.3 Bandmatrizen

Wir hatten bereits im Abschnitt 3.3.1 Bandmatrizen kennengelernt, etwa Bandmatrizen der Bandbreite $2m - 1$, also Matrizen der Form

$$\mathbf{B}_{2m-1} = \begin{pmatrix} b_{11} & \cdots & b_{1m} & & 0 \\ \vdots & \ddots & & \ddots & \\ b_{m1} & & \ddots & & b_{p+1-m,p} \\ & \ddots & & \ddots & \vdots \\ 0 & & b_{p,p+1-m} & \cdots & b_{pp} \end{pmatrix} \qquad (6.14)$$

Läßt sich die Gaußelimination ohne Zeilenvertauschungen durchführen, gilt mithin

$$\mathbf{B}_{2m-1} = \mathbf{L}\mathbf{R}\,, \qquad (6.15)$$

so haben die Dreiecksmatrizen **L** und **R** z.B. die Form

$$\mathbf{L} = \begin{pmatrix} 1 & & & & 0 \\ l_{21} & \ddots & & & \\ \vdots & & \ddots & & \\ l_{m1} & & & \ddots & \\ \vdots & \ddots & & & \ddots \\ 0 & & l_{p,p+1-m} & \cdots & 1 \end{pmatrix}, \quad \mathbf{R} = \begin{pmatrix} r_{11} & \cdots & r_{1m} & & \\ & \ddots & & \ddots & \\ & & \ddots & & r_{p+1-m,p} \\ & & & \ddots & \vdots \\ & & & & r_{pp} \end{pmatrix} \qquad (6.16)$$

Dies ergibt sich unmittelbar aus dem Gaußschen Eliminationsverfahren. Selbst wenn Zeilenvertauschungen erforderlich sind, vergrößert sich die Bandbreite der Matrix **R** von m auf maximal $2m - 1$, die Bandstruktur jedoch bleibt erhalten. Die inverse Matrix $\mathbf{B}_{2m-1}^{-1}$ ist demgegenüber in der Regel voll besetzt, wie einfache Beispiele schon bei Tridiagonalmatrizen $(m = 2)$ zeigen, vgl. 4.6.2. Daher bringt die LR-Zerlegung bei Bandmatrizen neben dem Gewinn an Rechenzeit auch eine erhebliche Einsparung an Speicherplatzbedarf. So sind z.B. bei einer Tridiagonalmatrix nur $(3p - 2)$ Speicherplätze erforderlich, um die Matrix zu speichern und auf diesen Speicherplätzen auch die LR-Zerlegung vorzunehmen. Zur Lösung eines solchen Gleichungssystems werden $(5p - 4)$ Punktoperationen benötigt, und zwar $(2p - 1)$ Operationen für die Herstellung der LR-Zerlegung, und $(3p - 3)$ Operationen für das Vorwärts- und Rückwärtseinsetzen.

Wann ist nun bei einer Bandmatrix die LR-Zerlegung ohne Zeilenvertauschungen, also ohne Vergrößerung der Bandbreite möglich? Ein notwendiges und hinreichendes Kriterium ist leicht anzugeben: Alle Hauptunterdeterminanten der Matrix B_{2m-1} müssen ungleich Null sein. Dieses Kriterium ist jedoch nur umständlich nachzuprüfen. Man ist daher auch an hinreichenden Kriterien interessiert, die leichter anzuwenden sind.

6.14 **Definition.** (*Zeilensummenkriterium, Spaltensummenkriterium*)

Eine (p, p)-Matrix $\mathbf{A} = (a_{ij})$ erfüllt das starke Zeilensummenkriterium, falls

$$|a_{ii}| > \sum_{\substack{j=1 \\ j \neq i}}^{p} |a_{ij}| \quad (i = 1, 2, \ldots, p) \tag{6.17}$$

Die Matrix A erfüllt das schwache Zeilensummenkriterium, falls in den Ungleichungen (6.17) teilweise (aber nicht in allen) das Gleichheitszeichen steht und alle $a_{ii} \neq 0$ sind.

Die Matrix **A** erfüllt das starke Spaltensummenkriterium, falls

$$|a_{ii}| > \sum_{\substack{k=1 \\ k \neq i}}^{p} |a_{ki}| \quad (i = 1, 2, \ldots, p) \tag{6.18}$$

und das schwache Spaltensummenkriterium, falls in Gl. (6.18) teilweise das Gleichheitszeichen steht und alle $a_{ii} \neq 0$ sind.

Damit gilt

6.15 **Satz.**

Gegeben sei die Bandmatrix $\mathbf{B}_{2m-1}$. Sie erfülle das starke Zeilen- (bzw. Spalten-)Summenkriterium. Dann ist die LR-Zerlegung ohne Zeilenvertauschungen möglich, d.h. es gilt Gl. (6.15).

Beweis.

Erfüllt die Matrix $\mathbf{B}_{2m-1}$ das starke Zeilensummenkriterium, so auch jede k-reihige Hauptuntermatrix, also jede Matrix der Form $(\mathbf{B}_{2m-1})_{\overline{1,\ldots,k};\overline{1,\ldots,k}}$ in der Bezeichnung der Def. 4.17. Auf der rechten Seite der Ungleichungen (6.17) fallen nämlich bei der Hauptuntermatrix lediglich die Summanden mit $j > k$ fort. Eine Matrix **A**, die das starke Zeilensummenkriterium erfüllt, ist aber stets regulär. Denn zerlegt man die Matrix **A** gemäß

$$\mathbf{A} = \mathbf{D} + \mathbf{C} \tag{6.19}$$

wobei **D** die Diagonalmatrix der Diagonalelemente von **A** ist, so gilt für jede Lösung **x** der homogenen Gleichung $\mathbf{Ax} = \mathbf{0}$

$$\mathbf{Dx} = -\mathbf{Cx} \quad \text{bzw.} \quad \mathbf{x} = -\mathbf{D}^{-1}\mathbf{Cx} \,,$$

da die Diagonalelemente $a_{ii} \neq 0$ sind. Gäbe es ein $\mathbf{x} \neq \mathbf{0}$, so wäre

$$\|\mathbf{x}\|_\infty = \|\mathbf{D}^{-1}\mathbf{C}\,\mathbf{x}\|_\infty \leqq \|\mathbf{D}^{-1}\mathbf{C}\|_\infty \; \|\mathbf{x}\|_\infty < \|\mathbf{x}\|_\infty \; ,$$

da $\|\mathbf{D}^{-1}\mathbf{C}\|_\infty = \underset{i}{\mathrm{Max}} \sum_{j \neq i} |a_{ij}|/|a_{ii}| < 1$ ist. ■

Eine analoge Aussage gilt für das starke Spaltensummenkriterium. Diese Bedingungen lassen sich noch abschwächen, so genügen für unzerlegbare Matrizen (vgl. Def. 6.31) das schwache Zeilen- (bzw. Spalten-)summenkriterium.

Für die im Beispiel 4.6.2 behandelten Tridiagonalmatrizen

$$\mathbf{B}_3 = \begin{pmatrix} a_1 & b_1 & & & 0 \\ c_2 & a_2 & b_2 & & \\ & \ddots & \ddots & \ddots & \\ & & \ddots & \ddots & b_{p-1} \\ 0 & & & c_p & a_p \end{pmatrix}$$

sind z.B. folgende Bedingungen für eine LR-Zerlegung der Form

$$\mathbf{B}_3 = \begin{pmatrix} d_1 & & & \\ c_2 & d_2 & & \\ & \ddots & \ddots & \\ & & c_p & d_p \end{pmatrix} \cdot \begin{pmatrix} 1 & f_1 & & \\ & 1 & f_2 & \\ & & \ddots & \ddots \\ & & & f_{p-1} \\ & & & 1 \end{pmatrix}$$

hinreichend:
$$|a_1| > |b_1| > 0$$
$$|a_j| \geqq |b_j| + |c_j| \quad (b_j c_j \neq 0) \quad (j = 2, 3, \ldots, p-1)$$
$$|a_p| > |c_p| > 0$$

Dann gelten, wie man rekursiv beweisen kann, die folgenden Abschätzungen

$$|f_j| < 1, \; |a_j| - |b_j| < |d_j| < |a_j| + |b_j| \quad (j = 1, \ldots, p)\,.$$

Vgl. Isaccson/Keller [I1], S. 58 u. f., ferner (für tridiagonale Blockmatrizen) Golub/van Loan [G5], S. 110 u. f.

6.2.4 Schätzung der Konditionszahl

Die Konditionszahl $\kappa(\mathbf{A})$ einer Matrix gibt einen wichtigen Hinweis auf die Genauigkeit der Lösung eines Gleichungssystems $\mathbf{Ax} = \mathbf{y}$, vgl. Lemma 6.2. Jedoch ist ihre genaue Berechnung nach der Formel $\kappa(\mathbf{A}) = \|\mathbf{A}\| \cdot \|\mathbf{A}^{-1}\|$ wesentlich aufwendiger als die Lösung des Gleichungssystems etwa nach dem Gaußschen Eliminationsverfahren, da sie die Kenntnis der Matrix $\mathbf{A}^{-1}$ voraussetzt. Andererseits ist eine genaue Berechnung der Konditionszahl auch nicht erforderlich, da sie lediglich zur Abschätzung der Genauigkeit der Lösung des Gleichungssystems verwendet wird. Daher genügt ein Verfahren, das zu einer Schätzung von $\kappa(\mathbf{A})$ führt. Solche Verfahren sind in größeren Programmpaketen der linearen Algebra enthalten, vgl. LINPACK [D3]. Ein solches

Verfahren, das auf Cline, Moler, Stewart und Wilkinson zurückgeht (vgl. [G5] und das die Konditionszahl $\kappa_1(\mathbf{A})$ approximiert, soll hier ohne Begründung dargestellt werden. Es setzt lediglich die Kenntnis der LR-Zerlegung der Matrix $\mathbf{A}$ voraus und erfordert ca. $5\,p^2/2$ Punktoperationen. Diese Zahl ist bei großem p nur ein Bruchteil der $p^3/3$ Punktoperationen, die zur Herstellung der LR-Zerlegung erforderlich sind. Der Hauptteil des Verfahrens gibt eine Abschätzung von $\|\mathbf{A}^{-1}\|_1$ an, ohne die Spalten von $\mathbf{A}^{-1}$ explizit zu berechnen. Hierzu wird das Gleichungssystem $\mathbf{A}\mathbf{x} = \mathbf{z}$ mit geeignetem $\mathbf{z}$ gelöst, so daß der Quotient $\|\mathbf{x}\|_1/\|\mathbf{z}\|_1 \leqq \|\mathbf{A}^{-1}\|_1$ möglichst groß wird, so daß er als Approximation an $\|\mathbf{A}^{-1}\|_1$ genommen werden kann. Dann wird

$$\kappa_1(\mathbf{A}) \cong \|\mathbf{A}\|_1 \cdot \|\mathbf{x}\|_1/\|\mathbf{z}\|_1\,. \tag{6.20}$$

Um einen geeigneten Vektor $\mathbf{z}$ zu erhalten, wird zunächst das Gleichungssystem $\mathbf{A}^T\mathbf{z} = \mathbf{e}$ gelöst, wobei die Komponenten des Vektors $\mathbf{e} = (e_1, \ldots, e_p)^T$ die Werte + 1 oder − 1 haben und im Laufe des Verfahrens festgelegt werden.
Dazu wird zunächst $\mathbf{R}^T\mathbf{w} = \mathbf{e}$, anschließend $\mathbf{L}^T\mathbf{z} = \mathbf{w}$ und dann $\mathbf{L}\mathbf{R}\,\mathbf{x} = \mathbf{z}$ gelöst. Hierbei sind

$$\mathbf{L} = \begin{pmatrix} 1 & & 0 \\ \vdots & \ddots & \\ l_{p1} & \cdots & 1 \end{pmatrix} \quad \text{und} \quad \mathbf{R} = \begin{pmatrix} r_{11} & \cdots & r_{1p} \\ & \ddots & \vdots \\ 0 & & r_{pp} \end{pmatrix}$$

die Matrizen der LR-Zerlegung von $\mathbf{A}$.

6.17 **Algorithmus** *zur näherungsweisen Berechnung von* $\kappa_1(\mathbf{A})$.

1. Schritt (Lösung von $\mathbf{R}^T\mathbf{w} = \mathbf{e}$).
Setze $e_1 = 1$ und $w_1 = 1/r_{11}$.
Sind dann (für $k = 2, 3, \ldots, p$) die Zahlen $e_1, e_2, \ldots, e_{k-1}$ und $w_1, w_2, \ldots, w_{k-1}$ bereits bestimmt und dabei gleichzeitig die Größen $t_j = \sum_{i=1}^{k-1} r_{ij}w_i$ $(j = k, k+1, \ldots, p)$ berechnet, so ergibt sich w_k aus der Gleichung

$r_{kk}w_k = e_k - t_k$ und für e_k gibt es die beiden Möglichkeiten

$e_k^+ = \operatorname{sign}(-t_k)$ bzw. $e_k^- = -e_k^+$, entsprechend

$w_k^+ = (e_k^+ - t_k)/r_{kk}$ und $w_k^- = (e_k^- - t_k)/r_{kk}$.

Ferner sei $t_k^+ = e_k^+ - t_k$ und $t_k^- = e_k^- - t_k$ sowie für $l = k+1, \ldots, p$
$t_l^+ = t_l + r_{kl}w_k^+$ und $t_l^- = t_l + r_{kl}w_k^-$. Sodann vergleiche man
$\sum_{l=k}^{p} |t_l^+|$ mit $\sum_{l=k}^{p} |t_l^-|$ und wähle den größeren Wert. Hierdurch bestimmen sich die Wahl von e_k (entweder e_k^+ oder e_k^-), die Wahl von w_k und die Werte von t_j $(j = k, \ldots, p)$.

2. Schritt.
Mit dem so berechneten Vektor $\mathbf{w}$ löse man der Reihe nach die Gleichungssysteme

$$\mathbf{L}^T\mathbf{z} = \mathbf{w}, \quad \mathbf{L}\mathbf{u} = \mathbf{z}, \quad \mathbf{R}\mathbf{x} = \mathbf{u}.$$

Schließlich erhält man

$$\tilde{\kappa}_1(\mathbf{A}) = \|\mathbf{A}\|_1 \cdot \|\mathbf{x}\|_1 / \|\mathbf{z}\|_1 \quad \text{als Näherungswert für } \kappa_1(\mathbf{A}).$$

6.18 Beispiel (Fortsetzung von Beispiel 6.10).

Es ist

$$\mathbf{A} = \begin{pmatrix} 1.01 \cdot 10^{-2} & 0.705 & 1.42 \cdot 10^{-2} \\ 0.705 & 49.50 & 1 \\ 1.42 \cdot 10^{-2} & 1 & 1 \end{pmatrix},$$

$$\mathbf{A}^{-1} = 348.94 \begin{pmatrix} 48.50 & -0.6908 & 2.1 \cdot 10^{-3} \\ -0.6908 & 9.8984 \cdot 10^{-3} & -8.9 \cdot 10^{-5} \\ 2.1 \cdot 10^{-3} & -8.9 \cdot 10^{-3} & 2.925 \cdot 10^{-3} \end{pmatrix}$$

(exakte Werte auf 5 Stellen gerundet).
Damit ergibt sich $\kappa_1(\mathbf{A}) = \|\mathbf{A}\|_1 \cdot \|\mathbf{A}^{-1}\|_1 = 8.7895 \cdot 10^5$.
Ferner lautet die LR-Zerlegung von $\mathbf{A}$:

$$\mathbf{A} = \begin{pmatrix} 1 & 0 & 0 \\ 69.802 & 1 & 0 \\ 1.4059 & 0.030427 & 1 \end{pmatrix} \cdot \begin{pmatrix} 1.01 \cdot 10^{-2} & 0.705 & 1.42 \cdot 10^{-2} \\ 0 & 0.28960 & 0.0088119 \\ 0 & 0 & 0.97977 \end{pmatrix}.$$

Löst man jetzt – wie im Verfahren 6.16 beschrieben – die Gleichung $\mathbf{R}^T\mathbf{w} = \mathbf{e}$, so ergibt sich

$$\mathbf{e}^T = (1, -1, 1), \quad \mathbf{w}^T = (99.01, \ -244.5, \ 1.785)$$

$\mathbf{L}^T\mathbf{z} = \mathbf{w}$: $\mathbf{z}^T = (17170, -244.6, 1.785)$, aus $\mathbf{L}\mathbf{u} = \mathbf{z}$: $\mathbf{u}^T = (17170, -1.199 \cdot 10^6, 12330)$ sowie aus $\mathbf{R}\mathbf{x} = \mathbf{u}$: $\mathbf{x}^T = (2.905 \cdot 10^8, -4.138 \cdot 10^6, 12590)$.
Als Näherungswert für $\kappa_1(\mathbf{A})$ erhält man schließlich $\tilde{\kappa}_1(\mathbf{A}) = 8.699 \cdot 10^5$, eine recht gute Näherung an den exakten Wert der Konditionszahl. □

6.2.5 Nachiteration

Der etwa nach dem Gaußschen Algorithmus errechneten Näherungslösung $\mathbf{x}_0$ eines Gleichungssystems $\mathbf{A}\mathbf{x} = \mathbf{y}$ ist nicht anzusehen, wie groß der Fehler, d.h. wie groß die Abweichung von der exakten Lösung $\mathbf{x}$ ist. Zur Verbesserung der Näherungslösung und zur Abschätzung des Fehlers dient das Verfahren der Nachiteration. Hierbei setzen wir voraus, daß die LR-Zerlegung der Matrix $\mathbf{A}$ bekannt sei, die allerdings in der Regel ebenfalls nicht exakt ist, sondern die Matrix $\mathbf{A}$ bis auf eine Fehlermatrix $\mathbf{P}$ darstellt, $\mathbf{A} - \mathbf{L}\mathbf{R} = \mathbf{P}$. Berechnet man jetzt mit der Näherungslösung $\mathbf{x}_0$ das ‚Residuum'

$$\mathbf{r}_0 := \mathbf{y} - \mathbf{A}\mathbf{x}_0$$

und löst

$$\mathbf{LR}\,(\Delta \mathbf{x}_0) = \mathbf{r}_0\,, \quad \text{so wird in der Regel } \mathbf{x}_1 := \mathbf{x}_0 + \Delta \mathbf{x}_0$$

eine verbesserte Näherungslösung des Gleichungssystems darstellen.

6.19 **Satz.** (*Nachiteration*)

Die (p, p)-Matrix **A** sei regulär und **LR** eine näherungsweise Zerlegung von **A** mit der Eigenschaft

$$\| \mathbf{E}_p - (\mathbf{LR})^{-1}\mathbf{A} \| < 1 \qquad (6.21)$$

oder $\| \mathbf{P} \| \, \| \mathbf{A}^{-1} \| < 1/2$. (6.22)

Ist dann, ausgehend von einem Vektor $\mathbf{x}_0$

$$\mathbf{r}_n := \mathbf{y} - \mathbf{A}\mathbf{x}_n\,, \quad \mathbf{LR}\,(\Delta \mathbf{x}_n) = \mathbf{r}_n\,, \quad \mathbf{x}_{n+1} = \mathbf{x}_n + \Delta \mathbf{x}_n\,, \quad n = 0, 1, 2, \ldots \qquad (6.23)$$

so konvergiert $\mathbf{x}_n$ gegen die exakte Lösung $\mathbf{x}$ von $\mathbf{Ax} = \mathbf{y}$, d.h.

$$\lim_{n \to \infty} \| \mathbf{x}_n - \mathbf{x} \| = 0\,.$$

Bemerkung.

In jedem Iterationsschritt ist zunächst das Residuum $\mathbf{r}_n$ zu berechnen (p^2 Multiplikationen) und dann das Gleichungssystem $\mathbf{LR}\,\Delta \mathbf{x}_n = \mathbf{r}_n$ zu lösen (ebenfalls p^2 Multiplikationen und Divisionen). Damit erfordert ein Iterationsschritt $2\,p^2$ Punktoperationen, eine Zahl, die bei größerem p klein ist gegenüber $p^3/3$, also klein gegenüber dem Aufwand zur Erzeugung der **LR**-Zerlegung von **A**. Daher ist zumindest ein Schritt der Nachiteration immer zu empfehlen.

Beweis.

Es ist

$$\begin{aligned} \mathbf{x}_{n+1} &= \mathbf{x}_n + (\mathbf{LR})^{-1}\mathbf{r}_n = \mathbf{x}_n + (\mathbf{LR})^{-1}(\mathbf{y} - \mathbf{A}\mathbf{x}_n) \\ &= (\mathbf{LR})^{-1}\mathbf{y} + (\mathbf{E}_p - (\mathbf{LR})^{-1}\mathbf{A})\,\mathbf{x}_n\,. \end{aligned} \qquad (6.24)$$

Die Iterationsfolge $(\mathbf{x}_n)$ (n = 0, 1, 2, ...) konvergiert also nach dem Banachschen Fixpunktsatz (Satz 5.10, vgl. auch Abschnitt 5.3). Der Grenzwert **x** erfüllt das Gleichungssystem $\mathbf{Ax} = \mathbf{y}$. ■

Die Bedingung (6.22) ist einschränkender als (6.21), denn aus (6.22) folgt (6.21), jedoch nicht umgekehrt. Es soll noch gezeigt werden, daß (6.21) aus (6.22) folgt. Dazu setzen wir (6.22) voraus und betrachten

$$\mathbf{B} := \mathbf{A}^{-1}(\mathbf{LR}) = \mathbf{A}^{-1}(\mathbf{A} - \mathbf{P}) = \mathbf{E} - \mathbf{A}^{-1}\mathbf{P}\,.$$

Wegen $\| \mathbf{A}^{-1} \| \, \| \mathbf{P} \| < 1/2$ existiert $\mathbf{B}^{-1}$ (vgl. Lemma 6.6) und es ist $\| \mathbf{B}^{-1} \| < 2$, ferner

$$\begin{aligned} \mathbf{E} - (\mathbf{LR})^{-1}\mathbf{A} = \mathbf{E} - \mathbf{B}^{-1} &= \mathbf{B}^{-1}(\mathbf{A}^{-1}\mathbf{LR} - \mathbf{E}) \\ &= \mathbf{B}^{-1}\mathbf{A}^{-1}(\mathbf{LR} - \mathbf{A}) \\ &= -\mathbf{B}^{-1}\mathbf{A}^{-1}\mathbf{P}\,, \end{aligned}$$

so daß

$$\|\mathbf{E}-(\mathbf{LR})^{-1}\mathbf{A}\| \leqq \|\mathbf{B}^{-1}\| \cdot \|\mathbf{A}^{-1}\| \cdot \|\mathbf{P}\| < 1$$

ist.

6.20 **Beispiel.** (Fortsetzung von Beispiel 6.10)

Das Gaußsche Eliminationsverfahren mit vollständiger Pivotsuche führt durch Vertauschen von Zeilen und Spalten auf das folgende äquivalente Gleichungssystem, das dann ohne Pivotsuche gelöst wird:

$$\begin{pmatrix} 49.50 & 1 & 0.705 \\ 1 & 1 & 1.42\cdot 10^{-2} \\ 0.705 & 1.42\cdot 10^{-2} & 1.01\cdot 10^{-2} \end{pmatrix} \begin{pmatrix} x_2 \\ x_3 \\ x_1 \end{pmatrix} = \begin{pmatrix} 28.7 \\ -2.51 \\ 0.409 \end{pmatrix} .$$

Bei vierstelliger Gleitpunktrechnung lautet die **LR**-Zerlegung der Koeffizientenmatrix:

$$\mathbf{L} = \begin{pmatrix} 1 & 0 & 0 \\ 2.020\cdot 10^{-2} & 1 & 0 \\ 1.424\cdot 10^{-2} & -4.083\cdot 10^{-5} & 1 \end{pmatrix} ,$$

$$\mathbf{R} = \begin{pmatrix} 49.50 & 1 & 0.705 \\ 0 & 0.9798 & -4.10^{-5} \\ 0 & 0 & 6.10^{-5} \end{pmatrix} .$$

Man kann leicht nachrechnen, daß die Bedingung Gl. (6.22) erfüllt ist.

Mit dem Startvektor $\mathbf{x}_0 = \begin{pmatrix} 0.6022 \\ -3.154 \\ 2.897 \end{pmatrix}$ erhält man – bei achtstelliger Rechnung –

als Residuum $\mathbf{r}_0 = \begin{pmatrix} 2.715\cdot 10^{-3} \\ 6.626\cdot 10^{-4} \\ -2.390\cdot 10^{-5} \end{pmatrix}$.

Löst man jetzt das Gleichungssystem $\mathbf{LR}\,(\Delta\mathbf{x}_0) = \mathbf{r}_0$ durch Vorwärts- und Rückwärtseinsetzen, so ergibt sich $\Delta\mathbf{x}_0 = \begin{pmatrix} 1.489\cdot 10^{-2} \\ 6.203\cdot 10^{-4} \\ -1.042 \end{pmatrix}$ und damit die verbesserte Lösung

$\mathbf{x}_1 = \begin{pmatrix} 0.6171 \\ -3.1533 \\ 1.8547 \end{pmatrix}$, vgl. Tabelle 6.11, bei der die Unbekannten in der Reihenfolge

(x_2, x_3, x_1) zu lesen sind.

Das Beispiel zeigt auch, daß die Berechnung des Residuenvektors mit doppelter Genauigkeit erfolgen sollte, da bei vierstelliger Rechnung $\mathbf{r}_0 \approx \mathbf{0}$ gewesen wäre. □

6.3 Cholesky-Zerlegung

6.3.1 Das Verfahren

Für symmetrische, positiv definite Matrizen existiert eine symmetrische Version der LR-Zerlegung, die nur etwa die Hälfte des Aufwandes an Rechenzeit und Speicherplätzen erfordert wie die LR-Zerlegung. Positiv definite Matrizen wurden bereits im letzten Kapitel eingeführt, vgl. Def. 5.30 und Satz 5.31. Solche Matrizen treten in den Anwendungen häufig auf, z.B. bei der Diskretisierung quadratischer Funktionale, die physikalisch die Bedeutung der Energie eines Systems haben und deren Minimum gesucht wird. Sie treten ferner auf bei den sog. Normalgleichungen in Ausgleichsproblemen, vgl. den Band „Funktionen einer Veränderlichen", Kapitel 7, oder als Gramsche Matrizen linear unabhängiger Systeme. Häufig ist daher aus physikalischen oder sonstigen Gründen klar, daß die betrachtete Matrix symmetrisch und positiv definit ist. Wir beweisen nun

6.21 **Satz.** (*Cholesky-Zerlegung*)

Es sei $\mathbf{A}$ eine reelle, symmetrische, positiv definite (p, p)-Matrix. Dann existiert eine eindeutig bestimmte obere Dreiecksmatrix $\mathbf{R} = (r_{ij})$ (also $r_{ij} = 0$ für $i > j$), mit positiven Diagonalelementen ($r_{ii} > 0$), so daß

$$\mathbf{A} = \mathbf{R}^T\mathbf{R} \quad \text{ist}\,. \tag{6.25}$$

Man nennt $\mathbf{R}^T\mathbf{R}$ die *Choleskyzerlegung der Matrix* $\mathbf{A}$.

Beweis.

Wegen $(\mathbf{R}^T\mathbf{R})^T = \mathbf{R}^T\mathbf{R}$ und wegen $(\mathbf{A}\mathbf{x}, \mathbf{x}) = (\mathbf{R}^T\mathbf{R}\mathbf{x}, \mathbf{x}) = (\mathbf{R}\mathbf{x}, \mathbf{R}\mathbf{x}) = \|\mathbf{R}\mathbf{x}\|_2^2 > 0$ für $\mathbf{x} \neq \mathbf{0}$, $\mathbf{x} \in \mathbb{R}^p$ ist klar, daß eine Cholesky-Zerlegung mit regulärer Dreiecksmatrix $\mathbf{R}$ nur für symmetrische, positiv definite Matrizen $\mathbf{A}$ existieren kann. Andererseits ist

$$\|\mathbf{R}\mathbf{x}\|_2^2 = \sum_{i=1}^{p} \Big(\sum_{j=i}^{p} r_{ij}x_j \Big)^2 \tag{6.26}$$

und eine solche Zerlegung der quadratischen Form $(\mathbf{A}\mathbf{x}, \mathbf{x})$ in eine Summe von Quadraten mit $r_{ii} > 0$ liefert auch die Existenz einer Cholesky-Zerlegung der Matrix $\mathbf{A}$. Eine solche Zerlegung einer positiv-definiten quadratischen Form ist aber im Beweis von Satz 5.31 enthalten, vgl. Gl. (5.56).
Danach gilt

$$(\mathbf{A}\mathbf{x}, \mathbf{x}) = F(x) = \Big(\sqrt{a_{11}}\, x_1 + \sum_{j=2}^{p} a_{1j}/\sqrt{a_{11}}\; x_j\Big)^2 + F^*(x^*)\,, \quad \text{wobei } F^*$$

eine positiv definite quadratische Form in den Variablen $x^{*T} = (x_2, x_3, \ldots, x_p)$ ist. Durch vollständige Induktion nach p folgt dann die Existenz einer Zerlegung nach Gl. (6.26) und damit die Existenz der Cholesky-Zerlegung der Matrix $\mathbf{A}$. Die Eindeutigkeit der Zerlegung ergibt sich aus dem folgenden Berechnungsschema. ∎

Zur Berechnung von **R** verwenden wir die Beziehung

$$\mathbf{A} = \begin{pmatrix} r_{11} & & & 0 \\ r_{12} & r_{22} & & \\ \vdots & \vdots & \ddots & \\ r_{1p} & r_{2p} & \cdots & r_{pp} \end{pmatrix} \begin{pmatrix} r_{11} & r_{12} & \cdots & r_{1p} \\ & r_{22} & & r_{2p} \\ & & \ddots & \vdots \\ 0 & & & r_{pp} \end{pmatrix}, \tag{6.27}$$

aus der die Gleichungen

$$a_{ij} = \sum_{\nu=1}^{i} r_{\nu i} r_{\nu j} \quad \text{für } 1 \leqq i \leqq j \leqq p \text{ folgen.} \tag{6.28}$$

Daraus ergeben sich die Elemente von **R** zeilenweise nach folgendem Algorithmus.

6.22 **Algorithmus.** (*Cholesky-Zerlegung*)

1. Setze $i = 1$ in Gl. (6.27). Dann ist für $j = 1$: $r_{11} = \sqrt{a_{11}}$
   und für $j = 2\,(1)\,p$: $r_{1j} = a_{1j}/r_{11}$
2. Für $i = 2\,(1)\,p$ seien die r_{kj} bereits berechnet für $1 \leqq k \leqq i-1$ und $k \leqq j \leqq p$. Dann folgt aus Gl. (6.27) für $j = i$

$$\sum_{\nu=1}^{i-1} (r_{\nu i})^2 + (r_{ii})^2 = a_{ii}, \quad \text{d. h.} \quad r_{ii} = \sqrt{a_{ii} - \sum_{\nu=1}^{i-1} (r_{\nu i})^2}\ [1] \tag{6.29}$$

und für $j = (i+1)\,(1)\,p$

$$r_{ij} = \left(a_{ij} - \sum_{\nu=1}^{i-1} r_{\nu i} r_{\nu j} \right) / r_{ii} \tag{6.30}$$

6.23 **Beispiel.**

(Fortsetzung von Beispiel 6.10).

Die Matrix

$$\mathbf{A} = \begin{pmatrix} 1.01 \cdot 10^{-2} & 0.705 & 1.42 \cdot 10^{-2} \\ 0.705 & 49.50 & 1 \\ 1.42 \cdot 10^{-2} & 1 & 1 \end{pmatrix}$$

ist symmetrisch und positiv definit. Mit vierstelliger Gleitpunktrechnung ergibt sich

$$\mathbf{R} = \begin{pmatrix} 0.1005 & 7.015 & 0.1413 \\ 0 & 0.5385 & 0.01634 \\ 0 & 0 & 0.9898 \end{pmatrix}.$$

---

[1] Ist $a_{ii} - \sum_{\nu=1}^{i-1} (r_{\nu i})^2 \leqslant 0$, so ist **A** nicht positiv definit.

Das Gleichungssystem $\mathbf{Ax} = \mathbf{y}$ oder $\mathbf{R}^T\mathbf{Rx} = \mathbf{y}$ wird jetzt gelöst durch die beiden Gleichungssysteme $\mathbf{R}^T\mathbf{u} = \mathbf{y}$ und $\mathbf{Rx} = \mathbf{u}$. Dabei ergibt sich $\mathbf{u}^T = (4.070, 0.2786, -3.122)$ und $\mathbf{x}^T = (2.149, 0.6130, -3.154)$.

Der letztere Lösungsvektor ist in Tabelle 6.11 angegeben. □

6.3.2 Bemerkungen zum Cholesky-Verfahren

Für die Herstellung der Cholesky-Zerlegung einer p-reihigen, symmetrischen, positiv definiten Matrix werden $p^3/6 + p^2/2 - 2p/3$ Punktoperationen und zusätzlich p Quadratwurzelberechnungen benötigt. Für die Lösung der beiden Gleichungssysteme $\mathbf{R}^T\mathbf{u} = \mathbf{y}$ und $\mathbf{Rx} = \mathbf{u}$ werden zusätzlich $(p^2 + p)$ Punktoperationen benötigt, so daß der Rechenaufwand für die Lösung eines Gleichungssystems $p^3/6 + 3p^2/2 + p/3$ Punktoperationen und p Quadratwurzelberechnungen beträgt. Er ist damit ca. halb so groß wie der entsprechende Rechenaufwand bei der LR-Zerlegung.

Auch der Speicherplatzbedarf verringert sich auf $p(p + 1)/2$ Speicherplätze, wenn man die Symmetrie der Matrix $\mathbf{A}$ ausnutzt und die berechneten r_{ij} auf die Speicherplätze der ursprünglichen a_{ij} einlagert, die dabei allerdings verloren gehen. Man kann allerdings auch die obere Dreiecksmatrix für die Elemente von $\mathbf{A}$ reservieren und die berechneten Elemente von $\mathbf{R}^T$ in die Plätze unterhalb der Hauptdiagonalen einlagern, benötigt allerdings weitere p Speicherplätze für die Diagonalelemente von $\mathbf{R}$. Vgl. LINPACK [D3], G. Engeln-Müllges, F. Reutter [E1].

Weitere Einsparungen an Rechenzeit und Speicherplatzbedarf ergeben sich, wenn die Matrix zusätzlich noch Bandstruktur besitzt. Hierfür sind spezielle Programme entwickelt, die diese Bandstruktur bei der Cholesky-Zerlegung berücksichtigen. Generell bleibt die Bandstruktur bei der Cholesky-Zerlegung erhalten. Vgl. LINPACK [D3].

6.4 QR-Zerlegung nach Householder

6.4.1 Das Verfahren

Wir haben bereits in Abschnitt 5.4 das Schmidtsche Orthogonalisierungsverfahren kennengelernt (Verfahren 5.23). Es führt auf die Zerlegung einer gegebenen Matrix $\mathbf{A}$ in ein Produkt $\mathbf{QR}$, wobei $\mathbf{Q}$ eine orthogonale Matrix und $\mathbf{R}$ eine obere Dreiecksmatrix ist.

Solche Zerlegungen werden in der Ausgleichsrechnung (s. den Band „Funktionen einer Veränderlichen", Kapitel 6), sowie bei der Berechnung von Eigenwerten und Eigenvektoren einer Matrix benötigt (s. Kapitel 8).

Man kann eine solche Zerlegung aber auch zur Lösung des linearen Gleichungssystems $\mathbf{Ax} = \mathbf{y}$ verwenden, denn ist $\mathbf{A} = \mathbf{QR}$, also $\mathbf{Ax} = \mathbf{QRx} = \mathbf{y}$, so folgt $\mathbf{Rx} = \mathbf{Q}^{-1}\mathbf{y}$ und, da $\mathbf{Q}$ orthogonal ist (d.h. $\mathbf{QQ}^T = \mathbf{E}$), so gilt schließlich $\mathbf{Rx} = \mathbf{Q}^T\mathbf{y}$, d.h. die Bildung der inversen Matrix $\mathbf{Q}^{-1}$ erfordert keine zusätzlichen Rechnungen.

Es kommt hinzu, daß die Zerlegung $\mathbf{A} = \mathbf{QR}$ die Konditionszahl $\kappa_2(\mathbf{A})$ nicht verschlechtert. Allgemein gilt (für die euklidische Konditionszahl κ_2):

6.24 **Lemma.**

Es sei **A** eine reguläre (p, p)-Matrix, **Q** eine orthogonale (p, p)-Matrix. Dann ist

$$\kappa_2(\mathbf{QA}) = \kappa_2(\mathbf{A}) . \qquad (6.31)$$

Beweis.

Es ist $\kappa_2(\mathbf{Q}) = 1$, da sowohl **Q** als auch $\mathbf{Q}^T = \mathbf{Q}^{-1}$ die euklidische Länge jedes Vektors invariant lassen, vgl. Def. 5.33 und Satz 5.34. Damit folgt aber

$$\|\mathbf{A}\|_2 = \|\mathbf{Q}^T\mathbf{QA}\|_2 \leqslant \|\mathbf{Q}^T\|_2 \cdot \|\mathbf{QA}\|_2 \leqslant \|\mathbf{QA}\|_2 \leqslant \|\mathbf{Q}\|_2\ \|\mathbf{A}\|_2 = \|\mathbf{A}\|_2 ,$$

also muß überall das Gleichheitszeichen stehen. Analog ist

$$\|\mathbf{A}^{-1}\|_2 = \|\mathbf{A}^{-1}\,\mathbf{Q}^T\|_2 , \quad \text{daher} \quad \kappa_2(\mathbf{QA}) = \kappa_2(\mathbf{A}) . \qquad \blacksquare$$

Für die Zerlegung $\mathbf{A} = \mathbf{QR}$ ergibt sich damit $\kappa_2(\mathbf{A}) = \kappa_2(\mathbf{R})$, durch die Zerlegung der Matrix hat sich die Kondition nicht verschlechtert. Sowohl das Schmidtsche Orthogonalisierungsverfahren wie auch das Verfahren von Householder liefern eine solche **QR**-Zerlegung, doch ist das Verfahren von Householder numerisch stabiler. Es soll im folgenden dargestellt werden.

Dabei setzen wir voraus, daß **A** eine reelle (q, p)-Matrix ist ($q \geqslant p$), die Maximalrang besitzt, also $\text{Rg}(\mathbf{A}) = p$.

Wir suchen orthogonale (q, q)-Matrizen $H_1, \ldots, H_m$, $m = \text{Min}(q-1, p)$, mit der Eigenschaft, daß

$$\mathbf{H}_m \mathbf{H}_{m-1} \ldots \mathbf{H}_1 \mathbf{A} = \mathbf{R}$$

ist mit einer oberen Dreiecksmatrix **R**

$$\mathbf{R} = \left.\begin{pmatrix} r_{11} & \cdots & r_{1p} \\ 0 & \ddots & \vdots \\ \vdots & \ddots & \vdots \\ \vdots & & r_{pp} \\ \vdots & & 0 \\ \vdots & & \vdots \\ 0 & \cdots & 0 \end{pmatrix}\right\} \text{q Spalten} .$$

Dazu betrachten wir Matrizen **H**, die Spiegelungen an einer (q − 1) dimensionalen Hyperebene $\subset \mathbb{R}^q$ darstellen, und die Form

$$\mathbf{H} = \mathbf{E} - 2\,\mathbf{u}\mathbf{u}^T , \quad (\mathbf{E} = \mathbf{E}_q) \qquad (6.32)$$

haben, wobei der Einheitsvektor **u** den Normalenvektor der Spiegelungsebene darstellt. Für Abbildungen dieser Art gilt

6.25 **Lemma.**

Es sei $\mathbf{u} \in \mathbb{R}^q$ ein Vektor der Länge 1 ($\|\mathbf{u}\|_2^2 = 1$).
Dann ist $\mathbf{H} := \mathbf{E} - 2\,\mathbf{u}\mathbf{u}^T$ eine symmetrische, orthogonale Matrix.

Beweis.

$\mathbf{H}^T = (\mathbf{E} - 2\,\mathbf{uu}^T)^T = \mathbf{E} - 2\,(\mathbf{uu}^T)^T = \mathbf{E} - 2\,\mathbf{uu}^T = \mathbf{H}$, daher

$$\mathbf{HH}^T = \mathbf{H}^2 = (\mathbf{E} - 2\,\mathbf{uu}^T)(\mathbf{E} - 2\,\mathbf{uu}^T) = \mathbf{E} - 4\,\mathbf{uu}^T + 4\,\mathbf{u}\underbrace{\mathbf{u}^T\mathbf{u}}_{=1}\mathbf{u}^T = \mathbf{E}$$ ∎

Für $\mathbf{H}_1$ wählen wir jetzt die Matrix einer Spiegelung, die den ersten Spaltenvektor $\mathbf{a}_1$ der Matrix $\mathbf{A}$ auf die durch $\mathbf{e}_1$ festgelegte Gerade spiegelt ($\mathbf{A} = (\mathbf{a}_1, \ldots, \mathbf{a}_p) = (a_{ij})$, $1 \leqq i \leqq q$, $1 \leqq j \leqq p$). Dazu gibt es zwei Möglichkeiten, vgl. Bild 6.2:

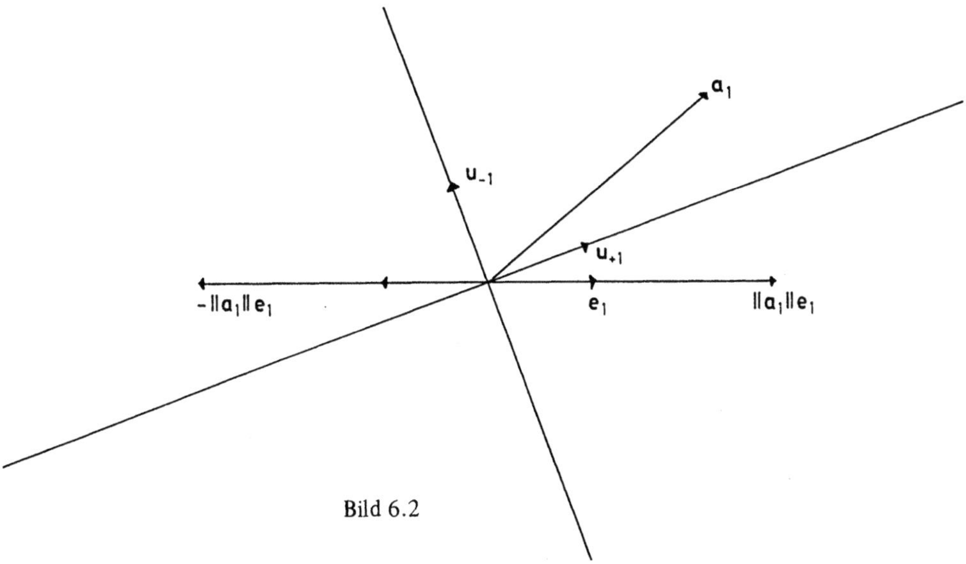

Bild 6.2

Dementsprechend ergibt sich für den Normalenvektor $\mathbf{u}_\epsilon$

$$\mathbf{u}_\epsilon = \mathbf{v}_\epsilon / \|\mathbf{v}_\epsilon\| \quad \text{mit} \quad \mathbf{v}_\epsilon = \mathbf{a}_1 + \epsilon\,\|\mathbf{a}_1\|\,\mathbf{e}_1\,. \tag{6.33}$$

Dabei wählt man den Vorzeichenfaktor ϵ so, daß $\|\mathbf{v}_\epsilon\|$ möglichst groß wird, d.h.

$$\epsilon = \text{sign}\,(a_{11}) = \begin{cases} 1 & \text{falls} \quad a_{11} \geqq 0 \\ -1 & \phantom{\text{falls}} \quad a_{11} < 0 \end{cases} \tag{6.34}$$

Dann ist $\|\mathbf{v}\|^2 = (\mathbf{a}_1 + \epsilon\,\|\mathbf{a}_1\|\,\mathbf{e}_1)^2 = 2\,\|\mathbf{a}_1\|^2 + 2\,\|\mathbf{a}_1\|\,|a_{11}|$ [1])

und $\quad \mathbf{v}^T\mathbf{a}_1 = (\mathbf{v}, \mathbf{a}_1) = \|\mathbf{a}_1\|^2 + \|\mathbf{a}_1\|\,|a_{11}| = \|\mathbf{v}\|^2/2 =: d_1$.

Folglich ist, wie nach der Konstruktion von $\mathbf{u}$ zu erwarten,

$$\mathbf{H}_1\mathbf{a}_1 = \mathbf{a}_1 - \frac{2\,(\mathbf{v}, \mathbf{a}_1)}{\|\mathbf{v}\|^2}\,\mathbf{v} = -\epsilon\,\|\mathbf{a}_1\|\,\mathbf{e}_1\;, \tag{6.35}$$

---

[1]) Die hier verwendete Norm ist die euklidische Norm, $\|\cdot\| = \|\cdot\|_2$.

d. h.

$$\mathbf{A}_2 := \mathbf{H}_1 \mathbf{A} = \begin{pmatrix} a_{11}^{(2)} & a_{12}^{(2)} & \dots & a_{1p}^{(2)} \\ 0 & a_{22}^{(2)} & \dots & a_{2p}^{(2)} \\ \vdots & \vdots & & \vdots \\ 0 & a_{q2}^{(2)} & \dots & a_{qp}^{(2)} \end{pmatrix}, \quad a_{11}^{(2)} = -\epsilon \, \|\mathbf{a}_1\| \tag{6.36}$$

Die Spalten $\mathbf{a}_2^{(2)}, \dots, \mathbf{a}_p^{(2)}$ der Matrix $\mathbf{A}_2$ berechnet man zweckmäßig nach der Formel

$$\begin{aligned} \mathbf{a}_j^{(2)} = \mathbf{H}_1 \mathbf{a}_j &= \mathbf{a}_j - \frac{2(\mathbf{v}, \mathbf{a}_j)}{\|\mathbf{v}\|^2} \cdot \mathbf{v} \\ &= \mathbf{a}_j - \frac{(\mathbf{v}, \mathbf{a}_j)}{d_1} \cdot \mathbf{v} . \end{aligned} \tag{6.37}$$

Mit der Untermatrix $\tilde{\mathbf{A}}_2$ der letzten $(q-1)$ Zeilen und $(p-1)$ Spalten der Matrix $\mathbf{A}_2$ lassen sich analoge Umformungen durchführen, insbesondere existiert eine $(q-1)$-reihige symmetrische und orthogonale Matrix $\tilde{\mathbf{H}}_2$, so daß in der ersten Spalte von $\tilde{\mathbf{A}}_3 = \tilde{\mathbf{H}}_2 \tilde{\mathbf{A}}_2$ nur an erster Stelle eine von Null verschiedene Zahl steht. Setzt man noch

$$\mathbf{H}_2 = \begin{pmatrix} 1 & 0 \; \dots \; 0 \\ 0 & \\ \vdots & \tilde{\mathbf{H}}_2 \\ 0 & \end{pmatrix}$$

so bleiben die erste Zeile und erste Spalte bei Multiplikation mit $\mathbf{H}_2$ von links unverändert und es ergibt sich

$$\mathbf{A}_3 := \mathbf{H}_2 \mathbf{H}_1 \mathbf{A} = \begin{pmatrix} a_{11}^{(2)} & a_{12}^{(2)} & \dots & a_{1p}^{(2)} \\ 0 & a_{22}^{(3)} & \dots & a_{2p}^{(3)} \\ \vdots & 0 & * \cdots & * \\ \vdots & \vdots & \vdots & \vdots \\ 0 & 0 & * \cdots & * \end{pmatrix} \quad \text{usw.}$$

Dies gibt Anlaß zu folgendem Algorithmus.

6.26 **Algorithmus** (*QR-Zerlegung nach Householder*).

Es sei $\mathbf{A} = (a_{ij}) =: (a_{ij}^{(1)})$, $(1 \leqq i \leqq q,\ 1 \leqq j \leqq p;\ q \geqq p)$ eine reelle (q, p) Matrix mit $\mathrm{Rg}(\mathbf{A}) = p$; $m := \mathrm{Min}(q-1, p)$.

Für $k = 1\,(1)\,m$ führe folgende Schritte aus:

1. Setze für $i = 1\,(1)\,(k-1)$, $j = i\,(1)\,p$

$$a_{ij}^{(k+1)} := a_{ij}^{(k)}$$

und für $j = (i+1)\,(1)\,q$

$$a_{ji}^{(k+1)} := a_{ji}^{(k)}, \quad \text{(leer für } k = 1\text{)}.$$

2. Berechne

$$c_k := \sqrt{\sum_{\nu=k}^{q} (a_{\nu k})^2}, \quad d_k := c_k^2 + c_k\,|a_{kk}^{(k)}|$$

und setze $a_{kk}^{(k+1)} := -\operatorname{sign}(a_{kk}^{(k)})\, c_k$;

$$v_{kk} := a_{kk}^{(k)} - a_{kk}^{(k+1)}$$

3. Für $j = (k+1)\,(1)\,p$ berechne (i) $\beta_j := \left(\sum_{\mu=k}^{q} a_{\mu k}^{(k)}\, a_{\mu j} - a_{kk}^{(k+1)}\, a_{kj}^{(k)}\right) / d_k$

(ii) $a_{kj}^{(k+1)} := a_{kj}^{(k)} - \beta_j a_{kk}$

und für $i = (k+1)\,(1)\,q$

$$a_{ij}^{(k+1)} := a_{ij}^{(k)} - \beta_j\, a_{ik}^{(k)}$$

4. Für $j = (k+1)\,(1)\,q$ setze

$$a_{jk}^{(k+1)} := 0$$

Nach Beendigung des Algorithmus besitzt die Matrix $\mathbf{A}_{m+1}$ obere Dreiecksform, d.h. $a_{ij}^{(m+1)} = 0$ für $i > j$.

Die Komponenten des Vektors $\mathbf{v}_k$, der die orthogonale Transformation $\mathbf{H}_k$ bestimmt, sind gegeben durch

$$\mathbf{v}_k^T = (\underbrace{0, 0, \ldots, 0}_{|k-1|\ \text{Komponenten}}, v_{kk}, a_{k+1,k}^{(k)}, \ldots, a_{qk}^{(k)}) \text{ und } \|\mathbf{v}_k\| = d_k\,.$$

Dabei wird man das Matrizenprodukt $\mathbf{Q} = \mathbf{H}_m \mathbf{H}_{m-1} \ldots \mathbf{H}_1$ in der Regel nicht berechnen, da die inverse Matrix $\mathbf{Q}^{-1} = \mathbf{Q}^T$ durch $\mathbf{Q}^{-1} = \mathbf{H}_1 \mathbf{H}_2 \ldots \mathbf{H}_m$ gegeben ist, man beachte $\mathbf{H}_j^T = \mathbf{H}_j$.

6.4.2 Beispiel und Bemerkungen

6.27 **Beispiel.**

Es sei $\mathbf{A}\ (= \mathbf{A}_1) = \begin{pmatrix} 2 & 2 \\ 1 & 6 \\ 2 & 7 \end{pmatrix}$. Dann errechnet man der Reihe nach $c_1 = 3$, $d_1 = 15$, $\beta_2 = 2$ und damit

$$\mathbf{A}_2 = \begin{pmatrix} -3 & -8 \\ 0 & 4 \\ 0 & 3 \end{pmatrix}, \quad c_2 = 5,\ d_2 = 45 \text{ und schließlich}$$

$$\mathbf{A}_3 = \begin{pmatrix} -3 & -8 \\ 0 & -5 \\ 0 & 0 \end{pmatrix}. \text{ Die orthogonalen Matrizen sind}$$

$$\mathbf{H}_1 = \frac{1}{15}\begin{pmatrix} -10 & -5 & -10 \\ -5 & 14 & -2 \\ -10 & -2 & 11 \end{pmatrix}, \quad \mathbf{H}_2 = \frac{1}{5}\begin{pmatrix} 5 & 0 & 0 \\ 0 & -4 & -3 \\ 0 & -3 & 4 \end{pmatrix}.$$ □

Bemerkungen.

(1) In der Regel wird man die Werte $a_{ij}^{(k+1)}$ auf die Speicherplätze der $a_{ij}^{(k)}$ abspeichern. Die Matrix $\mathbf{A}$ wird so nach und nach in eine obere Dreiecksmatrix transformiert. Unterhalb der Hauptdiagonalen lassen sich die Komponenten des Vektors v_k (der Transformation $\mathbf{H}_k$) speichern. Da die letzten $(q-k+1)$ Komponenten von v_k von Null verschieden sein können, während die ersten $(k-1)$ Komponenten gleich Null sind, jedoch unterhalb der Hauptdiagonalen beim Übergang von $\mathbf{A}_k$ zu $\mathbf{A}_{k+1}$ nur $q-k$ Plätze frei werden, muß etwa die jeweils k-te Komponente (v_{kk}) gesondert gespeichert werden. Für entsprechende Programme siehe LINPACK [D3] sowie Stoer-Bulirsch [S7].

(2) Die Erzeugung der QR-Zerlegung einer gegebenen (q, p)-Matrix erfordert ca. $qp^2 - p^3/3$ Punktoperationen und zusätzlich die Berechnung von m Quadratwurzeln. Auch im Fall $q = p$ ist damit der Rechenaufwand ($\approx 2\,p^3/3$ Punktoperationen) etwa doppelt so groß wie bei der LR-Zerlegung. Der Vorteil, daß die Konditionszahl $\kappa_2(\mathbf{A})$ durch die QR-Zerlegung nicht verschlechtert wird, wird hierdurch wieder kompensiert.

(3) Häufig wird die QR-Zerlegung in der Ausgleichsrechnung (Methode der kleinsten Fehlerquadrate) angewendet. Vgl. Band „Funktionen einer Veränderlichen“ dieser Reihe, Abschnitt 6.4. Ist ein überbestimmtes Gleichungssystem gegeben, also eine (q, p)-Matrix $\mathbf{A}$ $(q > p)$ vom Rang p und ein Vektor $\mathbf{y} \in \mathbb{R}^q$, so stellt sich die Aufgabe, den Vektor $\mathbf{x} \in \mathbb{R}^p$ zu suchen, der die Fehlerquadratsumme

$$\|\mathbf{A}\mathbf{x} - \mathbf{y}\|_2^2 = \text{Min!} \tag{6.38}$$

minimiert. Das zugehörige Normalgleichungssystem lautet

$$\mathbf{A}^T\mathbf{A}\,\mathbf{x} = \mathbf{A}^T\mathbf{y} \tag{6.39}$$

und besitzt eine eindeutig bestimmte Lösung $\mathbf{x}$, die als Lösung dieses Approximationsproblems (approximiere $\mathbf{y}$ möglichst gut hinsichtlich der euklidischen Norm durch eine Linearkombination der Spaltenvektoren von $\mathbf{A}$) angesehen werden kann.

Man kann jetzt zwei Wege gehen. Einmal kann man das Normalgleichungssystem mit der Cholesky-Zerlegung der symmetrischen und positiv definiten Matrix $\mathbf{A}^T\mathbf{A}$ lösen. Hierbei ist zu bedenken, daß die Kondition dieser Matrix häufig sehr schlecht ist. Bei diesem Weg sind ca. $p^2q/2$ Punktoperationen zur Berechnung von $\mathbf{A}^T\mathbf{A}$ und dann $p^3/6$ Punktoperationen zur Herstellung der Cholesky-Zerlegung erforderlich.

Ein anderer Weg besteht in der Berechnung der QR-Zerlegung der Ausgangsmatrix $\mathbf{A}$. Ist nämlich

$$\mathbf{A} = \mathbf{Q}\mathbf{R}\,, \quad \text{so folgt} \quad \mathbf{A}^T\mathbf{A} = \mathbf{R}^T\mathbf{Q}^T\mathbf{Q}\,\mathbf{R} = \mathbf{R}^T\mathbf{R}\,,$$

so daß das Normalgleichungssystem in

$$\mathbf{R}^T\mathbf{R}\,\mathbf{x} = \mathbf{R}^T\mathbf{Q}^T\mathbf{y} \quad \text{oder} \quad \mathbf{R}\,\mathbf{x} = \mathbf{Q}^T\mathbf{y} \quad \text{übergeht}\,.$$

Dies erfordert im wesentlichen die oben angegebene Zahl von $qp^2 - p^3/3$ Punktoperationen zur Erzeugung der QR-Zerlegung von $\mathbf{A}$. Zwar ist diese Zahl noch größer als die entsprechende Zahl bei Verwendung der Cholesky-Zerlegung, aber in diesem Fall kommt die bessere numerische Stabilität der QR-Zerlegung zur Geltung.

6.5 Iterationsverfahren zur Lösung von Gleichungssystemen

6.5.1 Allgemeines

Wir haben bis jetzt direkte Methoden zur Lösung linearer Gleichungssysteme kennengelernt, die bei exakter Rechnung in endlich vielen Schritten die gesuchte Lösung liefern. Demgegenüber gehen die iterativen Methoden von einem Startvektor $\mathbf{x}_0$ aus, und berechnen dann eine Folge von Näherungsvektoren $\mathbf{x}_1, \mathbf{x}_2, \ldots$, die gegen die gesuchte Lösung $\mathbf{x}$ des Gleichungssystems konvergieren. Diese Konvergenz wird nur unter einschränkenden Bedingungen eintreten, so daß die iterativen Methoden nicht so generell einsetzbar sind wie die direkten Methoden. Ein Nachteil der iterativen Methoden liegt ferner darin, daß sie in der Regel nur linear und dazu nur langsam konvergieren, so daß unter Umständen eine große Zahl von Iterationsschritten durchgeführt werden müssen. Andererseits sind sie relativ unempfindlich gegenüber Rundungsfehlern, da die iterativen Verfahren weitgehend unabhängig vom Startvektor $\mathbf{x}_0$ konvergieren und jeder mit Rundungsfehlern behaftete Näherungsvektor $\mathbf{x}_k$ als Startvektor einer neuen, konvergenten Iterationsfolge angesehen werden kann. Bei den direkten Methoden dagegen können sich Rundungsfehler kumulieren und große Abweichungen der berechneten von der exakten Lösung verursachen.

Die iterativen Lösungen werden hauptsächlich für sehr große Systeme eingesetzt ($p \gg 100$), wenn die Matrix $\mathbf{A}$ nur schwach besetzt ist, also ein relativ großer Bruchteil ihrer Elemente gleich Null ist. Solche Gleichungssysteme treten z.B. bei der Lösung von Randwertproblemen partieller Differentialgleichungen durch Diskretisierung oder durch finite Elementmethoden auf. Es sei also das Gleichungssystem $\mathbf{Ax} = \mathbf{y}$ mit einer regulären (p, p)-Matrix $\mathbf{A}$ und $\mathbf{y} \in V_p(\mathbb{R})$ gegeben. Die gebräuchlichsten Iterationsverfahren gehen von einer Zerlegung der Matrix $\mathbf{A}$ aus

$$\mathbf{A} = \mathbf{N} - \mathbf{P}\,, \tag{6.40}$$

wobei die Matrix $\mathbf{N}$ ebenfalls regulär ($\det(\mathbf{N}) \neq 0$) sein soll. Dann läßt sich das Gleichungssystem $\mathbf{Ax} = \mathbf{y}$ in der Form

$$\left.\begin{aligned} \mathbf{Nx} &= \mathbf{y} + \mathbf{Px} \\ \text{oder}\quad \mathbf{x} &= \mathbf{N}^{-1}\mathbf{y} + \mathbf{N}^{-1}\mathbf{Px} = \mathbf{N}^{-1}\mathbf{y} + (\mathbf{E} - \mathbf{N}^{-1}\mathbf{A})\,\mathbf{x} \end{aligned}\right\} \tag{6.41}$$

schreiben. Geht man von einer Näherungslösung $\mathbf{x}_0$ aus, so wird durch die letzte Glei Gleichung das Iterationsverfahren

$$\mathbf{x}_{n+1} = \mathbf{N}^{-1}\mathbf{y} + (\mathbf{E} - \mathbf{N}^{-1}\mathbf{A})\,\mathbf{x}_n \quad (n = 0, 1, 2, \ldots) \tag{6.42}$$

nahegelegt. Setzen wir noch zur Abkürzung

$$\mathbf{C} = \mathbf{E} - \mathbf{N}^{-1}\mathbf{A}$$

und $\mathbf{d} = \mathbf{N}^{-1}\mathbf{y}$,

so haben wir das Iterationsverfahren in der Form

$$\mathbf{x}_{n+1} = \mathbf{C}\mathbf{x}_n + \mathbf{d}\,, \tag{6.43}$$

in der es im Abschnitt 5.6.2 bereits betrachtet wurde. Danach konvergiert das Iterationsverfahren (für beliebige Startvektoren $\mathbf{x}_0$) sicher dann, wenn in einer zugeordneten Matrixnorm

$$\|\mathbf{C}\| < 1 \quad \text{gilt .} \tag{6.44}$$

Genauer läßt sich zeigen: Das Iterationsverfahren konvergiert dann und nur dann (für jeden Startvektor $\mathbf{x}_0$), falls der Spektralradius $r_\sigma(\mathbf{C}) < 1$ ist. Wie im nächsten Kapitel gezeigt wird, ist der Spektralradius einer Matrix gleich dem größten Betrag der Eigenwerte dieser Matrix, setzt also zu seiner Berechnung die Kenntnis der Eigenwerte voraus, die i.a. ebenfalls nur durch geeignete numerische Verfahren zu ermitteln sind. Aus diesem Grund werden wir uns in diesem Kapitel auf hinreichende Konvergenzbedingungen Gl. (6.44) beschränken.

Der Spektralradius $r_\sigma(\mathbf{C})$ gibt jedoch einen wichtigen Hinweis auf die Konvergenzgeschwindigkeit des Verfahrens.

Bezeichnet man mit $\mathbf{f}_n := \mathbf{x}_n - \mathbf{x}$ den n-ten Fehlervektor, so folgt aus $\mathbf{x}_{n+1} = \mathbf{C}\mathbf{x}_n + \mathbf{d}$ und $\mathbf{x} = \mathbf{C}\mathbf{x} + \mathbf{d}$ durch Subtraktion der beiden Gleichungen

$$\mathbf{f}_{n+1} = \mathbf{C}\mathbf{f}_n$$

bzw.

$$\mathbf{f}_n = \mathbf{C}^n \mathbf{f}_0 \,.$$

Aus der Definition des Spektralradius $r_\sigma(\mathbf{C})$ (s. Abschnitt 5.6.2)

$$r_\sigma(\mathbf{C}) = \overline{\lim} \sqrt[n]{\|\mathbf{C}^n\|}$$

ergibt sich unmittelbar: Zu jedem $\epsilon > 0$ existiert ein N_0, so daß für alle $n \geqslant N_0$

$$\|\mathbf{C}^n\| \leqslant (r_\sigma(\mathbf{C}) + \epsilon)^n \quad \text{gilt .}$$

Für den n-ten Fehlervektor $\mathbf{f}_n$ läßt sich daher die Abschätzung

$$\|\mathbf{f}_n\| \leqslant (r_\sigma(\mathbf{C}) + \epsilon)^n \, \|\mathbf{f}_0\| \quad (n \geqslant N_0) \quad \text{angeben .}$$

Soll mithin der Fehler um den Faktor 10^{-m} abnehmen, d.h. soll $\|\mathbf{f}_n\| < 10^{-m} \|\mathbf{f}_0\|$ sein, so muß im allgemeinen

$$n > \frac{m}{\log_{10}(1/r_\sigma(\mathbf{C}))} \quad \text{sein .}$$

Man nennt daher auch

$$R := \log_{10}(1/r_\sigma(\mathbf{C}))$$

das *Konvergenzmaß des Verfahrens.* Je kleiner der Spektralradius oder je größer das Konvergenzmaß, umso schneller konvergiert das Verfahren.

Um ein geeignetes Iterationsverfahren so zu erhalten, hat die Matrix **N** folgende Bedingungen möglichst gut zu erfüllen:

(1) Die Matrix $\mathbf{E} - \mathbf{N}^{-1}\mathbf{A}$ soll eine möglichst kleine Norm (bzw. einen möglichst kleinen Spektralradius) haben, d.h. $\mathbf{N}^{-1}$ soll eine gute Approximation von $\mathbf{A}^{-1}$ sein;

(2) Das Gleichungssystem $\mathbf{Nz} = \mathbf{y}$ soll möglichst einfach, d.h. in möglichst wenigen Rechenschritten, und möglichst ohne Kumulation von Rundungsfehlern gelöst werden können.

Diese beiden Forderungen sind in der Regel nicht gleichzeitig gut zu erfüllen.

Zur Beschreibung der wichtigsten Iterationsverfahren verwenden wir noch folgende Zerlegung der Matrix $\mathbf{A}$:

$$\mathbf{A} = \mathbf{A}_L + \mathbf{D} + \mathbf{A}_R \tag{6.45}$$

$$\text{mit } \mathbf{A}_L = \begin{pmatrix} 0 & \dots & 0 & 0 \\ a_{21} & 0 & & \vdots \\ \vdots & \ddots & \ddots & \vdots \\ a_{p1} & \dots & a_{p,p-1} & 0 \end{pmatrix}, \quad \mathbf{D} = \begin{pmatrix} a_{11} & & 0 \\ & \ddots & \\ 0 & & a_{pp} \end{pmatrix},$$

$$\mathbf{A}_R = \begin{pmatrix} 0 & a_{12} & \dots & a_{1p} \\ \vdots & \ddots & \ddots & \vdots \\ 0 & \dots & 0 & a_{p-1,p} \end{pmatrix}.$$

Durch die Wahl von $\mathbf{N}$ lassen sich nun folgende Iterationsverfahren kennzeichnen:

6.28

$\mathbf{N} =$	Verfahren
$\mathbf{D}$	Gesamtschrittverfahren (Jacobiverfahren)
$\mathbf{D} + \mathbf{A}_L$	Einzelschrittverfahren (Gauß-Seidel-Verfahren)
$\frac{1}{\omega}\mathbf{D} + \mathbf{A}_L$	Relaxationsverfahren $(0 < \omega < 1)$ Unterrelaxationsverfahren $(1 < \omega < 2)$ Überrelaxationsverfahren
$\mathbf{LR}$	(berechnete **LR**-Zerlegung von **A**) Nachiterationsverfahren

6.5.2 Das Gesamtschrittverfahren (Jacobiverfahren)

Das Gesamtschrittverfahren verwendet die Iterationsvorschrift

$$\mathbf{x}_{n+1} = -\mathbf{D}^{-1}(\mathbf{A}_L + \mathbf{A}_R)\,\mathbf{x}_n + \mathbf{D}^{-1}\mathbf{y}\,. \tag{6.46}$$

Hierbei ist vorausgesetzt, daß die Diagonalelemente der Matrix $\mathbf{A}$ von Null verschieden sind, damit $\mathbf{D}^{-1}$ existiert. Der folgende Satz gibt hinreichende Bedingungen an, unter denen das Gesamtschrittverfahren konvergiert.

6.29 **Satz.** (*Gesamtschrittverfahren*)

Gilt in einer induzierten Matrixnorm $\|\mathbf{D}^{-1}(\mathbf{A}_L + \mathbf{A}_R)\| =: L < 1$, so konvergiert das Gesamtschrittverfahren für jeden beliebigen Startvektor $\mathbf{x}_0$ gegen die eindeutig bestimmte Lösung $\mathbf{x}$ des Gleichungssystems $\mathbf{Ax} = \mathbf{y}$.
Es gelten die Abschätzungen

$$\|\mathbf{x}_n - \mathbf{x}\| \leqslant \frac{L^n}{1 - L} \|\mathbf{x}_1 - \mathbf{x}_0\| \tag{6.47}$$

bzw.

$$\|\mathbf{x}_n - \mathbf{x}\| \leqslant \frac{L}{1 - L} \|\mathbf{x}_n - \mathbf{x}_{n-1}\| . \tag{6.48}$$

Die Aussagen dieses Satzes folgen unmittelbar aus dem Banachschen Fixpunktsatz (Satz 5.10) und den dort angegebenen a priori und a posteriori Abschätzungen.
Für die Anwendungen wichtige Matrizennormen sind vor allem

– die Zeilensummennorm $L_1 := \operatorname{Max}_i \sum_{j \neq i} (|a_{ij}|/|a_{ii}|)$ (6.49)

– die Spaltensummennorm $L_\infty := \operatorname{Max}_j \sum_{i \neq j} (|a_{ij}|/|a_{ii}|)$ (6.50)

– die Schurnorm als Abschätzung für die euklidische Norm

$$\|D^{-1}(A_L + A_R)\|_2 \leqslant L_S := \sqrt{\sum_i \sum_{j \neq i} (|a_{ij}|/|a_{ii}|)^2} . \tag{6.51}$$

Für die Konvergenz des Gesamtschrittverfahrens ist es hinreichend, wenn eine dieser Normen kleiner als 1 ist.
Hinsichtlich der Zeilen- bzw. Spaltensummennorm ist das genau dann der Fall, wenn die Matrix $\mathbf{A}$ das starke Zeilen- bzw. Spaltensummenkriterium erfüllt.
Es lassen sich leicht Beispiele angeben, bei denen genau eine der drei Zahlen (L_1, L_∞, L_S) kleiner als 1, die beiden anderen aber größer als 1 sind.
Vor der Anwendung des Gesamtschrittverfahrens prüfe man also, ob die gegebene Matrix $\mathbf{A}$, gegebenenfalls nach Zeilen- und Spaltenvertauschungen sowie Skalierungen, eine der hinreichenden Bedingungen für die Konvergenz des Gesamtschrittverfahrens erfüllt.

6.30 **Algorithmus** (*Gesamtschrittverfahren*).

Gegeben sei das Gleichungssystem $\mathbf{A}\mathbf{x} = \mathbf{y}$ mit einer (p, p)-Matrix $\mathbf{A}$ und $\mathbf{y} \in V_p(K)$. Die Matrix $\mathbf{A}$ erfülle eine der hinreichenden Bedingungen für die Konvergenz des Gesamtschrittverfahrens, s. Gl. (6.49), (6.50), (6.51).

1. Schritt.

Bringe das Gleichungssystem auf die Form Gl. (6.46), d.h. setze für i = 1 (1) p und j = 1 (1) p

$$c_{ij} := \begin{cases} 0 & i = j \\ -\dfrac{a_{ij}}{a_{ii}} \quad \text{für} & i \neq j \end{cases}, \quad \text{sowie} \quad b_i := \frac{y_i}{a_{ii}} \tag{6.52}$$

2. Schritt.

Berechne $L := \|(c_{ij})\|$ für eine Norm, für die die hinreichende Konvergenzbedingung erfüllt ist, sowie $b := \|\mathbf{b}\|$ für $\mathbf{b} = (b_1, \ldots, b_p)^T$.

Wähle einen Startvektor $\mathbf{x}_0$, o.B.d.A. hier $\mathbf{x}_0 = \mathbf{0}$.

Wähle eine Fehlerschranke $\epsilon > 0$ sowie eine maximale Schrittzahl N mit

$$N \leqslant N_0 = \text{Max}\,(1, \log(\epsilon(1 - L)/b)/\log L)$$

3. Schritt.

Berechne, ausgehend vom Startvektor $\mathbf{x}_0$, für n = 1, 2, ...

$$\mathbf{x}_n = \mathbf{C}\mathbf{x}_{n-1} + \mathbf{b}; \quad \text{mit } \mathbf{C} = (c_{ij}), \tag{6.53}$$

bzw. in Komponentenschreibweise $(\mathbf{x}_n = (x_{1,n}, x_{2,n}, \ldots, x_{p,n})^T)$ für i = 1 (1) p:

$$x_{i,n} = \sum_{j=1}^{p} c_{ij} x_{j,n-1} + b_i . \tag{6.54}$$

4. Schritt.

Es wird solange iteriert, bis eines der folgenden Abbruchkriterien erfüllt ist:

(i) $n = N$,

(ii) $\|\mathbf{x}_n - \mathbf{x}_{n-1}\| \leqslant ((1 - L)/L)\,\epsilon$.

Erfolgt der Abbruch nach (i), so wird der Fehler

$$\|\mathbf{x}_n - \mathbf{x}\| \leqslant (L/(1 - L))\,\|\mathbf{x}_n - \mathbf{x}_{n-1}\| \quad \text{berechnet} .$$

Einige weitere hinreichende Konvergenzbedingungen benötigen den Begriff ‚unzerlegbare Matrix'.

6.31 **Definition.** (*Unzerlegbarkeit einer Matrix*)

Eine (p, p)-Matrix **A** heißt zerlegbar, wenn es zwei nichtleere Teilmengen P_1 und P_2 der Menge $P := \{1, 2, 3, \ldots, p\}$ gibt mit

(i) $P_1 \cap P_2 = \emptyset$

(ii) $P_1 \cup P_2 = P$

(iii) für jedes $i \in P_1$ und jedes $j \in P_2$ ist $a_{ij} = 0$.

Andernfalls heißt die Matrix **A** unzerlegbar.

Ist die Matrix **A** zerlegbar, so läßt sich das Gleichungssystem

$\mathbf{A}\mathbf{x} = \mathbf{y}$ in zwei Teilschritten lösen:

(1) für $i \in P_1$ löse die Gleichungen

$$\sum_{j=1}^{p} a_{ij}x_j = \sum_{j \in P_1} a_{ij}x_j = y_i \, .$$

Enthält die nichtleere Menge P_1 gerade k Elemente, so ist dies ein Gleichungssystem mit k Gleichungen für k Unbekannte.

(2) Für $i \in P_2$ löse anschließend die Gleichungen

$$\sum_{j=1}^{p} a_{ij}x_j = \sum_{j \in P_1} a_{ij}x_j + \sum_{j \in P_2} a_{ij}x_j = y_i \, .$$

Da die x_j mit $j \in P_1$ bereits bekannt sind, hat man somit noch $(p-k)$ Gleichungen mit $(p-k)$ Unbekannten zu lösen.

Die Unzerlegbarkeit einer Matrix kann mit Hilfe des der Matrix zugeordneten Graphen G(**A**) überprüft werden. Dabei besteht der Graph G(**A**) aus genau p Knoten $K_1, K_2, \ldots, K_p$ sowie gerichteten Kanten, wobei zwei Knoten K_i und K_j genau dann durch eine gerichtete Kante $K_i \to K_j$ verbunden sind, falls $a_{ij} \neq 0$ ist.
Es gilt: Die Matrix **A** ist genau dann unzerlegbar, wenn der Graph G(**A**) zusammenhängend ist, d.h. wenn es zu jedem Knotenpaar (K_i, K_j) einen gerichteten Weg (eventuell über mehrere Kanten in der vorgeschriebenen Richtung verlaufend) gibt, der von K_i nach K_j führt.

6.32 **Beispiel.**

Es sei $\mathbf{A} = \begin{pmatrix} 2 & 0 & 1 \\ 3 & 4 & 2 \\ -2 & 0 & 3 \end{pmatrix}$, dann ist G(**A**):

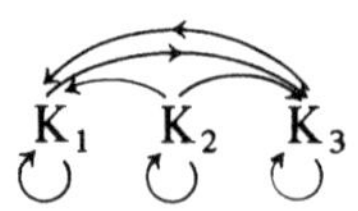

.

Es führt kein gerichteter Weg von K_1 oder K_3 nach K_2, also ist **A** zerlegbar. In diesem Fall ist $P_1 = \{1, 3\}$, $P_2 = \{2\}$, und das Gleichungssystem $\mathbf{Ax} = \mathbf{y}$ zerfällt in die beiden Teilsysteme

$$2x_1 + x_3 = y_1$$

$$-2x_1 + 3x_3 = y_3$$

sowie $$4x_2 = y_2 - 3x_1 - 2x_3 \; .$$ □

Wir geben noch ein weiteres hinreichendes Kriterium für die Konvergenz des Gesamtschrittverfahrens, ohne jedoch auf Beweise hierfür einzugehen. Siehe Stoer-Bulirsch [S7], S. 245, Werner [W1], S. 182.

6.33 **Satz.**

Erfüllt die (p, p)-Matrix **A** die beiden Bedingungen

(1) **A** ist unzerlegbar,

(2) **A** erfüllt das schwache Zeilensummenkriterium oder das schwache Spaltensummenkriterium,

so konvergiert das Gesamtschrittverfahren für jeden Startvektor x_0 gegen die eindeutig bestimmte Lösung **x** des Gleichungssystems $\mathbf{Ax} = \mathbf{y}$.

6.34 **Beispiel.**

In Abschnitt 4.6.2 wurde bereits die tridiagonale Matrix

$$\mathbf{A}_p = \begin{pmatrix} 2 & -1 & & & \\ -1 & 2 & -1 & & \\ & \ddots & \ddots & \ddots & \\ & & \ddots & \ddots & -1 \\ & & & -1 & 2 \end{pmatrix}$$

betrachtet. Sie ist unzerlegbar, da die Elemente in den beiden Parallelen zur Hauptdiagonalen ungleich Null sind. Dies bedeutet nämlich, daß man im Graph $G(\mathbf{A}_p)$ von jedem Knoten zu seinen unmittelbar benachbarten Knoten gelangen kann. Die Matrix erfüllt auch das schwache Zeilensummenkriterium, nicht aber das starke Zeilen- (oder Spalten-)summenkriterium. Das Gesamtschrittverfahren konvergiert daher.

Allerdings ist die Konvergenz bei großem p recht langsam. Wie in Abschnitt 7.2 (Beispiel 7.3k) gezeigt wird, ist der Spektralradius

$$r_\sigma(\mathbf{C}) = \cos(\pi/(p+1)) \approx (1 - \pi^2/2p^2) \; .$$

Daher würden p^2 Iterationsschritte den Fehler um einen Faktor

$$(r_\sigma(\mathbf{C}))^{p^2} \approx (1 - \pi^2/2p^2)^{p^2} \approx e^{-\pi^2/2} \approx 0.007$$

verkleinern. Für eine annehmbare Genauigkeit wären also etwa $2p^2$ oder $3p^2$ Iterationen erforderlich, wobei jeder Iterationsschritt ca. 2 p Multiplikationen benötigt, insgesamt also ca. $4\,p^3$ Punktoperationen. Damit ist das Gesamtschrittverfahren in diesem Beispiel den direkten Verfahren, die ca. 5 p Punktoperationen benötigen (vgl. Abschnitt 6.2.3) deutlich unterlegen. □

Als weiteres Beispiel für die Anwendung des Gesamtschrittverfahrens siehe auch Abschnitt 5.3.

6.5.3 Das Einzelschrittverfahren (Gauß-Seidel-Verfahren)

Betrachtet man das Gesamtschrittverfahren in Komponentenschreibweise (vgl. (Gl. (6.54)), so wird zunächst $x_{1,n}$ berechnet, dann $x_{2,n}$ usw. Bei der Berechnung von $x_{2,n}$ wird aber für die erste Komponente x_1 der alte Näherungswert $x_{1,n-1}$ verwendet, obwohl durch die erste Gleichung bereits ein vermutlich besserer Näherungswert $x_{1,n}$ zur Verfügung steht. Nutzt man die verbesserten Näherungswerte $x_{1,n}, x_{2,n}, \ldots$ systematisch aus, sobald sie zur Verfügung stehen, so kommt man zum sog. Einzelschrittverfahren. Der entscheidende Iterationsschritt vom Näherungsvektor $\mathbf{x}_{n-1}$ zu $\mathbf{x}_n$ lautet dann an Stelle von Gl. (6.54) folgendermaßen:

Für i = 1 (1) p berechne

$$x_{i,n} = \sum_{j=1}^{i-1} c_{ij} x_{j,n} + \sum_{j=i+1}^{p} c_{ij} x_{j,n-1} + b_i \qquad (6.55)$$

6.35 **Beispiel.** (Fortsetzung des Beispiels aus Abschnitt 5.3, S. 106)

Formt man das Gleichungssystem

$$\begin{aligned} 20\,x_1 - x_2 + 2\,x_3 &= 24 \\ 2\,x_1 + 10\,x_2 - x_3 &= 19 \\ -x_1 - 3\,x_2 + 20\,x_3 &= 53 \end{aligned}$$

gemäß Gl. (6.55) um, so erhält man als Iterationsvorschrift

$$\begin{aligned} x_{1,n} &= 0.05\,x_{2,n-1} - 0.1\,x_{3,n-1} + 1.2 \\ x_{2,n} &= -0.2\,x_{1,n} + 0.1\,x_{3,n-1} + 1.9 \\ x_{3,n} &= 0.05\,x_{1,n} + 0.15\,x_{2,n} + 2.65\ . \end{aligned}$$

Ausgehend vom Startvektor $\mathbf{x}_0 = \mathbf{0}$ ergeben sich die Vektoren

$$\mathbf{x}_1 = \begin{pmatrix} 1.2 \\ 1.9 \\ 2.65 \end{pmatrix}, \quad \mathbf{x}_2 = \begin{pmatrix} 1.03 \\ 1.959 \\ 2.99535 \end{pmatrix}, \quad \mathbf{x}_3 = \begin{pmatrix} 0.998405 \\ 1.999852 \\ 2.9998986 \end{pmatrix},$$

$$\mathbf{x}_4 = \begin{pmatrix} 1.0000027 \\ 1.9999893 \\ 2.9999985 \end{pmatrix}.$$

Die Konvergenz ist deutlich besser als bei dem Gesamtschrittverfahren, vgl. die Ergebnisse auf S. 106.

Dieses Beispiel legt die Vermutung nahe, daß das Einzelschrittverfahren stets schneller konvergiert als das Gesamtschrittverfahren. Das ist jedoch nur unter zusätzlichen Voraussetzungen an die Matrix **A** richtig. Man kann Beispiele angeben, bei denen das Gesamtschrittverfahren konvergiert, während das Einzelschrittverfahren divergiert und umgekehrt.

Um hinreichende Bedingungen für die Konvergenz des Einzelschrittverfahrens formulieren zu können, gehen wir wieder von der Zerlegung der Matrix **A** in Gl. (6.45) aus:

$$\mathbf{A} = \mathbf{A}_L + \mathbf{D} + \mathbf{A}_R\ .$$

Dann läßt sich die Iterationsvorschrift des Einzelschrittverfahrens auch so schreiben

$$\mathbf{x}_n = -\mathbf{D}^{-1}\mathbf{A}_L\mathbf{x}_n - \mathbf{D}^{-1}\mathbf{A}_R\mathbf{x}_{n-1} + \mathbf{D}^{-1}\mathbf{y} \tag{6.56}$$

oder $$(\mathbf{E} + \mathbf{D}^{-1}\mathbf{A}_L)\mathbf{x}_n = -\mathbf{D}^{-1}\mathbf{A}_R\mathbf{x}_{n-1} + \mathbf{b} \tag{6.57}$$

bzw. $$\mathbf{x}_n = -(\mathbf{E} + \mathbf{D}^{-1}\mathbf{A}_L)^{-1}\mathbf{D}^{-1}\mathbf{A}_R\mathbf{x}_{n-1} + \mathbf{b}^*\ . \tag{6.58}$$

Die Matrix des Iterationsverfahrens lautet also

$$\mathbf{C}^* := -(\mathbf{E} + \mathbf{D}^{-1}\mathbf{A}_L)^{-1}\mathbf{D}^{-1}\mathbf{A}_R = -(\mathbf{D} + \mathbf{A}_L)^{-1}\mathbf{A}_R\ . \tag{6.59}$$

Natürlich braucht für die Anwendung des Einzelschrittverfahrens die Matrix $\mathbf{C}^*$ nicht explizit berechnet zu werden, vielmehr wird nach Gl. (6.55) iteriert. Aus der Darstellung Gl. (6.59) folgen jedoch leicht hinreichende Konvergenzkriterien.

6.36 **Satz.** (*Einzelschrittverfahren*)

Gilt in einer induzierten Matrixnorm $\|\mathbf{C}^*\| =: L^* < 1$, so konvergiert das Einzelschrittverfahren für jeden beliebigen Startvektor $\mathbf{x}_0$ gegen die eindeutig bestimmte Lösung $\mathbf{x}$ des Gleichungssystems $\mathbf{Ax} = \mathbf{y}$. Es gelten die Abschätzungen Gl. (6.47) und (6.48) entsprechend.

Für das Einzelschrittverfahren läßt sich ein analoger Algorithmus wie für das Gesamtschrittverfahren formulieren. Man hat dazu vor allem Gl. (6.54) durch Gl. (6.55) und L durch L^* zu ersetzen.

Die Berechnung von L^* ist bei dem Einzelschrittverfahren komplizierter als bei dem Gesamtschrittverfahren. Wir wollen daher noch einige hinreichende Konvergenzkriterien für das Einzelschrittverfahren angeben, s. Werner [W1], S. 184.

6.37 **Satz.** (*Konvergenzkriterien für das Einzelschrittverfahren*)

Gegeben sei die (p, p)-Matrix **A**. Dann gilt:

(1) Erfüllt **A** das starke Zeilensummenkriterium, so ist

$$\|\mathbf{C}^*\|_\infty \leqslant \|\mathbf{C}\|_\infty < 1\ ; \tag{6.60}$$

(2) Die Matrix **A** habe die Form $\mathbf{A} = \mathbf{A}_L + \mathbf{E} + \mathbf{A}_R$ und die Elemente der Matrizen $\mathbf{A}_R$ und $\mathbf{A}_L$ seien nicht positiv. Dann tritt hinsichtlich der Spektralradien $r_\sigma(\mathbf{C})$ und $r_\sigma(\mathbf{C}^*)$ des Gesamt- und des Einzelschrittverfahrens genau einer der folgenden Fälle auf:

$$\begin{aligned} &\text{(i)} && r_\sigma(\mathbf{C}^*) = r_\sigma(\mathbf{C}) = 0\,, \\ &\text{(ii)} && r_\sigma(\mathbf{C}^*) < r_\sigma(\mathbf{C}) < 1\,, \\ &\text{(iii)} && r_\sigma(\mathbf{C}^*) = r_\sigma(\mathbf{C}) = 1\,, \\ &\text{(iv)} && r_\sigma(\mathbf{C}^*) > r_\sigma(\mathbf{C}) > 1\,. \end{aligned} \tag{6.61}$$

(3) Die Matrix **A** sei symmetrisch und positiv definit und habe die Form $\mathbf{A} = \mathbf{A}_R + \mathbf{E} + \mathbf{A}_R^T$.
Dann konvergiert das Gesamtschrittverfahren nur, falls auch $2\mathbf{E} - \mathbf{A}$ positiv definit ist. Das Einzelschrittverfahren konvergiert jedoch immer und es gilt

$$r_\sigma(\mathbf{C}^*) < r_\sigma(\mathbf{C})\,. \tag{6.62}$$

Bemerkungen.

Zu (1). Die Ungleichung (6.60) bedeutet nicht unbedingt, daß das Einzelschrittverfahren schneller konvergiert als das Gesamtschrittverfahren. Dazu wäre eine entsprechende Ungleichung wie in Gl. (6.61) (ii) erforderlich.

Zu (2). Die Forderung, daß die Diagonalelemente der Matrix **A** alle den Wert 1 haben, ist keine Einschränkung der Allgemeinheit. Sind die Diagonalelemente ungleich Null, also **D** nicht singulär, so gehe man vom Gleichungssystem

$$\mathbf{A}\mathbf{x} = \mathbf{y} \quad \text{über zu} \quad \mathbf{D}^{-1}\mathbf{A}\mathbf{x} = \mathbf{D}^{-1}\mathbf{y}\,.$$

Dieser Fall, daß die Diagonalelemente von **A** positiv, die anderen von Null verschiedenen Elemente negativ sind, tritt häufig bei der Diskretisierung von gewöhnlichen oder partiellen Differentialgleichungen auf. Konvergiert hier das Gesamtschrittverfahren, so auch das Einzelschrittverfahren, und zwar schneller als das Gesamtschrittverfahren – wenn man von dem Ausnahmefall (i) absieht. Divergiert das Gesamtschrittverfahren, so auch das Einzelschrittverfahren.

Zu (3). Ist die Matrix **A** symmetrisch und positiv definit, so sind ihre Diagonalelemente $a_{ii} > 0$, also läßt sich die Diagonalmatrix

$$\mathbf{D}^{1/2} = \begin{pmatrix} \sqrt{a_{11}} & & \\ & \ddots & \\ & & \sqrt{a_{pp}} \end{pmatrix} \text{ bilden}\,.$$

Die Matrix $\tilde{\mathbf{A}} = \mathbf{D}^{-1/2}\mathbf{A}\mathbf{D}^{-1/2}$ ist dann ebenfalls symmetrisch und positiv definit und gestattet eine Zerlegung der Form

$$\tilde{\mathbf{A}} = \tilde{\mathbf{A}}_R + \tilde{\mathbf{E}} + \tilde{\mathbf{A}}_R^T\,.$$

6.5.4 Relaxationsverfahren

Das Gesamt- und das Einzelschrittverfahren konvergieren für viele Anwendungen nicht schnell genug. Es liegt daher nahe, in der Zerlegung Gl. (6.40) nach anderen Matrizen $\mathbf{N}$ zu suchen, für die das Iterationsverfahren schneller konvergiert, für die also der Spektralradius $r_\sigma(\mathbf{E} - \mathbf{N}^{-1}\mathbf{A})$ möglichst klein ist. Dazu kann man die von einem Parameter ω abhängigen Matrizen $\mathbf{N}(\omega) = \frac{1}{\omega}\mathbf{D} + \mathbf{A}_L$ verwenden. Dieser Ansatz beruht auf folgender Überlegung. Wie beim Einzelschrittverfahren sei bereits der Näherungsvektor $\mathbf{x}_{n-1}$ sowie vom Näherungsvektor $\mathbf{x}_n$ die Komponenten $x_{1,n}, \ldots, x_{i-1,n}$ berechnet.
Analog zu Gl. (6.55) bildet man jetzt einen vorläufigen Wert für $x_{i,n}$:

$$\tilde{x}_{i,n} = \sum_{j=1}^{i-1} c_{ij}x_{j,n} + \sum_{j=i+1}^{p} c_{ij}x_{j,n-1} + b_i\,, \tag{6.63}$$

und wählt als endgültigen Wert

$$x_{i,n} = \omega\,\tilde{x}_{i,n} + (1-\omega)\,x_{i,n-1}\,. \tag{6.64}$$

Dies läuft für $0 < \omega < 1$ auf eine Mittelbildung, für $\omega > 1$ auf eine Extrapolation zwischen $\tilde{x}_{i,n}$ und $x_{i,n-1}$ hinaus. Für $0 < \omega < 1$ spricht man von Unterrelaxation, für $1 < \omega$ von Überrelaxation, auch SOR – successive over-relaxation – genannt.

Setzt man die rechte Seite der Gl. (6.63) für $\tilde{x}_{i,n}$ in Gl. (6.64) ein, so ergibt sich

6.38 *Iterationsschritt* (n – 1 → n) *des Relaxationsverfahrens*

Für i = 1 (1) p berechne

$$x_{i,n} = (1-\omega)\,x_{i,n-1} + \sum_{j=1}^{i-1} \omega\,c_{ij}x_{j,n} + \sum_{j=i+1}^{p} \omega c_{ij}x_{j,n-1} + \omega b_i\,. \tag{6.65}$$

Diese Iterationsvorschrift, die für $\omega = 1$ wieder das Einzelschrittverfahren liefert, läßt sich ähnlich wie bei dem Einzelschrittverfahren – vgl. Gl. (6.56) bis (6.59) – in Matrizenschreibweise darstellen.

$$(\mathbf{E} + \omega\mathbf{D}^{-1}\mathbf{A}_L)\,\mathbf{x}_n = ((1-\omega)\,\mathbf{E} - \omega\mathbf{D}^{-1}\mathbf{A}_R)\,\mathbf{x}_{n-1} + \omega\mathbf{b} \tag{6.66}$$

bzw. $\mathbf{x}_n = \mathbf{C}^*(\omega)\,\mathbf{x}_{n-1} + \mathbf{d}$

mit

$$\mathbf{C}^*(\omega) = (\mathbf{E} + \omega\mathbf{D}^{-1}\mathbf{A}_L)^{-1}\,((1-\omega)\,\mathbf{E} - \omega\mathbf{D}^{-1}\mathbf{A}_R)\,. \tag{6.67}$$

Multipliziert man andererseits Gl. (6.66) von links mit $\frac{1}{\omega}\mathbf{D}$, so erhält man

$$\mathbf{N}(\omega)\,\mathbf{x}_n = (\mathbf{N}(\omega) - \mathbf{A})\,\mathbf{x}_{n-1} + \mathbf{y}\,,$$

also, mit

$\mathbf{N}(\omega) = \frac{1}{\omega}\mathbf{D} + \mathbf{A}_L$, die allgemeine Darstellung der Gl. (6.44) und Tabelle 6.28.

Leider ist die Bestimmung des optimalen Relaxationsparameters ω_0 eine schwierige Aufgabe. Man kann sie in der Regel nur näherungsweise lösen, indem man etwa die Konvergenzgeschwindigkeit der Matrix $\mathbf{C}^*(\omega)$ für verschiedene Werte von ω testet. Vgl. Young [Y1], Niethammer [N2].

Allgemein gelten folgende Aussagen, auf deren Beweis hier nicht eingegangen werden soll, vgl. Stoer-Bulirsch [S7], S. 248 u.f.

(1) Das Relaxationsverfahren konvergiert allenfalls für $0 < \omega < 2$.

(2) Für positiv-definite (symmetrische oder hermitesche) Matrizen konvergiert das Relaxationsverfahren für alle ω mit $0 < \omega < 2$.

(3) Für eine Klasse von Matrizen, die sogenannten ‚konsistent geordneten Matrizen', für die zusätzlich das Gesamtschrittverfahren konvergiert, für die also

$$\mu := r_\sigma(\mathbf{C}) < 1 \quad \text{ist,}$$

läßt sich ω_0 explizit angeben:

$$\omega_0 = \frac{2}{1 + \sqrt{1 - \mu^2}} .$$

Für den Spektralradius in Abhängigkeit von ω gilt in diesem Fall

$$r(\omega) := r_\sigma(\mathbf{C}^*(\omega)) = \begin{cases} \frac{1}{4}\left(\omega\mu + \sqrt{\omega^2\mu^2 - 4(\omega - 1)}\right)^2 & \text{für } 0 < \omega \leqslant \omega_0 \\ \omega - 1 & \text{für } \omega_0 \leqq \omega < 2 . \end{cases}$$

Die hierdurch gegebene Funktion ist in Bild 6.3 dargestellt.

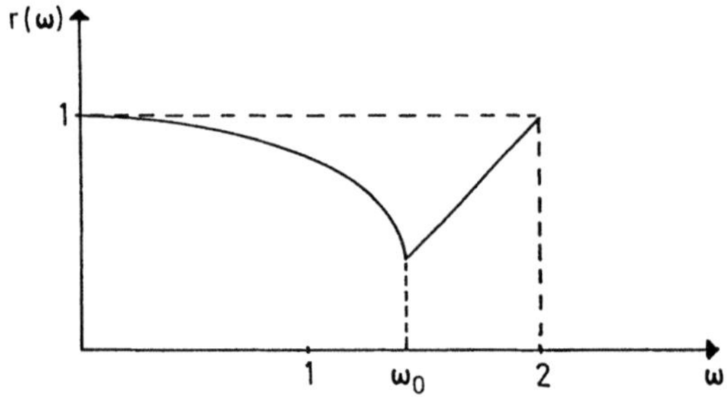

Bild 6.3

Der Spektralradius $r(\omega)$ fällt monoton im Intervall $[0, \omega_0]$ und wächst dann linear, bis er an der Stelle $\omega = 2$ den Wert 1 erreicht. Der optimale Wert des Spektralradius ist demnach

$$r(\omega_0) = r_\sigma(\mathbf{C}^*(\omega_0)) = \omega_0 - 1 = \left(\frac{\mu}{1 + \sqrt{1 - \mu^2}}\right)^2 . \tag{6.68}$$

Für $\omega = 1$ ergibt sich gleichzeitig der Spektralradius des Einzelschrittverfahrens

$$r(1) = r_\sigma(C^*) = \mu^2 . \qquad (6.69)$$

Offenbar gilt unter den genannten Voraussetzungen $(0 < \mu < 1)$

$$r(\omega_0) < r_\sigma(C^*) < r_\sigma(C) ,$$

die Konvergenz des optimalen Relaxationsverfahrens ist also besser als die des Einzelschrittverfahrens, die wiederum etwa doppelt so schnell ist wie die des Gesamtschrittverfahrens.

Kennt man ω_0 nicht genau, so wähle man wegen $r'(\omega_0 - 0) = -\infty$ und $r'(\omega_0 + 0) = 1$ eher einen etwas zu großen Wert für den Relaxationsparameter als einen zu kleinen.

(4) Zur Klasse der konsistent geordneten Matrizen gehören
- Tridiagonalmatrizen mit nicht-singulärem $\mathbf{D}$,
- Tridiagonalblockmatrizen, deren Diagonalblöcke selbst reguläre Diagonalmatrizen sind,
- beispielsweise die Matrix $\mathbf{P}_N$ in der Einleitung zu diesem Kapitel.

Allgemein heißt eine Matrix ‚konsistent geordnet', falls die ‚Eigenwerte' (s. Kapitel 7) der Matrix $\alpha \mathbf{D}^{-1} \mathbf{A}_L + \alpha^{-1} \mathbf{D}^{-1} \mathbf{A}_R$ von $\alpha \in \mathbb{R}, \alpha \neq 0$ unabhängig sind.

6.39 Beispiel. (Fortsetzung des Beispiels 6.34)

Die Matrix $\mathbf{A}_p$ des Beispiels 6.34 ist als Tridiagonalmatrix konsistent geordnet. Der Spektralradius für das Gesamtschrittverfahren (GS) kann explizit angegeben werden $[\cos(\pi/(p+1))]$. Daher können auch die Spektralradien des Einzelschrittverfahrens (ES) sowie des optimalen Relaxationsverfahrens (SOR) berechnet werden. Die folgende Tabelle enthält diese Werte, ferner die Zahl der Iterationen, die erforderlich sind, um den Ausgangsfehler um den Faktor 10^{-4} zu verkleinern, und die dazu benötigte Anzahl der Punktoperationen.

Verfahren	Spektralradius	Anzahl der Iterationen, ca.	Anzahl der Punktoperationen, ca.
GS	$\cos(\pi/(p+1))$	$2\,p^2$	$4\,p^3$
ES	$\cos^2(\pi/(p+1))$	p^2	$2\,p^3$
SOR	$\dfrac{1-\sin(\pi/(p+1))}{1+\sin(\pi/(p+1))}$	$1.5\,p$	$3\,p^2$

Trotz der erheblichen Konvergenzbeschleunigung durch das Relaxationsverfahren ist der Rechenaufwand hierbei noch größer als bei dem Cholesky-Verfahren.

Da auch die Matrix $\mathbf{P}_N$ (s. Einleitung zu diesem Kapitel) konsistent geordnet ist und der Spektralradius für das Gesamtschrittverfahren ebenfalls explizit angegeben werden kann $[\cos(\pi/(N+1))]$, läßt sich eine analoge Tabelle auch in diesem Fall aufstellen.

Verfahren	Spektralradius	Anzahl der Iterationen, ca.	Anzahl der Punktoperationen, ca.
GS	$\cos(\pi/(N+1))$	$2\,N^2$	$10\,N^4$
ES	$\cos^2(\pi/(N+1))$	N^2	$5\,N^4$
SOR	$\dfrac{1-\sin(\pi/(N+1))}{1+\sin(\pi/(N+1))}$	$1.5\,N$	$7.5\,N^3$

Hierbei ist zu berücksichtigen, daß das zugehörige Gleichungssystem N^2 Unbekannte besitzt und jeder Iterationsschritt ca. $5\,N^2$ Punktoperationen erfordert. In diesem Fall benötigt man ca. $0.5\,N^4$ Punktoperationen für die Herstellung der Cholesky-Zerlegung von $\mathbf{P}_N$ so daß das Cholesky-Verfahren sowohl vom Rechenaufwand wie auch vom Speicherplatzbedarf her ungünstiger ist als das SOR Verfahren. □

Im übrigen sind gerade für das in der Einleitung behandelte Randwertproblem spezielle Verfahren zur Auflösung der zugehörigen Gleichungssysteme entwickelt worden (‚Fast Poisson Solvers'), die den Rechenaufwand noch weiter reduzieren. Dazu zählen

Verfahren	Rechenaufwand proportional zu	Literaturhinweis
ADI	$N^2 \log N$	Stoer-Bulirsch [S7]
Buneman	$N^2 \log N$	Buzbee, Golub, Nielson [B3]
Totale Reduktion	N^2	Schroeder-Trottenberg [S9]
FACR-Verf.	$N^2 \log\log N$	Hockney-Temperton [H9]

Zur Lösung solcher Randwertprobleme sind heute allerdings auch sehr effektive andere Verfahren entwickelt worden (Mehrgitterverfahren, s. Seite 167 und [T3], [H1]).

6.5.5 Blockiterationsverfahren

Häufig treten Koeffizientenmatrizen auf, die eine natürliche Blockstruktur tragen. Das ist insbesondere der Fall, wenn das Gleichungssystem aus einem Differenzenverfahren für partielle Differentialgleichungen entsteht, vgl. Beispiel 6.39. In diesem Fall kann es zweckmäßig sein, die Blockstruktur auszunutzen und ein Blockiterationsverfahren anzuwenden.

Die Koeffizientenmatrix $\mathbf{A}$ sei in folgender Form gegeben:

$$\mathbf{A} = \begin{pmatrix} \mathbf{A}_{11} & \mathbf{A}_{12} & \cdots & \mathbf{A}_{1N} \\ \mathbf{A}_{21} & \mathbf{A}_{22} & \cdots & \mathbf{A}_{2N} \\ \vdots & \vdots & & \vdots \\ \mathbf{A}_{N1} & \mathbf{A}_{N2} & \cdots & \mathbf{A}_{NN} \end{pmatrix}, \tag{6.70}$$

wobei die Matrizen $\mathbf{A}_{ij}$ quadratische (m, m)-Matrizen und insbesondere die Diagonalmatrizen $\mathbf{A}_{ii}$ regulär seien. Das Gleichungssystem lautet dann

$$\mathbf{A}\mathbf{x} = \mathbf{y} \quad \text{mit} \quad \mathbf{y} \in \mathrm{R}^{mN}, \ \mathbf{x} \in \mathrm{R}^{mN} .$$

Zerlegt man die Vektoren x und y ebenfalls in Blöcke der Länge m, also

$$\mathbf{y}^T = (\mathbf{y}_1^T, \mathbf{y}_2^T, \ldots, \mathbf{y}_N^T)$$

und entsprechend für $\mathbf{x}$, sowie die Matrix $\mathbf{A}$ entsprechend Gl. (6.45) in $\mathbf{A} = \mathbf{D}_B + \mathbf{A}_{LB} + \mathbf{A}_{RB}$ mit

$$\mathbf{D}_B = \begin{pmatrix} \mathbf{A}_{11} & & & 0 \\ & \mathbf{A}_{22} & & \\ & & \ddots & \\ 0 & & & \mathbf{A}_{NN} \end{pmatrix}, \quad \mathbf{A}_{LB} = \begin{pmatrix} \Omega & & & 0 \\ \mathbf{A}_{21} & \ddots & & \\ \vdots & \ddots & \ddots & \\ \mathbf{A}_{N1} & \cdots & \mathbf{A}_{N,N-1} & \Omega \end{pmatrix},$$

$$\mathbf{A}_{RB} = \begin{pmatrix} \Omega & \mathbf{A}_{12} & \cdots & \mathbf{A}_{1N} \\ & \ddots & \ddots & \vdots \\ & & \ddots & \mathbf{A}_{N-1,N} \\ 0 & & & \Omega \end{pmatrix}$$

so läßt sich das Block-Gesamtschrittverfahren folgendermaßen darstellen: (Schritt von n − 1 auf n)

$$\mathbf{A}_{ii}\mathbf{x}_i^{(n)} = -\sum_{\substack{j=1 \\ j \neq i}}^{N} \mathbf{A}_{ij}\mathbf{x}_j^{(n-1)} + \mathbf{y}_i, \qquad \text{für } i = 1, \ldots, N . \tag{6.71}$$

Jeder Iterationsschritt erfordert die Auflösung von N Gleichungssystemen, etwa durch ein direktes Lösungsverfahren, z. B. LR-Zerlegung oder Cholesky-Zerlegung, falls die $\mathbf{A}_{ii}$ positiv definite Matrizen sind.

Jedenfalls ist es für die Effektivität des Verfahrens wesentlich, daß diese Auflösung leicht durchzuführen ist.

Neben dem Block-Gesamtschrittverfahren kann auch das Block-Einzelschrittverfahren und das Block-Relaxationsverfahren betrachtet werden.

In der Regel konvergieren die Blockiterationsverfahren umso besser, je gröber die Blockeinteilung von $\mathbf{A}$ ist, d.h. je kleiner N ist. Die bessere Konvergenz wird dann aber durch den erhöhten Aufwand zur Lösung der Gleichungssysteme (6.71) kompensiert.

Die meisten Aussagen und Sätze, die für die gewöhnlichen Iterationsverfahren gelten, lassen sich auf Blockiterationsverfahren übertragen. Für Einzelheiten muß auf einschlägige Literatur verwiesen werden. (Stoer-Bulirsch [S7], Schwarz-Rutishauser-Stiefel [S2]).

6.6 Beispiele und Aufgaben

6.6.1 Beispiel (Randwertproblem der Potentialtheorie)

Für das in der Einleitung zu diesem Kapitel behandelte Randwertproblem der Potentialtheorie soll in einem speziellen Fall die Lösung näherungsweise berechnet werden. Aus der Elastizitätstheorie ist bekannt, daß die Torsion eines Balkens mit quadratischem Querschnitt $\bar{Q} = \{(x,y) \mid |x| \leqslant a,\ |y| \leqslant a\}$ Lösung $u = u(x,y)$ $(\bar{Q} \to \mathbb{R})$ des Dirichletschen Randwertproblems $\Delta u = 0$ in Q, $u(x,y) = x^2 + y^2$ für $(x,y) \in \partial Q$ (Rand von Q) ist. Die exakte Lösung läßt sich auch durch Reihenentwicklungen erhalten. Um diese einfach darstellen zu können, führt man zweckmäßig eine Koordinatentransformation $(x,y) \leftrightarrow (x',y')$ durch $x = 2ax' - a$, $y = 2ay' - a$ aus und betrachtet das Randwertproblem für $u' = (2a^2 - u(x,y))/4a^2$.
Hierdurch wird Q auf das Einheitsquadrat $G' = \{(x',y') \mid 0 < x' < 1, 0 < y' < 1\}$ abgebildet, u': $(\bar{G}' \to \mathbb{R})$ ist als Funktion von (x',y') ebenfalls harmonisch und nimmt auf dem Rand $\partial G'$ die Werte $(x' - x'^2 + y' - y'^2)$ an. Schließlich kann u' in zwei Summanden zerlegt werden, $u' = u_1' + u_2'$, die ebenfalls beide harmonisch sind, wobei u_1' die Randwerte $(x' - x'^2)$ und u_2' die Randwerte $(y' - y'^2)$ auf $\partial G'$ annimmt.
Aus Symmetriegründen ist daher $u_2'(x',y') = u_1'(y',x')$.

Kehren wir wieder zur üblichen Bezeichnung der Koordinaten und Funktionen zurück, so genügt es mithin, das folgende Randwertproblem zu lösen:
Es sei $G = \{(x,y) \mid 0 < x < 1, 0 < y < 1\}$, u: $\bar{G} \to \mathbb{R}$ in G harmonisch, also $\Delta u = 0$ in G, und u nehme die Randwerte $u(x,y) = x - x^2$ auf ∂G an, d.h. $u(0,y) = u(1,y) = 0$ für $0 \leqslant y \leqslant 1$ und $u(x,0) = u(x,1) = x - x^2$ für $0 \leqslant x \leqslant 1$.
In der Theorie der partiellen Differentialgleichungen wird gezeigt, daß die Lösung dieses Randwertproblems durch folgende Reihenentwicklung dargestellt wird

$$u(x,y) = 8 \sum_{\substack{l=1 \\ n=2l-1}}^{\infty} \frac{1}{(n\pi)^3} \frac{\cosh(n\pi(y - 1/2))}{\cosh(n\pi/2)} \sin(n\pi x) \tag{6.71}$$

Die Summation erstreckt sich dabei über alle ungeraden n.
Ersetzt man den Differentialoperator durch einen entsprechenden Differenzenoperator wie in der Einleitung zu diesem Kapitel, wobei man in Richtung der x- und der y-Achse die Schrittweite $h = 1/(N+1)$ verwendet und die Gitterpunkte (ih, jh) zeilenweise anordnet, so erhält man folgendes Gleichungssystem (in Blockschreibweise)

$$\text{N Blöcke}\left\{\underbrace{\begin{pmatrix} A & -E & & & & \\ -E & A & -E & & & \\ & -E & A & -E & & \\ & & \ddots & \ddots & \ddots & \\ & & & \ddots & \ddots & -E \\ & & & & -E & A \end{pmatrix}}_{\text{N Blöcke}}\right. \begin{pmatrix} x_1 \\ x_2 \\ x_3 \\ \vdots \\ x_{N-1} \\ x_N \end{pmatrix} = \begin{pmatrix} y_1 \\ y_2 \\ y_3 \\ \vdots \\ y_{N-1} \\ y_N \end{pmatrix} \tag{6.72}$$

bzw. $\mathbf{P_N x = y}$.

Dabei ist die Blockmatrix **E** die N-reihige Einheitsmatrix und **A** die folgende N-reihige Tridiagonalmatrix

$$\mathbf{A} = \begin{pmatrix} 4 & -1 & & & & \\ -1 & 4 & -1 & & & \\ & -1 & 4 & -1 & & \\ & & \ddots & \ddots & \ddots & \\ & & & \ddots & \ddots & -1 \\ & & & & -1 & 4 \end{pmatrix} . \tag{6.73}$$

Bezeichnet man mit v_{ij} die Näherungswerte für u(ih, jh), so ist

$$\mathbf{x}_j = \begin{pmatrix} v_{1j} \\ v_{2j} \\ \vdots \\ v_{Nj} \end{pmatrix} \quad \text{und} \quad \mathbf{y}_1 = \mathbf{y}_N = \begin{pmatrix} h - h^2 \\ 2h - (2h)^2 \\ \vdots \\ Nh - (Nh)^2 \end{pmatrix} , \tag{6.74}$$

während $\mathbf{y}_2 = \mathbf{y}_3 = \quad = \mathbf{y}_{N-1} = 0$ ist.

Der durch die Diskretisierung entstandene Verfahrensfehler $|u(ih, jh) - v_{ij}|$ läßt sich a priori abschätzen. Für ein Quadrat der Seitenlänge a und den Randwerten f(x, y) auf den Seiten des Quadrats gilt z.B.

$$|u(ih, jh) - v_{ij}| \leqslant (1.4\,A_1 + 0.43\,A_2\,a) \cdot h^2 \ . \tag{6.75}$$

Hierbei wird vorausgesetzt, daß die Randwerte f stetig sind und die Ableitung dritter Ordnung jeweils in Richtung der Randseite exisiteren und beschränkt sind.
Dann ist A_1 das Maximum des Betrages der zweiten (einseitigen) Ableitungen in den Ecken des Quadrats und A_2 das Maximum des Betrages der dritten Ableitung von f. Vgl. [F5].

Zur Lösung des Gleichungssystems (6.72) und ähnlicher Systeme sind verschiedene schnelle Verfahren entwickelt worden, vgl. die Tabelle am Ende des Abschnitts 6.5.4. Ein heute vielfach verwendetes Verfahren ist das sogenannte Mehrgitterverfahren, das auch bei allgemeinen Differentialgleichungen und allgemeineren Gebieten anwendbar ist.

Bei den herkömmlichen Mehrgitterverfahren wird mit einer Sequenz von Gittern gearbeitet, ausgehend von einem groben Gitter großer Maschenweite werden etwa durch fortgesetzte Halbierung der Maschenweite immer feinere Gitter erzeugt. Sodann werden für die mit geeigneten Iterationsverfahren gewonnenen Näherungslösungen der feinen Gitter auf den Gittern größerer Maschenweite Korrekturen berechnet. Für Einzelheiten muß auf die einschlägige Literatur verwiesen werden. [H1], [T3].

Für die Lösung des speziellen Gleichungssystems (6.72) kann die Symmetrie und Blockstruktur dieses Systems auch auf folgende Weise genutzt werden:

Die N Gleichungen des Systems (6.72) lauten ausgeschrieben

$$\begin{array}{l} Ax_1 - x_2 = y_1 \\ -x_1 + Ax_2 - x_3 = y_2 \\ -x_2 + Ax_3 - x_4 = y_3 \\ \ldots\ldots\ldots\ldots \\ -x_{N-2} + Ax_{N-1} - x_N = y_{N-1} \\ -x_{N-1} + Ax_N = y_N \ . \end{array} \tag{6.76}$$

Es werde jetzt speziell $N = 2^k - 1$ gesetzt mit ganzzahligem, nichtnegativen k, also $N = 3, 7, 15, 31, \ldots$ und damit $h = 2^{-k}$.
Multipliziert man dann jede zweite Gleichung des Systems (6.76) von links mit der Matrix **A** und addiert die vorangehende und die nachfolgende Gleichung hinzu, so fallen die unbekannten Vektoren $x_1, x_3, \ldots, x_N$ heraus und es entsteht das verkürzte Gleichungssystem

$$\begin{array}{ll} A_1 x_2 - x_4 & = y_1 + Ay_2 + y_3 \\ -x_2 + A_1 x_4 - x_6 & = y_3 + Ay_4 + y_5 \\ \ldots\ldots\ldots & \ldots\ldots \\ -x_{N-3} + A_1 x_{N-1} & = y_{N-2} + Ay_{N-1} + y_N \ . \end{array} \tag{6.77}$$

Dabei ist zur Abkürzung $A_1 = A^2 - 2E$ gesetzt worden.
Das Gleichungssystem (6.77) hat dieselbe Struktur wie das System (6.76) mit $N_1 = 2^{k-1} - 1$ Gleichungen. Offensichtlich läßt sich diese Reduktion $(k-1)$-mal wiederholen. Dabei werden sukzessiv die Matrizen

$$A_j = A_{j-1}^2 - 2E \qquad (A_0 = A) \tag{6.78}$$

für $j = 1, 2, \ldots, (k-1)$ gebildet. Berücksichtigt man noch, daß im vorliegenden Fall $y_2 = y_3 = \ldots = y_{N-1} = 0$ und $y_1 = y_N$ ist, so erhält man nach $(k-1)$ Schritten die Gleichung

$$A_{k-1} x_{N_1+1} = 2y_1 \tag{6.79}$$

die nach x_{N_1+1} aufgelöst werden kann.
Da aus Symmetriegründen $x_j = x_{N+1-j}$ $(j = 1, 2, \ldots, N)$ ist, kann die Berechnung der übrigen Vektoren x_i ohne weitere Auflösung von Gleichungssystemen erfolgen. So lautet beispielsweise für N = 7 das Gleichungssystem nach dem ersten Reduktionsschritt

$$\begin{array}{l} A_1 x_2 - x_4 = y_1 \\ -x_2 + A_1 x_4 - x_6 = 0 \\ -x_4 + A_1 x_6 = y_7 = y_1 \ . \end{array}$$

Ist die Matrizengleichung $A_2 x_4 = 2y_1$ gelöst – etwa mit Hilfe des Choleskyverfahrens – so ergibt sich aus der zweiten Gleichung mit $x_2 = x_6$

$$x_2 = x_6 = \frac{1}{2} A_1 x_4 \ .$$

Aus der 2., 4. und 6. Gleichung des ursprünglichen Systems (6.76) ergeben sich schließlich die restlichen Unbekannten: Zunächst aus der vierten Gleichung

$$x_3 = x_5 = \frac{1}{2} A x_4 ,$$

sodann aus der zweiten Gleichung

$$x_1 = x_7 = A x_2 - x_3 .$$

Die bei diesem Reduktionsverfahren auftretenden Matrizen $\mathbf{A}_j$ sind sämtlich positiv definit. Dies folgt durch vollständige Induktion aus

$$\mathbf{A}_0 = \mathbf{B}_0 + 2\mathbf{E} .$$

Die Matrix $\mathbf{B}_0$ wurde bereits in Abschnitt 4.6.2 untersucht, alle Hauptunterdeterminanten sind positiv, also ist $\mathbf{B}_0$ nach Satz 5.31 positiv definit. Ist jetzt für $j = 0, 1, 2, \ldots$

$$\mathbf{A}_j = \mathbf{B}_j + 2\mathbf{E}$$

mit positiv definitem $\mathbf{B}_j$, so ergibt sich

$$\mathbf{A}_{j+1} = \mathbf{B}_j^2 + 4\mathbf{B}_j + 2\mathbf{E} = \mathbf{B}_{j+1} + 2\mathbf{E} ,$$

wobei $\mathbf{B}_{j+1}$ als Summe positiv-definiter Matrizen ebenfalls positiv definit ist. Allerdings werden die Konditionszahlen für $\mathbf{A}_j$ mit wachsendem j schnell groß, so daß man zweckmäßig mit nicht zu großen Werten von k arbeitet.

Die Ergebnisse für $k = 2, 3, 4, 5$ sind für einige Punkte des Einheitsquadrats in folgender Tabelle zusammengestellt:

	exakt	N = 3	N = 7	N = 15	N = 31
u(0.25, 0.25)	0.096 927 684	0.101 5625	0.098 173 25	0.097 245 881	0.097 007 696
u(0.5, 0.25)	0.135 330 187	0.140 625	0.136 718 75	0.135 681 258	0.135 418 192
u(0.25, 0.5)	0.072 830 187	0.078 125	0.074 218 749	0.073 181 258	0.072 918 192
u(0.5, 0.5)	0.102 657 243	0.109 375	0.104 434 743	0.103 108 467	0.102 770 243

Obwohl der relative Fehler bei $k = 5$, $N = 31$ etwa 0.1 % beträgt, ist es nicht unbedingt mehr empfehlenswert, die Maschenweite noch weiter zu halbieren, da dann die zusätzlich auftretenden Fehler bei der Lösung des Gleichungssystems stärker bemerkbar werden. Bei glatten Randwerten kann vielmehr das Richardsonsche Extrapolationsverfahren angewendet werden, das bereits bei der Romberg-Integration benutzt wurde. Vgl. Band „Funktionen einer Veränderlichen", Abschnitt 11.9, Gl.(11.26).

Für die Näherungswerte von u(0.5, 0.5) ergibt sich folgendes Schema:

k	$\tilde{u}_k = \tilde{u}_{k,0}$	$\tilde{u}_{k,1}$	$\tilde{u}_{k,2}$	$\tilde{u}_{k,3}$
2	0.109 375			
3	0.104 434 743	0.102 787 991		
4	0.103 108 467	0.102 666 375	0.102 658 267	
5	0.102 770 243	0.102 657 878	0.102 657 312	0.102 657 297

Da bei dem Übergang von k zu (k + 1) die Schrittweite h jeweils halbiert wird, errechnen sich die $\tilde{u}_{kj}$ nach der Formel

$$\tilde{u}_{k,j} = \tilde{u}_{k,j-1} + \frac{\tilde{u}_{k,j-1} - \tilde{u}_{k-1,j-1}}{4^j - 1} \quad . \tag{6.80}$$

Durch das Extrapolationsverfahren läßt sich in diesem Beispiel die relative Genauigkeit von etwa 10^{-3} auf $5 \cdot 10^{-7}$ steigern. Die hier verwendeten Methoden lassen sich auch auf Rechteckgebiete anwenden. Bei allgemeineren Gebieten s. den Band „Partielle Differentialgleichungen" dieser Reihe, bzw. [F5], [S3].

Für die Funktion $u'(x,y)$, die im Einheitsquadrat G harmonisch ist und die Randwerte $(x - x^2 + y - y^2)$ auf dem Rand des Quadrats annimmt, ist daher

$$u'(0.25, 0.25) = 0.193\,875\,368$$
$$u'(0.25, 0.5\ ) = 0.208\,160\,374$$
$$u'(0.5\ , 0.5\ ) = 0.205\,314\,486\ ,$$

wobei $u'(x,y)$ symmetrisch bezüglich der beiden Diagonalen des Quadrats ist. □

6.6.2 Beispiel (Berechnung linearer Netzwerke)

Umfangreiche Gleichungssysteme können auch bei der Berechnung elektrischer Netzwerke entstehen. Ein elektrisches Netzwerk besteht aus Zweigen, in denen lineare Schaltelemente (Widerstände, Spannungsquellen, bei Wechselstromnetzwerken auch Kondensatoren und Spulen, also „komplexwertige" Widerstände) enthalten sind. Denkt man sich diese Schaltelemente entfernt, so bleibt ein ‚Graph' als Gerüst der Schaltung, vgl. Bilder 6.4 und 6.5.

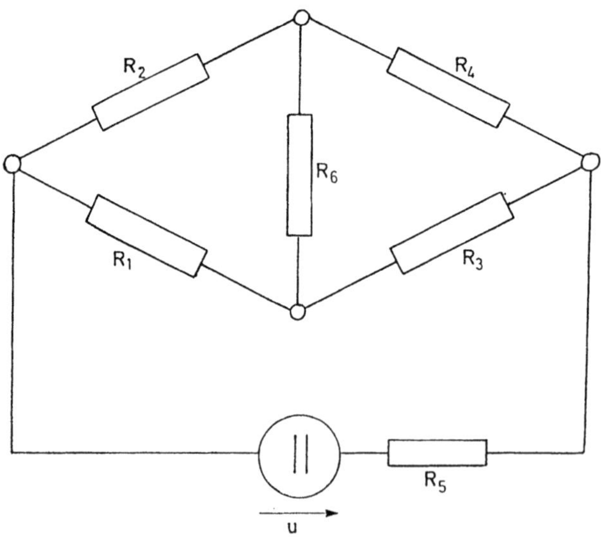

Bild 6.4 Netzwerk

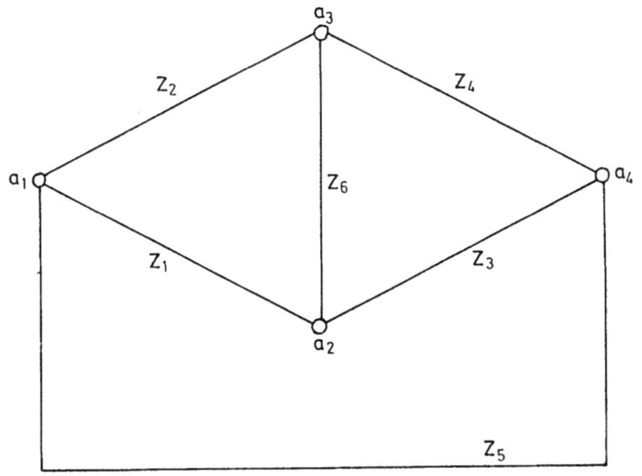

Bild 6.5 Graph des Netzwerks

Ein Graph ist eine endliche Menge von ‚Knoten' und ‚Zweigen' (oder ‚Kanten'), die zwei verschiedene Knoten miteinander verbinden. Hierbei ist vorausgesetzt, daß zwei Knoten durch höchstens einen Zweig verbunden sind und der Graph keine Schlingen (Zweige, die einen Knoten mit sich selbst verbinden) enthält.

Es sei $\{a_1, a_2, \ldots, a_k\}$ die Menge der Knoten und $\{z_1, \ldots, z_l\}$ die Menge der Zweige, wobei jeder Zweig durch die Angabe der beiden Knoten, die er verbindet, festgelegt ist: $z_j = \{a_{j1}, a_{j2}\}$. Der Graph sei zusammenhängend, d.h. man kann von jedem Knoten zu jedem anderen Knoten über einen ‚Weg' entlang der Zweige des Graphen gelangen. Wege seien stets so gewählt, daß jeder Knoten des Weges nur einmal durchlaufen wird. Lediglich bei den ‚Maschen' des Graphen, also bei geschlossenen Wegen, stimmen Anfangs- und Endknoten überein.

Ein Graph, der zusammenhängend ist und keine Masche enthält, heißt ‚Baum', vgl. Bild 6.7 (durchgezogene Zweige). Ein Baum mit k Knoten besitzt genau $(k - 1)$ Zweige, wie man etwa durch vollständige Induktion nach k beweist. Umgekehrt ist ein Graph, der k Knoten und $(k - 1)$ Zweige, aber keine Maschen enthält, notwendig zusammenhängend, also ein Baum. Ferner ist ein zusammenhängender Graph mit k Knoten und $(k - 1)$ Zweigen ebenfalls ein Baum. Ein Baum, der alle Knoten eines Graphen enthält, heißt ‚aufspannender' Baum.

Ist G ein zusammenhängender Graph mit k Knoten und $l \geqslant k$ Zweigen, so muß G folglich Maschen enthalten. Durch Entfernung eines Zweiges aus einer Masche bleibt der entstehende Graph zusammenhängend und die Zahl der Zweige wird um 1 reduziert. So fortfahrend kann man nach Entfernung von $(l - k + 1)$ Zweigen einen zusammenhängenden Graph T erhalten, der k Knoten und $(k - 1)$ Zweige enthält, also ein aufspannender Baum ist.

Offenbar gibt es zu jedem Zweig z, der nicht zu T gehört, eine Masche, die neben z nur noch Zweige aus T enthält.

Für die Berechnung elektrischer Netzwerke ist es zweckmäßig, den Graph G zu orientieren. Dabei wird jedem Zweig z von G (willkürlich) eine Richtung gegeben, d.h. es wird festgelegt, welcher der Anfangsknoten und welcher der Endknoten von $\vec{z}$ sein

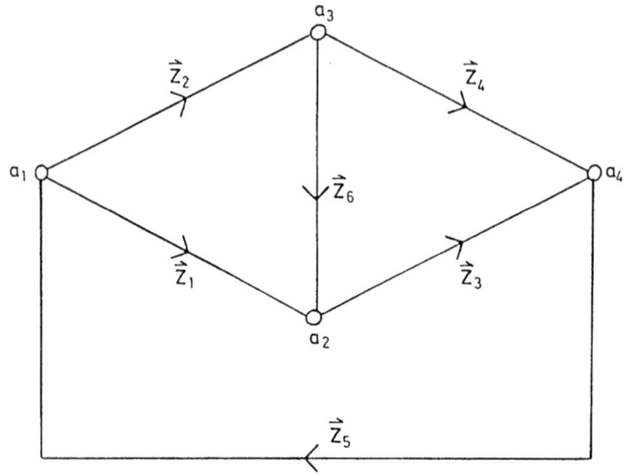

Bild 6.6 Orientierter Graph

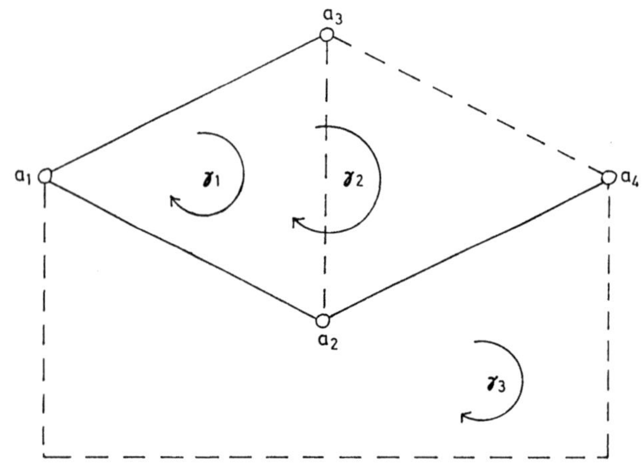

Bild 6.7
Baum und orientierte Maschen

soll. Bei einem orientierten Graph ist jeder Zweig $\vec{z}$ durch ein geordnetes Paar von Knoten bestimmt: $\vec{z} = (a_i, a_j)$, vgl. Bild 6.6.
Ein orientierter Graph wird durch die Knoten-Zweig-Inzidenzmatrix **M**

$$\mathbf{M} = (m_{ij}) \quad i = 1, 2, \ldots, k; \; j = 1, \ldots, l$$

eindeutig festgelegt. Dabei ist

$$m_{ij} = \begin{cases} 1 & \text{falls der Zweig } \vec{z}_j \text{ zum Knoten } a_i \text{ hinführt,} \\ & \text{also } a_i \text{ Endknoten von } \vec{z}_j \text{ ist,} \\ -1 & \text{falls } \vec{z}_j \text{ vom Knoten } a_i \text{ wegführt,} \\ 0 & \text{wenn der Knoten } a_i \text{ und der Zweig } \vec{z}_j \\ & \text{nicht inzidieren.} \end{cases}$$

Für den Graph des Bildes 6.6 ist beispielsweise

$$\mathbf{M} = \begin{pmatrix} -1 & -1 & 0 & 0 & 1 & 0 \\ 1 & 0 & -1 & 0 & 0 & 1 \\ 0 & 1 & 0 & -1 & 0 & -1 \\ 0 & 0 & 1 & 1 & -1 & 0 \end{pmatrix} .$$

Da die Spalten von **M** jeweils einem Zweig zugeordnet sind, enthält jede Spalte eine 1, eine (−1) und sonst nur Nullen.
Daher ist die Summe aller Zeilen die Nullzeile, d.h. $\mathrm{Rg}(\mathbf{M}) \leqslant k-1$.
Nach unseren Voraussetzungen über G gilt sogar

$$\mathrm{Rg}(\mathbf{M}) = k-1 . \tag{6.81}$$

Ist nämlich T ein aufspannender Baum von G, so kann man als erste (k − 1) Zweige die Zweige von T wählen und gleichzeitig die Knoten von T so numerieren, daß nach Festlegung von $\{\vec{z}_1, \vec{z}_2, \ldots, \vec{z}_{j-1}\}$ mit den Knoten $\{a_1, a_2, \ldots, a_j\}$ der Zweig $\vec{z}_j$ mit einem Knoten $a_1, \ldots, a_j$ inzidiert, da T zusammenhängend ist. Dann ist der andere Knoten von $\vec{z}_j$ ein Knoten a_{j+1}, der von $a_1, \ldots, a_j$ verschieden ist, da sonst T eine Masche enthalten würde. Die so erhaltene Matrix $\widetilde{\mathbf{M}}$ entsteht aus **M** durch Spalten- und Zeilenvertauschungen, besitzt also denselben Rang wie M. $\widetilde{\mathbf{M}}$ hat die Form

$$\widetilde{\mathbf{M}} = \underbrace{\begin{pmatrix} \pm 1 & & & \\ \pm 1 & & * & \\ 0 & \pm 1 & & \\ \vdots & & \ddots & \\ 0 & \cdots & 0 & \pm 1 \end{pmatrix}}_{(k-1)\ \text{Spalten}} \underbrace{\begin{matrix} * & \cdots & * \\ & & \\ & & \\ & & \\ * & \cdots & * \end{matrix}}_{(l-k+1)\ \text{Spalten}} \quad \Bigg\} \ \text{k Zeilen, also } \mathrm{Rg}(M) = k-1 .$$

In einem zweiten Schritt betrachtet man alle Zweige $\vec{z}_{\nu_m}$, die nicht zu T gehören. Zu $\vec{z}_{\nu_m}$ ($m = 1, \ldots, p$ mit $p := l - k + 1$) existiert eine eindeutig bestimmte Masche γ_m, die außer $\vec{z}_{\nu_m}$ nur Zweige von T enthält. Für jede dieser Maschen γ_m lege man einen Umlauf fest (vgl. Bild 6.7) und stelle die Zweig-Maschen-Inzidenzmatrix **N** auf:

$$\mathbf{N} = (n_{jm}), \qquad j = 1, \ldots, l; \quad m = 1, \ldots, p . \tag{6.82}$$

Dabei ist

$$n_{jm} = \begin{cases} \begin{matrix} 1 \\ -1 \end{matrix} & \text{falls } \vec{z}_j \text{ in } \gamma_m \text{ enthalten ist und } \begin{matrix}\text{gleich} \\ \text{entgegengesetzt}\end{matrix} \text{ orientiert ist} \\ 0 & \text{falls } \vec{z}_j \text{ nicht in } \gamma_m \text{ enthalten ist} \end{cases}$$

Im Beispiel (Bilder 6.6, 6.7) ist

$$\mathbf{N} = \begin{pmatrix} -1 & -1 & 1 \\ 1 & 1 & 0 \\ 0 & -1 & 1 \\ 0 & 1 & 0 \\ 0 & 0 & 1 \\ 1 & 0 & 0 \end{pmatrix} .$$

Die Matrix **N** hat l Zeilen und p Spalten. Ihr Rang ist p, wie leicht zu sehen ist, wenn man die Zweige so numeriert, daß die ersten (k − 1) Zweige zu T gehören und die restlichen p Zweige in der Reihenfolge ihres Auftretens in den Maschen γ_m angeordnet sind. Dann enthält die Teilmatrix von **N** der letzten p Zeilen und Spalten nur in der Hauptdiagonalen die Werte ±1.
Führt man jetzt den l-dimensionalen Vektor $\mathbf{I} = (I_1, \dots, I_l)^T$ der Stromstärken in den einzelnen Zweigen ein, wobei I_j positiv wird, wenn die Richtung des Stromes im Zweig $\bar{z}_j$ mit der Orientierung von $\bar{z}_j$ übereinstimmt, anderenfalls negativ ist, so lautet das 1. Kirchhoffsche Gesetz

$$\mathbf{M} \cdot \mathbf{I} = \mathbf{0} . \tag{6.83}$$

Wegen $\dim(\text{Kern } \mathbf{M}) = p = l - k + 1$ hat dieses homogene Gleichungssystem p linear unabhängige Lösungen. Diese p l.u. Lösungen lassen sich als Überlagerung von p l.u. Maschenströmen $\mathbf{I}_0 = (\mathbf{I}_{01}, \mathbf{I}_{02}, \dots, \mathbf{I}_{0p})^T$ ansehen, wobei wieder der Maschenstrom $\mathbf{I}_{0j}$ positiv (negativ) gerechnet wird, falls die Richtung des Maschenstromes mit der Orientierung der Masche γ_j übereinstimmt (nicht übereinstimmt). Alle Lösungen **I** der Gleichung (6.83) erfüllen also

$$\mathbf{I} = \mathbf{N}\mathbf{I}_0 . \tag{6.84}$$

Setzt man dies in (6.83) ein, so folgt

$$\mathbf{M}\mathbf{N}\mathbf{I}_0 = \mathbf{0} ,$$

bzw., da $\mathbf{I}_0$ beliebig gewählt werden kann,

$$\mathbf{M}\mathbf{N} = \Omega \quad \text{(Nullmatrix)} . \tag{6.85}$$

Im dritten Schritt berücksichtigt man nun die Schaltelemente in den Zweigen. Dazu stellt man die Widerstands-(Impedanz-)Matrix **R** auf,

$$\mathbf{R} = \begin{pmatrix} R_{11} & \dots\dots & R_{1l} \\ \vdots & & \vdots \\ R_{l1} & \dots\dots & R_{ll} \end{pmatrix} \tag{6.86}$$

wobei R_{ii} $(i = 1, \dots, l)$ den ggf. komplexwertigen Widerstand im i-ten Zweig und R_{ij} $(j \neq i)$ ggf. die induktive Kopplung zwischen dem j-ten Zweig und dem i-ten Zweig darstellt. Bei einem Gleichstromnetz ist R eine Diagonalmatrix.
Setzt man schließlich

$$\mathbf{U} = \begin{pmatrix} U_1 \\ \vdots \\ U_k \end{pmatrix} \quad \text{und} \quad \mathbf{E} = \begin{pmatrix} E_1 \\ \vdots \\ E_l \end{pmatrix}$$

wobei U_j das Potential des j-ten Knoten darstellt und E_ν die Quellenspannung im Zweig $\vec{z}_\nu$ angibt, so folgt aus dem 2. Kirchoffschen Gesetz

$$\mathbf{R}\mathbf{I} + \mathbf{M}^T\mathbf{U} + \mathbf{E} = \mathbf{0} . \tag{6.87}$$

Zur Lösung der durch (6.83), (6.84) und (6.87) gegebenen Gleichungssysteme kann man verschiedene Wege einschlagen.

a) Man eliminiert die unbekannten Knotenpotentiale und berechnet die Maschenströme, indem man (6.87) von links mit $\mathbf{N}^T$ multipliziert. Nach (6.85) ist

$$\mathbf{N}^T \mathbf{R}\mathbf{I} + \mathbf{N}^T \mathbf{M}^T \mathbf{U} + \mathbf{N}^T \mathbf{E} = \mathbf{0} \quad \text{bzw.} \quad \mathbf{N}^T \mathbf{R}\mathbf{I} + \mathbf{N}^T \mathbf{E} = \mathbf{0}\,,$$

da $\mathbf{N}^T \mathbf{M}^T = (\mathbf{M}\mathbf{N})^T = \mathbf{\Omega}^T$. Mit (6.84) folgt

$$\mathbf{N}^T \mathbf{R}\mathbf{N}\,\mathbf{I}_0 + \mathbf{N}^T \mathbf{E} = \mathbf{0}\,, \tag{6.88}$$

d.h. ein Gleichungssystem von p Gleichungen für die p Maschenströme. Im Fall einer symmetrischen, positiv definiten Matrix $\mathbf{R}$ ist die Matrix $\mathbf{A} := \mathbf{N}^T \mathbf{R}\mathbf{N}$ sicher regulär, da

$$(\mathbf{A}\mathbf{x}, \mathbf{x}) = (\mathbf{N}^T \mathbf{R}\mathbf{N}\mathbf{x}, \mathbf{x}) = (\mathbf{R}\mathbf{N}\mathbf{x}, \mathbf{N}\mathbf{x}) > 0 \quad \text{für } \mathbf{x} \neq \mathbf{0}\,.$$

Man nennt dies Maschenstromverfahren.

b) Man eliminiert die Maschenströme und berechnet zunächst die Knotenpotentiale, von denen eins willkürlich gewählt werden kann. Dazu multipliziert man (6.87) mit $\mathbf{R}^{-1}$ und anschließend mit $\mathbf{M}$ von links und erhält

$$\mathbf{M}\mathbf{R}^{-1}\mathbf{R}\mathbf{I} + \mathbf{M}\mathbf{R}^{-1}\mathbf{M}^T \mathbf{U} + \mathbf{M}\mathbf{R}^{-1}\mathbf{E} = \mathbf{0}\,,$$

bzw. mit (6.83)

$$\mathbf{M}\mathbf{R}^{-1}\mathbf{M}^T \mathbf{U} = -\mathbf{M}\mathbf{R}^{-1}\mathbf{E}\,, \tag{6.89}$$

also ein Gleichungssystem von k Gleichungen für die unbekannten Knotenpotentiale. Da in (6.89) die Zeilensummen auf beiden Seiten des Gleichungssystems verschwinden, kann man die letzte Gleichung streichen und etwa $U_k = 0$ setzen. Die so auf der linken Seite erzeugte $(k-1)$-reihige Matrix hat dann den Rang $(k-1)$. Man nennt dieses Verfahren auch Knotenpotentialverfahren.

In der Regel wird man das Maschenstromverfahren wählen, falls $p = l - k + 1 \leqslant k - 1$, sonst das Knotenpotentialverfahren.
Im Beispiel der Wheatstoneschen Brücke interessiert man sich häufig für den Brückenstrom, der mit dem Maschenstrom I_{01} übereinstimmt. Das Maschenstromverfahren liefert drei Gleichungen für die drei unbekannten Maschenströme, aus denen man unschwer

$$I_6 = \frac{R_1 R_4 - R_2 R_3}{(R_1 + R_3)(R_2 + R_4)R_6 + R_1 R_3 (R_2 + R_4) + R_2 R_4 (R_1 + R_3)} \tag{6.90}$$

errechnet (mit $R_5 = 0$). □

6.6.3 Beispiel (Methode der finiten Elemente).

Neben den Differenzenverfahren zur Lösung von Rand- und Anfangswertproblemen bei gewöhnlichen und partiellen Differentialgleichungen ist die Methode der finiten Elemente (FEM) von besonderer Bedeutung. In diesem Beispiel soll die Anwendung der FEM an einem Problem der Elastizitätstheorie erläutert werden. Doch sind diese Verfahren auch bei zahlreichen anderen Problemen einsetzbar.
Die wesentlichen Vorteile der FEM sind:

- Die Möglichkeit, Probleme auch bei komplizierter räumlicher Struktur zu berechnen, da die finiten Elemente den geometrischen Vorgaben leicht angepaßt werden können.
- Die Existenz leistungsfähiger Programmsysteme zur Berechnung zahlreicher Aufgaben mit Hilfe der FEM.

Die Methode der finiten Elemente zerlegt ein gegebenes, kompliziertes räumliches (oder ebenes) Gebilde, dessen Verhalten (z.B. elastisches Verhalten unter der Einwirkung äußerer Kräfte) zu berechnen ist, in eine endliche Anzahl einfacher, der Berechnung leichter zugänglicher Elemente, aus deren Verhalten unter Berücksichtigung von Kontinuitäts- und Gleichgewichtsbedingungen die Lösung des ursprünglichen Problems gewonnen werden kann.

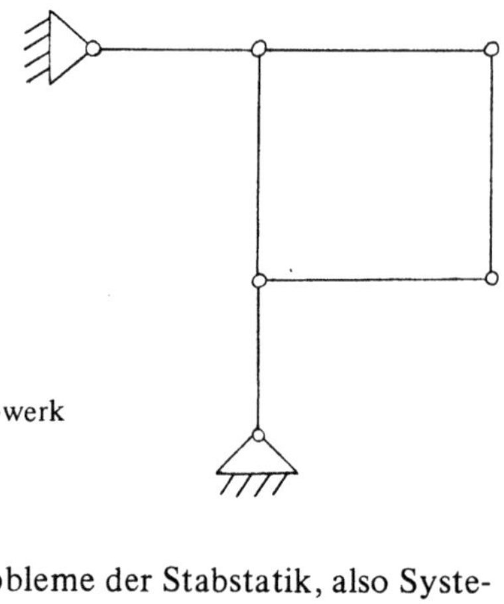

Bild 6.8 Stabwerk

Am einfachsten ist die Anwendung der FEM auf Probleme der Stabstatik, also Systeme, die sich aus geraden Balken oder Stäben mit bekanntem elastischem Verhalten zusammensetzen, vgl. Bild 6.8, und bei denen äußere Kräfte zunächst nur in den Knotenpunkten angreifen. Hier sind die Stäbe oder Balken die vorgegebenen finiten Elemente. Zwischen den äußeren Kräften $\mathbf{f}_e$, die an den Knotenpunkten eines Elements angreifen, und den Verschiebungsvektoren der Knoten besteht ein linearer Zusammenhang

$$\mathbf{f}_e = \mathbf{K}_e \mathbf{d}_e \ , \tag{6.91}$$

wobei bei ebenen Stabwerken der Vektor $\mathbf{f}_e$ aus zwei Vektoren mit je zwei Komponenten (die beiden Kraftvektoren auf die beiden Knoten) und entsprechend $\mathbf{d}_e$ aus zwei Verschiebungsvektoren der beiden Knoten zusammengesetzt ist. Bei geeigneter

Numerierung der Elemente und Knoten läßt sich so ein Gesamtvektor f der äußeren Knotenkräfte des Systems und ein Systemverschiebungsvektor **d** zusammensetzen, zwischen denen die Beziehung

$$\mathbf{f} = \mathbf{K}\mathbf{d} \tag{6.92}$$

besteht, wobei **K** die Systemsteifigkeitsmatrix darstellt. Da die Berechnung von Stabwerken auf ähnliche Fragen führt, die im vorangegangenen Beispiel die elektrischen Netzwerke behandelt wurden, soll an dieser Stelle nicht weiter darauf eingegangen werden. Nähere Einzelheiten, insbesondere auch bei Vorliegen von Drehmomenten etc. siehe z.B. [D2], [L4].

Die FEM soll am Beispiel der Durchbiegung einer elastischen Membran unter der Einwirkung äußerer Kräfte erläutert werden, eine Aufgabe, die mit dem Beispiel 6.6.1 in Beziehung steht. Zugleich soll auch auf den Zusammenhang mit dem Ritzschen Verfahren eingegangen werden.

Es sei also eine elastische Membran von der Gestalt eines ebenen, beschränkten Gebietes G mit stückweise glattem Rand ∂G gegeben. Die Membran sei in ∂G eingespannt. Auf die Membran wirke vertikal eine Kraft, deren Dichte durch eine in $\bar{G}$ definierte, stetig differenzierbare Funktion $w\colon \bar{G} \to \mathbb{R}$ gegeben sei.

Dann erfüllt die Auslenkung u ($\bar{G} \to R$) bei kleinen Auslenkungen, für die ein lineares elastisches Gesetz gilt, die Gleichung

$$D\Delta u = w \text{ in } G, \quad u = 0 \text{ auf } \partial G \tag{6.93}$$

die sogenannte Poissongleichung. D ist eine Materialkonstante.

Wie in der Elastizitätstheorie gezeigt wird, kann man auch das Integral

$$T(u) = \iint\limits_G [D(\nabla u)^2/2 + wu]\,dx\,dy \;^{1)} \tag{6.94}$$

betrachten, das die potentielle Energie der Membran bei der Auslenkung u angibt. Die Lösung u_0 macht das Integral T(u) zu einem Minimum, wobei das Minimum in der Menge V aller in $\bar{G}$ stetigen, stückweise glatten Funktionen u, die auf ∂G verschwinden, angenommen wird (Variationsproblem mit Nebenbedingungen).

Das Ritzsche Verfahren geht von einer Folge von Funktionen $\{\varphi_j\}$ aus, die

- zulässig sind, also zur Menge V der Vergleichsfunktionen gehören und
- deren endliche Linearkombinationen die Lösung u_0 bzw. alle Funktionen in V beliebig genau approximieren, wobei gleichzeitig auch $T(u_0)$ approximiert werden soll.

Man nimmt also als Vergleichsfunktionen $u := \sum_{j=1}^{n} a_j \varphi_j(\mathbf{x})$. Dann ist $T(u) = T^*(a_1, \ldots, a_n)$ und man kann die Koeffizienten a_j so wählen, daß $T^*(a_1^0, \ldots, a_n^0)$

[1]) Hier werden einige einfache Eigenschaften und Bezeichnungen bei Funktionen von zwei Veränderlichen verwendet. Siehe den Band „Funktionen mehrerer Veränderlichen“.

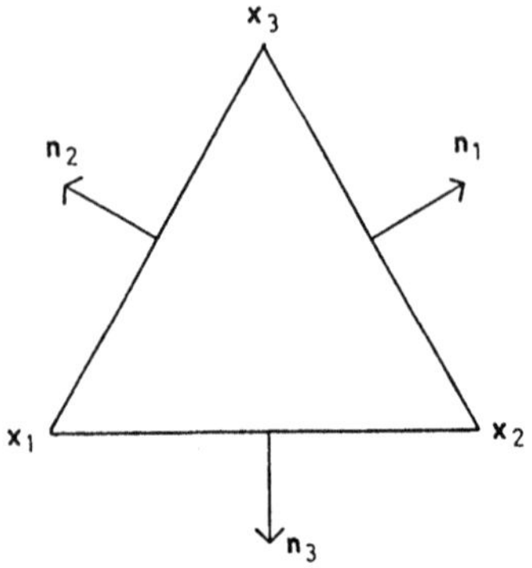

Bild 6.9 Finites Element

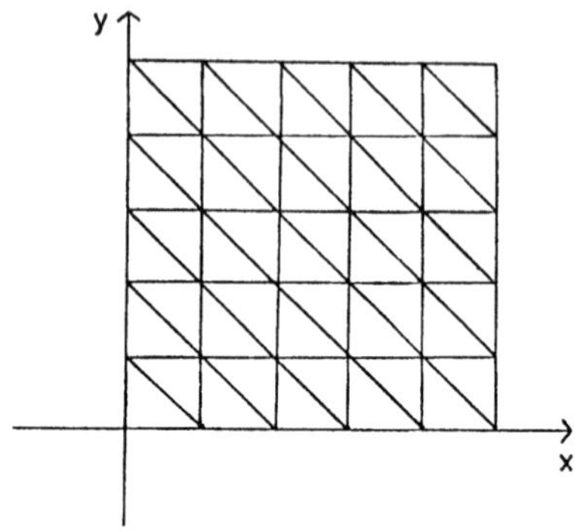

Bild 6.10 Netz finiter Elemente

ein Minimum ist. Die so erhaltene Linearkombination $\Sigma\, a_j^0\, \varphi_j(\mathbf{x})$ ist dann eine Approximation der Lösung u_0.

Die FEM zerlegt nun das Gebiet G in einfache Teilgebiete (Elemente), z.B. in Dreiecke, vgl. Bild 6.10. Die Ecken der Dreiecke bilden die Knoten der Zerlegung. Als Vergleichsfunktionen betrachtet man jetzt Funktionen, die über jedem Dreieck linear sind und an den Kanten stetig sind. Es sei F ein beliebiges Dreieck mit den Ecken $\mathbf{x}_1, \mathbf{x}_2, \mathbf{x}_3$. Den nicht notwendig normierten Normalenvektor auf die der Ecke $\mathbf{x}_i$ gegenüberliegenden Seite bezeichnen wir mit $\mathbf{n}_i$, vgl. Bild 6.9. Durch die Funktionswerte u_i an den Ecken $\mathbf{x}_i$ des Dreiecks ist eine lineare Funktion über F eindeutig bestimmt. Sie kann durch

$$u_F(\mathbf{x}) = \sum_{i=1}^{3} u_i N_i(\mathbf{x}) \tag{6.95}$$

mit

$$N_i(\mathbf{x}) = \frac{\mathbf{n}_i(\mathbf{x} - \mathbf{x}_j)}{\mathbf{n}_i(\mathbf{x}_i - \mathbf{x}_j)} \qquad i, j = 1, 2, 3, \ i \neq j \tag{6.96}$$

dargestellt werden, denn $N_i(\mathbf{x})$ ist linear in $\mathbf{x} = \binom{x}{y}$, verschwindet auf der Seite von F, die dem Punkt $\mathbf{x}_i$ gegenüberliegt und nimmt im Punkt $\mathbf{x}_i$ den Wert 1 an.

Der Einfachheit halber sei G jetzt das Quadrat mit der Seitenlänge 1, $G = \{\mathbf{x} | 0 < x < 1, 0 < y < 1\}$. Ferner sei die Kraftdichte w konstant in G und so normiert, daß D = 1 und w = 1 in G sind. G werde in gleichschenklig-rechtwinklige Dreiecke zerlegt mit der Kathetenlänge $h = 1/(N+1)$ wie in Bild 6.9 für N = 4. Die Knoten (Dreiecksecken), die nicht auf dem Rand des Quadrats liegen, seien zeilenweise durchnumeriert, also durch

$$\mathbf{x}_{ij} = \begin{pmatrix} jh \\ ih \end{pmatrix} \qquad i, j = 1, 2, \ldots, N \tag{6.97}$$

gegeben. Mit $N_{ij}(\mathbf{x})$ sei jetzt die Funktion bezeichnet, die an der Stelle $\mathbf{x}_{ij}$ den Wert 1 besitzt und in allen sechs Dreiecken, die den Punkt $\mathbf{x}_{ij}$ als eine Ecke haben, gemäß (6.96) gebildet wird und außerhalb dieser Dreiecke gleich Null ist.

Als Approximation der gesuchten Lösung u_0 gehen wir analog zum Ritzschen Verfahren von folgendem Ansatz aus

$$u(\mathbf{x}) = \sum_{i,j=1}^{N} u_{ij} N_{ij}(\mathbf{x}) , \tag{6.98}$$

bei dem die N^2 Koeffizienten u_{ij} noch zu ermitteln sind.
Setzt man diesen Ansatz in T(u), also in (6.94) mit D = 1 und w = 1, ein, so ergibt sich

$$T(u) = \frac{1}{2} \sum_{i,j=1}^{N} \sum_{k,l=1}^{N} u_{ij} u_{kl} \iint_G (\nabla N_{ij} \cdot \nabla N_{kl}) dx\,dy + \sum_{i,j=1}^{N} u_{ij} \iint_G N_{ij}\, dx\,dy . \tag{6.99}$$

Die Funktionen $N_{ij}(\mathbf{x})$ sind linear und nur in den Dreiecken ungleich Null, die den Punkt $\mathbf{x}_{ij}$ als Ecke haben. Außerdem ist $\nabla N_{ij}(\mathbf{x})$ in jedem dieser Dreiecke konstant und gleich $\mathbf{0}$ außerhalb dieser Dreiecke. Daher ergibt sich nach elementarer Rechnung

$$\iint_G (\nabla N_{ij} \nabla N_{kl}) dx\,dy = \begin{cases} 0 & |i-k| + |j-l| > 1 \\ -1 \quad \text{falls} & |i-k| + |j-l| = 1 \\ 4 & i = k \text{ und } j = l \;, \end{cases} \tag{6.100}$$

sowie

$$\iint_G N_{ij}(\mathbf{x}) dx\,dy = h^2 . \tag{6.101}$$

Um (6.99) unter Verwendung der Ergebnisse (6.100) und (6.101) in Matrizenschreibweise darstellen zu können, führen wir den Vektor

$$\mathbf{u} = \begin{pmatrix} \mathbf{u}_1 \\ \vdots \\ \mathbf{u}_N \end{pmatrix} \quad \text{mit} \quad \mathbf{u}_j = \begin{pmatrix} u_{j1} \\ u_{j2} \\ \vdots \\ u_{jN} \end{pmatrix} \quad \text{ein.}$$

Damit läßt sich (6.99) darstellen durch

$$T(u) = T^*(\mathbf{u}) = \frac{1}{2} \mathbf{u}^T \mathbf{P}_N \mathbf{u} + h^2 \sum_{i,j=1}^{N} u_{ij} ,$$

wobei die Matrix $\mathbf{P}_N$ (mit N^2 Zeilen und Spalten) in Blockschreibweise

$$\mathbf{P}_N = \left.\begin{pmatrix} \mathbf{A} & -\mathbf{E} & & & \\ -\mathbf{E} & \mathbf{A} & -\mathbf{E} & & \\ & -\mathbf{E} & \mathbf{A} & -\mathbf{E} & \\ & & \ddots & \ddots & \ddots \\ & & & -\mathbf{E} & \mathbf{A} \end{pmatrix}\right\} \text{N Blöcke und } \mathbf{A} = \begin{pmatrix} 4 & -1 & & & \\ -1 & 4 & \ddots & & \\ & \ddots & \ddots & \ddots & \\ & & \ddots & \ddots & -1 \\ & & & -1 & 4 \end{pmatrix}$$

ist, d.h. die gleiche Matrix, die in Beispiel 6.1 auftrat, siehe z.B. (6.72). Ist $\mathbf{f}$ schließlich ein Vektor mit N^2 Komponenten, die alle gleich h^2 sind, so ist

$$T^*(\mathbf{u}) = (1/2)\mathbf{u}^T \mathbf{P}_N \mathbf{u} + \mathbf{u}^T \mathbf{f}. \tag{6.102}$$

Ist jetzt $\mathbf{u}_0$ die Lösung des Gleichungssystems

$$\mathbf{P}_N \mathbf{u}_0 = -\mathbf{f}, \tag{6.103}$$

so ist $T^*(\mathbf{u}_0)$ das Minimum aller Werte $T^*(\mathbf{u})$.
Die Matrix $\mathbf{P}_N$ ist nämlich positiv definit, und setzt man $\mathbf{u} = \mathbf{u}_0 + \mathbf{h}$, so folgt

$$\begin{aligned} T^*(\mathbf{u}_0 + \mathbf{h}) &= \frac{1}{2}(\mathbf{u}_0 + \mathbf{h})^T \mathbf{P}_N (\mathbf{u}_0 + \mathbf{h}) + (\mathbf{u}_0 + \mathbf{h})^T \mathbf{f} \\ &= \frac{1}{2}\mathbf{u}_0^T \mathbf{P}_N \mathbf{u}_0 + \mathbf{h}^T(\mathbf{P}_N \mathbf{u}_0 + \mathbf{f}) + \mathbf{u}_0^T \mathbf{f} + \frac{1}{2}\mathbf{h}^T \mathbf{P}_N \mathbf{h} \\ &= T^*(\mathbf{u}_0) + \frac{1}{2}\mathbf{h}^T \mathbf{P}_N \mathbf{h} \\ &> T^*(\mathbf{u}_0) \quad \text{für} \quad \mathbf{h} \neq \mathbf{0}. \end{aligned}$$

Die Lösung des Gleichungssystems (6.103) kann z.B. auf analoge Weise erfolgen wie in Beispiel 6.6.1. Es ist bemerkenswert, daß in diesem Fall die Methode der finiten Elemente und das Differenzenverfahren zu derselben Matrix der Gleichungssysteme und damit zu analogen Näherungslösungen in den Knotenpunkten führen. Das ist jedoch nur ausnahmsweise der Fall. Schon bei variablem w werden die rechten Seiten der Gleichungssysteme unterschiedlich gewonnen: Bei dem Differenzenverfahren sind es die Funktionswerte von w in den Gitterpunkten, bei der FEM sind es Mittelwerte von w in den zu einem Knotenpunkt gehörigen finiten Elementen. Im übrigen gilt für die exakte Lösung $u_0(x,y)$ der Gleichung (6.93) mit D = 1, w = 1 und der Lösung $u'(x,y)$ aus Beispiel 6.1 die Beziehung $u_0(x,y = (u'(x,y) - (x-x^2) - (y-y^2))/4$. □

6.6.4 Aufgaben zu Kapitel 6

1. Es sei

$$\mathbf{A} = \begin{pmatrix} 10 & 7 & 8 & 7 \\ 7 & 5 & 6 & 5 \\ 8 & 6 & 10 & 9 \\ 7 & 5 & 9 & 10 \end{pmatrix}$$

a) Ist $\mathbf{A}$ positiv definit?

b) Löse die Gleichungssysteme $\mathbf{A}\mathbf{x}_1 = \mathbf{b}_1$ und $\mathbf{A}\mathbf{x}_2 = \mathbf{b}_2$ mit $\mathbf{b}_1^T = (32, 23, 33, 31)$ und $\mathbf{b}_2^T = (32.01, 22.99, 33.01, 30.99)$.

c) Berechne $\mathbf{A}^{-1}$ und $\kappa_\infty(\mathbf{A})$ und schätze $\|\mathbf{x}_1 - \mathbf{x}_2\|_\infty$ nach (6.5) ab.

2. Für die Matrix

$$A = \begin{pmatrix} -74 & 80 & 18 & -11 & -4 & -8 \\ 14 & -69 & 21 & 28 & 0 & 7 \\ 66 & -72 & -5 & 7 & 1 & 4 \\ -12 & 66 & -30 & -23 & 3 & -3 \\ 3 & 8 & -7 & -4 & 1 & 0 \\ 4 & -12 & 4 & 4 & 0 & 1 \end{pmatrix}$$

gilt $\det(\mathbf{A}) = 1$.

a) Zeige, dann ist $\mathbf{A}^{-1}$ ebenfalls ganzzahlig.

b) Berechne $\mathbf{A}^{-1}$, ggf. mit Nachiteration (vgl. Abschnitt 5.6.2). Gebe die Konditionszahlen $\kappa_1(\mathbf{A})$ und $\kappa_\infty(\mathbf{A})$ an.

3. Für die bereits in Abschnitt 4.6.2 betrachtete p-reihige Matrix

$$\mathbf{A}_p = \begin{pmatrix} 2 & -1 & & \\ -1 & 2 & \ddots & \\ & \ddots & \ddots & -1 \\ & & -1 & 2 \end{pmatrix}$$

stelle man die Choleskyzerlegung sowie für einige kleinere Werte von p die QR-Zerlegung auf.

4. Zeige direkt, daß die Matrix $\mathbf{P}_N$ aus Gl. (6.72) positiv definit ist.

5. Für die Matrizen

$$\mathbf{B}_1 = \begin{pmatrix} 1 & -2 & 2 \\ -1 & 1 & -1 \\ -2 & -2 & 1 \end{pmatrix} \quad \text{und} \quad \mathbf{B}_2 = \begin{pmatrix} 1 & -1/2 & -1/2 \\ 1 & 1 & -1 \\ 1/2 & 1/2 & 1 \end{pmatrix}$$

sollen die Gleichungssysteme $\mathbf{B}_j\mathbf{x} = \mathbf{b}$ $(j = 1, 2)$ durch Iterationsverfahren gelöst werden. Man prüfe die Konvergenz des Gesamtschritt- und des Einzelschrittverfahrens in beiden Fällen.

6. 12 Widerstände zu je 3 Ω seien so geschaltet wie die Kanten eines Würfels im $\mathbb{R}^3$. Man berechne (unter Verwendung von Symmetrieeigenschaften) den Widerstand zwischen gegenüberliegenden (durch die Raumdiagonale getrennten) Ecken.
Wie groß ist allgemein der Widerstand R_p eines Netzwerkes mit 2^p Knoten (Ecken) und $p \cdot 2^{p-1}$ Kanten, die so geschaltet sind wie die Kanten eines p-dimensionalen Würfels und bei dem jede Kante einen Widerstand von p Ω hat?
R_p ist der Widerstand zwischen ‚gegenüber'liegenden Ecken, die durch einen Weg von p Kanten verbunden sind.

6.7 Hinweise zur Auswahl der Verfahren und auf weitere Literatur

Zur Lösung linearer Gleichungssysteme haben wir eine Reihe von Verfahren kennengelernt. Diese Verfahren und einige weitere – allerdings keine Iterationsverfahren – sind in dem sehr gut dokumentierten FORTRAN-Programmpaket LINPACK [D3] enthalten. Weitere FORTRAN-Programme findet man in [E1], ALGOL-Programme in [W5].

Bei der Auswahl der Verfahren sind folgende bereits in der Einleitung zu diesem Kapitel erwähnte Gesichtspunkte von Bedeutung:

- Rechenzeitbedarf, bei den direkten Verfahren in der Regel gut abschätzbar etwa durch die Anzahl der Punktoperationen, bei den Iterationsverfahren mitunter erst nach Information über den Spektralradius der Iterationsmatrix abschätzbar;
- Speicherplatzbedarf, bei allen Verfahren gut abschätzbar;
- Anforderungen an die Genauigkeit der Lösung, auch Anfälligkeit der Verfahren für Akkumulation von Rundungsfehlern und Auslöschungseffekte.

Bei großen Gleichungssystemen $\mathbf{Ax} = \mathbf{y}$ ist es wesentlich, die Auswahl des Verfahrens unter allen drei Gesichtspunkten zu prüfen.
Dazu sind zunächst Informationen über die Matrix **A** des Gleichungssystems erforderlich. Hat **A** Bandstruktur, evtl. Tridiagonalform oder z.B. tridiagonale Blockstruktur? Kann **A** nach geeigneter Permutation der Zeilen und Spalten auf Bandstruktur etc. gebracht werden? Ist **A** symmetrisch? Zusätzlich positiv oder negativ definit? Ist die Zeilen- und Spaltenzahl von **A** sehr groß, doch **A** dünn besetzt (sparse Matrix)?

In der Regel ist es vorteilhaft, die für diese speziell strukturierten Matrizen entworfenen Verfahren anzuwenden, da sie eine erhebliche Einsparung an Rechenzeitbedarf und Speicherplatzbedarf ermöglichen. Gegenüber den direkten Verfahren haben Iterationsverfahren den Vorteil, daß sie weniger anfällig gegen die Akkumulation von Rundungsfehlern sind, aber den Nachteil, daß die Konvergenz und die Konvergenzgeschwindigkeit nicht immer leicht zu ermitteln sind. Bei großen sparsen Systemen, die bei der Diskretisierung von gewöhnlichen oder partiellen Differentialgleichungen entstehen, ist zu prüfen, ob hierzu nicht spezielle, effektive Verfahren vorhanden sind wie z.B. die Mehrgitterverfahren.

In allen Fällen sollte eine Information über die Genauigkeit der berechneten Lösung vorliegen. Hierzu kann eine Schätzung einer Konditionszahl der Matrix **A** verwendet werden, aber auch eine Nachiteration der Lösung Hinweise geben.

Hinweise zur Literatur: Die wichtigsten Verfahren zur Lösung linearer Gleichungssysteme finden sich in allen Büchern über numerische Mathematik, z.B. [F2], [G3], [H5], [H6], [I1], [N1], [R1], [S6], [S7], [S8], [W1,2].

Daneben gibt es Literatur für spezielle Systeme oder Verfahren, z.B. für symmetrische Matrizen [S2], für große, sparse Systeme [D4], sowie [R2], für Mehrgitterverfahren [H1].

Eingehende Diskussion der Fehlerabschätzungen findet man in [W3] und [W4]. Eine sehr kompakte, moderne Darstellung aller mit Matrizennumerik zusammenhängenden Verfahren in [G5]. Ferner sind zu erwähnen [F1], [Z1], [Z2]. Spezielle Werke über numerische Mathematik für die Ingenieurwissenschaften sind [E2] und [T2].

7 Eigenwertprobleme und Normalformen

7.1 Problemstellung

Beim Studium der Eigenschaften einer linearen Abbildung **f** : V → V (V p-dimensionaler Vektorraum über K ∈ { ℝ, ℂ }) sowie beim Rechnen mit einer sie repräsentierenden Matrix **A** ist es von großem Vorteil, durch Wahl einer geeigneten Basis von V zu einer besonders einfachen Matrixdarstellung der Abbildung zu gelangen. „Besonders einfach" bedeutet dabei auch, daß man einen Einblick in die wesentliche Struktur der Abbildung gewinnen möchte, die im allgemeinen hinter den Zufälligkeiten einer basisabhängigen Zahldarstellung verborgen bleibt. Eine solche Matrix-Repräsentation möglichst einfacher Gestalt ist natürlich auch ein wichtiges Hilfsmittel bei dem Versuch, einen Überblick über die verschiedenen „Typen" linearer Abbildungen von V in sich zu gewinnen.

Um nun eine von der Willkür der Basiswahl unabhängige Klassifikation zu erreichen, muß man versuchen, die linearen Abbildungen bzw. Matrizen (welch letztere hier aus Gründen der Anschaulichkeit in den Vordergrund gestellt werden) durch Größen zu charakterisieren, die basisunabhängig sind. (Eine solche *invariante Größe* ist die Determinante, aber diese allein, ein „orientierter Volumenänderungsfaktor", reicht offenbar zur Charakterisierung einer Abbildung nicht aus.)

Die in diesem umfangreichen Kapitel zu behandelnden Begriffe und Methoden zur Lösung der angesprochenen Aufgaben bilden das Kernstück der gesamten Matrizentheorie. Sie spielen auch bei vielen praktischen Anwendungen eine wichtige Rolle, etwa bei der mathematischen Beschreibung schwingungsfähiger mechanischer und quantenmechanischer Systeme und in der Mechanik des starren Körpers. Ein Beispiel: Jede Bewegung eines starren Körpers läßt sich zusammengesetzt denken aus einer Verschiebung seines Schwerpunktes und einer Drehung um eine Achse durch den Schwerpunkt (und damit mittels der in Abschnitt 1.3.3 diskutierten Abbildung T beschreiben); anders gesagt: Nimmt man einen Ball von seinem Platz, wirft ihn an die Wand und legt ihn dann zurück auf denselben Fleck, so befinden sich mindestens *zwei* seiner Punkte wieder am alten Ort. Dieses und viele weitere Beispiele werden im Laufe des Kapitels behandelt.

7.2 Eigenwerte und Eigenvektoren

Unser Ziel ist es, quadratische Matrizen durch Basiswechsel, d.h. durch Übergang von einer Matrix **A** zu einer Matrix $\mathbf{B}^{-1}\mathbf{AB}$ mit geschickt gewählter Matrix **B**, zu „vereinfachen". Nun, die einfachste denkbare Gestalt einer Matrix ist die Diagonalform; denn ist

$$\mathbf{D} = \begin{pmatrix} d_1 & & 0 \\ & \ddots & \\ 0 & & d_p \end{pmatrix} ,$$

so weiß man sofort, daß

$$\det \mathbf{D} = d_1 \cdot \ldots \cdot d_p ,$$

$$\mathbf{D}^n = \begin{pmatrix} d_1^n & & 0 \\ & \ddots & \\ 0 & & d_p^n \end{pmatrix} \qquad \text{für } n \in \mathbb{N}$$

und, falls $\det \mathbf{D} \neq 0$, auch für $n \in \mathbb{Z}$. Mit $\mathbf{B} = (\mathbf{b}_1, \ldots, \mathbf{b}_p)$ bedeutet aber $\mathbf{B}^{-1}\mathbf{AB} = \mathbf{D}$, d.h. $\mathbf{AB} = \mathbf{BD}$ nichts anderes als

$$\mathbf{A}\,\mathbf{b}_j = d_j\,\mathbf{b}_j \quad (1 \leqslant j \leqslant p) .$$

Die Transformation einer Matrix **A** in Diagonalform ist also gleichbedeutend damit, eine Basis aus Vektoren anzugeben, die durch **A** in Vielfache ihrer selbst überführt werden.

7.1 **Beispiel.**

Wir betrachten die Matrizen

$$\mathbf{A}_1 := \begin{pmatrix} 1 & 1 & 0 \\ 1 & 0 & 1 \\ 0 & 1 & 1 \end{pmatrix} \quad \text{und } \mathbf{A}_2 := \begin{pmatrix} 0 & 1 & 0 \\ 1 & 0 & 0 \\ 0 & 1 & 2 \end{pmatrix} .$$

Man überprüft leicht:

$$\mathbf{A}_1 \begin{pmatrix} 1 \\ 1 \\ 1 \end{pmatrix} = 2 \begin{pmatrix} 1 \\ 1 \\ 1 \end{pmatrix} , \quad \mathbf{A}_1 \begin{pmatrix} 1 \\ 0 \\ -1 \end{pmatrix} = \begin{pmatrix} 1 \\ 0 \\ -1 \end{pmatrix} , \quad \mathbf{A}_1 \begin{pmatrix} 1 \\ -2 \\ 1 \end{pmatrix} = - \begin{pmatrix} 1 \\ -2 \\ 1 \end{pmatrix} ,$$

also mit

$$\mathbf{B}_1 := \begin{pmatrix} 1 & 1 & 1 \\ 1 & -2 & 0 \\ 1 & 1 & -1 \end{pmatrix} \quad \mathbf{A}_1\mathbf{B}_1 = \mathbf{B}_1 \begin{pmatrix} 2 & 0 & 0 \\ 0 & -1 & 0 \\ 0 & 0 & 1 \end{pmatrix}$$

und (man beachte $\det \mathbf{B}_1 = 6 \neq 0$)

$$\mathbf{B}_1^{-1}\mathbf{A}_1\mathbf{B}_1 = \begin{pmatrix} 2 & 0 & 0 \\ 0 & -1 & 0 \\ 0 & 0 & 1 \end{pmatrix} = \mathbf{D}_0 ;$$

ebenso

$$\mathbf{A}_2 \begin{pmatrix} 0 \\ 0 \\ 1 \end{pmatrix} = 2 \begin{pmatrix} 0 \\ 0 \\ 1 \end{pmatrix}, \quad \mathbf{A}_2 \begin{pmatrix} 1 \\ -1 \\ \frac{1}{3} \end{pmatrix} = - \begin{pmatrix} 1 \\ -1 \\ \frac{1}{3} \end{pmatrix}, \quad \mathbf{A}_2 \begin{pmatrix} 1 \\ 1 \\ -1 \end{pmatrix} = \begin{pmatrix} 1 \\ 1 \\ -1 \end{pmatrix},$$

so daß mit

$$\mathbf{B}_2 := \begin{pmatrix} 0 & 1 & 1 \\ 0 & -1 & 1 \\ 1 & \frac{1}{3} & -1 \end{pmatrix} \qquad \mathbf{B}_2^{-1} \mathbf{A}_2 \mathbf{B}_2 = \mathbf{D}_0 \ .$$

Die beiden Matrizen $\mathbf{A}_1, \mathbf{A}_2$ können also durch geeignete Basistransformationen in dieselbe Diagonalmatrix $\mathbf{D}_0$ überführt werden; sie sind daher in gewissem Sinne gleichwertig untereinander und zu $\mathbf{D}_0$. Aber $\mathbf{A}_1$ und $\mathbf{D}_0$ sind etwas „gleicher" als $\mathbf{A}_2$ und $\mathbf{D}_0$; denn die zugehörigen Basisvektoren bilden im ersten Fall ein Orthogonalsystem (Spalten von $\mathbf{B}_1$), gehen also im wesentlichen (man kann ja noch die Beträge normieren) durch eine Bewegung im euklidischen $\mathbb{R}^3$ aus der Standardbasis hervor, während die $\mathbf{A}_2$ diagonalisierende Basis (Spalten von $\mathbf{B}_2$) schiefwinklig ist. Man wird also verschiedene Arten von „Gleichwertigkeit" von Matrizen (und Abbildungen) unterscheiden, je nachdem, ob man nur Gewicht auf die lineare oder auch zusätzlich auf die metrische Struktur legen will.

Der rechenökonomische Wert der gewonnenen Diagonalisierungen zeigt sich z.B. bei der Berechnung von Matrixpolynomen und Potenzreihen:

Es gilt für $i = 1, 2$ und $n \in \mathbb{N}$

$$\mathbf{A}_i^n = (\mathbf{B}_i \ \mathbf{D}_0 \ \mathbf{B}_i^{-1})^n = \mathbf{B}_i \ \mathbf{D}_0^n \ \mathbf{B}_i^{-1} = \mathbf{B}_i \begin{pmatrix} 2^n & 0 & 0 \\ 0 & (-1)^n & 0 \\ 0 & 0 & 1^n \end{pmatrix} \mathbf{B}_i^{-1}$$

und daher für jedes Polynom P

$$P(\mathbf{A}_i) = \mathbf{B}_i \begin{pmatrix} P(2) & 0 & 0 \\ 0 & P(-1) & 0 \\ 0 & 0 & P(1) \end{pmatrix} \mathbf{B}_i^{-1} \ ;$$

analog hat man mit der (3,3)-Einheitsmatrix $\mathbf{E}$

$$e^{\mathbf{A}_i} = \mathbf{E} + \mathbf{A}_i + \frac{1}{2!}\mathbf{A}_i^2 + \frac{1}{3!}\mathbf{A}_i^3 + \ldots = \mathbf{B}_i\left(\mathbf{E} + \mathbf{D}_0 + \frac{1}{2!}\mathbf{D}_0^2 + \frac{1}{3!}\mathbf{D}_0^3 + \ldots\right)\mathbf{B}_i^{-1} =$$

$$= \mathbf{B}_i \, e^{\mathbf{D}_0} \mathbf{B}_i^{-1} = \mathbf{B}_i \begin{pmatrix} e^2 & 0 & 0 \\ 0 & e^{-1} & 0 \\ 0 & 0 & e^1 \end{pmatrix} \mathbf{B}_i^{-1} \ ,$$

also etwa

$$e^{\begin{pmatrix} 0 & 1 & 0 \\ 1 & 0 & 2 \\ 0 & 1 & 2 \end{pmatrix}} = \begin{pmatrix} 0 & 1 & 1 \\ 0 & -1 & 1 \\ 1 & \frac{1}{3} & -1 \end{pmatrix} \begin{pmatrix} e^2 & 0 & 0 \\ 0 & e^{-1} & 0 \\ 0 & 0 & e \end{pmatrix} \begin{pmatrix} \frac{1}{3} & \frac{2}{3} & 1 \\ \frac{1}{2} & -\frac{1}{2} & 0 \\ \frac{1}{2} & \frac{1}{2} & 0 \end{pmatrix} = \begin{pmatrix} \cosh 1 & \sinh 1 & 0 \\ \sinh 1 & \cosh 1 & 0 \\ \frac{e^2}{3} - \frac{e}{2} + \frac{1}{6e} & \frac{2e^2}{3} - \frac{e}{2} - \frac{1}{6e} & e^2 \end{pmatrix}$$

□

7.2.1 Grundbegriffe und einführende Beispiele

Der Diagonalisierungsansatz führt uns zu der allgemeinen Fragestellung, bei gegebener quadratischer Matrix **A** nach Skalaren $\lambda \in K$ und Vektoren $\mathbf{x} \neq \mathbf{0}$ mit $\mathbf{A}\mathbf{x} = \lambda\mathbf{x}$, d.h.

$$(\mathbf{A} - \lambda\mathbf{E})\,\mathbf{x} = \mathbf{0} \tag{7.1}$$

zu suchen.

Da homogene lineare Gleichungssysteme genau dann nichttriviale Lösungen besitzen, wenn die Koeffizienten determinante verschwindet (Kapitel 4), sind solche Skalare genau diejenigen λ, für die $\det(\mathbf{A} - \lambda\mathbf{E}) = 0$ gilt.

7.2 **Definition.**

Sei **A** eine quadratische Matrix mit Elementen aus K.

a) Ein Skalar $\lambda \in K$ heißt *Eigenwert* von **A** genau dann, wenn

$$\det(\mathbf{A} - \lambda\mathbf{E}) = 0\ . \tag{7.2}$$

b) Ist λ ein Eigenwert von **A**, so heißt jeder Vektor **x** mit

$$\mathbf{A}\mathbf{x} = \lambda\mathbf{x} \quad \text{und} \quad \mathbf{x} \neq \mathbf{0} \tag{7.3}$$

ein *Eigenvektor* von **A** (zum Eigenwert λ).

c) Das durch $\chi(\lambda) := \det(\mathbf{A} - \lambda\mathbf{E})$ definierte Polynom χ heißt *charakteristisches Polynom* der Matrix **A**.

d) Ist V ein Vektorraum über K, $\mathbf{f}: V \to V$ eine lineare Abbildung, so nennt man, sofern mit einem $\lambda \in K$ und einem $\mathbf{x} \in V \setminus \{\mathbf{0}\}$

$$\mathbf{f}(\mathbf{x}) = \lambda\mathbf{x}$$

gilt, λ einen *Eigenwert* und **x** einen *Eigenvektor* der Abbildung **f**.

Eine Matrix auf Diagonalform zu transformieren bedeutet also, eine Basis des Raumes aus Eigenvektoren der Matrix anzugeben. Dabei geht man im allgemeinen so vor: Man bestimmt zunächst die Eigenwerte als Nullstellen des charakteristischen Polynoms und löst dann für die erhaltenen Werte von λ das homogene Gleichungssystem (7.1), um die Gesamtheit der Eigenvektoren zu ermitteln.

Bei linearen Abbildungen in allgemeinen Vektorräumen ist die Kenntnis von Eigenwerten und Eigenvektoren (bei Funktionenräumen spricht man von *Eigenfunktionen*) auch von großer Bedeutung; man kann aber im unendlichdimensionalen Falle natürlich nicht auf ein charakteristisches Polynom zurückgreifen.

Es folgen nun einige Beispiele.

7.3 Beispiele.

a) Es sei $\mathbf{A} := \begin{pmatrix} -11 & -4 & -8 \\ 18 & 7 & 12 \\ 6 & 2 & 5 \end{pmatrix}$. Gesucht: Eigenwerte und Eigenvektoren von **A**.

Charakteristisches Polynom und Eigenwerte:

$$\chi(\lambda) = \begin{vmatrix} -11-\lambda & -4 & -8 \\ 18 & 7-\lambda & 12 \\ 6 & 2 & 5-\lambda \end{vmatrix} = \begin{vmatrix} 1-\lambda & 0 & 2-2\lambda \\ 18 & 7-\lambda & 12 \\ 6 & 2 & 5-\lambda \end{vmatrix} = (1-\lambda) \begin{vmatrix} 1 & 0 & 2 \\ 0 & 1-\lambda & -3+3\lambda \\ 6 & 2 & 5-\lambda \end{vmatrix} =$$

$$= (1-\lambda)^2 \begin{vmatrix} 1 & 0 & 0 \\ 0 & 1 & -3 \\ 6 & 2 & -7-\lambda \end{vmatrix} = (1-\lambda)^2 (-7-\lambda+6) = -(1-\lambda)^2 (1+\lambda) \ ;$$

d.h. $\chi(\lambda) = 0 \Leftrightarrow \lambda \in \{1, -1\}$. Also sind die Eigenwerte hier

$\lambda_1 = 1$ und $\lambda_2 = -1$.

Eigenvektoren zu λ_1:

$(\mathbf{A} - \lambda_1 \mathbf{E})\mathbf{x} = \mathbf{0}$ bedeuten mit $\mathbf{x} = \begin{pmatrix} x_1 \\ x_2 \\ x_3 \end{pmatrix}$ $\quad \begin{aligned} -12x_1 - 4x_2 - 8x_3 &= 0 \\ 18x_1 + 6x_2 + 12x_3 &= 0 \\ 6x_1 + 2x_2 + 4x_3 &= 0 \end{aligned}$.

Das Gleichungssystem hat den Rang 1; Eigenvektoren sind alle $\mathbf{x} \neq \mathbf{0}$ mit

$3x_1 + x_2 + 2x_3 = 0$, d.h. mit $\mathbf{x} \perp \begin{pmatrix} 3 \\ 1 \\ 2 \end{pmatrix}$.

Da offenbar

$$\left\{ \mathbf{x} \in \mathbb{R}^3 \;\middle|\; \mathbf{x} \perp \begin{pmatrix} 3 \\ 1 \\ 2 \end{pmatrix} \right\} = \langle \mathbf{x}_1, \mathbf{x}_2 \rangle$$

mit den linear unabhängigen Vektoren $\mathbf{x}_1 = \begin{pmatrix} 1 \\ -3 \\ 0 \end{pmatrix}$, $\mathbf{x}_2 = \begin{pmatrix} 0 \\ 2 \\ -1 \end{pmatrix}$, sind Eigenvektoren zu $\lambda_1 = 1$ genau alle Vektoren $\mathbf{x} = s\,\mathbf{x}_1 + t\,\mathbf{x}_2$ mit $s, t \in \mathbb{R}$, $s^2 + t^2 > 0$.

Eigenvektoren zu λ_2:

Das (7.1) entsprechende Gleichungssystem lautet jetzt

$$\begin{aligned} -10x_1 - 4x_2 - 8x_3 &= 0 \\ 18x_1 + 8x_2 + 12x_3 &= 0 \\ 6x_1 + 2x_2 + 6x_3 &= 0 . \end{aligned}$$

Mit dem Gauß-Algorithmus erhält man das qäuivalente System

$$\begin{aligned} x_1 \qquad + 2\,x_3 &= 0 \\ x_2 - 3\,x_3 &= 0 \\ x_2 - 3\,x_3 &= 0\,; \end{aligned}$$

der Rang ist 2, also der Lösungsraum eindimensional.

Setzt man $x_3 = t \in \mathbb{R}$, erhält man $x_2 = 3\,t$, $x_1 = -2\,t$, d.h. Eigenvektoren zu $\lambda_2 = -1$ sind genau alle Vektoren $\mathbf{x} = t \begin{pmatrix} -2 \\ 3 \\ 1 \end{pmatrix}$ mit $t \in \mathbb{R} \setminus \{0\}$.

Fazit:

Wegen $\begin{vmatrix} 1 & 0 & -2 \\ -3 & 2 & 3 \\ 0 & -1 & 1 \end{vmatrix} = \begin{vmatrix} 1 & 0 & -2 \\ -3 & 2 & 5 \\ 0 & -1 & 0 \end{vmatrix} = \begin{vmatrix} 1 & -2 \\ -3 & 5 \end{vmatrix} = -1 \neq 0$

ist $\left\{ \begin{pmatrix} 1 \\ -3 \\ 0 \end{pmatrix}, \begin{pmatrix} 0 \\ 2 \\ -1 \end{pmatrix}, \begin{pmatrix} -2 \\ 3 \\ 1 \end{pmatrix} \right\}$ eine Basis des $\mathbb{R}^3$ aus Eigenvektoren von **A**, durch die **A** auf die Diagonalgestalt $\begin{pmatrix} 1 & 0 & 0 \\ 0 & 1 & 0 \\ 0 & 0 & -1 \end{pmatrix}$ transformiert werden kann. □

b) Sei $\varphi \in \mathbb{R}$ und $\mathbf{A} := \begin{pmatrix} \cos\varphi & \sin\varphi \\ \sin\varphi & -\cos\varphi \end{pmatrix}$. Die der Matrix **A** entsprechende lineare Abbildung des $\mathbb{R}^2$ in sich kann man beschreiben als Drehung um den Winkel φ im math. positiven Sinne mit anschließender Spiegelung an der neuen x_1-Achse (Bild 7.1).

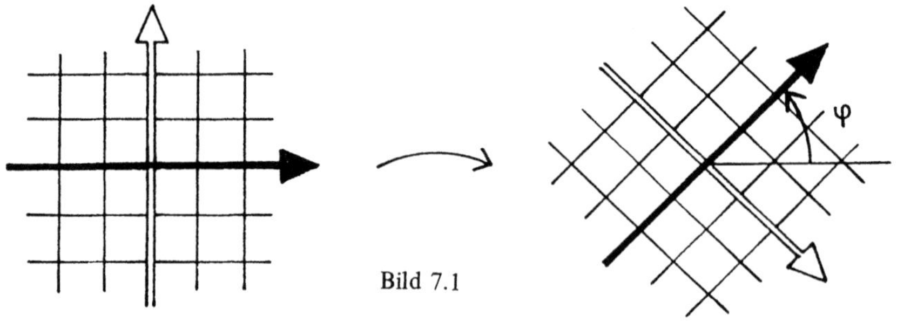

Bild 7.1

Charakteristisches Polynom und Eigenwerte:

$$\chi(\lambda) = \begin{vmatrix} \cos\varphi - \lambda & \sin\varphi \\ \sin\varphi & -\cos\varphi - \lambda \end{vmatrix} = -(\cos\varphi - \lambda)(\cos\varphi + \lambda) - \sin^2\varphi = \lambda^2 - 1\,,$$

also Eigenwerte $\lambda_1 = 1$, $\lambda_2 = -1$.

Eigenvektoren zu λ_1:

Das zu lösende Gleichungssystem lautet

$$\begin{aligned} (\cos\varphi - 1)\, x_1 &+ \sin\varphi\; x_2 = 0 \\ \sin\varphi\; x_1 &- (\cos\varphi + 1)\, x_2 = 0\,, \end{aligned}$$

also

$$\begin{aligned} -2\sin^2\frac{\varphi}{2}\; x_1 &+ 2\sin\frac{\varphi}{2}\cos\frac{\varphi}{2}\; x_2 = 0 \\ 2\sin\frac{\varphi}{2}\cos\frac{\varphi}{2}\; x_1 &- 2\cos^2\frac{\varphi}{2}\; x_2 = 0\,, \end{aligned}$$

d.h.

$$\begin{aligned} \sin\frac{\varphi}{2}\left(\sin\frac{\varphi}{2}\; x_1 - \cos\frac{\varphi}{2}\; x_2\right) &= 0 \\ \cos\frac{\varphi}{2}\left(\sin\frac{\varphi}{2}\; x_1 - \cos\frac{\varphi}{2}\; x_2\right) &= 0\,. \end{aligned}$$

Da nicht zugleich $\sin\frac{\varphi}{2}$ und $\cos\frac{\varphi}{2}$ verschwinden können, ist das System äquivalent zu der einen Gleichung

$$\sin\frac{\varphi}{2}\, x_1 - \cos\frac{\varphi}{2}\, x_2 = 0\,.$$

Eigenvektoren zu $\lambda_1 = 1$ sind also alle Vektoren $\mathbf{x} = t\begin{pmatrix}\cos\frac{\varphi}{2}\\ \sin\frac{\varphi}{2}\end{pmatrix}$ mit $t \in \mathbb{R}\setminus\{0\}$.

Eigenvektoren zu λ_2:

Eine zur obigen völlig analoge Rechnung führt auf die Gleichung

$$\cos\frac{\varphi}{2}\; x_1 + \sin\frac{\varphi}{2}\; x_2 = 0\,,$$

so daß sich als Eigenvektoren zu $\lambda_2 = -1$ alle Vektoren $\mathbf{x} = t\begin{pmatrix}-\sin\frac{\varphi}{2}\\ \cos\frac{\varphi}{2}\end{pmatrix}$ mit $t \in \mathbb{R}$, $t \neq 0$ ergeben.

Fazit:

Mit $\mathbf{x}_1 := \begin{pmatrix}\cos\frac{\varphi}{2}\\ \sin\frac{\varphi}{2}\end{pmatrix}$, $\mathbf{x}_2 := \begin{pmatrix}-\sin\frac{\varphi}{2}\\ \cos\frac{\varphi}{2}\end{pmatrix}$ gilt $\mathbf{x}_1 \perp \mathbf{x}_2$, $\mathbf{A}\mathbf{x}_1 = \mathbf{x}_1$, $\mathbf{A}\mathbf{x}_2 = -\mathbf{x}_2$; die durch $\mathbf{A}$ beschriebene Abbildung entspricht also einer Spiegelung an der Geraden $\{t\,\mathbf{x}_1 \mid t \in \mathbb{R}\}$, d.h. an der aus der $\mathbf{e}_1$-Achse durch positive Drehung um $\frac{\varphi}{2}$ entstehenden Geraden (Bild 7.2). □

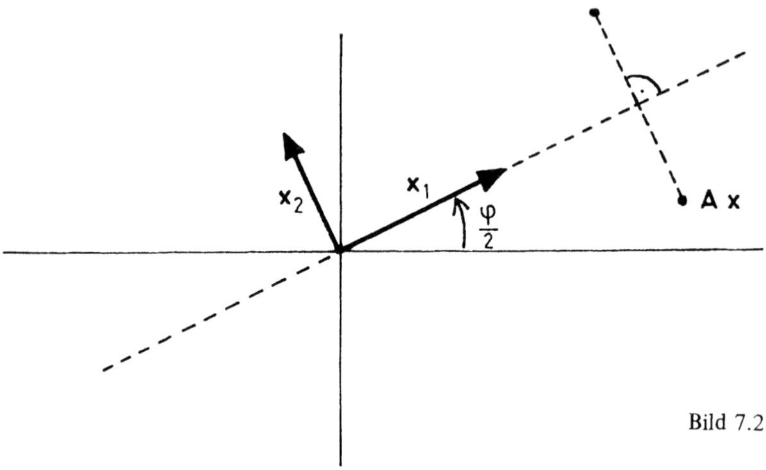

Bild 7.2

c) Sei $\varphi \in \mathbb{R}$ und $\mathbf{A} := \begin{pmatrix} \cos\varphi & -\sin\varphi \\ \sin\varphi & \cos\varphi \end{pmatrix}$. **A** entspricht einer positiven Drehung um den Winkel φ im $\mathbb{R}^2$.

Als charakteristisches Polynom ergibt sich

$$\chi(\lambda) = (\cos\varphi - \lambda)^2 + \sin^2\varphi$$

mit den Nullstellen

$$\lambda_{1,2} = \cos\varphi \pm i \sin\varphi .$$

Also gibt es nur im Falle $\sin\varphi = 0$, d.h. wenn $\mathbf{A} = \pm \mathbf{E}$, reelle Eigenwerte; es ist ja anschaulich klar: Bei einer Drehung bleibt (mit Ausnahme der Drehwinkel 0 und π) keine Gerade durch den Nullpunkt des $\mathbb{R}^2$ unverändert.

Faßt man im Falle $\frac{\varphi}{\pi} \notin \mathbb{Z}$ **A** als Matrix einer Abbildung des Vektorraumes $\mathbb{C}^2$ in sich auf, hat man zu den Eigenwerten $\lambda_1 = \cos\varphi + i\sin\varphi = e^{i\varphi}$, $\lambda_2 = \cos\varphi - i\sin\varphi = \overline{\lambda}_1$ komplexe Eigenvektoren zu bestimmen; dabei braucht Gleichung (7.1) nur für $\lambda = \lambda_1$ gelöst zu werden, da (komplexe Konjugation, **A** reell!)

$$\mathbf{A}\mathbf{x} = \lambda_1 \mathbf{x} \Leftrightarrow \mathbf{A}\overline{\mathbf{x}} = \lambda_2 \overline{\mathbf{x}} .$$

Einsetzen von λ_1 führt wegen $\sin\varphi \neq 0$ zu der Bedingungsgleichung

$$i\,x_1 + x_2 = 0 ;$$

zum Eigenwert λ_1 gehören also die Eigenvektoren

$$\mathbf{x} = t \begin{pmatrix} 1 \\ -i \end{pmatrix} \text{ mit } t \in \mathbb{C} \setminus \{0\}$$

und zu λ_2 daher die Eigenvektoren

$$\mathbf{x} = t \begin{pmatrix} 1 \\ i \end{pmatrix} \text{ mit } t \in \mathbb{C} \setminus \{0\}.$$

□

d) Seien $a_0, \ldots, a_{p-1} \in K$, und sei

$$\mathbf{A} := \begin{pmatrix} 0 & 1 & 0 \ldots & 0 \\ \vdots & \ddots & \ddots & \vdots \\ \vdots & & \ddots & 0 \\ 0 & \cdots\cdots & 0 & 1 \\ -a_0 & \cdots\cdots & -a_{p-2} & -a_{p-1} \end{pmatrix} \tag{7.4}$$

(*Frobenius-Matrix* oder *Begleitmatrix*).

Charakteristisches Polynom und Eigenwerte:

$$\chi(\lambda) = \det(\mathbf{A} - \lambda \mathbf{E}) = \begin{vmatrix} -\lambda & 1 & & 0 \\ & \ddots & \ddots & \\ 0 & & -\lambda & 1 \\ -a_0 & \cdots & -a_{p-2} & -a_{p-1}-\lambda \end{vmatrix} =$$

$$= (-a_{p-1} - \lambda)(-\lambda)^{p-1} + a_{p-2}(-\lambda)^{p-2} - + \ldots + (-1)^p a_0 =$$
$$= (-1)^p (\lambda^p + a_{p-1}\lambda^{p-1} + \ldots + a_0) \; ;$$

dies ergibt sich durch Entwicklung der Determinante nach der letzten Zeile, wenn man

$$\begin{array}{r} q \left\{ \begin{array}{c} \\ \\ \\ \end{array} \right. \\ \\ p-1-q \left\{ \begin{array}{c} \\ \\ \\ \end{array} \right. \end{array} \left| \begin{array}{ccc|ccc} -\lambda & 1 & 0 & & & \\ & \ddots & 1 & & 0 & \\ 0 & & -\lambda & & & \\ \hline & & & 1 & & 0 \\ & 0 & & -\lambda & \ddots & \\ & & & 0 & -\lambda & 1 \end{array} \right| = (-\lambda)^q$$
$$\qquad\qquad \underbrace{\qquad\qquad}_{q} \; \underbrace{\qquad\qquad}_{p-1-q}$$

für $0 \leqslant q \leqslant p-1$ beachtet.

Eigenwerte sind also alle Nullstellen von $\lambda^p + a_{p-1}\lambda^{p-1} + \ldots + a_1\lambda + a_0$.

Eigenvektoren:

Gilt $\chi(\lambda_0) = 0$, also $\lambda_0^p = -a_0 - a_1\lambda_0 - \ldots - a_{p-1}\lambda_0^{p-1}$, so folgt aus (7.4) unmittelbar

$$\mathbf{A}\begin{pmatrix} 1 \\ \lambda_0 \\ \vdots \\ \lambda_0^{p-1} \end{pmatrix} = \lambda_0 \begin{pmatrix} 1 \\ \lambda_0 \\ \vdots \\ \lambda_0^{p-1} \end{pmatrix} .$$

Also ist $\begin{pmatrix} 1 \\ \lambda_0 \\ \vdots \\ \lambda_0^{p-1} \end{pmatrix}$ Eigenvektor zum Eigenwert λ_0 von $\mathbf{A}$. Einen weiteren, von diesem unabhängigen Eigenvektor kann es zum Eigenwert λ_0 nicht geben, da die Matrix $\mathbf{A} - \lambda\mathbf{E}$ ja stets mindestens den Rang $p-1$ hat. Daher folgt: Zu der Frobenius-Matrix (7.4) gibt es genau dann eine Basis des K^p aus Eigenvektoren, wenn das Polynom $\lambda^p + a_{p-1}\lambda^{p-1} + \ldots + a_1\lambda + a_0$ in K p verschiedene Nullstellen besitzt. Denn sind $\lambda_1, \ldots, \lambda_p$ verschiedene Eigenwerte von $\mathbf{A}$, so gilt (Vandermondesche Determinante, siehe Kapitel 4)

$$\begin{vmatrix} 1 & \ldots & 1 \\ \lambda_1 & \ldots & \lambda_p \\ \vdots & & \vdots \\ \lambda_1^{p-1} & \ldots & \lambda_p^{p-1} \end{vmatrix} = \prod_{\substack{1 \leqslant j,k \leqslant p \\ j > k}} (\lambda_j - \lambda_k) \neq 0\,,$$

weshalb die entsprechenden Eigenvektoren insgesamt linear unabhängig sind. □

e) Wir betrachten die (p, p)-Matrix

$$\mathbf{A} := \begin{pmatrix} 1 & \ldots\ldots & 1 \\ & \ddots & \vdots \\ 0 & & 1 \end{pmatrix};$$

es gilt also $a_{jk} = \begin{cases} 1, & j \leqslant k \\ 0, & j > k \end{cases}$. Als charakteristisches Polynom ergibt sich $\chi(\lambda) = (1-\lambda)^p$, so daß $\lambda_1 = 1$ der einzige Eigenwert ist. $(\mathbf{A} - \mathbf{E})\,\mathbf{x} = \mathbf{0}$ bedeutet hier

$$\begin{aligned} x_2 + x_3 + \ldots + x_p &= 0 \\ x_3 + \ldots + x_p &= 0 \\ \vdots\quad\ldots\ldots\ldots & \\ x_p &= 0\,, \end{aligned}$$

also $\mathbf{x} = \begin{pmatrix} x_1 \\ 0 \\ \vdots \\ 0 \end{pmatrix}$ mit $x_1 \in K$. Eigenvektoren sind somit nur die skalaren Vielfachen von $\begin{pmatrix} 1 \\ 0 \\ \vdots \\ 0 \end{pmatrix}$; es gibt keine Basis des K^p aus Eigenvektoren von $\mathbf{A}$. □

f) Sei V der Raum aller reellen oder komplexen Polynome vom Grade $\leqslant n$; die lineare Abbildung $\mathbf{f}: V \to V$ werde definiert durch

$$\mathbf{f}(p) := p' \quad (p \in V)\,.$$

Da V (n+1)-dimensional ist, kann man **f** eine Abbildungsmatrix **A** zuordnen und dann das Eigenwertproblem wie bei den bisherigen Beispielen behandeln; es läßt sich aber einfacher direkt diskutieren: $\mathbf{f}(p) = \lambda p$, d.h. $p' = \lambda p$, bedeutet $(p(x)e^{-\lambda x})' = p'(x)e^{-\lambda x} - \lambda p(x)e^{-\lambda x} = 0$, also $p(x) = c\,e^{\lambda x}$ mit einer Konstanten c. Dies ist, da p Polynom, für $c \neq 0$ nur im Falle $\lambda = 0$ möglich.

Fazit:

$\lambda = 0$ ist einziger Eigenwert von **f**, und Eigenvektoren sind die nichtverschwindenden konstanten Polynome. □

g) Viele mechanische Systeme mit endlich vielen Freiheitsgraden lassen sich näherungsweise durch ein *Differentialgleichungssystem*

$$\dot{y}_j = a_{j1}y_1 + \ldots + a_{jn}y_n \quad (1 \leqslant j \leqslant n)$$

beschreiben, wobei $y_1, \ldots, y_n$ Funktionen von t und a_{jk} $(1 \leqslant j, k \leqslant n)$ Konstanten sind.

Man kann nun versuchen, diese Differentialgleichungen zu *entkoppeln*, d.h. von den Funktionen $y_1, \ldots, y_n$ durch Linearkombination zu neuen Funktionen $z_1, \ldots, z_n$ überzugehen, für die einfache Differentialgleichungen

$$\dot{z}_j = c_j z_j \quad (1 \leqslant j \leqslant n)$$

mit gewissen Konstanten c_j bestehen; diese haben dann (siehe Beispiel f)) die einfachen Lösungen

$$z_j(t) = d_j\, e^{c_j t} \quad (1 \leqslant j \leqslant n)$$

mit beliebigen Konstanten d_j.

In Matrixnotation:

Mit $\mathbf{y} := \begin{pmatrix} y_1 \\ \vdots \\ y_n \end{pmatrix}$, $\mathbf{A} := \begin{pmatrix} a_{11} & \cdots & a_{1n} \\ \vdots & & \vdots \\ a_{n1} & \cdots & a_{nn} \end{pmatrix}$, $\mathbf{z} := \begin{pmatrix} z_1 \\ \vdots \\ z_n \end{pmatrix}$ lautet das ursprüngliche System

$$\dot{\mathbf{y}} = \mathbf{A}\,\mathbf{y}\,, \tag{7.5}$$

das neue

$$\dot{\mathbf{z}} = \begin{pmatrix} c_1 & & 0 \\ & \ddots & \\ 0 & & c_n \end{pmatrix} \mathbf{z}\,, \tag{7.6}$$

und mit einer konstanten und nichtsingulären (n,n)-Matrix **B** soll (7.5) durch den Ansatz $\mathbf{y} = \mathbf{B}\,\mathbf{z}$ in die Form (7.6) überführt werden.

Das führt zu

$$\dot{\mathbf{y}} = \mathbf{B}\,\dot{\mathbf{z}} = \mathbf{A}\mathbf{B}\mathbf{z} = \mathbf{B} \begin{pmatrix} c_1 & & 0 \\ & \ddots & \\ 0 & & c_n \end{pmatrix} \mathbf{z}\,,$$

also, da **z** beliebig, zu

$$\mathbf{B}^{-1}\mathbf{A}\mathbf{B} = \begin{pmatrix} c_1 & & 0 \\ & \ddots & \\ 0 & & c_n \end{pmatrix};$$

die Größen $c_1, \dots, c_n$ sind also Eigenwerte und die Spalten der gesuchten Transformationsmatrix **B** die entsprechenden Eigenvektoren der Koeffizientenmatrix **A** des ursprünglich vorliegenden Differentialgleichungssystems. □

h) Auf einer an beiden Enden frei drehbar gelagerten Welle seien n Drehmassen mit den Trägheitsmomenten $T_1, \dots, T_n$ aufgesetzt (Bild 7.3).

Das Trägheitsmoment der Welle sei gegenüber dem der Drehmassen vernachlässigbar klein.

Wir wollen nun kleine Torsionsschwingungen der Drehmassen auf der Welle beschreiben. Dazu wählen wir eine feste zur Achse der Welle senkrechte Richtung und messen – bezogen auf diese – die Drehwinkel φ_j (Bild 7.4).

Bild 7.3

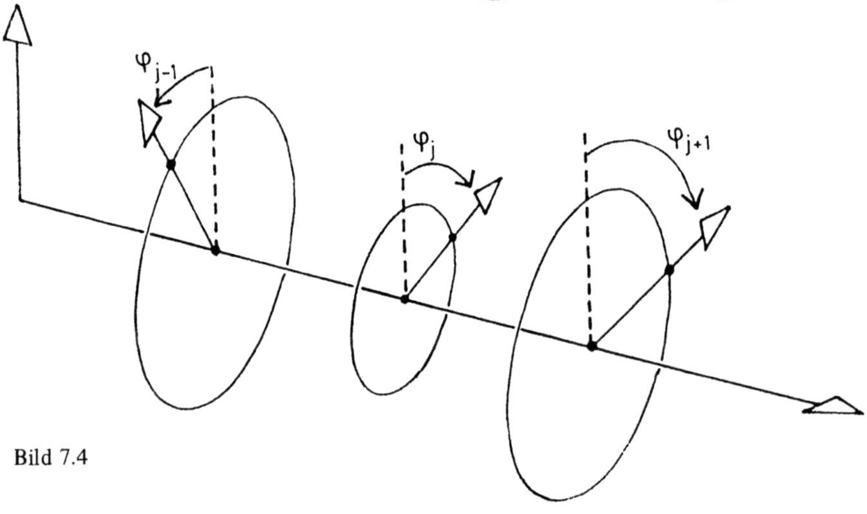

Bild 7.4

Auf jede Drehmasse wirken Torsionskräfte, die in erster Näherung proportional zur Differenz der Drehwinkel zwischen benachbarten Massen sind. Mit gewissen, von den elastischen Eigenschaften der Welle bestimmten Torsionsfaktoren K_j, ergeben sich als Differentialgleichungen für die Drehwinkel φ_j

$$T_j \ddot{\varphi}_j = (\varphi_{j-1} - \varphi_j) K_j + (\varphi_{j+1} - \varphi_j) K_{j+1} \quad (1 \leqslant j \leqslant n) ,$$

wobei formal $\varphi_0 := \varphi_1$, $\varphi_{n+1} := \varphi_n$ (freie Drehbarkeit der Wellenenden) gesetzt wurde.

Wenn wir

$$\boldsymbol{\varphi} := \begin{pmatrix} \varphi_1 \\ \vdots \\ \varphi_n \end{pmatrix}, \quad \mathbf{T} := \begin{pmatrix} T_1 & & 0 \\ & \ddots & \\ 0 & & T_n \end{pmatrix},$$

$$\mathbf{K} := \begin{pmatrix} -K_2 & K_2 & & & & 0 \\ K_2 & -K_2-K_3 & K_3 & & & \\ & K_3 & -K_3-K_4 & \ddots & & \\ & & \ddots & \ddots & \ddots & \\ & & & \ddots & -K_{n-1}-K_n & K_n \\ 0 & & & & K_n & -K_n \end{pmatrix}$$

setzen, erhalten wir

$$\mathbf{T}\,\ddot{\boldsymbol{\varphi}} = \mathbf{K}\,\boldsymbol{\varphi} . \tag{7.7}$$

Wir suchen nun nach Lösungen von (7.7) in Form harmonischer Schwingungen, d.h. wir machen den Ansatz $\ddot{\boldsymbol{\varphi}} = -\omega^2 \boldsymbol{\varphi}$; das führt zu der Gleichung

$$-\omega^2\,\mathrm{T}\,\boldsymbol{\varphi} = \mathbf{K}\,\boldsymbol{\varphi} \tag{7.8}$$

oder

$$\mathbf{T}^{-1}\,\mathbf{K}\,\boldsymbol{\varphi} = -\omega^2\,\boldsymbol{\varphi} ,$$

so daß also der eingeführte Parameter $-\omega^2$ (wobei ω die Kreisfrequenz der Torsionsschwingung ist) sich als Eigenwert der Matrix $\mathbf{T}^{-1}\mathbf{K}$ erweist. □

i) Sei $-\infty < a < b < \infty$, $V := C([a, b])$ (die Menge aller stetigen Funktionen $f : [a, b] \to \mathbb{C}$ mit der üblichen punktweisen Definition der Vektorraumverknüpfungen; vgl. Beispiel 2.2c) in Kapitel 2).

Eine lineare Abbildung $\mathbf{T} : V \to V$ werde definiert durch

$$\mathbf{T}\, f(x) := x\, f(x) \quad (a \leqslant x \leqslant b) \text{ für } f \in V .$$

Eigenwerte:

Seien $\lambda \in \mathbb{C}$ und $f \in V$ gegeben, so daß $\mathbf{T}f = \lambda f$, also $x f(x) = \lambda f(x)$ für alle $x \in [a,b]$. Es folgt $(x - \lambda) f(x) = 0$ für alle $x \in [a, b]$, also $f(x) = 0$ für $x \in [a, b] \setminus \{\lambda\}$ und daher wegen Stetigkeit von f:

$$f(x) = 0 \quad (a \leqslant x \leqslant b) .$$

Folglich besitzt die Abbildung **T** keine Eigenwerte.

Umkehrbarkeit:

Wir setzen nun für $\lambda \in \mathbb{C}$

$$T_\lambda f := \mathbf{T} f - \lambda f \quad (f \in V)$$

und für $\lambda \in \mathbb{C} \setminus [a, b]$

$$\mathbf{R}_\lambda f(x) := \frac{1}{x - \lambda} f(x) \quad (a \leqslant x \leqslant b, f \in V) .$$

Dann gilt offenbar für $f \in V, \lambda \in \mathbb{C} \setminus [a, b]$

$$T_\lambda \mathbf{R}_\lambda f = \mathbf{R}_\lambda T_\lambda f = f ;$$

es ist also $\mathbf{R}_\lambda$ die Umkehrabbildung von $\mathbf{T}_\lambda$.

Für $\lambda \in [a, b]$ existiert keine Umkehrabbildung $\mathbf{R} : V \to V$ zu $\mathbf{T}_\lambda$. Denn ist $\mathbf{R} : V \to V$ gegeben, so folgt für $f \in V$ und $x \in [a, b]$ $|\mathbf{T}_\lambda \mathbf{R} f(x)| = |x - \lambda| \, |\mathbf{R} f(x)| \leqslant c |x - \lambda|$ mit einem $c > 0$, da $\mathbf{R} f$ eine stetige, also beschränkte Funktion ist. Für kein f mit $f(\lambda) \neq 0$ kann daher $\mathbf{T}_\lambda \mathbf{R} f = f$ gelten.

Fazit:

Die Abbildung $\mathbf{T}$ besitzt keine Eigenwerte. Während aber für $\lambda \in \mathbb{C} \setminus [a, b]$ die Gleichung $\mathbf{T} f - \lambda f = g$ bei gegebenem $g \in V$ eine eindeutige Lösung $f \in V$ besitzt (entsprechend der eindeutigen Lösbarkeit der Matrizengleichung $\mathbf{A x} - \lambda \mathbf{x} = \mathbf{y}$ für Nichteigenwerte λ), ist dies für $\lambda \in [a, b]$ nicht mehr bei beliebigem g der Fall (was der Nichtexistenz von $(\mathbf{A} - \lambda \mathbf{E})^{-1}$ für Eigenwerte λ der Matrix $\mathbf{A}$ entspricht).

Man muß also für das Studium der linearen Abbildungen in unendlichdimensionalen Vektorräumen den Eigenwertbegriff geeignet verallgemeinern, zumal die soeben diskutierte Abbildung keineswegs ein pathologisches Konstrukt ist, sondern ein Beispiel für den *Ortsoperator*, d.h. den im mathematischen Modell eines quantenmechanischen Systems die Beobachtungsgröße (Observable) „Ort" repräsentierenden linearen Operator.

Es gibt aber andererseits durchaus viele Beispiele für lineare Abbildungen in unendlichdimensionalen Räumen, bei denen eine ausreichende (unendliche) Zahl von Eigenwerten und Eigenvektoren vorhanden ist. Ein wichtiges derartiges Beispiel, die *schwingende Saite*, wird am Schluß dieses Kapitels ausführlich diskutiert; dieses Beispiel stand gewissermaßen Pate bei der Entstehung des Eigenwertbegriffs und der damit verbundenen Methode, lineare Abbildungen zu analysieren. □

k) Sei $a \in K$ und

$$\mathbf{A} := \begin{pmatrix} a & 1 & & 0 \\ 1 & \ddots & \ddots & \\ & \ddots & \ddots & 1 \\ 0 & & 1 & a \end{pmatrix}$$

eine (p, p)-Matrix.

Wir betrachten die Eigenwertgleichung

$$\mathbf{A}\begin{pmatrix} x_1 \\ \vdots \\ x_p \end{pmatrix} = \lambda \begin{pmatrix} x_1 \\ \vdots \\ x_p \end{pmatrix}. \qquad (*)$$

Indem wir formal $x_0 := 0$, $x_{p+1} := 0$ setzen, erhalten wir aus (*) die skalaren Gleichungen

$$x_j + (a - \lambda)\, x_{j+1} + x_{j+2} = 0 \quad (0 \leqslant j \leqslant p - 1).$$

Gemäß Beispiel 2.6.3 machen wir zur Lösung einen Exponentialansatz, d.h. wir setzen $x_j = b^j$ und erhalten

$$b^2 + (a - \lambda)\, b + 1 = 0,$$

also

$$b_{1,2} = \frac{\lambda - a}{2} \pm \sqrt{\left(\frac{\lambda - a}{2}\right)^2 - 1}, \quad b_1 b_2 = 1;$$

als allgemeine Lösung ergibt sich

$$x_j = c_1\left(\frac{\lambda - a}{2} + \sqrt{\left(\frac{\lambda - a}{2}\right)^2 - 1}\right)^j + c_2\left(\frac{\lambda - a}{2} - \sqrt{\left(\frac{\lambda - a}{2}\right)^2 - 1}\right)^j.$$

Die Konstanten c_1 und c_2 sind noch den Bedingungen $x_0 = 0$ und $x_{p+1} = 0$ anzupassen:

Aus $x_0 = 0$ folgt $c_2 = - c_1$, und mit $x_{p+1} = 0$ erhält man $b_1^{p+1} = b_2^{p+1}$. Da $b_1 b_2 = 1$, folgt $|b_1| = |b_2| = 1$ und damit $b_2 = \bar{b}_1$, also (wegen $b_1^{2p+2} = 1$ ist b_1 eine $(2p+2)$-te Einheitswurzel)

$$\frac{\lambda - a}{2} \pm \sqrt{\left(\frac{\lambda - a}{2}\right)^2 - 1} = \cos\frac{2\pi}{2p+2} k \pm i \sin\frac{2\pi}{2p+2} k, \quad \lambda = a + 2\cos\frac{k\pi}{p+1}$$

mit $k \in \{0, 1, \ldots, 2p+1\}$.

Es ergibt sich

$$x_j = c_1\left\{\left(e^{\frac{k\pi i}{p+1}}\right)^j - \left(e^{-\frac{k\pi i}{p+1}}\right)^j\right\} = 2\, i\, c_1 \sin\left(j \cdot \frac{k\pi}{p+1}\right) \quad (0 \leqslant j \leqslant p + 1).$$

Da

$$\cos\frac{k\pi}{p+1} = \cos\left(2\pi - \frac{k\pi}{p+1}\right) \quad \text{und} \quad \sin\left(j \cdot \frac{k\pi}{p+1}\right) = - \sin\left(j \cdot 2\pi - j \cdot \frac{k\pi}{p+1}\right),$$

da ferner für $k = 0$ und $k = p + 1$ die x_j verschwinden, ergeben schon die Werte $k = 1, 2, \ldots, p$ alle Lösungen der Eigenwertgleichung (*).

Fazit:

A hat die Eigenwerte

$$\lambda_k = a + 2\cos\frac{k\pi}{p+1} \quad (1 \leqslant k \leqslant p)$$

und die entsprechenden Eigenvektoren

$$x_k = \begin{pmatrix} \sin\ 1 \cdot \frac{k\pi}{p+1} \\ \vdots \\ \sin\ p \cdot \frac{k\pi}{p+1} \end{pmatrix} \qquad (1 \leqslant k \leqslant p)\,.$$

□

7.2.2 Eigenschaften von Eigenwerten und Eigenvektoren

Wie einige der Beispiele zeigen, gibt es nicht immer eine Basis des K^p aus Eigenvektoren einer Matrix **A** (und damit auch nicht immer eine Transformation auf Diagonalform); und die Dimension des Unterraumes, den die Eigenvektoren zu einem Eigenwert λ zusammen mit dem Nullvektor bilden (als Kern der durch $\mathbf{A} - \lambda\mathbf{E}$ gegebenen Abbildung), braucht nicht mit der Vielfachheit von λ als Nullstelle des charakteristischen Polynoms übereinzustimmen.

7.4 **Definition.**

Sei **A** eine (p, p)-Matrix mit Elementen aus K, $\lambda \in K$ Eigenwert von **A**.

a) Der Unterraum $\{\mathbf{x} \in K^p \,|\mathbf{A}\mathbf{x} = \lambda\mathbf{x}\}$ heißt *Eigenraum* zum Eigenwert λ von **A**, seine Dimension die *geometrische Vielfachheit* von λ.

b) Ist λ eine r-fache Nullstelle des charakteristischen Polynoms, so heißt r die *algebraische Vielfachheit* des Eigenwertes λ.

c) Für eine lineare Abbildung $\mathbf{f}: V \to V$ (V Vektorraum über K) gelten analoge Sprechweisen.

Bei den Beispielen 7.3 e), f) ist im mehrdimensionalen Fall die geometrische jeweils kleiner als die algebraische Vielfachheit des auftretenden Eigenwertes. Das Umgekehrte kann nicht eintreten.

7.5 **Lemma.**

Die geometrische Vielfachheit eines Eigenwertes einer quadratischen Matrix über K ist stets kleiner oder gleich der algebraischen.

Beweis.

Sei r die geometrische Vielfachheit des Eigenwertes λ_0 einer (p, p)-Matrix **A**.
Da $(\mathbf{A} - \lambda_0\mathbf{E})\,\mathbf{x} = \mathbf{0}$ genau r linear unabhängige Lösungen besitzt, ist der Rang von $\mathbf{A} - \lambda_0\mathbf{E}$ gleich $p - r$, d.h. es gibt $p - r$ linear unabhängige Spalten von $\mathbf{A} - \lambda_0\mathbf{E}$, als deren Linearkombination die restlichen r Spalten darstellbar sind.

Der Wert von $\det(\mathbf{A} - \lambda\mathbf{E})$ ändert sich nicht, wenn wir gewisse Linearkombinationen einiger Spalten von anderen Spalten abziehen; nach dem soeben Bemerkten können wir durch eine solche Umformung $\mathbf{A} - \lambda\mathbf{E}$ so verändern, daß an der Stelle

$\lambda = \lambda_0$ r Spalten verschwinden. Als Polynome in λ enthalten dann alle Elemente dieser r Spalten den Faktor $\lambda - \lambda_0$, das charakteristische Polynom $\chi(\lambda) = \det(\mathbf{A} - \lambda\mathbf{E})$, also mindestens den Faktor $(\lambda - \lambda_0)^r$. ■

Da die Summe der algebraischen Vielfachheiten der Eigenwerte einer (p, p)-Matrix stets p ist (zumindest im Falle $K = \mathbb{C}$), bedeutet ein Unterschied zwischen algebraischer und geometrischer Vielfachheit bei einem Eigenwert immer, daß es keine Basis aus Eigenvektoren gibt. Gibt es hingegen p verschiedene Eigenwerte, so bilden die zugehörigen Eigenvektoren stets eine Basis:

7.6 **Satz.**

Ein System $\{\mathbf{x}_1, \ldots, \mathbf{x}_k\}$ von Eigenvektoren zu verschiedenen Eigenwerten $\lambda_1, \ldots, \lambda_k$ einer quadratischen Matrix ist linear unabhängig.

Beweis.

Seien $\alpha_1, \ldots, \alpha_k \in K$ gegeben mit

$(*) \quad \alpha_1\mathbf{x}_1 + \ldots + \alpha_k\mathbf{x}_k = \mathbf{0}$.

Wir zeigen, daß $\alpha_1 = \ldots = \alpha_k = 0$.

Dazu beachten wir, daß für $1 \leqslant j \leqslant k$ und $\alpha, \lambda \in K$

$$(\mathbf{A} - \lambda\mathbf{E})\alpha\mathbf{x}_j = (\lambda_j - \lambda)\alpha\mathbf{x}_j,$$

insbesondere $(\mathbf{A} - \lambda_j\mathbf{E})\alpha\mathbf{x}_j = \mathbf{0}$, also

$$(\mathbf{A} - \lambda_2\mathbf{E})(\mathbf{A} - \lambda_3\mathbf{E}) \cdot \ldots \cdot (\mathbf{A} - \lambda_k\mathbf{E})(\alpha_1\mathbf{x}_1 + \ldots + \alpha_k\mathbf{x}_k)$$
$$= (\lambda_1 - \lambda_2)(\lambda_1 - \lambda_3) \cdot \ldots \cdot (\lambda_1 - \lambda_k)\alpha_1\mathbf{x}_1 .$$

Nach $(*)$ ist dies gleich dem Nullvektor; wegen $(\lambda_1 - \lambda_2) \cdot \ldots \cdot (\lambda_1 - \lambda_k) \neq 0$ folgt also $\alpha_1 = 0$.

Analog ergibt sich $\alpha_2 = \ldots = \alpha_k = 0$. ■

Eine Verfeinerung der soeben angewandten Schlußweise ergibt die folgende allgemeinere Aussage, die wir aber, außer bei der Herleitung der Jordanschen Normalform, nirgends benutzen werden. Man kann sie also bei einer ersten Lektüre ruhig übergehen.

7.7 **Satz.**

Sei **A** eine quadratische Matrix und gelte mit gewissen Zahlen $\mu_1, \ldots, \mu_k \in \mathbb{N}$, $\lambda_1, \ldots, \lambda_k \in K$ sowie gewissen Vektoren $\mathbf{x}_1, \ldots, \mathbf{x}_k$

$$(\mathbf{A} - \lambda_j\mathbf{E})^{\mu_j}\mathbf{x}_j = \mathbf{0}, \quad (\mathbf{A} - \lambda_j\mathbf{E})^{\mu_j - 1}\mathbf{x}_j \neq \mathbf{0} \quad (1 \leqslant j \leqslant k). \tag{7.9}$$

Sind die Paare (λ_j, μ_j) $(1 \leqslant j \leqslant k)$ alle untereinander verschieden, ist das System $\{\mathbf{x}_1, \ldots, \mathbf{x}_k\}$ linear unabhängig.

Beweis.

Seien wieder $\alpha_1, \ldots, \alpha_k \in K$ gegeben mit

(*) $\alpha_1 \mathbf{x}_1 + \ldots + \alpha_k \mathbf{x}_k = \mathbf{0}$.

Es gilt für $1 \leqslant j \leqslant k$ und $\lambda \in K$, $\mu \in \mathbb{N}$

(**) $(\mathbf{A} - \lambda \mathbf{E})^\mu = (\mathbf{A} - \lambda_j \mathbf{E} + (\lambda_j - \lambda)\mathbf{E})^\mu = (\lambda_j - \lambda)^\mu \mathbf{E} + P(\mathbf{A})(\mathbf{A} - \lambda_j \mathbf{E})$

mit einem gewissen Polynom P, wie man durch Ausmultiplikation nach dem binomischen Satz sieht. Ferner beachte man $P(\mathbf{A})\,Q(\mathbf{A}) = Q(\mathbf{A})\,P(\mathbf{A})$ für beliebige Polynome P, Q.

Sei nun μ das Maximum unter allen μ_j mit $\lambda_j = \lambda_1$. Nach Voraussetzung gibt es genau ein j_1 mit $\mu = \mu_{j_1}$, und für alle anderen j mit $\lambda_j = \lambda_1$ gilt nach (7.9) schon $(\mathbf{A} - \lambda_1 \mathbf{E})^{\mu-1} \mathbf{x}_j = \mathbf{0}$, während $(\mathbf{A} - \lambda_1 \mathbf{E})^{\mu-1} \mathbf{x}_{j_1} \neq \mathbf{0}$, $(\mathbf{A} - \lambda_1 \mathbf{E})^{\mu} \mathbf{x}_{j_1} = \mathbf{0}$.

Mit (*) und (**) folgt daher

$$(\mathbf{A} - \lambda_1 \mathbf{E})^{\mu-1} \prod_{\substack{j=1 \\ \lambda_j \neq \lambda_1}}^{k} (\mathbf{A} - \lambda_j \mathbf{E})^{\mu_j} (\alpha_1 \mathbf{x}_1 + \ldots + \alpha_k \mathbf{x}_k) =$$

$$= \alpha_{j_1} \prod_{\substack{j=1 \\ \lambda_j \neq \lambda_1}}^{k} (\lambda_1 - \lambda_j)^{\mu_j} (\mathbf{A} - \lambda_1 \mathbf{E})^{\mu-1} \mathbf{x}_{j_1} = \mathbf{0},$$

also

$$\alpha_{j_1} = 0 .$$

Analog folgt sukzessiv, daß alle $\alpha_j = 0$. ■

Wir kehren zurück zum praktisch wichtigeren Satz 7.6 und bemerken noch, daß aus ihm unmittelbar folgt:

Sind $\mathbf{x}_{11}, \ldots, \mathbf{x}_{1k_1}$ linear unabhängige Eigenvektoren zum Eigenwert λ_1 einer Matrix, $\mathbf{x}_{21}, \ldots, \mathbf{x}_{2k_2}$ linear unabhängige Eigenvektoren zum Eigenwert $\lambda_2 \neq \lambda_1$, usw., so sind die Vektoren $\mathbf{x}_{11}, \ldots, \mathbf{x}_{1k_1}, \mathbf{x}_{21}, \ldots, \mathbf{x}_{2k_2}$, usw. insgesamt linear unabhängig.

Denn gilt

$$\alpha_{11} \mathbf{x}_{11} + \ldots + \alpha_{1k_1} \mathbf{x}_{1k_1} + \alpha_{21} \mathbf{x}_{21} + \ldots + \alpha_{2k_2} \mathbf{x}_{2k_2} + \ldots = \mathbf{0},$$

so folgt aus Satz 7.6 zunächst

$$\alpha_{11} \mathbf{x}_{11} + \ldots + \alpha_{1k_1} \mathbf{x}_{1k_1} = \mathbf{0}, \quad \alpha_{21} \mathbf{x}_{21} + \ldots + \alpha_{2k_2} \mathbf{x}_{2k_2} = \mathbf{0}, \text{ usw.},$$

also nach Voraussetzung

$$\alpha_{11} = \ldots = \alpha_{1k_1} = \alpha_{21} = \ldots = \alpha_{2k_2} = \ldots = 0 .$$

Mit dem Begriff der direkten Summe (Kapitel 2) erhalten wir also als Verallgemeinerung von Satz 7.6:

7.8 **Satz.**

Sind $V_1, \dots, V_k$ die Eigenräume zu verschiedenen Eigenwerten einer quadratischen Matrix, so ist die Summe $V_1 + \dots + V_k$ direkt, d.h. es gilt

$$\dim(V_1 \oplus \dots \oplus V_k) = \sum_{j=1}^{k} \dim(V_j).$$

Es gibt einige wichtige Klassen von Matrizen, deren Eigenwert- und Eigenvektorsysteme von besonders einfacher Struktur sind. Dies gilt insbesondere für (reelle) symmetrische und hermitesche sowie für orthogonale und unitäre Matrizen.

Wir führen zunächst noch einige Bezeichnungen und Begriffe ein.

7.9 **Definition.**

Sei $\mathbf{A}$ eine quadratische reelle oder komplexe Matrix.

a) $\mathbf{A}^* := \overline{\mathbf{A}}^T$ bezeichne die adjungierte Matrix (bzgl. des Standardskalarprodukts).

b) Ist $\mathbf{A}$ reell (komplex) und gilt $\mathbf{A}^* = -\mathbf{A}$, so heißt $\mathbf{A}$ *schiefsymmetrisch* (*schiefhermitesch*).

c) Gilt $\mathbf{A}^*\mathbf{A} = \mathbf{A}\mathbf{A}^*$, so heißt $\mathbf{A}$ *normal*.

7.10 **Beispiele.**

a) Ein Beispiel für eine schiefsymmetrische Matrix liefert das Vektorprodukt im $\mathbb{R}^3$:

Mit $\mathbf{a} = \begin{pmatrix} a_1 \\ a_2 \\ a_3 \end{pmatrix}$, $\mathbf{x} = \begin{pmatrix} x_1 \\ x_2 \\ x_3 \end{pmatrix} \in \mathbb{R}^3$ gilt $\mathbf{a} \times \mathbf{x} = \begin{pmatrix} a_2x_3 - a_3x_2 \\ a_3x_1 - a_1x_3 \\ a_1x_2 - a_2x_1 \end{pmatrix} = \begin{pmatrix} 0 & -a_3 & a_2 \\ a_3 & 0 & -a_1 \\ -a_2 & a_1 & 0 \end{pmatrix} \begin{pmatrix} x_1 \\ x_2 \\ x_3 \end{pmatrix}$,

und die Matrix $\mathbf{S} = \begin{pmatrix} 0 & -a_3 & a_2 \\ a_3 & 0 & -a_1 \\ -a_2 & a_1 & 0 \end{pmatrix}$ ist offenbar schiefsymmetrisch.

Ist umgekehrt eine beliebige schiefsymmetrische (3,3)-Matrix

$$\mathbf{T} = \begin{pmatrix} b_{11} & b_{12} & b_{13} \\ b_{21} & b_{22} & b_{23} \\ b_{31} & b_{32} & b_{33} \end{pmatrix}$$

gegeben, so folgt wegen $-b_{jk} = b_{kj}$ $(1 \leqslant j, k \leqslant 3)$ $b_{11} = b_{22} = b_{33} = 0$, also mit $b_1 := b_{32}$, $b_2 := b_{13}$, $b_3 := b_{21}$

$$\mathbf{T} = \begin{pmatrix} 0 & -b_3 & b_2 \\ b_3 & 0 & -b_1 \\ -b_2 & b_1 & 0 \end{pmatrix},$$

und mit $\mathbf{b} := \begin{pmatrix} b_1 \\ b_2 \\ b_3 \end{pmatrix}$ gilt $\mathbf{T}\mathbf{x} = \mathbf{b} \times \mathbf{x} \quad (\mathbf{x} \in \mathbb{R}^3)$. □

b) Beispiele für normale Matrizen sind alle (schief-)symmetrischen, (schief-)hermiteschen, orthogonalen, unitären und alle Diagonalmatrizen, wie der Leser selbst zeigen möge. □

7.11 **Lemma.**

Seien **A**, **B** quadratische Matrizen gleicher Ordnung über K.

a) $(\alpha\mathbf{A} + \beta\mathbf{B})^* = \bar{\alpha}\mathbf{A}^* + \bar{\beta}\mathbf{B}^* \quad (\alpha, \beta \in K)$

b) $(\mathbf{A}\mathbf{B})^* = \mathbf{B}^*\mathbf{A}^*$

c) $\det(\mathbf{A}^*) = \overline{\det \mathbf{A}}$

d) Ist eine der Matrizen $\mathbf{A}, \mathbf{A}^*$ invertierbar, so auch die andere, und es gilt $(\mathbf{A}^{-1})^* = (\mathbf{A}^*)^{-1}$.

e) **A** ist genau dann normal, wenn $\mathbf{A} - \lambda\mathbf{E}$ normal ist für ein $\lambda \in K$.

Beweis.

Die Verifikation von a), b) und c) sei dem Leser überlassen.

Zu d): Nach c) gilt $\det \mathbf{A} \neq 0 \Leftrightarrow \det(\mathbf{A}^*) \neq 0$. Aus $\mathbf{A}^{-1}\mathbf{A} = \mathbf{E}$, $\mathbf{E}^* = \mathbf{E}$ und b) folgt $\mathbf{A}^*(\mathbf{A}^{-1})^* = \mathbf{E}$, also $(\mathbf{A}^*)^{-1} = (\mathbf{A}^{-1})^*$.

Zu e): $(\mathbf{A} - \lambda\mathbf{E})^* = \mathbf{A}^* - \bar{\lambda}\mathbf{E}$, also
$(\mathbf{A} - \lambda\mathbf{E})(\mathbf{A} - \lambda\mathbf{E})^* = \mathbf{A}\mathbf{A}^* - \lambda\mathbf{A}^* - \bar{\lambda}\mathbf{A} + |\lambda|^2\mathbf{E}$.
Mit einer zweiten analogen Rechnung folgt
$(\mathbf{A} - \lambda\mathbf{E})^*(\mathbf{A} - \lambda\mathbf{E}) - (\mathbf{A} - \lambda\mathbf{E})(\mathbf{A} - \lambda\mathbf{E})^* = \mathbf{A}^*\mathbf{A} - \mathbf{A}\mathbf{A}^*$ für alle $\lambda \in K$. ■

7.12 **Satz.**

Sei **A** eine quadratische reelle oder komplexe Matrix.

a) Ist λ Eigenwert von **A**, so ist $\bar{\lambda}$ Eigenwert von $\mathbf{A}^*$.

b) Ist **A** reell, so ist mit λ auch $\bar{\lambda}$ Eigenwert von **A**.

c) Ist **A** normal und **x** Eigenvektor zum Eigenwert λ von **A**, so ist **x** auch Eigenvektor zum Eigenwert $\bar{\lambda}$ von $\mathbf{A}^*$.

d) Sei P ein Polynom über K. Ist λ ein Eigenwert von **A** mit dem Eigenvektor **x**, so ist $P(\lambda)$ ein Eigenwert von $P(\mathbf{A})$ mit demselben Eigenvektor, und im Falle $K = \mathbb{C}$ werden so alle Eigenwerte von $P(\mathbf{A})$ erfaßt.

Beweis.

a) $\det(\mathbf{A} - \lambda\mathbf{E}) = 0 \Leftrightarrow \det(\mathbf{A} - \lambda\mathbf{E})^* = \det(\mathbf{A}^* - \bar{\lambda}\mathbf{E}) = 0$ nach Lemma 7.11.

b) $\det(\mathbf{A} - \lambda\mathbf{E}) = 0 \Leftrightarrow \overline{\det(\mathbf{A} - \lambda\mathbf{E})} = \det(\mathbf{A} - \bar{\lambda}\mathbf{E}) = 0$, da $\bar{\mathbf{A}} = \mathbf{A}$.

c) Sei $\mathbf{A}\mathbf{x} = \lambda\mathbf{x}$. Dann gilt

$$\|\mathbf{A}^*\mathbf{x} - \bar\lambda\mathbf{x}\|^2 = (\mathbf{A}^*\mathbf{x} - \bar\lambda\mathbf{x}, \mathbf{A}^*\mathbf{x} - \bar\lambda\mathbf{x}) = (\mathbf{A}^*\mathbf{x}, \mathbf{A}^*\mathbf{x}) + |\lambda|^2\|\mathbf{x}\|^2 - (\mathbf{A}^*\mathbf{x}, \bar\lambda\mathbf{x})$$
$$- (\bar\lambda\mathbf{x}, \mathbf{A}^*\mathbf{x}) = \text{ (beachte Lemma 5.29)}$$
$$= (\mathbf{A}\mathbf{A}^*\mathbf{x}, \mathbf{x}) + |\lambda|^2\|\mathbf{x}\|^2 - (\mathbf{x}, \bar\lambda\mathbf{A}\mathbf{x}) - (\bar\lambda\mathbf{A}\mathbf{x}, \mathbf{x}) = (\mathbf{A}^*\mathbf{A}\mathbf{x}, \mathbf{x}) +$$
$$+ |\lambda|^2\|\mathbf{x}\|^2 - (\mathbf{x}, \bar\lambda\mathbf{A}\mathbf{x}) - (\bar\lambda\mathbf{A}\mathbf{x}, \mathbf{x}) = (\mathbf{A}^*\mathbf{A}\mathbf{x}, \mathbf{x}) + |\lambda|^2\|\mathbf{x}\|^2 -$$
$$- 2|\lambda|^2\|\mathbf{x}\|^2 = (\mathbf{A}\mathbf{x}, \mathbf{A}\mathbf{x}) - |\lambda|^2\|\mathbf{x}\|^2 = 0, \text{ also } \mathbf{A}^*\mathbf{x} = \bar\lambda\mathbf{x}.$$

d) Aus $\mathbf{A}\mathbf{x} = \lambda\mathbf{x}$ folgt für alle $j \in \mathbb{N}$ $\mathbf{A}^j\mathbf{x} = \lambda^j\mathbf{x}$, also auch $P(\mathbf{A})\mathbf{x} = P(\lambda)\mathbf{x}$.

Sei nun $K = \mathbb{C}$ und $\mu \in \mathbb{C}$ verschieden von $P(\lambda)$ für alle Eigenwerte λ von $\mathbf{A}$. Nach dem Fundamentalsatz der Algebra gibt es $\alpha, \beta_1, \dots, \beta_q \in \mathbb{C}$ (wobei q der Grad von P), so daß $P(\mathbf{A}) - \mu\mathbf{E} = \alpha(\mathbf{A} - \beta_1\mathbf{E}) \cdot \ldots \cdot (\mathbf{A} - \beta_q\mathbf{E})$. Wäre nun ein β_j Eigenwert von $\mathbf{A}$, etwa $\mathbf{A}\mathbf{x}_0 = \beta_{j_0}\mathbf{x}_0$ mit einem Vektor $\mathbf{x}_0 \neq \mathbf{0}$, so folgte einerseits $(P(\mathbf{A}) - \mu\mathbf{E})\mathbf{x}_0 = (P(\beta_{j_0}) - \mu)\mathbf{x}_0 \neq \mathbf{0}$, andererseits $(P(\mathbf{A}) - \mu\mathbf{E})\mathbf{x}_0 = \alpha(\mathbf{A} - \beta_1\mathbf{E}) \cdot$

$$\cdot \ldots \cdot (\mathbf{A} - \beta_q\mathbf{E})\mathbf{x}_0 = \Bigg(\alpha \prod_{\substack{j=1 \\ j \neq j_0}}^{q} (\mathbf{A} - \beta_j\mathbf{E})\Bigg)(\mathbf{A} - \beta_{j_0}\mathbf{E})\mathbf{x}_0 = \mathbf{0}, \text{ Widerspruch.}$$

Also ist $\mathbf{A} - \beta_j\mathbf{E}$ injektiv für $1 \leqslant j \leqslant q$ und daher auch $P(\mathbf{A}) - \mu\mathbf{E}$, d.h. μ ist kein Eigenwert von $P(\mathbf{A})$. ■

7.13 Beispiele.

a) Sei $K = \mathbb{R}$ und $\mathbf{A} := \begin{pmatrix} 0 & -1 \\ 1 & 0 \end{pmatrix}$. Dann gilt $\mathbf{A}^2 = -\mathbf{E}$, während $\mathbf{A}$ in K keine Eigenwerte besitzt. □

b) Sei $\mathbf{A}$ eine allgemeine *Permutationsmatrix*, d.h. eine Matrix, die aus $\mathbf{E}$ durch Vertauschen von Spalten (oder – was auf dasselbe hinausläuft – von Zeilen) entstanden ist. Durch Multiplikation mit einer solchen Matrix von rechts (links) kann man bei einer anderen Matrix die Spalten (Zeilen) so vertauschen, wie dies bei $\mathbf{A}$ gegenüber $\mathbf{E}$ geschehen ist (vgl. auch Abschnitt 4.3).

Da jede Potenz von $\mathbf{A}$ wieder eine Permutationsmatrix ist (nach dem soeben Gesagten klar), gibt es, wenn $\mathbf{A}$ eine (p,p)-Matrix ist, höchstens p! verschiedene Potenzen von $\mathbf{A}$, da es nur p! Permutationen von p Objekten gibt. Also gilt $\mathbf{A}^m = \mathbf{A}^n$ für gewisse $m, n \in \mathbb{N}$ mit $m > n$, also $\mathbf{A}^{m-n} = \mathbf{E}$. Sei nun k die kleinste natürliche Zahl mit $\mathbf{A}^k = \mathbf{E}$. Dann ist nach Satz 7.12d) jeder Eigenwert von $\mathbf{A}$ eine *k-te Einheitswurzel.* □

Der nun folgende einfache Satz ist sehr wichtig, da die von ihm betroffenen Matrizenklassen in praktischen Anwendungen häufig vorkommen.

7.14 **Satz.**

a) Die Eigenwerte symmetrischer und hermitescher Matrizen sind reell.

b) Die Eigenwerte schiefsymmetrischer und schiefhermitescher Matrizen sind rein imaginär.

c) Die Eigenwerte orthogonaler und unitärer Matrizen sind vom Betrage 1. Mit λ ist stets auch $\frac{1}{\lambda}$ Eigenwert einer orthogonalen Matrix.

d) Eigenvektoren zu verschiedenen Eigenwerten einer normalen Matrix (insbesondere jeder Matrix von einem der in a), b), c) angesprochenen Typen) sind orthogonal bzgl. des Standardskalarproduktes.

Beweis.

a) Da $\mathbf{A}^* = \mathbf{A}$, folgt mit $\mathbf{x} \neq \mathbf{0}$ und $\mathbf{A}\,\mathbf{x} = \lambda\mathbf{x}$ nach Satz 7.12c) auch $\mathbf{A}\,\mathbf{x} = \bar{\lambda}\mathbf{x}$, also $\lambda = \bar{\lambda}$.

b) Da $\mathbf{A}^* = -\mathbf{A}$, folgt jetzt aus Satz 7.12c) $\lambda = -\bar{\lambda}$ für jeden Eigenwert λ von $\mathbf{A}$.

c) Folgt aus der Gültigkeit von $\|\mathbf{A}\,\mathbf{x}\| = \|\mathbf{x}\|$ für orthogonale und unitäre Matrizen (Satz 5.34) und aus Satz 7.12b).

d) Sei $\mathbf{A}\,\mathbf{x}_1 = \lambda_1\mathbf{x}_1, \mathbf{A}\,\mathbf{x}_2 = \lambda_2\mathbf{x}_2,\ \lambda_1 \neq \lambda_2$. Nach Satz 7.12c) gilt $\mathbf{A}^*\mathbf{x}_2 = \bar{\lambda}_2\mathbf{x}_2$ also $(\lambda_1 - \lambda_2)(\mathbf{x}_1, \mathbf{x}_2) = (\lambda_1\mathbf{x}_1, \mathbf{x}_2) - (\mathbf{x}_1, \bar{\lambda}_2\mathbf{x}_2) = (\mathbf{A}\,\mathbf{x}_1, \mathbf{x}_2) - (\mathbf{x}_1, \mathbf{A}^*\mathbf{x}_2) =$ $= (\mathbf{A}\,\mathbf{x}_1, \mathbf{x}_2) - (\mathbf{A}\,\mathbf{x}_1, \mathbf{x}_2) = 0$, also $(\mathbf{x}_1, \mathbf{x}_2) = 0$. ∎

Wenn es also für eine normale Matrix überhaupt eine Basis aus Eigenvektoren gibt, so sagt der soeben bewiesene Satz, dann gibt es sogar eine *Orthonormalbasis* aus Eigenvektoren; denn innerhalb eines Eigenraumes kann man die Basisvektoren nach dem Schmidtschen Verfahren orthogonalisieren, und verschiedene Eigenräume sind nach Satz 7.14d) orthogonal. In Abschnitt 7.4 werden wir sehen, daß die Klasse der normalen Matrizen genau diejenigen Matrizen umfaßt, für die tatsächlich durch (evtl. komplexe) Drehung die Standardbasis in ein System von Eigenvektoren überführt werden kann.

7.15 **Beispiel.**

Wir wollen – in Ergänzung zu Beispiel 1.3.3 – noch einige Betrachtungen über *Bewegungen im Raum* anstellen.

a) Um die Bewegung eines starren Körpers zu erfassen, markieren wir einen seiner Punkte und beschreiben dessen Bahn durch eine Funktion $\mathbf{a}(t)$ $(t \geqslant 0)$; alle anderen Punkte ändern ihre Abstände zu $\mathbf{a}$ nicht, so daß also

$$\mathbf{x}(t) - \mathbf{a}(t) = \mathbf{A}(t)\ (\mathbf{x}(0) - \mathbf{a}(0)) \tag{7.10}$$

mit einer t-abhängigen orthogonalen Matrix $\mathbf{A}(t)$ die Bahn eines zum Zeitpunkt $t = 0$ an der Stelle $\mathbf{x}(0)$ befindlichen Punktes beschreibt.

Da durch Bewegungen erfahrungsgemäß eine rechte Hand nie zu einer linken wird, ist $\mathbf{A}(t)$ durch die Kenntnis der Bahnen $\mathbf{b}(t)$, $\mathbf{c}(t)$ nur zweier weiterer mit dem ersten nicht auf einer Geraden liegenden Punkte des starren Körpers eindeutig bestimmt (Bild 7.5).

Denn es gilt

$$\left.\begin{aligned} &\mathbf{b}(t)-\mathbf{a}(t)=\mathbf{A}(t)\,(\mathbf{b}(0)-\mathbf{a}(0))\,,\\ &\mathbf{c}(t)-\mathbf{a}(t)=\mathbf{A}(t)\,(\mathbf{c}(0)-\mathbf{a}(0))\,,\\ &(\mathbf{b}(t)-\mathbf{a}(t))\times(\mathbf{c}(t)-\mathbf{a}(t))=\mathbf{A}(t)\,((\mathbf{b}(0)-\mathbf{a}(0))\times(\mathbf{c}(0)-\mathbf{a}(0)))\,, \end{aligned}\right\} \quad (7.11)$$

und die Vektoren $\mathbf{x}_1 := \mathbf{b}(t)-\mathbf{a}(t)$, $\mathbf{x}_2 := \mathbf{c}(t)-\mathbf{a}(t)$ und $\mathbf{x}_3 := \mathbf{x}_1 \times \mathbf{x}_2$ sind linear unabhängig. Um auch die (anschaulich plausible) dritte dieser Gleichungen einzusehen, beachten wir, daß $\mathbf{A}$ Skalarprodukte invariant läßt (Satz 5.34), also

$$\mathbf{A}\,\mathbf{x}_1,\ \mathbf{A}\,\mathbf{x}_2 \perp \mathbf{A}\,\mathbf{x}_3$$

und daher

$$\mathbf{A}\,\mathbf{x}_3 = \lambda\,\mathbf{A}\,\mathbf{x}_1 \times \mathbf{A}\,\mathbf{x}_2\,,$$

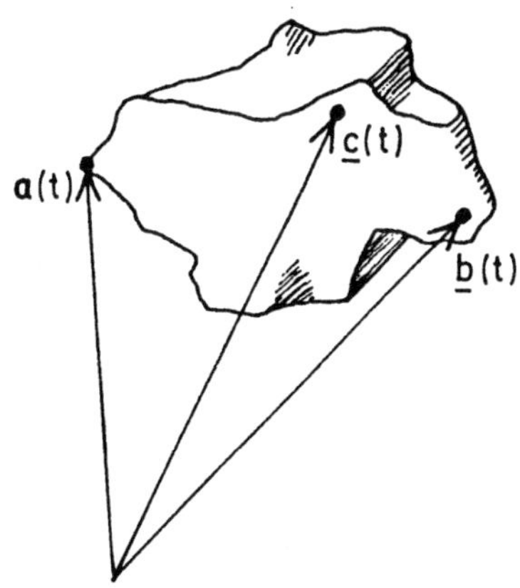

Bild 7.5

ferner wegen Orientierungserhaltung $\lambda > 0$, schließlich nach Lemma 1.5 e)
$\|\mathbf{A}\,\mathbf{x}_1 \times \mathbf{A}\,\mathbf{x}_2\|^2 = \|\mathbf{A}\,\mathbf{x}_1\|^2\,\|\mathbf{A}\,\mathbf{x}_2\|^2 - (\mathbf{A}\,\mathbf{x}_1, \mathbf{A}\,\mathbf{x}_2)^2 = \|\mathbf{x}_1\|^2\,\|\mathbf{x}_2\|^2 - (\mathbf{x}_1, \mathbf{x}_2)^2 =$
$= \|\mathbf{x}_3\|^2 = \|\mathbf{A}\,\mathbf{x}_3\|^2$, also $\lambda = 1$.

Da $\det(\mathbf{A}\mathbf{x}_1, \mathbf{A}\mathbf{x}_2, \mathbf{A}\mathbf{x}_3) = \det\mathbf{A} \cdot \det(\mathbf{x}_1, \mathbf{x}_2, \mathbf{x}_3)$ und $\det\mathbf{A} \in \{-1, 1\}$, bedeutet die Bedingung der Orientierungserhaltung gerade

$$\det\mathbf{A} = +1\,,$$

d.h. $\mathbf{A}(t)$ ist ein Element der *speziellen orthogonalen Gruppe* SO(3).

(Man kann die Orientierungserhaltung auf die Stetigkeit von $\mathbf{A}(t)$ zurückführen, die sich aus (7.11) und der Stetigkeit von $\mathbf{a}(t)$, $\mathbf{b}(t)$ sowie $\mathbf{c}(t)$ ergibt: $\det\mathbf{A}(t)$ ist dann auch stetig, nur der Werte 1 und -1 fähig und hat für $t = 0$ ($\mathbf{A}(0) = \mathbf{E}$), also für alle $t \geqslant 0$, den Wert 1.)

In der Bahngleichung (7.10) ist zwar $\mathbf{a}(0)$ und damit $\mathbf{a}(t)$ nicht eindeutig bestimmt, wohl aber $\mathbf{A}(t)$, da ja die Bahnkurven dreier beliebiger anderer Punkte $\tilde{\mathbf{a}}(t)$, $\tilde{\mathbf{b}}(t)$, $\tilde{\mathbf{c}}(t)$ nach (7.10) wieder die Gleichungen (7.11) mit demselben $\mathbf{A}(t)$ erfüllen.

Als Geschwindigkeit eines Punktes ergibt sich aus (7.10)

$$\dot{\mathbf{x}}(t) = \dot{\mathbf{a}}(t) + \dot{\mathbf{A}}(t)\,(\mathbf{x}(0) - \mathbf{a}(0))\,,$$

wobei alle Ableitungen komponentenweise zu verstehen sind, also etwa

$$\dot{\mathbf{a}}(t) = \begin{pmatrix} \dot{a}_1(t) \\ \dot{a}_2(t) \\ \dot{a}_3(t) \end{pmatrix}.$$

Haben wir zwei Matrizen $\mathbf{B}(t)$, $\mathbf{C}(t)$, so gilt für diese komponentenweise Ableitung die Produktregel

$$(\mathbf{B}(t)\,\mathbf{C}(t))^{\dot{}} = \dot{\mathbf{B}}(t)\,\mathbf{C}(t) + \mathbf{B}(t)\,\dot{\mathbf{C}}(t)\,,$$

da ja

$$\left(\sum_k b_{jk}(t)\,c_{kl}(t)\right)^{\dot{}} = \sum_k \left\{\dot{b}_{jk}(t)\,c_{kl}(t) + b_{jk}(t)\,\dot{c}_{kl}(t)\right\}.$$

Insbesondere gilt also mit der (3,3)-Nullmatrix $\mathbf{\Omega}$

$$\dot{\mathbf{E}} = \mathbf{\Omega} = (\mathbf{A}(t)\,\mathbf{A}^*(t))^{\dot{}} = \dot{\mathbf{A}}\,\mathbf{A}^* + \mathbf{A}(\mathbf{A}^*)^{\dot{}}\,,$$

und wegen $(\dot{\mathbf{A}})^* = (\mathbf{A}^*)^{\dot{}}$ folgt

$$(\dot{\mathbf{A}}\,\mathbf{A}^*)^* = -\dot{\mathbf{A}}\,\mathbf{A}^*\,,$$

d.h. $\dot{\mathbf{A}}\,\mathbf{A}^*$ ist schiefsymmetrisch; nach Beispiel 7.10a) gibt es einen Vektor $\boldsymbol{\omega}(t)$, so daß $\left(\text{beachte } \dot{\mathbf{A}}(\mathbf{x}(0) - \mathbf{a}(0)) = \dot{\mathbf{A}}\mathbf{A}^*\mathbf{A}(\mathbf{x}(0) - \mathbf{a}(0))\right)$

$$\dot{\mathbf{x}}(t) = \dot{\mathbf{a}}(t) + \boldsymbol{\omega}(t) \times (\mathbf{x}(t) - \mathbf{a}(t))\,. \tag{7.12}$$

Man kann also die *Momentanbewegung* eines Punktes des starren Körpers beschreiben als zusammengesetzt aus einer der des markierten Punktes $\mathbf{a}$ entsprechenden *Translation* (mit der Geschwindigkeit $\dot{\mathbf{a}}(t)$) und einer *Rotation* um die durch $\boldsymbol{\omega}(t)$ definierte Achse durch $\mathbf{a}(t)$ (mit der *Winkelgeschwindigkeit* $|\boldsymbol{\omega}(t)|$, vgl. 1.3.3c)). Die vektorielle Winkelgeschwindigkeit $\boldsymbol{\omega}$ ist eindeutig bestimmt, die Translationsgeschwindigkeit und damit die Zerlegung von $\dot{\mathbf{x}}$ in einen Translations- und einen Rotationsanteil hingegen nicht (Bild 7.6).

b) Leonhard Euler bemerkte, daß die soeben für eine Momentanbewegung festgestellte Zerlegbarkeit in eine Translation und eine Rotation um eine Achse in gewissem Sinne auch im Großen gilt:

Eulersches Theorem.

Jede Bewegung des Raumes, bei der ein Punkt festbleibt, ist eine Rotation um eine Achse durch diesen Punkt.

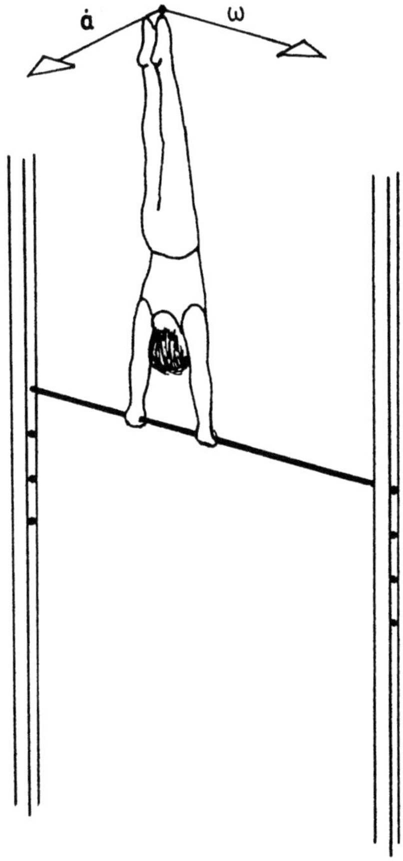

Bei der Ausführung der Riesenwelle denken wir uns den Turner-Körper als in erster Näherung starr.

Bild 7.6

Zum *Beweis* beachten wir, daß eine solche Bewegung des Raumes durch eine orthogonale (3,3)-Matrix **A** mit der Determinante +1 beschrieben wird; d.h. mit dem festen Punkt **a** ist

$$\mathbf{f} : \mathbf{x} \mapsto \mathbf{a} + \mathbf{A}(\mathbf{x} - \mathbf{a}) \quad (\mathbf{x} \in \mathbb{R}^3)$$

die der Bewegung entsprechende Abbildung des Raumes $\mathbb{R}^3$ auf sich.

Sei das charakteristische Polynom von **A** gegeben durch

$$\chi(\lambda) = -(\lambda - \lambda_1)(\lambda - \lambda_2)(\lambda - \lambda_3) = \det(\mathbf{A} - \lambda \mathbf{E}) .$$

Es folgt ($\lambda = 0$)

$$1 = \det \mathbf{A} = \lambda_1 \lambda_2 \lambda_3 .$$

Nach Satz 7.14c) haben $\lambda_1, \lambda_2, \lambda_3$ den Betrag 1 und ist mit jedem Eigenwert λ auch $\frac{1}{\lambda}$ $(= \overline{\lambda})$ Eigenwert. Da der Grad des reellen Polynoms $\chi(\lambda)$ drei ist, gibt es eine reelle Nullstelle, ist also ein Eigenwert 1 oder -1. Da das Produkt aller drei 1 ist, folgt insgesamt, daß 1 in jedem Fall Eigenwert ist. Es gibt also einen Vektor $\mathbf{x}_1 \neq \mathbf{0}$ in $\mathbb{R}^3$, so daß $\mathbf{A}\mathbf{x}_1 = \mathbf{x}_1$ und daher alle Punkte der Geraden $\mathbf{a} + t\mathbf{x}_1$ $(t \in \mathbb{R})$ unter der Abbildung **f** festbleiben.

O.B.d.A. sei $\|\mathbf{x}_1\| = 1$, und wir ergänzen $\mathbf{x}_1$ zu einer positiv orientierten Orthonormalbasis $\{\mathbf{x}_1, \mathbf{x}_2, \mathbf{x}_3\}$ des $\mathbb{R}^3$. Dann folgt mit der Skalarprodukterhaltung (Satz 5.34) $\mathbf{A}\mathbf{x}_2, \mathbf{A}\mathbf{x}_3 \perp \mathbf{x}_1$, also

$$\mathbf{A}\mathbf{x}_2 = \alpha_{22}\,\mathbf{x}_2 + \alpha_{23}\,\mathbf{x}_3\,, \quad \mathbf{A}\mathbf{x}_3 = \alpha_{32}\,\mathbf{x}_2 + \alpha_{33}\,\mathbf{x}_3$$

mit

$$\alpha_{j2}^2 + \alpha_{j3}^2 = \|\mathbf{A}\mathbf{x}_j\|^2 = \|\mathbf{x}_j\|^2 = 1 \quad (j = 2, 3)\,.$$

Es gibt also genau ein $\varphi \in [0, 2\pi)$ mit $\alpha_{22} = \cos\varphi$, $\alpha_{23} = \sin\varphi$.

Wegen $\mathbf{x}_1 \times \mathbf{x}_2 = \mathbf{x}_3$, $\mathbf{x}_1 \times \mathbf{x}_3 = -\mathbf{x}_2$ und $\mathbf{A}(\mathbf{u} \times \mathbf{v}) = \mathbf{A}\mathbf{u} \times \mathbf{A}\mathbf{v}$ für $\mathbf{u}, \mathbf{v} \in \mathbb{R}^3$ (siehe a)) folgt

$$\begin{aligned}\mathbf{A}\mathbf{x}_3 &= \mathbf{A}(\mathbf{x}_1 \times \mathbf{x}_2) = \mathbf{A}\mathbf{x}_1 \times \mathbf{A}\mathbf{x}_2 = \mathbf{x}_1 \times (\cos\varphi\,\mathbf{x}_2 + \sin\varphi\,\mathbf{x}_3) = \\ &= -\sin\varphi\,\mathbf{x}_2 + \cos\varphi\,\mathbf{x}_3\,.\end{aligned}$$

Mit $\mathbf{T} := (\mathbf{x}_1, \mathbf{x}_2, \mathbf{x}_3)$, also $\mathbf{T}^* = \mathbf{T}^{-1}$, ergibt sich

$$\mathbf{T}^*\mathbf{A}\mathbf{T} = \begin{pmatrix} 1 & 0 & 0 \\ 0 & \cos\varphi & -\sin\varphi \\ 0 & \sin\varphi & \cos\varphi \end{pmatrix}. \tag{7.13}$$

$\mathbf{A}$ bewirkt also in der zur Drehachse $\mathbf{x}_1$ senkrechten $\mathbf{x}_2 - \mathbf{x}_3$-Ebene eine Drehung um den Winkel φ.

Nach Beispiel 7.3c) hat die in (7.13) rechts stehende Matrix $\mathbf{B}$ die Eigenwerte $1, e^{i\varphi}$, $e^{-i\varphi}$ und die zugehörigen Eigenvektoren

$$\begin{pmatrix} 1 \\ 0 \\ 0 \end{pmatrix}, \begin{pmatrix} 0 \\ 1 \\ -i \end{pmatrix} \text{ bzw. } \begin{pmatrix} 0 \\ 1 \\ i \end{pmatrix}.$$

Mit $(\mathbf{x}_1, \mathbf{y}_2, \mathbf{y}_3) := \mathbf{T}\begin{pmatrix} 1 & 0 & 0 \\ 0 & 1 & 1 \\ 0 & -i & i \end{pmatrix}$ ergibt sich wegen $\mathbf{A} = \mathbf{T}\mathbf{B}\mathbf{T}^*$

$$\begin{aligned}\mathbf{A}(\mathbf{x}_1, \mathbf{y}_2, \mathbf{y}_3) &= \mathbf{T}\mathbf{B}\mathbf{T}^*\mathbf{T}\begin{pmatrix} 1 & 0 & 0 \\ 0 & 1 & 1 \\ 0 & -i & i \end{pmatrix} = \mathbf{T}\mathbf{B}\begin{pmatrix} 1 & 0 & 0 \\ 0 & 1 & 1 \\ 0 & -i & i \end{pmatrix} = \\ &= \mathbf{T}\left(\begin{pmatrix} 1 \\ 0 \\ 0 \end{pmatrix}, e^{i\varphi}\begin{pmatrix} 0 \\ 1 \\ -i \end{pmatrix}, e^{-i\varphi}\begin{pmatrix} 0 \\ 1 \\ i \end{pmatrix}\right) = (\mathbf{x}_1, e^{i\varphi}\mathbf{y}_2, e^{-i\varphi}\mathbf{y}_3)\,.\end{aligned}$$

(Siehe auch Satz 7.17.)

Wir haben also das Eulersche Theorem bewiesen und erhalten:

> Eine orthogonale Matrix $\mathbf{A}$ mit $\det\mathbf{A} = 1$ besitzt die Eigenwerte $1, e^{i\varphi}, e^{-i\varphi}$ mit $\varphi \in [0, \pi]$; die ihr entsprechende Abbildung ist, sofern $\mathbf{a}$ ein Eigenvektor zum Eigenwert 1 von $\mathbf{A}$ ist, eine Drehung mit dem Winkel φ um die durch $\mathbf{a}$ bezeichnete Achse, und zwar für $\varphi < \pi$ im mathematisch positiven Sinn genau dann, wenn mit $\mathbf{A} = (\mathbf{a}_1, \mathbf{a}_2, \mathbf{a}_3)$ und $\mathbf{E} = (\mathbf{e}_1, \mathbf{e}_2, \mathbf{e}_3)$ für ein j $\det(\mathbf{a}, \mathbf{e}_j, \mathbf{a}_j) > 0$ gilt.

Um sich das hier zusätzlich Behauptete klarzumachen, beachte der Leser, daß $\{e^{i\varphi}, e^{-i\varphi}\} = \{e^{i(2\pi-\varphi)}, e^{-i(2\pi-\varphi)}\}$ und $\mathbf{A}\,\mathbf{e}_j = \mathbf{a}_j \quad (1 \leqslant j \leqslant 3)$.

c) Es sollen nun noch kurz *beliebige Bewegungen* des $\mathbb{R}^3$ betrachtet werden.

Sei zunächst $\mathbf{f}: \mathbb{R}^3 \to \mathbb{R}^3$ irgendeine Abbildung mit ($\|\cdot\|$ die euklidische Norm)

$$\|\mathbf{f}(\mathbf{x}) - \mathbf{f}(\mathbf{y})\| = \|\mathbf{x} - \mathbf{y}\| \quad (\mathbf{x}, \mathbf{y} \in \mathbb{R}^3) \tag{7.14}$$

(d.h. $\mathbf{f}$ *Isometrie*).

Dann gibt es eine orthogonale (3,3)-Matrix $\mathbf{A}$ mit

$$\mathbf{f}(\mathbf{x}) = \mathbf{f}(\mathbf{0}) + \mathbf{A}\,\mathbf{x} \quad (\mathbf{x} \in \mathbb{R}^3)\,. \tag{7.15}$$

Den *Beweis* deuten wir hier nur an: Mit $\mathbf{g}(\mathbf{x}) := \mathbf{f}(\mathbf{x}) - \mathbf{f}(\mathbf{0})$ schließt man aus (7.14) z.B. mittels der Parallelogrammgleichung (5.20) auf $\mathbf{g}(-\mathbf{x}) = -\mathbf{g}(\mathbf{x})$, so daß sich aus (7.14) auch $\|\mathbf{g}(\mathbf{x}) + \mathbf{g}(\mathbf{y})\| = \|\mathbf{x} + \mathbf{y}\|$ ergibt. Nun benutzt man die aus (5.65) folgende Formel $(\mathbf{x}, \mathbf{y}) = \frac{1}{4}(\|\mathbf{x} + \mathbf{y}\|^2 - \|\mathbf{x} - \mathbf{y}\|^2)$ und erhält durch Ausrechnen $\|\mathbf{g}(\alpha\mathbf{x} + \beta\mathbf{y}) - \alpha\mathbf{g}(\mathbf{x}) - \beta\mathbf{g}(\mathbf{y})\|^2 = 0$ für alle $\alpha, \beta \in \mathbb{R}$, $\mathbf{x}, \mathbf{y} \in \mathbb{R}^3$. Also ist $\mathbf{g}$ linear, und es folgt (7.15).

Wir fordern nun wieder zusätzlich, daß $\mathbf{f}$ orientierungserhaltend ist, also $\det \mathbf{A} = 1$ gilt. $\mathbf{f}$ ist dann also eine Abbildung, die einer Rotation um die Achse $\{t\,\mathbf{a} \mid t \in \mathbb{R}\}$ mit dem Winkel φ und einer anschließenden Translation um $\mathbf{f}(\mathbf{0})$ entspricht, wobei $\mathbf{a}$ und φ durch $\mathbf{A}$ festgelegt werden (den Trivialfall $\mathbf{A} = \mathbf{E}$ klammern wir aus). Man kann nun durch Parallelverschiebung der Rotationsachse noch erreichen, daß die Richtungen von Rotation und Translation zusammenfallen. Eine Bewegung, die aus einer Translation und einer Rotation um eine Achse in Translationsrichtung besteht, nennt man *Schraubung* (siehe Bild 7.7).

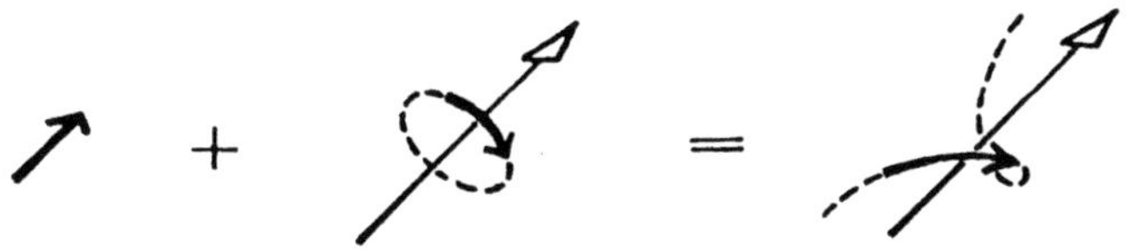

Bild 7.7

Wir zeigen also jetzt:

> Die allgemeinste Bewegung (d.h. abstands- und orientierungserhaltende Abbildung in sich) des Raumes $\mathbb{R}^3$ ist die Schraubung.

Um dies einzusehen, beachten wir zunächst, daß die Abbildung

$$\mathbf{g}(\mathbf{x}) := \mathbf{c} + \mathbf{A}(\mathbf{x} - \mathbf{c}) \quad (\mathbf{x} \in \mathbb{R}^3)$$

eine reine Rotation um die Achse $\{\mathbf{c} + t\,\mathbf{a} \mid t \in \mathbb{R}\}$ darstellt. Wir streben also eine Umformung

$$\mathbf{f}(\mathbf{x}) = \mathbf{f}(\mathbf{0}) + \mathbf{A}\,\mathbf{x} = \mathbf{c} + \lambda\,\mathbf{a} + \mathbf{A}(\mathbf{x} - \mathbf{c})$$

an, wobei $\mathbf{c}$ und λ geeignet zu wählen sind.

Es ergibt sich die Gleichung

$$(\mathbf{E}-\mathbf{A})\,\mathbf{c}=\mathbf{f}(\mathbf{0})-\lambda\,\mathbf{a}\,. \tag{7.16}$$

Da $\mathbf{E}-\mathbf{A}$ singulär ist (1 ist ja Eigenwert von $\mathbf{A}$), ist die Gleichung nicht für beliebige rechte Seiten nach $\mathbf{c}$ auflösbar. Sie ist genau dann lösbar (und zwar dann nicht eindeutig, sondern nur bis auf Vielfache von $\mathbf{a}$ bestimmt), wenn $\mathbf{f}(\mathbf{0})-\lambda\mathbf{a}$ orthogonal ist zu allen Lösungen von $(\mathbf{E}-\mathbf{A}^*)\,\mathbf{x}=\mathbf{0}$ (siehe dazu Abschnitt 4.2.1). Da nun der Matrix $\mathbf{A}^*=\mathbf{A}^{-1}$ die der $\mathbf{A}$ zuzuordnenden entgegengesetzte Rotation um die gleiche Achse entspricht, sind die Vielfachen von $\mathbf{a}$ auch genau die Lösungen von $(\mathbf{E}-\mathbf{A}^*)\mathbf{x}=\mathbf{0}$ (siehe auch Satz 7.12c)). Die Lösbarkeitsbedingung für (7.16) lautet also

$$\mathbf{f}(\mathbf{0})-\lambda\mathbf{a}\perp\mathbf{a}\,,$$

was zu $\lambda=\dfrac{(\mathbf{a},\mathbf{f}(\mathbf{0}))}{\|\mathbf{a}\|^2}$ führt. Es gibt also ein $\mathbf{c}$ mit

$$(\mathbf{E}-\mathbf{A})\,\mathbf{c}=\mathbf{f}(\mathbf{0})-\frac{(\mathbf{a},\mathbf{f}(\mathbf{0}))}{\|\mathbf{a}\|^2}\,\mathbf{a}\,.$$

Mit einem solchen $\mathbf{c}$ gilt dann

$$\mathbf{f}(\mathbf{x})=\mathbf{c}+\frac{(\mathbf{a},\mathbf{f}(\mathbf{0}))}{\|\mathbf{a}\|^2}\,\mathbf{a}+\mathbf{A}\,(\mathbf{x}-\mathbf{c})\,. \tag{7.17}$$

Der *Translationsanteil* der Schraubung ist

$$\frac{(\mathbf{a},\mathbf{f}(\mathbf{0}))}{\|\mathbf{a}\|^2}\,\mathbf{a}\,,$$

weshalb gilt:

Eine Bewegung $\mathbf{f}(\mathbf{x})=\mathbf{f}(\mathbf{0})+\mathbf{A}\mathbf{x}$ $(\mathbf{x}\in\mathbb{R}^3)$ ist genau dann eine reine Drehung, wenn $\mathbf{f}(\mathbf{0})\perp\mathbf{a}$ für alle $\mathbf{a}$ mit $\mathbf{A}\mathbf{a}=\mathbf{a}$; eine reine Translation liegt nur im Falle $\mathbf{A}=\mathbf{E}$ vor.

Abschließend sei erwähnt, daß die hier behandelten Eigenschaften der Bewegungen z.B. ein wichtiges Hilfsmittel sind bei der Beantwortung der Frage nach den verschiedenen *möglichen Kristallstrukturen.* □

7.3 Spur, Minimalpolynom und Spektrum

7.3.1 Charakteristisches Polynom und Spur

Zu Anfang des Kapitels wurde das Problem angesprochen, eine lineare Abbildung möglichst durch von einer speziellen Basiswahl unabhängige Größen zu charakterisieren oder – was auf dasselbe hinausläuft – eine Matrix $\mathbf{A}$ durch Größen zu beschreiben, die sich beim Übergang zu einer Matrix $\mathbf{B}^{-1}\mathbf{A}\mathbf{B}$ nicht ändern; die Determinante war ein erstes Beispiel einer solchen Größe (ein weiteres wäre z.B. der Rang von $\mathbf{A}$).

Inzwischen haben wir durch die Einführung der Begriffe „Eigenwert" und „charakteristisches Polynom" schon einen wichtigen Schritt getan in Richtung einer vollständigen Klassifizierung; denn die Eigenwerte und das charakteristische Polynom sind tatsächlich invariant beim Übergang von der Matrix **A** zur Matrix $\mathbf{B}^{-1}\mathbf{AB}$:

7.16 **Satz.**

Sind **A** und **B** (p,p)-Matrizen über K, so besitzen **AB** und **BA** dasselbe charakteristische Polynom, d.h.

$$\det(\mathbf{AB} - \lambda\mathbf{E}) = \det(\mathbf{BA} - \lambda\mathbf{E}) \ . \tag{7.18}$$

Beweis.

Wir setzen zunächst voraus, **A** sei nichtsingulär. Dann gilt mit $\lambda \in K$

$$\begin{aligned}\det(\mathbf{AB} - \lambda\mathbf{E}) &= \det(\mathbf{A}(\mathbf{B} - \lambda\mathbf{A}^{-1})) = \det\mathbf{A}\,\det(\mathbf{B} - \lambda\mathbf{A}^{-1}) = \\ &= \det(\mathbf{B} - \lambda\mathbf{A}^{-1})\det\mathbf{A} = \det((\mathbf{B} - \lambda\mathbf{A}^{-1})\mathbf{A}) = \det(\mathbf{BA} - \lambda\mathbf{E}).\end{aligned}$$

Den Allgemeinfall führen wir durch ein Stetigkeitsargument hierauf zurück:

Da **A** nur endlich viele Eigenwerte hat, gibt es ein $\epsilon_0 > 0$, so daß $\mathbf{A}_\epsilon := \mathbf{A} - \epsilon\mathbf{E}$ nichtsingulär ist für $0 < |\epsilon| < \epsilon_0$. Nach dem schon Bewiesenen gilt mit $\lambda \in K$

$$\det(\mathbf{A}_\epsilon\mathbf{B} - \lambda\mathbf{E}) = \det(\mathbf{B}\mathbf{A}_\epsilon - \lambda\mathbf{E})$$

für alle diese ϵ, und mit $\epsilon \to 0$ folgt die Behauptung, da beide Seiten als Polynome in ϵ stetig bzgl. ϵ sind. ∎

Aus (7.18) folgt insbesondere, daß für beliebiges **A** und invertierbares **B** die Matrizen $\mathbf{B}^{-1}\mathbf{AB}$ und $\mathbf{AB}\mathbf{B}^{-1} = \mathbf{A}$ dasselbe charakteristische Polynom besitzen und damit natürlich auch übereinstimmende Eigenwerte.

Neben den Eigenwerten und den Koeffizienten des charakteristischen Polynoms sind auch die geometrischen Vielfachheiten der Eigenwerte invariante Größen; denn wegen $\mathbf{B}^{-1}\mathbf{AB} - \lambda\mathbf{E} = \mathbf{B}^{-1}(\mathbf{A} - \lambda\mathbf{E})\mathbf{B}$ haben $\mathbf{A} - \lambda\mathbf{E}$ und $\mathbf{B}^{-1}\mathbf{AB} - \lambda\mathbf{E}$ stets denselben Rang. Es gilt also:

7.17 **Satz.**

Sind **A** und **B** (p,p)-Matrizen über K und ist **B** nichtsingulär, so haben **A** und $\mathbf{B}^{-1}\mathbf{AB}$ dieselben Eigenwerte und bei jedem Eigenwert übereinstimmende geometrische wie algebraische Vielfachheiten.

Es wird sich später zeigen, daß die in diesem Satz genannten Kenngrößen zur Charakterisierung einer Abbildung noch nicht ganz ausreichen.

Schreiben wir nun für eine (p,p)-Matrix **A** mit dem charakteristischen Polynom $\chi(\lambda)$ und den Eigenwerten $\lambda_1, \ldots, \lambda_p$ (jeder entsprechend seiner algebraischen Vielfachheit aufgeführt)

$$\begin{aligned}\chi(\lambda) &= (-1)^p (\lambda^p - \alpha_{p-1}\lambda^{p-1} + \alpha_{p-2}\lambda^{p-2} - + \ldots + (-1)^p \alpha_0) = \\ &= (-1)^p (\lambda - \lambda_1)(\lambda - \lambda_2) \cdot \ldots \cdot (\lambda - \lambda_p),\end{aligned}$$

so ergeben sich für die α_j relativ einfache Darstellungen mittels der λ_j (die „elementarsymmetrischen Funktionen" der λ_j), z.B.

$$\left.\begin{aligned}\alpha_0 &= \lambda_1 \cdot \lambda_2 \cdot \ldots \cdot \lambda_p , \\ \alpha_{p-1} &= \lambda_1 + \lambda_2 + \ldots + \lambda_p ,\end{aligned}\right\} \tag{7.19}$$

während andererseits im allgemeinen die λ_j nicht in einfacher Weise durch die α_j ausgedrückt werden können (dies beweist man in der Algebra im Rahmen der „Galoisschen Theorie"). Zur Berechnung der Eigenwerte ist man also generell auf numerische Näherungsalgorithmen angewiesen; dabei treten neben die allgemeinen Verfahren zur Nullstellenbestimmung bei Polynomen auch weitere spezifische Matrizenmethoden, zumal die schematische Ausrechnung der Koeffizienten α_j anhand der gegebenen Matrixelemente a_{ik} bei den in der Praxis zuweilen auftretenden beträchtlichen Matrixgrößen sehr aufwendig sein kann. Eine Einführung in die numerischen Verfahren bietet das folgende Kapitel 8.

Die Koeffizienten α_0 und α_{p-1} des charakteristischen Polynoms lassen sich in besonders einfacher Weise durch die Matrix **A** und ihre Elemente ausdrücken; es gilt

$$\left.\begin{aligned}\alpha_0 &= \det \mathbf{A} , \\ \alpha_{p-1} &= a_{11} + a_{22} + \ldots + a_{pp} .\end{aligned}\right\} \tag{7.20}$$

Die erste dieser Gleichungen ist einfach die offensichtliche Beziehung $\chi(0) = \det \mathbf{A}$, während man die zweite durch explizite Diskussion des Determinantenausdrucks

$$\begin{vmatrix} a_{11} - \lambda & a_{12} & \ldots & a_{1p} \\ a_{21} & a_{22} - \lambda & \ldots & a_{2p} \\ \vdots & \vdots & & \vdots \\ a_{p1} & a_{p2} & \ldots & a_{pp} - \lambda \end{vmatrix}$$

erkennt: Summanden mit der Potenz λ^{p-1} ergeben sich nur durch Ausmultiplikation des Produktes $(a_{11} - \lambda)(a_{22} - \lambda) \cdot \ldots \cdot (a_{pp} - \lambda)$, da bei den zur Determinantenberechnung gemäß Formel (4.34) aufzusummierenden Produkten entweder alle oder aber höchstens $p - 2$ Diagonalelemente miteinander multipliziert werden.

Wir haben also erhalten:

7.18 **Lemma.**

Die Summe der Hauptdiagonalelemente einer quadratischen Matrix ist gleich der Summe ihrer Eigenwerte (wobei jeder Eigenwert seiner algebraischen Vielfachheit entsprechend oft in der Summe aufzutreten hat).

Als gelegentlich recht nützliches Rechenhilfsmittel trägt die Summe der Diagonalelemente einen eigenen Namen.

7.19 **Definition.**

Die Summe der Hauptdiagonalelemente einer (p,p)-Matrix **A** über K heißt *Spur* der Matrix, in Zeichen

$$\mathrm{Sp}(\mathbf{A}) := a_{11} + a_{22} + \ldots + a_{pp} .$$

Die Spur genügt einfachen Rechenregeln:

7.20 **Lemma.**

Für (p,p)-Matrizen **A**, **B**, eine (q,q)-Matrix **C** über K sowie $\alpha, \beta \in K$ gilt:

a) $\mathrm{Sp}(\mathbf{AB}) = \mathrm{Sp}(\mathbf{BA})$;

b) $\mathrm{Sp}(\alpha\mathbf{A} + \beta\mathbf{B}) = \alpha\mathrm{Sp}(\mathbf{A}) + \beta\mathrm{Sp}(\mathbf{B})$;

c) $\mathrm{Sp}(\mathbf{A}^*) = \overline{\mathrm{Sp}(\mathbf{A})}$;

d) $\mathrm{Sp}(\mathbf{A} \otimes \mathbf{C}) = \mathrm{Sp}(\mathbf{A}) \cdot \mathrm{Sp}(\mathbf{C})$.
(**A** ⊗ **C** ist das in Kapitel 4 eingeführte Kronecker-Produkt.)

Der Nachweis sei dem Leser überlassen.

Für den Umgang mit der Spur sind noch folgende Eigenschaften nützlich:

7.21 **Satz.**

Sei **A** eine (p,p)-Matrix über K.

a) **A** ist die Nullmatrix genau dann, wenn

$$\mathrm{Sp}(\mathbf{A}^*\mathbf{A}) = 0 .$$

b) Ist $\{\mathbf{x}_1, \ldots, \mathbf{x}_p\}$ eine Orthonormalbasis des K^p, so gilt (mit dem Standardskalarprodukt $(\cdot,\cdot)$)

$$\mathrm{Sp}(\mathbf{A}) = \sum_{j=1}^{p} (\mathbf{A}\mathbf{x}_j, \mathbf{x}_j) .$$

Beweis.

Zu a): Sei $\mathbf{B} := \mathbf{A}^*\mathbf{A}$. Dann gilt für die Hauptdiagonalelemente von **B**

$$b_{jj} = \sum_{k=1}^{p} a_{jk}^* a_{kj} = \sum_{k=1}^{p} \overline{a}_{kj} a_{kj} = \sum_{k=1}^{p} |a_{kj}|^2 ,$$

also
$$\sum_{j=1}^{p} b_{jj} = \sum_{j,k=1}^{p} |a_{kj}|^2 .$$

Zu b): Sei $\mathbf{T} := (\mathbf{x}_1, \dots, \mathbf{x})$. Dann sind die Hauptdiagonalelemente von $\mathbf{T}^{-1}\mathbf{A}\mathbf{T}$ wegen $\mathbf{T}^{-1} = \mathbf{T}^*$ gerade die Werte $(\mathbf{A}\,\mathbf{x}_j, \mathbf{x}_j)$ $(1 \leqslant j \leqslant p)$, und nach Lemma 7.20a) haben $\mathbf{T}^{-1}\mathbf{A}\mathbf{T}$ und $\mathbf{A}\mathbf{T}\mathbf{T}^{-1} = \mathbf{A}$ dieselbe Spur. ■

7.22 **Beispiele.**

a) Ist $\mathbf{A}$ eine orthogonale (3,3)-Matrix mit $\det \mathbf{A} = 1$, so ergibt sich der ihr entsprechende *Drehwinkel* φ (siehe Beispiel 7.15b)) ganz einfach aus

$$\mathrm{Sp}(\mathbf{A}) = 1 + e^{i\varphi} + e^{-i\varphi}$$

oder

$$\cos\varphi = \frac{1}{2}(a_{11} + a_{22} + a_{33} - 1) . \tag{7.21}$$

□

b) Um die Determinante und Eigenwerte der n-reihigen quadratischen Matrix

$$\mathbf{A}_1 := \begin{pmatrix} a & b & \dots & b \\ b & \ddots & \ddots & \vdots \\ \vdots & \ddots & \ddots & b \\ b & \dots & b & a \end{pmatrix}$$

zu berechnen, beachten wir zunächst, daß im Falle a = b der Rang den Wert 1 hat, also a − b (geometrisch) (n−1)-facher Eigenwert ist. Der n-te Eigenwert ist dann nach Lemma 7.18 gleich $n a - (n-1)(a-b) = a + (n-1)b$, und es folgt

$$\det \mathbf{A}_1 = (a-b)^{n-1}(a + (n-1)b) .$$

Mit etwas mehr Aufwand ergibt sich, daß die (2n+1)-reihige quadratische Matrix

$$\mathbf{A}_2 := \begin{pmatrix} a & b & \dots & \dots & \dots & b \\ c & a & c & \dots & \dots & c \\ b & b & a & b & \dots & b \\ \vdots & & \ddots & \ddots & \ddots & \vdots \\ c & \dots & \dots & c & a & c \\ b & \dots & \dots & \dots & b & a \end{pmatrix}$$

(abwechselnd b-Zeilen und c-Zeilen, unterbrochen vom Wert a in der Hauptdiagonalen) den n-fachen Eigenwert a−b, den (n−1)-fachen Eigenwert a−c, ferner die Eigenwerte

$$\frac{2a + nb + (n-1)c}{2} \pm \sqrt{\left(\frac{nb + (n-1)c}{2}\right)^2 + 2nbc}$$

besitzt und daher insbesondere

$$\det \mathbf{A}_2 = (a-b)^n (a-c)^{n-1} (a^2 + n\,ab + (n-1)\,ac - 2\,n\,bc)$$

gilt.

Wir skizzieren die Herleitung:

Indem man $a = b$ bzw. $a = c$ setzt, sieht man: $a - b$ ist n-facher, $a - c$ $(n-1)$-facher Eigenwert. Nach Lemma 7.18 gibt es zwei weitere Eigenwerte x und $S - x$ mit $S = 2a + nb + (n-1)c$. Man überlegt sich nun, daß $x(S-x)$ von der Form $x_1 a^2 + x_2 ab + x_3 ac + x_4 bc$ ist mit ganzen Zahlen $x_1, \dots, x_4$. Der Fall $b = c = 0$, in dem $\det \mathbf{A}_2 = a^{2n+1}$ gilt, liefert $x_1 = 1$. Im Fall $b = c$ gilt gemäß der Diskussion von $\mathbf{A}_1$: $x(S-x) = (a-b)(a+2nb)$; daraus folgt $x_4 = -2n$, $x_2 + x_3 = 2n-1$. Nun beachte man noch, daß bei der Ausmultiplikation von $\det \mathbf{A}_2$ kein Summand $a^{2n}b$ entsteht, woraus sich $x_2 = n$, also $x_3 = n-1$ ergibt. Löst man nun die resultierende quadratische Gleichung nach x auf, ergeben sich die beiden restlichen Eigenwerte. □

c) Wir zeigen:

> Ist **A** eine normale Matrix, **B** eine quadratische Matrix gleicher Reihenzahl, so gilt $\mathbf{AB} = \mathbf{BA}$ genau dann, wenn $\mathbf{A^*B} = \mathbf{BA^*}$.

Zum *Beweis* bemerken wir zunächst, daß wegen $(\mathbf{A}^*)^* = \mathbf{A}$ nur eine Richtung behandelt zu werden braucht.

Gelte also $\mathbf{AB} = \mathbf{BA}$. Dann folgt mit $\mathbf{C} := \mathbf{A^*B} - \mathbf{BA^*}$

$$\mathbf{C^*C} = (\mathbf{B^*A} - \mathbf{AB^*})(\mathbf{A^*B} - \mathbf{BA^*}) = \mathbf{B^*AA^*B} - \mathbf{AB^*A^*B} - \mathbf{B^*ABA^*} + \\ + \mathbf{AB^*BA^*}\,,$$

und nach Lemma 7.20 gilt

$$\mathrm{Sp}(\mathbf{C^*C}) = \mathrm{Sp}(\mathbf{B^*AA^*B}) - \mathrm{Sp}(\mathbf{AB^*A^*B}) - \mathrm{Sp}(\mathbf{B^*ABA^*}) + \mathrm{Sp}(\mathbf{AB^*BA^*})\,.$$

Wegen $\mathbf{AA^*} = \mathbf{A^*A}$, $\mathbf{AB} = \mathbf{BA}$ sowie Lemma 7.20a)

$$\mathrm{Sp}(\mathbf{B^*AA^*B}) = \mathrm{Sp}(\mathbf{B^*A^*AB}) = \mathrm{Sp}(\mathbf{B^*A^*BA}) = \mathrm{Sp}(\mathbf{AB^*A^*B})\,,$$
$$\mathrm{Sp}(\mathbf{B^*ABA^*}) = \mathrm{Sp}(\mathbf{B^*BAA^*}) = \mathrm{Sp}(\mathbf{B^*BA^*A}) = \mathrm{Sp}(\mathbf{AB^*BA^*})\,,$$

also $\mathrm{Sp}(\mathbf{C^*C}) = 0$ und nach Satz 7.21a)

$$\mathbf{C} = \mathbf{A^*B} - \mathbf{BA^*} = \mathbf{\Omega} \text{ (Nullmatrix).}$$ □

7.3.2 Satz von Hamilton/Cayley und Minimalpolynom

Es soll nun eine weitere wichtige Eigenschaft des charakteristischen Polynoms dargestellt werden.

Sei **A** eine (p,p)-Matrix über K, $\chi(\lambda) = (-\lambda)^p + \alpha_{p-1}(-\lambda)^{p-1} + \dots + \alpha_0$ ihr charakteristisches Polynom. Nach Satz 4.20 gilt für $\lambda \in K$ mit $\chi(\lambda) \neq 0$

$$(\mathbf{A} - \lambda\mathbf{E})^{-1} = \frac{1}{\chi(\lambda)}\mathbf{B}(\lambda)\,, \tag{7.21}$$

wobei $\mathbf{B}(\lambda)$ eine Matrix ist deren Elemente Polynome höchstens (p−1)-ten Grades bzgl. λ sind; es gilt also

$$\mathbf{B}(\lambda) = \mathbf{B}_0 + \mathbf{B}_1 \lambda + \ldots + \mathbf{B}_{p-1} \lambda^{p-1} \tag{7.22}$$

mit gewissen konstanten (p,p)-Matrizen $\mathbf{B}_0, \mathbf{B}_1, \ldots, \mathbf{B}_{p-1}$.

Indem man nun bei (7.21) beide Seiten von rechts oder links mit $\mathbf{A} - \lambda\mathbf{E}$ multipliziert, sieht man

$$\chi(\lambda)\mathbf{E} = \mathbf{B}(\lambda)(\mathbf{A} - \lambda\mathbf{E}) = (\mathbf{A} - \lambda\mathbf{E})\mathbf{B}(\lambda) , \tag{7.23}$$

weshalb insbesondere $\mathbf{B}(\lambda)\mathbf{A} = \mathbf{A}\mathbf{B}(\lambda)$, also auch

$$\mathbf{A}\mathbf{B}_j = \mathbf{B}_j\mathbf{A} \quad (0 \leqslant j \leqslant p-1) .$$

(Man beachte: Der Identitätssatz für skalare Polynome ergibt, Element für Element angewendet, einen Identitätssatz für Polynome mit Matrixkoeffizienten!)

Einsetzen von (7.22) in (7.23) und Ausmultiplizieren ergibt

$$((-\lambda)^p + \alpha_{p-1}(-\lambda)^{p-1} + \ldots + \alpha_0)\mathbf{E} = -\mathbf{B}_{p-1}\lambda^p + (\mathbf{A}\mathbf{B}_{p-1} - \mathbf{B}_{p-2})\lambda^{p-1} + \ldots$$
$$\ldots + (\mathbf{A}\mathbf{B}_1 - \mathbf{B}_0)\lambda + \mathbf{A}\mathbf{B}_0 ,$$

so daß also durch den Vergleich der Koeffizienten gleicher λ-Potenzen folgt:

$$\left.\begin{aligned} \mathbf{A}\mathbf{B}_0 &= \alpha_0\mathbf{E} , \\ \mathbf{A}\mathbf{B}_j - \mathbf{B}_{j-1} &= (-1)^j\alpha_j\mathbf{E} \quad (1 \leqslant j \leqslant p-1) , \\ \mathbf{B}_{p-1} &= (-1)^{p-1}\mathbf{E} . \end{aligned}\right\} \tag{7.24}$$

Wir ersetzen nun in der ersten dieser Gleichungen $\mathbf{B}_0$ durch $\mathbf{A}\mathbf{B}_1 - (-1)^1\alpha_1\mathbf{E}$, dann $\mathbf{B}_1$ durch $\mathbf{A}\mathbf{B}_2 - (-1)^2\alpha_2\mathbf{E}$, usw., erhalten also

$$\alpha_0\mathbf{E} = \mathbf{A}\mathbf{B}_0 = \mathbf{A}^2\mathbf{B}_1 - (-1)^1\alpha_1\mathbf{A} = \mathbf{A}^3\mathbf{B}_2 - (-1)^2\alpha_2\mathbf{A}^2 - (-1)^1\alpha_1\mathbf{A} =$$
$$= \ldots = \mathbf{A}^p\mathbf{B}_{p-1} - (-1)^{p-1}\alpha_{p-1}\mathbf{A}^{p-1} - \ldots - (-1)^1\alpha_1\mathbf{A} ,$$

und daher wegen $\mathbf{B}_{p-1} = (-1)^{p-1}\mathbf{E}$:

$$(-\mathbf{A})^p + \alpha_{p-1}(-\mathbf{A})^{p-1} + \ldots + \alpha_1(-\mathbf{A}) + \alpha_0\mathbf{E} = \mathbf{\Omega} .$$

Damit ist bewiesen:

7.23 **Satz.** (*Hamilton/Cayley*)

Eine quadratische Matrix **A** wird durch ihr charakteristisches Polynom $\chi(\lambda)$ annulliert, d.h.

$$\chi(\mathbf{A}) = \mathbf{\Omega} .$$

Daß es überhaupt stets annullierende Polynome zu einer Matrix **A** gibt, sieht man am einfachsten durch ein Dimensionsargument ein:

Die (p,p)-Matrizen bilden einen Vektorraum der Dimension p^2, so daß die Potenzen $\mathbf{E}, \mathbf{A}, \dots, \mathbf{A}^{p^2}$ linear abhängig sind, Es gibt also ein kleinstes $j_0 \in \{1, 2, \dots, p^2\}$, so daß $\mathbf{A}^{j_0}$ und damit auch alle höheren Potenzen von $\mathbf{A}$ Linearkombinationen von $\mathbf{E}, \mathbf{A}, \dots, \mathbf{A}^{j_0-1}$ sind; der eben bewiesene Satz zeigt, daß sogar $j_0 \leqslant p$ gilt.

Die sukzessive Ausdrückbarkeit von $\mathbf{B}_{j-1}$ durch $\mathbf{A}$ und $\mathbf{B}_j$ gemäß (7.24) kann man auch formulieren als Algorithmus zur schrittweisen Berechnung der $\mathbf{B}_j$ und damit (wegen (7.21)) von $(\mathbf{A} - \lambda\mathbf{E})^{-1}$; dabei scheint zunächst die Kenntnis der Koeffizienten α_j des charakteristischen Polynoms Voraussetzung zu sein. Man kann diese Koeffizienten aber Schritt für Schritt mitberechnen; es gilt nämlich

$$(-1)^j \alpha_j = \frac{1}{p-j} \operatorname{Sp}(\mathbf{A}\mathbf{B}_j) \quad (0 \leqslant j \leqslant p-1)\,. \tag{7.25}$$

Für den Beweis dieser Formel sei verwiesen auf das bei den Literaturangaben am Ende des Kapitels erwähnte Buch von Gantmacher.

Wir fassen zusammen:

7.24 **Algorithmus.** (*Leverrier/Faddejew*)

Sei $\mathbf{A}$ eine (p,p)-Matrix über K. Die (p,p)-Matrizen

$$\mathbf{B}_{p-1}, \mathbf{B}_{p-2}, \dots, \mathbf{B}_0$$

und die Skalare

$$\alpha_{p-1}, \alpha_{p-2}, \dots, \alpha_0$$

werden berechnet gemäß

$$\mathbf{B}_{p-1} := (-1)^{p-1}\mathbf{E}, \quad \alpha_{p-1} := \operatorname{Sp}(\mathbf{A}),$$

ferner für $j = p-2, p-3, \dots, 0$

$$\mathbf{B}_j := \mathbf{A}\mathbf{B}_{j+1} - (-1)^{j+1}\alpha_{j+1}\mathbf{E}, \quad \alpha_j := \frac{(-1)^j}{p-j}\operatorname{Sp}(\mathbf{A}\mathbf{B}_j)\,.$$

Dann gilt

$$\mathbf{A}\mathbf{B}_0 - \alpha_0\mathbf{E} = \mathbf{\Omega} \quad \text{(Kontrollgleichung)},$$

$$\chi(\lambda) = \det(\mathbf{A} - \lambda\mathbf{E}) = (-\lambda)^p + \alpha_{p-1}(-\lambda)^{p-1} + \dots + \alpha_1(-\lambda) + \alpha_0$$

und für $\chi(\lambda) \neq 0$

$$(\mathbf{A} - \lambda\mathbf{E})^{-1} = \frac{1}{\chi(\lambda)}(\mathbf{B}_0 + \lambda\mathbf{B}_1 + \dots + \lambda^{p-1}\mathbf{B}_{p-1})\,.$$

Da für jede Matrizenmultiplikation p^3 skalare Multiplikationen auszuführen sind, erfordert dieser Algorithmus etwa p^4 Punktoperationen, ist also bei großen Matrizen recht aufwendig; zur bloßen Berechnung der Eigenwerte gibt es weit effektivere Methoden (vgl. Kapitel 8).

Wir modifizieren nun ein wenig die zum Satz von Hamilton/Cayley führenden Überlegungen. Es ist nämlich naheliegend, vor dem Ausmultiplizieren und dem Koeffizientenvergleich bei Formel (7.23) gemeinsame skalare Faktoren der linken und rechten Seite herauszukürzen; d.h. wir teilen durch alle Linearfaktoren, die allen Elementen von $\mathbf{B}(\lambda)$ gemeinsam sind (und damit notwendigerweise auch in $\chi(\lambda)$ als Faktoren auftreten). Es bleibt links ein Polynom $\mu(\lambda)$ stehen und rechts wird aus $\mathbf{B}(\lambda)$ eine Matrix $\mathbf{C}(\lambda)$, die für kein λ vollständig verschwindet. Indem wir nun völlig analog argumentieren wie im Anschluß an Formel (7.23), erhalten wir auch

$$\mu(\mathbf{A}) = \mathbf{\Omega} .$$

Man kann nun leicht einsehen, daß jedes die Matrix $\mathbf{A}$ annullierende Polynom Vielfaches dieses Polynoms μ ist. Denn sei $P(\lambda)$ irgendein Polynom mit $P(\mathbf{A}) = \mathbf{\Omega}$. Dann folgt wegen

$$\mathbf{A}^j - \lambda^j\mathbf{E} = (\mathbf{A} - \lambda\mathbf{E})(\mathbf{A}^{j-1} + \lambda\mathbf{A}^{j-2} + \ldots + \lambda^{j-1}\mathbf{E}) ,$$

daß

$$P(\lambda)\mathbf{E} = P(\lambda)\mathbf{E} - P(\mathbf{A}) = (\mathbf{A} - \lambda\mathbf{E})\,\mathbf{D}(\lambda) ,$$

wobei $\mathbf{D}(\lambda)$ eine Matrix ist, deren Elemente Polynome in λ von kleinerem Grade als P sind. Insbesondere folgt

$$(\mathbf{A} - \lambda\mathbf{E})^{-1} = \frac{1}{P(\lambda)}\,\mathbf{D}(\lambda) = \frac{1}{\mu(\lambda)}\,\mathbf{C}(\lambda) ,$$

also, wenn $c_{ij}(\lambda)$ und $d_{ij}(\lambda)$ die Elemente von $\mathbf{C}(\lambda)$ bzw. $\mathbf{D}(\lambda)$ sind,

$$d_{ij}(\lambda)\,\mu(\lambda) = c_{ij}(\lambda)\,P(\lambda) \quad (1 \leqslant i,j \leqslant p) .$$

Da es zu jedem Linearfaktor von μ ein c_{ij} gibt, in welchem dieser Faktor nicht auftritt, muß jeder Faktor von μ mit mindestens derselben Vielfachheit in P auftreten.

Das Ergebnis dieser Überlegungen fassen wir in einer Definition und einem Satz zusammen.

7.25 **Definition.**

Ist $\mathbf{A}$ eine quadratische Matrix über K, so heißt das Polynom μ niedrigsten Grades mit führendem Koeffizienten 1, durch welches die Matrix annulliert wird, *Minimalpolynom* der Matrix $\mathbf{A}$.

Daß die Normierung des führenden Koeffizienten das Minimalpolynom eindeutig festlegt, ist klar: Die Differenz zweier solcher Polynome ist von niedrigerem Grad und annulliert auch $\mathbf{A}$, verschwindet also identisch. Ferner ist offenbar $\mu(\lambda) = 0$ für jeden Eigenwert λ von $\mathbf{A}$: $\mu(\lambda)$ ist ja Eigenwert von $\mu(\mathbf{A})$.

7.26 **Satz.**

a) Jedes eine quadratische Matrix annullierende Polynom, insbesondere das charakteristische, ist Vielfaches des Minimalpolynoms.

b) Man erhält das Minimalpolynom einer Matrix **A** (evtl. bis auf das Vorzeichen), wenn man das charakteristische Polynom von **A** durch die allen Elementen der zugehörigen Matrix $\mathbf{B}(\lambda)$ (Formel (7.21)) gemeinsamen Linearfaktoren teilt; jeder Eigenwert von **A** ist Nullstelle des Minimalpolynoms.

Im Zusammenhang mit der Jordanschen Normalform einer Matrix (Abschnitt 7.5) wird sich der Unterschied zwischen charakteristischem und Minimalpolynom in besonders einfacher Weise überblicken lassen. An dieser Stelle bemerken wir nur noch abschließend, daß **A** und $\mathbf{B}^{-1}\mathbf{AB}$ stets dasselbe Minimalpolynom besitzen, was unmittelbar aus der Beziehung $P(\mathbf{B}^{-1}\mathbf{AB}) = \mathbf{B}^{-1}P(\mathbf{A})\mathbf{B}$ für beliebige Polynome P folgt; die Koeffizienten des Minimalpolynoms sind also (wie die des charakteristischen) invariante Größen.

7.3.3 Spektrum und Störungen

Wir wollen nun im verbleibenden Teil dieses Abschnittes einige Betrachtungen zur *Lage der Eigenwerte* anstellen.

Es sei zunächst erinnert an die *Neumannsche Reihe* (vgl. Formel (5.63))

$$(\mathbf{E}-\mathbf{A})^{-1} = \sum_{n=0}^{\infty} \mathbf{A}^n\ ; \tag{7.26}$$

die rechte Seite konvergiert bzgl. der Matrixnorm $\|\cdot\|$, wenn $\|\mathbf{A}\| < 1$ (man beachte die Analogie zu $\frac{1}{1-a} = 1 + a + a^2 + \ldots$ für $|a| < 1$!) und nach dem Wurzelkriterium allgemeiner für

$$\limsup_{n\to\infty} \sqrt[n]{\|\mathbf{A}^n\|} < 1\ . \tag{7.27}$$

Diese Konvergenzbedingung, die wegen $\|\mathbf{A}^n\| \leqslant \|\mathbf{A}\|^n$ im allgemeinen schärfer als die Bedingung $\|\mathbf{A}\| < 1$ ist, hängt nur scheinbar von der gewählten Matrixnorm ab:

7.27 **Lemma und Definition.**

Zu jeder quadratischen Matrix $\mathbf{A}$ existiert eine Zahl $r_\sigma(\mathbf{A})$, genannt der *Spektralradius* von $\mathbf{A}$, so daß für alle Matrixnormen $\|\cdot\|$ gilt:

$$r_\sigma(\mathbf{A}) = \lim_{n\to\infty} \sqrt[n]{\|\mathbf{A}^n\|}. \tag{7.28a}$$

Für induzierte Matrixnormen gilt zusätzlich:

$$\|\mathbf{A}\| \geqslant r_\sigma(\mathbf{A}) = \inf_{n\in\mathbb{N}} \sqrt[n]{\|\mathbf{A}^n\|}. \tag{7.28b}$$

Beweis.

Im Falle $\mathbf{A} = \mathbf{\Omega}$ ist die Behauptung trivial. Sei also $\mathbf{A} \neq \mathbf{\Omega}$.

Wir zeigen zunächst die Existenz des Limes für irgendeine gegebene induzierte Norm.

Sei zu $\epsilon > 0$ ein $n_0 \in \mathbb{N}$ gewählt, so daß

$$\sqrt[n_0]{\|\mathbf{A}^{n_0}\|} \leqslant \inf_{n\in\mathbb{N}} \sqrt[n]{\|\mathbf{A}^n\|} + \epsilon .$$

Ein beliebiges $n \in \mathbb{N}$ schreiben wir in der Form $n = kn_0 + \ell$ mit $0 \leqslant \ell \leqslant n_0 - 1$ und erhalten nach Lemma 5.21 ($\|\mathbf{AB}\| \leqslant \|\mathbf{A}\|\cdot\|\mathbf{B}\|$)

$$\|\mathbf{A}^n\|^{\frac{1}{n}} = \|\mathbf{A}^{kn_0+\ell}\|^{\frac{1}{n}} \leqslant \left(\|\mathbf{A}\|^\ell\, \|\mathbf{A}^{n_0}\|^k\right)^{\frac{1}{n}} = \|\mathbf{A}\|^{\frac{\ell}{n}}\, \|\mathbf{A}^{n_0}\|^{\frac{1}{n_0+\ell/k}} \to \|\mathbf{A}^{n_0}\|^{\frac{1}{n_0}}$$

für $n \to \infty$, d.h. $k \to \infty$, da $\|\mathbf{A}\|^{\frac{\ell}{n}} \to 1$ für $n \to \infty$ wegen $\|\mathbf{A}\| > 0$.

Also folgt

$$\|\mathbf{A}^n\|^{\frac{1}{n}} \leqslant \inf_{m\in\mathbb{N}} \sqrt[m]{\|\mathbf{A}^m\|} + 2\epsilon$$

für alle genügend großen n.

Da $\epsilon > 0$ beliebig war, andererseits stets $\|\mathbf{A}^n\|^{\frac{1}{n}} \geqslant \inf_{m\in\mathbb{N}} \sqrt[m]{\|\mathbf{A}^m\|}$, konvergieren die Werte $\|\mathbf{A}^n\|^{\frac{1}{n}}$ gegen ihr Infimum.

Daß sich für jede andere Norm $\|\cdot\|_*$ derselbe Limes ergibt, folgt aus Lemma 5.17:

$$c_1 \|\mathbf{A}^n\| \leqslant \|\mathbf{A}^n\|_* \leqslant c_2 \|\mathbf{A}^n\|$$

mit gewissen Konstanten $c_1, c_2 > 0$, und $\sqrt[n]{c_2} \to 1$ für $n \to \infty$. ■

Triviale Beispiele $\left(\text{z.B. } \mathbf{A} = \begin{pmatrix} 0 & 1 \\ 0 & 0 \end{pmatrix}\right)$ zeigen, daß der Fall $r_\sigma(\mathbf{A}) < \|\mathbf{A}\|$ eintreten kann.

Der Name „Spektralradius" für $r_\sigma(\mathbf{A})$ wird durch den folgenden Satz 7.29 gerechtfertigt. Zunächst noch einige Bezeichnungen:

7.28 **Definition.**

a) Sei $\mathbf{A}$ eine quadratische Matrix. Die Menge aller $\lambda \in \mathbb{C}$, für die $(\mathbf{A} - \lambda\mathbf{E})^{-1}$ existiert, heißt *Resolventenmenge* von $\mathbf{A}$, in Zeichen: $\rho(\mathbf{A})$; für $\lambda \in \rho(\mathbf{A})$ wird gesetzt

$$\mathbf{R}_\lambda(\mathbf{A}) := (\mathbf{A} - \lambda\mathbf{E})^{-1} .$$

Die Menge aller Eigenwerte von $\mathbf{A}$ heißt *Spektrum* von $\mathbf{A}$, in Zeichen: $\sigma(\mathbf{A})$.

b) Analog definiert man für einen endlichdimensionalen Vektorraum V das Spektrum und die Resolventenmenge einer linearen Abbildung

$$\mathbf{f}: V \to V .$$

Bei linearen Abbildungen in unendlichdimensionalen Räumen bezeichnet man die Menge der Eigenwerte als *Punktspektrum*, weil es Gründe gibt, den Spektrumsbegriff allgemeiner zu fassen (vgl. Beispiel 7.3i)).

7.29 **Satz.**

Sei $\mathbf{A}$ eine quadratische Matrix.

a) Alle λ mit $|\lambda| > r_\sigma(\mathbf{A})$ gehören zur Resolventenmenge von $\mathbf{A}$; es gilt für solche λ

$$\mathbf{R}_\lambda(\mathbf{A}) = -\sum_{n=0}^{\infty} \lambda^{-n-1}\mathbf{A}^n , \qquad (7.29)$$

wobei die Matrizenreihe rechts im Sinne jeder Matrixnorm (insbesondere also auch elementweise) konvergiert.

b) Es gibt einen Eigenwert λ_1 von $\mathbf{A}$ mit $|\lambda_1| = r_\sigma(\mathbf{A})$.

c) Mit λ_0 gehören auch alle λ, die

$$|\lambda - \lambda_0| < \frac{1}{r_\sigma(\mathbf{R}_{\lambda_0}(\mathbf{A}))}$$

erfüllen (insbesondere alle λ, für die

$$|\lambda - \lambda_0| < \frac{1}{\|\mathbf{R}_{\lambda_0}(\mathbf{A})\|}$$

bzgl. irgendeiner Norm), zur Resolventenmenge, und es gilt für diese λ:

$$\mathbf{R}_\lambda(\mathbf{A}) = \sum_{n=0}^{\infty} (\lambda - \lambda_0)^n \left(\mathbf{R}_{\lambda_0}(\mathbf{A})\right)^{n+1} . \qquad (7.30)$$

Beweis.

Zu a): $\mathbf{R}_\lambda(\mathbf{A}) = (\mathbf{A} - \lambda\mathbf{E})^{-1} = -\frac{1}{\lambda}\left(\mathbf{E} - \frac{1}{\lambda}\mathbf{A}\right)^{-1}$.

Wegen $r_\sigma\left(\frac{1}{\lambda}\mathbf{A}\right) = \frac{1}{|\lambda|} r_\sigma(\mathbf{A})$ können wir für $|\lambda| > r_\sigma(\mathbf{A})$ den Ausdruck $\left(\mathbf{E} - \frac{1}{\lambda}\mathbf{A}\right)^{-1}$ in eine Neumannsche Reihe (7.26) entwickeln und erhalten (7.29).

Zu b): Wir skizzieren hier nur einen Beweis, der bei der ersten Lektüre übergangen werden kann; später ergibt sich mit Satz 7.71 ein anderer Beweis.

Nach (7.21) gilt für $|\lambda| > |\lambda_1| := \max\{|\lambda_1|, \dots, |\lambda_p|\}$ ($\lambda_1, \dots, \lambda_p$ die Eigenwerte von $\mathbf{A}$)

$$(\mathbf{A} - \lambda\mathbf{E})^{-1} = \frac{1}{\chi(\lambda)}\mathbf{B}(\lambda) = (-1)^p \prod_{j=1}^{p}\left(\sum_{n=0}^{\infty}\frac{\lambda_j^n}{\lambda^{n+1}}\right) \cdot (\mathbf{B}_0 + \lambda\mathbf{B}_1 + \dots + \lambda^{p-1}\mathbf{B}_{p-1}) =$$

$$= \sum_{n=0}^{\infty}\left(\frac{1}{\lambda}\right)^{n+1}\mathbf{D}_n ,$$

mit gewissen konstanten Matrizen $\mathbf{D}_n$, die Linearkombinationen von $\mathbf{B}_0, \dots, \mathbf{B}_{p-1}$ sind. Dies ist wie die Darstellung (7.29) eine Potenzreihe in $\frac{1}{\lambda}$, die für $\frac{1}{\lambda} \to 0$ gegen die Nullmatrix konvergiert. Nach dem Identitätssatz für Potenzreihen (elementweise angewandt) folgt

$$\mathbf{D}_n = -\mathbf{A}^n \quad (n = 0, 1, 2, \dots) .$$

Da nun die Reihe $\sum_{n=0}^{\infty}\left(\frac{1}{\lambda}\right)^{n+1}\mathbf{D}_n$ für $|\lambda| > |\lambda_1|$ elementweise absolut konvergiert, folgt mit $\|\mathbf{D}_n\| := \max_{j,k}|d_{jk}^{(n)}|$ (wobei $d_{jk}^{(n)}$ die Elemente von $\mathbf{D}_n$) $\limsup_{n\to\infty}\sqrt[n]{\|\mathbf{D}_n\|} \leq |\lambda_1|$.

Also nach Lemma 7.27 auch

$$\lim_{n\to\infty}\sqrt[n]{\|\mathbf{A}^n\|} = r_\sigma(\mathbf{A}) \leq |\lambda_1| ,$$

und $r_\sigma(\mathbf{A}) < |\lambda_1|$ kann wegen a) nicht eintreten.

Zu c): $\mathbf{R}_\lambda(\mathbf{A}) = (\mathbf{A} - \lambda\mathbf{E})^{-1} = (\mathbf{A} - \lambda_0\mathbf{E} - (\lambda - \lambda_0)\mathbf{E})^{-1} =$

$$= (\mathbf{E} - (\lambda - \lambda_0)(\mathbf{A} - \lambda_0\mathbf{E})^{-1})^{-1}(\mathbf{A} - \lambda_0\mathbf{E})^{-1} =$$

$$= (\mathbf{E} - (\lambda - \lambda_0)\mathbf{R}_{\lambda_0}(\mathbf{A}))^{-1}\mathbf{R}_{\lambda_0}(\mathbf{A}) .$$

Für $r_\sigma((\lambda - \lambda_0)\mathbf{R}_{\lambda_0}(\mathbf{A})) = |\lambda - \lambda_0|\, r_\sigma(\mathbf{R}_{\lambda_0}(\mathbf{A})) < 1$

kann man in eine Neumannsche Reihe entwickeln und erhält (7.30). ■

Mit funktionentheoretischen Begriffen, die wir hier noch nicht zur Verfügung haben, kann man den Beweis b) kürzer fassen. Überhaupt wird durch die Potenzreihenentwicklungen (7.29) und (7.30) ein funktionentheoretischer Zugang zur Spektraltheorie ermöglicht, der auch für den Fall unendlichdimensionaler Räume tragfähig bleibt.

Als ein Resultat von Aussage b) sei festgehalten:
Die Bedingung

$$\lim_{n \to \infty} \sqrt[n]{\|A^n\|} < 1$$

für die Gültigkeit der Neumannschen Reihenentwicklung

$$(E - A)^{-1} = \sum_{n=0}^{\infty} A^n$$

ist nicht nur hinreichend, sondern auch notwendig; denn ist x Eigenvektor zu einem Eigenwert λ von A des Betrages $r := \lim_{n \to \infty} \sqrt[n]{\|A^n\|}$, so gilt $A^n x = \lambda^n x$ $(n \in \mathbb{N})$, und dies strebt nur für $r < 1$ mit $n \to \infty$ gegen den Nullvektor und damit auch nur für solche r A^n elementweise gegen die Nullmatrix.

Neben dem kleinsten Kreis um 0, in dem alle Eigenwerte liegen (nach Satz 7.29 dem Kreis mit Radius $r_\sigma(A)$), gibt es noch andere signifikante Mengen, welche das Spektrum umfassen.

7.30 **Definition.**

Ist A eine (p,p)-Matrix, so heißt (mit dem Standardskalarprodukt $(\cdot\,,\cdot)$ und der zugehörigen Norm $\|\cdot\|$ des $\mathbb{C}^p$)

$$W(A) := \{(Ax, x) \mid x \in \mathbb{C}^p,\ \|x\| = 1\}$$

der *numerische Wertebereich* von A.

Daß jeder Eigenwert λ von A in $W(A)$ liegt, ist klar: $(Ax, x) = \lambda$ für einen zugehörigen Eigenvektor x vom Betrage 1.

Ist U eine unitäre Matrix, so gilt

$$W(U^*AU) = W(A)\ ; \tag{7.31}$$

denn mit x durchläuft auch Ux alle Vektoren vom Betrage 1, so daß

$$\{(Ax, x) \mid x \in \mathbb{C}^p,\ \|x\| = 1\} = \{(AUx, Ux) \mid x \in \mathbb{C}^p,\ \|x\| = 1\} = \\ = \{(U^*AUx, x) \mid x \in \mathbb{C}^p,\ \|x\| = 1\}\,.$$

7.31 **Satz.** (*Toeplitz / Hausdorff*)

Der numerische Wertebereich einer Matrix ist konvex, d.h. er umfaßt mit je zwei Punkten auch deren Verbindungsstrecke.

Den *Beweis* dieses Satzes, der elementar, aber etwas trickreich ist, findet man z.B. in dem „Hilbert Space Problem Book“ von P. R. Halmos.

Für normale Matrizen gilt:

7.32 **Satz.**

Der numerische Wertebereich einer normalen Matrix ist eine konvexe Polygonfläche, deren Eckpunkte Eigenwerte der Matrix sind.

Der *Beweis* wird im nächsten Abschnitt nachgeholt.

Insbesondere folgt für normale Matrizen **A**, daß $|\alpha| \leqslant r_\sigma(\mathbf{A})$ für alle $\alpha \in W(\mathbf{A})$ (Bild 7.8).

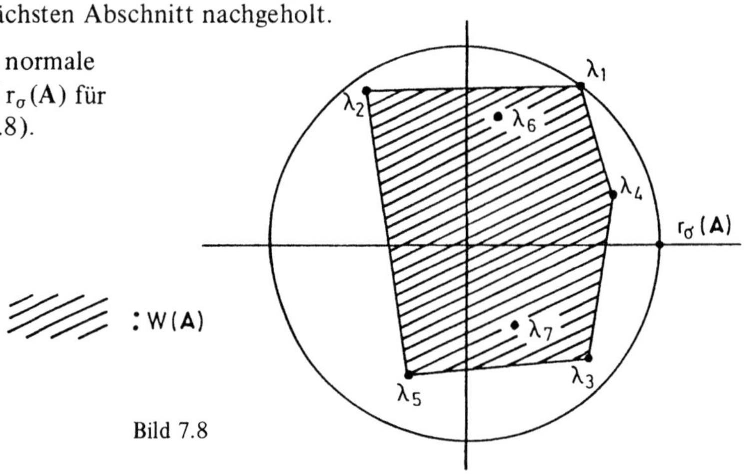

Bild 7.8

Für beliebige Matrizen gilt dies nicht, da ja z.B. 0 einziger Eigenwert einer nichtverschwindenden Matrix sein kann (Beispiel: Frobenius-Matrix zum Polynom $P(\lambda) = \lambda^n$), andererseits aber gilt:

7.33 **Lemma.**

Aus $W(\mathbf{A}) = \{0\}$ folgt $\mathbf{A} = \boldsymbol{\Omega}$ (Nullmatrix).

Beweis.

Für eine beliebige (p, p)-Matrix **A** und beliebige $\mathbf{x}, \mathbf{y} \in \mathbb{C}^p$ gilt

$$(\mathbf{A}\mathbf{x}, \mathbf{y}) = \frac{1}{4}\{(\mathbf{A}(\mathbf{x}+\mathbf{y}), \mathbf{x}+\mathbf{y}) - (\mathbf{A}(\mathbf{x}-\mathbf{y}), \mathbf{x}-\mathbf{y})\} + \\ + \frac{i}{4}\{(\mathbf{A}(\mathbf{x}+i\mathbf{y}), \mathbf{x}+i\mathbf{y}) - (\mathbf{A}(\mathbf{x}-i\mathbf{y}), \mathbf{x}-i\mathbf{y})\}, \tag{7.32}$$

wie man durch Ausmultiplizieren bestätigt.

Also folgt aus $W(\mathbf{A}) = \{0\}$, daß

$$(\mathbf{A}\mathbf{x}, \mathbf{y}) = 0 \quad \text{für alle } \mathbf{x}, \mathbf{y},$$

insbesondere

$$(\mathbf{A}\mathbf{x}, \mathbf{A}\mathbf{x}) = \|\mathbf{A}\mathbf{x}\|^2 = 0 \quad \text{für alle } \mathbf{x}.$$

■

Die vielfach nützliche Gleichung (7.32) heißt *Polarisierungsidentität*; das reelle Gegenstück ist Gleichung (5.65), die allerdings nur für symmetrische (!) reelle Matrizen gilt.

Die Elemente von $W(\mathbf{A})$ können also im allgemeinen nicht durch $r_\sigma(\mathbf{A})$ dem Betrage nach abgeschätzt werden, wohl aber durch die Matrixnorm $\|A\|_2$ (siehe Satz 5.19): Die Schwarzsche Ungleichung (5.11) ergibt

$$|(\mathbf{A}\mathbf{x},\mathbf{x})| \leqslant \|\mathbf{A}\mathbf{x}\| \leqslant \|\mathbf{A}\|_2 \quad \text{für } \|\mathbf{x}\| = 1 \;. \tag{7.33}$$

Den genauen Wert von $\|\mathbf{A}\|_2$ werden wir im nächsten Abschnitt ermitteln.

Eine weitere Abschätzung der Lage der Eigenwerte, die unmittelbar und einfach durch die Matrixelemente ausgedrückt werden kann, liefert der folgende Satz:

7.34 **Satz.** (*Gerschgorin*)

Jeder Eigenwert einer (p,p)-Matrix $\mathbf{A} = (a_{jk})$ liegt in einer der p Kreisscheiben

$$\{\lambda \in \mathbb{C} \mid |\lambda - a_{jj}| \leqslant r_j\}$$

mit

$$r_j := \sum_{\substack{k=1\\k\neq j}}^{p} |a_{jk}| \quad (1 \leqslant j \leqslant p)\,.$$

Das gleiche gilt auch für die Kreisradien

$$\tilde{r}_j := \sum_{\substack{k=1\\k\neq j}}^{p} |a_{kj}| \quad (1 \leqslant j \leqslant p)\,.$$

anstelle der r_j.

Beweis.

Da $\mathbf{A} - \lambda\mathbf{E}$ gerade die Hauptdiagonalelemente $a_{jj} - \lambda$ besitzt und eine Matrix genau dann invertierbar ist, wenn dies für die transponierte Matrix gilt, genügt es zu zeigen:

Eine (p,p)-Matrix $\mathbf{B} = (b_{jk})$ mit $|b_{jj}| > \sum_{\substack{k=1\\k\neq j}}^{p} |b_{jk}|$ für $1 \leqslant j \leqslant p$ ist invertierbar.

Letzteres sieht man sofort ein; denn ist

$$x_1\,\mathbf{b}_1 + \ldots + x_p\,\mathbf{b}_p = \mathbf{0}$$

eine verschwindende Linearkombination der Spalten von $\mathbf{B}$ und dabei x_j betragsgrößter Koeffizient, so folgt aus

$$0 = \left| x_j\, b_{jj} + \sum_{\substack{k=1\\k\neq j}}^{p} x_k\, b_{jk} \right| \geqslant |x_j| \left(|b_{jj}| - \sum_{\substack{k=1\\k\neq j}}^{p} |b_{jk}| \right),$$

daß $x_j = 0$. ∎

Einen eleganten und einfachen anderen Beweis dieses Satzes sowie nützliche ergänzende Bemerkungen findet man bei Stoer/Bulirsch.

Einfache Beispiele zeigen, daß die Abschätzungen des Satzes im allgemeinen nicht verbessert werden können; bei der Matrix $\mathbf{A}_1$ aus Beispiel 7.22b) etwa liegt der Eigenwert $a + (n-1)b$ auf dem Rand des Gerschgorin-Kreises, und im Falle der Frobenius-Matrix (Beispiel 7.3d)) mit $a_0 = -1$, $a_1 = \ldots = a_{p-1} = 0$ liegen alle Eigenwerte (die p-ten Einheitswurzeln, vgl. auch Beispiel 7.13b)) auf dem Rand.

Für das numerische Rechnen ist es wichtig, neben der Lage der Eigenwerte *einer* Matrix auch die Unterschiede zwischen den Eigenwerten *„benachbarter" Matrizen* abzuschätzen, da in der Praxis die Matrixelemente oft ja nicht exakt, sondern nur mit einem gewissen Genauigkeitsgrad gegeben sind. Bei Polynomen reagieren mehrfache Nullstellen empfindlich auf Koeffizientenänderungen (man vergleiche die Nullstellen von $x^n = 0$ und $x^n - 10^{-n} = 0$), und es stellt sich die Frage, ob dies bei Eigenwerten und Matrixkoeffizienten ähnlich ist.

Als erste Grundtatsache und als Hilfsmittel für die Herleitung genauerer Aussagen halten wir fest, daß sich die Nullstellen eines Polynoms überhaupt stetig mit den Koeffizienten ändern; das ist insofern nicht ganz trivial, als man die Nullstellen ja nur in Spezialfällen als einfache Funktionen der Koeffizienten darstellen kann. Den folgenden Satz kann man am einfachsten und elegantesten funktionentheoretisch beweisen. Wir skizzieren hier einen Beweis mit elementareren Mitteln, dessen Durcharbeitung aber für das weitere Verständnis nicht erforderlich ist.

7.35 **Satz.**

Sei P ein Polynom n-ten Grades, d.h.

$$P(\lambda) = a_n \lambda^n + a_{n-1} \lambda^{n-1} + \ldots + a_0 \quad (\lambda \in \mathbb{C}) \text{ mit } a_n \neq 0 ;$$

gelte

$$|a_n| \geqslant a > 0 \quad \text{und} \quad |a_0|, |a_1|, \ldots, |a_n| \leqslant A ;$$

seien $\lambda_1, \ldots, \lambda_k$ die verschiedenen Nullstellen von P und $n_1, \ldots, n_k$ ihre jeweiligen Vielfachheiten (also $n_1 + \ldots + n_k = n$); ferner sei $0 < \epsilon < \frac{1}{2} \min\limits_{1 \leqslant i < j \leqslant k} |\lambda_i - \lambda_j|$.

Dann gibt es ein nur von ϵ, a und A abhängiges $\delta > 0$, so daß gilt:

Ist Q ein Polynom n-ten Grades, dessen Koeffizienten $b_0, b_1, \ldots, b_n$ die Relationen

$$|b_j - a_j| < \delta \quad (0 \leqslant j \leqslant n)$$

erfüllen, so liegen bei Berücksichtigung der Vielfachheiten in den ϵ-Umgebungen

$$U_\epsilon(\lambda_j) := \{\lambda \in \mathbb{C} \mid |\lambda - \lambda_j| < \epsilon\} \quad (1 \leqslant j \leqslant k)$$

der Nullstellen von P jeweils n_j der Nullstellen von Q.

Beweisskizze.

Zunächst beachte man, daß durch die Koeffizientenschranken a und A sich als obere Schranke für die Nullstellen von P zum Beispiel $1 + \frac{nA}{a}$ ergibt. Mit $\delta < \frac{a}{2}$ erhält man eine analoge Schranke für die Nullstellen von Q; wir betrachten von vornherein nur solche δ.

Aus $|b_j - a_j| < \delta \;\; (0 \leqslant j \leqslant n)$ folgt für $1 \leqslant j \leqslant k \;\; |P(\lambda_j) - Q(\lambda_j)| \leqslant \delta\,(1 + |\lambda_j| + \ldots + |\lambda_j|^n) < \delta M$ mit einer nur von a und A abhängigen Konstanten M.

Sind nun sämtliche Nullstellen $\mu_1, \ldots, \mu_n$ von Q von einem λ_j um mehr als ϵ entfernt, so folgt

$$|Q(\lambda_j)| = |b_n| \prod_{k=1}^{n} |\lambda_j - \mu_k| \geqslant |b_n|\,\epsilon^n ,$$

was wegen $|Q(\lambda_j)| < \delta M$ für hinreichend kleine δ unmöglich ist. Also liegt bei geeigneter Wahl von δ in jeder Umgebung $U_\epsilon(\lambda_j)$ mindestens ein μ_k.

Liegt umgekehrt ein μ_k außerhalb aller $U_\epsilon(\lambda_j)$, so folgt mit $Q(\mu_k) = 0$, $|P(\mu_k)| \geqslant |a_n|\,\epsilon^n$ und $|P(\mu_k) - Q(\mu_k)| < \delta M$, daß $\delta > \frac{a\epsilon^n}{M}$.

Es bleibt noch der Nachweis der „richtigen“ Vielfachheiten. Dazu betrachte man zunächst – bei festgehaltenem ϵ – den Fall sehr kleiner δ (damit geht vorläufig die bloße Abhängigkeit von a, A und ϵ verloren!). Die Nullstellen von Q liegen dann nach dem schon Bewiesenen in viel kleineren Umgebungen der λ_j als den $U_\epsilon(\lambda_j)$. Lägen nun in $U_\epsilon(\lambda_{j_0})$ weniger als n_{j_0} Nullstellen von Q, so könnte man in $U_\epsilon(\lambda_{j_0})$ ein λ wählen, so daß $|P(\lambda)| \geqslant M\delta$ und $|Q(\lambda)| \geqslant 2\,|P(\lambda)|$ (mindestens einem kleinen Faktor bei P entspräche ein großer bei Q), im Widerspruch zu $|P(\lambda) - Q(\lambda)| < M\delta$. Also gilt für hinreichend kleine δ auch die Vielfachheitsbehauptung.

Ist nun Q ein beliebiges Polynom n-ten Grades, für welches die Polynome

$$P_t := P + t\,(Q - P) \quad (0 \leqslant t \leqslant 1)$$

keine Nullstellen außerhalb der $U_\epsilon(\lambda_j)$ besitzen, so ergibt sich 1 als Supremum der Werte t, für die P_t dieselbe Verteilung der Vielfachheiten wie P besitzt. ∎

Der nun folgende Satz zeigt, daß sich *normale Matrizen* bzgl. der numerischen Berechnung ihrer Eigenwerte gutartig verhalten: Ersetzt man eine normale Matrix **A** durch eine beliebige andere Matrix **B**, die sich im Sinne der von der unitären Norm induzierten Matrixnom $\|\cdot\|_2$ um höchstens ϵ von **A** unterscheidet, und berechnet dann die Eigenwerte von **B**, so hat man bis auf ϵ auch die Eigenwerte von **A** gefunden.

7.36 **Satz.**

Ist **A** eine normale (p,p)-Matrix mit den verschiedenen Eigenwerten $\lambda_1, \ldots, \lambda_q$ und **B** eine beliebige (p,p)-Matrix, so ist kein Eigenwert von **B** um mehr als $\|\mathbf{A}-\mathbf{B}\|_2$ von allen λ_j $(1 \leqslant j \leqslant q)$ entfernt.

Gilt

$$\|\mathbf{A}-\mathbf{B}\|_2 < \frac{1}{2} \min_{1 \leqslant j < k \leqslant q} |\lambda_j - \lambda_k|$$

und sind $m_1, \ldots, m_q$ die Vielfachheiten der Eigenwerte $\lambda_1, \ldots, \lambda_q$ von **A**, so gibt es für jedes $j \in \{1, 2, \ldots, q\}$ bei Berücksichtigung der Vielfachheiten jeweils genau m_j Eigenwerte λ von **B** mit

$$|\lambda_j - \lambda| < \|\mathbf{A}-\mathbf{B}\|_2 \ .$$

Beweis.

Wir benutzen hier (zu Anfang des nächsten Abschnittes wird es bewiesen), daß jede normale Matrix diagonalisierbar ist, also nach Satz 7.14 eine Orthonormalbasis aus Eigenvektoren besitzt.

Sei also $\{\mathbf{x}_1, \ldots, \mathbf{x}_p\}$ eine Orthonormalbasis aus Eigenvektoren von **A** mit den entsprechenden Eigenwerten $\lambda_1, \ldots, \lambda_p$ (wobei $\lambda_{q+1}, \ldots, \lambda_p \in \{\lambda_1, \ldots, \lambda_q\}$).

Dann gilt für einen Vektor $\mathbf{x} = \xi_1 \mathbf{x}_1 + \ldots + \xi_p \mathbf{x}_p$ ($\|\cdot\|$ die unitäre Norm des $\mathbb{C}^p$)

$$\|(\mathbf{B}-\lambda\mathbf{E})\mathbf{x}\| = \|(\mathbf{A}-\lambda\mathbf{E})\mathbf{x} + (\mathbf{B}-\mathbf{A})\mathbf{x}\| \geqslant \left\| \sum_{j=1}^{p} (\lambda_j - \lambda)\,\xi_j \mathbf{x}_j \right\| -$$

$$- \|(\mathbf{B}-\mathbf{A})\mathbf{x}\| = \sqrt{\sum_{j=1}^{p} |\lambda_j - \lambda|^2 \, |\xi_j|^2} - \|(\mathbf{B}-\mathbf{A})\mathbf{x}\| \geqslant$$

$$\geqslant \min_{1 \leqslant j \leqslant p} |\lambda_j - \lambda| \cdot \|\mathbf{x}\| - \|\mathbf{B}-\mathbf{A}\|_2 \, \|\mathbf{x}\| \, .$$

Also ist λ kein Eigenwert von **B**, wenn λ um mehr als $\|\mathbf{B}-\mathbf{A}\|_2$ von allen Eigenwerten $\lambda_1, \ldots, \lambda_p$ von **A** abweicht.

Sei nun $\|\mathbf{A}-\mathbf{B}\|_2 < \frac{1}{2} \min\limits_{1 \leqslant j < k \leqslant q} |\lambda_j - \lambda_k|$, so daß die Kreise um λ_j $(1 \leqslant j \leqslant q)$ mit Radius $\|\mathbf{A}-\mathbf{B}\|_2$ paarweise disjunkt sind. Setzt man $\mathbf{A}_t := \mathbf{A} + t\,(\mathbf{B}-\mathbf{A})$ $(0 \leqslant t \leqslant 1)$, so liegen nach dem schon Bewiesenen für $0 \leqslant t \leqslant 1$ die Eigenwerte von $\mathbf{A}_t$ innerhalb dieser Kreise, und nach Satz 7.35 gibt es zu jedem $t \in [0,1]$ ein $\delta > 0$, so daß für $|s-t| < \delta$ die Matrizen $\mathbf{A}_s$ und $\mathbf{A}_t$ in jedem der Kreise gleich viele Eigenwerte haben. Die Anzahl $n_j(t)$ der Eigenwerte von $\mathbf{A}_t$ im Kreis um λ_j ist also eine stetige Funktion von t und daher konstant: $n_j(t) = m_j$ $(0 \leqslant t \leqslant 1)$. Mit $\mathbf{A}_1 = \mathbf{B}$ folgt der zweite Teil der Behauptung. ∎

Bei normalen Matrizen übertrifft also die Verfälschung auch mehrfacher Eigenwerte nie in der Größenordnung diejenige der Matrixelemente, während sich Fehler der Koeffizienten des charakteristischen Polynoms stärker auswirken können.

Ist allerdings ein Eigenwert *mehrfache Nullstelle des Minimalpolynoms*, so ist er auch gegenüber Änderungen der Matrixelemente empfindlicher:

Für zwei (p,p)-Matrizen $\mathbf{A}$, $\mathbf{B}$ und $\lambda \in \rho(\mathbf{A})$ schreiben wir

$$\mathbf{B} - \lambda\mathbf{E} = \mathbf{A} - \lambda\mathbf{E} - (\mathbf{A} - \mathbf{B}) = (\mathbf{A} - \lambda\mathbf{E})(\mathbf{E} - \mathbf{R}_\lambda(\mathbf{A})(\mathbf{A} - \mathbf{B}))\ .$$

Wegen $\mathbf{R}_\lambda(\mathbf{A}) = \frac{1}{\mu(\lambda)}\mathbf{C}(\lambda)$ mit dem Minimalpolynom μ von $\mathbf{A}$ ist also $\mathbf{B} - \lambda\mathbf{E}$ zumindest für $\lambda \in \rho(\mathbf{A})$ und

$$\|\mathbf{A} - \mathbf{B}\| < \frac{|\mu(\lambda)|}{\|\mathbf{C}(\lambda)\|}$$

invertierbar, wobei $\|\cdot\|$ irgendeine induzierte Matrixnorm bezeichne. Im allgemeinen ist keine bessere Abschätzung möglich; denn ist $\mathbf{x}$ ein Vektor mit

$$\|\mathbf{x}\| = 1, \quad \|\mathbf{C}(\lambda)\mathbf{x}\| = \|\mathbf{C}(\lambda)\|$$

(daß es ein solches $\mathbf{x}$ gibt, folgt aus der Definition 5.18 und einem Teilfolgeschluß analog zu demjenigen im Beweis von Lemma 5.17) und wählen wir $\mathbf{B}$ so, daß

$$(\mathbf{A} - \mathbf{B})\mathbf{C}(\lambda)\mathbf{x} = \delta\, \frac{\mu(\lambda)}{|\mu(\lambda)|}\, \|\mathbf{C}(\lambda)\|\mathbf{x}$$

mit $\delta := \|\mathbf{A} - \mathbf{B}\|$, so hat $\frac{1}{\mu(\lambda)}\mathbf{C}(\lambda)(\mathbf{A} - \mathbf{B})$ den Eigenwert $\frac{\delta}{|\mu(\lambda)|}\|\mathbf{C}(\lambda)\|$, und es ist $\mathbf{E} - \frac{1}{\mu(\lambda)}\mathbf{C}(\lambda)(\mathbf{A} - \mathbf{B})$ nur für $\delta < \frac{|\mu(\lambda)|}{\|\mathbf{C}(\lambda)\|}$, nicht aber für $\delta = \frac{|\mu(\lambda)|}{\|\mathbf{C}(\lambda)\|}$ invertierbar.

(Wir benutzen hier ohne Beweis, daß stets ein solches $\mathbf{B}$ gewählt werden kann. Ist $\|\cdot\|$ durch die unitäre Vektornorm induziert, kann man einfach $(\mathbf{A} - \mathbf{B})\mathbf{y} = \mathbf{0}$ für alle zu $\mathbf{C}(\lambda)\mathbf{x}$ orthogonalen $\mathbf{y}$ setzen. Um Satz 7.38 herzuleiten, reicht die Betrachtung dieser speziellen Norm.)

Es gilt also:

7.37 **Satz.**

Sei $\mathbf{A}$ eine (p,p)-Matrix, μ ihr Minimalpolynom, so daß insbesondere

$$(\mathbf{A} - \lambda\mathbf{E})^{-1} = \frac{1}{\mu(\lambda)}\mathbf{C}(\lambda) \quad \text{für } \lambda \in \rho(\mathbf{A})\ ;$$

sei ferner $\|\cdot\|$ eine induzierte Matrixnorm.

Dann gibt es zu jedem Nichteigenwert λ von $\mathbf{A}$ eine (p,p)-Matrix $\mathbf{B}$ mit Eigenwert λ und

$$\|\mathbf{A} - \mathbf{B}\| = \frac{|\mu(\lambda)|}{\|\mathbf{C}(\lambda)\|}\ . \tag{7.34}$$

Für einen Eigenwert λ_0 von $\mathbf{A}$, der *k-fache Nullstelle* von μ ist, ergibt sich aus (7.34) wegen (m der Grad von μ)

$$\mu(\lambda) = \frac{\mu^{(k)}(\lambda_0)}{k!}(\lambda - \lambda_0)^k + \ldots + (\lambda - \lambda_0)^m$$

und

$$\mathbf{C}(\lambda) = \mathbf{C}(\lambda_0) + (\lambda - \lambda_0)\mathbf{C}_1 + \ldots + (\lambda - \lambda_0)^{m-1}\mathbf{C}_{m-1}$$

(mit $\|\mathbf{C}(\lambda_0)\| \neq 0$, da $\mathbf{C}(\lambda)$ nirgends verschwindet), daß es zu jedem nahe bei λ_0 gelegenen λ ein $\mathbf{B}$ mit Eigenwert λ und

$$\|\mathbf{A} - \mathbf{B}\| \approx \frac{|\mu^{(k)}(\lambda_0)|}{k!\ \|\mathbf{C}(\lambda_0)\|}|\lambda - \lambda_0|^k$$

gibt, oder anders gesagt:

Die nahe bei λ_0 liegenden Eigenwerte einer zu $\mathbf{A}$ benachbarten Matrix $\mathbf{B}$ liegen in erster Näherung in der Kreisscheibe

$$|\lambda - \lambda_0| \leqslant \sqrt[k]{\frac{k!}{\mu^{(k)}(\lambda_0)}\|\mathbf{C}(\lambda_0)\| \cdot \|\mathbf{A} - \mathbf{B}\|}\,, \tag{7.35}$$

aber im allgemeinen in keiner kleineren.

Gibt es zu $\mathbf{A}$ eine Basis aus Eigenvektoren, so annulliert, wenn $\lambda_1, \ldots, \lambda_q$ die verschiedenen Eigenwerte von $\mathbf{A}$ sind, das Polynom $(\lambda - \lambda_1) \cdot \ldots \cdot (\lambda - \lambda_q)$ die Matrix $\mathbf{A}$ (vgl. den Beweis zu Satz 7.6); im übernächsten Abschnitt werden wir zeigen, daß auch umgekehrt aus der Einfachheit aller Wurzeln des Minimalpolynoms die Diagonalisierbarkeit von $\mathbf{A}$ folgt. Also ergibt sich:

7.38 **Satz.**

Bei kleinen Störungen der Elemente einer quadratischen Matrix $\mathbf{A}$ sind die resultierenden Veränderungen der Eigenwerte genau dann von höchsten der gleichen Größenordnung wie die Störungen, wenn $\mathbf{A}$ diagonalisierbar ist.

Ist $\mathbf{A}$ diagonalisierbar, erhält man eine besonders einfache explizite Abschätzung der Eigenwerte einer benachbarten Matrix $\mathbf{B}$:

Aus

$$\mathbf{T}^{-1}\mathbf{A}\mathbf{T} = \begin{pmatrix} \lambda_1 & & 0 \\ & \ddots & \\ 0 & & \lambda_p \end{pmatrix}, \quad \mathbf{R}_\lambda(\mathbf{A}) = \mathbf{T}\begin{pmatrix} \frac{1}{\lambda_1 - \lambda} & & 0 \\ & \ddots & \\ 0 & & \frac{1}{\lambda_p - \lambda} \end{pmatrix}\mathbf{T}^{-1}$$

sowie

$$\mathbf{B} - \lambda\mathbf{E} = (\mathbf{A} - \lambda\mathbf{E})(\mathbf{E} - \mathbf{R}_\lambda(\mathbf{A})(\mathbf{A} - \mathbf{B}))$$

folgt mit einer beliebigen induzierten Matrixnorm

$$\|\mathbf{T}\| \cdot \left\| \begin{pmatrix} \frac{1}{\lambda_1 - \lambda} & & 0 \\ & \ddots & \\ 0 & & \frac{1}{\lambda_p - \lambda} \end{pmatrix} \right\| \cdot \|\mathbf{T}^{-1}\| \cdot \|\mathbf{A} - \mathbf{B}\| \geqslant 1$$

für jeden Eigenwert $\lambda \in \rho(\mathbf{A})$ von $\mathbf{B}$, da ja anderenfalls die Neumannsche Reihe für $(\mathbf{E} - \mathbf{R}_\lambda(\mathbf{A})(\mathbf{A} - \mathbf{B}))^{-1}$ existiert.

Im Falle $\left\| \begin{pmatrix} \frac{1}{\lambda_1 - \lambda} & & 0 \\ & \ddots & \\ 0 & & \frac{1}{\lambda_p - \lambda} \end{pmatrix} \right\| = \max\limits_{1 \leqslant j \leqslant p} \frac{1}{|\lambda_j - \lambda|}$ gilt also

$$\min_{1 \leqslant j \leqslant p} |\lambda_j - \lambda| \leqslant \|\mathbf{T}\| \cdot \|\mathbf{T}^{-1}\| \cdot \|\mathbf{A} - \mathbf{B}\| . \tag{7.36}$$

Dies trifft immer dann zu, wenn für die zugrundeliegende Vektornorm gilt:

$$\left\| \begin{pmatrix} x_1 \\ \vdots \\ x_p \end{pmatrix} \right\| = \left\| \begin{pmatrix} |x_1| \\ \vdots \\ |x_p| \end{pmatrix} \right\| .$$

7.4 Spektralsatz und Hauptachsentransformation

7.4.1 Der Spektralsatz für normale Matrizen

Die normalen Matrizen $\mathbf{A}$ wurden definiert durch die zunächst nicht sehr signifikant erscheinende Eigenschaft $\mathbf{A}^*\mathbf{A} = \mathbf{A}\mathbf{A}^*$, und die Bezeichnung „normal" rechtfertigte sich einerseits durch die Tatsache, daß praktisch wichtige Matrizenklassen unter diesen Begriff fallen, andererseits wurde sie durch die nach und nach bewiesene „Gutartigkeit" (letztes Beispiel: Satz 7.36) normaler Matrizen immer plausibler. Wir werden nun die normalen Matrizen charakterisieren als auf ein verdrehtes Koordinatensystem bezogene Diagonalmatrizen; dieses die Struktur normaler Matrizen auf zugleich einfache und aussagekräftige Weise erfassende fundamentale Theorem heißt *Spektralsatz*.

Dem Beweis schicken wir ein nahezu triviales, aber auch in anderen Zusammenhängen nützliches Lemma voraus:

7.39 **Lemma.**

Ist $\mathbf{A}$ eine (p,p)-Matrix und $V \neq \{\mathbf{0}\}$ ein Unterraum des $\mathbb{C}^p$ mit

$$\mathbf{A}\mathbf{x} \in V \quad \text{für alle } \mathbf{x} \in V , \tag{7.37}$$

so gibt es in V einen Eigenvektor von $\mathbf{A}$.

Beweis.

Sei $\{\mathbf{x}_1, \ldots, \mathbf{x}_q\}$ eine Basis von V.

Nach Voraussetzung gibt es eine Matrix

$$\mathbf{B} = \begin{pmatrix} b_{11} & \cdots & b_{1q} \\ \vdots & & \vdots \\ b_{q1} & \cdots & b_{qq} \end{pmatrix} \quad \text{mit} \quad \mathbf{A}\,\mathbf{x}_j = \sum_{k=1}^{q} b_{kj}\,\mathbf{x}_k \quad (1 \leqslant j \leqslant q)\,,$$

so daß

$$\mathbf{A}\Big(\sum_{j=1}^{q} \xi_j\,\mathbf{x}_j\Big) = \sum_{j=1}^{q} \eta_j\,\mathbf{x}_j \qquad \text{genau dann, wenn} \qquad \mathbf{B}\begin{pmatrix} \xi_1 \\ \vdots \\ \xi_q \end{pmatrix} = \begin{pmatrix} \eta_1 \\ \vdots \\ \eta_q \end{pmatrix}.$$

B besitzt einen Eigenwert λ^* und einen zugehörigen Eigenvektor $\begin{pmatrix} \xi_1^* \\ \vdots \\ \xi_q^* \end{pmatrix} \in \mathbb{C}^p \setminus \{\mathbf{0}\}$.

Damit gilt auch

$$\mathbf{A}\Big(\sum_{j=1}^{q} \xi_j^*\mathbf{x}_j\Big) = \lambda^* \sum_{j=1}^{q} \xi_j^*\mathbf{x}_j\,.$$

■

7.40 **Satz.** (*Spektralsatz, erste Fassung*)

Eine quadratische Matrix ist genau dann normal, wenn es zu ihr eine Orthonormalbasis aus Eigenvektoren gibt.

Anders gesagt:

Eine (p, p)-Matrix **A** ist genau dann normal, wenn es eine unitäre Matrix **T** gibt, so daß

$$\mathbf{T}^*\mathbf{A}\mathbf{T} = \begin{pmatrix} \lambda_1 & & 0 \\ & \ddots & \\ 0 & & \lambda_p \end{pmatrix} \tag{7.38}$$

mit den Eigenwerten $\lambda_1, \ldots, \lambda_p$ von **A**.

Beweis.

Eine Richtung ist trivial: Aus (7.38) folgt

$$\mathbf{A} = \mathbf{T}\begin{pmatrix} \lambda_1 & & 0 \\ & \ddots & \\ 0 & & \lambda_p \end{pmatrix}\mathbf{T}^*,\ \mathbf{A}^* = \mathbf{T}\begin{pmatrix} \overline{\lambda}_1 & & 0 \\ & \ddots & \\ 0 & & \overline{\lambda}_p \end{pmatrix}\mathbf{T}^*,$$

also

$$\mathbf{A}\mathbf{A}^* = \mathbf{A}^*\mathbf{A} = \mathbf{T}\begin{pmatrix} |\lambda_1|^2 & & 0 \\ & \ddots & \\ 0 & & |\lambda_p|^2 \end{pmatrix}\mathbf{T}^*.$$

Zum Beweis der anderen Richtung benutzen wir nur die Eigenschaft aus Satz 7.12c), also

$$\mathbf{A}^*\mathbf{x} = \bar{\lambda}\,\mathbf{x}, \quad \text{falls } \mathbf{A}\,\mathbf{x} = \lambda\,\mathbf{x}\,, \tag{7.39}$$

und zeigen damit implizit, daß auch diese Eigenschaft charakteristisch für Normalität ist.

Sei λ_1 ein Eigenwert von $\mathbf{A}$, $\mathbf{x}_1$ ein zugehöriger Eigenvektor und $\mathbf{x}$ ein beliebiger zu $\mathbf{x}_1$ orthogonaler Vektor. Dann gilt $(\mathbf{A}\mathbf{x}, \mathbf{x}_1) = (\mathbf{x}, \mathbf{A}^*\mathbf{x}_1) = \lambda_1(\mathbf{x}, \mathbf{x}_1) = 0$ wegen (7.39); es ist also auch $\mathbf{A}\mathbf{x}$ orthogonal zu $\mathbf{x}_1$. Mit $V := \{\mathbf{x} \in \mathbb{C}^p \mid \mathbf{x} \perp \mathbf{x}_1\}$ gilt daher (7.37); weshalb es einen zu $\mathbf{x}_1$ orthogonalen Eigenvektor $\mathbf{x}_2$ von $\mathbf{A}$ gibt, $\mathbf{A}\mathbf{x}_2 = \lambda_2\mathbf{x}_2$.

Da nun mit $\mathbf{x}$ auch $\mathbf{A}\mathbf{x}$ senkrecht zu $\mathbf{x}_1$ und $\mathbf{x}_2$ ist, gibt es einen weiteren, zu $\mathbf{x}_1$ und $\mathbf{x}_2$ orthogonalen Eigenvektor $\mathbf{x}_3$, usw.

Insgesamt erhält man (wenn man noch die Beträge der $\mathbf{x}_j$ als normiert voraussetzt) ein Orthonormalsystem $\{\mathbf{x}_1, \dots, \mathbf{x}_p\}$ mit $\mathbf{A}\,\mathbf{x}_j = \lambda_j\,\mathbf{x}_j$ $(1 \leqslant j \leqslant p)$, so daß mit der unitären Matrix $\mathbf{T} := (\mathbf{x}_1, \dots, \mathbf{x}_p)$ die Formel (7.38) gilt. ∎

Wir halten als Nebenergebnis fest:

7.41 **Satz.**

Eine quadratische Matrix $\mathbf{A}$ ist genau dann normal, wenn jeder Eigenvektor von $\mathbf{A}$ zum Eigenwert λ zugleich auch Eigenvektor von $\mathbf{A}^*$ zum Eigenwert $\bar{\lambda}$ ist.

Für *hermitesche und reell-symmetrische Matrizen* ist der Beweis des Spektralsatzes noch einfacher, da man gar nicht (7.39) braucht, sondern unmittelbar aus der Definition solcher Matrizen $(\mathbf{A}\mathbf{x}, \mathbf{x}_1) = (\mathbf{x}, \mathbf{A}\,\mathbf{x}_1) = \lambda_1(\mathbf{x}, \mathbf{x}_1)$ für einen Eigenvektor $\mathbf{x}_1$ zum Eigenwert λ_1 erhält.

Man erkennt so auch:

7.42 **Satz.**

Zu jeder reell-symmetrischen (p,p)-Matrix gibt es eine aus Eigenvektoren der Matrix bestehende Orthonormalbais des $\mathbb{R}^p$.

Statt sie in der angedeuteten Weise direkt herzuleiten, kann man diese Aussage auch leicht aus Satz 7.40 folgern, indem man die Realität der Eigenwerte ausnutzend, zu den Real- und Imaginärteilen der Gleichungen $\mathbf{A}\,\mathbf{x}_j = \lambda_j\,\mathbf{x}_j$ $(1 \leqslant j \leqslant p)$ übergeht.

Für (reelle) *orthogonale Matrizen* gibt es im allgemeinen keine reellen Eigenvektoren, da ja die Eigenwerte nur in ganz speziellen Fällen insgesamt reell sind; man vgl. die Beispiele 7.3c) und 7.15b). Es läßt sich aber ohne weiteres das mit Formel (7.13) für den $\mathbb{R}^3$ gewonnene Resultat verallgemeinern zu einer reellen Normalform beliebiger orthogonaler Matrizen, bei welcher nur ± 1 und (2,2)-Kästchen in der Hauptdiagonale stehen und alle anderen Matrixelemente verschwinden; dazu schreibe man für $1 \leqslant j \leqslant p$

$$\mathbf{x}_j =: \mathbf{y}_j + i\,\mathbf{z}_j$$

und

$$\lambda_j =: \sigma_j + i\,\tau_j$$

mit

$$y_j, z_j \in \mathbb{R}^p, \quad \sigma_j, \tau_j \in \mathbb{R},$$

so daß

$$\sigma_j^2 + \tau_j^2 = 1$$

und

$$\mathbf{A}\,y_j = \sigma_j\, y_j - \tau_j\, z_j\,,$$
$$\mathbf{A}\,z_j = \tau_j\, y_j + \sigma_j\, z_j\,.$$

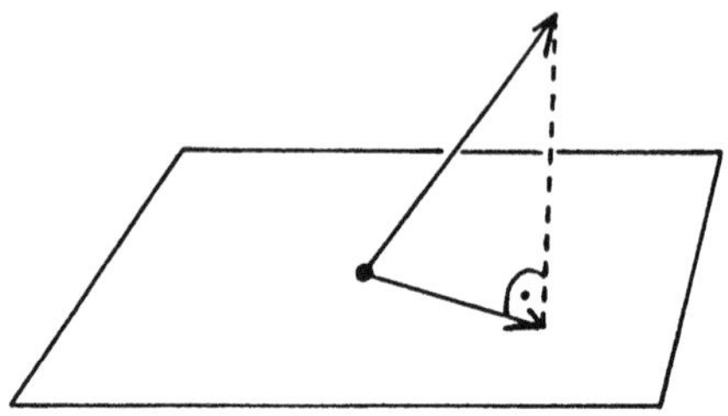

Bild 7.9

Die weiteren Einzelheiten möge sich der interessierte Leser selbst überlegen oder in der am Ende des Kapitels genannten Literatur nachschlagen.

Es soll nun, bevor wir auf weitere Spezialfälle und Anwendungen eingehen, noch eine etwas andere instruktive und handliche Formulierung des Spektralsatzes vorgestellt werden, die sich insbesondere zur Verallgemeinerung auf den unendlichdimensionalen Fall eignet.

Sind $\lambda_1, \ldots, \lambda_q$ die verschiedenen Eigenwerte einer normalen (p,p)-Matrix **A** und $V_1, \ldots, V_q$ die entsprechenden Eigenräume, so kann man nach Satz 7.40 jeden Vektor $\mathbf{x} \in \mathbb{C}^p$ eindeutig darstellen in der Form

$$\mathbf{x} = \mathbf{x}_1 + \ldots + \mathbf{x}_q \quad \text{mit} \quad \mathbf{x}_j \in V_j \quad (1 \leqslant j \leqslant q)\,.$$

Da hierbei $\mathbf{x} - \mathbf{x}_j \perp V_j$, ist $\mathbf{x}_j$ jeweils die beste Approximation an **x** innerhalb V_j (vgl. Beispiel 5.6.1) oder, wie man auch sagt, die *orthogonale Projektion* von **x** in den Unterraum V_j (siehe Bild 7.9, wo ein Vektor $\mathbf{x} \in \mathbb{R}^3$ senkrecht in eine Ebene projiziert wird).

Ist allgemein $\{\mathbf{y}_1, \ldots, \mathbf{y}_k\}$ Orthonormalbasis eines Unterraumes V von K^p, so ist nach Abschnitt 5.6.1 die orthogonale Projektion von $\mathbf{x} \in K^p$ in V gegeben durch

$$(\mathbf{x}, \mathbf{y}_1)\mathbf{y}_1 + \ldots + (\mathbf{x}, \mathbf{y}_k)\mathbf{y}_k = \mathbf{y}_1 \overline{\mathbf{y}}_1^T \mathbf{x} + \ldots + \mathbf{y}_k \overline{\mathbf{y}}_k^T \mathbf{x} =$$
$$= (\mathbf{y}_1, \ldots, \mathbf{y}_k) \begin{pmatrix} \overline{\mathbf{y}}_1^T \\ \vdots \\ \overline{\mathbf{y}}_k^T \end{pmatrix} \mathbf{x} =: \mathbf{P}\mathbf{x}\,.$$

Aus der Definition der Matrix **P** ergibt sich unmittelbar

$$\mathbf{P}^2 = \mathbf{P} = \mathbf{P}^*\,. \tag{7.40}$$

Ist umgekehrt irgendeine quadratische Matrix **P** mit (7.40) gegeben, so ist sie normal, besitzt also eine Orthonormalbasis aus Eigenvektoren, und für einen Eigenvektor **x** zum Eigenwert λ gilt

$$\lambda^2\,\mathbf{x} = \mathbf{P}^2\,\mathbf{x} = \mathbf{P}\,\mathbf{x} = \lambda\,\mathbf{x}\,,$$

also $\lambda^2 = \lambda$, d.h. $\lambda \in \{0, 1\}$; mit einer Orthonormalbasis $\{\mathbf{y}_1, \ldots, \mathbf{y}_k\}$ des Eigenraumes V zum Eigenwert 1 gilt daher für beliebige $\mathbf{x} \in K^p$

$$\mathbf{P}\,\mathbf{x} = \mathbf{P}((\mathbf{x}, \mathbf{y}_1)\mathbf{y}_1 + \ldots + (\mathbf{x}, \mathbf{y}_k)\mathbf{y}_k) = (\mathbf{x}, \mathbf{y}_1)\mathbf{y}_1 + \ldots + (\mathbf{x}, \mathbf{y}_k)\mathbf{y}_k ,$$

da $\mathbf{x} - (\mathbf{x}, \mathbf{y}_1)\mathbf{y}_1 - \ldots - (\mathbf{x}, \mathbf{y}_k)\mathbf{y}_k \in V^{\perp}$ und $V^{\perp}$ der Eigenraum zum Eigenwert 0 ist.

Wir haben also erhalten:

7.43 **Lemma und Definition.**

Eine quadratische Matrix **P** über K ist genau dann die Matrix einer orthogonalen Projektion, wenn

$$\mathbf{P}^2 = \mathbf{P} = \mathbf{P}^* .$$

Eine Matrix mit dieser Eigenschaft heißt *orthogonaler Projektor.*

Bezeichnen wir nun die zu den Eigenräumen $V_1, \ldots, V_q$ der weiter oben betrachteten normalen (p,p)-Matrix **A** gehörenden orthogonalen Projektoren mit $\mathbf{P}_1, \ldots, \mathbf{P}_q$, so ergibt sich für $\mathbf{x} \in \mathbb{C}^p$

$$\mathbf{A}\,\mathbf{x} = \mathbf{A}(\mathbf{x}_1 + \ldots + \mathbf{x}_q) = \lambda_1 \mathbf{x}_1 + \ldots + \lambda_q \mathbf{x}_q = \lambda_1 \mathbf{P}_1 \mathbf{x} + \ldots + \lambda_q \mathbf{P}_q \mathbf{x} ,$$

also

$$\mathbf{A} = \lambda_1 \mathbf{P}_1 + \ldots + \lambda_q \mathbf{P}_q .$$

Wegen $\mathbf{P}_1 \mathbf{x} + \ldots + \mathbf{P}_q \mathbf{x} = \mathbf{x}$ für alle $\mathbf{x} \in \mathbb{C}^p$ gilt

$$\mathbf{P}_1 + \ldots + \mathbf{P}_q = \mathbf{E} , \tag{7.41}$$

und aus dieser Gleichung sowie (7.40) folgt

$$\mathbf{P}_j \mathbf{P}_k = \mathbf{\Omega} \quad \text{für } j \neq k ; \tag{7.42}$$

denn für $\mathbf{x} \in \mathbb{C}^p$ und $j \in \{1, \ldots, q\}$ gilt

$$\|\mathbf{P}_j \mathbf{x}\|^2 = (\mathbf{P}_j \mathbf{x}, \mathbf{P}_j \mathbf{x}) = ((\mathbf{P}_1 + \ldots + \mathbf{P}_q)\mathbf{P}_j \mathbf{x}, \mathbf{P}_j \mathbf{x}) = \|\mathbf{P}_1 \mathbf{P}_j \mathbf{x}\|^2 + \ldots + \|\mathbf{P}_q \mathbf{P}_j \mathbf{x}\|^2$$

wegen

$$(\mathbf{P}_k \mathbf{P}_j \mathbf{x}, \mathbf{P}_j \mathbf{x}) = (\mathbf{P}_k^2 \mathbf{P}_j \mathbf{x}, \mathbf{P}_j \mathbf{x}) = (\mathbf{P}_k \mathbf{P}_j \mathbf{x}, \mathbf{P}_k \mathbf{P}_j \mathbf{x})$$

und daher

$$\mathbf{P}_k \mathbf{P}_j \mathbf{x} = \mathbf{0} \quad \text{für } k \neq j .$$

7.44 **Definition.**

Ein System $\{\mathbf{P}_1, \ldots, \mathbf{P}_q\}$ von orthogonalen Projektoren gleicher Reihenzahl mit

$$\mathbf{P}_1 + \ldots + \mathbf{P}_q = \mathbf{E}$$

heißt *Spektralzerlegung* oder *Orthogonalzerlegung der Eins.*

Damit erhalten wir als zweite Version des Satzes 7.40

7.45 **Satz.** (*Spektralsatz, zweite Fassung*)

Eine quadratische Matrix **A** ist genau dann normal, wenn es eine Spektralzerlegung $\{\mathbf{P}_1, \ldots, \mathbf{P}_q\}$ gibt mit

$$\mathbf{A} = \sum_{j=1}^{q} \lambda_j \mathbf{P}_j \; ; \tag{7.43}$$

wobei $\lambda_1, \ldots, \lambda_q$ die verschiedenen Eigenwerte von **A** sind.

Es ist klar, daß aus der Existenz einer Darstellung (7.43) die Normalität von **A** folgt, da (Lemma 7.11 und (7.40))

$$\mathbf{A}^* = \sum_{j=1}^{q} \bar{\lambda}_j \mathbf{P}_j \, ,$$

also nach (7.42)

$$\mathbf{A}\mathbf{A}^* = \mathbf{A}^*\mathbf{A} = \sum_{j=1}^{q} |\lambda_j|^2 \mathbf{P}_j \, .$$

Mit der *additiven Zerlegung* (7.43) kann man (wegen der Relationen (7.40), (7.41) (7.42)) ebensogut arbeiten wie mit der *multiplikativen Zerlegung* (7.38).

7.46 **Beispiele.**

a) Wir betrachten die orthogonale Matrix

$$\mathbf{A} := \begin{pmatrix} 0 & -\sqrt{\frac{1}{2}} & \sqrt{\frac{1}{2}} \\ \sqrt{\frac{1}{2}} & \frac{1}{2} & \frac{1}{2} \\ -\sqrt{\frac{1}{2}} & \frac{1}{2} & \frac{1}{2} \end{pmatrix} .$$

Da $\det \mathbf{A} = 1$, hat nach dem Eulerschen Theorem **A** die Eigenwerte $1,\ e^{i\varphi},\ e^{-i\varphi}$ mit $\cos\varphi = \frac{1}{2}\,(\mathrm{Sp}(\mathbf{A})-1)$ und $\varphi \in [0, \pi]$, also hier $\cos\varphi = 0$, d.h. $\varphi = \frac{\pi}{2}$, und die Eigenwerte sind $1,\ i = e^{i\pi/2},\ -i$.

Wir berechnen nun die Eigenvektoren.

Eigenvektor zu $\lambda_1 = 1$:

-1	$-\sqrt{\frac{1}{2}}$	$\sqrt{\frac{1}{2}}$	0
$\sqrt{\frac{1}{2}}$	$-\frac{1}{2}$	$\frac{1}{2}$	0
$-\sqrt{\frac{1}{2}}$	$\frac{1}{2}$	$-\frac{1}{2}$	0
-1	$-\sqrt{\frac{1}{2}}$	$\sqrt{\frac{1}{2}}$	0
0	-1	1	0

Also ergibt sich als normierter Eigenvektor

$$\mathbf{x}_1 = \begin{pmatrix} 0 \\ \sqrt{\frac{1}{2}} \\ \sqrt{\frac{1}{2}} \end{pmatrix} .$$

Eigenvektor zu $\lambda_2 = \mathbf{i}$:

$$\begin{array}{ccc|c} -i & -\sqrt{\frac{1}{2}} & \sqrt{\frac{1}{2}} & 0 \\ \sqrt{\frac{1}{2}} & \frac{1}{2} - i & \frac{1}{2} & 0 \\ -\sqrt{\frac{1}{2}} & \frac{1}{2} & \frac{1}{2} - i & 0 \\ \hline -i & -\sqrt{\frac{1}{2}} & \sqrt{\frac{1}{2}} & 0 \\ 0 & \frac{1}{2}(1-i) & \frac{1}{2}(1-i) & 0 \\ 0 & 1-i & 1-i & 0 \\ \hline \end{array} \qquad \cdot\left(-i\sqrt{\tfrac{1}{2}}\right) \text{ +}, \quad \text{Zeile 2} + \text{Zeile 3} \text{ +}$$

Als normierter Eigenvektor ergibt sich

$$\mathbf{x}_2 = \begin{pmatrix} \frac{i}{\sqrt{2}} \\ \frac{1}{2} \\ -\frac{1}{2} \end{pmatrix} ,$$

Eigenvektor zu $\lambda_3 = -\mathbf{i}$:

Dieser Vektor $\mathbf{x}_3$ erfüllt die zu $\mathbf{A}\,\mathbf{x}_2 = i\,\mathbf{x}_2$ konjugiert komplexe Gleichung $\mathbf{A}\,\mathbf{x}_3 = -i\,\mathbf{x}_3$, also

$$\mathbf{x}_3 = \overline{\mathbf{x}}_2 = \begin{pmatrix} -\frac{i}{\sqrt{2}} \\ \frac{1}{2} \\ -\frac{1}{2} \end{pmatrix} .$$

Transformation auf Diagonalform:

Mit $\mathbf{T} := (\mathbf{x}_1, \mathbf{x}_2, \mathbf{x}_3)$ gilt

$$\mathbf{T}^*\mathbf{A}\mathbf{T} = \begin{pmatrix} 1 & 0 & 0 \\ 0 & i & 0 \\ 0 & 0 & -i \end{pmatrix} .$$

Spektralzerlegung zu A:

$$\mathbf{P}_1 := \begin{pmatrix} 0 \\ \sqrt{\frac{1}{2}} \\ \sqrt{\frac{1}{2}} \end{pmatrix} \begin{pmatrix} 0 & \sqrt{\frac{1}{2}} & \sqrt{\frac{1}{2}} \end{pmatrix} = \begin{pmatrix} 0 & 0 & 0 \\ 0 & \frac{1}{2} & \frac{1}{2} \\ 0 & \frac{1}{2} & \frac{1}{2} \end{pmatrix},$$

$$\mathbf{P}_2 := \begin{pmatrix} \frac{i}{\sqrt{2}} \\ \frac{1}{2} \\ -\frac{1}{2} \end{pmatrix} \begin{pmatrix} -\frac{i}{\sqrt{2}} & \frac{1}{2} & -\frac{1}{2} \end{pmatrix} = \begin{pmatrix} \frac{1}{2} & \frac{i}{2\sqrt{2}} & -\frac{i}{2\sqrt{2}} \\ -\frac{i}{2\sqrt{2}} & \frac{1}{4} & -\frac{1}{4} \\ \frac{i}{2\sqrt{2}} & -\frac{1}{4} & \frac{1}{4} \end{pmatrix}$$

und entsprechend

$$\mathbf{P}_3 := \begin{pmatrix} \frac{1}{2} & -\frac{i}{2\sqrt{2}} & \frac{i}{2\sqrt{2}} \\ \frac{i}{2\sqrt{2}} & \frac{1}{4} & -\frac{1}{4} \\ -\frac{i}{2\sqrt{2}} & -\frac{1}{4} & \frac{1}{4} \end{pmatrix}.$$

Damit gilt

$$\mathbf{A} = \mathbf{P}_1 + i\,\mathbf{P}_2 - i\,\mathbf{P}_3 .$$ □

b) Wir berechnen die *Norm* $\|\mathbf{A}\|_2$ einer (q,p)-Matrix **A** über K (vgl. Satz 5.19). Die Abschätzung (5.42) für $\|\mathbf{A}\|_2$ läßt sich mit dem Spur-Begriff offenbar schreiben als

$$\|\mathbf{A}\|_2 \leqslant \sqrt{\mathrm{Sp}(\overline{\mathbf{A}}^T \mathbf{A})}.$$

Mittels $\overline{\mathbf{A}}^T \mathbf{A}$ kann man auch den exakten Wert von $\|\mathbf{A}\|_2$ ausdrücken:

$\overline{\mathbf{A}}^T \mathbf{A}$ ist eine hermitesche, also normale (p,p)-Matrix. Mit einer Orthonormalbasis $\{\mathbf{x}_1, \dots, \mathbf{x}_p\}$ des $\mathbb{C}^p$ aus Eigenvektoren zu den Eigenwerten $\lambda_1, \dots, \lambda_p$ von $\overline{\mathbf{A}}^T \mathbf{A}$ gilt also für $\mathbf{x} = \xi_1 \mathbf{x}_1 + \dots + \xi_p \mathbf{x}_p$

$$0 \leqslant (\mathbf{A}\,\mathbf{x}, \mathbf{A}\,\mathbf{x}) = (\overline{\mathbf{A}}^T \mathbf{A}\mathbf{x}, \mathbf{x}) = (\lambda_1\, \xi_1 \mathbf{x}_1 + \dots + \lambda_p\, \xi_p \mathbf{x}_p, \xi_1 \mathbf{x}_1 + \dots + \xi_p \mathbf{x}_p) =$$
$$= \lambda_1 |\xi_1|^2 + \dots + \lambda_p |\xi_p|^2 \leqslant (|\xi_1|^2 + \dots + |\xi_p|^2) \cdot \max_{1 \leqslant j \leqslant p} \lambda_j ;$$

man beachte, daß alle $\lambda_j \geqslant 0$ sind, da

$$\lambda_j = (\overline{\mathbf{A}}^T \mathbf{A}\, \mathbf{x}_j, \mathbf{x}_j) = (\mathbf{A}\, \mathbf{x}_j, \mathbf{A}\, \mathbf{x}_j) .$$

Es ergibt sich also mit der euklidischen unitären Norm für Vektoren

$$\|\mathbf{A}\,\mathbf{x}\|^2 \leqslant \|\mathbf{x}\|^2 \cdot \max_{1 \leqslant j \leqslant p} \lambda_j .$$

Mit $\lambda_{j_0} = \max \lambda_j$ und $\mathbf{x} = \mathbf{x}_{j_0}$ wird das Gleichheitszeichen angenommen, so daß wir erhalten:

> Für jede (q,p)-Matrix **A** gilt
>
> $$\|\mathbf{A}\|_2 = \sqrt{\lambda_0} ,$$
>
> wobei λ_0 der größte der (sämtlich nichtnegativen) Eigenwerte der (p,p)-Matrix $\bar{\mathbf{A}}^T \mathbf{A}$ ist.

Die Berechnung der Norm $\|\mathbf{A}\|_2$ ist also im allgemeinen recht aufwendig, da mit der Lösung eines Eigenwertproblems verbunden. □

c) Durch praktisch dieselbe Rechnung wie soeben erhält man auch den Beweis von Satz 7.32 über den *numerischen Wertebereich einer normalen Matrix* **A**:

Ist $\{\mathbf{x}_1, \ldots, \mathbf{x}_p\}$ eine Orthonormalbasis aus Eigenvektoren von **A** zu den Eigenwerten $\lambda_1, \ldots, \lambda_p$ und ist $\mathbf{x} \in \mathbb{C}^p$ mit $\|\mathbf{x}\| = 1$ gegeben, d.h. gilt

$$\mathbf{x} = \xi_1 \mathbf{x}_1 + \ldots + \xi_p \mathbf{x}_p \quad \text{mit} \quad |\xi_1|^2 + \ldots + |\xi_p|^2 = 1 ,$$

so folgt

$$(\mathbf{A}\,\mathbf{x}, \mathbf{x}) = |\xi_1|^2 \lambda_1 + \ldots + |\xi_p|^2 \lambda_p .$$

Um diese Formel anschaulich-geometrisch zu interpretieren, brauchen wir folgenden Sachverhalt:

> Mit $\alpha_1, \ldots, \alpha_p \geqslant 0$ und $\sum_{j=1}^{p} \alpha_j = 1$ heißt $\alpha_1 \lambda_1 + \ldots + \alpha_p \lambda_p$ eine *Konvexkombination* der komplexen Zahlen $\lambda_1, \ldots, \lambda_p$.
>
> Die Menge aller Konvexkombinationen von $\lambda_1, \ldots, \lambda_p$ ist die kleinste konvexe Obermenge (*konvexe Hülle*) dieser Zahlen, d.h. die kleinste Menge, die alle diese Zahlen und zu je zwei Punkten aus $\mathbb{C}$ auch deren Verbindungsstrecke umfaßt.

Ausgehend von der Tatsache, daß die Menge aller $\alpha\lambda_1 + (1-\alpha)\lambda_2$ mit $0 \leqslant \alpha \leqslant 1$ die Verbindungsstrecke zweier Zahlen $\lambda_1, \lambda_2 \in \mathbb{C}$ ist, möge der Leser dies selbst durch Induktion über p beweisen.

(Man kann alles natürlich genauso für Punkte in beliebigen Vektorräumen formulieren!)

Es ergibt sich nun die Aussage von Satz 7.32:

Die Menge aller $(\mathbf{A}\,\mathbf{x}, \mathbf{x})$ mit $\|\mathbf{x}\| = 1$ ist die konvexe Hülle der Eigenwerte $\lambda_1, \ldots, \lambda_p$ von **A**.

Die genaue Diskussion des numerischen Wertebereichs nichtnormaler Matrizen ist im allgemeinen schwierig. Wir geben als Beispiel nur ein spezielles Resultat an:

Für eine nichtnormale diagonalisierbare (2,2)-Matrix **A** mit den verschiedenen Eigenwerten λ_1, λ_2 sowie den zugehörigen normierten Eigenvektoren $\mathbf{x}_1, \mathbf{x}_2$ gilt mit $r := |(\mathbf{x}_1, \mathbf{x}_2)|$ (wobei r in $(0,1)$ liegt)

$$W(\mathbf{A}) = \left\{ \frac{\lambda_1 + \lambda_2}{2} + x(\lambda_1 - \lambda_2) + i\,y(\lambda_1 - \lambda_2) \;\middle|\; x, y \in \mathbb{R},\ x^2 + \left(\frac{y}{r}\right)^2 \leqslant \leqslant \frac{1}{4(1 - r^2)} \right\},$$

d.h. der Wertebereich ist die Ellipsenfläche mit den Brennpunkten λ_1 und λ_2 und den Halbachsen $\dfrac{|\lambda_1 - \lambda_2|}{2\sqrt{1 - r^2}}$ und $\dfrac{r\,|\lambda_1 - \lambda_2|}{2\sqrt{1 - r^2}}$ (Bild 7.10) .

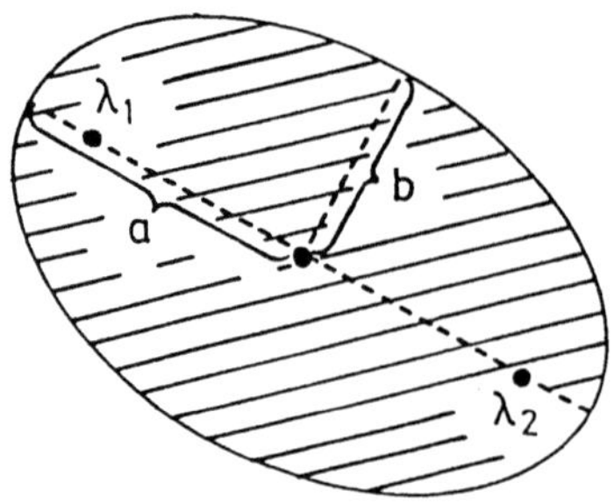

$$a = \frac{|\lambda_1 - \lambda_2|}{2\sqrt{1 - r^2}}$$

$$b = \frac{r\,|\lambda_1 - \lambda_2|}{2\sqrt{1 - r^2}}$$

Bild 7.10

Der *Beweis* dieser Aussage ist rechnerisch aufwendig und muß hier übergangen werden □

7.4.2 Funktionen normaler Matrizen

Anhand der Formeln (7.38) oder (7.43) kann man in sehr allgemeiner Weise *Funktionen normaler Matrizen* erklären, wir knüpfen hier an (7.43) an.

7.47 **Definition.**

Ist **A** eine normale Matrix mit der zugehörigen Spektraldarstellung

$$\mathbf{A} = \lambda_1 \mathbf{P}_1 + \ldots + \lambda_k \mathbf{P}_k$$

und f eine komplexwertige Funktion, deren Definitionsbereich die Eigenwerte $\lambda_1, \ldots, \lambda_k$ von **A** umfaßt, so setzt man

$$f(\mathbf{A}) := f(\lambda_1)\mathbf{P}_1 + \ldots + f(\lambda_k)\mathbf{P}_k \,. \tag{7.44}$$

Diese Definition ist dadurch motiviert, daß nach (7.40), (7.41) und (7.42)

$$\mathbf{A}^n = \Big(\sum_{j=1}^{k} \lambda_j \mathbf{P}_j\Big)^n = \sum_{j=1}^{k} \lambda_j^n \mathbf{P}_j \quad \text{für } n = 0, 1, 2, \ldots$$

und daher (7.44) im Falle eines Polynoms f und auch für an den Stellen $\lambda_1, \ldots, \lambda_k$ konvergente Potenzreihen f mit der bisherigen Definition von $f(\mathbf{A})$ übereinstimmt; die Definition

$$f(\mathbf{A}) := \mathbf{T} \begin{pmatrix} f(\lambda_1) & & 0 \\ & \ddots & \\ 0 & & f(\lambda_p) \end{pmatrix} \mathbf{T}^*,$$

auf (7.38) bezugnehmend, ist völlig äquivalent zur in (7.44) gegebenen.

Da es zu irgendwelchen Zahlen $a_1, \ldots, a_k \in \mathbb{C}$ stets ein *Polynom* φ gibt mit $\varphi(\lambda_j) = a_j$ $(1 \leqslant j \leqslant k)$, werden durch (7.44) im Grunde keine anderen Funktionen erfaßt als Polynome in $\mathbf{A}$; man nennt ein Polynom φ mit $\varphi(\mathbf{A}) = f(\mathbf{A})$ ein zu f und $\mathbf{A}$ gehöriges *Ersatzpolynom*. Dennoch ist es zweckmäßig, allgemeinere Funktionen f zu betrachten, weil dies die Brücke zu Strukturzusammenhängen bei den skalaren Funktionen schlägt (wie z.B. $\exp(\mathbf{A}) \cdot \exp(-\mathbf{A}) = \mathbf{E}$), die durch die mit $\mathbf{A}$ wechselnden Ersatzpolynome verwischt würden. Außerdem läßt sich dieser Funktionen-Kalkül, nicht aber die Ersetzbarkeit durch Polynome auf unendlichdimensionale Räume übertragen.

Einige einfache Eigenschaften solcher Matrizenfunktionen:

7.48 **Lemma.**

Sei $\mathbf{A}$ eine normale Matrix mit den verschiedenen Eigenwerten $\lambda_1, \ldots, \lambda_q$, ferner seien f, g komplexwertige Funktionen, deren Definitionsbereiche $\{\lambda_1, \ldots, \lambda_q\}$ umfassen.

a) $f(\mathbf{A})$ ist normal.

b) $f(\mathbf{A})^* = \overline{f}(\mathbf{A})$
mit $\overline{f}(\lambda) := \overline{f(\lambda)}$ für alle λ.

c) $f(\mathbf{A})\, g(\mathbf{A}) = f g(\mathbf{A})$
mit $f g(\lambda) := f(\lambda) \cdot g(\lambda)$ für alle λ.

d) $f(g(\mathbf{A})) = f \circ g\,(\mathbf{A})$,
wobei hier $f(\lambda)$ nur für $\lambda \in \{g(\lambda_1), \ldots, g(\lambda_q)\}$ gemäß $f \circ g\,(\lambda) := f(g(\lambda))$ definiert zu sein braucht.

e) $f(\mathbf{A})$ ist unitär, falls $|f(\lambda_j)| = 1$ für $1 \leqslant j \leqslant q$.

f) $f(\mathbf{A})$ ist hermitesch, falls $f(\lambda_j) \in \mathbb{R}$ für $1 \leqslant j \leqslant q$.

Beweis.

Wir beweisen exemplarisch c) und e).

Zu c): Es ist

$$f(\mathbf{A})\,g(\mathbf{A}) = \sum_{j=1}^{q} f(\lambda_j)\,\mathbf{P}_j \sum_{k=1}^{q} g(\lambda_k)\,\mathbf{P}_k = \sum_{j,k=1}^{q} f(\lambda_j)\,g(\lambda_k)\,\mathbf{P}_j\mathbf{P}_k =$$

$$= \sum_{j=1}^{q} f(\lambda_j)\,g(\lambda_j)\,\mathbf{P}_j$$

nach (7.40) und (7.42).

Zu e):

$$f(\mathbf{A})^*\,f(\mathbf{A}) = \bar{f}(\mathbf{A})\,f(\mathbf{A}) = |f|^2(\mathbf{A}) = \sum_{j=1}^{q} |f(\lambda_j)|^2\,\mathbf{P}_j$$

nach b) und c). Mit $|f(\lambda_j)| = 1$ für $1 \leqslant j \leqslant q$ folgt dann aus (7.41)

$$f(\mathbf{A})^*\,f(\mathbf{A}) = \mathbf{E}\,. \qquad \blacksquare$$

Teil c) des Lemmas besagt insbesondere, daß $f(\mathbf{A})\,g(\mathbf{A}) = g(\mathbf{A})\,f(\mathbf{A})$ für eine normale Matrix $\mathbf{A}$. Überraschenderweise ist dies der einzig mögliche Fall der Vertauschbarkeit zweier normaler Matrizen:

7.49 **Satz.**

Sind $\mathbf{A}$ und $\mathbf{B}$ normale Matrizen gleicher Reihenzahl und gilt

$$\mathbf{AB} = \mathbf{BA}\,,$$

so gibt es Polynome f und g sowie eine normale Matrix $\mathbf{C}$ mit

$$\mathbf{A} = f(\mathbf{C}),\quad \mathbf{B} = g(\mathbf{C})\,.$$

Beweis.

Sei $\mathbf{A} = \sum_{j=1}^{q} \lambda_j\,\mathbf{P}_j$ die Spektraldarstellung von $\mathbf{A}$.

Wir zeigen zunächst:

Aus

$$\mathbf{AX} = \mathbf{XA} \quad \text{folgt} \quad \mathbf{P}_j\mathbf{X} = \mathbf{XP}_j \quad (1 \leqslant j \leqslant q)\,. \tag{7.45}$$

Mit **A** sind offenbar auch alle Potenzen von **A** mit **X** vertauschbar; es gilt also

$$\mathbf{A}^n\mathbf{X} = \sum_{j=1}^{q} \lambda_j^n \mathbf{P}_j \mathbf{X} = \mathbf{X}\mathbf{A}^n = \sum_{j=1}^{q} \lambda_j^n \mathbf{X}\mathbf{P}_j ,$$

d.h.

$$\sum_{j=1}^{q} \lambda_j^n (\mathbf{P}_j \mathbf{X} - \mathbf{X}\mathbf{P}_j) = \boldsymbol{\Omega} \quad \text{für } n = 0, 1, 2, \ldots .$$

Das Gleichungssystem

$$\sum_{j=1}^{q} \lambda_j^n x_j = 0 \quad (0 \leqslant n \leqslant q-1)$$

besitzt nur die triviale Lösung $x_1 = x_2 = \ldots = x_q = 0$ (Vandermondesche Koeffizienten-Determinante!); durch elementweise Anwendung dieser Tatsache folgt

$$\mathbf{P}_j \mathbf{X} - \mathbf{X}\mathbf{P}_j = \boldsymbol{\Omega} \quad (1 \leqslant j \leqslant q)$$

und daher (7.45).

Nun ergibt sich:

Hat **B** die Spektraldarstellung

$$\mathbf{B} = \sum_{k=1}^{r} \mu_k \mathbf{Q}_k ,$$

so sind wegen $\mathbf{BA} = \mathbf{AB}$ alle $\mathbf{Q}_k$ mit **A** vertauschbar, also auch alle $\mathbf{Q}_k$ mit allen $\mathbf{P}_j$, d.h.

$$\mathbf{P}_j \mathbf{Q}_k = \mathbf{Q}_k \mathbf{P}_j \quad (1 \leqslant j \leqslant q,\ 1 \leqslant k \leqslant r) .$$

Unter diesen Umständen sind aber die $\mathbf{R}_{jk} := \mathbf{P}_j \mathbf{Q}_k$ Projektoren, da

$$\mathbf{R}_{jk}^2 = \mathbf{P}_j \mathbf{Q}_k \mathbf{P}_j \mathbf{Q}_k = \mathbf{P}_j^2 \mathbf{Q}_k^2 = \mathbf{P}_j \mathbf{Q}_k ,$$
$$\mathbf{R}_{jk}^* = \mathbf{Q}_k^* \mathbf{P}_j^* = \mathbf{Q}_k \mathbf{P}_j = \mathbf{P}_j \mathbf{Q}_k .$$

Ferner gilt

$$\sum_{j=1}^{q} \sum_{k=1}^{r} \mathbf{R}_{jk} = \sum_{j=1}^{q} \mathbf{P}_j \sum_{k=1}^{r} \mathbf{Q}_k = \mathbf{E}\mathbf{E} = \mathbf{E} .$$

Die $\mathbf{R}_{jk}$ bilden also eine Spektralzerlegung.

Setzen wir nun irgendwie sämtlich untereinander verschiedene Zahlen

$$\nu_{jk} \quad (1 \leqslant j \leqslant q,\ 1 \leqslant k \leqslant r)$$

fest und wählen zwei Polynome f und g mit

$$f(\nu_{jk}) = \lambda_j , \quad g(\nu_{jk}) = \mu_k$$

für $1 \leqslant j \leqslant q$, $1 \leqslant k \leqslant r$, so folgt mit

$$\mathbf{C} := \sum_{j=1}^{q} \sum_{k=1}^{r} \nu_{jk} \mathbf{R}_{jk}$$

$$\mathbf{A} = \sum_{j=1}^{q} \lambda_j \mathbf{P}_j \mathbf{E} = \sum_{j=1}^{q} \sum_{k=1}^{r} \lambda_j \mathbf{P}_j \mathbf{Q}_k = \sum_{j=1}^{q} \sum_{k=1}^{r} f(\nu_{jk}) \mathbf{R}_{jk} = f(\mathbf{C})$$

und ebenso

$$\mathbf{B} = g(\mathbf{C}) .$$ ■

Man kann durch mehrfache Anwendung von (7.45) völlig analog die entsprechende Aussage für mehr als zwei miteinander vertauschbare normale Matrizen beweisen: Solche Matrizen sind stets Funktionen einer einzigen normalen Matrix.

7.4.3 Polarzerlegung und Quadratwurzel

Der Zerlegung einer komplexen Zahl in Realteil und Imaginärteil entspricht die naheliegende Zerlegung einer quadratischen Matrix **A** in der Form

$$\mathbf{A} = \frac{1}{2}(\mathbf{A} + \mathbf{A}^*) + i \cdot \frac{i}{2}(\mathbf{A}^* - \mathbf{A}) ,$$

bei welcher $\frac{1}{2}(\mathbf{A} + \mathbf{A}^*)$ und $\frac{i}{2}(\mathbf{A}^* - \mathbf{A})$ hermitesche Matrizen sind.

Im Falle einer normalen Matrix **A** liegt auch eine der Polarform $z = r\, e^{i\varphi}$ komplexer Zahlen entsprechende *Polarzerlegung* auf der Hand:

Ist $\mathbf{A} = \sum_{j=1}^{q} \lambda_j \mathbf{P}_j$ die Spektraldarstellung, so folgt mit $\lambda_j = \rho_j e^{i\varphi_i}$, $\rho_j \geqslant 0$ $(1 \leqslant j \leqslant q)$

$$\mathbf{A} = \sum_{j=1}^{q} \rho_j \mathbf{P}_j \sum_{j=1}^{q} e^{i\varphi_j} \mathbf{P}_j .$$

Dabei ist $\mathbf{H} := \sum_{j=1}^{q} \rho_j \mathbf{P}_j$ eine hermitesche Matrix mit nichtnegativen Eigenwerten und $\mathbf{U} := \sum_{j=1}^{q} e^{i\varphi_j} \mathbf{P}_j$ unitär. Offenbar ist **U** nicht eindeutig bestimmt, wenn ein ρ_j verschwindet.

7.50 **Satz.**

Jede quadratische Matrix **A** besitzt eine *Polarzerlegung* $\mathbf{A} = \mathbf{U}\mathbf{H}$; dabei ist **H** eine durch **A** eindeutig bestimmte positiv semidefinite Matrix und **U** unitär; **U** ist nicht eindeutig bestimmt, sofern **A** singulär ist.

Ist **A** reell, so auch **H**, und **U** kann orthogonal gewählt werden.

Beweis.

Hat $\mathbf{A}$ eine Zerlegung $\mathbf{A} = \mathbf{U}\,\mathbf{H}$ der angegebenen Art, so folgt

$$\mathbf{A}^*\mathbf{A} = \mathbf{H}^*\mathbf{U}^*\mathbf{U}\,\mathbf{H} = \mathbf{H}^2 ,$$

da

$$\mathbf{U}^*\mathbf{U} = \mathbf{E} \quad \text{und} \quad \mathbf{H}^* = \mathbf{H} .$$

Nun ist offenbar $\mathbf{A}^*\mathbf{A}$ hermitesch und besitzt nur nichtnegative Eigenwerte, da aus $\mathbf{A}^*\mathbf{A}\,\mathbf{x} = \lambda\,\mathbf{x}$ mit $\|\mathbf{x}\| = 1$ folgt:

$$\lambda = (\mathbf{A}^*\mathbf{A}\,\mathbf{x}, \mathbf{x}) = (\mathbf{A}\,\mathbf{x}, \mathbf{A}\,\mathbf{x}) = \|\mathbf{A}\,\mathbf{x}\|^2 \geqslant 0 .$$

Es gibt also eine Orthonormalbasis $\{\mathbf{x}_1, \dots, \mathbf{x}_p\}$ aus Eigenvektoren von $\mathbf{A}^*\mathbf{A}$, so daß mit $\mathbf{T} := (\mathbf{x}_1, \dots, \mathbf{x}_p)$

$$\mathbf{A}^*\mathbf{A} = \mathbf{T} \begin{pmatrix} \lambda_1^2 & & 0 \\ & \ddots & \\ 0 & & \lambda_p^2 \end{pmatrix} \mathbf{T}^*$$

mit gewissen $\lambda_j \geqslant 0$.

Die einzige normale Matrix $\mathbf{H}$ mit nichtnegativen Eigenwerten und $\mathbf{H}^2 = \mathbf{A}^*\mathbf{A}$ ist daher

$$\mathbf{H} = \mathbf{T} \begin{pmatrix} \lambda_1 & & 0 \\ & \ddots & \\ 0 & & \lambda_p \end{pmatrix} \mathbf{T}^* ,$$

da ja jeder Eigenvektor $\mathbf{x}$ von $\mathbf{H}$ zum Eigenwert λ auch Eigenvektor von $\mathbf{H}^2$ zum Eigenwert λ^2 ist, also die Eigenräume übereinstimmen.

Man nennt $\mathbf{H}$ die *positive Quadratwurzel* von $\mathbf{A}^*\mathbf{A}$ und schreibt gemäß Definition 7.47

$$\mathbf{H} = \sqrt{\mathbf{A}^*\mathbf{A}} .$$

Da eine unitäre Matrix die unitäre Norm $\|\cdot\|$ invariant läßt (Satz 5.34), folgt aus der Existenz eines $\mathbf{U}$ mit $\mathbf{A} = \mathbf{U}\mathbf{H}$, daß

$$\|\mathbf{A}\,\mathbf{x}\| = \|\mathbf{H}\,\mathbf{x}\| \quad \text{für alle} \quad \mathbf{x} \in \mathbb{C}^p . \tag{7.46}$$

Diese Bedingung erfüllt das soeben konstruierte $\mathbf{H}$ tatsächlich (man beachte die Analogie zu $r = |z| = \sqrt{\bar{z}\,z}$):

$$(\mathbf{A}\mathbf{x}, \mathbf{A}\mathbf{x}) = (\mathbf{A}^*\mathbf{A}\mathbf{x}, \mathbf{x}) = (\mathbf{H}^2\mathbf{x}, \mathbf{x}) = (\mathbf{H}\mathbf{x}, \mathbf{H}\mathbf{x}) .$$

Insbesondere haben also $\mathbf{H}$ und $\mathbf{A}$ denselben Kern (Nullraum).

Von der Orthonormalbasis $\{\mathbf{x}_1, \dots, \mathbf{x}_p\}$ des $\mathbb{C}^p$ aus Eigenvektoren von $\mathbf{H}$ setzen wir nun voraus, daß speziell $\{\mathbf{x}_1, \dots, \mathbf{x}_k\}$ eine Basis des Kernes ist. Offenbar ist $\mathbf{A} = \mathbf{U}\mathbf{H}$ gleichbedeutend mit

$$\mathbf{U}\mathbf{H}\,\mathbf{x}_j = \mathbf{A}\,\mathbf{x}_j \quad (1 \leqslant j \leqslant p) . \tag{7.47}$$

Für $1 \leqslant j \leqslant k$ ist dies immer erfüllt, da ja $\mathbf{H}\,\mathbf{x}_j = \mathbf{A}\,\mathbf{x}_j = \mathbf{0}$ für diese j.

Für $j = k+1, \dots, p$ gilt $\mathbf{H}\,\mathbf{x}_j = \lambda_j\,\mathbf{x}_j$ mit $\lambda_j = \|\mathbf{A}\,\mathbf{x}_j\| > 0$ wegen (7.46), weshalb für diese j die Gleichungen (7.47) gleichwertig sind mit

$$\mathbf{U}\,\mathbf{x}_j = \frac{1}{\lambda_j}\,\mathbf{A}\,\mathbf{x}_j \quad (k+1 \leqslant j \leqslant p)\,. \tag{7.48}$$

Die hier rechts stehenden $\frac{1}{\lambda_j}\mathbf{A}\,\mathbf{x}_j$ sind nicht nur Einheitsvektoren, sondern auch untereinander orthogonal:

$$(\mathbf{A}\,\mathbf{x}_i, \mathbf{A}\,\mathbf{x}_j) = (\mathbf{A}^*\mathbf{A}\,\mathbf{x}_i, \mathbf{x}_j) = \lambda_i^2\,(\mathbf{x}_i, \mathbf{x}_j) = 0 \qquad \text{für } j \neq i\,,$$

da

$$\mathbf{A}^*\mathbf{A}\,\mathbf{x}_i = \mathbf{H}^2\,\mathbf{x}_i = \lambda_i^2\,\mathbf{x}_i\,.$$

Nun ist $\mathbf{U}$ unitär genau dann, wenn es irgendeine Orthonormalbasis wieder in eine Orthonormalbasis überführt (sind $\mathbf{V}$ und $\mathbf{W}$ die aus den beiden Orthonormalbasen gemäß Satz 5.34a) gebildeten unitären Matrizen, so ist mit $\mathbf{U}\mathbf{V} = \mathbf{W}$ auch $\mathbf{U} = \mathbf{W}\mathbf{V}^*$ unitär).

Es ist also $\mathbf{U}$ genau dann unitär und erfüllt die Gleichungen (7.47) und damit $\mathbf{A} = \mathbf{U}\mathbf{H}$, wenn wir durch irgendwelche $\mathbf{y}_1, \dots, \mathbf{y}_k$ die $\frac{1}{\lambda_j}\,\mathbf{A}\,\mathbf{x}_j$ aus (7.48) zu einer Orthonormalbasis des $\mathbb{C}^p$ ergänzen und zusätzlich zu (7.48) verlangen, daß

$$\mathbf{U}\,\mathbf{x}_j = \mathbf{y}_j \quad (1 \leqslant j \leqslant k)\,,$$

also genau dann, wenn wir mit solchen $\mathbf{y}_j$ setzen

$$\mathbf{U} := \left(\mathbf{y}_1, \dots, \mathbf{y}_k, \frac{1}{\lambda_{k+1}}\,\mathbf{A}\,\mathbf{x}_{k+1}, \dots, \frac{1}{\lambda_p}\,\mathbf{A}\,\mathbf{x}_p\right)\mathbf{T}^*\,.$$

Ist nun $\mathbf{A}$ reell, so auch $\mathbf{A}^*\mathbf{A}$; nach Satz 7.42 kann dann $\mathbf{T}$ reell gewählt werden, so daß $\mathbf{H}$, da eindeutig bestimmt, reell ist, und mit reellen $\mathbf{y}_j$ schließlich wird $\mathbf{U}$ orthogonal. ■

Natürlich beinhaltet der Satz auch die Existenz einer Polarzerlegung $\mathbf{A} = \widetilde{\mathbf{H}}\,\widetilde{\mathbf{U}}$, indem von einer Darstellung $\mathbf{A}^* = \widetilde{\mathbf{U}}^*\,\widetilde{\mathbf{H}}$ zur adjungierten Gleichung übergegangen wird.

Für *normale Matrizen* ist die *Vertauschbarkeit* von $\mathbf{U}$ und $\mathbf{H}$ charakteristisch:
Aus $\mathbf{A} = \mathbf{U}\mathbf{H} = \mathbf{H}\mathbf{U}$ folgt $\mathbf{A}\mathbf{A}^* = \mathbf{A}^*\mathbf{A} = \mathbf{H}^2$; gilt $\mathbf{A}^*\mathbf{A} = \mathbf{A}\mathbf{A}^*$, folgt aus $\mathbf{A} = \mathbf{U}\mathbf{H}$, daß $\mathbf{H}^2 = \mathbf{A}^*\mathbf{A} = \mathbf{A}\mathbf{A}^* = \mathbf{U}\mathbf{H}^2\mathbf{U}^*$, also $\mathbf{H}^2\mathbf{U} = \mathbf{U}\mathbf{H}^2$, und damit ist $\mathbf{U}$ auch mit $\mathbf{H} = \sqrt{\mathbf{H}^2}$ vertauschbar. Letzteres folgt aus (7.45) oder aus der Tatsache, daß sich $\mathbf{H}$ als Polynom in $\mathbf{H}^2$ darstellen läßt.

Im Falle einer reellen (3,3)-Matrix kann man sich die bemerkenswerte Aussage von Satz 7.50 noch folgendermaßen veranschaulichen:

Die durch die Matrix bewirkte Abbildung des $\mathbb{R}^3$ in sich erhält man, indem man ein geeignet in den Raum gelegtes Würfelnetz zunächst in ein flächenparalleles Quadernetz verwandelt und dieses dann verdreht, evtl. auch noch spiegelt (Bild 7.11).

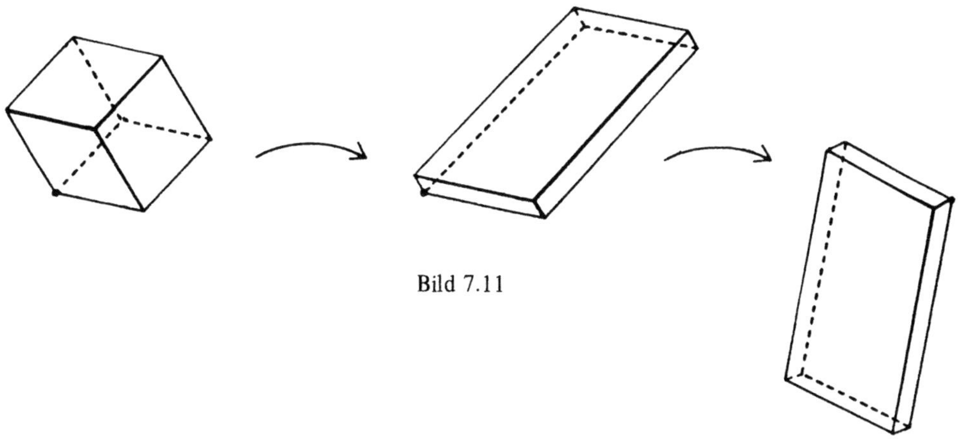

Bild 7.11

Von einigem Nutzen ist gelegentlich noch folgende Tatsache:

7.51 **Lemma.**

Jede quadratische Matrix ist darstellbar als Linearkombination von vier unitären Matrizen.

Beweis.

Sei $\mathbf{A}$ eine quadratische Matrix. Mit $\mathbf{B} := \frac{1}{2}(\mathbf{A} + \mathbf{A}^*)$, $\mathbf{C} = \frac{i}{2}(\mathbf{A}^* - \mathbf{A})$ gilt $\mathbf{A} = \mathbf{B} + i\mathbf{C}$, und $\mathbf{B}$ und $\mathbf{C}$ sind hermitesch.

Es genügt also zu zeigen, daß eine hermitesche Matrix $\mathbf{H}$ mit $\|\mathbf{H}\|_2 \leqslant 1$ darstellbar ist als Linearkombination zweier unitärer Matrizen.

$\mathbf{H}^2$ hat nichtnegative Eigenwerte $\leqslant 1$; also ist $\mathbf{E} - \mathbf{H}^2$ eine hermitesche Matrix mit nichtnegativen Eigenwerten, besitzt also eine Quadratwurzel $\sqrt{\mathbf{E} - \mathbf{H}^2}$.

Nun gilt (man beachte die Analogie zu $a = \cos\varphi = \frac{1}{2}(e^{i\varphi} + e^{-i\varphi}) = \frac{1}{2}(a + i\sqrt{1 - a^2}) + \frac{1}{2}(a - i\sqrt{1 - a^2})$)

$$\mathbf{H} = \frac{1}{2}\left(\mathbf{H} + i\sqrt{\mathbf{E} - \mathbf{H}^2}\right) + \frac{1}{2}\left(\mathbf{H} - i\sqrt{\mathbf{E} - \mathbf{H}^2}\right),$$

und $\mathbf{H} \pm i\sqrt{\mathbf{E} - \mathbf{H}^2}$ sind unitär, da

$$\left(\mathbf{H} + i\sqrt{\mathbf{E} - \mathbf{H}^2}\right)\left(\mathbf{H} - i\sqrt{\mathbf{E} - \mathbf{H}^2}\right) = \mathbf{H}^2 + i\sqrt{\mathbf{E} - \mathbf{H}^2}\,\mathbf{H} - i\mathbf{H}\sqrt{\mathbf{E} - \mathbf{H}^2} + \left(\sqrt{\mathbf{E} - \mathbf{H}^2}\right)^2 = \mathbf{H}^2 + \mathbf{E} - \mathbf{H}^2 = \mathbf{E}.$$

Es wurde benutzt, daß $\sqrt{\mathbf{E} - \mathbf{H}^2}$ als Funktion von $\mathbf{H}$ mit $\mathbf{H}$ vertauschbar ist. ∎

7.4.4 Hauptachsentransformation

Es folgen nun einige einfache Beispiele zur Bestimmung von orthonormalen Eigenvektorbasen bei reell-symmetrischen Matrizen. Aufgrund der anschaulichen Bedeutung, die den Eigenvektorrichtungen bei diesen Beispielen zukommt, spricht man dabei von *Hauptachsentransformation*.

7.52 **Beispiel.**

Die einfachsten Kurven in der Ebene bzw. Flächen im Raum, die man durch Gleichungsbeziehungen zwischen den Koordinaten ihrer Punkte beschreiben kann, sind die
Geraden $ax + by + c = 0$
und die
Ebenen $ax + by + cz + d = 0$.

Die nächsteinfachen Kurven- bzw. Flächentypen sind, gemessen an den sie beschreibenden Gleichungen, die sogenannten *Kurven und Flächen zweiter Ordnung*, die durch Gleichungen

$$ax^2 + bxy + cy^2 + dx + ey + f = 0$$

bzw.

$$ax^2 + bxy + cxz + dy^2 + eyz + fz^2 + gx + hy + iz + k = 0$$

beschrieben werden.

In Matrizenschreibweise lauten diese Gleichungen

$$(x\,y)\begin{pmatrix} a & \frac{b}{2} \\ \frac{b}{2} & c \end{pmatrix}\begin{pmatrix} x \\ y \end{pmatrix} + (d\,e)\begin{pmatrix} x \\ y \end{pmatrix} + f = 0$$

und

$$(x\,y\,z)\begin{pmatrix} a & \frac{b}{2} & \frac{c}{2} \\ \frac{b}{2} & d & \frac{e}{2} \\ \frac{c}{2} & \frac{e}{2} & f \end{pmatrix}\begin{pmatrix} x \\ y \\ z \end{pmatrix} + (g\,h\,i)\begin{pmatrix} x \\ y \\ z \end{pmatrix} + k = 0$$

oder allgemein (mit symmetrischer (p,p)-Matrix $\mathbf{A}$)

$$\mathbf{x}^T\mathbf{A}\mathbf{x} + \mathbf{b}^T\mathbf{x} + c = 0\,. \tag{7.49}$$

Den Hauptterm dieser Gleichung, die quadratische Form (siehe Definition 5.30) $\mathbf{x}^T\mathbf{A}\mathbf{x}$, wandeln wir durch *Drehung des Koordinatensystems* in eine reine Summe von Quadraten um:

Ist $\mathbf{B}$ eine orthogonale Matrix mit $\mathbf{B}^T\mathbf{A}\mathbf{B} = \mathbf{D}$, wobei $\mathbf{D}$ eine Diagonalmatrix sei, setzen wir $\mathbf{x} =: \mathbf{B}\mathbf{y}$ und erhalten

$$\mathbf{x}^T\mathbf{A}\mathbf{x} = \mathbf{y}^T\mathbf{D}\mathbf{y} = \sum_{j=1}^{p} \lambda_j y_j^2\,,$$

wenn

$$\mathbf{y} = \begin{pmatrix} y_1 \\ \vdots \\ y_p \end{pmatrix}\,,\quad \mathbf{D} = \begin{pmatrix} \lambda_1 & & 0 \\ & \ddots & \\ 0 & & \lambda_p \end{pmatrix}\,.$$

Nun haben wir also mit

$$\mathbf{b}^T \mathbf{B} =: (d_1, \ldots, d_p)$$

statt (7.49) die Gleichung

$$\lambda_1 y_1^2 + \ldots + \lambda_p y_p^2 + d_1 y_1 + \ldots + d_p y_p + c = 0 .$$

Durch *quadratische Ergänzung* können wir noch alle $d_j y_j$, für die $\lambda_j \neq 0$ gilt, verschwinden lassen:

$$\lambda_j y_j^2 + d_j y_j = \lambda_j \left(y_i + \frac{d_j}{2\lambda_j} \right)^2 - \frac{d_j^2}{4\lambda_j} .$$

Indem wir also

$$z_j := \begin{cases} y_j , & \text{falls } \lambda_j = 0 \\ y_j + \dfrac{d_j}{2\lambda_j} , & \text{falls } \lambda_j \neq 0 \end{cases}$$

setzen, was einer *Verschiebung des Koordinatenursprungs* entspricht, erhalten wir als endgültige Normalform der Gleichung (7.49)

$$\sum_{\substack{j=1 \\ \lambda_j \neq 0}}^{p} \lambda_j z_j^2 + \sum_{\substack{j=1 \\ \lambda_j = 0}}^{p} d_j z_j + e = 0 \tag{7.50}$$

mit einer gewissen Konstanten e, die offenbar noch wegsubstituiert werden kann, wenn ein $d_j \neq 0$.

Anhand von (7.50) kann man nun die verschiedenen Typen von Kurven und Flächen zweiter Ordnung im $\mathbb{R}^p$, insbesondere im $\mathbb{R}^2$ und $\mathbb{R}^3$, recht übersichtlich klassifizieren. Eine solche Klassifikation findet der interessierte Leser in einigen der am Ende des Kapitels genannten Bücher; hier nur ein paar Bemerkungen zum Fall p = 2:

$\left.\begin{array}{l} \lambda_1, \lambda_2, e > 0 \\ \text{oder} \\ \lambda_1, \lambda_2, e < 0 \end{array}\right\}$: Ellipse ;

$\lambda_1 \cdot \lambda_2 < 0, e \neq 0$: Hyperbel ;

$\lambda_1 \cdot \lambda_2 < 0, e = 0$: Geradenpaar ;

$\left.\begin{array}{l} \lambda_1 \cdot d_2 \neq 0 \\ \text{oder} \\ \lambda_2 \cdot d_1 \neq 0 \end{array}\right\}$: Parabel .

In den verbleibenden Fällen treten zwei parallele Geraden, einzelne Geraden oder gar keine echten Kurven auf. Die Standarddarstellungen $(a, b > 0, p \neq 0)$

$$\left(\frac{x}{a}\right)^2 + \left(\frac{y}{b}\right)^2 = 1 \qquad \text{(Ellipse)} , \tag{7.51}$$

$$\left(\frac{x}{a}\right)^2 - \left(\frac{y}{b}\right)^2 = 1 \qquad \text{(Hyperbel)} \tag{7.52}$$

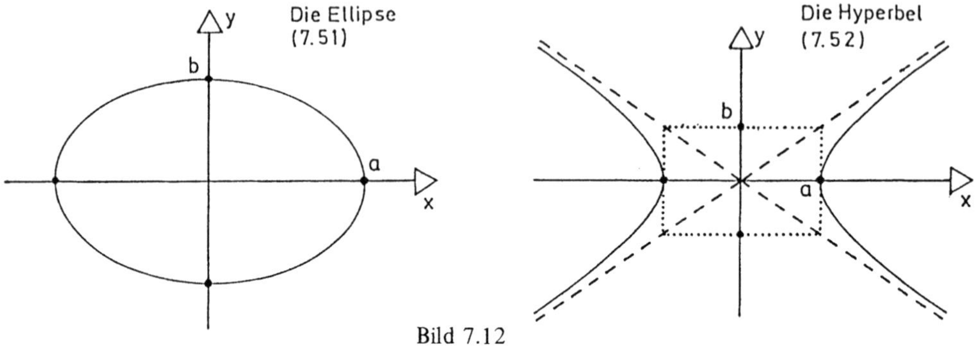

Bild 7.12

und

$$x^2 = p\,y \qquad \text{(Parabel)}\,,$$

vielleicht auch die Parameterdarstellungen

$$x = a\cos t,\quad y = b\sin t \qquad (0 \leqslant t \leqslant 2\pi)$$

und

$$x = \pm\, a\cosh t,\quad y = b\sinh t \qquad (t \in \mathbb{R})$$

für Ellipse bzw. Hyperbel werden dem Leser aus dem Schulunterricht bekannt sein.

Die Flächen zweiter Ordnung, die sogenannten *Quadriken*, sind schon weitaus vielgestaltiger; es gibt aber nur *fünf echte Quadriken*, nämlich

$$\left(\frac{x}{a}\right)^2 + \left(\frac{y}{b}\right)^2 + \left(\frac{z}{c}\right)^2 = 1 \qquad \text{(Ellipsoid)}\,,$$

$$\left(\frac{x}{a}\right)^2 + \left(\frac{y}{b}\right)^2 - z = 0 \qquad \text{(elliptisches Paraboloid)}\,,$$

$$\left(\frac{x}{a}\right)^2 - \left(\frac{y}{b}\right)^2 - z = 0 \qquad \text{(hyperbolisches Paraboloid)}\,,$$

$$\left(\frac{x}{a}\right)^2 + \left(\frac{y}{b}\right)^2 - \left(\frac{z}{c}\right)^2 = 1 \qquad \text{(einschaliges Hyperboloid) und}$$

$$-\left(\frac{x}{a}\right)^2 - \left(\frac{y}{b}\right)^2 + \left(\frac{z}{c}\right)^2 = 1 \qquad \text{(zweischaliges Hyperboloid)}\,.$$

Ihre Gestalt macht man sich am einfachsten klar, indem man sie sich als aus den verschiedenen Kurven $z = t$ (im Falle des Ellipsoids mit $-c \leqslant t \leqslant c$, im Falle des elliptischen Paraboloids mit $t \geqslant 0$, etc.) zusammengesetzt denkt.

Wir erläutern dies am Beispiel des hyperbolischen Paraboloids:

Für $t > 0$ liegen auf der fraglichen Fläche alle Punkte (x, y, t) mit

$$\left(\frac{x}{a}\right)^2 - \left(\frac{y}{b}\right)^2 = t, \text{ also } \left(\frac{x}{\sqrt{t}\,a}\right)^2 - \left(\frac{y}{\sqrt{t}\,b}\right)^2 = 1\,;$$

dies sind nach (7.52) Hyperbeln in der Ebene $z = t$, wobei die beiden Hyperbelkenngrößen mit t durch den Faktor $\sqrt{t}$, also parabolisch verknüpft sind.

Für $t = 0$, also in der $x-y$-Ebene ergibt sich $y = \pm \frac{b}{a} x$, ein Geradenpaar, und für $t < 0$ erhält man die Hyperbeln

$$\left(\frac{y}{\sqrt{-t}\,b}\right)^2 - \left(\frac{x}{\sqrt{-t}\,a}\right)^2 = 1 .$$

Damit ergibt sich folgendes Bild:

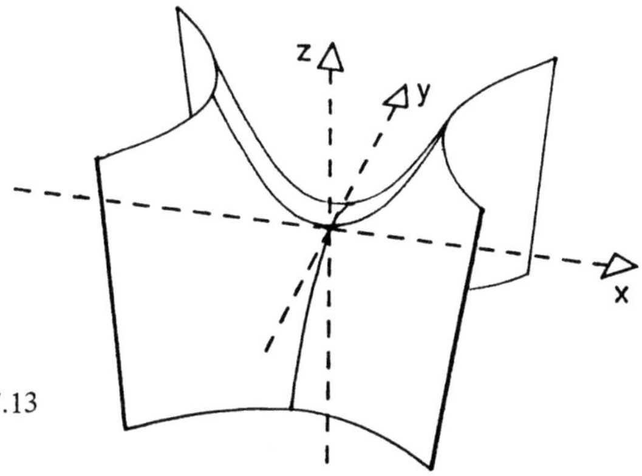

Bild 7.13

Die beiden eingezeichneten Kammlinien sind die Parabeln $x = a\sqrt{z}$ $(z \geqslant 0)$ und $y = b\sqrt{-z}$ $(z \leqslant 0)$.

Bevor nun konkrete Zahlenbeispiele durchgerechnet werden, sei noch folgendes festgehalten:

Da die Spalten von $\mathbf{B} = (\mathbf{b}_1, \ldots, \mathbf{b}_p)$ eine Orthonormalbasis des $\mathbb{R}^p$ aus Eigenvektoren von $\mathbf{A}$ bilden (die man zweckmäßigerweise positiv orientiert, damit der Koordinatenwechsel einer eigentlichen Drehung entspricht), ergibt sich mit $\mathbf{y} = \mathbf{B}^T \mathbf{x}$, daß

$$\mathbf{y} = \begin{pmatrix} 0 \\ \vdots \\ 0 \\ y_j \\ 0 \\ \vdots \\ 0 \end{pmatrix} \text{ genau dann, wenn } \mathbf{x} = \mathbf{B}\,\mathbf{y} = y_j\,\mathbf{b}_j \ ;$$

die y_j-Achse fällt also mit der Eigenrichtung $\mathbf{b}_j$ zusammen und ist auch orientiert wie $\mathbf{b}_j$. Die z_j-Achsen schließlich, die *Hauptachsen* des durch (7.49) beschriebenen Gebildes, sind parallel zu den y_j-Achsen, wobei aber der *Ursprung des z-Systems* (d.h. der *Mittelpunkt* der Ellipse, des Ellipsoids, der Hyperbel und des einschaligen oder zweischaligen Hyperboloids, der *Scheitel-* bzw. *Sattelpunkt* der Parabel und des elliptischen bzw. hyperbolischen Paraboloids) im ursprünglichen System durch den Vektor

$$\mathbf{m} = \sum_{\substack{j=1 \\ \lambda_j \neq 0}}^{p} -\frac{d_j}{2\,\lambda_j}\,\mathbf{b}_j$$

dargestellt wird.

Nun die Beispiele.

a) $-17x_1^2 + 18x_1x_2 + 7x_2^2 + 16x_1 - 32x_2 + 28 = 0$

beschreibe eine Punktmenge im $\mathbb{R}^2$.

Gemäß (7.49) gilt hier

$$\mathbf{A} = \begin{pmatrix} -17 & 9 \\ 9 & 7 \end{pmatrix}, \quad \mathbf{b} = \begin{pmatrix} 16 \\ -32 \end{pmatrix}, \quad c = 28 .$$

Eigenwerte von A:

$$\det(\mathbf{A} - \lambda\mathbf{E}) = \begin{vmatrix} -17-\lambda & 9 \\ 9 & 7-\lambda \end{vmatrix} = \lambda^2 + 10\lambda - 200 ,$$

also $\qquad \lambda_1 = 10, \qquad \lambda_2 = -20 .$

Es kann sich somit nur um eine Hyperbel oder deren Grenzfall, ein sich schneidendes Geradenpaar handeln. Da im Falle $x_1 = 1$ die Gleichung übergeht in

$$7x_2^2 - 14x_2 + 27 = 7(x_2 - 1)^2 + 20 = 0 ,$$

also nicht erfüllbar ist, liegt kein sich schneidendes Geradenpaar, sondern eine Hyperbel vor.

Eigenvektoren:

$\lambda_1 = 10$:

−27	9	0
9	−3	0
3	−1	0

Also ist $\mathbf{b}_1 = \frac{1}{\sqrt{10}} \begin{pmatrix} 1 \\ 3 \end{pmatrix}$ normierter Eigenvektor zu λ_1.

$\lambda_2 = -20$:

$\mathbf{b}_2 \perp \mathbf{b}_1$ nach Spektralsatz, also $\mathbf{b}_2 = \frac{1}{\sqrt{10}} \begin{pmatrix} -3 \\ 1 \end{pmatrix}$.

Damit hat auch $\mathbf{B} = \frac{1}{\sqrt{10}} \begin{pmatrix} 1 & -3 \\ 3 & 1 \end{pmatrix}$ eine positive Determinante (d.h. $\det \mathbf{B} = +1$), stellt also eine eigentliche Drehmatrix dar.

Hauptachsentransformation:

Zunächst $\begin{pmatrix} x_1 \\ x_2 \end{pmatrix} = \mathbf{B} \begin{pmatrix} y_1 \\ y_2 \end{pmatrix} = \frac{1}{\sqrt{10}} \begin{pmatrix} y_1 - 3y_2 \\ 3y_1 + y_2 \end{pmatrix}$, wodurch die ursprüngliche Gleichung übergeht in

$$10y_1^2 - 20y_2^2 + \frac{16}{\sqrt{10}}(y_1 - 3y_2) - \frac{32}{\sqrt{10}}(3y_1 + y_2) + 28 = 0 ,$$

also in

$$10y_1^2 - \frac{80}{\sqrt{10}}\, y_1 - 20y_2^2 - \frac{80}{\sqrt{10}}\, y_2 + 28 = 0 .$$

Nun die quadratische Ergänzung:

$$10\left(y_1^2 - \frac{8}{\sqrt{10}}\,y_1 + \frac{16}{10}\right) - 16 - 20\left(y_2^2 + \frac{4}{\sqrt{10}}\,y_2 + \frac{4}{10}\right) + 8 + 28 = 0\,,$$

d.h.

$$10\left(y_1 - \frac{4}{\sqrt{10}}\right)^2 - 20\left(y_2 + \frac{2}{\sqrt{10}}\right)^2 + 20 = 0\,.$$

Mit

$$z_1 := y_1 - \frac{4}{\sqrt{10}}\,, \qquad z_2 := y_2 + \frac{2}{\sqrt{10}}$$

ergibt sich schließlich die Gleichung

$$\boxed{z_2^2 - \left(\frac{z_1}{\sqrt{2}}\right)^2 = 1}\quad .$$

Mittelpunkt der Hyperbel.

$$\mathbf{m} = \frac{4}{\sqrt{10}}\,\mathbf{b}_1 - \frac{2}{\sqrt{10}}\,\mathbf{b}_2 = \frac{2}{5}\begin{pmatrix}1\\3\end{pmatrix} - \frac{1}{5}\begin{pmatrix}-3\\1\end{pmatrix} = \begin{pmatrix}1\\1\end{pmatrix}.$$

Skizze.

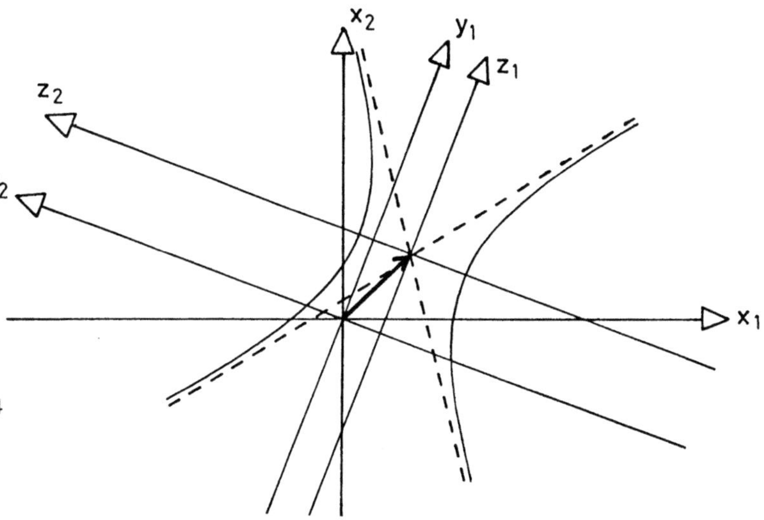

Bild 7.14

b) $(t+6)\,x_1^2 + 8\,x_1 x_2 + t\,x_2^2 + 3\,x_3^2 - 1 = 0$ mit einem Parameter $t \in \mathbb{R}$ beschreibe eine Punktmenge im $\mathbb{R}^3$.

Hier ist

$$\mathbf{A} = \begin{pmatrix} t+6 & 4 & 0 \\ 4 & t & 0 \\ 0 & 0 & 3 \end{pmatrix}, \quad \mathbf{b} = \begin{pmatrix}0\\0\\0\end{pmatrix}, \quad c = -1\,.$$

Eigenwerte.

$$\det(\mathbf{A}-\lambda\mathbf{E}) = \begin{vmatrix} t+6-\lambda & 4 & 0 \\ 4 & t-\lambda & 0 \\ 0 & 0 & 3-\lambda \end{vmatrix} = (3-\lambda)\{(t-\lambda+6)(t-\lambda)-16\} =$$

$$= (3-\lambda)\{(t-\lambda)^2 + 6(t-\lambda) + 9 - 25\} = (3-\lambda)\{(t-\lambda+3)^2 - 25\} =$$

$$= (3-\lambda)(t-\lambda-2)(t-\lambda+8)\,,$$

also

$$\lambda_1 = 3\,,\quad \lambda_2 = t-2\,,\quad \lambda_3 = t+8\,.$$

Eigenvektoren.

$\lambda_1 = 3$:

$t+3$	4	0	0
4	$t-3$	0	0
0	0	0	0

Für $(t+3)(t-3)-16 = t^2-25 \neq 0$ ist der Rang 2, also (bis aufs Vorzeichen) nur

$$\mathbf{b}_1 := \begin{pmatrix} 0 \\ 0 \\ 1 \end{pmatrix}$$ normierter Eigenvektor.

Falls $t = 5$, also $\lambda_2 = \lambda_1$, ist der Rang 1, und neben $\mathbf{b}_1$ ist

$$\mathbf{b}_2 := \frac{1}{\sqrt{5}} \begin{pmatrix} 1 \\ -2 \\ 0 \end{pmatrix}$$ normierter Eigenvektor.

Ist andererseits $t = -5$, also $\lambda_3 = \lambda_1$, ist analog

$$\mathbf{b}_3 := \frac{1}{\sqrt{5}} \begin{pmatrix} 2 \\ 1 \\ 0 \end{pmatrix}$$ ein zweiter normierter Eigenvektor.

$\lambda_2 = t-2$ mit $t \neq 5$:

8	4	0	0
4	2	0	0
0	0	1	0

$\mathbf{b}_2$ ist normierter Eigenvektor.

$\lambda_3 = t+8$ mit $t \neq -5$:

Da $\mathbf{b}_1, \mathbf{b}_2$ stets Eigenvektoren (zu λ_1 und/oder λ_2) und $\mathbf{b}_3 \perp \mathbf{b}_1, \mathbf{b}_2$, ist immer $\mathbf{b}_3$ dritter linear unabhängiger Eigenvektor zu λ_3.

Die Orientierung von $\mathbf{B} := (\mathbf{b}_1, \mathbf{b}_2, \mathbf{b}_3)$ ist positiv, da

$$\begin{vmatrix} 0 & 1 & 2 \\ 0 & -2 & 1 \\ 1 & 0 & 0 \end{vmatrix} = 1 + 4 > 0\,.$$

Hauptachsentransformation.

Mit $\begin{pmatrix} x_1 \\ x_2 \\ x_3 \end{pmatrix} =: \mathbf{B} \begin{pmatrix} y_1 \\ y_2 \\ y_3 \end{pmatrix}$ geht die Ausgangsgleichung über in

$$\boxed{3\,y_1^2 + (t-2)\,y_2^2 + (t+8)\,y_3^2 = 1} \quad .$$

Klassifikation.

$t > 2$: *Ellipsoid*, da alle Eigenwerte > 0.

$t = 2$: *Elliptischer Zylinder*
(Ellipsen $3\,y_1^2 + 10\,y_3^2 = 1$ in jeder Ebene $y_2 =$ konstant).

$2 > t > -8$: *Einschaliges Hyperboloid*
(Ellipsen $3\,y_1^2 + (t+8)\,y_3^2 = 1 + (2-t)\,y_2^2$ in jeder Ebene $y_2 =$ konstant; der Änderungsfaktor $r = \sqrt{1 + (2-t)\,y_2^2}$ der Ellipsenhalbachsen hängt hyperbolisch von y_2 ab).

$t = -8$: *Hyperbolischer Zylinder*
(Hyperbeln $3\,y_1^2 - 10\,y_2^2 = 1$ in jeder Ebene $y_3 =$ konstant).

$t < -8$: *Zweischaliges Hyperboloid*
(Ellipsen $(2-t)\,y_2^2 + (8-t)\,y_3^2 = 3\,y_1^2 - 1$ in jeder Ebene $y_1 =$ konstant mit $|y_1| \geqslant 1/\sqrt{3}$; der Änderungsfaktor $r = \sqrt{3\,y_1^2 - 1}$ der Ellipsenhalbachsen hängt hyperbolisch von y_1 ab).

Skizze.

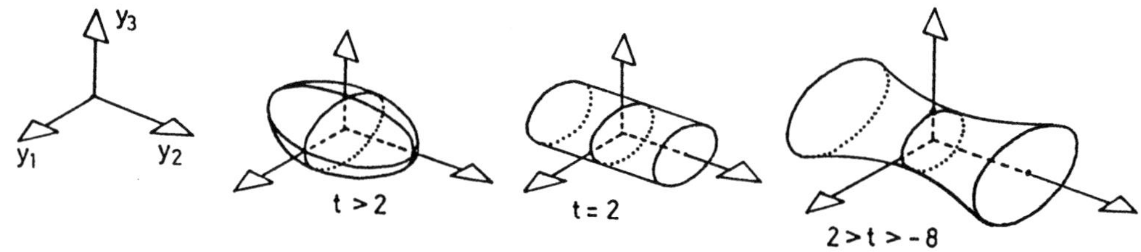

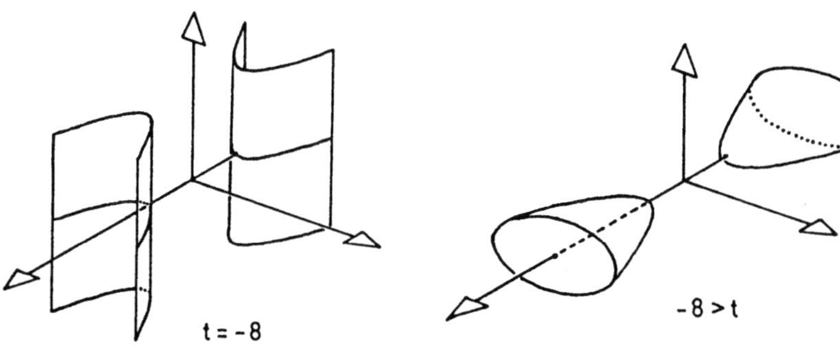

Bild 7.15

7.53 Beispiel.

Es soll die *kinetische Energie* eines bewegten starren Körpers berechnet werden.

In Beispiel 7.15a) hatten wir gesehen, daß die Geschwindigkeit $\dot{\mathbf{x}}(t)$ eines Punktes eines starren Körpers darstellbar ist durch die Gleichung

$$\dot{\mathbf{x}}(t) = \dot{\mathbf{a}}(t) + \boldsymbol{\omega}(t) \times (\mathbf{x}(t) - \mathbf{a}(t)) .$$

Dabei beschreibt $\mathbf{a}(t)$ die Bahn eines bestimmten Punktes des Körpers, und $\boldsymbol{\omega}(t)$ stellt die momentane Rotationsachse und Winkelgeschwindigkeit dar. Es ist naheliegend, als $\mathbf{a}(t)$ die Bahn des *Schwerpunktes* des Körpers zu wählen, die durch

$$\mathbf{a}(t) := \sum_{i=1}^{N} \frac{m_i}{m} \mathbf{x}_i(t) \tag{7.53}$$

definiert ist, wobei $\mathbf{x}_i$ die Orte der einzelnen Massenpunkte des Körpers, m_i ihre Massen und $m := \sum_{i=1}^{N} m_i$ die Gesamtmasse seien (wir beschränken uns hier auf das diskrete Modell; benutzt man stattdessen dasjenige der Massendichte, sind die Summen über i durch Volumenintegrale zu ersetzen, sonst bleibt alles gleich).

Mit $v := |\dot{\mathbf{a}}|$, $v_i := |\dot{\mathbf{x}}_i|$, $\mathbf{r}_i := \mathbf{x}_i - \mathbf{a}$, $r_i := |\mathbf{r}_i|$ und $\omega := |\boldsymbol{\omega}|$ ergibt sich für die kinetische Energie T des Körpers

$$T = \sum_{i=1}^{N} \frac{1}{2} m_i v_i^2 = \sum_{i=1}^{N} \frac{1}{2} m_i |\dot{\mathbf{a}} + \boldsymbol{\omega} \times \mathbf{r}_i|^2 =$$

$$= \sum_{i=1}^{N} \left(\frac{1}{2} m_i v^2 + m_i (\dot{\mathbf{a}}, \boldsymbol{\omega} \times \mathbf{r}_i) + \frac{1}{2} m_i |\boldsymbol{\omega} \times \mathbf{r}_i|^2\right) = \frac{m}{2} v^2 + \left(\dot{\mathbf{a}}, \boldsymbol{\omega} \times \sum_{i=1}^{N} m_i \mathbf{r}_i\right) +$$

$$+ \sum_{i=1}^{N} \frac{1}{2} m_i \left(\boldsymbol{\omega}^2 r_i^2 - (\boldsymbol{\omega}, \mathbf{r}_i)^2\right) ,$$

wobei Gleichung (1.8) benutzt wurde.

Nun beachten wir, daß nach Gleichung (7.53) die Summe $\sum_{i=1}^{N} m_i \mathbf{r}_i$ verschwindet, und schreiben mit $\mathbf{r}_i = \begin{pmatrix} r_{i1} \\ r_{i2} \\ r_{i3} \end{pmatrix}$, $\boldsymbol{\omega} = \begin{pmatrix} \omega_1 \\ \omega_2 \\ \omega_3 \end{pmatrix}$ sowie $\delta_{kl} := \begin{cases} 1, & k = l \\ 0, & \text{sonst} \end{cases}$

$$\omega^2 r_i^2 - (\boldsymbol{\omega}, \mathbf{r}_i)^2 = \omega_1^2 + \omega_2^2 + \omega_3^2) r_i^2 - (\omega_1 r_{i1} + \omega_2 r_{i2} + \omega_3 r_{i3})^2 =$$

$$= \sum_{k,l=1}^{3} \omega_k \omega_l \left\{ r_i^2 \delta_{kl} - r_{ik} r_{il} \right\} ;$$

bezeichnet Θ die (3,3)-Matrix mit den Elementen

$$\vartheta_{kl} = \sum_{i=1}^{N} m_i \left\{ r_i^2 \delta_{kl} - r_{ik} r_{il} \right\},$$

folgt $\sum\limits_{i=1}^{N} \frac{1}{2} m_i (\omega^2 r_i^2 - (\boldsymbol{\omega}, \mathbf{r}_i)^2) = \frac{1}{2} \boldsymbol{\omega}^T \boldsymbol{\Theta} \boldsymbol{\omega}$, und setzen wir noch $\mathbf{e} := \frac{1}{\omega} \boldsymbol{\omega}$, $\Theta_e := \mathbf{e}^T \boldsymbol{\Theta} \mathbf{e}$, erhalten wir schließlich

$$T = \frac{1}{2} m v^2 + \frac{1}{2} \Theta_e \omega^2 . \tag{7.54}$$

Der erste Summand heißt *Translations-*, der zweite *Rotationsenergie* des starren Körpers, und Θ_e nennt man das auf die Achse $\mathbf{e}$ bezogene *Trägheitsmoment*, die Matrix $\boldsymbol{\Theta}$ den *Trägheitstensor* des Körpers.

Nach Konstruktion ist $\boldsymbol{\Theta}$ symmetrisch und – sofern nicht alle Punkte des Körpers auf einer Geraden liegen – positiv definit. Die Gleichung $\boldsymbol{\omega}^T \boldsymbol{\Theta} \boldsymbol{\omega} = 1$ beschreibt also einen Ellipsoid, den *Trägheitsellipsoid* des starren Körpers, der die bei fester Rotationsenergie zu den verschiedenen Richtungen gehörenden jeweiligen Winkelgeschwindigkeiten veranschaulicht. Die Hauptachsen des Ellipsoids, die *Hauptträgheitsachsen*, sind Achsen, um die der Körper reine Rotationsbewegungen ausführen kann, während die allgemeine „Kreiselbewegung" eines starren Körpers sehr kompliziert ist; man kann zeigen, daß die Rotation um die größte oder kleinste Hauptträgheitsachse stabil ist (umempfindlich gegenüber kleinen Veränderungen der Drehachse), die Rotation um die mittlere Achse hingegen nicht.

Anschaulich ist klar, daß die Hauptträgheitsachsen und damit der Trägheitsellipsoid jede Drehbewegung des Körpers mitmachen; das ist auch leicht rechnerisch zu überblicken:

Nach Gleichung (7.10) gilt

$$\mathbf{r}_i(t) = \mathbf{A}(t)\, \mathbf{r}_i(0)$$

mit einer orthogonalen Matrix $\mathbf{A}(t)$, und wegen $|\boldsymbol{\omega} \times (\mathbf{A}\mathbf{r}_i)|^2 = |(\mathbf{A}^T \boldsymbol{\omega}) \times \mathbf{r}_i|^2$ daher $\left(\text{man beachte } \sum\limits_{i=1}^{N} m_i |\boldsymbol{\omega} \times \mathbf{r}_i(t)|^2 = \boldsymbol{\omega}^T \boldsymbol{\Theta}(t) \boldsymbol{\omega}\right)$

$$\boldsymbol{\Theta}(t) = \mathbf{A}(t)\, \boldsymbol{\Theta}(0)\, \mathbf{A}^T(t) . \tag{7.55}$$ □

7.54 Beispiel.

In der Elastizitätstheorie betrachtet man Kräfte, die auf die (gedachten) Schnittflächen zwischen verschiedenen Teilen eines irgendwie belasteten deformierbaren Körpers wirken (Druck-, Zug- und Scherungskräfte). Die pro Flächeneinheit wirkende Kraft, die nicht nur vom Punkt $\mathbf{x}$ im Körper, sondern auch von der Normalenrichtung $\mathbf{n}$ ($\mathbf{n}$ Einheitsvektor) der jeweils betrachteten Schnittfläche abhängt, bezeichnet man als *Spannung* $\mathbf{S}(\mathbf{x}, \mathbf{n})$.

Durch Gleichgewichtsbetrachtungen kann man zeigen, daß mit einer (von $\mathbf{x}$ abhängigen) symmetrischen (3,3)-Matrix $\mathbf{T}$, dem sogenannten *Spannungstensor*, gilt

$$\mathbf{S}(\mathbf{x}, \mathbf{n}) = \mathbf{T}\,\mathbf{n}\,,$$

d.h. durch Kenntnis der Spannungen in drei (etwa zueinander senkrechten) Schnittebenen sind alle Spannungen in einem Punkt des Körpers bekannt. Die jeweilige Normalkomponente der Spannung wird durch die quadratische Form $\mathbf{n}^T\mathbf{T}\,\mathbf{n}$ beschrieben.

Die zum Spannungstensor $\mathbf{T}$ gehörenden Hauptachsen $\mathbf{n}_1$, $\mathbf{n}_2$, $\mathbf{n}_3$ legen nun drei zueinander senkrechte Schnittebenen durch den Punkt $\mathbf{x}$ fest, auf welche nur Normalspannungen, d.h. reine Druck- oder Zugkräfte wirken:

$$\mathbf{T}\,\mathbf{n}_i = S_i\,\mathbf{n}_i \quad (i = 1, 2, 3)\,;$$

man spricht von *Hauptspannungen* und *Hauptspannungsebenen*. □

Bei quadratischen Formen $Q(\mathbf{x}) = \mathbf{x}^T\mathbf{A}\,\mathbf{x}$, wie sie in den voraufgehenden Beispielen auftraten, bedeutet eine Variablensubstitution, d.h. die Setzung $\mathbf{x} = \mathbf{B}\,\mathbf{y}$ mit einer nichtsingulären Matrix $\mathbf{B}$, den Übergang von $\mathbf{A}$ zur neuen Form-Matrix

$$\mathbf{B}^T\mathbf{A}\,\mathbf{B}\,. \tag{7.56}$$

Betrachten wir hierbei nicht nur orthogonale Matrizen $\mathbf{B}$, also Drehungen des Koordinatensystems, so erhalten wir – etwa durch geeignete Skalierung einer Eigenvektorbasis – als einfachste Gestalt der Form-Matrix:

$$\begin{pmatrix} 1 & & & & & & & \\ & \ddots & & & & & 0 & \\ & & 1 & & & & & \\ & & & -1 & & & & \\ & & & & \ddots & & & \\ & & & & & -1 & & \\ & & & & & & 0 & \\ & 0 & & & & & & \ddots \\ & & & & & & & 0 \end{pmatrix}.$$

Die Anzahlen der Einsen und Nullen in der Hauptdiagonalen sind dabei unabhängig von der gewählten zu einer solchen Normalform führenden Transformation (7.56) (*Trägheitsgesetz von Sylvester*).

7.4.5 Verallgemeinerte Eigenwertprobleme

Neben dem bisher betrachteten Eigenwertproblem der Form $\mathbf{A}\,\mathbf{x} = \lambda\,\mathbf{x}$ tritt in den Anwendungen, wie etwa Beispiel 7.3h) zeigte, auch das Problem

$$\mathbf{A}\,\mathbf{x} = \lambda\,\mathbf{B}\,\mathbf{x} \tag{7.57}$$

mit (p,p)-Matrizen $\mathbf{A}$, $\mathbf{B}$ auf. Die entsprechende charakteristische Gleichung

$$\det(\mathbf{A} - \lambda\mathbf{B}) = 0$$

ist nur im Falle $\det\mathbf{B} \neq 0$ vom Grade p; denn für $\lambda \neq 0$ gilt $\det(\mathbf{A} - \lambda\mathbf{B}) = (-\lambda)^p \cdot \det(\mathbf{B} - \frac{1}{\lambda}\mathbf{A})$, woraus mit $\lambda \to \infty$ folgt, daß $\det\mathbf{B}$ der Koeffizient von $(-\lambda)^p$ ist.

Ist $\mathbf{B}$ nichtsingulär, ist (7.57) natürlich äquivalent zu dem gewöhnlichen Eigenwertproblem $\mathbf{B}^{-1}\mathbf{A}\mathbf{x} = \lambda\mathbf{x}$. Allerdings hat eine solche Umformung den Nachteil, daß auch für symmetrische $\mathbf{A}$ und $\mathbf{B}$, wie sie bei den meisten Anwendungsbeispielen vom Typ (7.57) auftreten, die Matrix $\mathbf{B}^{-1}\mathbf{A}$ im allgemeinen nicht mehr symmetrisch ist.

Ist $\mathbf{B}$ nicht nur symmetrisch, sondern sogar positiv definit, kann man mit der Cholesky-Zerlegung $\mathbf{B} = \mathbf{R}^T\mathbf{R}$ (siehe Satz 6.21) eine die Symmetrie erhaltende Transformation von (7.57) auf ein gewöhnliches Eigenwertproblem erzielen:

$$\mathbf{A}\,\mathbf{x} = \lambda\,\mathbf{R}^T\,\mathbf{R}\,\mathbf{x}$$

ist gleichbedeutend mit

$$(\mathbf{R}^T)^{-1}\mathbf{A}\,\mathbf{R}^{-1}\,\mathbf{R}\,\mathbf{x} = \lambda\,\mathbf{R}\,\mathbf{x}\ ,$$

und indem man $\mathbf{C} := (\mathbf{R}^T)^{-1}\mathbf{A}\mathbf{R}^{-1}$, $\mathbf{y} := \mathbf{R}\mathbf{x}$ setzt, erhält man

$$\mathbf{C}\,\mathbf{y} = \lambda\,\mathbf{y}\ ; \tag{7.58}$$

wegen $(\mathbf{R}^T)^{-1} = (\mathbf{R}^{-1})^T$ ist $\mathbf{C}$ symmetrisch, kann also (7.58) durch Transformation auf Hauptachsen behandelt werden.

Ist nun $\{\mathbf{y}_1, \dots, \mathbf{y}_p\}$ eine Orthonormalbasis aus Eigenvektoren zu $\mathbf{C}$, so folgt mit $\mathbf{y}_j =: \mathbf{R}\,\mathbf{x}_j$ $(1 \leqslant j \leqslant p)$ für $1 \leqslant j, k \leqslant p$

$$\delta_{jk} = \mathbf{y}_j^T\mathbf{y}_k = \mathbf{x}_j^T\mathbf{R}^T\,\mathbf{R}\,\mathbf{x}_k = \mathbf{x}_j^T\mathbf{B}\,\mathbf{x}_k$$

und

$$\lambda_j\delta_{jk} = \mathbf{y}_j^T\mathbf{C}\,\mathbf{y}_k = \mathbf{x}_j^T\mathbf{R}^T(\mathbf{R}^T)^{-1}\mathbf{A}\,\mathbf{R}^{-1}\mathbf{R}\,\mathbf{x}_k = \mathbf{x}_j^T\mathbf{A}\,\mathbf{x}_k\ .$$

Also

7.58 **Satz.**

Sind $\mathbf{A}$ und $\mathbf{B}$ reelle symmetrische (p,p)-Matrizen, $\mathbf{B}$ zusätzlich positiv definit, so gibt es reelle Zahlen $\lambda_1 \geqslant \lambda_2 \geqslant \dots \geqslant \lambda_p$ und eine Basis $\{\mathbf{x}_1, \mathbf{x}_2, \dots, \mathbf{x}_p\}$ des $\mathbb{R}^p$ mit

$$\mathbf{A}\,\mathbf{x}_j = \lambda_j\,\mathbf{B}\,\mathbf{x}_j \quad (1 \leqslant j \leqslant p)$$

und

$$\mathbf{x}_j^T\mathbf{A}\,\mathbf{x}_k = \lambda_j\,\delta_{jk}\ ,\quad \mathbf{x}_j^T\mathbf{B}\,\mathbf{x}_k = \delta_{jk} \quad (1 \leqslant j, k \leqslant p)\ .$$

7.5 Die Jordansche Normalform

Nachdem bisher für einige Matrizenklassen übersichtliche Darstellungen und Normalformen gefunden wurden (Diagonalisierung und Spektraldarstellung normaler Matrizen, Polarzerlegung beliebiger quadratischer Matrizen) und sich schon eine ganze Reihe von gegenüber Basiswechsel invarianten Kenngrößen ergeben hat (Eigenwerte und ihre geometrischen sowie algebraischen Vielfachheiten, Nullstellenvielfachheiten des Minimalpolynoms), soll nun für eine beliebige komplexe (p,p)-Matrix eine einfache Normalform angegeben werden, bei der nur invariante Größen in Erscheinung treten.

7.59 **Definition.**

a) Zwei komplexe (p,p)-Matrizen **A** und **B** heißen *ähnlich* (in Zeichen: $\mathbf{A} \approx \mathbf{B}$), wenn es eine nichtsinguläre Matrix **T** gibt mit

$$\mathbf{B} = \mathbf{T}^{-1} \mathbf{A} \, \mathbf{T} .$$

b) Die Gesamtheit aller zu einer Matrix **A** ähnlichen Matrizen bildet die *Ähnlichkeitsklasse* von **A**.

c) Den quadratischen Matrizen zugeordnete Größen, die für alle Matrizen einer Ähnlichkeitsklasse denselben Wert haben, heißen *Ähnlichkeitsinvarianten*.

Unser Ziel ist es also, jede Ähnlichkeitsklasse zu charakterisieren durch einen besonders einfachen Repräsentanten, der einen Einblick in die gemeinsame Struktur der Matrizen dieser Klasse gestattet.

7.5.1 Herleitung der Normalform

Zunächst betrachten wir die *diagonalisierbaren Matrizen*. Zu ihnen gehören alle normalen Matrizen, aber normal sind natürlich nicht alle diagonalähnlichen Matrizen, wie etwa die Matrix $\begin{pmatrix} 0 & 1 & 0 \\ 1 & 0 & 0 \\ 0 & 1 & 2 \end{pmatrix}$ aus Beispiel 7.1 zeigt, da

$$\begin{pmatrix} 0 & 1 & 0 \\ 1 & 0 & 0 \\ 0 & 1 & 2 \end{pmatrix} \begin{pmatrix} 0 & 1 & 0 \\ 1 & 0 & 1 \\ 0 & 0 & 2 \end{pmatrix} \neq \begin{pmatrix} 0 & 1 & 0 \\ 1 & 0 & 1 \\ 0 & 0 & 2 \end{pmatrix} \begin{pmatrix} 0 & 1 & 0 \\ 1 & 0 & 0 \\ 0 & 1 & 2 \end{pmatrix} .$$

Ist eine (p,p)-Matrix **A** diagonalähnlich und dementsprechend $\{\mathbf{x}_1, \ldots, \mathbf{x}_p\}$ eine Basis des $V_p(\mathbb{C})$ aus Eigenvektoren zu den Eigenwerten $\lambda_1, \ldots, \lambda_p$, wobei $\{\lambda_1, \ldots, \lambda_q\}$ die Gesamtheit aller verschiedenen Eigenwerte von **A** sei, so wird die Matrix offenbar durch das Polynom $(\lambda - \lambda_1) \cdot \ldots \cdot (\lambda - \lambda_q)$ annulliert, da ja für $1 \leqslant j \leqslant p$

$$(\mathbf{A} - \lambda_1 \mathbf{E}) \cdot \ldots \cdot (\mathbf{A} - \lambda_q \mathbf{E}) \mathbf{x}_j = \prod_{k=1}^{q} (\lambda_j - \lambda_k) \mathbf{x}_j = \mathbf{0} .$$

Umgekehrt folgt aus der Einfachheit der Nullstellen des Minimalpolynoms die Diagonalisierbarkeit:

7.60 **Satz.**

Eine quadratische Matrix ist genau dann diagonalähnlich, wenn die Nullstellen ihres Minimalpolynoms einfach sind.

Die noch fehlende Beweisrichtung ergibt sich unmittelbar aus dem folgenden Lemma 7.61.

Offenbar sind zwei Diagonalmatrizen ähnlich, wenn ihre Diagonalelemente bis auf eine Vertauschung der Reihenfolge übereinstimmen, da sie bei einer entsprechenden Permutation der Bezugs-Basis derselben linearen Abbildung entsprechen. Man kann daher jede Diagonalmatrix als geeigneten einfachen Repräsentanten ihrer Ähnlichkeitsklasse ansehen, dabei die Reihenfolge der Diagonalelemente als unwesentlich betrachtend.

Eine *nicht diagonalähnliche* (p,p)-Matrix $\mathbf{A}$ mit den verschiedenen Eigenwerten $\lambda_1, \dots, \lambda_q$ wird nach dem soeben formulierten Satz durch das Polynom $(\lambda - \lambda_1) \cdot \ldots \cdot (\lambda - \lambda_q)$ nicht annulliert, wohl aber durch ein Polynom $(\lambda - \lambda_1)^{m_1} \cdot \ldots \cdot (\lambda - \lambda_q)^{m_q}$ mit geeigneten Zahlen $m_1, \dots, m_q$. Letzteres folgt aus dem Satz von Hamilton/Cayley, ist aber auch ganz leicht unabhängig davon einzusehen: Da die p^2-dimensionalen Vektoren $\mathbf{E}, \mathbf{A}, \mathbf{A}^2, \dots, \mathbf{A}^{p^2}$ linear abhängig sind, gibt es ein $\mathbf{A}$ annullierendes Polynom $f(\lambda)$; gilt $f(\lambda) = (\lambda - \lambda_0) g(\lambda)$ mit einem Nichteigenwert λ_0, so folgt aus $f(\mathbf{A}) = (\mathbf{A} - \lambda_0 \mathbf{E})\, g(\mathbf{A}) = \mathbf{\Omega}$ wegen Invertierbarkeit von $\mathbf{A} - \lambda_0 \mathbf{E}$ auch $g(\mathbf{A}) = \mathbf{\Omega}$; ein im Grad minimal gewähltes annullierendes Polynom f besitzt also nur die Eigenwerte von $\mathbf{A}$ als Nullstellen.

In Analogie zum Diagonalisierbarkeitsfall ergibt sich jetzt, daß zwar nicht die Eigenvektoren (d.h. die von einer Matrix $\mathbf{A} - \lambda_j \mathbf{E}$ annullierten), wohl aber die von einer der Matrizen $(\mathbf{A} - \lambda_j \mathbf{E})^{m_j}$ annullierten Vektoren den ganzen Raum aufspannen.

7.61 **Lemma.**

Seien $\lambda_1, \dots, \lambda_q$ verschiedene komplexe Zahlen, $m_1, \dots, m_q \in \mathbb{N}$, $\mathbf{A}$ eine (p,p)-Matrix und $\mathbf{x} \in V_p(\mathbb{C})$. Es gelte

$$(\mathbf{A} - \lambda_1 \mathbf{E})^{m_1} \cdot \ldots \cdot (\mathbf{A} - \lambda_q \mathbf{E})^{m_q} \mathbf{x} = \mathbf{0} .$$

Dann gibt es $\mathbf{x}_1, \dots, \mathbf{x}_q \in V_p(\mathbb{C})$ mit

$$(\mathbf{A} - \lambda_j \mathbf{E})^{m_j} \mathbf{x}_j = \mathbf{0} \quad (1 \leqslant j \leqslant q)$$

und

$$\mathbf{x} = \mathbf{x}_1 + \ldots + \mathbf{x}_q .$$

Beweis.

Wir nehmen an, es wäre

$$(\mathbf{A} - \lambda_1 \mathbf{E})^{m_1} \cdot \ldots \cdot (\mathbf{A} - \lambda_q \mathbf{E})^{m_q} \mathbf{x}_0 = \mathbf{0} ,$$

aber

$$\mathbf{x}_0 \neq \mathbf{x}_1 + \ldots + \mathbf{x}_q$$

für beliebige $\mathbf{x}_j \in U_j := \{\mathbf{x} \in V_p(\mathbb{C}) \mid (\mathbf{A} - \lambda_j \mathbf{E})^{m_j} \mathbf{x} = \mathbf{0}\}$ mit $1 \leqslant j \leqslant q$.

Mit einem $j_0 \in \{1, \dots, q\}$ betrachten wir

$$\mathbf{y}_0 := (\mathbf{A} - \lambda_{j_0} \mathbf{E})^{m_{j_0}} \mathbf{x}_0$$

und behaupten, daß auch

$$\mathbf{y}_0 \neq \mathbf{y}_1 + \ldots + \mathbf{y}_q \quad \text{für beliebige } \mathbf{y}_j \in U_j \quad (1 \leqslant j \leqslant q) .$$

Um dies einzusehen, beachten wir zunächst:

Wegen

$$\mathbf{A}\,\mathbf{x} = (\mathbf{A} - \lambda_j \mathbf{E})\mathbf{x} + \lambda_j \mathbf{x}$$

gilt

$$\mathbf{A}\,\mathbf{x} \in U_j\,, \quad \text{falls} \quad \mathbf{x} \in U_j\;;$$

ferner ist

$$(\mathbf{A} - \lambda_{j_0} \mathbf{E})\mathbf{x} \in U_j \setminus \{\mathbf{0}\} \quad \text{für} \quad \mathbf{x} \in U_j \setminus \{\mathbf{0}\} \quad \text{und} \quad j \neq j_0$$

(anderenfalls wäre ja $(\mathbf{A} - \lambda_j \mathbf{E})^{m_j} \mathbf{x} = (\lambda_{j_0} - \lambda_j)^{m_j} \mathbf{x} \neq \mathbf{0}$), so daß eine Basis von U_j durch $\mathbf{A} - \lambda_{j_0} \mathbf{E}$ auf eine Basis von U_j abgebildet wird.

Wäre nun $\mathbf{y}_0 = \mathbf{y}_1 + \ldots + \mathbf{y}_q$ mit gewissen $\mathbf{y}_j \in U_j$ $(1 \leqslant j \leqslant q)$, so gäbe es für $j \in \{1, \ldots, q\}$ und $j \neq j_0$ Vektoren $\mathbf{x}_j \in U_j$ mit $(\mathbf{A} - \lambda_{j_0} \mathbf{E})^{m_{j_0}} \mathbf{x}_j = \mathbf{y}_j$, so daß

$$(\mathbf{A} - \lambda_{j_0} \mathbf{E})^{m_{j_0}} \Bigl(\mathbf{x}_0 - \sum_{\substack{j=1 \\ j \neq j_0}}^{q} \mathbf{x}_j\Bigr) = \mathbf{y}_{j_0}\,,$$

wobei $\mathbf{y}_{j_0} \neq \mathbf{0}$ wegen $\mathbf{x}_0 - \sum\limits_{\substack{j=1 \\ j \neq j_0}}^{q} \mathbf{x}_j \notin U_{j_0}$.

Es folgte

$$\mathbf{0} = \prod_{j=1}^{q} (\mathbf{A} - \lambda_j \mathbf{E})^{m_j} \Bigl(\mathbf{x}_0 - \sum_{\substack{j=1 \\ j \neq j_0}}^{q} \mathbf{x}_j\Bigr) = \prod_{\substack{j=1 \\ j \neq j_0}}^{q} (\mathbf{A} - \lambda_j \mathbf{E})^{m_j} \mathbf{y}_{j_0} \neq \mathbf{0}\,,$$

ein Widerspruch.

Also hat auch $\mathbf{y}_0$ die anfangs von $\mathbf{x}_0$ angenommenen Eigenschaften, und indem wir diesen Schluß für $j_0 = 1, 2, \ldots, q$ anwenden, erhalten wir schließlich den Widerspruch

$$\mathbf{0} = \prod_{j=1}^{q} (\mathbf{A} - \lambda_j \mathbf{E})^{m_j} \mathbf{x}_0 \notin U_1 + \ldots + U_q\,. \qquad \blacksquare$$

7.62 **Definition.**

Sei $\mathbf{A}$ eine (p,p)-Matrix.

a) Ein Vektor $\mathbf{x}$ mit

$$(\mathbf{A} - \lambda \mathbf{E})^m \mathbf{x} = \mathbf{0} \quad \text{und} \quad (\mathbf{A} - \lambda \mathbf{E})^{m-1} \mathbf{x} \neq \mathbf{0} \tag{7.59}$$

heißt *Hauptvektor m-ter Stufe* von $\mathbf{A}$ zum Eigenwert λ.

b) Ist λ ein Eigenwert von $\mathbf{A}$, so heißt

$$U := \{\mathbf{x} \in V_p(\mathbb{C}) \,|\, (\mathbf{A} - \lambda \mathbf{E})^m \mathbf{x} = \mathbf{0} \ \text{für ein} \ m \in \mathbb{N}\} \tag{7.60}$$

der *Hauptunterraum* zum Eigenwert λ von $\mathbf{A}$.

Die Hauptvektoren und Hauptunterräume übernehmen im Allgemeinfall die Rolle, die bei diagonalisierbaren Matrizen die Eigenvektoren und Eigenräume spielen.

Unmittelbar aus dem soeben bewiesenen Lemma und Satz 7.7 ergeben sich folgende Aussagen:

7.63 **Lemma.**

Seien $\lambda_1, \dots, \lambda_q$ die verschiedenen Eigenwerte einer (p,p)-Matrix **A**, $m_1, \dots, m_q$ minimal gewählte Exponenten mit $(\mathbf{A} - \lambda_1 \mathbf{E})^{m_1} \cdot \dots \cdot (\mathbf{A} - \lambda_q \mathbf{E})^{m_q} = \mathbf{\Omega}$. Mit U_j $(1 \leqslant j \leqslant q)$ seien die Hauptunterräume (7.60) zu den verschiedenen Eigenwerten von **A** bezeichnet.

Dann gilt:

(i) $V_p(\mathbb{C}) = U_1 \oplus \dots \oplus U_q$; (7.61)

(ii) U_j enthält Hauptvektoren der Stufe m_j, aber keine Hauptvektoren höherer Stufe;

(iii) $\dim U_j \geqslant m_j$. (7.62)

Beweis.

Nach Lemma 7.61 spannen die U_j den Raum $V_p(\mathbb{C})$ auf, nach Satz 7.7 ist ihre Summe direkt. Also gilt (i).

Da nach Lemma 7.61 auch schon die Teilräume der Hauptvektoren höchstens m_j-ter Stufe den Gesamtraum aufspannen, gibt es in U_j nur Hauptvektoren der Stufen $\leqslant m_j$. Wäre andererseits für ein j die höchste in U_j auftretende Stufe $\leqslant m_j - 1$, könnte man wegen (7.61) in dem **A** annullierenden Polynom m_j durch $m_j - 1$ ersetzen. Das beweist (ii).

Ist nun $\mathbf{x} \in U_j$ ein Hauptvektor m_j-ter Stufe, so ist nach Satz 7.7 $\{\mathbf{x}, (\mathbf{A} - \lambda_j \mathbf{E})\mathbf{x}, \dots, (\mathbf{A} - \lambda_j \mathbf{E})^{m_j - 1}\mathbf{x}\}$ linear unabhängige Teilmenge von U_j. Also gilt (iii). ■

Setzt man eine Basis des $V_p(\mathbb{C})$ zusammen aus Basen $\{\mathbf{x}_{j1}, \dots, \mathbf{x}_{j n_j}\}$ der Hauptunterräume U_j (wobei also $n_j \geqslant m_j$), so ergibt sich mit $\mathbf{T} := (\mathbf{x}_{11}, \dots, \mathbf{x}_{q n_q})$ eine Matrix

$$\mathbf{T}^{-1}\mathbf{A}\,\mathbf{T} = \begin{pmatrix} \mathbf{B}_1 & & & 0 \\ & \mathbf{B}_2 & & \\ & & \ddots & \\ 0 & & & \mathbf{B}_q \end{pmatrix} \qquad (7.63) \quad .$$

von Blockdiagonalgestalt mit (n_j, n_j)-Matrizen $\mathbf{B}_j$, da ja

$$\mathbf{A}\,\mathbf{x} = \lambda_j \mathbf{x} + (\mathbf{A} - \lambda_j \mathbf{E})\mathbf{x} \ , \qquad (7.64)$$

also insbesondere durch **A** jeder Hauptunterraum U_j in sich abgebildet wird.

Es kommt nun darauf an, durch günstige Wahl der Basen $\{\mathbf{x}_{j1}, \dots, \mathbf{x}_{j n_j}\}$ eine möglichst einfache Gestalt der Matrizen $\mathbf{B}_j$ zu erzielen. Eine naheliegende Möglichkeit ist es, die

Basen der U_j nach wachsender Hauptvektorstufe anzuordnen; wegen (7.64) erhält man dann

$$\mathbf{B}_j = \begin{pmatrix} \lambda_j & & * \\ & \ddots & \\ 0 & & \lambda_j \end{pmatrix},$$

also insgesamt eine Transformation auf obere Dreiecksgestalt mit den Eigenvektoren als Diagonalelementen. Wegen (7.62) ergibt sich unabhängig von den früheren Überlegungen, daß das Minimalpolynom Teiler des charakteristischen ist. Ferner sieht man, indem man die gewählte Basis nach dem Schmidtschen Verfahren orthonormalisiert:

7.64 **Satz.** (*Schursche Normalform*)

Zu jeder quadratischen Matrix $\mathbf{A}$ gibt es eine unitäre Matrix $\mathbf{T}$, so daß $\mathbf{T}^{-1}\mathbf{A}\,\mathbf{T}$ eine obere Dreiecksmatrix ist.

Eine besonders einfache Gestalt der Matrizen $\mathbf{B}_j$ ergibt sich wegen (7.64) dann, wenn die Basen der Räume U_j aus Teilmengen des Typs $\{(\mathbf{A}-\lambda_j\mathbf{E})^{m-1}\mathbf{x}, \dots, (\mathbf{A}-\lambda_j\mathbf{E})\mathbf{x}, \mathbf{x}\}$ mit $(\mathbf{A}-\lambda_j\mathbf{E})^m\mathbf{x} = \mathbf{0}$ zusammengesetzt werden können.

7.65 **Definition.**

Sind $\mathbf{x}_1, \dots, \mathbf{x}_m$ Vektoren aus $V_p(\mathbb{C})$ mit $\mathbf{x}_1 \neq \mathbf{0}$, $(\mathbf{A}-\lambda\mathbf{E})\mathbf{x}_1 = \mathbf{0}$,

$$(\mathbf{A}-\lambda\mathbf{E})\,\mathbf{x}_{j+1} = \mathbf{x}_j \quad (1 \leqslant j \leqslant m-1),$$

so heißt $\{\mathbf{x}_1, \dots, \mathbf{x}_m\}$ eine *Hauptvektorkette der Länge* m zum Eigenwert λ der (p,p)-Matrix $\mathbf{A}$.

Offenbar erhält man

$$\mathbf{B}_j = \begin{pmatrix} \mathbf{J}_{m_1}(\lambda_j) & & 0 \\ & \ddots & \\ 0 & & \mathbf{J}_{m_{k_j}}(\lambda_j) \end{pmatrix}, \tag{7.65}$$

wenn die Basis von U_j aus k_j Hauptvektorketten der Längen $m_1, \dots, m_{k_j}$ besteht und für $m \in \mathbb{N}$, $\lambda \in \mathbb{C}$ die Bezeichnung

$$\mathbf{J}_m(\lambda) := \underbrace{\begin{pmatrix} \lambda & 1 & & 0 \\ & \ddots & \ddots & \\ & & \ddots & 1 \\ 0 & & & \lambda \end{pmatrix}}_{m} \tag{7.66}$$

(*Jordan-Block* der Reihenzahl m) eingeführt wird.

Die sich so mit (7.63) und (7.65) insgesamt ergebende Blockdiagonalmatrix heißt *Jordansche Normalform* der Matrix $\mathbf{A}$ und ist bis auf die Reihenfolge der Jordan-Blöcke eindeutig bestimmt. Diese Eindeutigkeit sowie überhaupt die Existenz eines den $V_p(\mathbb{C})$ aufspannenden linear unabhängigen Systems von Hauptvektorketten ist nun noch zu beweisen.

7.66 **Lemma.**

Jeder Hauptunterraum zu einer quadratischen Matrix **A** besitzt eine Basis aus Hauptvektorketten.

Die dabei auftretenden Kettenlängen und die Anzahlen der Ketten jeder Länge sind eindeutig bestimmt.

Beweis.

Sei U der Hauptunterraum zu einem Eigenwert λ von **A**, ferner m die höchste in U auftretende Hauptvektor-Stufe. Mit $U^{(n)}$ $(n \geqslant 0)$ seien die aus den Hauptvektoren der Stufen $\leqslant n$ bestehenden Teilräume von U bezeichnet, so daß insbesondere

$$U^{(0)} = \{\mathbf{0}\}, \quad U^{(n)} \subseteq U^{(n+1)}, \quad U^{(m)} = U .$$

Offenbar gilt:

Sind $\mathbf{x}_1, \ldots, \mathbf{x}_k \in U^{(n)}$ und liegt nur die triviale Linearkombination (d.h. diejenige mit lauter verschwindenden Koeffizienten) dieser Vektoren in $U^{(n-1)}$, so ist für $0 \leqslant \nu \leqslant n$ jede nichttriviale Linearkombination

$$\sum_{j=1}^{k} \alpha_j (\mathbf{A} - \lambda \mathbf{E})^{\nu} \mathbf{x}_j = (\mathbf{A} - \lambda \mathbf{E})^{\nu} \left(\sum_{j=1}^{k} \alpha_j \mathbf{x}_j \right) \qquad (*)$$

ein Hauptvektor der Stufe $n - \nu$.

Wir konstruieren nun schrittweise eine Basis von U aus Hauptvektorketten:

Eine Basis von $U^{(m-1)}$ ergänzen wir durch $\mathbf{x}_1^{(m)}, \ldots, \mathbf{x}_{k_1}^{(m)}$ zu einer Basis von $U^{(m)} = U$. Dann ist nach $(*)$ jede nichttriviale Linearkombination von $(\mathbf{A} - \lambda\mathbf{E})\,\mathbf{x}_1^{(m)}, \ldots, (\mathbf{A} - \lambda\mathbf{E})\,\mathbf{x}_{k_1}^{(m)}$ Hauptvektor der Stufe $m - 1$. Wir können also eine Basis von $U^{(m-2)}$ durch diese Vektoren sowie evtl. weitere Vektoren $\mathbf{x}_1^{(m-1)}, \ldots, \mathbf{x}_{k_2}^{(m-1)}$ zu einer Basis von $U^{(m-1)}$ ergänzen. Die nichttrivialen Linearkombinationen der Vektoren $(\mathbf{A}-\lambda\mathbf{E})^2\mathbf{x}_1^{(m)}, \ldots, (\mathbf{A}-\lambda\mathbf{E})^2\mathbf{x}_{k_1}^{(m)}, (\mathbf{A}-\lambda\mathbf{E})\,\mathbf{x}_1^{(m-1)}, \ldots, (\mathbf{A}-\lambda\mathbf{E})\,\mathbf{x}_{k_2}^{(m-1)}$ sind nach $(*)$ stets Hauptvektoren der Stufe $m-2$; usw.

Mit $\mathbf{B} := \mathbf{A} - \lambda\mathbf{E}$ erhalten wir insgesamt das Vektorsystem

$$\begin{array}{llll}
\mathbf{x}_1^{(m)}, \ldots, & \mathbf{x}_{k_1}^{(m)}, & & \\
\mathbf{B}\,\mathbf{x}_1^{(m)}, \ldots, & \mathbf{B}\,\mathbf{x}_{k_1}^{(m)}, & \mathbf{x}_1^{(m-1)}, \ldots, & \mathbf{x}_{k_2}^{(m-1)} \\
\vdots & \vdots & \vdots & \vdots \\
\mathbf{B}^{m-1}\mathbf{x}_1^{(m)}, \ldots, & \mathbf{B}^{m-1}\mathbf{x}_{k_1}^{(m)}, & \mathbf{B}^{m-2}\mathbf{x}_1^{(m-1)}, \ldots, & \mathbf{B}^{m-2}\mathbf{x}_{k_2}^{(m-1)}, \ldots, \mathbf{x}_1^{(1)}, \ldots, \mathbf{x}_{k_m}^{(1)} .
\end{array} \tag{7.67}$$

In der untersten Zeile stehen Hauptvektoren erster Stufe (d.h. Eigenvektoren), in der nächsten solche zweiter Stufe, etc., und nichttriviale Linearkombinationen innerhalb einer Zeile ergeben stets Hauptvektoren derselben Stufe. Aus letzterem folgt insbesondere die lineare Unabhängigkeit des gesamten Vektorsystems, weil bei einer nichttrivialen Linearkombination der Vektoren des Systems der Anteil höchster Stufe nicht durch die Anteile niederer Stufen kompensiert werden kann. Da die Anzahl $k_1 + (k_1 + k_2) + \ldots + (k_1 + k_2 + \ldots + k_m)$ der Vektoren nach Konstruktion gerade der Dimension von U entspricht, ist es also eine Basis dieses Hauptunterraumes.

Es haben sich k_1 Hauptvektorketten der Länge m, k_2 Hauptvektorketten der Länge $m-1, \ldots, k_m$ Ketten der Länge 1 ergeben, und diese Anzahlen sind wegen

$$\begin{aligned} k_1 &= \dim U - \dim U^{(m-1)} \\ k_1 + k_2 &= \dim U^{(m-1)} - \dim U^{(m-2)} \\ &\vdots \\ k_1 + k_2 + \ldots + k_m &= \dim U^{(1)} - \dim U^{(0)} = \dim U^{(1)} \end{aligned}$$

durch **A** eindeutig bestimmt. ∎

Mit der Jordanschen Normalform haben wir in jeder Ähnlichkeitsklasse quadratischer Matrizen einen sehr einfachen Repräsentanten ausgezeichnet. Die Eigenwerte λ_j zusammen mit den zugehörigen Kenngrößen

$$\dim U_j^{(1)}, \dim U_j^{(2)} - \dim U_j^{(1)}, \ldots, \dim U_j - \dim U_j^{(m_j-1)}$$

– man nennt sie *Weyrsche Charakteristiken* – gestatten einen unmittelbaren Rückschluß auf die Jordansche Normalform:

$\dim U_j^{(1)}$ ist die Gesamtzahl aller Jordan-Blöcke zum Eigenwert λ_j, $\dim U_j^{(k)} - \dim U_j^{(k-1)}$ die Gesamtzahl aller Blöcke einer Reihenzahl $\geqslant k$. Die Eigenwerte nebst den zugehörigen Weyrschen Charakteristiken liefern also ein vollständiges (d.h. die Ähnlichkeitsklasse charakterisierendes) System von skalaren Ähnlichkeitsinvarianten der Matrix **A**.

7.5.2 Praktische Berechnung der Jordanschen Normalform

Ist λ Eigenwert einer (p,p)-Matrix **A** und setzt man

$$r_k := \operatorname{Rg} (\mathbf{A} - \lambda \mathbf{E})^k \quad (k = 0, 1, 2, \ldots),$$

so gilt

$$p = r_0 > r_1 > \ldots > r_m = r_{m+1} = \ldots,$$

wobei m die höchste zum Eigenwert λ gehörende Hauptvektorstufe ist. Bildet man nun das Differenzenschema

$$\begin{array}{ccccccccccc} r_0 & & r_1 & & r_2 & & \ldots & & r_m & & r_{m+1} \\ & s_1 & & s_2 & & s_3 & \ldots & s_m & & 0 & \\ & & b_1 & & b_2 & & \ldots & & b_m & & \end{array},$$

d.h. setzt man

$$s_k := r_k - r_{k-1} \quad (1 \leqslant k \leqslant m+1) \quad \text{und} \quad b_k := s_{k+1} - s_k \quad (1 \leqslant k \leqslant m),$$

so liefert die Zahl b_k gerade die Anzahl der Jordan-Blöcke der Reihenzahl k zum Eigenwert λ; denn die s_k stimmen ja bis aufs Vorzeichen mit den Weyrschen Charakteristiken überein.

7.67 **Algorithmus.** (*Jordansche Normalform*)

1. Schritt:
Berechnung aller verschiedenen Eigenwerte $\lambda_1, \ldots, \lambda_q$ der gegebenen (p,p)-Matrix **A**. (Verfahren dazu werden in Kapitel 8 diskutiert.)

2. Schritt:
Für jeden Eigenwert λ_j werden (etwa mittels Gauß-Algorithmus) die Zahlen

$$r_k^{(j)} := \operatorname{Rg}(\mathbf{A} - \lambda_j \mathbf{E})^k \quad (k = 0, 1, 2, \ldots, m_j)$$

berechnet, wobei sich m_j als kleinste Zahl m mit $r_m^{(j)} = r_{m+1}^{(j)}$ ergibt.

3. Schritt:
Mit

$$b_k^{(j)} := r_{k+1}^{(j)} - 2\,r_k^{(j)} + r_{k-1}^{(j)} \quad (k = 1, 2, \ldots, m_j)$$

umfaßt die Jordansche Normalform von **A** genau $b_k^{(j)}$ Jordan-Blöcke $\mathbf{J}_k(\lambda_j)$.
Es gilt insbesondere

$$\sum_{j=1}^{q} \sum_{k=1}^{m_j} b_k^{(j)} = p\,.$$

Der zweite Schritt dieses Algorithmus ist im allgemeinen sehr rechenaufwendig; es sind bis zu $\frac{4}{3}\,p^4$ Punktoperationen erforderlich, sofern nicht die Bauart oder dünne Besetzung von **A** die Rangbestimmungen erleichtern.

7.68 **Beispiele.**

a) Die (p,p)-Matrix

$$\mathbf{A} := \begin{pmatrix} a & b_1 & & 0 \\ & \ddots & \ddots & \\ & & \ddots & b_{p-1} \\ 0 & & & a \end{pmatrix}$$

hat die Jordansche Normalform

$$\mathbf{J} := \begin{pmatrix} a & c_1 & & 0 \\ & \ddots & \ddots & \\ & & \ddots & c_{p-1} \\ 0 & & & a \end{pmatrix}$$

mit

$$c_j := \begin{cases} 1, & b_j \neq 0 \\ 0, & b_j = 0 \end{cases}\,.$$

Da **A** offenbar den p-fachen Eigenwert a hat, genügt es zu zeigen, daß

$$\operatorname{Rg}(\mathbf{A}-a\mathbf{E})^k = \operatorname{Rg}(\mathbf{J}-a\mathbf{E})^k \quad (k=0,1,2,\ldots);$$

denn dann besitzen **A** und **J** dieselbe Jordansche Normalform.

Nun gilt für k = 1, 2, ...

$$(\mathbf{A}-a\mathbf{E})^k = \begin{pmatrix} 0 & b_1 & & 0 \\ & \ddots & \ddots & \\ & & \ddots & b_{p-1} \\ 0 & & & 0 \end{pmatrix}^k = \begin{pmatrix} \overbrace{0 \ldots 0}^{k} & b_1^{(k)} & & 0 \\ & \ddots & \ddots & b_{p-k}^{(k)} \\ & & \ddots & 0 \\ & & & \vdots \\ 0 & & & 0 \end{pmatrix}$$

mit $b_j^{(k)} := \prod_{i=j}^{j+k-1} b_i \quad (1 \leqslant j \leqslant p-k)$, wie man leicht durch Induktion über k nachweist. Eine entsprechende Formel gilt mit **J** anstelle von **A**, $c_1, \ldots, c_{p-1}$ anstelle von $b_1, \ldots, b_{p-1}$ und $c_j^{(k)} := \prod_{i=j}^{j+k-1} c_i$ anstelle der $b_j^{(k)}$. Da offenbar $c_j^{(k)} = 0$ genau dann, wenn $b_j^{(k)} = 0$, folgen die zu beweisenden Rang-Gleichheiten. □

b) Eine (p, p)-Matrix **A** und ihre Transponierte besitzen dieselbe Jordansche Normalform, sind also ähnlich.

Dies folgt unmittelbar aus

$$\operatorname{Rg}(\mathbf{A}^T-\lambda\mathbf{E})^k = \operatorname{Rg}\left((\mathbf{A}-\lambda\mathbf{E})^T\right)^k = \operatorname{Rg}\left((\mathbf{A}-\lambda\mathbf{E})^k\right)^T = \operatorname{Rg}(\mathbf{A}-\lambda\mathbf{E})^k$$

für $\lambda \in \mathbb{C}$ und $k = 0, 1, 2, \ldots$. □

c) Gegeben ein komplexes Polynom

$$f(\lambda) = \lambda^p + a_{p-1}\lambda^{p-1} + \ldots + a_1\lambda + a_0 = (\lambda-\lambda_1)^{m_1} \cdot \ldots \cdot (\lambda-\lambda_q)^{m_q}$$

mit den verschiedenen Nullstellen $\lambda_1, \ldots, \lambda_q$, betrachten wir die *Frobenius-Matrix*

$$\mathbf{A} := \begin{pmatrix} 0 & 1 & 0 & \ldots & 0 \\ \vdots & \ddots & \ddots & \ddots & \vdots \\ \vdots & & \ddots & \ddots & 0 \\ 0 & \ldots & \ldots & 0 & 1 \\ -a_0 & & & -a_{p-2} & -a_{p-1} \end{pmatrix}.$$

Sie hat bekanntlich (Beispiel 7.3 d)) die Eigenwerte $\lambda_1, \ldots, \lambda_q$, und da die Eigenräume eindimensional sind, gibt es zu jedem Eigenwert nur einen Jordan-Block.

Die Jordansche Normalform von **A** ist also

$$\mathbf{J} = \begin{pmatrix} \mathbf{J}_{m_1}(\lambda_1) & & 0 \\ & \ddots & \\ 0 & & \mathbf{J}_{m_q}(\lambda_q) \end{pmatrix}$$

und das Minimalpolynom dementsprechend f selbst, d.h. Minimalpolynom und charakteristisches Polynom stimmen (evtl. mit Ausnahme des Vorzeichens) überein.

Es ist bei diesem Beispiel auch relativ leicht möglich, zugehörige Hauptvektorketten und damit eine auf die Jordanform transformierende Matrix **T** zu bestimmen.

Wir gehen aus von der für beliebige $\lambda, \mu \in \mathbb{C}$ gültigen Gleichung

$$(\mathbf{A}-\lambda\mathbf{E})\begin{pmatrix}1\\ \mu\\ \vdots\\ \mu^{p-1}\end{pmatrix}=(\mu-\lambda)\begin{pmatrix}1\\ \mu\\ \vdots\\ \mu^{p-1}\end{pmatrix}-\begin{pmatrix}0\\ \vdots\\ 0\\ f(\mu)\end{pmatrix}.$$

Differenzieren wir – zunächst nur reelle μ betrachtend – beide Seiten k-mal nach μ, ergibt sich mit der Leibnizregel

$$(\mathbf{A}-\lambda\mathbf{E})\left(\frac{d}{d\mu}\right)^k\begin{pmatrix}1\\ \mu\\ \vdots\\ \mu^{p-1}\end{pmatrix}=(\mu-\lambda)\left(\frac{d}{d\mu}\right)^k\begin{pmatrix}1\\ \mu\\ \vdots\\ \mu^{p-1}\end{pmatrix}+k\left(\frac{d}{d\mu}\right)^{k-1}\begin{pmatrix}1\\ \mu\\ \vdots\\ \mu^{p-1}\end{pmatrix}-\begin{pmatrix}0\\ \vdots\\ 0\\ f^{(k)}(\mu)\end{pmatrix}.$$

Da hier auf der linken und rechten Seite in jeder Komponente Polynome in μ stehen, folgt aus der Gültigkeit der Gleichung für alle $\mu \in \mathbb{R}$ auch diejenige für beliebige $\mu \in \mathbb{C}$.

Setzen wir für ein $j \in \{1, 2, \dots, q\}$ die Werte $\lambda=\lambda_j$, $\mu=\lambda_j$ und $k \in \{0, 1, \dots, m_j-1\}$ ein, erhalten wir (nach Division beider Seiten durch k!)

$$(\mathbf{A}-\lambda_j\mathbf{E})\ \frac{1}{k!}\left(\frac{d}{d\mu}\right)^k\begin{pmatrix}1\\ \mu\\ \vdots\\ \mu^{p-1}\end{pmatrix}_{|\mu=\lambda_j}=\frac{1}{(k-1)!}\left(\frac{d}{d\mu}\right)^{k-1}\begin{pmatrix}1\\ \mu\\ \vdots\\ \mu^{p-1}\end{pmatrix}_{|\mu=\lambda_j}\qquad(0<k<m_j)\,.$$

Das besagt: Die Vektoren

$$\frac{1}{k!}\left(\frac{d}{d\mu}\right)^k\begin{pmatrix}1\\ \mu\\ \vdots\\ \mu^{p-1}\end{pmatrix}_{|\mu=\lambda_j}\qquad(0\leqslant k<m_j)\tag{7.68}$$

bilden eine Hauptvektorkette der Länge m_j zum Eigenwert λ_j von **A**. Die Gesamtheit aller Vektoren (7.68) für $1 \leqslant j \leqslant q$ ist also insbesondere linear unabhängig – eine gewisse Verallgemeinerung des Satzes über die Vandermondesche Determinante. □

Es soll nun ein allgemeines Verfahren dargestellt werden, das neben der Jordanschen Normalform einer gegebenen quadratischen Matrix **A** auch eine zugehörige Transformationsmatrix liefert. Im Prinzip beschreibt der Beweis von Lemma 7.66 ein solches Verfahren, allerdings ein recht mühseliges.

Ein naheliegender Weg ist es, zunächst mit dem Gaußschen Verfahren eine Basis $\{\mathbf{x}_1^{(1)}, \dots, \mathbf{x}_{n_1}^{(1)}\}$ des Lösungsraumes zu $(\mathbf{A}-\lambda\mathbf{E})\mathbf{x}=\mathbf{0}$ zu ermitteln, dann zu Hauptvektoren zweiter Stufe zu gelangen, indem man Gleichungen $(\mathbf{A}-\lambda\mathbf{E})\mathbf{x}^{(2)}=\mathbf{x}^{(1)}$ löst, usw.

Das ergibt jedesmal den Gaußalgorithmus mit derselben Koeffizientenmatrix, also jeweils nur ca. p^2 neue Multiplikationen. Die Schwierigkeit bei diesem Vorgehen ist aber, daß man schon beim zweiten Schritt nicht ohne weiteres einen der Vektoren $\mathbf{x}_j^{(1)}$ als rechte Seite einsetzen kann, da es evtl. Eigenvektoren gibt, die nicht $(\mathbf{A}-\lambda\mathbf{E})$-Bild eines Hauptvektors sind, und solche Anteile in jedem der Vektoren $\mathbf{x}_j^{(1)}$ stecken können.

Wir benutzen daher zur Auswahl geeigneter rechter Seiten ein in Abschnitt 4.2.1 dargestelltes Kriterium:

$$\left.\begin{array}{l}\mathbf{B}\,\mathbf{x}=\mathbf{c}\quad\text{ist lösbar}\\ \quad\text{genau dann, wenn}\\ \mathbf{y}^T\mathbf{c}=0\quad\text{für alle }\mathbf{y}\text{ mit }\mathbf{B}^T\mathbf{y}=\mathbf{0}\,.\end{array}\right\}\qquad(7.69)$$

Ist $\{\mathbf{y}_1,\ldots,\mathbf{y}_{n_1}\}$ eine Basis des Lösungsraumes zu $(\mathbf{A}^T-\lambda\mathbf{E})\mathbf{y}=\mathbf{0}$, so kommen nach diesem Kriterium in der Gleichung $(\mathbf{A}-\lambda\mathbf{E})\mathbf{x}^{(2)}=\mathbf{x}^{(1)}$ als rechte Seiten genau alle Linearkombinationen

$$\tilde{\mathbf{x}}^{(1)}=c_1\,\mathbf{x}_1^{(1)}+\ldots+c_{n_1}\,\mathbf{x}_{n_1}^{(1)}$$

mit

$$c_1\,\mathbf{y}_j^T\,\mathbf{x}_1^{(1)}+\ldots+c_{n_1}\,\mathbf{y}_j^T\,\mathbf{x}_{n_1}^{(1)}=0\qquad(1\leqslant j\leqslant n_1)$$

in Betracht.

Man erhält so ein maximales linear unabhängiges System $\{\tilde{\mathbf{x}}_1^{(1)},\ldots,\tilde{\mathbf{x}}_{n_2}^{(1)}\}$ aufstiegsgeeigneter Eigenvektoren sowie weitere linear unabhängige Eigenvektoren $\tilde{\mathbf{x}}_{n_2+1}^{(1)},\ldots,\tilde{\mathbf{x}}_{n_1}^{(1)}$ (einige der ursprünglichen $\mathbf{x}_j^{(1)}$).

Nun bestimmt man für $1\leqslant j\leqslant n_2$ jeweils eine Lösung von $(\mathbf{A}-\lambda\mathbf{E})\mathbf{x}^{(2)}=\tilde{\mathbf{x}}_j^{(1)}$ und erhält Hauptvektoren $\mathbf{x}_1^{(2)},\ldots,\mathbf{x}_{n_2}^{(2)}$, die möglicherweise wieder nicht zum Aufstieg zu höheren Stufen geeignet sind. Da ein beliebiger Hauptvektor zweiter Stufe darstellbar ist als Summe aus einer nichttrivialen Linearkombination dieser Vektoren sowie einer beliebigen Linearkombination von Eigenvektoren, müssen im Hinblick auf (7.69) Ausdrücke

$$\tilde{\mathbf{x}}^{(2)}=c_1\,\mathbf{x}_1^{(2)}+\ldots+c_{n_2}\,\mathbf{x}_{n_2}^{(2)}+c_{n_2+1}\,\tilde{\mathbf{x}}_{n_2+1}^{(1)}+\ldots+c_{n_1}\,\tilde{\mathbf{x}}_{n_1}^{(1)}$$

gebildet werden, die den Relationen $\mathbf{y}_j^T\tilde{\mathbf{x}}^{(2)}=0$ für $1\leqslant j\leqslant n_1$ genügen. Die Eigenvektoren $\tilde{\mathbf{x}}_j^{(1)}$ $(1\leqslant j\leqslant n_2)$ brauchen nicht einbezogen zu werden, da sie ohne Einfluß auf die reelle Orthogonalität der $\mathbf{y}_j$ zu $\tilde{\mathbf{x}}^{(2)}$ (die Relationen $\mathbf{y}_j^T\tilde{\mathbf{x}}^{(2)}=0$) sind.

Ist nun $\{\tilde{\mathbf{x}}_1^{(2)},\ldots,\tilde{\mathbf{x}}_{n_3}^{(2)}\}$ ein maximales linear unabhängiges System aufstiegsgeeigneter $\tilde{\mathbf{x}}^{(2)}$, so enthält jede nichttriviale Linearkombination dieser Vektoren Anteile wenigstens eines der Vektoren $\mathbf{x}_1^{(2)},\ldots,\mathbf{x}_{n_2}^{(2)}$, da anderenfalls eine nichtverschwindende Linearkombination der Vektoren $\tilde{\mathbf{x}}_{n_2+1}^{(1)},\ldots,\tilde{\mathbf{x}}_{n_1}^{(1)}$ allein reell-orthogonal zu allen $\mathbf{y}_j$ wäre, im Widerspruch zur Maximalität des Systems $\{\tilde{\mathbf{x}}_1^{(1)},\ldots,\tilde{\mathbf{x}}_{n_2}^{(1)}\}$.

Entsprechende Überlegungen gelten für den Aufstieg zu den höheren Stufen. Man gelangt so zu dem folgenden Algorithmus.

7.69 **Algorithmus.** (*Hauptvektorketten*)

Gegeben:
Eine reelle oder komplexe (p,p)-Matrix **A** sowie ein Eigenwert λ von **A**.

Gesucht:
Ein vollständiges System von Hauptvektorketten gemäß Schema (7.67).

1. Schritt:
Man bestimmt eine LR-Zerlegung

$$\mathbf{P}(\mathbf{A}-\lambda\mathbf{E})=\mathbf{L}\,\mathbf{R}$$

(**P** Permutationsmatrix, **L** untere Dreiecksmatrix mit Einsen in der Hauptdiagonalen, **R** obere Stufenmatrix; siehe Kapitel 4).
Ferner bestimmt man eine Basis $\{\mathbf{y}_1, \ldots, \mathbf{y}_{n_1}\}$ des Lösungsraumes von

$$(\mathbf{A}^T-\lambda\mathbf{E})\,\mathbf{y}=\mathbf{0}\ ;$$

dazu löst man – mit dem Rang r von **R** – für alle Einheitsvektoren **u**, deren erste r Komponenten verschwinden,

$$\mathbf{L}^T\,\mathbf{v}=\mathbf{u} \quad \text{und} \quad \mathbf{P}\,\mathbf{y}=\mathbf{v}\,.$$

2. Schritt:
(auszuführen für k = 1, 2, ..., m, wobei m sich während der Rechnung ergibt)
Sind

$$\begin{array}{l}\tilde{\mathbf{x}}_1^{(1)}, \ldots, \tilde{\mathbf{x}}_{n_1}^{(1)}\\ \ldots\ldots\ldots\ldots\\ \tilde{\mathbf{x}}_1^{(k-1)}, \ldots, \tilde{\mathbf{x}}_{n_{k-1}}^{(k-1)}\end{array}$$

sowie n_k
schon gegeben, so berechnet man zunächst die linear unabhängigen Hauptvektoren

$$\mathbf{x}_1^{(k)}, \ldots, \mathbf{x}_{n_k}^{(k)}$$

als Lösungen von

$$(\mathbf{A}-\lambda\mathbf{E})\,\mathbf{x}_j^{(k)}=\tilde{\mathbf{x}}_j^{(k-1)} \quad (1 \leqslant j \leqslant n_k)\,,$$

indem man

$$\mathbf{L}\,\mathbf{u}_j^{(k)}=\mathbf{P}\,\tilde{\mathbf{x}}_j^{(k-1)}$$

und

$$\mathbf{R}\,\mathbf{x}_j^{(k)}=\mathbf{u}_j^{(k)} \qquad (1 \leqslant j \leqslant n_k)$$

löst.
(Zum Fall k = 1: Aus dem ersten Schritt ist n_1 bekannt, und formal wird $\tilde{\mathbf{x}}_j^{(0)} := \mathbf{0}$ $(1 \leqslant j \leqslant n_1)$ gesetzt.)

Falls $k \cdot n_k + (k-1)(n_{k-1} - n_k) + \ldots + 1 \cdot (n_1 - n_2)$ gleich der algebraischen Vielfachheit von λ ist, setzt man

$$m := k$$

und geht über zum dritten Schritt; anderenfalls bildet man mit

$$\mathbf{X}_k := \left(\tilde{\mathbf{x}}_{n_1}^{(1)}, \ldots, \tilde{\mathbf{x}}_{n_2+1}^{(1)}, \tilde{\mathbf{x}}_{n_2}^{(2)}, \ldots, \tilde{\mathbf{x}}_{n_k+1}^{(k-1)}, \mathbf{x}_{n_k}^{(k)}, \ldots, \mathbf{x}_1^{(k)}\right)$$

die (n_1, n_1)-Matrix

$$\mathbf{B}_k := \begin{pmatrix} \mathbf{y}_1^T \\ \vdots \\ \mathbf{y}_{n_1}^T \end{pmatrix} \mathbf{X}_k .$$

(Nur die letzten n_k Spalten von $\mathbf{B}_k$ sind neu zu berechnen, die anderen kommen schon in $\mathbf{B}_{k-1}$ vor.)

Mittels Gauß-Algorithmus löst man

$$\mathbf{B}_k \, \mathbf{c} = \mathbf{0} .$$

(Dabei ist nur ein Teil des Algorithmus neu auszuführen; siehe Bemerkungen weiter unten.)

Man erhält eine Lösungsbasis $\{\mathbf{c}_1^{(k)}, \ldots, \mathbf{c}_{n_{k+1}}^{(k)}\}$ und bildet

$$\tilde{\mathbf{x}}_j^{(k)} := \mathbf{X}_k \, \mathbf{c}_j^{(k)} \qquad (1 \leqslant j \leqslant n_{k+1}) ;$$

ferner wählt man (ohne zusätzliche Rechnung, siehe Bemerkungen) von den $\mathbf{x}^{(k)}$-Anteilen der gebildeten $\tilde{\mathbf{x}}^{(k)}$ linear unabhängige Vektoren

$$\tilde{\mathbf{x}}_{n_{k+1}+1}^{(k)}, \ldots, \tilde{\mathbf{x}}_{n_k}^{(k)}$$

unter den $\mathbf{x}_j^{(k)}$ $(1 \leqslant j \leqslant n_k)$ aus.

Nun wiederholt man den zweiten Schritt mit $k+1$ anstelle von k.

3. Schritt:

Man bildet die Hauptvektorketten

$$\mathbf{x}_j^{(m)}, \ldots, (\mathbf{A} - \lambda\mathbf{E})^{m-1}\mathbf{x}_j^{(m)} \qquad (1 \leqslant j \leqslant n_m),$$

$$\tilde{\mathbf{x}}_j^{(k)}, \ldots, (\mathbf{A} - \lambda\mathbf{E})^{k-1}\,\tilde{\mathbf{x}}_j^{(k)} \qquad (1 \leqslant k \leqslant m-1, n_{k+1} < j \leqslant n_k) .$$

Diese ergeben ein dem Schema (7.67) entsprechendes System.

Einige Bemerkungen zur Durchführung der Rechnungen im einzelnen:

(1) Beim ersten Schritt kann man statt der Permutationsmatrix **P** einfacher die geänderte Zeilenreihenfolge $(z_1, \ldots, z_p)$ notieren.

(2) Die Matrizen $\mathbf{B}_k$ läßt man bei maschineller Rechnung am besten durch sukzessive Abänderung auseinander hervorgehen: Die ersten $n_1 - n_{k-1}$ Spalten von $\mathbf{B}_k$ stim-

men mit denjenigen von $\mathbf{B}_{k-1}$ überein, die nächsten $n_{k-1} - n_k$ Spalten stimmen überein mit gewissen der letzten n_{k-1} Spalten von $\mathbf{B}_{k-1}$.

(3) Der Gaußsche Algorithmus für $\mathbf{B}_k$ läßt sich teilweise auf denjenigen für $\mathbf{B}_{k-1}$ zurückführen: Man notiert die Änderung der Zeilenreihenfolge bei $\mathbf{B}_{k-1}$ in einem Vektor $(w_1, \ldots, w_{n_1})$, ferner die insgesamt erforderlichen Zeilenlinearkombinationen in einer Matrix

$$\mathbf{D} = \begin{pmatrix} 1 & & & & 0 \\ d_{21} & 1 & & & \\ \vdots & & \ddots & & \\ \vdots & & & 1 & \\ d_{n_1,1} & \ldots & & d_{n_1,n_1-1} & 1 \end{pmatrix}$$

(es ist erst das d_{21}-fache, ..., $d_{n_1,1}$-fache der ersten Zeile zur zweiten, ..., n_1-ten Zeile zu addieren, dann das d_{32}-fache, ..., $d_{n_1,2}$-fache der neuen zweiten zur dritten, ..., n_1-ten Zeile, usw.).

Man übernimmt nun für die ersten $n_1 - n_{k-1}$ Spalten von $\mathbf{B}_k$ die durch Umformung von $\mathbf{B}_{k-1}$ (bzw. schon früher) erzielte obere Dreiecksgestalt; dann werden die letzten n_{k-1} Spalten von $\mathbf{B}_k$ den $(w_1, \ldots, w_{n_1})$ entsprechenden Zeilenvertauschungen unterworfen und nacheinander die den ersten $n_1 - n_{k-1}$ Spalten von $\mathbf{D}$ entsprechenden Zeilenumformungen ausgeführt. Für die letzten n_{k-1} Zeilen und Spalten führt man nun den Gauß-Algorithmus aus und ändert demgemäß die letzten n_{k-1} Spalten von $\mathbf{D}$ und $(w_1, \ldots, w_{n_1})$ sowie die Reihenfolge der letzten n_{k-1} Zeilen von $\mathbf{D}$.

(4) Zur Auswahl der $\tilde{\mathbf{x}}_j^{(k)}$ $(n_{k+1} < j \leqslant n_k)$: Nach Ausführung des Gauß-Algorithmus entsteht aus $\mathbf{B}_k$ eine obere Stufenmatrix, bei der die ersten $n_1 - n_k$ Hauptdiagonalelemente nicht verschwinden. Man wählt daher als $\tilde{\mathbf{x}}_j^{(k)}$ $(n_{k+1} < j \leqslant n_k)$ am einfachsten die den $n_k - n_{k+1}$ Stufenanfangsspalten unter den letzten n_k Spalten der Stufenmatrix entsprechenden $\mathbf{x}_j^{(k)}$.

(5) Stehen alle Zwischenresultate des zweiten Schrittes beim dritten Schritt noch zur Verfügung, vereinfacht man diesen, indem man die Relationen $\mathbf{A}\tilde{\mathbf{x}}_j^{(k)} = \mathbf{A}\mathbf{X}_k \mathbf{c}_j^{(k)}$ und die bekannten $\mathbf{A}$-Werte der Spalten von $\mathbf{X}_k$ benutzt.

(6) Abschätzung der *Anzahl der Punktoperationen*: Ist p die Reihenzahl der Matrix $\mathbf{A}$, a die arithmetische, g die geometrische Vielfachheit eines Eigenwertes λ von $\mathbf{A}$, ferner m die höchste auftretende Hauptvektorstufe, so sind im zweiten Schritt weniger als $agp + \frac{3a}{2} g^2 + \frac{2a-g}{2} p^2 + \frac{p-a}{2} g - \frac{a^3}{6m^2}$ Punktoperationen nötig, im dritten Schritt weniger als ap^2 bzw. – bei Vorgehen gemäß (5) – agp.

7.70 Beispiel.

Sei

$$\mathbf{A} := \begin{pmatrix} 2 & -16 & -8 & 0 & 4 & -2 & 18 & -4 \\ 1 & -18 & -4 & 1 & 2 & -1 & 20 & -3 \\ 0 & 0 & 2 & 1 & 0 & 2 & -15 & 4 \\ 2 & -40 & -8 & 2 & 4 & -2 & 44 & -6 \\ 1 & -22 & -4 & 2 & 2 & -1 & 22 & -3 \\ 1 & -20 & -4 & 1 & 2 & -1 & 22 & -3 \\ 1 & -16 & -4 & 1 & 2 & -1 & 18 & -3 \\ 3 & -48 & -12 & 3 & 6 & -3 & 60 & -11 \end{pmatrix} .$$

Dann gilt $\det(\mathbf{A} - \lambda\mathbf{E}) = \lambda^6 (\lambda + 2)^2$, d.h. **A** hat die Eigenwerte $\lambda_1 = -2$ und $\lambda_2 = 0$ mit den algebraischen Vielfachheiten 2 bzw. 6.

Zu λ_1:

Mittels Gauß-Algorithmus bestimmt man leicht zwei linear unabhängige Eigenvektoren z.B.

$$\mathbf{x}_1 = \begin{pmatrix} -1 \\ 0 \\ -1 \\ 0 \\ 0 \\ 0 \\ 0 \\ 1 \end{pmatrix} \text{ und } \mathbf{x}_2 = \begin{pmatrix} 18 \\ 9/2 \\ 10 \\ 10 \\ 9/2 \\ 5 \\ 4 \\ 0 \end{pmatrix} .$$

Also gibt es zu λ_1 keine Hauptvektoren zweiter und höherer Stufe.

Zu λ_2:

Hier führen wir den Hauptvektorketten-Algorithmus 7.69 durch.

1. Schritt:

Wir bestimmen zunächst die LR-Zerlegung von $\mathbf{A} - \lambda_2 \mathbf{E} = \mathbf{A}$.

$$
\begin{array}{cccccccc|c}
2 & -16 & -8 & 0 & 4 & -2 & 18 & -4 & 1 \\
1 & -18 & -4 & 1 & 2 & -1 & 20 & -3 & 2 \\
0 & 0 & 2 & 1 & 0 & 2 & -15 & 4 & 3 \\
2 & -40 & -8 & 2 & 4 & -2 & 44 & -6 & 4 \\
1 & -22 & -4 & 2 & 2 & -1 & 22 & -3 & 5 \\
\boxed{1} & -20 & -4 & 1 & 2 & -1 & 22 & -3 & 6 \\
1 & -16 & -4 & 1 & 2 & -1 & 18 & -3 & 7 \\
3 & -48 & -12 & 3 & 6 & -3 & 60 & -11 & 8 \\
\hline
 & 24 & 0 & -2 & 0 & 0 & -26 & 2 & 1 \\
 & \boxed{2} & 0 & 0 & 0 & 0 & -2 & 0 & 2 \\
 & 0 & 2 & 1 & 0 & 2 & -15 & 4 & 3 \\
 & 0 & 0 & 0 & 0 & 0 & 0 & 0 & 4 \\
 & -2 & 0 & 1 & 0 & 0 & 0 & 0 & 5 \\
 & 4 & 0 & 0 & 0 & 0 & -4 & 0 & 7 \\
 & 12 & 0 & 0 & 0 & 0 & -6 & -2 & 8 \\
\hline
 & & 0 & -2 & 0 & 0 & -2 & 2 & 1 \\
 & & \boxed{2} & 1 & 0 & 2 & -15 & 4 & 3 \\
 & & 0 & \boxed{1} & 0 & 0 & -2 & 0 & 5 \\
 & & 0 & 0 & 0 & 0 & 0 & 0 & 7 \\
 & & 0 & 0 & 0 & 0 & 6 & -2 & 8 \\
\hline
 & & & & 0 & 0 & \boxed{-6} & 2 & 1 \\
 & & & & 0 & 0 & 6 & -2 & 8
\end{array}
$$

Aus diesem Rechenschema ergibt sich

$$
\mathbf{L} = \begin{pmatrix}
1 & & & & & & & \\
1 & 1 & & & & 0 & & \\
0 & 0 & 1 & & & & & \\
1 & -1 & 0 & 1 & & & & \\
2 & 12 & 0 & -2 & 1 & & & \\
2 & 0 & 0 & 0 & 0 & 1 & & \\
1 & 2 & 0 & 0 & 0 & 0 & 1 & \\
3 & 6 & 0 & 0 & -1 & 0 & 0 & 1
\end{pmatrix},
$$

$$
\mathbf{R} = \begin{pmatrix}
1 & -20 & -4 & 1 & 2 & -1 & 22 & -3 \\
 & 2 & 0 & 0 & 0 & 0 & -2 & 0 \\
 & & 2 & 1 & 0 & 2 & -15 & 4 \\
 & & & 1 & 0 & 0 & -2 & 0 \\
 & & & & & & -6 & 2 \\
 & & & & & & & 0 \\
 & 0 & & & & & & 0 \\
 & & & & & & & 0
\end{pmatrix},
$$

und die geänderte Zeilenreihenfolge ist

$$(6, 2, 3, 5, 1, 4, 7, 8)\ ,$$

d.h.

$$\mathbf{P} = \begin{pmatrix} 0 & 0 & 0 & 0 & 0 & 1 & 0 & 0 \\ 0 & 1 & 0 & 0 & 0 & 0 & 0 & 0 \\ 0 & 0 & 1 & 0 & 0 & 0 & 0 & 0 \\ 0 & 0 & 0 & 0 & 1 & 0 & 0 & 0 \\ 1 & 0 & 0 & 0 & 0 & 0 & 0 & 0 \\ 0 & 0 & 0 & 1 & 0 & 0 & 0 & 0 \\ 0 & 0 & 0 & 0 & 0 & 0 & 1 & 0 \\ 0 & 0 & 0 & 0 & 0 & 0 & 0 & 1 \end{pmatrix}$$

Da $\mathbf{R}$ den Rang 5 hat, folgt $n_1 = 3$, d.h. es gibt nur drei linear unabhängige Eigenvektoren.

Nun bestimmen wir eine Lösungsbasis $\{\mathbf{y}_1, \mathbf{y}_2, \mathbf{y}_3\}$ des homogenen transponierten Problems $\mathbf{A}^T \mathbf{y} = \mathbf{0}$.

Mit $\mathbf{u}_j := \mathbf{e}_{5+j}$ $(1 \leqslant j \leqslant 3)$ ergibt sich durch Vorwärtseinsetzen aus $\mathbf{L}^T \mathbf{v}_j = \mathbf{u}_j$ $(1 \leqslant j \leqslant 3)$

$$\mathbf{v}_1 = \begin{pmatrix} -2 \\ 0 \\ 0 \\ 0 \\ 0 \\ 1 \\ 0 \\ 0 \end{pmatrix}, \quad \mathbf{v}_2 = \begin{pmatrix} 1 \\ -2 \\ 0 \\ 0 \\ 0 \\ 0 \\ 1 \\ 0 \end{pmatrix}, \quad \mathbf{v}_3 = \begin{pmatrix} 9 \\ -16 \\ 0 \\ 2 \\ 1 \\ 0 \\ 0 \\ 1 \end{pmatrix},$$

und Umordnen der Komponenten gemäß $\mathbf{P}\mathbf{y}_j = \mathbf{v}_j$ liefert

$$\mathbf{y}_1 = \begin{pmatrix} 0 \\ 0 \\ 0 \\ 1 \\ 0 \\ -2 \\ 0 \\ 0 \end{pmatrix}, \quad \mathbf{y}_2 = \begin{pmatrix} 0 \\ -2 \\ 0 \\ 0 \\ 0 \\ 1 \\ 1 \\ 0 \end{pmatrix}, \quad \mathbf{y}_3 = \begin{pmatrix} 1 \\ -16 \\ 0 \\ 0 \\ 2 \\ 9 \\ 0 \\ 1 \end{pmatrix}.$$

2. Schritt:

Zunächst k = 1.

$\mathbf{L}\mathbf{u}_j^{(1)} = \mathbf{0}$ $(1 \leqslant j \leqslant 3 = n_1)$ ergibt $\mathbf{u}_j^{(1)} = \mathbf{0}$ $(1 \leqslant j \leqslant 3)$.

$\mathbf{R}\mathbf{x}_j^{(1)} = \mathbf{0}$ $(1 \leqslant j \leqslant 3)$ führt durch Rückwärtseinsetzen zu (z.B.)

$$\mathbf{X}_1 = \left(\mathbf{x}_3^{(1)}, \mathbf{x}_2^{(1)}, \mathbf{x}_1^{(1)}\right) = \begin{pmatrix} 7 & -3 & -2 \\ 1 & 0 & 0 \\ 1/2 & -1 & 0 \\ 2 & 0 & 0 \\ 0 & 0 & 1 \\ 0 & 1 & 0 \\ 1 & 0 & 0 \\ 3 & 0 & 0 \end{pmatrix}$$

und

$$\mathbf{B}_1 = \begin{pmatrix} \mathbf{y}_1^T \\ \mathbf{y}_2^T \\ \mathbf{y}_3^T \end{pmatrix} \mathbf{X}_1 = \begin{pmatrix} 2 & -2 & 0 \\ -1 & 1 & 0 \\ -6 & 6 & 0 \end{pmatrix} .$$

$\mathbf{B}_1$ hat offenbar den Rang 1, also folgt $n_2 = 2$, und eine Lösungsbasis zu $\mathbf{B}_1\mathbf{c} = \mathbf{0}$ ist mit

$$\mathbf{c}_1^{(1)} = \begin{pmatrix} 1 \\ 1 \\ 0 \end{pmatrix} \quad \text{und } \mathbf{c}_2^{(1)} = \begin{pmatrix} 0 \\ 0 \\ 1 \end{pmatrix}$$

gegeben (formale Ausführung des Gauß-Algorithmus erübrigt sich hier).

Damit erhält man die aufstiegsgeeigneten Eigenvektoren

$$\tilde{\mathbf{x}}_1^{(1)} = \mathbf{x}_3^{(1)} + \mathbf{x}_2^{(1)} \quad \text{und} \quad \tilde{\mathbf{x}}_2^{(1)} = \mathbf{x}_1^{(1)} ,$$

ferner den nicht aufstiegsgeeigneten Eigenvektor (Stufenanfangsspalte wäre nach Umformung bei $\mathbf{B}_1$ die erste)

$$\tilde{\mathbf{x}}_3^{(1)} = \mathbf{x}_3^{(1)} .$$

Nun sei k = 2.

$\mathbf{L}\mathbf{u}_j^{(2)} = \mathbf{P}\tilde{\mathbf{x}}_j^{(1)}$ $(j = 1, 2)$ ergibt

$$\mathbf{u}_1^{(2)} = \begin{pmatrix} 1 \\ 0 \\ -1/2 \\ -1 \\ 0 \\ 0 \\ 0 \\ 0 \end{pmatrix}, \qquad \mathbf{u}_2^{(2)} = \begin{pmatrix} 0 \\ 0 \\ 0 \\ 1 \\ 0 \\ 0 \\ 0 \\ 0 \end{pmatrix},$$

und $\mathbf{R}\,\mathbf{x}_j^{(2)} = \mathbf{u}_j^{(2)}$ (j = 1, 2) führt zu

$$\mathbf{X}_2 = \left(\tilde{\mathbf{x}}_3^{(1)}, \mathbf{x}_2^{(2)}, \mathbf{x}_1^{(2)}\right) = \begin{pmatrix} 7 & -3 & 3 \\ 1 & 0 & 0 \\ 1/2 & -1/2 & 1/4 \\ 2 & 1 & -1 \\ 0 & 0 & 0 \\ 0 & 0 & 0 \\ 1 & 0 & 0 \\ 3 & 0 & 0 \end{pmatrix}$$

und

$$\mathbf{B}_2 = \begin{pmatrix} \mathbf{y}_1^T \\ \mathbf{y}_2^T \\ \mathbf{y}_3^T \end{pmatrix} \mathbf{X}_2 = \begin{pmatrix} 2 & 1 & -1 \\ -1 & 0 & 0 \\ -6 & -3 & 3 \end{pmatrix} .$$

Der Rang von $\mathbf{B}_2$ ist 2, also gilt $n_3 = 1$.

Lösungen von $\mathbf{B}_2\mathbf{c} = \mathbf{0}$ sind offenbar nur die Vielfachen von $\mathbf{c}_1^{(2)} = \begin{pmatrix} 0 \\ 1 \\ 1 \end{pmatrix}$.

Ein zum weiteren Aufstieg geeigneter Vektor ist daher

$$\tilde{\mathbf{x}}_1^{(2)} = \mathbf{x}_2^{(2)} + \mathbf{x}_1^{(2)} = -\frac{1}{4}\mathbf{e}_3 ,$$

und ein linear unabhängiger nicht aufstiegsgeeigneter Hauptvektor zweiter Stufe ist

$$\tilde{\mathbf{x}}_2^{(2)} = \mathbf{x}_2^{(2)}$$

(die maßgebende Stufenanfangsspalte nach Umformung von $\mathbf{B}_2$ wäre die zweite).

Nun k = 3.

$\mathbf{L}\,\mathbf{u}_1^{(3)} = \mathbf{P}\,\tilde{\mathbf{x}}_1^{(2)}$ ergibt $\mathbf{u}_1^{(3)} = -\frac{1}{4}\mathbf{e}_3$, und mit $\mathbf{R}\,\mathbf{x}_1^{(3)} = \mathbf{u}_1^{(3)}$ folgt

$$\mathbf{x}_1^{(3)} = \begin{pmatrix} -1/2 \\ 0 \\ -1/8 \\ 0 \\ 0 \\ 0 \\ 0 \\ 0 \end{pmatrix} .$$

Da hiermit insgesamt 6 linear unabhängige Hauptvektoren (einschließlich Eigenvektoren) bestimmt sind, ist ein weiterer Aufstieg nicht möglich. Also gilt $m = 3$.

3. Schritt:

Durch Abstieg von $\mathbf{x}_1^{(3)}$, $\tilde{\mathbf{x}}_2^{(2)}$ und $\tilde{\mathbf{x}}_3^{(1)}$ bilden wir rückwärts die Hauptvektorketten:

$$\mathbf{x}_1^{(3)}, \mathbf{A}\mathbf{x}_1^{(3)} = \tilde{\mathbf{x}}_1^{(2)} = \mathbf{x}_2^{(2)} + \mathbf{x}_1^{(2)}, \mathbf{A}^2\mathbf{x}_1^{(3)} = \tilde{\mathbf{x}}_2^{(1)} + \tilde{\mathbf{x}}_1^{(1)} = \mathbf{x}_1^{(1)} + \mathbf{x}_2^{(1)} + \mathbf{x}_3^{(1)} ;$$

$$\tilde{\mathbf{x}}_2^{(2)} = \mathbf{x}_2^{(2)}, \mathbf{A}\mathbf{x}_2^{(2)} = \tilde{\mathbf{x}}_2^{(1)} = \mathbf{x}_1^{(1)} ;$$

$$\tilde{\mathbf{x}}_3^{(1)} = \mathbf{x}_3^{(1)} .$$

Die Eigenvektoren zu λ_1 und die eben bestimmten Hauptvektorketten zu λ_2 ergeben insgesamt folgende Transformationsmatrix:

$$\mathbf{T} = \begin{pmatrix} -1 & 18 & 2 & 0 & -1/2 & -2 & -3 & 7 \\ 0 & 9/2 & 1 & 0 & 0 & 0 & 0 & 1 \\ -1 & 10 & -1/2 & -1/4 & -1/8 & 0 & -1/2 & 1/2 \\ 0 & 10 & 2 & 0 & 0 & 0 & 1 & 2 \\ 0 & 9/2 & 1 & 0 & 0 & 1 & 0 & 0 \\ 0 & 5 & 1 & 0 & 0 & 0 & 0 & 0 \\ 0 & 4 & 1 & 0 & 0 & 0 & 0 & 1 \\ 1 & 0 & 3 & 0 & 0 & 0 & 0 & 3 \end{pmatrix} .$$

Damit gilt dann

$$\mathbf{T}^{-1}\mathbf{A}\,\mathbf{T} = \begin{pmatrix} -2 & 0 & 0 & 0 & 0 & 0 & 0 & 0 \\ 0 & -2 & 0 & 0 & 0 & 0 & 0 & 0 \\ 0 & 0 & 0 & 1 & 0 & 0 & 0 & 0 \\ 0 & 0 & 0 & 0 & 1 & 0 & 0 & 0 \\ 0 & 0 & 0 & 0 & 0 & 0 & 0 & 0 \\ 0 & 0 & 0 & 0 & 0 & 0 & 1 & 0 \\ 0 & 0 & 0 & 0 & 0 & 0 & 0 & 0 \\ 0 & 0 & 0 & 0 & 0 & 0 & 0 & 0 \end{pmatrix} .$$

Der Vollständigkeit halber sei noch notiert

$$\mathbf{T}^{-1} = \begin{pmatrix} 0 & 24 & 0 & 0 & 0 & 0 & -27 & 1 \\ 0 & 2 & 0 & 0 & 0 & 0 & -2 & 0 \\ 0 & -10 & 0 & 0 & 0 & 1 & 10 & 0 \\ 1 & 0 & -4 & 1 & 2 & -1 & 2 & -3 \\ -2 & 32 & 0 & -6 & -4 & -6 & 0 & -2 \\ 0 & 1 & 0 & 0 & 1 & -1 & -1 & 0 \\ 0 & -4 & 0 & 1 & 0 & 0 & 2 & 0 \\ 0 & 2 & 0 & 0 & 0 & -1 & -1 & 0 \end{pmatrix}$$ □

Die in Bemerkung 6) angegebene Schranke für die Anzahl der Punktoperationen beim zweiten Schritt ergibt beim vorliegenden Beispiel für $\lambda = 0$ ($p = 8$, $a = 6$, $g = 3$, $m = 3$) den Wert 512; das sind halb so viele Punktoperationen wie für die bloße Berechnung von $\mathbf{A}^2$ und $\mathbf{A}^3$!

7.6 Einige Anwendungen der Jordanschen Normalform

Da die Transformation auf Jordansche Normalform nicht immer gut konditioniert ist, ist ihr Wert für rein numerische Zwecke begrenzt (man vgl. die Diskussion bei Golub/van Loan [G5]). Dennoch ist die Jordanform ein wichtiges begriffliches Werkzeug, wie hier exemplarisch gezeigt werden soll anhand der Einführung allgemeiner Matrizenfunktionen und einer ausführlichen Diskussion der Exponential- und Logarithmusfunktionen. Diese spielen eine Rolle bei den reellen und komplexen Differentialgleichungen und insbesondere in der Kontrolltheorie.

Man kann diesen Abschnitt (ebenso wie den sich anschließenden Exkurs über die schwingende Saite) beim ersten Durcharbeiten des Buches ohne Verständniseinbuße überspringen.

7.6.1 Allgemeine Matrizenfunktionen

An früherer Stelle wurden allgemeine Funktionen von normalen Matrizen definiert. Die Jordansche Normalform erlaubt nun die weitgehende Ausdehnung dieser Definition auf beliebige quadratische Matrizen.

Ausgehend von Polynomen, werden wir nahezu zwangsläufig zu der allgemeinen Definition gelangen. Aus $\mathbf{A} = \mathbf{T}^{-1}\mathbf{B}\,\mathbf{T}$ folgt sofort $\mathbf{A}^n = \mathbf{T}^{-1}\mathbf{B}^n\mathbf{T}$ für alle $n \in \mathbb{N}$ und daher für jede Polynomfunktion f auch $f(\mathbf{A}) = \mathbf{T}^{-1} f(\mathbf{B})\mathbf{T}$. Da nun

$$\begin{pmatrix} \mathbf{J}_1 & & 0 \\ & \ddots & \\ 0 & & \mathbf{J}_r \end{pmatrix}^n = \begin{pmatrix} \mathbf{J}_1^n & & 0 \\ & \ddots & \\ 0 & & \mathbf{J}_r^n \end{pmatrix},$$

wenn $\mathbf{J}_1, \dots, \mathbf{J}_r$ quadratische Blöcke (mit evtl. unterschiedlicher Reihenzahl) sind, also auch

$$f\left(\begin{pmatrix} \mathbf{J}_1 & & 0 \\ & \ddots & \\ 0 & & \mathbf{J}_r \end{pmatrix}\right) = \begin{pmatrix} f(\mathbf{J}_1) & & 0 \\ & \ddots & \\ 0 & & f(\mathbf{J}_r) \end{pmatrix} \tag{7.70}$$

für jedes Polynom f, betrachten wir zunächst $\mathbf{J}_n$ für einen p-reihigen Jordan-Block $\mathbf{J} = \lambda\mathbf{E} + \mathbf{F}$ mit

$$\mathbf{F} = \begin{pmatrix} 0 & 1 & & 0 \\ & \ddots & \ddots & \\ & & \ddots & 1 \\ 0 & & & 0 \end{pmatrix}$$

Per Induktion sieht man

$$\mathbf{F}^n = \begin{cases} \begin{pmatrix} \overbrace{0 \dots 0}^{n} & 1 & & 0 \\ & \ddots & \ddots & 1 \\ & & \ddots & 0 \\ & & & \vdots \\ 0 & & & 0 \end{pmatrix} & \text{für } 0 \leqslant n < p\,, \\[2ex] \mathbf{\Omega} & \text{für } n \geqslant p\,. \end{cases} \tag{7.71}$$

Wegen $\mathbf{EF}=\mathbf{FE}=\mathbf{F}$ folgt mit dem binomischen Satz $\mathbf{J}^n=(\lambda\mathbf{E}+\mathbf{F})^n=\sum_{k=0}^{n}\binom{n}{k}\lambda^{n-k}\mathbf{F}^k$, und wegen (7.71) und $\binom{n}{k}=0$ für $k>n$ ergibt sich

$$\mathbf{J}^n=\begin{pmatrix} \lambda^n & \binom{n}{1}\lambda^{n-1} & \cdots & \binom{n}{p-1}\lambda^{n-p+1} \\ & \ddots & \ddots & \vdots \\ & & \ddots & \binom{n}{1}\lambda^{n-1} \\ 0 & & & \lambda^n \end{pmatrix} .$$

Somit erhält man wegen $(\lambda^n)^{(k)}=k!\binom{n}{k}\lambda^{n-k}$ für jedes Polynom f

$$f(\mathbf{J})=\begin{pmatrix} f(\lambda) & \frac{1}{1!}f'(\lambda) & \cdots & \frac{1}{(p-1)!}f^{(p-1)}(\lambda) \\ & \ddots & \ddots & \vdots \\ & & \ddots & \frac{1}{1!}f'(\lambda) \\ 0 & & & f(\lambda) \end{pmatrix} . \tag{7.72}$$

An dieser Formel liest man ab: Für ein Polynom f gilt $f(\mathbf{J})=\mathbf{\Omega}$ genau dann, wenn $f(\lambda)=f'(\lambda)=\ldots=f^{(p-1)}(\lambda)=0$, d.h. wenn λ p-fache Nullstelle von f ist. Mit (7.70) ergibt sich nochmals (was von der Herleitung der Jordanschen Normalform schon bekannt ist), daß das Minimalpolynom die Gestalt $\mu(\lambda)=\prod_{j=1}^{q}(\lambda-\lambda_j)^{m_j}$ hat, wenn $\lambda_1,\ldots,\lambda_q$ die verschiedenen Eigenwerte einer quadratischen Matrix $\mathbf{A}$ und $m_1,\ldots,m_q$ die größten Reihenzahlen der zu den Eigenwerten jeweils gehörenden Jordan-Blöcke sind. Der Jordanschen Normalform kann man also sofort das zugehörige Minimalpolynom ansehen, aber das Umgekehrte gilt im allgemeinen natürlich nicht.

Ist nun f statt eines Polynoms eine Potenzreihe, etwa $f(x)=\sum_{n=0}^{\infty}a_n x^n$ für $|x|<r$, so gilt die obige Formel (7.72) für die Partialsummen $f_n(x)=\sum_{k=0}^{n}a_n x^n$, und es folgt: Die Matrizenreihe $\sum_{n=0}^{\infty}a_n\mathbf{J}^n$ konvergiert genau dann elementweise, wenn die Folgen $\left(f_n^{(k)}(\lambda)\right)_{n\in\mathbb{N}}$ für $0\leqslant k<p$ konvergieren.

Da nun offenbar die Matrizenfolge $(\mathbf{T}^{-1}\mathbf{B}_n\mathbf{T})$ genau dann elementweise konvergiert, wenn dies für die Folge $(\mathbf{B}_n)$ gilt, erhalten wir mit den bisherigen Überlegungen und elementaren Tatsachen über die gliedweise Differentiation von Potenzreihen (siehe Band „Funktionen einer Veränderlichen" dieser Reihe) folgendes Resultat:

7.71 **Satz.**

Sei **A** eine quadratische Matrix mit den verschiedenen Eigenwerten $\lambda_1, \ldots, \lambda_q$, ferner $f(x) = \sum_{n=0}^{\infty} a_n x^n$ eine Potenzreihe mit dem Konvergenzradius $r > 0$.

Dann gilt:

Die Matrizenpotenzreihe

$$\sum_{n=0}^{\infty} a_n \mathbf{A}^n$$

konvergiert elementweise (und damit im Sinne jeder Matrixnorm), wenn

$$|\lambda_j| < r \quad \text{für} \quad 1 \leqslant j \leqslant q\,,$$

und sie divergiert, wenn

$$|\lambda_j| > r \quad \text{für ein} \quad j \in \{1, 2, \ldots, q\}\,.$$

Die sich gemäß den vorausgehenden Betrachtungen im Falle der Konvergenz der Potenzreihe $\sum_{n=0}^{\infty} a_n \mathbf{A}^n$ aus den Formeln (7.70) und (7.72) durch Grenzübergang ergebende Gestalt des Limes der Reihe ist Motivation für folgende Definition:

7.72 **Definition.** (*Allgemeine Matrizenfunktion*)

Sei **A** eine quadratische Matrix, $\mu(\lambda) = \prod_{j=1}^{q} (\lambda - \lambda_j)^{m_j}$ ihr Minimalpolynom und

$$\mathbf{T}^{-1}\mathbf{A}\,\mathbf{T} = \begin{pmatrix} \mathbf{J}_1 & & 0 \\ & \ddots & \\ 0 & & \mathbf{J}_r \end{pmatrix}$$

eine Transformation von **A** auf Jordansche Normalform;
ferner sei f eine Funktion, für welche die Größen

$$f^{(k)}(\lambda_j) \quad (1 \leqslant j \leqslant q,\ 0 \leqslant k < m_j)$$

wohldefiniert sind.

Dann wird gesetzt

$$f(\mathbf{A}) := \mathbf{T} \begin{pmatrix} f(\mathbf{J}_1) & & 0 \\ & \ddots & \\ 0 & & f(\mathbf{J}_r) \end{pmatrix} \mathbf{T}^{-1}\,,$$

wobei die Ausdrücke $f(\mathbf{J}_k)$ $(1 \leqslant k \leqslant r)$ gemäß Formel (7.72) gebildet werden.

Da die Definition Bezug nimmt auf eine Transformation von **A** auf Jordansche Normalform, müssen wir uns noch von ihrer *Eindeutigkeit* überzeugen:

Einerseits wissen wir durch die zu den Formeln (7.70) und (7.72) führenden Überlegungen, daß für Polynome f die Festlegung von f(**A**) gemäß Definition 7.72 mit der üblichen algebraischen Definition übereinstimmt, also unabhängig ist von der benutzten Transformation $\mathbf{T}^{-1}\mathbf{A}\mathbf{T}$. Ist nun f eine beliebige Funktion, für die f(**A**) gemäß Definition 7.72 sinnvoll ist, so betrachten wir ein Polynom g mit

$$g^{(k)}(\lambda_j) = f^{(k)}(\lambda_j) \quad (1 \leqslant j \leqslant q, 0 \leqslant k < m_j)$$

(ein solches Polynom liefert die allgemeine Hermitesche Interpolationsformel; siehe z.B. [Z2], Teil 1. Für ein solches g gilt bei Benutzung derselben Transformation $\mathbf{T}^{-1}\mathbf{A}\mathbf{T}$ offenbar f(**A**) = g(**A**), und da g(**A**) unabhängig von der gewählten Transformation ist, gilt das auch für f(**A**).
Man nennt ein Polynom g mit g(**A**) = f(**A**) ein *Ersatzpolynom* zu f und **A**.

Die Differenz zweier Ersatzpolynome annulliert **A**, ist also Vielfaches des Minimalpolynoms von **A**. Es gibt daher genau ein das Minimalpolynom im Grad unterbietendes Ersatzpolynom; dieses wird gerade durch Hermite-Interpolation geliefert.

Wie an früherer Stelle bei den Funktionen normaler Matrizen erläutert, erübrigt die Existenz von Ersatzpolynomen nicht den allgemeinen Funktionskalkül. Einige für das Rechnen mit Matrizenfunktionen wichtige Eigenschaften:

7.73 **Satz.**

Sei **A** eine quadratische Matrix.

a) Sind f und g auf **A** anwendbare Funktionen und $\alpha, \beta \in \mathbb{C}$, so gilt

(i) $f(\mathbf{A})g(\mathbf{A}) = (fg)(\mathbf{A})$,

insbesondere

(ii) $f(\mathbf{A})g(\mathbf{A}) = g(\mathbf{A})f(\mathbf{A})$,

ferner

(iii) $(\alpha f + \beta g)(\mathbf{A}) = \alpha f(\mathbf{A}) + \beta g(\mathbf{A})$;

mit der konstanten Funktion **1**
(mit Wert 1) gilt

(iv) $\alpha\,\mathbf{1}(\mathbf{A}) = \alpha\mathbf{E}$.

b) Sind f und g Funktionen, für welche die Ableitungen

$$g^{(\mu)}(\lambda_j),\ f^{(\mu)}(g(\lambda_j)) \quad (0 \leqslant \mu < m_j,\ 1 \leqslant j \leqslant q)$$

erklärt sind (Bezeichnungen wie in Definition 7.72), so gilt

$$f(g(\mathbf{A})) = (f \circ g)(\mathbf{A}).$$

Beweis.

Die Gleichung a) (i) gilt für Polynome aus rein algebraischen Gründen (weil $f(x)\,g(x) = fg(x)$ und die Potenzen von $\mathbf{A}$ ebenso wie diejenigen von x untereinander und mit den Polynomkoeffizienten kommutieren). Sind nun $\tilde{f}$ und $\tilde{g}$ Ersatzpolynome zu f bzw. g und $\mathbf{A}$, so ist $\tilde{f}\tilde{g}$ Ersatzpolynom zu fg und $\mathbf{A}$; dies folgt aus der Leibnizregel

$$(uv)^{(n)} = \sum_{\nu=0}^{n} \binom{n}{\nu} u^{(\nu)} v^{(n-\nu)} ,$$

angewandt auf die Produkte fg und $\tilde{f}\tilde{g}$ an den Stellen λ_j für die Ableitungsordnungen $0, 1, \ldots, m_j - 1$ $(1 \leqslant j \leqslant q)$. Also folgt die Gültigkeit der Gleichung im Allgemeinfall aus derjenigen für Polynome.

Die Gleichungen a) (ii), (iii) und (iv) möge der Leser selbst begründen.

Zu b): Für Polynome ist – wie im Falle a) (i) – die Gültigkeit der Gleichung klar. Sind nun den Voraussetzungen genügende Funktionen f und g gegeben, so betrachten wir Polynome $\tilde{f}, \tilde{g}$, die f bzw. g an den Stellen $g(\lambda_j)$ bzw. λ_j bis zur Ableitungsordnung $m_j - 1$ für $1 \leqslant j \leqslant q$ interpolieren. Dann folgt $\tilde{g}(\mathbf{A}) = g(\mathbf{A})$ sowie $\tilde{f}(\tilde{g}(\mathbf{A})) = f(g(\mathbf{A}))$, und durch wiederholte Anwendung der Kettenregel ergibt sich

$$(f \circ g)^{(\mu)}(\lambda_j) = (\tilde{f} \circ \tilde{g})^{(\mu)}(\lambda_j) \quad (0 \leqslant \mu < m_j,\ 1 \leqslant j \leqslant q)$$

und somit $(f \circ g)(\mathbf{A}) = (\tilde{f} \circ \tilde{g})(\mathbf{A})$.

Wegen $\tilde{f}(\tilde{g}(\mathbf{A})) = (\tilde{f} \circ \tilde{g})(\mathbf{A})$ folgt die Behauptung. ■

Im soeben ausgeführten Beweis wurde unausgesprochen (beim Schritt $\tilde{f}(g(\mathbf{A})) = f(g(\mathbf{A}))$) benutzt, daß $g(\mathbf{A})$ die Eigenwerte $g(\lambda_j)$ besitzt und die Jordan-Blöcke zu $g(\mathbf{A})$ nicht größer als die entsprechenden Jordan-Blöcke zu $\mathbf{A}$ sind.
Es gilt:

7.74 **Satz.**

Hat die (p, p)-Matrix $\mathbf{A}$ das charakteristische Polynom $\prod_{j=1}^{p} (\lambda_j - \lambda)$ und ist die Funktion f auf $\mathbf{A}$ anwendbar, so hat $f(\mathbf{A})$ das charakteristische Polynom $\prod_{j=1}^{p} (f(\lambda_j) - \lambda)$.

Das Minimalpolynom von $f(\mathbf{A})$ hat die Gestalt $\prod_{k=1}^{r} (f(\lambda_{j_k}) - \lambda)^{n_k}$ mit paarweise verschiedenen $f(\lambda_{j_k})$ und $n_k \leqslant \max\limits_{f(\lambda_j) = f(\lambda_{j_k})} m_j$ $(1 \leqslant k \leqslant r)$.

Der *Beweis* dieses Satzes, der recht unmittelbar aus Definition 7.72 folgt, sei dem Leser überlassen. (Man beachte zum Beweis der zweiten Aussage, daß eine Blockdiagonalmatrix in Jordansche Normalform überführt wird, indem man die einzelnen Diagonalblöcke unabhängig voneinander geeignet transformiert.)

7.6.2 e^{A} und log A

Ein Fundamentalsystem von Lösungen des homogenen linearen Differentialgleichungssystems

$$\dot{\mathbf{x}}(t) = \mathbf{A}(t)\,\mathbf{x}(t) \tag{7.73}$$

läßt sich in konziser, zum skalaren Fall analoger Weise angeben, sofern **A** mit seinem elementweisen Integral $\mathbf{B}(t) := \int_{t_0}^{t} \mathbf{A}(\tau)\,d\tau$ kommutiert:

$$\mathbf{X}(t) = e^{\mathbf{B}(t)}\,\mathbf{X}(t_0)\,. \tag{7.74}$$

Im Falle einer konstanten Matrix **A** gilt insbesondere (es sei $t_0 = 0$)

$$\mathbf{X}(t) = e^{t\mathbf{A}}\,\mathbf{X}_0\,, \tag{7.75}$$

und das inhomogene System

$$\dot{\mathbf{x}} = \mathbf{A}\,\mathbf{x} + \mathbf{b}$$

besitzt die Lösung

$$\mathbf{x}(t) = \int_0^t e^{(t-\tau)\mathbf{A}}\,\mathbf{b}(\tau)\,d\tau\,. \tag{7.76}$$

(Man vgl. auch den Band „Gewöhnliche Differentialgleichungen“ dieser Reihe.)

Aus diesem Grunde ist die Berechnung und die Kenntnis der Struktur der Matrixexponentialfunktion von besonderem Interesse für die Theorie der Differentialgleichungen. Allerdings hat die Analogie zwischen der skalaren und der Matrizen-Exponentialfunktion, das Hauptmotiv für die Formulierung der Lösungen von Differentialgleichungssystemen auf die oben skizzierte Weise, ihre Grenzen: Wegen der Nichtkommutativität des Matrizenproduktes gilt die zentrale Funktionalgleichung $e^x e^y = e^{x+y}$ im Matrizenfall nicht mehr allgemein. Wie schon in Abschnitt 3.3.2 bemerkt, gilt $e^{\mathbf{A}} e^{\mathbf{B}} = e^{\mathbf{B}} e^{\mathbf{A}} = e^{\mathbf{A}+\mathbf{B}}$, falls $\mathbf{AB} = \mathbf{BA}$. (Man beweist dies etwa mit der bei Vertauschbarkeit von **A** und **B** zutreffenden binomischen Formel $(\mathbf{A}+\mathbf{B})^n = \sum_{k=0}^{n} \binom{n}{k} \mathbf{A}^k \mathbf{B}^{n-k}$.) Die Umkehrung dieser Aussage gilt im allgemeinen nicht.

7.75 **Beispiel.**

Sei $\mathbf{A} := \begin{pmatrix} \pi i & 0 \\ 0 & -\pi i \end{pmatrix}$, $\mathbf{B} := \begin{pmatrix} 0 & 1 \\ 0 & -2\pi i \end{pmatrix}$.

Dann ergibt sich

$$\mathbf{AB} = \begin{pmatrix} 0 & \pi i \\ 0 & -2\pi^2 \end{pmatrix}, \quad \mathbf{BA} = \begin{pmatrix} 0 & -\pi i \\ 0 & -2\pi^2 \end{pmatrix}$$

sowie

$$e^{\mathbf{A}} = -\mathbf{E}, \quad e^{\mathbf{B}} = \mathbf{E} \quad \text{und} \quad e^{\mathbf{A}+\mathbf{B}} = -\mathbf{E}.$$

Denn offenbar gilt

$$e^{\begin{pmatrix} a & b \\ 0 & c \end{pmatrix}} = d\mathbf{E}, \quad \text{wenn } e^a = e^c = d \quad \text{und} \quad a \neq c$$

(siehe Definition (7.72)).

Mit $\mathbf{C} := \begin{pmatrix} 0 & 1 \\ 0 & 0 \end{pmatrix}$ folgt ferner

$$\mathbf{AC} = \pi i\,\mathbf{C} = -\mathbf{CA}, \quad e^{\mathbf{A}+\mathbf{C}} = -\mathbf{E}$$

und

$$e^{\mathbf{A}} e^{\mathbf{C}} = e^{\mathbf{C}} e^{\mathbf{A}} = -e^{\mathbf{C}} = -\begin{pmatrix} 1 & 1 \\ 0 & 1 \end{pmatrix}.$$ □

Eine teilweise Umkehrung liefert aber der folgende Satz. (Unter rationalen komplexen Zahlen verstehen wir dabei solche, deren Real- und Imaginärteil rational sind.)

7.76 **Satz.**

Für zwei reelle oder komplexe (p, p)-Matrizen **A** und **B** mit rationalen Elementen gilt $e^{\mathbf{A}} e^{\mathbf{B}} = e^{\mathbf{B}} e^{\mathbf{A}}$ genau dann, wenn $\mathbf{AB} = \mathbf{BA}$.

Beweis.

Eine Richtung ist klar: Wenn $\mathbf{AB} = \mathbf{BA}$, gilt $\mathbf{A}^j\mathbf{B}^k = \mathbf{B}^k\mathbf{A}^j$ für alle $j, k \in \mathbb{N}$, also auch $e^{\mathbf{A}} e^{\mathbf{B}} = e^{\mathbf{B}} e^{\mathbf{A}}$, da $e^{\mathbf{A}}$ und $e^{\mathbf{B}}$ als Polynome in **A** bzw. **B** darstellbar sind.

Zum Beweis der anderen Richtung kehren wir die Argumentation um. Sei f ein Polynom und $g(x) := f(e^x)$. Dann gilt $g'(x) = f'(e^x) \cdot e^x$, $g''(x) = f''(e^x) \cdot e^{2x} + f'(e^x) \cdot e^x$, etc. Man kann also durch Hermite-Interpolation f so wählen, daß

$$g^{(\mu)}(\lambda_j) = \begin{cases} \lambda_j\,, & \text{falls } \mu = 0 \\ 1\,, & \text{falls } \mu = 1 \\ 0\,, & \text{falls } \mu > 1 \end{cases}$$

für $0 \leqslant \mu < m_j$ und $1 \leqslant j \leqslant q$, wobei $\lambda_1, \ldots, \lambda_q$ die verschiedenen Eigenwerte von **A** und $m_1, \ldots, m_q$ die entsprechenden Nullstellenvielfachheiten des Minimalpolynoms sind. Damit folgt $g(\mathbf{A}) = \mathbf{A}$, andererseits nach Satz 7.73b) auch $g(\mathbf{A}) = f(e^{\mathbf{A}})$. Die Matrix **A** läßt sich also als Polynom in $e^{\mathbf{A}}$ darstellen.

Diese Vorgehensweise hat allerdings noch einen Haken: Die Interpolationsaufgabe für f bezieht sich auf die Stützstellen e^{λ_j} $(1 \leqslant j \leqslant q)$, ist also nur lösbar, wenn $e^{\lambda_j} \neq e^{\lambda_k}$ für $1 \leqslant j < k \leqslant q$. Dies bedeutet aber, daß sich keine zwei Eigenwerte der betrachteten Matrix um ganzzahlige Vielfache von $2\pi i$ unterscheiden dürfen. Bei Matrizen mit rationalen Elementen ist diese Bedingung stets erfüllt, wie man aus dem berühmten *Satz von F. Lindemann* (Die Zahl π erfüllt keine Gleichung $a_n x^n + \ldots + a_1 x + a_0 = 0$ mit $a_0, a_1, \ldots, a_n \in \mathbb{Z}$) mit einigen einfachen algebraischen Zusatzüberlegungen, auf die wir hier nicht eingehen, folgern kann.

Unter den Voraussetzungen des Satzes sind also **A** und **B** als Polynome in $e^{\mathbf{A}}$ bzw. $e^{\mathbf{B}}$ darstellbar und kommutieren daher, wenn dies $e^{\mathbf{A}}$ und $e^{\mathbf{B}}$ tun. ∎

Aus dem Satz folgt insbesondere, daß für zwei rationale (p, p)-Matrizen **A** und **B** mit $\mathbf{AB} \neq \mathbf{BA}$ stets entweder $e^{\mathbf{A}} e^{\mathbf{B}} \neq e^{\mathbf{A}+\mathbf{B}}$ oder $e^{\mathbf{B}} e^{\mathbf{A}} \neq e^{\mathbf{B}+\mathbf{A}}$ gilt.

Im allgemeinen läßt sich mehr nicht aussagen, d.h. aus der Gültigkeit von $e^{\mathbf{A}} e^{\mathbf{B}} = e^{\mathbf{A}+\mathbf{B}}$ folgt *nicht* $e^{\mathbf{B}} e^{\mathbf{A}} = e^{\mathbf{A}+\mathbf{B}}$.

7.77 **Beispiel.**

Mit $\mathbf{A} = \begin{pmatrix} a & 0 \\ 0 & b \end{pmatrix}$, $\mathbf{B} = \begin{pmatrix} 0 & 1 \\ 0 & 0 \end{pmatrix}$ gilt $e^{\mathbf{A}} = \begin{pmatrix} e^a & 0 \\ 0 & e^b \end{pmatrix}$, $e^{\mathbf{B}} = \begin{pmatrix} 1 & 1 \\ 0 & 1 \end{pmatrix}$,

also

$$e^{\mathbf{A}} e^{\mathbf{B}} = \begin{pmatrix} e^a & e^a \\ 0 & e^b \end{pmatrix}, \quad e^{\mathbf{B}} e^{\mathbf{A}} = \begin{pmatrix} e^a & e^b \\ 0 & e^b \end{pmatrix}.$$

Da $\begin{pmatrix} u & 1 \\ 0 & v \end{pmatrix}^n = \begin{pmatrix} u^n & \frac{u^n - v^n}{u - v} \\ 0 & v^n \end{pmatrix}$ $(n = 0, 1, 2, \ldots)$ für $u \neq v$, ergibt sich ferner mit $a \neq b$

$$e^{\mathbf{A}+\mathbf{B}} = \begin{pmatrix} e^a & \dfrac{e^a - e^b}{a - b} \\ 0 & e^b \end{pmatrix}.$$

Es ist also $e^{\mathbf{A}} e^{\mathbf{B}} = e^{\mathbf{A}+\mathbf{B}} \neq e^{\mathbf{B}} e^{\mathbf{A}}$, wenn $\frac{e^a - e^b}{a-b} = e^a$ (und damit $e^a \neq e^b$).
Setzen wir $z = b - a$, ist letztere Bedingung gleichbedeutend mit $e^z - z = 1$. Im Bereich reeller z hat diese Gleichung nur die (hier nicht brauchbare) Lösung $z = 0$. Man kann aber beweisen (am einfachsten funktionentheoretisch), daß es unendlich viele weitere komplexe Lösungen gibt; z.B. liegen für große $k \in \mathbb{N}$ Lösungen in der Nähe der Stellen $\log((2k + \frac{1}{2})\pi) + i(2k + \frac{1}{2})\pi$. Eine Lösung, durch Iteration berechnent und auf sechs Nachkommastellen gerundet, sie explizit angegeben:

$$z = 2{,}088843 + i \cdot 7{,}461489 \ . \qquad \square$$

Ein gewisser Ersatz für die nicht allgemeingültige Funktionalgleichung der Exponentialfunktion ist die für beliebige (p,p)-Matrizen $\mathbf{A}, \mathbf{B}$ zutreffende *Liesche Produktformel*

$$\lim_{n \to \infty} \left(e^{\frac{1}{n}\mathbf{A}} e^{\frac{1}{n}\mathbf{B}}\right)^n = e^{\mathbf{A}+\mathbf{B}} \ ; \tag{7.77}$$

man beweist sie, indem man durch Reihenentwicklung eine Abschätzung vom Typ

$$\left\| e^{\frac{1}{n}\mathbf{A}} e^{\frac{1}{n}\mathbf{B}} - e^{\frac{1}{n}(\mathbf{A}+\mathbf{B})} \right\| \leqslant \frac{c}{n^2}$$

herleitet.
Wir befassen uns nun mit der *Berechnung* von $e^{t\mathbf{A}}$ bzw. eines Fundamentalsystems $e^{t\mathbf{A}} \mathbf{X}_0$.
Will man irgendein spezielles Fundamentalsystem von $\dot{\mathbf{x}} = \mathbf{A}\mathbf{x}$ gewinnen, kann dies über die Bestimmung von Hauptvektorketten geschehen. Denn ist $\{\mathbf{x}_1, \ldots, \mathbf{x}_k\}$ eine Hauptvektorkette zum Eigenwert λ von $\mathbf{A}$, so gilt für $1 \leqslant j \leqslant k$

$$e^{t\mathbf{A}} \mathbf{x}_j = e^{t\lambda} e^{t(\mathbf{A}-\lambda\mathbf{E})} \mathbf{x}_j = e^{t\lambda} \sum_{n=0}^{\infty} \frac{t^n}{n!} (\mathbf{A} - \lambda\mathbf{E})^n \mathbf{x}_j$$

und daher

$$e^{t\mathbf{A}} \mathbf{x}_j = e^{t\lambda} \left(\mathbf{x}_j + t\,\mathbf{x}_{j-1} + \ldots + \frac{t^{j-1}}{(j-1)!} \mathbf{x}_1\right) \ . \tag{7.78}$$

Kennt man die Eigenwerte von $\mathbf{A}$ und ein vollständiges System von Hauptvektorketten, kann man also ein Fundamentalsystem explizit angeben.

7.78 Beispiel.

Sei das Differentialgleichungssystem

$$\left.\begin{aligned} \dot{x}_1 &= 6x_1 - x_2 + 4x_4 \\ \dot{x}_2 &= 8x_1 - 2x_2 + 4x_4 \\ \dot{x}_3 &= x_2 + 2x_3 + 2x_4 \\ \dot{x}_4 &= -4x_1 + 2x_2 \end{aligned}\right\} \quad (*)$$

gegeben, d.h. es sei

$$\mathbf{A} = \begin{pmatrix} 6 & -1 & 0 & 4 \\ 8 & -2 & 0 & 4 \\ 0 & 1 & 2 & 2 \\ -4 & 2 & 0 & 0 \end{pmatrix} .$$

Es folgt $\det(\mathbf{A} - \lambda \mathbf{E}) = -\lambda(2-\lambda)^3$; also hat $\mathbf{A}$ den einfachen Eigenwert $\lambda_1 = 0$ und den algebraisch dreifachen Eigenwert $\lambda_2 = 2$.
Als Eigenvektor zu $\lambda_1 = 0$ erhält man

$$\mathbf{x}_1 = \begin{pmatrix} -1 \\ -2 \\ 0 \\ 1 \end{pmatrix} .$$

Wir bestimmen nun Eigenvektoren zu $\lambda_2 = 2$; im Hinblick auf Hauptvektoren wird dabei die rechte Seite allgemein mitumgeformt.

$$\begin{array}{rrrr|c} 4 & -1 & 0 & 4 & a \\ 8 & -4 & 0 & 4 & b \\ 0 & 1 & 0 & 2 & c \\ -4 & 2 & 0 & -2 & d \\ \hline 4 & -1 & 0 & 4 & a \\ 2 & -1 & 0 & 1 & b/4 \\ 0 & 1 & 0 & 2 & c \\ -2 & 1 & 0 & -1 & d/2 \\ \hline 0 & 1 & 0 & 2 & a - b/2 \\ 2 & -1 & 0 & 1 & b/4 \\ 0 & 0 & 0 & 0 & c - a + b/2 \\ 0 & 0 & 0 & 0 & d/2 + b/4 \end{array}$$

Als Eigenvektoren ($a = b = c = d = 0$) ergeben sich

$$\mathbf{x}_{21} = \begin{pmatrix} 0 \\ 0 \\ 1 \\ 0 \end{pmatrix} \quad \text{und} \quad \mathbf{x}_{22} = \begin{pmatrix} 3 \\ 4 \\ 0 \\ -2 \end{pmatrix} .$$

Um einen Hauptvektor $\mathbf{x}_2^{(2)}$ zu berechnen, d.h. eine Gleichung vom Typ $(\mathbf{A} - \lambda_2 \mathbf{E})\mathbf{x}_2^{(2)} = \mathbf{x}_2$ zu lösen, ist als rechte Seite ein Eigenvektor zu wählen, dessen Komponenten die Lösbarkeitsbedingungen $c - a + b/2 = 0$ und $d/2 + b/4 = 0$ erfüllen. Das ist für $\mathbf{x}_2 = \mathbf{x}_{21} + \mathbf{x}_{22}$ der Fall und führt zum Hauptvektor

$$\mathbf{x}_2^{(2)} = \begin{pmatrix} 1 \\ 1 \\ 0 \\ 0 \end{pmatrix} .$$

Als vollständiges System von Hauptvektorketten erhalten wir $\{\mathbf{x}_1 ; \mathbf{x}_{21} ; \mathbf{x}_2 , \mathbf{x}_2^{(2)}\}$ und daher gemäß (7.78) als Fundamentalsystem zu (*)

$$\left\{\mathbf{x}_1 , e^{2t}\mathbf{x}_{21} , e^{2t}\mathbf{x}_2 , e^{2t}\left(\mathbf{x}_2^{(2)} + t\,\mathbf{x}_2\right)\right\} =$$

$$= \left\{\begin{pmatrix}-1\\-2\\0\\1\end{pmatrix}, \begin{pmatrix}0\\0\\e^{2t}\\0\end{pmatrix}, e^{2t}\begin{pmatrix}3\\4\\1\\-2\end{pmatrix}, e^{2t}\begin{pmatrix}1+3t\\1+4t\\t\\-2t\end{pmatrix}\right\} .$$

□

Hat man $e^{t\mathbf{A}}\mathbf{X}_0$ berechnet, kann man durch Multiplikation mit $\mathbf{X}_0^{-1}$ natürlich auch $e^{t\mathbf{A}}$ bestimmen. Bei maschineller Ausführung muß dabei irgendwie die erforderliche „Buchstabenrechnung" berücksichtigt werden, etwa indem man den Ausdruck $e^{\lambda t}(a_0 + a_1 t + \ldots + a_n t^n)$ als $(n+2)$-tupel $(\lambda, a_0, a_1, \ldots, a_n)$ betrachtet.

Wir geben nun noch ein Verfahren zur Berechnung von $e^{t\mathbf{A}}$ an, das *auch für andere Matrizenfunktionen* anwendbar ist.

Hat die (p, p)-Matrix $\mathbf{A}$ das charakteristische Polynom $\prod_{j=1}^{q}(\lambda_j - \lambda)^{r_j}$ (mit $r_1 + \ldots + r_q = p$), so gilt

$$f(\mathbf{A}) = \sum_{j=1}^{q}\sum_{k=0}^{r_j-1} f^{(k)}(\lambda_j)\mathbf{B}_{jk} \tag{7.79}$$

mit von f unabhängigen Matrizen $\mathbf{B}_{jk}$; die Aussage bleibt richtig, wenn man das charakteristische durch das Minimalpolynom, also die r_j durch die m_j ersetzt. Man entnimmt dies unmittelbar der Definition 7.72, indem man in der dortigen Darstellung von $f(\mathbf{A})$ die auftretenden Bestandteile $f(\mathbf{J}_k)$ gemäß (7.72) in Summanden zerlegt, aus denen $f(\lambda_j)$ bzw. $f'(\lambda_j)$ etc. ausgeklammert werden kann. Die insgesamt p Matrizen $\mathbf{B}_{jk}$ (die, da eindeutig bestimmt, für $k \geqslant m_j$ verschwinden) lassen sich durch Lösung eines linearen Gleichungssystems ermitteln, indem man in (7.79) spezielle Funktionen für f einsetzt, etwa die Funktionen $1, x, \ldots, x^{p-1}$.

Hat man so die $\mathbf{B}_{jk}$ bestimmt, ergibt sich insbesondere $(f(x) = e^{tx})$

$$e^{\mathbf{A}t} = \sum_{j=1}^{q} e^{\lambda_j t}\sum_{k=0}^{r_j-1} t^k\mathbf{B}_{jk} . \tag{7.80}$$

7.79 Beispiel.

Wir betrachten die Matrix $\mathbf{A} = \begin{pmatrix}6&-1&0&4\\8&-2&0&4\\0&1&2&2\\-4&2&0&0\end{pmatrix}$ aus Beispiel 7.78 und berechnen jetzt $e^{t\mathbf{A}}$.

a) Zunächst gehen wir aus vom Resultat des früheren Beispiels, d.h. von

$$e^{t\mathbf{A}}\mathbf{X}_0 = \begin{pmatrix} -1 & 0 & 3e^{2t} & (1+3t)e^{2t} \\ -2 & 0 & 4e^{2t} & (1+4t)e^{2t} \\ 0 & e^{2t} & e^{2t} & te^{2t} \\ 1 & 0 & -2e^{2t} & -te^{2t} \end{pmatrix} =: \mathbf{B}, \text{ wobei } \mathbf{X}_0 = \begin{pmatrix} -1 & 0 & 3 & 1 \\ -2 & 0 & 4 & 1 \\ 0 & 1 & 1 & 0 \\ 1 & 0 & -2 & 0 \end{pmatrix}.$$

Mit

$$\mathbf{X}_0^{-1} = \begin{pmatrix} 2 & -2 & 0 & -1 \\ -1 & 1 & 1 & 1 \\ 1 & -1 & 0 & -1 \\ 0 & 1 & 0 & 2 \end{pmatrix} \quad \text{ergibt sich}$$

$$e^{t\mathbf{A}} = \mathbf{B}\cdot\mathbf{X}_0^{-1} =$$

$$= \begin{pmatrix} -2+3e^{2t} & 2-2e^{2t}+3te^{2t} & 0 & 1-e^{2t}+6te^{2t} \\ -4+4e^{2t} & 4-3e^{2t}+4te^{2t} & 0 & 2-2e^{2t}+8te^{2t} \\ 0 & te^{2t} & e^{2t} & 2te^{2t} \\ 2-2e^{2t} & -2+2e^{2t}-2te^{2t} & 0 & -1+2e^{2t}-4te^{2t} \end{pmatrix}.$$

b) Wir berechnen nun $e^{t\mathbf{A}}$ nach Formel (7.80). Da $\det(\mathbf{A}-\lambda\mathbf{E}) = -\lambda(2-\lambda)^3$, gilt

$$f(\mathbf{A}) = f(0)\,\mathbf{B}_{10} + f(2)\,\mathbf{B}_{20} + f'(2)\,\mathbf{B}_{21} + f''(2)\,\mathbf{B}_{22}\ .$$

Indem wir nacheinander $f(x) = 1$, $f(x) = x-2$, $f(x) = (x-2)^2$ und $f(x) = (x-2)^3$ einsetzen, erhalten wir die Gleichungen

$$\begin{aligned} \mathbf{B}_{10} + \mathbf{B}_{20} &= \mathbf{E} \\ -2\mathbf{B}_{10} + \mathbf{B}_{21} &= \mathbf{A}-2\mathbf{E} \\ 4\mathbf{B}_{10} + 2\mathbf{B}_{22} &= (\mathbf{A}-2\mathbf{E})^2 \\ -8\mathbf{B}_{10} &= (\mathbf{A}-2\mathbf{E})^3\ . \end{aligned}$$

Mit

$$(\mathbf{A}-2\mathbf{E})^2 = 4\begin{pmatrix} -2 & 2 & 0 & 1 \\ -4 & 4 & 0 & 2 \\ 0 & 0 & 0 & 0 \\ 2 & -2 & 0 & -1 \end{pmatrix} \quad \text{und } (\mathbf{A}-2\mathbf{E})^3 = -2(\mathbf{A}-2\mathbf{E})^2 \text{ ergibt sich}$$

$$\mathbf{B}_{10} = \begin{pmatrix} -2 & 2 & 0 & 1 \\ -4 & 4 & 0 & 2 \\ 0 & 0 & 0 & 0 \\ 2 & -2 & 0 & -1 \end{pmatrix}, \quad \mathbf{B}_{22} = \mathbf{\Omega},$$

$$\mathbf{B}_{21} = \mathbf{A}-2\mathbf{E}+2\mathbf{B}_{10} = \begin{pmatrix} 0 & 3 & 0 & 6 \\ 0 & 4 & 0 & 8 \\ 0 & 1 & 0 & 2 \\ 0 & -2 & 0 & -4 \end{pmatrix},$$

$$\mathbf{B}_{20} = \begin{pmatrix} 3 & -2 & 0 & -1 \\ 4 & -3 & 0 & -2 \\ 0 & 0 & 1 & 0 \\ -2 & 2 & 0 & 2 \end{pmatrix},$$

und $e^{\mathbf{A}t} = \mathbf{B}_{10} + e^{2t}(\mathbf{B}_{20} + t\mathbf{B}_{21})$.

Ebenso wissen wir aber jetzt z.B.

$$\log(\mathbf{E} + \mathbf{A}) = \log 3\, \mathbf{B}_{20} + \tfrac{1}{3}\, \mathbf{B}_{21}\ . \qquad \square$$

Gemäß Definition 7.72 oder Formel (7.79) kann man für jede *invertierbare* Matrix $\mathbf{A}$ eine Matrix $\mathbf{B} = \log \mathbf{A}$ angeben; sie erfüllt nach Satz 7.73b) die Gleichung $e^{\mathbf{B}} = \mathbf{A}$. Die Existenz solcher *Matrizen-Logarithmen* wird in der Theorie der komplexen Differentialgleichungen benutzt.

Der Mehrdeutigkeit des komplexen Logarithmus entsprechend ist $\mathbf{B}$ durch die Forderung $e^{\mathbf{B}} = \mathbf{A}$ keineswegs eindeutig bestimmt, da z.B. $e^{2k\pi i\mathbf{E}} = \mathbf{E}$ für alle $k \in \mathbb{Z}$. Der skalaren Reihe

$$\log(1 + x) = \sum_{n=1}^{\infty} (-1)^{n+1} \frac{x^n}{n} \qquad (|x| < 1)$$

und der entsprechenden Wahl des Logarithmus-Zweiges korrespondiert die Formel

$$\log(\mathbf{E} + \mathbf{A}) = \sum_{n=1}^{\infty} (-1)^{n+1} \frac{\mathbf{A}^n}{n} \tag{7.81}$$

für Matrizen $\mathbf{A}$, deren sämtliche Eigenwerte innerhalb des Einheitskreises liegen (siehe Satz 7.71).

Wir diskutieren nun noch die *Gesamtheit der Lösungen* der Gleichung

$$e^{\mathbf{X}} = \mathbf{A} \tag{7.82}$$

bei gegebener nichtsingulärer Matrix $\mathbf{A}$.

Für einen Jordan-Block $\mathbf{J}_m(\lambda)$ mit $\lambda \neq 0$ kann man gemäß Definition 7.72

$$\log \mathbf{J}_m(\lambda) = \begin{pmatrix} \log\lambda & \frac{1}{\lambda} & \cdots & \frac{(-1)^m}{(m-1)\lambda^{m-1}} \\ & \ddots & \ddots & \vdots \\ & & \ddots & \frac{1}{\lambda} \\ 0 & & & \log\lambda \end{pmatrix} \tag{7.83}$$

bilden mit irgendeinem Zweig der Logarithmusfunktion. Nach Satz 7.73b) gilt dann

$$e^{\log \mathbf{J}_m(\lambda)} = \mathbf{J}_m(\lambda)\ .$$

Besitzt **A** die Jordan-Zerlegung

$$\mathbf{A} = \mathbf{T} \begin{pmatrix} \mathbf{J}_{m_1}(\lambda_1) & & 0 \\ & \ddots & \\ 0 & & \mathbf{J}_{m_k}(\lambda_k) \end{pmatrix} \mathbf{T}^{-1} , \tag{7.84}$$

so gilt dementsprechend (7.82), wenn

$$\mathbf{X} = \mathbf{T} \begin{pmatrix} \log_1 \mathbf{J}_{m_1}(\lambda_1) & & 0 \\ & \ddots & \\ 0 & & \log_k \mathbf{J}_{m_k}(\lambda_k) \end{pmatrix} \mathbf{T}^{-1} , \tag{7.85}$$

wobei $\log_1, \ldots, \log_k$ für jeden Jordan-Block (auch bei übereinstimmenden λ_j) unabhängig voneinander gewählte Zweige der Logarithmusfunktion bezeichnen.

Neben diesen naheliegenden gibt es keine weiteren Lösungen von Gleichung (7.82):

7.80 **Satz.** (*Logarithmen einer Matrix*)

> Jeder Jordan-Zerlegung (7.84) der nichtsingulären quadratischen Matrix **A** entsprechen die Lösungen (7.85) der Gleichung $e^{\mathbf{X}} = \mathbf{A}$, und so werden alle Lösungen der Gleichung erfaßt.

Beweis.

Es ist nur noch zu zeigen, daß *jede* Lösung von (7.82) die Gestalt (7.85) hat.
Sei also **X** gegeben mit $e^{\mathbf{X}} = \mathbf{A}$. Mit der Jordan-Zerlegung $\mathbf{X} = \mathbf{T}\widetilde{\mathbf{J}}\mathbf{T}^{-1}$ ergibt sich $e^{\widetilde{\mathbf{J}}} = \mathbf{T}^{-1}\mathbf{A}\mathbf{T}$, also haben **A** und $e^{\widetilde{\mathbf{J}}}$ dieselbe Jordansche Normalform. Mit

$$\widetilde{\mathbf{J}} = \begin{pmatrix} \mathbf{J}_{m_1}(\mu_1) & & 0 \\ & \ddots & \\ 0 & & \mathbf{J}_{m_k}(\mu_k) \end{pmatrix} \quad \text{folgt} \quad e^{\widetilde{\mathbf{J}}} = \begin{pmatrix} e^{\mu_1}\mathbf{K}_{m_1} & & 0 \\ & \ddots & \\ 0 & & e^{\mu_k}\mathbf{K}_{m_k} \end{pmatrix} ,$$

wobei

$$\mathbf{K}_m := e^{\mathbf{J}_m(0)} = \begin{pmatrix} 1 & \frac{1}{1!} & \cdots & \frac{1}{(m-1)!} \\ & \ddots & \ddots & \vdots \\ & & \ddots & \frac{1}{1!} \\ 0 & & & 1 \end{pmatrix} .$$

Da $\mathrm{Rg}(\mathbf{K}_m - \mathbf{E})^j = m - j \;\; (1 \leqslant j \leqslant m)$, hat $\mathbf{K}_m$ als Jordansche Normalform den Jordan-Block $\mathbf{J}_m(1)$. Man kann also für jedes $m \in \mathbb{N}$ eine Matrix $\mathbf{T}_m$ wählen mit

$$\mathbf{K}_m = \mathbf{T}_m \mathbf{J}_m(1) \mathbf{T}_m^{-1} .$$

Setzt man noch für $\lambda \in \mathbb{C} \setminus \{0\}$

$$\mathbf{D}_m(\lambda) := \mathbf{T}_m \begin{pmatrix} 1 & & 0 \\ & \lambda^{-1} & \\ & & \ddots \\ 0 & & & \lambda^{-m+1} \end{pmatrix},$$

so folgt

$$\lambda \mathbf{K}_m = \mathbf{D}_m(\lambda)\mathbf{J}_m(\lambda)\mathbf{D}_m^{-1}(\lambda),$$

da

$$\begin{pmatrix} 1 & & 0 \\ & \lambda^{-1} & \\ & & \ddots \\ 0 & & & \lambda^{-m+1} \end{pmatrix} \mathbf{J}_m(\lambda) \begin{pmatrix} 1 & & 0 \\ & \lambda & \\ & & \ddots \\ 0 & & & \lambda^{m-1} \end{pmatrix} = \lambda \mathbf{J}_m(1).$$

Es ergibt sich mit $\lambda_j := e^{\mu_j}$ $(1 \leqslant j \leqslant k)$

$$e^{\tilde{\mathbf{J}}} = \begin{pmatrix} \mathbf{D}_{m_1}(\lambda_1) & & 0 \\ & \ddots & \\ 0 & & \mathbf{D}_{m_k}(\lambda_k) \end{pmatrix} \begin{pmatrix} \mathbf{J}_{m_1}(\lambda_1) & & 0 \\ & \ddots & \\ 0 & & \mathbf{J}_{m_k}(\lambda_k) \end{pmatrix} \cdot \begin{pmatrix} \mathbf{D}_{m_1}^{-1}(\lambda_1) & & 0 \\ & \ddots & \\ 0 & & \mathbf{D}_{m_k}(\lambda_k) \end{pmatrix}$$
$$=: \mathbf{D}\mathbf{J}\mathbf{D}^{-1}.$$

Also ist $\mathbf{J}$ Jordansche Normalform von $\mathbf{A}$, die Eigenwerte von $\mathbf{A}$ sind $\lambda_1, \ldots, \lambda_k$, und $\mathbf{S} := \mathbf{T}\mathbf{D}$ ist Transformationsmatrix zu $\mathbf{A}$, d.h. $\mathbf{A} = \mathbf{S}\mathbf{J}\mathbf{S}^{-1}$, $\mathbf{X} = \mathbf{S}\mathbf{D}^{-1}\tilde{\mathbf{J}}\mathbf{D}\mathbf{S}^{-1}$.
Insbesondere ergibt sich für den Fall $\mathbf{A} = \mathbf{J}_m(\lambda)$ mit $\lambda \neq 0$, daß die Matrizen $\log \mathbf{J}_m(\lambda)$ (im Sinne von Definition 7.72) unter den Ausdrücken der Form

$$\tilde{\mathbf{S}}\mathbf{D}_m^{-1}(\lambda)\mathbf{J}_m(\log \lambda)\mathbf{D}_m(\lambda)\tilde{\mathbf{S}}^{-1}$$

mit $\tilde{\mathbf{S}}\mathbf{J}_m(\lambda)\tilde{\mathbf{S}}^{-1} = \mathbf{J}_m(\lambda)$ vorkommen. Wegen der Eindeutigkeit von Definition 7.72 gilt für jedes solche $\tilde{\mathbf{S}}$

$$\tilde{\mathbf{S}}^{-1} \log \mathbf{J}_m(\lambda)\tilde{\mathbf{S}} = \log \mathbf{J}_m(\lambda)$$

(bei gleichem Zweig des Logarithmus auf beiden Seiten). Also folgt

$$\mathbf{D}_m^{-1}(\lambda)\,\mathbf{J}_m(\log \lambda)\mathbf{D}_m(\lambda) = \log \mathbf{J}_m(\lambda),$$

wobei der Logarithmus-Zweig auf beiden Seiten derselbe ist, wie wegen

$$\mathbf{D}_m(\lambda) = \begin{pmatrix} a & \\ 0 & \\ \vdots & * \\ 0 & \end{pmatrix}, \quad \mathbf{D}_m^{-1}(\lambda) = \begin{pmatrix} a^{-1} & \\ 0 & \\ \vdots & * \\ 0 & \end{pmatrix}$$

ein Vergleich der (1,1)-Elemente zeigt.

Somit erhält man – nun wieder im Allgemeinfall –

$$D^{-1}\tilde{J}D = \begin{pmatrix} \log_1 J_{m_1}(\lambda_1) & & 0 \\ & \ddots & \\ 0 & & \log_k J_{m_k}(\lambda_k) \end{pmatrix}$$

mit $\log_j(\lambda_j) = \mu_j$ $(1 \leqslant j \leqslant k)$ und damit die behauptete Gestalt von **X**. ■

7.81 Beispiele.

a) Die Gleichung $e^{\mathbf{X}} = \mathbf{E}$ besitzt nach dem Satz die Lösungen $\mathbf{X} = \mathbf{TDT}^{-1}$, wobei **T** eine beliebige invertierbare Matrix ist und **D** eine Diagonalmatrix, deren Diagonalelemente ganzzahlige Vielfache von $2\pi i$ sind. Hier zeigt sich, daß nicht jeder Logarithmus einer Matrix als Polynom darstellbar ist; denn ein Polynom in **E** ergibt stets ein skalares Vielfaches von **E**.

b) Die Gleichung $\mathbf{X}^n = \mathbf{E}$ löst man, da jede Lösung **X** nichtsingulär ist, indem man $\mathbf{X} = e^{\mathbf{Y}}$ setzt, also die Gleichung $e^{n\mathbf{Y}} = \mathbf{E}$ betrachtet. Die Lösungen sind $\mathbf{Y} = \mathbf{T}\,\frac{1}{n}\,\mathbf{DT}^{-1}$ (siehe a)), also

$$\mathbf{X} = \mathbf{T} \begin{pmatrix} e^{\frac{k_1}{n}\cdot 2\pi i} & & 0 \\ & \ddots & \\ 0 & & e^{\frac{k_p}{n}\cdot 2\pi i} \end{pmatrix} \mathbf{T}^{-1}$$

mit $k_1, \ldots, k_p \in \mathbb{Z}$ und beliebiger nichtsingulärer (p, p)-Matrix **T**. □

7.7 Die schwingende Saite

Der letzte Abschnitt dieses Kapitels, ein Exkurs, soll einen Einblick geben in die Mathematik der Violin- oder Gitarrensaite und damit einen exemplarischen, für viele andere schwingungsfähigen Systeme typischen Eindruck vermitteln vom Eigenwertproblem bei linearen Abbildungen in *unendlichdimensionalen Räumen*. Das mathematische Handwerkszeug bilden dabei, anders als in der endlichdimensionalen linearen Algebra, die Differential- und Integralrechnung und insbesondere die Fourierreihen (siehe Band „Funktionen einer Veränderlichen"). Nach der Lektüre wird der Leser wissen, warum man bei den Fourierreihen und bei eindimensionalen Federschwingungen so musikalische Sprechweisen benutzt („harmonische Analyse" bzw. „harmonischer Oszillator").

Wir beginnen mit der Diskussion der Durchbiegung einer unter Spannung stehenden elastischen Saite der Länge L infolge einer Lastverteilung p(x) (Bild 7.16).

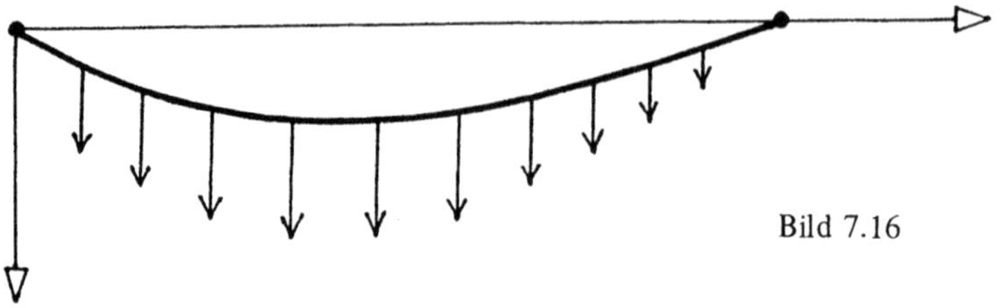

Bild 7.16

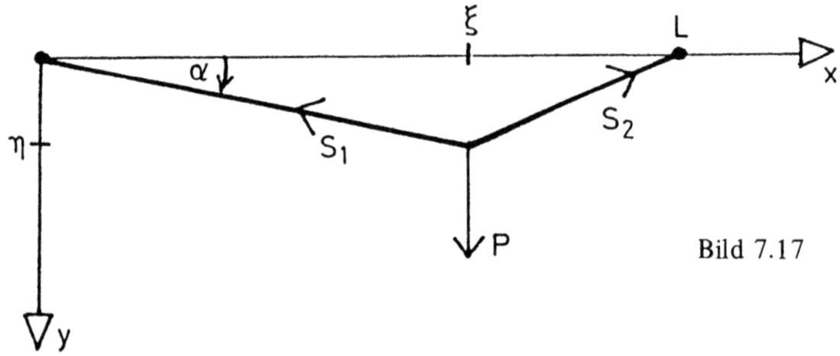

Bild 7.17

Zunächst wirke eine Einzellast P an einer Stelle ξ auf die Saite ein; die Verformung ist dann von einfacher Dreiecksgestalt: Wenn wir die Saite durch eine Funktion $y(x)$ $(0 \leqslant x \leqslant L)$ beschreiben und die Auslenkung an der Stelle ξ mit η bezeichnen, so gilt

$$y(x) = \begin{cases} \dfrac{\eta}{\xi} x, & 0 \leqslant x \leqslant \xi \\[2ex] \dfrac{\eta}{L-\xi}(L-x), & \xi \leqslant x \leqslant L \end{cases} \tag{7.86}$$

(siehe Bild 7.17).

Gleichgewichtsbedingung: Die Vertikalkomponenten der beiden betragsgleichen Spannkräfte $\mathbf{S}_1, \mathbf{S}_2$ müssen die belastende Kraft $\mathbf{P}$ kompensieren.

Im Falle genügend kleiner Auslenkungen, den wir hier ausschließlich betrachten wollen, ergibt sich also (z.B. $\frac{\eta}{\xi} = \tan\alpha = \sin\alpha$ für $\alpha \ll 1$)

$$\frac{\eta}{\xi} S + \frac{\eta}{L-\xi} S = P,$$

wobei mit S und P die Beträge der Spannkraft bzw. der Last bezeichnet seien. Setzt man den sich hieraus für η ergebenden Wert in (7.86) ein, folgt

$$y(x) = \begin{cases} \dfrac{P}{LS} x(L-\xi), & 0 \leqslant x \leqslant \xi \\[2ex] \dfrac{P}{LS} \xi(L-x), & \xi \leqslant x \leqslant L \end{cases}.$$

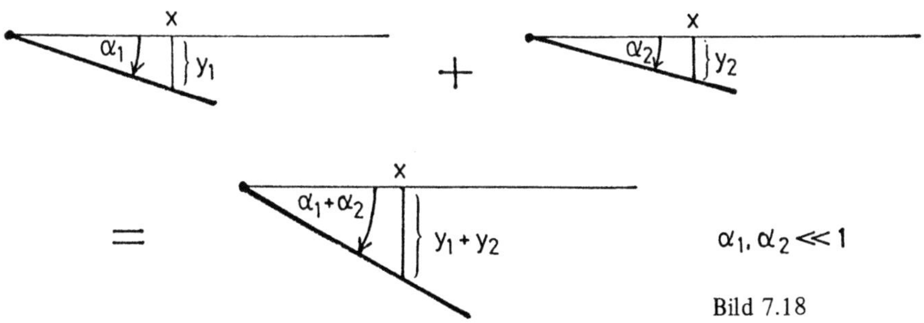

Bild 7.18

Wir gehen nun davon aus, daß bei mehreren Einzellasten und auch bei einer kontinuierlichen Lastverteilung (Lastdichte) $p(x)$ sich die einzelnen Auslenkungseffekte ungestört überlagern; dies ist plausibel, da wir ja nur sehr kleine Gesamtauslenkungen betrachten und daher näherungsweise $\tan(\varphi_1+\varphi_2) = \sin(\varphi_1+\varphi_2) = \varphi_1+\varphi_2$ für alle auftretenden Auslenkungswinkel annehmen können, was zu den Verhältnissen von Bild 7.18 führt.

Mit

$$G(x,\xi) := \begin{cases} x(L-\xi)\,, & 0 \leqslant x \leqslant \xi \\ \xi(L-x)\,, & \xi \leqslant x \leqslant L \end{cases} \tag{7.87}$$

entspricht einer an der Stelle ξ_ν einwirkenden Last $p(\xi_\nu)\Delta\xi_\nu$ die Auslenkung

$$\frac{p(\xi_\nu)\Delta\xi_\nu}{LS}\,G(x,\xi_\nu)\,,$$

so daß sich als Gesamtauslenkung

$$\frac{1}{LS}\sum_\nu G(x,\xi_\nu)\,p(\xi_\nu)\Delta\xi_\nu$$

und daher beim Grenzübergang $\Delta\xi_\nu \to 0$ schließlich

$$y(x) = \frac{1}{LS}\int_0^L G(x,\xi)\,p(\xi)\,d\xi \tag{7.88}$$

ergibt.

Wir betrachten nun (7.88) als Definition einer linearen Abbildung **T**, die jeder integrierbaren Funktion $p:[0,L]\to\mathbb{R}$ die Funktion $\mathbf{T}p$ mit $\mathbf{T}p(x) := y(x)$ $(0\leqslant x\leqslant L)$ mit y gemäß (7.88) zuordnet. Ist V der Vektorraum aller reellwertigen integrierbaren Funktionen mit Definitionsbereich $[0,L]$, so ist **T** eine lineare Abbildung von V in V (wir werden gleich sehen, daß $y = \mathbf{T}p$ für beliebiges $p\in V$ nicht nur integrierbar, sondern sogar stetig differenzierbar ist); man nennt **T** einen linearen *Integraloperator* mit der *Kernfunktion* $G(x,\xi)$. Es handelt sich bei dem Integralausdruck (7.88) um das kontinuierlich-unendlichdimensionale Analogon zu einem Produkt aus Matrix und Vektor: $G(x,\xi)$ entspricht den Matrixelementen und $p(\xi)d\xi$ den Vektorkomponenten.

Zur Diskussion der Eigenschaften von $y = \mathbf{T}\,p$ setzen wir (7.87) in (7.88) ein und erhalten die explizitere Darstellung

$$y(x) = \frac{1}{LS}\left\{(L-x)\int_0^x \xi p(\xi)\,d\xi + x\int_x^L (L-\xi)p(\xi)\,d\xi\right\} = \frac{1}{S}\int_0^x (\xi - x)p(\xi)\,d\xi$$

$$+\frac{x}{S}\int_0^L \left(1-\frac{\xi}{L}\right)p(\xi)\,d\xi\,.$$

Man liest sofort ab: y ist stetig auf $[0, L]$, und es gilt $y(0) = y(L) = 0$. Ferner ergibt sich mit $x, x + \Delta x \in [0, L]$, $\Delta x \neq 0$

$$\frac{y(x+\Delta x) - y(x)}{\Delta x} = \frac{1}{S}\int_x^{x+\Delta x} \frac{\xi - x}{\Delta x}\,p(\xi)\,d\xi - \frac{1}{S}\int_0^{x+\Delta x} p(\xi)\,d\xi +$$

$$+\frac{1}{S}\int_0^L \left(1-\frac{\xi}{L}\right)p(\xi)\,d\xi\,.$$

Bei beliebigem $p \in V$ strebt die rechte Seite mit $\Delta x \to 0$ gegen

$$y'(x) = \frac{1}{S}\int_x^L p(\xi)\,d\xi - \frac{1}{LS}\int_0^L \xi p(\xi)\,d\xi\,. \tag{7.89}$$

Die Funktion y ist also stets einmal stetig differenzierbar, der Integraloperator $\mathbf{T}$ wirkt glättend.
Aus (7.89) folgt, daß der Operator $\mathbf{T}$ in gewissem Sinne *injektiv (umkehrbar eindeutig)* ist:
Mit $y = \mathbf{T}\,p_1 = \mathbf{T}\,p_2$ ergibt sich aus (7.89)

$$\frac{1}{S}\int_x^L (p_1(\xi) - p_2(\xi))\,d\xi = \frac{1}{LS}\int_0^L \xi(p_1(\xi) - p_2(\xi))\,d\xi$$

für $0 \leqslant x \leqslant L$, und durch die Wahl $x = L$ sieht man schließlich

$$\int_x^L (p_1(\xi) - p_2(\xi))\,d\xi = 0 \quad (0 \leqslant x \leqslant L)\,.$$

Das Integral von $p_1 - p_2$ über ein beliebiges Teilintervall von $[0, L]$ verschwindet also. Man kann zeigen, daß dann $p_1(x) = p_2(x)$ für „fast alle" $x \in [0, L]$, d.h. für alle x mit Ausnahme einer bei beliebigen Integrationen nicht ins Gewicht fallenden Menge (einer „Nullmenge“) von Punkten x. Die Funktionen p_1 und p_2 müssen also „praktisch gleich“ sein, wenn $\mathbf{T}\,p_1 = \mathbf{T}\,p_2$ gilt.

Wir beschränken uns von nun an auf die Betrachtung von Lastverteilungen p(x), die *stückweise stetig* sind (d.h. stetig mit Ausnahme endlich vieler Sprungstellen) und $p(x) = \frac{1}{2}\,(p(x-0) + p(x+0))$ für alle $x \in (0, L)$ erfüllen. Man überprüft leicht, daß die Gesamtheit dieser Funktionen einen linearen Unterraum V_0 von V bildet. Im Falle $p_1, p_2 \in V_0$, d.h. wenn wir **T** als Abbildung von V_0 in V_0 betrachten, gilt die Injektivität im strengen Sinne:

$$\left.\begin{array}{ll}\text{Aus} & p_1, p_2 \in V_0, \mathbf{T}\,p_1 = \mathbf{T}\,p_2 \\ \text{folgt} & p_1(x) = p_2(x) \quad (0 \leqslant x \leqslant L)\,.\end{array}\right\} \tag{7.90}$$

Denn ist $p \in V$, $x \in [0, L]$ ein *Stetigkeitspunkt* von p, so ist nach (7.89) $y = \mathbf{T}p$ an der Stelle x zweimal differenzierbar, und es gilt

$$y''(x) = -\frac{1}{S}\,p(x)\,. \tag{7.91}$$

Aus $\mathbf{T}p_1 = \mathbf{T}p_2$ folgt also $p_1(x) = p_2(x)$ für alle x, die Stetigkeitspunkte von p_1 und p_2 sind; die Normierung der Werte an den endlich vielen Sprungstellen ergibt dann $p_1(x) = p_2(x)$ $(0 \leqslant x \leqslant L)$ im Falle $p_1, p_2 \in V_0$.

Durch (7.91) ist offenbar der *Umkehroperator* zu dem durch (7.88) definierten Integraloperator **T** gegeben, zumindest für stückweise stetige p bzw. für stückweise zweimal stetig differenzierbare y; die endlich vielen Ausnahmepunkte, für die (7.91) dann nichts über p aussagt, spielen ja – auch physikalisch – keine Rolle. Ist also eine aus ihrer Ruhelage gemäß einer Funktion y ausgelenkte Saite gegeben, so sagt uns (7.91), durch welche Lastverteilung p diese Auslenkung hervorgerufen wird; oder – und dies führt sogleich von der Betrachtung statischer Situationen zu den schwingenden Saiten –: Die Formel sagt aus, welche elastischen Rückstellkräfte die durch y gegebene Auslenkung begleiten, nämlich die durch p gerade zu kompensierenden.

Wenn wir also jetzt nach *Eigenwerten* λ und zugehörigen *Eigenfunktionen* f von **T** suchen, so besagt das physikalisch: Wir suchen Auslenkungsfunktionen f, bei denen die Rückstellkräfte proportional zur Auslenkung sind. Ist eine Saite mit einer solchen Startkonfiguration gegeben, so überblickt man leicht, wie sie sich infolge der mit dieser Verformung verbundenen transversalen Rückstellkräfte, aber ohne Einwirkung äußerer Kräfte (auch ohne Berücksichtigung der Reibung) weiterbewegen wird. Man kann sich nämlich dann die Saite zusammengesetzt denken aus einer großen Zahl eindimensionaler harmonischer Oszillatoren mit übereinstimmenden Federkonstanten und den Anfangsauslenkungen $f(x_n)$ (siehe Bild 7.19); der zeitliche Verlauf der Auslenkung des n-ten Oszillators ist dann (vgl. Kap. 5 aus dem Band „Funktionen einer Veränderlichen“)

$$y_n(t) = f(x_n)\cos\omega t$$

mit von n unabhängiger Kreisfrequenz ω, so daß die Konfiguration der Auslenkungen immer ein skalares Vielfaches der ursprünglichen bleibt.

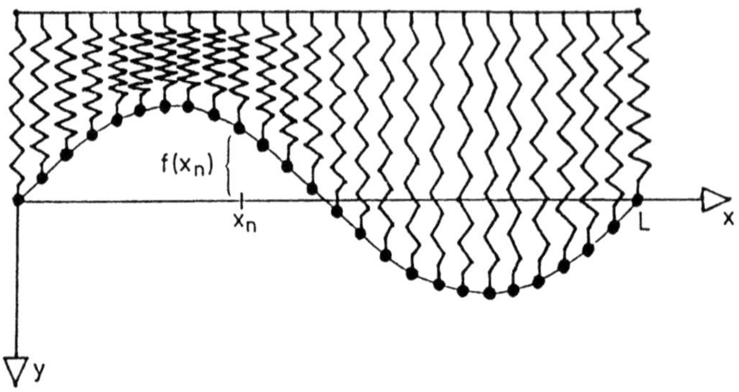

Bild 7.19

Auf die Saite bezogen:
Wenn $f(x)$ die Auslenkungsfunktion der Saite zum Zeitpunkt $t = 0$ ist, so gilt für die Auslenkung zum Zeitpunkt $t \geqslant 0$, die wir mit $y(x, t)$ bezeichnen,

$$y(x,t) = f(x)\cos\omega t\,. \tag{7.92}$$

Bevor wir nun daran gehen, die Eigenwerte und Eigenfunktionen von **T** zu bestimmen, sei zunächst die Kreisfrequenz ω berechnet: Ist f Eigenfunktion von **T** zum Eigenwert λ, wird ferner y gemäß (7.92) definiert und mit $\ddot{y}$ die zweite Ableitung von y nach t bei festem Wert x bezeichnet, so gilt

$$\ddot{y} = -\,\omega^2 y\,. \tag{7.93}$$

Ist andererseits ρ die (als konstant angenommene) lineare Massendichte der Saite, also $\rho \cdot \Delta x$ die Masse eines sehr kleinen Saitenstücks der Länge Δx, so gilt nach Newton $\rho\,\Delta x \cdot \ddot{y} = -\frac{1}{\lambda}\,y\,\Delta x$, da zur Auslenkungsfunktion $y(\bullet, t) = f\cos\omega t = \mathbf{T}\frac{1}{\lambda}\,f\cos\omega t$ die Rückstellkraftdichte $-\frac{1}{\lambda}\,f\cos\omega t = -\frac{1}{\lambda}\,y$, also zu dem kleinen Saitenstück die Rückstellkraft $-\frac{1}{\lambda}\,y\,\Delta x$ gehört; man erhält also

$$\ddot{y} = -\frac{1}{\lambda\rho}\,y\,, \tag{7.94}$$

und mit (7.93) folgt

$$\omega = \frac{1}{\sqrt{\lambda\rho}}\,. \tag{7.95}$$

Da $\rho > 0$, macht dies nur für $\lambda > 0$ Sinn, und wir werden sogleich sehen, daß tatsächlich alle Eigenwerte von **T** positiv sind.

Gilt $\mathbf{T}f = \lambda f$ mit $\lambda \in \mathbb{C}$ und $f \in V_0$, $f \not\equiv 0$, so folgt aus (7.90) $\lambda \neq 0$ (die Eigenfunktionen $f \in V \setminus V_0$ mit $\mathbf{T}f = 0$ sind nur solche, deren Integral über jedes Teilintervall verschwindet, wie wir zeigten, entsprechen also physikalisch dem Ruhezustand der Saite), und gemäß (7.91) ist $f = \frac{1}{\lambda}\mathbf{T}f$ sogar zweimal stetig differenzierbar und es gilt

$$\left.\begin{aligned} \lambda f'' &= -\frac{1}{S}\,f\,,\\ f(0) &= f(L) = 0\,. \end{aligned}\right\} \tag{7.96}$$

Zur Diskussion von (7.96) zeigen wir nun kurz, daß alle Lösungen von $u'' = cu$ mit $c \in \mathbb{C} \setminus \{0\}$ die Form $u(x) = ae^{\sqrt{c}x} + be^{-\sqrt{c}x}$ mit $a, b \in \mathbb{C}$ besitzen (man vgl. auch Satz 5.25 und Aufgabe 7 zu Kap. 5 aus dem Band „Funktionen einer Veränderlichen"):
Aus $u'' = cu$ folgt mit $(u(x)e^{\sqrt{c}x})' = u'(x)e^{\sqrt{c}x} + \sqrt{c}\,u(x)e^{\sqrt{c}x}$, daß

$$\left(u(x)e^{\sqrt{c}x}\right)'' = u''(x)e^{\sqrt{c}x} + cu(x)e^{\sqrt{c}x} + 2\sqrt{c}\,u'(x)e^{\sqrt{c}x} = 2\sqrt{c}\left(u(x)e^{\sqrt{c}x}\right)' ;$$

also, da $v' = \alpha v$ nur die Lösungen $v(x) = \beta e^{\alpha x}$ besitzt (siehe Beispiel 7.3 f)), $(u(x)e^{\sqrt{c}x})' = de^{2\sqrt{c}x}$ mit $d \in \mathbb{C}$ und daher wegen $c \neq 0$

$$u(x)e^{\sqrt{c}x} = ae^{2\sqrt{c}x} + b .$$

Für die Lösungen von (7.96) gilt also $f(x) = ae^{x/\sqrt{-\lambda S}} + be^{-x/\sqrt{-\lambda S}}$, ferner (wegen $f(0) = f(L) = 0$)

$$a + b = 0, \quad a\left(e^{L/\sqrt{-\lambda S}} - e^{-L/\sqrt{-\lambda S}}\right) = 0 .$$

Da e^z nur die Perioden $2k\pi i$ mit $k \in \mathbb{Z}$ besitzt, folgt aus $e^{L/\sqrt{-\lambda S}} = e^{-L/\sqrt{-\lambda S}}$: $2L/\sqrt{-\lambda S} = 2k\pi i$ und daher schließlich

$$\lambda_k = \frac{L^2}{k^2\pi^2 S} \quad \text{mit} \quad k \in \mathbb{N} . \tag{7.97}$$

Die zugehörigen Eigenfunktionen, die offenbar wirklich (7.96) erfüllen, sind

$$f_k(x) = \sin k\pi \frac{x}{L} \quad (0 \leqslant x \leqslant L) , \tag{7.98}$$

und als zugehörige Kreisfrequenzen erhält man mit (7.95)

$$\omega_k = \frac{k\pi}{L}\sqrt{\frac{S}{\rho}} . \tag{7.99}$$

Wir können also feststellen:
Der Operator **T** hat unendlich viele verschiedene positive Eigenwerte, die eine gegen 0 konvergierende Folge bilden. Zu jedem Eigenwert gehört – bis auf skalare Vielfache – genau eine Eigenfunktion.
Zu den Saitenschwingungen:
Mit einer der Eigenfunktionen f_k von **T** als Startkonfiguration ergeben sich besonders einfache Schwingungsformen der Saite, bei welchen alle Teilchen transversale Schwingungen von der Art eines eindimensionalen harmonischen Oszillators ausführen, und zwar alle mit derselben Frequenz und mit dem jeweiligen Startwert $f_k(x)$ als Amplitudenfaktor. Man erhält die Schwingungen (vgl. Bild 7.20)

$$y_k(x, t) := \epsilon \sin \frac{k\pi x}{L} \cos \sqrt{\frac{S}{\rho}}\,\frac{k\pi t}{L} \quad (0 \leqslant x \leqslant L,\ t \geqslant 0,\ k \in \mathbb{N}) , \tag{7.100}$$

wobei $\epsilon \ll L$ vorauszusetzen ist (die Betrachtungen gelten ja nur für Schwingungen mit sehr kleiner Auslenkung!).

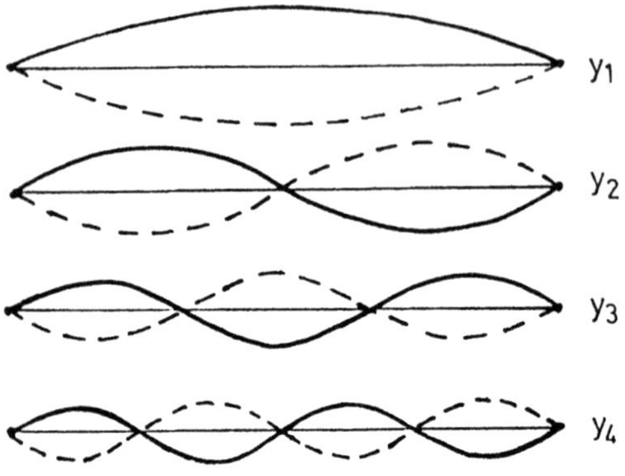

Bild 7.20

Man nennt y_1 die *harmonische Grundschwingung* und die y_k mit $k > 1$ *Oberschwingungen* der Saite. Die Frequenz des Grundtones der Saite ist also $\frac{1}{2L}\sqrt{S/\rho}$, und die Obertonfrequenzen sind die ganzen Vielfachen hiervon.

Nun stellt sich noch die Frage, wie man beliebige Schwingungen der Saite beschreiben kann, bei denen die (wiederum als sehr klein vorausgesetzte) Anfangsauslenkung $f(x)$ $(0 \leqslant x \leqslant L)$ nicht so „harmonisch ist" (Einfachheitshalber beschränken wir uns auf den Fall, daß die Anfangs*geschwindigkeit* für jeden Punkt der Saite gleich null ist.) Wir schließen wie bei der Herleitung von (7.88) nach dem *Superpositionsprinzip*: Ist $y_k(x, t)$ der bekannte Bewegungsverlauf zum Rückstellkraftverlauf $-p_k(x, t)$, so ist $y = \sum_k \alpha_k y_k$ der Bewegungsverlauf zum Rückstellkraftverlauf $-p = -\sum_k \alpha_k p_k$; im Falle unendlicher Summen ist diese Argumentation aber nur korrekt, wenn $T(\sum_k \alpha_k p_k) = \sum_k \alpha_k Tp_k$ und $\int_0^t (t-\tau) \sum_k \alpha_k p_k(\bullet, \tau) d\tau = \sum_k \alpha_k \int_0^t (t-\tau) p_k(\bullet, \tau) d\tau$ gilt (die Newtonsche Bewegungsgleichung $m\ddot{s} = K$ hat ja die Lösung $s(t) = s(0) + t \cdot \dot{s}(0) + \int_0^t (t-\tau) \frac{K(\tau)}{m} d\tau$).

Wir schreiben zunächst $y(x, 0) = f(x)$ als Summe $\sum_{k=1}^{\infty} \alpha_k y_k(x, 0)$ mit den y_k aus (7.100) (*„harmonische Analyse"* der Anfangsauslenkung); dies ist nichts anderes als eine spezielle Fourierreihenentwicklung von f, nämlich eine reine Sinusreihe, die wir erhalten, indem wir f auf $[-L, 0]$ ungerade fortsetzen. Es ergibt sich für $k \in \mathbb{N}$

$$\alpha_k = \frac{2}{\epsilon L} \int_0^L f(x) \sin \frac{k\pi}{L} x \, dx . \tag{7.101}$$

Da nun (mit den y_k gemäß (7.100)) $p_k = \frac{1}{\lambda_k} y_k$ gilt, müssen wir das Konvergenzverhalten von

$$\sum_{k=1}^{\infty} \frac{\alpha_k}{\lambda_k} y_k(x,t) = \frac{\epsilon\pi^2 S}{L^2} \sum_{k=1}^{\infty} k^2 \alpha_k \sin\frac{k\pi}{L} x \cos\sqrt{\frac{S}{\rho}}\frac{k\pi}{L} t =$$

$$= \frac{\epsilon\pi^2 S}{2L^2} \sum_{k=1}^{\infty} k^2 \alpha_k \left\{\sin\frac{k\pi}{L}\left(x + t\sqrt{\frac{S}{\rho}}\right) + \sin\frac{k\pi}{L}\left(x - t\sqrt{\frac{S}{\rho}}\right)\right\} \tag{7.102}$$

untersuchen, um die oben erwähnten Korrektheitsbedingungen zu überprüfen.
Zu diesem Zweck nehmen wir an, daß die Anfangsauslenkung f durch eine Lastverteilung p mit $\int_0^L (p(x))^2 dx < \infty$ erzeugt wurde (jedes p aus V_0 wird damit erfaßt, während Einzellasten nur näherungsweise erfaßt werden). Indem wir p auf $[-L, 0]$ ungerade fortsetzen und Satz 13.5 aus dem Band „Funktionen einer Veränderlichen" anwenden, erhalten wir:
Mit

$$c_k = \frac{2}{L}\int_0^L p(x) \sin\frac{k\pi}{L} x\, dx \tag{7.103}$$

gilt

$$\sum_{k=1}^{\infty} c_k^2 = 2\int_0^L (p(x))^2 dx$$

und

$$2\int_0^L \left(p(x) - \sum_{k=1}^{N} c_k \sin\frac{k\pi}{L} x\right)^2 dx = \sum_{k=N+1}^{\infty} c_k^2 \to 0 \quad (N\to\infty),$$

und es folgt

$$\left| f(x) - \sum_{k=1}^{N} \lambda_k c_k \sin\frac{k\pi}{L} x \right| = \left| \int_0^L G(x,\xi)\left(p(\xi) - \sum_{k=1}^{N} c_k \sin\frac{k\pi}{L}\xi\right) d\xi \right| \leqslant$$

$$\leqslant \sqrt{\int_0^L (G(x,\xi))^2 d\xi}\ \sqrt{\int_0^L \left(p(\xi) - \sum_{k=1}^{N} c_k \sin\frac{k\pi}{L}\xi\right)^2 d\xi}$$

$$\leqslant \sqrt{\frac{1}{2}\int_0^L (G(\xi,\xi))^2 d\xi} \cdot \sqrt{\sum_{k=N+1}^{\infty} c_k^2}\,.$$

f besitzt also eine gleichmäßig konvergente Fouriersinusreihendarstellung, und für die α_k aus (7.101) gilt

$$\alpha_k = \lambda_k\, c_k/\epsilon \tag{7.104}$$

mit den c_k aus (7.103).

Aus der Konvergenz im quadratischen Mittel der Reihendarstellung für $\tilde{p}(x,0) := p(x)$ folgt nun auch diejenige der Reihe

$$\tilde{p}(x,t) := \sum_{k=1}^{\infty} \alpha_k\, p_k(x,t) = \frac{1}{2} \sum_{k=1}^{\infty} c_k \left\{ \sin \frac{k\pi}{L}\left(x + t\sqrt{\frac{S}{\rho}}\right) + \right.$$
$$\left. + \sin \frac{k\pi}{L}\left(x - t\sqrt{\frac{S}{\rho}}\right)\right\}$$

für jedes endliche x- bzw. t-Intervall.

Durch Abschätzungen wie die soeben am Beispiel der Sinusreihe für f ausgeführten folgt also die Anwendbarkeit des Superpositionsprinzips unter den vereinbarten Voraussetzungen bzgl. f. Wir erhalten für den Schwingungsverlauf mit der Startkonfiguration $f = y(\bullet, 0)$

$$y(x,t) = \sum_{k=1}^{\infty} \lambda_k\, c_k \sin \frac{k\pi x}{L} \cos \sqrt{\frac{S}{\rho}}\frac{k\pi t}{L}$$

$$= \frac{1}{2}\left\{ y\left(x + t\sqrt{\frac{S}{\rho}}, 0\right) + y\left(x - t\sqrt{\frac{S}{\rho}}, 0\right)\right\}, \tag{7.105}$$

wobei wir uns $y(x,0)$ 2 L-periodisch und ungerade auf $\mathbb{R}$ fortgesetzt denken.

Bemerkenswert ist: Auch diese allgemeine unharmonische Schwingung ist wieder periodisch mit der Frequenz $\frac{1}{2L}\sqrt{\frac{S}{\rho}}$. Der unharmonische *zeitliche* Verlauf der Transversalschwingung eines Saitenteilchens ist sozusagen *räumlich* sichtbar in der Anfangsauslenkung; denn wenn man f ungerade und 2 L-periodisch fortsetzt, so ist nach (7.105) die Auslenkung an der Stelle x zum Zeitpunkt t der Mittelwert der Auslenkungen an den Stellen $x + t\sqrt{\frac{S}{\rho}}$ und $x - t\sqrt{\frac{S}{\rho}}$ zum Zeitpunkt $t = 0$. Man kann diesen Schwingungsverlauf auch auffassen als Überlagerung zweier mit der *Geschwindigkeit* $\sqrt{\frac{S}{\rho}}$ in entgegengesetzte Richtung laufenden Wellen des Profils $\frac{1}{2} f(x)$ oder als eine Welle, die an den Saitenenden mit Phasenumkehr reflektiert wird.

Gilt für eine Stelle $x \in (0, L)$ mit $f(x) \neq 0$, daß $y(x,t) = f(x) \cos \omega t$ mit einem gewissen $\omega > 0$, so muß die Periode $\frac{2\pi}{\omega}$ Teiler von $2L\sqrt{\frac{\rho}{S}}$ sein. Wegen der Eindeutigkeit der in (7.105) gegebenen gleichmäßig konvergenten Fourierreihe für $y(x, \bullet)$ folgt mit $\omega = \frac{k_0\pi}{L}\sqrt{\frac{S}{\rho}}$: $c_k = 0$ für $k \neq k_0$, $f(x) = \epsilon\alpha_{k_0} \sin \frac{k_0\pi}{L} x$ $(0 \leqslant x \leqslant L)$.

Schwingt die Saite auch nur an einer einzigen Stelle harmonisch, liegt mithin insgesamt eine harmonische Schwingung oder wie man auch sagt, eine *stehende Welle* vor.

Es sei abschließend erwähnt, daß die Saitenschwingung zuerst 1747 von d'Alembert untersucht wurde und Euler als erster 1748 die Entwicklung in eine Reihe $f(x) = \Sigma \alpha_n \sin nx$ vorschlug und damit lange vor Fourier die Grundidee der Fourierreihenentwicklung aussprach und lange vor der Entstehung der Matrizenrechnung ein wegweisendes Beispiel für die Nützlichkeit des Eigenwertbegriffs beim Studium linearer Abbildungen lieferte.

Zusammenfassung.

- Die Durchbiegung $y(x)$ einer elastischen Saite der Länge L bei Einwirkung einer Lastverteilung $p(x)$ (Bild 7.16) ist – max $|y(x)| \ll L$ vorausgesetzt! – gegeben durch

$$y(x) = \int_0^L G(x, \xi)p(\xi)d\xi =: \mathbf{T}p(x)$$

mit G gemäß (7.87).

- Der dadurch definierte lineare Integraloperator **T** ist (cum grano salis) umkehrbar eindeutig (Umkehrung gemäß (7.91)) und besitzt abzählbar unendliche viele Eigenwerte (7.97) und Eigenfunktionen (7.98).
- Die Eigenfunktionen entsprechen genau den Amplitudenfunktionen der harmonischen freien Saitenschwingungen (7.100); die Frequenz des Grundtones einer Saite ist $\frac{1}{2L}\sqrt{\frac{S}{\rho}}$ mit der Saitenspannung S und der linearen Massendichte ρ.
- Beliebige Saitenschwingungen lassen sich durch harmonische Analyse (Fourierreihenentwicklung) aus harmonischen Schwingungen zusammensetzen; siehe (7.105).
- Das Eigenwertproblem $\mathbf{T}f = \lambda f$ ist im wesentlichen gleichwertig zu dem Differentialgleichungsrandwertproblem (7.96), wobei allerdings die Integralformulierung für etwas allgemeinere Funktionenklassen sinnvoll bleibt.

7.8 Aufgaben zu Kapitel 7

1. Man bestimme die Eigenwerte der Matrix

$$\begin{pmatrix} 6 & -1 & 0 & 4 \\ 8 & -2 & 0 & 4 \\ 0 & 1 & 2 & 2 \\ -4 & 2 & 0 & 0 \end{pmatrix}.$$

2. Wann ist die Matrix

$$\begin{pmatrix} 0 & & a_1 \\ & a_2 & \\ \cdot^{\cdot^{\cdot}} & & \\ a_n & & 0 \end{pmatrix}$$

diagonalisierbar?

3. a) Man bestimme die Eigenwerte und Eigenvektoren der p-reihigen Tridiagonalmatrix

$$\begin{pmatrix} a & b & & 0 \\ b & \ddots & \ddots & \\ & \ddots & \ddots & b \\ 0 & & b & a \end{pmatrix} .$$

b) Man drücke die Eigenwerte von $\mathbf{A} = \mathbf{B} \otimes \mathbf{C}$ durch diejenigen von **B** und **C** aus.

c) Sei **A** eine diagonalisierbare (p, p)-Matrix und **E** die (p, p)-Einheitsmatrix. Man bestimme die Eigenwerte und Eigenvektoren der (pq, pq)-Matrix

$$\mathbf{B} := \begin{pmatrix} \mathbf{A} & -\mathbf{E} & & 0 \\ -\mathbf{E} & \ddots & \ddots & \\ & \ddots & \ddots & -\mathbf{E} \\ 0 & & -\mathbf{E} & \mathbf{A} \end{pmatrix}$$

(Rückführung auf die Eigenwerte und Eigenvektoren von **A**).

4. Man zeige: Zwei Bewegungen im Raum $\mathbb{R}^3$ sind genau dann *in der Reihenfolge vertauschbar*, wenn entweder beide Schraubungen mit derselben Schraubungsachse oder aber beide Halbkreisdrehungen mit sich schneidenden zueinander senkrechten Drehachsen sind.

5. a) Sei **A** eine (p, p)-Matrix über $\mathbb{C}$.
Wenn $(\mathbf{A}\mathbf{x}, \mathbf{x}) \in \mathbb{R}$ für alle $\mathbf{x} \in \mathbb{C}^p$, ist **A** hermitesch.
Gilt dies auch für $\mathbb{R}$ anstelle von $\mathbb{C}$?

b) Man gebe eine Matrix an, so daß $(\mathbf{A}\mathbf{x}, \mathbf{x}) \geqslant 0$ für alle $\mathbf{x} \in \mathbb{R}^p$, aber nicht für alle $\mathbf{x} \in \mathbb{C}^p$.

c) Eine beliebige (p, p)-Matrix **A** über K heißt positiv definit (semidefinit) über K, wenn $(\mathbf{A}\mathbf{x}, \mathbf{x}) > 0$ $(\geqslant 0)$ für alle $\mathbf{x} \in K^p$.
Man zeige: Eine normale Matrix ist positiv definit (semidefinit) über K genau dann, wenn alle ihre Eigenwerte positiv (nichtnegativ) sind.
Gibt es auch Matrizen mit lauter positiven Eigenwerten, die nicht positiv definit sind?

6. Ist **A** eine normale Matrix, $\mathbf{A} = \sum_{j=1}^{q} \lambda_j \mathbf{P}_j$ ihre Spektraldarstellung, so sind die orthogonalen Projektoren $\mathbf{P}_j$ darstellbar als Polynome in **A**.
Man gebe damit einen anderen Beweis von (7.45).

7. Ist **A** eine (p, p)-Matrix über K mit $\mathbf{A}^* = \mathbf{A}$ und sind $\lambda_1 \geqslant \lambda_2 \geqslant \ldots \lambda_p$ ihre Eigenwerte, so gilt

$$\lambda_k = \min_{\substack{V \text{ Teilraum} \\ \text{des } K^p \text{ mit} \\ \dim V = p-k+1}} \quad \max_{\substack{\mathbf{x} \in V \\ \text{mit} \\ \|\mathbf{x}\| = 1}} (\mathbf{A}\mathbf{x}, \mathbf{x})$$

für $1 \leqslant k \leqslant p$. (Dabei ist $\|\cdot\|$ die euklidische bzw. unitäre Norm.)

8. Sei **A** eine (q, p)-Matrix über $\mathbb{R}$ ($\mathbb{C}$).
Man zeige, daß es eine orthogonale (unitäre) (q, q)-Matrix **U** und eine orthogonale (unitäre) (p, p)-Matrix **V** gibt, so daß

$$\mathbf{U}^*\mathbf{A}\mathbf{V} = \begin{pmatrix} \sigma_1 & & & 0 \\ & \ddots & & \\ & & \sigma_m & \\ 0 & & & \end{pmatrix}$$

mit $m := \min(p, q)$ und $\sigma_1 \geqslant \sigma_2 \geqslant \ldots \geqslant \sigma_m \geqslant 0$.
Die Werte $\sigma_1, \ldots, \sigma_m$ heißen *singuläre Werte*, die gegebene Zerlegung *Singulärwertzerlegung* (engl.: singular value decomposition) der Matrix **A**; sie ist eine Verallgemeinerung der Polarzerlegung bei quadratischen Matrizen.

9. Sei **A** eine (p, p)-Matrix mit den Eigenwerten $\lambda_1, \ldots, \lambda_p$ (jeder seiner algebraischen Vielfachheit entsprechend oft aufgeführt). Man zeige

$$\operatorname{Sp}(\mathbf{A}^*\mathbf{A}) \geqslant \sum_{j=1}^{p} |\lambda_j|^2 .$$

Das Gleichheitszeichen tritt genau dann ein, wenn **A** normal ist.

10. a) Man beweise oder widerlege die folgenden Eigenschaften des Spektralradius:

$$r_\sigma(\lambda\mathbf{A}) = |\lambda|\, r_\sigma(\mathbf{A}) ,$$
$$r_\sigma(\mathbf{A}+\mathbf{B}) \leqslant r_\sigma(\mathbf{A}) + r_\sigma(\mathbf{B}) ,$$
$$r_\sigma(\mathbf{A}\mathbf{B}) \leqslant r_\sigma(\mathbf{A})\, r_\sigma(\mathbf{B}) .$$

Ist der Spektralradius eine Matrixnorm?

b) Man folgere aus Satz 7.71, daß der Spektralradius $r_\sigma(\mathbf{A}) := \lim_{n\to\infty} \sqrt[n]{\|\mathbf{A}^n\|}$ einer quadratischen Matrix gleich dem maximalen Betrag der Eigenwerte von **A** ist (= Aussage von Satz 7.29b)).

11. Man bestimme die Jordansche Normalform von

$$\begin{pmatrix} 2 & 1 & -1 & 0 & 0 \\ 0 & 2 & 3 & 0 & 0 \\ 0 & 0 & 2 & 0 & 0 \\ 1 & 0 & 1 & 1 & 0 \\ 2 & 3 & 4 & 5 & 1 \end{pmatrix} .$$

12. Man bestimme alle Lösungen von

a) $\mathbf{X}^n = \mathbf{\Omega}$ bei beliebig gegebenem $n \in \mathbb{N}$,

b) $\mathbf{X}^2 = \mathbf{X}$.

13. a) Für jede quadratische Matrix **A** gilt

$$\cos\mathbf{A} \cdot \cos\mathbf{A} + \sin\mathbf{A} \cdot \sin\mathbf{A} = \mathbf{E} .$$

b) Hat die hermitesche Matrix **A** nicht den Eigenwert i, so ist

$(\mathbf{A} - i\,\mathbf{E})^{-1}(\mathbf{A} + i\,\mathbf{E})$ unitär.

14. a) Man bestimme $e^{\mathbf{A}t}$ für

$$\mathbf{A} = \begin{pmatrix} 0 & 0 & 0 \\ 1 & 0 & 0 \\ 1 & 0 & 1 \end{pmatrix}.$$

b) Man gebe zwei quadratische Matrizen $\mathbf{A}, \mathbf{B}$ gleicher Reihenzahl an, so daß

$$e^{\mathbf{A}} = e^{\mathbf{A}+\mathbf{B}}, \quad \text{aber} \quad e^{\mathbf{B}} \neq \mathbf{E}.$$

15. Man beweise für zwei quadratische Matrizen $\mathbf{A}, \mathbf{B}$ gleicher Reihenzahl und eine beliebige Matrixnorm $\|\cdot\|$

$$\|e^{\mathbf{A}} - e^{\mathbf{B}}\| \leqslant \|\mathbf{A} - \mathbf{B}\| \cdot e^{\max\{\|\mathbf{A}\|, \|\mathbf{B}\|\}},$$
$$\|e^{\mathbf{A}} - e^{\mathbf{B}}\| \leqslant \left(e^{\|\mathbf{A}-\mathbf{B}\|} - 1\right) \cdot e^{\min\{\|\mathbf{A}\|, \|\mathbf{B}\|\}}.$$

16. Man vergleiche die kleinsten Eigenwerte der beiden Matrizen

$$\mathbf{A}_j := \begin{pmatrix} 1 & 10 & & & 0 \\ 0 & 2 & 10 & & \\ \vdots & \ddots & 3 & \ddots & \\ 0 & & \ddots & \ddots & 10 \\ \epsilon_j & 0 & \cdots & 0 & 10 \end{pmatrix} \qquad (j = 1, 2)$$

mit $\epsilon_1 = 0$, $\epsilon_2 = 10^{-2}$.
Was bedeutet dies im Hinblick auf Satz 7.38?

7.9 Entscheidungshilfen und Literaturhinweise zu Kapitel 7

Anwendungsorientierte Einführungen in die Eigenwerttheorie von Matrizen, die insgesamt über den hier behandelten Stoff weit hinausgehen, bieten die Standardwerke Zurmühl [Z1] bzw. Zurmühl/Falk [Z2] sowie Collatz [C1]. Etwas theoretischer orientiert, aber doch mit dem Schwergewicht auf der konkreten Matrizenrechnung, ist das Werk von Gantmacher [G1]. Eine Fülle von Material enthält auch das Taschenbuch von Gröbner [G7]. Ferner sei auf das neue umfangreiche Buch Horn/Johnson [H8] hingewiesen. Ein Kompendium der rechnergerechten numerischen Algorithmen ist das Buch Golub/van Loan [G5], das z.B. auch numerische Verfahren zur Berechnung von Matrizenfunktionen, insbesondere der Exponentialfunktion, diskutiert, die vielfältigen Anwendungen der Singulärwertzerlegung demonstriert und auf eine große Anzahl aktueller Literaturstellen sowie auf verfügbare Software-Pakete hinweist.

In Lehrbüchern der linearen Algebra finden sich stets ausführliche Abschnitte über Eigenwerttheorie. Empfohlen seien die Darstellungen Jänich [J1], Fischer [F3], Kowalsky [K5], Lang [L1], Schaal [S1] und insbesondere Halmos [H4]. Das mehrbändige Werk Brieskorn [B1] gibt eine sorgfältig historisch motivierte Darstellung; Hinweise zur Entstehungsgeschichte linear-algebraischer Begriffsbildungen enthält auch Koecher [K3].

Manche Bücher der numerischen Mathematik behandeln auch recht ausführlich die zugehörige mathematische Theorie, so z.B. Stoer/Bulirsch [S7], Gastinel [G3] und Faddejew/Faddejewa [F1].

Über die Geometrie der Bewegungen im Raum findet der Leser ergänzende Informationen z.B. bei Hilbert/Cohn-Vossen [H7] (sehr anschaulich!) und Goldstein [G4]. Die Theorie der Quadriken ist gut dargestellt in dem ausgezeichneten Werk Hajós [H2]. An der Elastizitätstheorie und Tensorrechnung Interessierte seien schließlich noch hingewiesen auf die elementare Einführung Klingbeil [K1].

8 Numerische Verfahren zur Lösung von Eigenwertproblemen

Die Ergebnisse und Beispiele des letzten Kapitels zeigen die Bedeutung der Eigenwertprobleme für zahlreiche Fragestellungen der Anwendungen. In diesem Kapitel sollen nun einige wichtige numerische Verfahren zur Lösung der Eigenwertaufgabe vor allem reell-symmetrischer Matrizen behandelt werden. Es sei also $\mathbf{A}$ eine reell-symmetrische (p, p)-Matrix, $(\lambda_1, \lambda_2, \ldots, \lambda_p)$ die Eigenwerte von $\mathbf{A}$ – jeder Eigenwert seiner Vielfachheit entsprechend gezählt – und $\mathbf{x}_1, \mathbf{x}_2, \ldots, \mathbf{x}_p$ das vollständige Orthonormalsystem der Eigenvektoren (siehe Satz 7.42), mit

$$\mathbf{A}\mathbf{x}_j = \lambda_j \mathbf{x}_j \qquad (j = 1, 2, \ldots, p) \tag{8.1}$$

und

$$(\mathbf{x}_j, \mathbf{x}_k) = \delta_{jk} \qquad (j, k = 1, 2, \ldots, p)\,. \tag{8.2}$$

Viele der in diesem Kapitel behandelten numerischen Verfahren zur Berechnung der Eigenwerte und Eigenvektoren lassen sich auch auf allgemeinere Eigenwertaufgaben anwenden.

Unmittelbar einsichtig ist dies für das Eigenwertproblem hermitescher Matrizen ($\mathbf{A} = \bar{\mathbf{A}}^T$). Die Eigenwerte hermitescher Matrizen sind reell (Satz 7.14), daher ist die Eigenvektorgleichung

$$(\mathbf{A}_1 + i\mathbf{A}_2)(\mathbf{x}_{j,1} + i\mathbf{x}_{j,2}) = \lambda_j(\mathbf{x}_{j,1} + i\mathbf{x}_{j,2}) \tag{8.3}$$

mit $\mathbf{A} = \mathbf{A}_1 + i\mathbf{A}_2$, $\mathbf{x}_j = \mathbf{x}_{j,1} + i\mathbf{x}_{j,2}$, $\mathbf{A}_1 = \mathbf{A}_1^T$, $\mathbf{A}_2 = -\mathbf{A}_2^T$ durch Zerlegung in Real- und Imaginärteil äquivalent zu

$$\begin{pmatrix} \mathbf{A}_1 & -\mathbf{A}_2 \\ \mathbf{A}_2 & \mathbf{A}_1 \end{pmatrix} \begin{pmatrix} \mathbf{x}_{j,1} \\ \mathbf{x}_{j,2} \end{pmatrix} = \lambda_j \begin{pmatrix} \mathbf{x}_{j,1} \\ \mathbf{x}_{j,2} \end{pmatrix}, \tag{8.4}$$

also einem Eigenwertproblem einer reell-symmetrischen (2 p, 2 p)-Matrix.

Wie bereits das Beispiel h) in Abschnitt 7.3 zeigt, treten auch allgemeinere Eigenwertprobleme der Form

$$\mathbf{A}\mathbf{x} = \lambda \mathbf{B}\mathbf{x} \tag{8.5}$$

auf, wobei im allgemeinen $\mathbf{A}$ und $\mathbf{B}$ reelle, symmetrische (p, p)-Matrizen sind und $\mathbf{B}$ regulär ist.

Durch Multiplikation mit $\mathbf{B}^{-1}$ erhält man das Eigenwertproblem

$$\mathbf{B}^{-1}\mathbf{A}\mathbf{x} = \lambda \mathbf{x}\,,$$

bei dem aber in der Regel $\mathbf{B}^{-1}\mathbf{A}$ nicht symmetrisch ist.

Ist jedoch zusätzlich **B** positiv definit – wie es vielfach der Fall ist –, so läßt sich eine Cholesky-Zerlegung von **B** durchführen (vgl. Abschnitt 6.3). Aus $\mathbf{B} = \mathbf{R}^T\mathbf{R}$ und $\mathbf{Rx} = \mathbf{z}$ folgt dann

$$(\mathbf{R}^T)^{-1}\mathbf{A}\mathbf{R}^{-1}\mathbf{z} = \lambda\mathbf{z}\,, \tag{8.6}$$

also ein Eigenwertproblem für die symmetrische Matrix $(\mathbf{R}^T)^{-1}\mathbf{A}\mathbf{R}^{-1}$. Damit ist die Existenz eines vollständigen Systems von Eigenvektoren zu (8.5) evident, die allerdings jetzt ein Orthonormalsystem bezüglich des Skalarprodukts $\varphi(\mathbf{x},\mathbf{y}) := (\mathbf{Bx},\mathbf{y})$ bilden [1]). Man kann das ursprüngliche Problem (8.5) auch häufig durch leichte Modifikationen der numerischen Verfahren direkt (näherungsweise) lösen.

Als Beispiel behandeln wir das Randeigenwertproblem der – inhomogenen – schwingenden Saite (vgl. auch Abschnitt 7.7), also die Aufgabe, alle nicht-trivialen Lösungen u(x) des Randwertproblems

$$u''(x) + \lambda q(x)\,u(x) = 0, \qquad 0 \leqq x \leqq L\,,$$

mit stetigem q(x), $q(x) > 0$ für $0 \leqq x \leqq L$, und den Randbedingungen

$$u(0) = u(L) = 0 \quad \text{anzugeben}\,.$$

Wir verwenden an dieser Stelle eine gegenüber dem vorigen Kapitel leicht abgeänderte Schreibweise. Der hier verwendete Eigenwertparameter λ ist gerade der Kehrwert des entsprechenden Parameters λ in (7.15).

Im Fall der homogenen Saite ($q(x) = 1$) sind die Eigenfunktionen und Eigenwerte des Randwertproblems explizit bekannt: Es gibt abzählbar – unendlich viele – positive – Eigenwerte

$$\lambda_n = (n\pi/L)^2 \quad \text{und zugehörige Eigenfunktionen}$$

$$u_n = \sin(n\pi x/L), \qquad n = 1, 2, 3, \ldots\,.$$

Die Eigenfunktionen oszillieren mit zunehmenden n immer stärker. Zur näherungsweisen Lösung diskretisiert man das Randwertproblem, indem man das Intervall [0, L] in (N + 1) gleiche Teilintervalle zerlegt, also die Stützstellen $x_j = jh$, $h = L/(N+1)$ $(j = 0, 1, \ldots, N+1)$ einführt. Setzt man für die Näherungslösung $\tilde{u}_j = \tilde{u}(jh)$ und analog $q_j = q(jh)$ und ersetzt den Differentialoperator durch den symmetrischen Differenzenoperator, so erhält man mit dem Vektor $\tilde{\mathbf{u}}^T = (\tilde{u}_1, \tilde{u}_2, \ldots, \tilde{u}_N)$ das folgende (N, N) Eigenwertproblem

$$\begin{pmatrix} 2 & -1 & & & 0 \\ -1 & 2 & -1 & & \\ & -1 & 2 & -1 & \\ & & \ddots & \ddots & -1 \\ 0 & & & -1 & 2 \end{pmatrix} \tilde{\mathbf{u}} = \tilde{\lambda}\cdot h^2 \begin{pmatrix} q_1 & & & & 0 \\ & q_2 & & & \\ & & q_3 & & \\ & & & \ddots & \\ 0 & & & & q_N \end{pmatrix} \tilde{\mathbf{u}}\,, \tag{8.7}$$

also ein Eigenwertproblem vom Typ (8.5). Für die homogene Saite ($q_j = 1$) sind die Eigenwerte und Eigenvektoren dieses Matrizeneigenwertproblems ebenfalls bekannt:

$$\tilde{\lambda}_n^{(N)} = (4/h^2)\sin^2\left(\frac{\pi n}{2N+2}\right) \qquad (n = 1, 2, \ldots, N)$$

---

[1]) Siehe auch Satz 7.58.

sowie

$$\tilde{u}_n(jh) = \sin\left(\frac{nj\pi}{N+1}\right) = u_n(x_j)\,.$$

Während die Komponenten der Eigenvektoren mit den Werten der Eigenfunktionen an den Stützstellen übereinstimmen, gilt für die Eigenwerte die Abschätzung

$$|\lambda_n - \tilde{\lambda}_n^{(N)}| \leqq \frac{(\pi n)^4 h^2}{3\,L^4}\,,$$

die Eigenwerte des diskretisierten Problems bilden nur für $n \ll N$ eine gute Approximation an die Eigenwerte des Randwertproblems. Analoge Eigenwertaufgaben ergeben sich z.B. aus Beispiel h) in Abschnitt (7.3) oder als Eigenschwingungsproblem einer Membran (vgl. das Beispiel zu Beginn des Kapitel 6), ferner aus zahlreichen Eigenwertaufgaben bei gewöhnlichen oder partiellen Differentialgleichungen. Siehe z.B. [C1].

8.1 Fehlerabschätzungen und Einschließungssätze

Bereits in Kapitel 7 ist das Gerschgorinsche Einschließungskriterium für die Eigenwerte einer (p, p)-Matrix $\mathbf{A} = (a_{ij})$ bewiesen worden, vgl. Satz (7.34).
Solche Einschließungssätze und Fehlerabschätzungen für Approximationen der Eigenwerte und Eigenvektoren sind für alle numerischen Verfahren zur Berechnung von Eigenwerten und Eigenvektoren erforderlich, da nur sie exakte Abbruchkriterien liefern. Auch erlauben sie, Veränderungen dieser Größen bei kleinen Störungen der Ausgangsmatrix abzuschätzen, wobei allerdings nur einige iterative Algorithmen diesen Sachverhalt auszunutzen gestatten.
Der Vollständigkeit halber notieren wir noch einmal die Einschließungskriterien von Gerschgorin:

a) Jeder Eigenwert der (p, p)-Matrix $\mathbf{A} = (a_{ij})$ liegt in einem der Kreise

$$K_j = \left\{ \lambda \in \mathbb{C},\ |\lambda - a_{jj}| \leqq r_j,\ r_j = \sum_{\substack{k=1\\k\neq j}}^{p} |a_{jk}| \right\}, \qquad j = 1, \ldots, p\,,$$

b) das Gleiche gilt für die Kreise

$$\tilde{K}_j = \left\{ \lambda \in \mathbb{C},\ |\lambda - a_{jj}| \leqq \tilde{r}_j,\ \tilde{r}_j = \sum_{\substack{i=1\\i\neq j}}^{p} |a_{ij}| \right\}, \qquad j = 1, \ldots, p\,.$$

c) Jede Zusammenhangskomponente (jede maximale Menge sich überschneidender Kreise) enthält ebensoviele Eigenwerte wie Kreise, falls man die Eigenwerte und Kreise ihrer Vielfachheit entsprechend zählt.

Ferner wurde gezeigt (Satz 7.36), daß die Eigenwerte normaler, also insbesondere symmetrischer bzw. hermitescher Matrizen unempfindlich gegen Störungen der Matrix **A** sind, d.h. ist **A** eine normale Matrix und **B** eine beliebige (p, p)-Matrix, so gibt es zu jedem Eigenwert λ^* der Matrix **B** einen Eigenwert λ der Matrix **A** mit

$$|\lambda - \lambda^*| \leqq \|\mathbf{A} - \mathbf{B}\|_2 .$$

Für reell-symmetrische Matrizen **A** und **B** läßt sich diese Abschätzung noch verschärfen. Ordnet man nämlich die Eigenwerte der Matrizen A, B und A − B der Größe nach, setzt also z.B.

$$\lambda_p(\mathbf{A}) \leqq \lambda_{p-1}(\mathbf{A}) \leqq \ldots \leqq \lambda_1(\mathbf{A}) ,$$

so gilt für k = 1, 2, ..., p

$$\lambda_p(\mathbf{A} - \mathbf{B}) \leqq \lambda_k(\mathbf{A}) - \lambda_k(\mathbf{B}) \leqq \lambda_1(\mathbf{A} - \mathbf{B}) .$$

Bezeichnet $\mathbf{A}_k$ $(1 \leqq k \leqq p)$ die k-reihige Hauptabschnittsmatrix von **A**, so werden ferner die Eigenwerte von $\mathbf{A}_k$ durch die von $\mathbf{A}_{k-1}$ getrennt:

$$\lambda_k(\mathbf{A}_k) \leqq \lambda_{k-1}(\mathbf{A}_{k-1}) \leqq \lambda_{k-1}(\mathbf{A}_k) \leqq \lambda_{k-2}(\mathbf{A}_{k-1}) \leqq \ldots \leqq \lambda_1(\mathbf{A}_{k-1}) \leqq \lambda_1(\mathbf{A}_k) .$$

Für Beweise s. Courant-Hilbert [C3].

Neben diesen ‚globalen' Aussagen sollen noch einige ‚lokale' Einschließungssätze bzw. Fehlerabschätzungen bewiesen werden, etwa Fehlerabschätzungen für einen bestimmten Eigenwert. Der Einfachheit halber seien sie nur für reell-symmetrische Matrizen formuliert, obwohl sie ohne weiteres für normale Matrizen gültig sind. Dabei seien λ_j die Eigenwerte und $\mathbf{x}_j$ (j = 1, 2, ..., p) die orthonormierten Eigenvektoren der reell-symmetrischen (p, p)-Matrix **A**. Ferner bezeichne $\|\cdot\|$ die euklidische Norm des Standardskalarprodukts $(\cdot, \cdot)$.

8.1 **Satz.**

a) Zu jedem normierten Vektor $\mathbf{w} \in \mathbb{R}^p$ $(\|\mathbf{w}\| = 1)$ und zu jedem $\mu \in \mathbb{R}$ gibt es einen Eigenwert λ der Matrix **A** mit

$$|\lambda - \mu| \leqslant \|\mathbf{A}\mathbf{w} - \mu\mathbf{w}\| . \tag{8.8}$$

b) Ist darüber hinaus

$$\|\mathbf{A}\mathbf{w} - \mu\mathbf{w}\| < \delta_\lambda/2, \quad \delta_\lambda := \operatorname*{Min}_{\lambda_j \neq \lambda} |\lambda_j - \lambda| ,$$

so gilt

$$\|\mathbf{w} - \mathbf{P}_\lambda \mathbf{w}\| \leqq (2/\delta_\lambda)\, \|\mathbf{A}\mathbf{w} - \mu\mathbf{w}\| < 1 . \tag{8.9}$$

Dabei ist $\mathbf{P}_\lambda$ der Projektionsoperator auf den zum Eigenwert λ der Matrix **A** gehörigen Unterraum, also

$$\mathbf{P}_\lambda \mathbf{w} = \sum_{\lambda_j = \lambda} (\mathbf{w}, \mathbf{x}_j)\, \mathbf{x}_j .$$

Beweis.

a) Für jeden Vektor $\mathbf{w} \in \mathbb{R}^p$ ist $\mathbf{w} = \sum_{j=1}^{p} (\mathbf{w}, \mathbf{x}_j)\mathbf{x}_j$ die Darstellung von $\mathbf{w}$ in der Orthonormalbasis der Eigenvektoren von $\mathbf{A}$. Daher ist $\mathbf{A}\mathbf{w} = \sum_{j=1}^{p} \lambda_j(\mathbf{w}, \mathbf{x}_j)\mathbf{x}_j$ und für den *Defektvektor* $\mathbf{f}$ folgt

$$\mathbf{f} := \mathbf{A}\mathbf{w} - \mu\mathbf{w} = \sum_{j=1}^{p} (\lambda_j - \mu)(\mathbf{w}, \mathbf{x}_j)\mathbf{x}_j \,. \tag{8.10}$$

Damit ergibt sich für $\|\mathbf{f}\|^2$:

$$\left.\begin{aligned} \|\mathbf{f}\|^2 &= \|\mathbf{A}\mathbf{w} - \mu\mathbf{w}\|^2 = \sum_{j=1}^{p} (\lambda_j - \mu)^2 (\mathbf{w}, \mathbf{x}_j)^2 \\ &\geqq \operatorname*{Min}_j (\lambda_j - \mu)^2 \sum_{j=1}^{p} (\mathbf{w}, \mathbf{x}_j)^2 \\ &\geqq \operatorname*{Min}_j (\lambda_j - \mu)^2 \,\|\mathbf{w}\|^2 =: |\lambda - \mu|^2 \,, \end{aligned}\right\} \tag{8.11}$$

also die Behauptung (8.8).

b) Mit dem so bestimmten Eigenwert λ der Matrix $\mathbf{A}$ ergibt sich unter Verwendung der Dreiecksungleichung

$$\left.\begin{aligned} \operatorname*{Min}_{\lambda_j \neq \lambda} |\lambda_j - \mu| &\geqslant \operatorname*{Min}_{\lambda_j \neq \lambda} (|\lambda_j - \lambda| - |\lambda - \mu|) \\ &\geqslant \delta_\lambda - \delta_\lambda/2 = \delta_\lambda/2 \,, \end{aligned}\right\} \tag{8.12}$$

da nach Voraussetzung und nach (8.8) $|\lambda - \mu| \leqslant \|\mathbf{f}\| \leqslant \delta_\lambda/2$ ist. Nun folgt

$$\left.\begin{aligned} \|\mathbf{f}\|^2 &= \|\mathbf{A}\mathbf{w} - \mu\mathbf{w}\|^2 = \sum_{j=1}^{p} (\lambda_j - \mu)^2 (\mathbf{w}, \mathbf{x}_j)^2 \\ &\geqslant \sum_{\lambda_j \neq \lambda} (\lambda_j - \mu)^2 (\mathbf{w}, \mathbf{x}_j)^2 \geqslant (\delta_\lambda/2)^2 \sum_{\lambda_j \neq \lambda} (\mathbf{w}, \mathbf{x}_j)^2 \,. \end{aligned}\right\} \tag{8.13}$$

Schließlich ist

$$\mathbf{P}_\lambda \mathbf{w} = \sum_{\lambda_j = \lambda} (\mathbf{w}, \mathbf{x}_j)\mathbf{x}_j \,, \tag{8.14}$$

also

$$\|\mathbf{w} - \mathbf{P}_\lambda \mathbf{w}\|^2 = \sum_{\lambda_j \neq \lambda} (\mathbf{w}, \mathbf{x}_j)^2 \,. \tag{8.15}$$

Aus (8.13) und (8.15) folgt die Behauptung (8.9). ∎

Ist μ eine Approximation des Eigenwerts λ der Matrix **A** und **w** eine Approximation des zugehörigen Eigenvektors, so ergibt (8.8) eine Fehlerabschätzung für den Eigenwert λ, während (8.9) eine Fehlerabschätzung für den Abstand von **w** zu einem Eigenvektor $\mathbf{P}_\lambda \mathbf{w}$ angibt. Nach Voraussetzung ist nämlich $\|\mathbf{P}_\lambda \mathbf{w}\| \geqq \|\mathbf{w}\| - \|\mathbf{w} - \mathbf{P}_\lambda \mathbf{w}\| = 1 - \|\mathbf{w} - \mathbf{P}_\lambda \mathbf{w}\| > 0$, also stellt $\mathbf{P}_\lambda \mathbf{w}$ einen Eigenvektor zum Eigenwert λ dar.

Auch für den relativen Fehler der Eigenwertapproximation läßt sich leicht eine Abschätzung angeben.

8.2 **Satz.**

Zu jedem Vektor $\mathbf{w} \in \mathbb{R}^p$ mit $\mathbf{Aw} \neq \mathbf{0}$ und zu jedem $\mu \in \mathbb{R}$ gibt es einen Eigenwert λ der Matrix **A** mit

$$\left|\frac{\lambda - \mu}{\lambda}\right| = \min_{\lambda_j \neq 0} \left|\frac{\lambda_j - \mu}{\lambda_j}\right| \leqq \frac{\|\mathbf{Aw} - \mu \mathbf{w}\|}{\|\mathbf{Aw}\|} \tag{8.16}$$

Zum **Beweis** gehen wir von der Darstellung (8.10) aus:

$$\left.\begin{aligned} \|\mathbf{Aw} - \mu\mathbf{w}\|^2 &\geqq \sum_{\lambda_j \neq 0} (\lambda_j - \mu)^2 (\mathbf{w}, \mathbf{x}_j)^2 \\ &\geqq \sum_{\lambda_j \neq 0} \left(\frac{\lambda_j - \mu}{\lambda_j}\right)^2 (\mathbf{Aw}, \mathbf{x}_j)^2 \\ &\geqq \min_{\lambda_j \neq 0} \left(\frac{\lambda_j - \mu}{\lambda_j}\right)^2 \cdot \|\mathbf{Aw}\|^2 =: \left|\frac{\lambda - \mu}{\lambda}\right|^2 \|\mathbf{Aw}\|^2 \end{aligned}\right\} \tag{8.17}$$

■

Die durch die Defektnorm $\|\mathbf{Aw} - \mu\mathbf{w}\|$ gegebenen Schranken des absoluten und relativen Fehlers der Approximation μ eines Eigenwertes λ lassen sich bei festgehaltenem **w** ($\|\mathbf{w}\| = 1$) i.a. noch verbessern, wenn man für μ den optimalen Wert einsetzt, nämlich den ‚Rayleigh-Quotienten' von **w**:

8.3 **Definition.** (*Rayleigh-Quotient*)

Es sei **A** eine reell-symmetrische (bzw. hermitesche) (p, p) Matrix und $\mathbf{w} \in \mathbb{R}^p$ (bzw. $\mathbf{w} \in \mathbb{C}^p$), $\mathbf{w} \neq 0$. Dann heißt

$$R(\mathbf{w}) := (\mathbf{Aw}, \mathbf{w}) / \|\mathbf{w}\|^2 \tag{8.18}$$

der *Rayleigh-Quotient* von **w**.

In den Sätzen 7.30 und 7.31 sind bereits Aussagen über den Wertebereich des Rayleigh-Quotienten enthalten. Darüber hinaus besitzt der Rayleigh-Quotient einige wichtige Eigenschaften. Er minimiert die Defektnorm, und der Fehler $|R(\mathbf{w}) - \lambda|$ läßt sich für hinreichend kleine Defektnormen durch das Quadrat der Defektnorm abschätzen.

8.4 **Satz.**

Es sei **A** eine reell-symmetrische (p, p) Matrix, $\mathbf{w} \in \mathbb{R}^p$ ein normierter Vektor ($\|\mathbf{w}\| = 1$). Dann gilt

a) der Rayleigh-Quotient minimiert die *Defektnorm*, d.h.

$$\|\mathbf{Aw} - R(\mathbf{w})\,\mathbf{w}\|^2 = \min_{\mu \in \mathbb{R}} \|\mathbf{Aw} - \mu\mathbf{w}\|^2 = \|\mathbf{Aw}\|^2 - (R(\mathbf{w}))^2 , \qquad (8.19)$$

b) der Eigenwert λ von **A**, gegeben durch $|\lambda - R(\mathbf{w})| = \min |\lambda_j - R(\mathbf{w})|$, genügt der Abschätzung

$$|\lambda - R(\mathbf{w})| \leqslant (2/\delta_\lambda)\,\|\mathbf{Aw} - R(\mathbf{w})\,\mathbf{w}\|^2 . \qquad (8.20)$$

Beweis.

a) Für jeden Einheitsvektor **w** ist $R(\mathbf{w}) = (\mathbf{Aw}, \mathbf{w})$, daher

$$\begin{aligned} \|\mathbf{Aw} - \mu\mathbf{w}\|^2 &= (\mathbf{Aw}, \mathbf{Aw}) - 2\mu(\mathbf{Aw}, \mathbf{w}) + \mu^2 \\ &= \|\mathbf{Aw}\|^2 - 2\mu R(\mathbf{w}) + \mu^2 = \|\mathbf{Aw}\|^2 - (R(\mathbf{w}))^2 + (\mu - R(\mathbf{w}))^2 , \end{aligned} \qquad (8.21)$$

Also nimmt $\|\mathbf{Aw} - \mu\mathbf{w}\|$ sein Minimum für $\mu = R(\mathbf{w})$ an und hierfür ergibt sich Gl. (8.19).

b) Sind $\mathbf{x}_j$ ($j = 1, 2, \ldots, p$) die orthonormierten Eigenvektoren der Matrix **A**, so hat **w** in dieser Basis die Darstellung

$$\mathbf{w} = \sum_{j=1}^{p} c_j \mathbf{x}_j \quad \text{mit} \quad c_j = (\mathbf{w}, \mathbf{x}_j) \quad \text{und} \quad \sum_{j=1}^{p} c_j^2 = 1 .$$

Ferner gilt $R(\mathbf{w}) = \sum_{j=1}^{p} \lambda_j c_j^2$, und es folgt – vgl. (8.10) und (8.11) –

$$\begin{aligned} |\lambda - R(\mathbf{w})| &= \left| \sum_{j=1}^{p} (\lambda - \lambda_j)\, c_j^2 \right| \leqslant \sum_{j=1}^{p} |\lambda - \lambda_j|\, c_j^2 \\ &\leqslant (1/\delta_\lambda) \sum_{j=1}^{p} (\lambda - \lambda_j)^2\, c_j^2 \\ &\leqslant (1/\delta_\lambda)\, \|\mathbf{Aw} - \lambda\mathbf{w}\|^2 . \end{aligned}$$

Aus Gl. (8.21) entnimmt man für $\mu = \lambda$

$$\begin{aligned} \|\mathbf{Aw} - \lambda\mathbf{w}\|^2 &= \|\mathbf{Aw} - R(\mathbf{w})\,\mathbf{w}\|^2 + (\lambda - R(\mathbf{w}))^2 \\ &\leqslant 2\,\|\mathbf{Aw} - R(\mathbf{w})\,\mathbf{w}\|^2 , \end{aligned}$$

da nach Satz 1, (8.8) $|\lambda - R(\mathbf{w})| \leqslant \|\mathbf{Aw} - R(\mathbf{w})\mathbf{w}\|$ ist. Insgesamt erhält man

$$|\lambda - R(\mathbf{w})| \leqslant (2/\delta_\lambda)\, \|\mathbf{Aw} - R(\mathbf{w})\mathbf{w}\|^2 , \quad \text{also (8.20)} . \qquad \blacksquare$$

(8.20) zeigt, daß der Rayleigh-Quotient bei gut getrennten Eigenwerten (δ_λ nicht zu klein) eine wesentlich bessere Approximation des Eigenwertes λ darstellt als **w** eine Approximation des entsprechenden Eigenvektors ist, falls die Defektnorm hinreichend klein ist.

8.2 Die Potenzmethode (Vektoriteration nach v. Mises)

Das folgende Iterationsverfahren kann zur näherungsweisen Berechnung des betragsgrößten Eigenwerts und eines zugehörigen Eigenvektors verwendet werden. Bei reell-symmetrischen bzw. hermiteschen Matrizen lassen sich sukzessiv weitere Eigenwerte und Eigenvektoren approximieren. Das Verfahren beruht auf folgendem einfachen Gedanken: Ist der betragsgrößte Eigenwert der Matrix **A** einfach, also $|\lambda_1|>|\lambda_j|$ $(j = 2,\dots,p)$ und ist $\mathbf{v}_0$ ein Startvektor, der in der orthonormierten Eigenvektorbasis die Darstellung

$$\mathbf{v}_0 = \sum_{j=1}^{p} c_j\mathbf{x}_j \quad \text{mit} \quad c_1 \neq 0 \quad \text{besitzt, so führt}$$

fortgesetzte Multiplikation mit der Matrix **A** zu der Folge

$$\mathbf{v}_n = \mathbf{A}\mathbf{v}_{n-1} = \mathbf{A}^n\mathbf{v}_0\,, \qquad n = 1, 2, \dots .$$

Die Darstellung von $\mathbf{v}_n$ in der Eigenvektorbasis lautet

$$\mathbf{v}_n = \sum_{j=1}^{p} \lambda_j^n c_j\mathbf{x}_j = \lambda_1^n \left(c_1\mathbf{x}_1 + \sum_{j=2}^{p} (\lambda_j/\lambda_1)^n c_j\mathbf{x}_j\right),$$

d.h. $\mathbf{v}_n$ verhält sich asymptotisch wie $\lambda_1^n c_1\mathbf{x}_1$.

Ist $(\mathbf{x}_1, \mathbf{e}_i) \neq 0$ für einen Index i, so ist für hinreichend große n auch $(\mathbf{v}_n, \mathbf{e}_i) \neq 0$ und es gilt z.B.

$$\lim_{n\to\infty} (\mathbf{v}_{n+1}, \mathbf{e}_i)/(\mathbf{v}_n, \mathbf{e}_i) = \lambda_1 .$$

Um eine allgemeine Konvergenzaussage und Fehlerabschätzungen zu erhalten, betrachten wir zunächst den Fall positiv-semidefiniter Matrizen:

8.5 **Satz.**

Es sei **A** eine reell-symmetrische (p, p)-Matrix. **A** sei positiv-semidefinit, d.h. Eigenwerte von **A** seien nicht-negativ, also $\lambda_1 = \lambda_2 = \dots = \lambda_m > \lambda_{m+1} \geqslant \dots$ $\dots \geqslant \lambda_p \geqslant 0$.

Ferner sei $\mathbf{v}_0 = \sum_{j=1}^{p} c_j\mathbf{x}_j$ ein gegebener Startvektor mit

$$\mathbf{z} := \sum_{j=1}^{m} c_j\mathbf{x}_j \neq \mathbf{0}, \qquad \mathbf{r} := \mathbf{v}_0 - \mathbf{z}\,.$$

Ist dann $\mathbf{v}_n = \mathbf{A}\mathbf{v}_{n-1} = \mathbf{A}^n\mathbf{v}_0$ $(n = 1, 2, \dots)$, und $\mathbf{w}_n := \mathbf{v}_n/\|\mathbf{v}_n\|$, so gilt

a) $$\|\mathbf{w}_n - (\mathbf{z}/\|\mathbf{z}\|)\| \leqslant (\lambda_{m+1}/\lambda_1)^n\,(\|\mathbf{r}\|/\|\mathbf{z}\|)\,, \tag{8.22}$$

b) die Folge der Rayleigh-Quotienten $R(\mathbf{w}_n)$ ist monoton wachsend und genügt der Abschätzung

$$0 \leqslant \lambda_1 - R(\mathbf{w}_n) \leqslant \lambda_1 (\lambda_{m+1}/\lambda_1)^{2n}\,(\|\mathbf{r}\|/\|\mathbf{z}\|)^2\,. \tag{8.23}$$

Beweis.

a) Nach Voraussetzung ist $\mathbf{v}_n = \sum_{j=1}^{p} \lambda_j^n c_j \mathbf{x}_j$, also $\mathbf{v}_n = \lambda_1^n \mathbf{z} + \mathbf{r}_n$, wobei $\mathbf{z}$ und $\mathbf{r}_n$ aufeinander senkrecht stehen. Daher folgt

$$\|\mathbf{v}_n\|^2 = \lambda_1^{2n} \|\mathbf{z}\|^2 + \|\mathbf{r}_n\|^2, \quad \text{sowie} \quad (\mathbf{v}_n, \mathbf{z}) = \lambda_1^n \|\mathbf{z}\|^2, \quad \text{und damit}$$

$$\begin{aligned}\|\mathbf{w}_n - (\mathbf{z}/\|\mathbf{z}\|)\|^2 &= \|\mathbf{v}_n/\|\mathbf{v}_n\| - \mathbf{z}/\|\mathbf{z}\|\|^2 \\ &= 2 - 2(\mathbf{v}_n, \mathbf{z})/(\|\mathbf{v}_n\| \cdot \|\mathbf{z}\|) \\ &= 2\frac{\|\mathbf{v}_n\| - \lambda_1^n \|\mathbf{z}\|}{\|\mathbf{v}_n\|} .\end{aligned}$$

Erweitert man den Bruch mit $(\|\mathbf{v}_n\| + \lambda_1^n \|\mathbf{z}\|)$ und schätzt den Nenner durch $2(\lambda_1^n \|\mathbf{z}\|)^2$ nach unten ab, so erhält man

$$\begin{aligned}\|\mathbf{w}_n - (\mathbf{z}/\|\mathbf{z}\|)\|^2 &\leqslant (\|\mathbf{r}_n\|/(\lambda_1^n \|\mathbf{z}\|))^2 \\ &\leqslant (\lambda_{m+1}/\lambda_1)^{2n} (\|\mathbf{r}\|/\|\mathbf{z}\|)^2 .\end{aligned}$$

Hierbei wurde $\|\mathbf{r}_n\|^2 = \sum_{j=m+1}^{p} \lambda_j^{2n} c_j^2 \leqslant \lambda_{m+1}^{2n} \sum_{j=m+1}^{p} c_j^2 \leqslant \lambda_{m+1}^{2n} \|\mathbf{r}\|^2$ verwendet.

b) Mit den gleichen Bezeichnungen ergibt sich analog die Abschätzung (8.23):

$$\begin{aligned}0 &\leqslant \lambda_1 - R(\mathbf{w}_n) = \lambda_1 - (\mathbf{A}\mathbf{v}_n, \mathbf{v}_n)/\|\mathbf{v}_n\|^2 \\ &= (\lambda_1^{2n+1} \|\mathbf{z}\|^2 + \lambda_1 \|\mathbf{r}_n\|^2 - \lambda_1^{2n+1} \|\mathbf{z}\|^2 - (\mathbf{A}\mathbf{r}_n, \mathbf{r}_n))/(\lambda_1^{2n} \|\mathbf{z}\|^2 + \|\mathbf{r}_n\|^2) \\ &\leqslant \lambda_1 \|\mathbf{r}_n\|^2/(\lambda_1^{2n} \|\mathbf{z}\|^2) \leqslant \lambda_1 (\lambda_{m+1}/\lambda_1)^{2n} (\|\mathbf{r}\|/\|\mathbf{z}\|)^2 .\end{aligned}$$

Die Monotonie der Folge der Rayleigh-Quotienten kann man schließlich der Darstellung

$$R(\mathbf{w}_n) = \Big(\sum_{j=1}^{p} \lambda_j^{2n+1} c_j^2\Big) \Big/ \Big(\sum_{j=1}^{p} \lambda_j^{2n} c_j^2\Big)$$

entnehmen. Betrachtet man nämlich etwas allgemeiner

$$\tilde{R}_m := \Big(\sum_{j=1}^{p} \lambda_j^{m+1} c_j^2\Big) \Big/ \Big(\sum_{j=1}^{p} \lambda_j^{m} c_j^2\Big), \quad \text{so ist}$$

$$\tilde{R}_m / \tilde{R}_{m-1} = \frac{\sum_j \sum_k \lambda_j^{m+1} \lambda_k^{m-1} c_j^2 c_k^2}{\sum_j \sum_k \lambda_j^m \lambda_k^m c_j^2 c_k^2} . \tag{8.24}$$

Vertauscht man im Zähler dieses Quotienten die Summationsindices j und k, addiert die beiden einander gleichen Ausdrücke, so folgt

$$2\,\tilde{R}_m/\tilde{R}_{m-1} = \frac{\sum\limits_j \sum\limits_k (\lambda_j\lambda_k)^m\,(\lambda_j/\lambda_k + \lambda_k/\lambda_j)\,c_j^2\,c_k^2}{\sum\limits_j \sum\limits_k (\lambda_j\lambda_k)^m\,c_j^2\,c_k^2}.$$

Nun ist aber für positive λ_j und λ_k $(\lambda_j/\lambda_k + \lambda_k/\lambda_j) \geqslant 2$, und daher $\tilde{R}_m \geqslant \tilde{R}_{m-1}$ $(m = 1, 2, \ldots)$,

bzw. $R(\mathbf{w}_n) = \tilde{R}_{2n} \geqslant \tilde{R}_{2n-1} \geqslant \tilde{R}_{2n-2} = R(\mathbf{w}_{n-1})$ (8.25) ∎

Bemerkungen zu Satz 8.5.

(1) Ist der Startvektor $\mathbf{v}_0$ so gewählt, daß $c_j = (\mathbf{v}_0, \mathbf{x}_j) = 0$ ist für $j = 1, \ldots, m$, daß also $\mathbf{v}_0$ auf dem von den Eigenvektoren zum Eigenwert λ_1 erzeugten Unterraum senkrecht steht, so konvergiert die Folge $(\mathbf{w}_n)$ bei exakter Rechnung gegen einen Eigenvektor, der zum größten Eigenwert $\lambda_j > 0$ gehört, für den $c_j \neq 0$ ist. Es muß dabei also $\mathbf{v}_1 = \mathbf{A}\mathbf{v}_0 \neq \mathbf{0}$ sein.

Bei dem unvermeidlichen Auftreten von Rundungsfehlern wird jedoch in der Regel auch in diesen Fällen nach einigen Schritten $\mathbf{v}_k$ eine von Null verschiedene Komponente in dem zu λ_1 gehörigen Unterraum haben, so daß schließlich die Folge $(\mathbf{w}_n)$ doch gegen einen Eigenvektor zu λ_1 konvergiert.

(2) Die Konvergenz der Folge $(\mathbf{w}_n)$ gegen einen Eigenvektor der Matrix $\mathbf{A}$ ist linear, der Fehler ist von der Ordnung $\mathcal{O}(q^n)$ mit $q := \lambda_{m+1}/\lambda_1$. Der Fehler bei der Berechnung des Eigenwerts durch die Folge $(R(\mathbf{w}_n))$ ist von der Ordnung $\mathcal{O}(q^{2n})$, d.h. die Konvergenzgeschwindigkeit ist in beiden Fällen umso langsamer, je weniger sich q von 1 unterscheidet. Im übrigen ist es nicht erforderlich, $\mathbf{v}_n$ bei jedem Schritt zu normieren. Eine geeignete Normierung ist erst dann erforderlich, wenn die Komponenten von $\mathbf{v}_n$ zu groß bzw. zu klein werden, also Über- oder Unterlauf eintreten kann.

(3) Im allgemeinen Fall einer beliebigen reell-symmetrischen Matrix braucht die Folge $(\mathbf{w}_n)$ nicht zu konvergieren. Dies sieht man bereits an folgendem einfachen Beispiel: Es sei

$$\mathbf{A} = \begin{pmatrix} 1 & 0 \\ 0 & -1 \end{pmatrix}, \quad \lambda_1 = 1, \quad \lambda_2 = -1, \quad \mathbf{x}_1 = \mathbf{e}_1 \quad \text{und} \quad \mathbf{x}_2 = \mathbf{e}_2\,.$$

Wird der Startvektor $\mathbf{v}_0 = \begin{pmatrix} 1 \\ 1 \end{pmatrix}$ gewählt, so erhält man $\mathbf{v}_1 = \begin{pmatrix} 1 \\ -1 \end{pmatrix}$, $\mathbf{v}_2 = \begin{pmatrix} 1 \\ 1 \end{pmatrix} = \mathbf{v}_0$, also abwechselnd $\mathbf{v}_0$ und $\mathbf{v}_1$. Die Folge $(\mathbf{w}_n)$ ist divergent $(\mathbf{w}_n = \mathbf{v}_n/\sqrt{2})$. Die Rayleigh-Quotienten $R(\mathbf{w}_n)$ sind alle gleich Null, ihr Grenzwert ist kein Eigenwert von $\mathbf{A}$.

Bildet man aber die Folgen $\mathbf{y}_k^+ := \mathbf{w}_{2k} + \mathbf{w}_{2k+1}$ und $\mathbf{y}_k^- := \mathbf{w}_{2k} - \mathbf{w}_{2k+1}$, $(k = 1, 2, \ldots)$, so konvergieren diese Folgen gegen Eigenvektoren von $\mathbf{A}$. Wie aus dem folgenden Satz hervorgeht, läßt sich dieser Sachverhalt auf den allgemeinen Fall übertragen.

In diesem Fall, in dem $\mathbf{A}$ eine beliebige reell-symmetrische Matrix $\neq \Omega$ ist, trete der betragsgrößte Eigenwert m mal auf ($1 \leqslant m \leqslant p$), und zwar seien die s ($0 \leqslant s \leqslant m$) ersten Eigenwerte positiv, die nächsten $m - s$ Eigenwerte negativ. Es gelte also

$$\lambda_1 = \lambda_2 = \ldots = \lambda_s = -\lambda_{s+1} = \ldots = -\lambda_m > |\lambda_{m+1}| \geqslant \ldots \geqslant |\lambda_p| \geqslant 0 . \qquad (8.26)$$

Ist $s = m$, so sind die betragsgrößten Eigenwerte alle positiv, ist $s = 0$, so sind sie alle negativ. Mit dieser Bezeichnungsweise läßt sich folgender Satz herleiten:

8.6 **Satz.**

Es sei $\mathbf{A}$ eine reell-symmetrische (p, p)-Matrix. Hinsichtlich ihrer Eigenwerte gelte Gl. (8.26), insbesondere sei $A \neq \Omega$. Ferner sei

$$\mathbf{v}_0 = \sum_{j=1}^{p} c_j \mathbf{x}_j \quad \text{ein Startvektor mit} \quad \mathbf{z} := \sum_{j=1}^{m} c_j \mathbf{x}_j \neq \mathbf{0} ,$$

sowie

$$\mathbf{z}^+ := \sum_{j=1}^{s} c_j \mathbf{x}_j \quad \text{und} \quad \mathbf{z}^- := \mathbf{z} - \mathbf{z}^+ .$$

Bildet man dann iterativ

$$\mathbf{w}_0 = \mathbf{v}_0 / \|\mathbf{v}_0\| , \qquad \mathbf{w}_n = \mathbf{A}\mathbf{w}_{n-1} / \|\mathbf{A}\mathbf{w}_{n-1}\|$$

und $\mathbf{y}_n^+ = \mathbf{w}_{2n} + \mathbf{w}_{2n+1}$, $\mathbf{y}_n^- = \mathbf{w}_{2n} - \mathbf{w}_{2n+1}$ $(n = 1, 2, \ldots)$,

so gilt mit $q := |\lambda_1 / \lambda_{m+1}|$

a) die Folge $(\|\mathbf{A}\mathbf{w}_n\|^2)$ ist monoton wachsend und konvergiert gegen λ_1^2,

$$\lambda_1^2 - \|\mathbf{A}\mathbf{w}_n\|^2 = \mathcal{O}(q^{2n}) \qquad (8.27)$$

b)
$$\left.\begin{aligned} \left\|\mathbf{y}_n^+ - 2\mathbf{z}^+/\|\mathbf{z}\|\right\| &= \mathcal{O}(q^{2n}) \\ \left\|\mathbf{y}_n^- - 2\mathbf{z}^-/\|\mathbf{z}\|\right\| &= \mathcal{O}(q^{2n}) , \end{aligned}\right\} \qquad (8.28)$$

sowie

c)
$$\left.\begin{aligned} |R(\mathbf{y}_n^+) - \lambda_1| &= \mathcal{O}(q^{4n}), \quad \text{falls } \mathbf{z}^+ \neq \mathbf{0} , \\ |R(\mathbf{y}_n^-) + \lambda_1| &= \mathcal{O}(q^{4n}), \quad \text{falls } \mathbf{z}^- \neq \mathbf{0} . \end{aligned}\right\} \qquad (8.29)$$

Beweis. (Hinsichtlich des Landauschen $\mathcal{O}$-Symbols siehe Band „Funktionen einer Veränderlichen“, Definition 6.16).

Die Behauptungen folgen aus den Sätzen 8.2 und 8.5. Die Matrix $\mathbf{A}^2$ ist nämlich positiv semidefinit und besitzt die Eigenwerte $\lambda_1^2 = \lambda_2^2 = \ldots = \lambda_m^2 > \lambda_{m+1}^2 \geqslant \ldots \geqslant \lambda_p^2 \geqslant 0$. Außerdem stellt $\|\mathbf{A}\mathbf{w}_n\|^2 = (\mathbf{A}\mathbf{w}_n, \mathbf{A}\mathbf{w}_n) = (\mathbf{A}^2\mathbf{w}_n, \mathbf{w}_n)$ einen Rayleigh-Quotienten hinsichtlich der Matrix $\mathbf{A}^2$ dar, so daß Satz 5b) auf die Folgen $(\|\mathbf{A}\mathbf{w}_{2k}\|^2)$ und $(\|\mathbf{A}\mathbf{w}_{2k+1}\|^2)$ anwendbar ist. Die Monotonie der Gesamtfolge $(\|\mathbf{A}\mathbf{w}_n\|^2)$ folgt aus den Ungleichungen (8.25).

Aus Satz 5 a) ergibt sich ferner

$$\left\| \mathbf{w}_{2k} - (\mathbf{z}^+ + \mathbf{z}^-)/\|\mathbf{z}\| \right\| \leqslant (q^2)^k (\|\mathbf{r}\|/\|\mathbf{z}\|) = \mathcal{O}(q^{2k})$$

sowie $\left\| \mathbf{w}_{2k+1} - (\mathbf{z}^+ - \mathbf{z}^-)/\|\mathbf{z}\| \right\| = \mathcal{O}(q^{2k})$. Dabei ist für die Folge $(\mathbf{w}_{2k+1})$ etwa $\mathbf{v}_1 = \lambda_1 \mathbf{z}^+ - \lambda_1 \mathbf{z}^- + \mathbf{r}_1$ als Startvektor zu wählen. Die Aussage b) des Satzes folgt dann mit Hilfe der Dreiecksungleichung.

Schließlich ist

$$\begin{aligned} \|\mathbf{A}\mathbf{y}_n^+ - \lambda_1 \mathbf{y}_n^+\| &= \|\mathbf{A}(\mathbf{y}_n^+ - 2\,\mathbf{z}^+/\|\mathbf{z}\|) - \lambda_1 (\mathbf{y}_n^+ - 2\,\mathbf{z}^+/\|\mathbf{z}\|)\| \\ &\leqslant \|\mathbf{A}\|\, \mathcal{O}(q^{2n}) + |\lambda_1|\, \mathcal{O}(q^{2n}) = \mathcal{O}(q^{2n}), \end{aligned}$$

und – falls $\mathbf{z}^+ \neq 0$ ist – $\|\mathbf{y}_n^+\| \geqslant 2\, \|\mathbf{z}^+\|/\|\mathbf{z}\| + \mathcal{O}(q^{2n})$, so daß nach Satz 4 a) und 4 b)

$$|R(\mathbf{y}_n^+) - \lambda_1| \leqslant \frac{2}{\delta_{\lambda_1}}\, \|\mathbf{A}\mathbf{y}_n^+ - \lambda_1 \mathbf{y}_n^+\|^2/\|\mathbf{y}_n^+\|^2 = \mathcal{O}(q^{4n}) \text{ folgt.}$$ ∎

Wie die Abschätzungen der Sätze 8.5 und 8.6 zeigen, hängt der Rechenaufwand von der Wahl des Startvektors und der Größe von q ab. Es ist auf alle Fälle empfehlenswert, den Rayleigh-Quotienten als Approximation des Eigenwerts zu berechnen. Neben den a-priori Abschätzungen der Sätze 8.5 und 8.6 können nach Ausführung einer Reihe von Iterationsschritten auch die a-posteriori Abschätzungen der Sätze 8.1 und 8.4 als Abbruchkriterium verwendet werden.

Im übrigen läßt sich die Potenzmethode auch auf nicht-symmetrische Matrizen anwenden, bei denen z.B. komplexe Eigenwerte auftreten können. Über Einzelheiten hierzu vgl. z.B. Faddejew & Faddejewa [F1], Kapitel V.

8.7 **Beispiel.**

Die Potenzmethode soll auf das Eigenwertproblem (8.7) angewendet werden. Zunächst soll also der größte Eigenwert und der zugehörige Eigenvektor der Matrix

$$\mathbf{A} = \begin{pmatrix} 2 & -1 & 0 & 0 & 0 \\ -1 & 2 & -1 & 0 & 0 \\ 0 & -1 & 2 & -1 & 0 \\ 0 & 0 & -1 & 2 & -1 \\ 0 & 0 & 0 & -1 & 2 \end{pmatrix} \quad (N = 5) \text{ berechnet werden.}$$

Die exakten Eigenwerte und Eigenvektoren sind (vgl. S. 196/98, Beispiel k)

$$\lambda_1^{(5)} = 2 + \sqrt{3} \quad \lambda_2^{(5)} = 3 \quad \lambda_3^{(5)} = 2 \quad \lambda_4^{(5)} = 1 \quad \lambda_5^{(5)} = 2 - \sqrt{3}$$

$$\mathbf{x}_1 = \begin{pmatrix} \sqrt{3}/6 \\ -1/2 \\ \sqrt{3}/3 \\ -1/2 \\ \sqrt{3}/6 \end{pmatrix} \quad \mathbf{x}_2 = \begin{pmatrix} 1/2 \\ -1/2 \\ 0 \\ 1/2 \\ -1/2 \end{pmatrix} \quad \mathbf{x}_3 = \begin{pmatrix} \sqrt{3}/3 \\ 0 \\ -\sqrt{3}/3 \\ 0 \\ \sqrt{3}/3 \end{pmatrix} \quad \mathbf{x}_4 = \begin{pmatrix} 1/2 \\ 1/2 \\ 0 \\ -1/2 \\ -1/2 \end{pmatrix}$$

$$\mathbf{x}_5 = \begin{pmatrix} \sqrt{3}/6 \\ 1/2 \\ \sqrt{3}/3 \\ 1/2 \\ \sqrt{3}/6 \end{pmatrix} .$$

Da die Matrix $\mathbf{A}$ positiv definit ist, ist Satz 5 anwendbar. Wählt man als Startvektor $\mathbf{v}_0 = \mathbf{e}_1$, so ergeben sich z.B.

$$\mathbf{w}_{45} = \begin{pmatrix} 0.288721944 \\ -0.500046809 \\ 0.577350267 \\ -0.499953187 \\ 0.288628322 \end{pmatrix} \quad \text{sowie} \quad \mathbf{w}_{93} = \begin{pmatrix} 0.288675135 \\ -0.500000000 \\ 0.577350269 \\ -0.500000000 \\ 0.288675134 \end{pmatrix} .$$

Die zugehörigen Rayleigh-Quotienten lauten

$$R(\mathbf{w}_{45}) = 3.73205080 \quad \text{und} \quad R(\mathbf{w}_{93}) = 3.73205081 ,$$

sie stimmen bis auf eine Einheit der letzten Dezimalstelle mit $\lambda_1^{(5)}$ überein. Während also der Rayleigh-Quotient bereits nach 45 Iterationen den Eigenwert im Rahmen der Rechengenauigkeit approximiert, sind für den Eigenvektor 93 Iterationen erforderlich, um ihn bis auf Einheiten der letzten Dezimalstelle genau zu berechnen. □

Für die allgemeine (N-reihige) Matrix des Eigenwertproblems (8.7) werden ca. $4\,N^2$ Iterationen benötigt, um den Eigenvektor zum größten Eigenwert bis auf einen relativen Fehler von 10^{-9} genau zu berechnen. Einschließlich der Berechnung der Rayleigh-Quotienten sind also etwa $16\,N^3$ Punktoperationen erforderlich, wobei die Bandstruktur der Matrix berücksichtigt wurde. Bei vollbesetzter Matrix würde der Rechenaufwand proportional zu N^5 ansteigen, die Potenzmethode ist also für große, vollbesetzte Matrizen in der Regel zu aufwendig.

Sind $r\,(0 \leqslant r < p)$ Eigenvektoren $\mathbf{x}_1, \mathbf{x}_2, \ldots, \mathbf{x}_r$ der Matrix $\mathbf{A}$ bereits berechnet, so liegen alle weiteren Eigenvektoren in einem Unterraum, der zu $\langle \mathbf{x}_1, \ldots, \mathbf{x}_r \rangle$ orthogonal ist. Daher lassen sich weitere Eigenvektoren und Eigenwerte von $\mathbf{A}$ nach der Potenzmethode berechnen, falls man etwa den Startvektor $\mathbf{v}_0$ orthogonal zu $\langle \mathbf{x}_1, \ldots, \mathbf{x}_r \rangle$ wählt. Theoretisch sind dann alle weiteren iterierten Vektoren $\mathbf{v}_n$ orthogonal zu diesem Unterraum, denn aus $(\mathbf{v}_n, \mathbf{x}_j) = 0$ folgt

$$(\mathbf{v}_{n+1}, \mathbf{x}_j) = (\mathbf{A}\mathbf{v}_n, \mathbf{x}_j) = (\mathbf{v}_n, \mathbf{A}\mathbf{x}_j) = \lambda_j(\mathbf{v}_n, \mathbf{x}_j) = 0 \quad (j = 1, \ldots, r) .$$

Sind die Vektoren $\tilde{x}_1, \ldots, \tilde{x}_r$ Näherungen der exakten Eigenvektoren $x_1, \ldots, x_r$, so werden sich kleine Komponenten der Vektoren v_n im Unterraum $\langle x_1, \ldots, x_r \rangle$ im Laufe der weiteren Rechnung aufschaukeln. Daher ist es erforderlich, mindestens nach einigen Iterationsschritten eine Nachorthogonalisierung durchzuführen. Sind die Eigenwerte von $\mathbf{A}$ dem Betrage nach geordnet (siehe (8.26)) und ist der Einfachheit halber $|\lambda_r| > |\lambda_{r+1}| > |\lambda_{r+2}|$, sowie $\lambda_{r+1} > 0$, so gilt folgende Konvergenzaussage.

8.8 **Lemma.**

Es sei $v_0 \in \mathbb{R}^p$ so gewählt, daß $(v_0, x_{r+1}) \neq 0$ ist, und es sei

$$w_0 = v_0 / \|v_0\| .$$

Bildet man dann für n = 1, 2, ...

$$v_n = \mathbf{A} w_{n-1}, \quad \tilde{v}_n = v_n - \sum_{j=1}^{r} (v_n, x_j)\, x_j \quad \text{sowie}$$

$$w_n = \tilde{v}_n / \|\tilde{v}_n\| ,$$

so gilt

(1) $\lim\limits_{n \to \infty} R(w_n) = (\mathbf{A} w_n, w_n) = \lambda_{r+1}$

(2) $\lim\limits_{n \to \infty} w_n = \pm x_{r+1}$.

8.9 **Beispiel** (Fortsetzung des Beispiels 8.7).

Setzt man für x_1 den in Beispiel 8.7 gefundenen Eigenvektor (dort = w_{93}) und wählt wiederum $v_0 = e_1$, so ergibt sich bis auf einen Fehler $< 10^{-9}$: $R(w_{24}) = R(w_{25}) = \ldots = 3$ $(= \lambda_2^{(5)})$ und

$$w_{49} = (0.5, -0.5, -8.15 \cdot 10^{-10}, 0.5, -0.5)^T .$$

Wählt man diesen Vektor als Eigenvektor x_2, setzt x_1 und v_0 wie oben, so ist mit derselben Genauigkeit nach 14 Iterationen $R(w_{14}) = 2$ und

$$w_{28} = (0.577350270,\ 1.151 \cdot 10^{-9},\ -0.577350269,\ -9.441 \cdot 10^{-10},\ 0.577350269) .$$ □

In Übereinstimmung mit den Fehlerabschätzungen in Satz 5 und Satz 6 sieht man, daß zur Erzielung derselben Genauigkeit bei der Berechnung der Eigenvektoren ungefähr doppelt soviele Iterationsschritte erforderlich sind wie bei der Berechnung der Eigenwerte mit Hilfe der Rayleigh-Quotienten.

Häufig läßt sich die Konvergenzgeschwindigkeit der Potenzmethode durch eine Spektralverschiebung verbessern. Dabei wendet man das Iterationsverfahren nicht auf die Matrix $\mathbf{A}$, sondern auf die Matrix $(\mathbf{A} - c\mathbf{E})$ mit geeignetem $c \in \mathbb{R}$ an. Hierbei bleiben die Eigenvektoren unverändert, während die Eigenwerte λ_j übergehen in $\lambda_j - c$. Sind die Eigenwerte der Größe nach geordnet $(\lambda_p \leqslant \lambda_{p-1} \leqslant \ldots \leqslant \lambda_2 \leqslant \lambda_1)$

und ist $\lambda_1 > |\lambda_2|$ sowie $\lambda_1 > |\lambda_p|$, so ist die optimale Wahl von $c = (\lambda_2 + \lambda_p)/2$, setzt also die Kenntnis der Eigenwerte voraus, die ja erst noch berechnet werden sollen. Mitunter kann es vorteilhaft sein, die Konvergenzgeschwindigkeit für verschiedene Werte von c zu testen.

8.10 **Beispiel** (Fortsetzung von Beispiel 8.7).

Wir wählen c = 2, betrachten also statt **A** die Matrix

$$\mathbf{A} - 2\mathbf{E} = \begin{pmatrix} 0 & -1 & & & \\ -1 & 0 & -1 & & \\ & -1 & 0 & -1 & \\ & & -1 & 0 & -1 \\ & & & -1 & 0 \end{pmatrix}.$$

Sie ist nicht mehr definit, es muß Satz 6 angewendet werden. Mit $\mathbf{v}_0 = \mathbf{e}_1$ ergeben sich nach 20 Iterationsschritten $R(\mathbf{y}_{10}^+) = 1.73205081 = -R(\mathbf{y}_{10}^-)$ und nach 40 Iterationsschritten

$$\mathbf{y}_{20}^+ = \mathbf{x}_1\,, \quad \mathbf{y}_{20}^- = \mathbf{x}_5\,,$$

genau bis auf eine Einheit der letzten Dezimalstelle.

8.3 Die gebrochene Vektoriteration

Die gebrochene Vektoriteration nach Wielandt stellt eine Modifikation der Potenzmethode dar. Sie gestattet es, einen beliebigen Eigenwert und zugehörigen Eigenvektor einer (symmetrischen) Matrix **A** zu berechnen, falls ein hinreichend genauer Näherungswert dieses Eigenwertes vorliegt. Das Verfahren verwendet zur Iteration die inverse Matrix $\mathbf{A}^{-1}$, falls **A** nicht singulär ist, bzw. allgemeiner die Matrix $(\mathbf{A} - \alpha\mathbf{E})^{-1}$, falls α kein Eigenwert von **A** ist, $\alpha \in \mathbb{R}$. Sind λ_j $(j = 1, \ldots, p)$ die Eigenwerte von **A**, so hat $(\mathbf{A} - \alpha\mathbf{E})^{-1}$ die Eigenwerte $1/(\lambda_j - \alpha)$, während die Eigenvektoren beider Matrizen übereinstimmen. Geht man von einem Startvektor $\mathbf{v}_0$ aus, der in der Eigenvektorbasis von **A** die Darstellung

$$\mathbf{v}_0 = \sum_{j=1}^{p} c_j \mathbf{x}_j$$

besitzt, und bildet die iterierten Vektoren $\mathbf{v}_n = (\mathbf{A} - \alpha\mathbf{E})^{-1}\,\mathbf{v}_{n-1}$, so hat der Vektor $\mathbf{v}_n$ die Darstellung $\mathbf{v}_n = \sum_{j=1}^{p} (\lambda_j - \alpha)^{-n} c_j \mathbf{x}_j$. Je näher also α bei einem Eigenwert λ_k der Matrix **A** liegt, um so mehr wird der Summand

$(\lambda_k - \alpha)^{-n} c_k \mathbf{x}_k$ in $\mathbf{v}_n$ überwiegen.

Soll der Eigenwert λ (= λ_k) von **A** berechnet werden, ist α offenbar so zu wählen, daß

$$|\lambda - \alpha| < \underset{\lambda_j \neq \lambda}{\mathrm{Min}} |\lambda_j - \alpha| \tag{8.30}$$

ist. Dazu ist es hinreichend, wenn $|\lambda - \alpha| < \delta_\lambda/2$ ist mit $\delta_\lambda = \underset{\lambda_j \neq \lambda}{\mathrm{Min}} |\lambda_j - \lambda|$ (vgl. Satz 8.1). Dann ist $1/(\lambda - \alpha)$ dominanter Eigenwert von $(\mathbf{A} - \alpha\mathbf{E})^{-1}$ und die iterativ gebildete normierte Folge $(\mathbf{w}_n)$ konvergiert gegen einen Eigenvektor zum Eigenwert λ von **A**, die Sätze 8.5 bzw. 8.6 sind anwendbar, jedenfalls, falls $\mathbf{v}_0$ nicht auf allen Eigenvektoren zum Eigenwert λ senkrecht steht.

Bei jedem Iterationsschritt ist dabei das lineare Gleichungssystem

$$(\mathbf{A} - \alpha\mathbf{E})\,\mathbf{v}_n = \mathbf{w}_{n-1} \quad (\mathbf{w}_n = \mathbf{v}_n / \|\mathbf{v}_n\|) \tag{8.31}$$

zu lösen, das der Multiplikation von $\mathbf{w}_{n-1}$ mit der Matrix $(\mathbf{A} - \alpha\mathbf{E})^{-1}$ entspricht. Selbstverständlich wird man hier nicht die inverse Matrix $(\mathbf{A} - \alpha\mathbf{E})^{-1}$ berechnen, sondern die **LR**-Zerlegung bzw. die Choleskyzerlegung verwenden. Das führt zu folgendem

8.11 **Algorithmus** (*Gebrochene Vektoriteration* zur Berechnung eines einfachen Eigenwertes λ und zugehörigen Eigenvektors $\mathbf{x}$, $\|\mathbf{x}\| = 1$)

1. Wähle α so, daß $0 < |\alpha - \lambda| < \delta_\lambda/2$ ist. Wähle ferner $\mathbf{v}_0$ so, daß $(\mathbf{v}_0, \mathbf{x}) \neq 0$, sowie eine Fehlerschranke $\epsilon > 0$.
2. Stelle die LR-Zerlegung der Matrix $(\mathbf{A} - \alpha\mathbf{E})$ her, ggf. nach einer Permutation der Zeilen. Ist $(\mathbf{A} - \alpha\mathbf{E})$ positiv definit, stelle die Choleskyzerlegung (statt der LR-Zerlegung) her.
3. Setze $\mathbf{w}_0 = \mathbf{v}_0/\|\mathbf{v}_0\|$. Für n = 1, 2, ... löse die Gleichungssysteme

$$\begin{aligned} \mathbf{L}\mathbf{t}_n &= \mathbf{w}_{n-1} \\ \mathbf{R}\mathbf{v}_n &= \mathbf{t}_n \end{aligned} \tag{8.32}$$

   und bilde $\mathbf{w}_n = \mathbf{v}_n/\|\mathbf{v}_n\|$.

   (Dabei wurde vorausgesetzt, daß $\mathbf{A} - \alpha\mathbf{E} = \mathbf{LR}$ gilt).
4. Berechne $R_\alpha(\mathbf{w}_{n-1}) = (\mathbf{v}_n, \mathbf{w}_{n-1})$ sowie

$$S_n = \|\mathbf{v}_n - R_\alpha(\mathbf{w}_{n-1})\,\mathbf{w}_{n-1}\|.$$

5. Breche ab, falls $S_n < \epsilon$ oder falls n größer als eine vorgegebene Schranke wird.

   Dann ist $\mathbf{w}_n$ eine Approximation für den Eigenvektor $\pm\mathbf{x}$ und

$$\tilde{\lambda} = (1/R_\alpha(\mathbf{w}_{n-1}) + \alpha)$$

   eine Approximation für den Eigenwert λ.

Bemerkungen:

(1) Nach Gl. (8.32) ist $\mathbf{LRv}_n = \mathbf{w}_{n-1}$, also $\mathbf{v}_n = (\mathbf{A} - \alpha\mathbf{E})^{-1}\,\mathbf{w}_{n-1}$. Daher ist $(\mathbf{v}_n, \mathbf{w}_{n-1}) = ((\mathbf{A} - \alpha\mathbf{E})^{-1}\,\mathbf{w}_{n-1}, \mathbf{w}_{n-1})$ der Rayleigh-Quotient $R_\alpha(\mathbf{w}_{n-1})$ des Vektors $\mathbf{w}_{n-1}$ ($\|\mathbf{w}_{n-1}\| = 1$) bezüglich der Matrix $(\mathbf{A} - \alpha\mathbf{E})^{-1}$.

(2) Analog ist

$$S_n = \|(\mathbf{A} - \alpha\mathbf{E})^{-1}\,\mathbf{w}_{n-1} - R_\alpha(\mathbf{w}_{n-1})\,\mathbf{w}_{n-1}\|$$

der Betrag des Defektvektors. Daher können die Fehlerabschätzungen der Sätze 8.1 und 8.4 angewendet werden.

Es ist zweckmäßig, S_n nach der angegebenen Formel und nicht nach der Beziehung $S_n^2 = \|\mathbf{v}_n\|^2 - (R_\alpha(\mathbf{w}_{n-1}))^2$ zu berechnen, da hierbei leichter Auslöschung führender Dezimalstellen eintreten kann.

8.12 **Beispiel** (s. auch die Beispiele 8.7, 8.9 und 8.10).

Bei Schwingungsproblemen ist man häufig am kleinsten Eigenwert interessiert (Grundschwingung). Dazu bietet sich die inverse Iteration an. Bereits in Kapitel 4 wurde eine LR-Zerlegung der N-reihigen Matrix **A** aufgestellt (s. 4.6.2):

$$\begin{pmatrix} 2 & -1 & & & 0 \\ -1 & 2 & -1 & & \\ & -1 & 2 & -1 & \\ & & \ddots & \ddots & \ddots & \\ & & & \ddots & \ddots & -1 \\ 0 & & & & -1 & 2 \end{pmatrix} = \begin{pmatrix} 2 & & & & 0 \\ -1 & 3/2 & & & \\ & -1 & 4/3 & & \\ & & \ddots & \ddots & \\ 0 & & & -1 & \frac{N+1}{N} \end{pmatrix} \begin{pmatrix} 1 & -1/2 & & & 0 \\ & 1 & -2/3 & & \\ & & 1 & \ddots & \\ & & & \ddots & -\frac{N-1}{N} \\ 0 & & & & 1 \end{pmatrix}$$

Wir können daher unmittelbar den Algorithmus 8.11 starten mit $\alpha = 0$ und etwa $\mathbf{v}_0 = \mathbf{e}_1$. Die Ergebnisse sind in folgender Tabelle zusammengestellt, in der die letzte Spalte die Anzahl der erforderlichen Iterationen angibt, um den gesuchten Eigenwert mit einem relativen Fehler $\approx 10^{-9}$ genau zu berechnen.

N	$1/\lambda_N^{(N)}$	Anzahl Iterationen
5	3.73205081	10
10	12.3435375	9
100	$1.03366073 \cdot 10^3$	9
1000	$1.01524011 \cdot 10^5$	10

Offensichtlich ist die Anzahl der erforderlichen Iterationen, um den kleinsten Eigenwert zu berechnen, von der Ordnung N weitgehend unabhängig. Man vergleiche demgegenüber die Anzahl der erforderlichen Iterationen bei der Potenzmethode (Beispiel 8.7). Der Grund hierfür liegt in der aus den exakten Eigenwerten leicht abzulesende Relation

$$q_N = (\lambda_N^{(N)}/\lambda_{N-1}^{(N)}) \to 1/4 \quad \text{für} \quad N \to \infty .$$

8.4 Eigenwerte und Eigenvektoren von Matrizen in Hessenbergform

In diesem Abschnitt sollen einige spezielle Verfahren besprochen werden, mit denen Eigenwerte und Eigenvektoren symmetrischer Tridiagonalmatrizen und allgemeiner Matrizen in „Hessenbergform" berechnet werden können. Im nächsten Abschnitt werden effektive Verfahren besprochen, die eine symmetrische Matrix durch Ähnlichkeitstransformationen auf (symmetrische) Tridiagonalgestalt, allgemeiner eine beliebige quadratische Matrix auf Hessenbergform transformieren. Dabei versteht man unter Matrizen in Hessenbergform folgendes:

8.13 **Definition.** (*Hessenbergform*)

Die quadratische Matrix $\mathbf{A} = (a_{ij})$ besitzt *obere Hessenbergform*, falls sie die Gestalt

$$\mathbf{A} = \begin{pmatrix} a_{11} & \cdots & \cdots & a_{1p} \\ a_{21} & a_{22} & \cdots & a_{2p} \\ & \ddots & \ddots & \vdots \\ & & a_{p,p-1} & a_{pp} \end{pmatrix}$$

hat, falls also

$a_{ij} = 0$ ist für $i \geqslant j + 2$. Sie besitzt untere Hessenbergform, falls $\mathbf{A}^T$ obere Hessenbergform besitzt.

Bei Matrizen in (oberer) Hessenbergform ist also unterhalb der Hauptdiagonalen nur noch die direkt benachbarte Diagonale mit von Null verschiedenen Elementen besetzt.

8.4.1 Bisektionsverfahren

Bei vollbesetzten Matrizen ist die Berechnung der Eigenwerte über die Aufstellung des charakteristischen Polynoms und der Berechnung seiner Nullstellen zu aufwendig und numerisch instabil, vgl. [S2], Kap. 4.2. Bei Tridiagonalmatrizen lassen sich jedoch die Werte des charakteristischen Polynoms relativ schnell berechnen. Hierdurch lassen sich dann auch die Eigenwerte effektiv ermitteln. Es sei also die symmetrische Tridiagonalmatrix

$$\mathbf{A} = \begin{pmatrix} a_1 & b_2 & & & \\ b_2 & a_2 & b_3 & & \\ & b_3 & \ddots & \ddots & \\ & & \ddots & \ddots & b_p \\ & & & b_p & a_p \end{pmatrix}$$

gegeben,

wobei nur $b_j \neq 0$ für $j = 2, \ldots, p$ vorausgesetzt wird. Ist nämlich ein $b_j = 0$, so ist die Matrix $\mathbf{A}$ reduzibel, das Eigenwertproblem zerfällt in das Eigenwertproblem zweier Untermatrizen. Vgl. Def. 6.31.

In Abschnitt 4.6.2 haben wir bereits eine Rekursionsformel für die Berechnung der Determinante einer Tridiagonalmatrix angegeben. Dieselbe Rekursionsformel, angewendet auf die charakteristische Matrix $(\mathbf{A} - \lambda\mathbf{E})$ führt unmittelbar zur Berechnung des Funktionswertes $\chi(\lambda)$ des charakteristischen Polynoms:

8.14 **Algorithmus** (Berechnung des Wertes $\chi(\lambda_0)$ des charakterischen Polynoms für gegebenes $\lambda_0 \in \mathbb{R}$).

1. Setze $\chi_0(\lambda_0) := 1$ und $\chi_{-1}(\lambda_0) := 0$ (8.33)
2. Für $k = 1, 2, \ldots, p$ berechne

$$\chi_k(\lambda_0) := (a_k - \lambda_0)\,\chi_{k-1}(\lambda_0) - b_k^2\,\chi_{k-2}(\lambda_0) \tag{8.34}$$

3. $\chi(\lambda_0) := \chi_p(\lambda_0)$.

Die Polynome $\chi(\lambda)$ (als Funktionen von λ) bilden dabei eine sogenannte Sturmsche Kette.

Ihre Nullstellen sind nämlich gerade die Eigenwerte der k-reihigen Hauptuntermatrix $\mathbf{A}_k$, die nach Abschnitt 8.1 durch die Eigenwerte der $(k-1)$-reihigen Hauptuntermatrix $\mathbf{A}_{k-1}$ getrennt werden. Insbesondere sind also alle Eigenwerte einfach. Bezeichnet $N(\lambda_0)$ die Anzahl der *Vorzeichenwechsel* in der endlichen Folge

$$\chi_0(\lambda_0),\ \chi_1(\lambda_0),\ \chi_2(\lambda_0), \ldots, \chi_p(\lambda_0)) ,$$

so ist zugleich $N(\lambda_0)$ die Anzahl der Eigenwerte von A, die kleiner sind als λ_0. Dabei bleiben Nullen außer Betracht.

8.15 **Beispiel.**

$$\text{Es sei } \mathbf{A} = \begin{pmatrix} 1 & -1 & 0 & 0 \\ -1 & 2 & -1 & 0 \\ 0 & -1 & 3 & -1 \\ 0 & 0 & -1 & 4 \end{pmatrix} \text{ mit } \sigma(\mathbf{A}) = \{.254,\ 1.82,\ 3.17,\ 4.74\}$$

Für $\lambda_0 = 0, 1, 2, 3, 4, 5$ ergeben sich folgende Werte

λ_0	χ_0	χ_1	χ_2	χ_3	χ_4	$N(\lambda_0)$
0	1	1	1	2	7	0
1	1	0	−1	− 2	−5	1
2	1	−1	−1	0	1	2
3	1	−2	1	2	1	2
4	1	−3	5	− 2	−5	3
5	1	−5	14	−23	9	4

Die Eigenwerte von **A** liegen also in den Intervallen (0,1), (1,2), (3,4) und (4,5).

Da die Berechnung von $\chi(\lambda)$ zu gegebenem λ nur etwa 2p Punktoperationen erfordert, lassen sich die Eigenwerte z.B. durch die relativ langsam konvergierende Bisektionsmethode einschachteln.

8.16 **Algorithmus** (*Bisektionsmethode* zur Berechnung von Eigenwerten symmetrischer Tridiagonalmatrizen).

1. Wähle Ausgangsintervall $[x, y]$ mit $\chi(x) \cdot \chi(y) < 0$, $x < y$, wähle Fehlerschranke ϵ (relative Genauigkeit) ($\epsilon > 0$). Setze $A := \chi(x)$, $B := \chi(y)$.
2. Berechne $z := (x + y)/2$ und $\chi(z)$ (Algorithmus 8.14) sowie $A \cdot \chi(z)$. Ist

   $A \cdot \chi(z) < 0$, setze $y := z$, $B := \chi(z)$

   sonst $(A \cdot \chi(z) > 0)$, setze $x := z$, $A := \chi(z)$.
3. Falls $|y - x| > \epsilon(|y| + |x|)$, wiederhole 2), sonst $\lambda := x$.

Man kann die Bisektionsmethode auch dazu verwenden, einen bestimmten Eigenwert, etwa den k-ten Eigenwert, zu berechnen.

Hierzu wähle man ein Ausgangsintervall, daß alle Eigenwerte enthält, die der Größe nach geordnet seien ($\lambda_p < \lambda_{p-1} < \ldots < \lambda_1$). Dazu können z.B. die Gerschgorinkreise herangezogen werden, s. Satz 7.34, also ($b_1 = b_{p+1} = 0$ gesetzt)

$$x = \operatorname*{Min}_{j=1,\ldots,p} (a_j - |b_j| - |b_{j+1}|), \qquad y = \operatorname*{Max}_{j=1,\ldots,p} (a_j + |b_j| + |b_{j+1}|).$$

Dann ist $N(x) = 0$, $N(y) = p$. Berechnet man dann $z = (x + y)/2$, sowie unter Verwendung des Algorithmus 8.14 die Zahl $N(z)$ der Zeichenwechsel, so setze man

falls $N(z) > p - k$ ist, $x := z$, bzw.

falls $N(z) \leqslant p - k$ ist, $y := z$.

Dadurch ist gewährleistet, daß der Eigenwert λ_k stets im Intervall $[x, y]$ bleibt. Man wiederhole diesen Schritt solange, bis λ_k mit einer gewünschten Genauigkeit berechnet ist.

8.4.2 Newtonverfahren

Will man das quadratisch konvergente Newtonverfahren zur Berechnung der Eigenwerte, also der Nullstellen des charakteristischen Polynoms, heranziehen, so ist neben der Kenntnis von $\chi(\lambda)$ auch die der Ableitung $\chi'(\lambda)$ erforderlich. Nun kann man auch $\chi'(\lambda)$ rekursiv berechnen. Die erforderliche Rekursionsformel entsteht aus Gl. (8.34) durch Differentiation nach der Variablen $\lambda (= \lambda_0)$. Dabei sind die Startpolynome $\chi_0'(\lambda) = 0$ und $\chi_1'(\lambda) = -1$.

8.17 **Algorithmus** (Ableitung des charakteristischen Polynoms)

1. Setze $\chi_0'(\lambda) = 0$ und $\chi_1'(\lambda) = -1$.
2. Für $k = 2, \ldots, p$ berechne

$$\chi_k'(\lambda) := (a_k - \lambda)\chi_{k-1}'(\lambda) - \chi_{k-1}(\lambda) - b_k^2 \chi_{k-2}'(\lambda). \tag{8.35}$$

3. Setze $\chi'(\lambda) := \chi_p'(\lambda)$.

Zweckmäßig führt man die Algorithmen 8.14 und 8.16 parallel aus. Bei der Anwendung des Newton-Verfahrens sind für die geeignete Wahl des Startwerts z.B. Einschließungssätze heranzuziehen. Selbstverständlich können auch andere Verfahren zur Berechnung der Nullstellen des charakteristischen Polynoms herangezogen werden, z.B. das Verfahren von Müller, s. Band „Funktionen einer Veränderlichen“, Kap. 7. Zu den einzelnen Eigenwerten berechnet man zugehörige Eigenvektoren mit Hilfe der gebrochenen Vektoriteration (Algorithmus 8.11).

8.4.3 Hessenberg-Matrizen

Hessenberg-Matrizen treten bei der Berechnung der Eigenwerte und Eigenvektoren beliebiger quadratischer Matrizen auf, s. Abschnitt 8.5. Daher hat auch für Matrizen in Hessenbergform die Berechnung der Werte des charakteristischen Polynoms $\chi(\lambda)$ und seiner Ableitung $\chi'(\lambda)$ Bedeutung. Sie sind in folgendem Algorithmus enthalten. Dabei sei $\mathbf{A}$ eine (p, p) Matrix in oberer Hessenbergform, siehe Def. 8.13. Zusätzlich sei vorausgesetzt, daß die Nebendiagonalelemente alle von Null verschieden seien, also $a_{j+1,j} \neq 0$ ist für $j = 1, \ldots, p-1$.
Andernfalls wäre die Matrix $\mathbf{A}$ reduzibel, das charakteristische Polynom $\det(\mathbf{A} - \lambda\mathbf{E})$ würde in mindestens zwei Faktoren zerfallen, die zu Hessenberg-Matrizen kleinerer Ordnung gehören würden.

8.18 **Algorithmus** (Berechnung von $\chi(\lambda)$ und $\chi'(\lambda)$ einer p-reihigen oberen Hessenberg-Matrix $\mathbf{A} = (a_{ij})$).

1. Setze $m_0 = 1$, $m_0' = 0$
2. für $k = 1, 2, \ldots, p-1$ berechne
$$m_k = m_k(\lambda) = -\left(\sum_{\nu=1}^{k-1} a_{\nu k} m_{\nu-1} + (a_{kk} - \lambda) m_{k-1}\right) / a_{k+1,k}, \quad \text{sowie}$$
3. $$g(\lambda) = \sum_{\nu=1}^{p-1} a_{\nu p} m_{\nu-1} + (a_{pp} - \lambda) m_{p-1}$$
4. Dann ist $\chi(\lambda) = (-1)^{p+1} a_{21} a_{32} \ldots a_{p,p-1} \cdot g(\lambda)$.
5. (Berechnung der Ableitung). Für $k = 1, 2, \ldots, p-1$ bilde
$$m_k'(\lambda) = -\left(\sum_{\nu=2}^{k-1} a_{\nu k} m_{\nu-1}' + (a_{kk} - \lambda) m_{k-1}' - m_{k-1}\right) / a_{k+1,k}$$
6. Dann ist
$$g'(\lambda) = \sum_{\nu=2}^{p-1} a_{\nu p} m_{\nu-1}' + (a_{pp} - \lambda) m_{p-1}' - m_{p-1} \quad \text{und}$$
$$\chi'(\lambda) = (-1)^{p+1} a_{21} \cdot a_{32} \ldots a_{p,p-1} \cdot g'(\lambda).$$

Damit besteht auch für Matrizen in Hessenbergform die – allerdings im Vergleich zu Tridiagonalmatrizen aufwendigere – Möglichkeit, Eigenwerte als Nullstellen des Polynoms $g(\lambda)$ z.B. mit dem Newtonverfahren zu berechnen.

Die Rekursionsformeln 2. und 3. dieses Algorithmus ergeben sich, wenn man in der charakteristischen Matrix $(\mathbf{A} - \lambda\mathbf{E})$ sukzessiv Faktoren m_k sucht, um durch Addition eines geeigneten Vielfachen der $(k + 1)$ten Zeile zur ersten Zeile dort fortlaufend Nullen zu erzeugen.

8.4.4 Das QR-Verfahren

Mit den bisher betrachteten Verfahren lassen sich einzelne Eigenwerte und zugehörige Eigenvektoren berechnen. Sie sind aber nicht praktikabel, wenn alle Eigenwerte und die Gesamtheit der Eigenvektoren gesucht werden. In einer Reihe von Verfahren wird daher zu einer gegebenen Matrix $\mathbf{A}$ eine nicht-singuläre Matrix $\mathbf{B}$ erzeugt, so daß $\mathbf{B}^{-1}\mathbf{A}\mathbf{B} \cong \mathbf{R}$ ist, wobei $\mathbf{R}$ entweder eine Diagonalmatrix oder eine Dreiecksmatrix bzw. gegebenenfalls eine Blockdreiecksmatrix ist. In jedem Fall können Näherungswerte der Eigenwerte von $\mathbf{A}$ der Matrix $\mathbf{R}$ unmittelbar entnommen werden. Ist $\mathbf{A}$ reell, so gibt es sogar eine reell-orthogonale Matrix $\mathbf{B}$, so daß $\mathbf{B}^T\mathbf{A}\mathbf{B} = \mathbf{R}$ ist. Für symmetrische Matrizen $\mathbf{A}$ ist das bereits bewiesen (Satz 7.42). Es gilt aber allgemein der Satz: Zu jeder reellen Matrix $\mathbf{A}$ gibt es eine orthogonale Matrix $\mathbf{B}$ $(\mathbf{B}^T\mathbf{B} = \mathbf{E})$, so daß

$$\mathbf{B}^T\mathbf{A}\mathbf{B} = \mathbf{R} = \begin{pmatrix} \mathbf{R}_{11} & \mathbf{R}_{12} & \cdots & \mathbf{R}_{1m} \\ 0 & \mathbf{R}_{22} & \cdots & \mathbf{R}_{2m} \\ \vdots & \ddots & \ddots & \vdots \\ 0 & \cdots & 0 & \mathbf{R}_{mm} \end{pmatrix} \tag{8.36}$$

ist, wobei die Teilmatrizen $\mathbf{R}_{jj}$ entweder (1,1) oder (2,2) Matrizen sind, im letzteren Fall mit konjugiert komplexen Eigenwerten (Schur-Zerlegung von $\mathbf{A}$).

Alle hier zu betrachtenden Verfahren sind rekursiv, d.h. es wird ausgehend von der reellen Matrix $\mathbf{A} = \mathbf{A}_1$ eine Folge von Matrizen $\mathbf{A}_2, \mathbf{A}_3, \ldots, \mathbf{A}_n, \ldots$ konstruiert, die durch Ähnlichkeitstransformationen auseinander hervorgehen:

$$\mathbf{A}_{n+1} = \mathbf{B}_n^{-1}\mathbf{A}_n\mathbf{B}_n \ . \tag{8.37}$$

Hierdurch ist sichergestellt, daß alle Matrizen $\mathbf{A}_n$ dieselben Eigenwerte (mit denselben Vielfachheiten) besitzen wie $\mathbf{A}$. Die Verfahren unterscheiden sich durch die Konstruktionsvorschriften für die Transformationsmatrizen $\mathbf{B}_n$ (die nicht-singulär sein müssen) mit dem Ziel, daß die Matrizenfolgen $(\mathbf{A}_n)$ gegen eine Normalform R (Diagonalgestalt, Dreiecksgestalt o.dgl.) konvergieren. Setzt man zur Abkürzung $\mathbf{B}_n^{-1}\mathbf{A}_n =: \mathbf{R}_n$, dann läßt sich die Transformationsgleichung (8.37) auch so schreiben

$$\mathbf{A}_n = \mathbf{B}_n\mathbf{R}_n \quad \text{und} \quad \mathbf{A}_{n+1} = \mathbf{R}_n\mathbf{B}_n \ . \tag{8.38}$$

Aus (8.37) folgt ferner

$$\mathbf{A}_{n+1} = (\mathbf{B}_1\mathbf{B}_2 \ldots \mathbf{B}_n)^{-1}\,\mathbf{A}\,(\mathbf{B}_1\mathbf{B}_2 \ldots \mathbf{B}_n) \ . \tag{8.39}$$

Das älteste Verfahren ist von Jacobi bereits 1846 angegeben worden. Es verwendet für die Matrizen $\mathbf{B}_n$ einfache orthogonale Matrizen der Form

$$\mathbf{B}_n = \mathbf{J}(i, j, \varphi) := \begin{pmatrix} 1 & & \vdots & & \vdots & & \\ & 1 & \vdots & & \vdots & & \\ & & \ddots & & \vdots & & \\ \cdots & & \cos\varphi & \cdots & \sin\varphi & \cdots & \\ & & \vdots & 1 & \vdots & & \\ & & \vdots & \ddots & \vdots & & \\ & & \vdots & & 1 \; \vdots & & \\ \cdots & & -\sin\varphi & \cdots & \cos\varphi & \cdots & \\ & & \vdots & & \vdots & 1 & \\ & & \vdots & & \vdots & \ddots & \\ & & \vdots & & \vdots & & 1 \end{pmatrix} \begin{matrix} \\ \\ \\ \cdots \text{i-te Zeile} \\ \\ \\ \\ \cdots \text{j-te Zeile} \\ \\ \\ \\ \end{matrix} \tag{8.40}$$

i-te j-te Spalte

wobei die Indizes i und j sowie der Drehwinkel φ so gewählt werden, daß nach der Transformation (8.37) ein nach bestimmten Verfahren ausgewähltes Außendiagonalelement a_{ij} verschwindet. Im klassischen Jacobiverfahren wählt man hierzu das betragsgrößte Außendiagonalelement.

Es setzt voraus, daß $\mathbf{A}$ symmetrisch ist. Obwohl in vielen wichtigen Fällen das Jacobiverfahren sogar quadratisch konvergiert, ist es durch andere Verfahren, insbesondere das QR-Verfahren, verdrängt worden. Allerdings hat es den Vorteil, leicht parallelisierbar zu sein. Die Transformation mit der orthogonalen Matrix $\mathbf{J}(i, j, \varphi)$ wirkt nur auf die i-te und j-te Zeile und Spalte, so daß mehrere solcher Transformationen parallel ausgeführt werden können.

Über Konvergenzaussagen und weitere Einzelheiten siehe z.B. [S2] Kap. 4.4, [G5].

Eine andere Möglichkeit, Transformationsmatrizen $\mathbf{B}_n$ zu bestimmen, geht auf Rutishauser (1958) zurück. Er geht von der LR-Zerlegung der Matrix $\mathbf{A}$ aus und setzt wie in (8.38)

$$\mathbf{A}_n = \mathbf{L}_n \mathbf{R}_n \quad \text{und dann} \quad \mathbf{A}_{n+1} = \mathbf{R}_n \mathbf{L}_n$$

wobei $\mathbf{L}_n$ untere Dreiecksmatrizen sind, deren Hauptdiagonalelemente gleich 1 sind, vgl. Kapitel 4, Satz 4.6.

Nun ist aber die LR-Zerlegung nicht für jede Matrix möglich. Man setzt daher voraus, daß für alle im Laufe des Verfahrens auftretenden Matrizen $\mathbf{A}_n$ jeweils eine LR-Zerlegung existiert. Unter zusätzlichen Voraussetzungen (insbesondere, daß die Beträge der Eigenwerte von $\mathbf{A}$ voneinander verschieden sind), kann dann bewiesen werden, daß die folgenden Grenzwerte existieren

$$\lim_{n \to \infty} \mathbf{L}_n = \mathbf{E}, \quad \lim_{n \to \infty} \mathbf{A}_n = \lim_{n \to \infty} \mathbf{R}_n = \mathbf{R},$$

mit einer oberen Dreiecksmatrix $\mathbf{R}$, in deren Hauptdiagonalen die Eigenwerte von $\mathbf{A}$ stehen. Es gibt eine Reihe modifizierter Verfahren, die die genannten Voraussetzungen z.T. entbehrlich machen, vgl. [W3].

Das von Francis (1961) vorgeschlagene QR-Verfahren vermeidet einige dieser Schwierigkeiten des LR-Verfahrens. Es geht davon aus, daß eine QR-Zerlegung für jede Matrix existiert, vgl. Abschnitt 6.4.

Die Matrizen $\mathbf{A}_n$ werden also nach folgender Vorschrift gebildet: Setze $\mathbf{A}_1 = \mathbf{A}$, ($\mathbf{A}$ reell). Ist dann $\mathbf{A}_n$ berechnet, so bilde

$$\mathbf{A}_n = \mathbf{Q}_n\mathbf{R}_n \quad \text{und} \quad \mathbf{A}_{n+1} = \mathbf{R}_n\mathbf{Q}_n \; . \tag{8.41}$$

Für die QR-Zerlegung von $\mathbf{A}_n$ kann z.B. der Algorithmus 6.26 verwendet werden. Einige Eigenschaften der Matrizenfolge $(\mathbf{A}_n)$ sind unmittelbar ersichtlich:

8.19 **Satz.**

Die Matrizenfolge $(\mathbf{A}_n)$ sei nach (8.41) gebildet. Dann gilt

1. $\mathbf{A}_{n+1} = \mathbf{Q}_n^T\mathbf{A}_n\mathbf{Q}_n$ (8.42)
2. $\mathbf{A}_{n+1} = (\mathbf{Q}_1\mathbf{Q}_2 \ldots \mathbf{Q}_n)^T \, \mathbf{A}\,(\mathbf{Q}_1\mathbf{Q}_2 \ldots \mathbf{Q}_n)$ (8.43)
3. Ist $\mathbf{P}_n := \mathbf{Q}_1\mathbf{Q}_2 \ldots \mathbf{Q}_n$ (also orthogonal) und
   $\mathbf{T}_n := \mathbf{R}_n\mathbf{R}_{n-1} \ldots \mathbf{R}_1$ (also obere Dreiecksmatrix), so folgt
   $\mathbf{P}_n\mathbf{T}_n = \mathbf{A}^n$. (8.44)

Beweis.

Die erste Aussage entspricht (8.37), wenn man noch berücksichtigt, daß im vorliegenden Fall $\mathbf{B}_n = \mathbf{Q}_n$ orthogonal ist, also $\mathbf{B}_n^{-1} = \mathbf{Q}_n^T$ ist. Entsprechend folgt (8.43) aus (8.39), da das Produkt orthogonaler Matrizen ebenfalls eine orthogonale Matrix ist. (8.43) läßt sich auch so schreiben

$$\mathbf{P}_n\mathbf{A}_{n+1} = \mathbf{A}\mathbf{P}_n \, , \quad \text{also}$$
$$\mathbf{P}_n\mathbf{T}_n = \mathbf{P}_{n-1}\mathbf{A}_n\mathbf{T}_{n-1} = \mathbf{A}\mathbf{P}_{n-1}\mathbf{T}_{n-1} \; .$$

Daraus folgt rekursiv (8.44). ∎

Wichtige Folgerungen aus diesem Satz sind einmal, daß die Matrizen $\mathbf{A}_n$ nicht nur ähnlich, sondern sogar orthogonal äquivalent sind. Ferner liest man aus Gl. (8.42) ab: Ist die Matrix $\mathbf{A}_n$ symmetrisch, so auch die Matrix $\mathbf{A}_{n+1}$, ist also $\mathbf{A}$ symmetrisch, so auch alle $\mathbf{A}_n$, eine Eigenschaft, die dem LR-Verfahren nicht zukommt.

Man kann ferner zeigen, daß auch die ‚Hessenbergform' erhalten bleibt, d.h. ist $\mathbf{A}$ eine Matrix in oberer Hessenbergform, so auch alle $\mathbf{A}_n$. Aus den beiden letztgenannten Eigenschaften ergibt sich: ist $\mathbf{A}$ symmetrisch tridiagonal, so sind alle $\mathbf{A}_n$ symmetrisch tridiagonal.

Über die Konvergenz des QR-Verfahrens gibt es zahlreiche Ergebnisse. Wir erwähnen (ohne Beweis) lediglich folgenden

8.20 **Satz.** (Konvergenz des QR-Verfahrens)

Die reelle (p, p)-Matrix **A** erfülle die Voraussetzungen

1. die Eigenwerte von **A** seien dem Betrag nach voneinander verschieden, $|\lambda_1| > |\lambda_2| > \ldots > |\lambda_p|$
2. in der Transformation der Matrix **A** auf Diagonalform

$$\mathbf{B}^{-1}\mathbf{A}\mathbf{B} = \mathbf{D} = \begin{pmatrix} \lambda_1 & & \\ & \ddots & \\ & & \lambda_p \end{pmatrix}$$ besitze die Matrix $\mathbf{B}^{-1}$ eine LR-Zerlegung.

Dann ist das QR-Verfahren konvergent. Insbesondere ist mit $\mathbf{A}_n = (a_{ij}^n)$: $\lim_{n \to \infty} a_{jj}^n = \lambda_j \; (j = 1, \ldots, p)$.

Siehe [W3], Kap. 8.30. Die Konvergenz der Gesamtmatrix $\mathbf{A}_n$ gegen eine obere Dreiecksmatrix gilt für die außerhalb der Diagonalen stehenden Elemente nur dem Betrage nach. Die Voraussetzung 2. ist außerdem für die Konvergenz nicht wesentlich. Ist sie nicht erfüllt, konvergieren die Diagonalelemente dennoch gegen die Eigenwerte von **A**, nur sind diese dann nicht notwendig mehr dem Betrage nach geordnet. Bemerkenswert ist, daß die Konvergenzaussage auch für nicht-symmetrische Matrizen gilt. Das QR-Verfahren ist also auch auf allgemeinere Eigenwertprobleme anwendbar, einschließlich solcher von komplexen Matrizen, falls die QR-Zerlegungen in jedem Schritt durch UR-Zerlegungen (**U** sei unitäre Matrix, **R** obere Dreiecksmatrix) ersetzt werden.

Bei reellen Matrizen **A**, die konjugiert komplexe Eigenwerte haben, die also gleiche Beträge haben, ist die Voraussetzung 1. nicht erfüllt. Hier wird man keine Konvergenz der reellen Matrizen $\mathbf{A}_n$ gegen obere Dreiecksmatrizen erwarten können, vielmehr tritt Konvergenz gegen eine Blockdreiecksmatrix (s. Gl. (8.36)) ein.

Der Rechenaufwand für jeden Schritt ($\mathbf{A}_n \to \mathbf{A}_{n+1}$) ist bei vollbesetzten Matrizen **A** beträchtlich. Bereits für die QR-Zerlegung sind $2p^3/3$ Punktoperationen zu veranschlagen. Einschließlich der Bildung des Matrizenprodukts $\mathbf{R}_n\mathbf{Q}_n$ sind mehr als p^3 Punktoperationen erforderlich. Die Ausgangsmatrix sollte daher stets auf Hessenbergform bzw. auf Tridiagonalform gebracht werden. Ein geeignetes Verfahren hierzu, das auch die Symmetrie der Matrix erhält, wird im Abschnitt 8.5 erläutert.

In der einfachsten Form lautet also das QR-Verfahren für eine reelle (p, p)-Matrix **A**:

1. Bringe – etwa durch Algorithmus 8.24 – die Matrix **A** auf obere Hessenbergform **C**

$$\mathbf{C} := \mathbf{H}_{p-2}\mathbf{H}_{p-3}\ldots\mathbf{H}_1\mathbf{A}\mathbf{H}_1\ldots\mathbf{H}_{p-3}\mathbf{H}_{p-2},$$

mit orthogonalen, symmetrischen ‚Householdermatrizen' $\mathbf{H}_1, \ldots, \mathbf{H}_{p-2}$; Setze $\mathbf{C}_1 := \mathbf{C}$.

2. Stelle für n = 2, 3, ... – etwa mit Algorithmus 6.26 – die QR-Zerlegung von $\mathbf{C}_{n-1}$ her:

$$\mathbf{C}_{n-1} = \mathbf{Q}_{n-1}\mathbf{R}_{n-1} \quad \text{und bilde} \quad \mathbf{C}_n := \mathbf{R}_{n-1}\mathbf{Q}_{n-1}\,.$$

3. Breche ab, falls für eine vorgegebene Fehlerschranke $\epsilon > 0$ ein Subdiagonalelement die Ungleichung

$$|c_{\nu+1,\nu}^{(n)}| \leqslant \epsilon (|c_{\nu,\nu}^{(n)}| + |c_{\nu+1,\nu+1}^{(n)}|) \qquad \text{für} \qquad \nu \in \{1, \ldots, p-1\}$$

erfüllt. ($C_n = (c_{ij}^{(n)})$).

4. Setze $c_{\nu+1,\nu}^{(n)} = 0$ und zerlege C_n in die beiden zugehörigen Hauptuntermatrizen, die nach 2) weiter behandelt werden bis einreihige (reelle Eigenwerte) oder zweireihige (konjugiert komplexe Eigenwerte) Matrizen abgespaltet werden können.

Leider ist die Konvergenzgeschwindigkeit dieses QR-Verfahrens gering. Die Subdiagonalelemente gehen im einfachsten Fall – in dem die Eigenwerte verschiedene Beträge haben – gegen Null etwa nach der Abschätzung $|c_{\nu+1,\nu}^{(n)}| = O((|\lambda_{\nu+1}|/|\lambda_\nu|)^n)$.

Man kann diese Konvergenzgeschwindigkeit durch ‚Shifts' wesentlich verbessern. Dabei zerlegt man nicht die Hessenbergmatrix $\mathbf{C}$, sondern die Matrix $\mathbf{C} - \mu\mathbf{E}$ in die QR-Faktoren:

$$\mathbf{C} - \mu\mathbf{E} = \mathbf{QR}$$

und setzt anschließend für die nächste Hessenbergmatrix $\mathbf{C}' := \mathbf{RQ} + \mu\mathbf{E}$. Dabei bleibt das Spektrum erhalten:

8.21 **Lemma.**

Gilt für $\mu \in \mathbb{R}$ und eine (p, p) Matrix $\mathbf{C}$ die QR-Zerlegung

$$\mathbf{C} - \mu\mathbf{E} = \mathbf{QR} \quad \text{und ist} \quad \mathbf{C}' = \mathbf{RQ} + \mu\mathbf{E}\,, \tag{8.45}$$

so haben $\mathbf{C}$ und $\mathbf{C}'$ gleiches Spektrum.

Beweis.

Aus der ersten Gleichung folgt $\mathbf{R} = \mathbf{Q}^T(\mathbf{C} - \mu\mathbf{E})$ und aus der zweiten $\mathbf{R} = (\mathbf{C}' - \mu\mathbf{E})\mathbf{Q}^T$, also $\mathbf{Q}^T(\mathbf{C} - \mu\mathbf{E})\mathbf{Q} = \mathbf{Q}^T\mathbf{C}\mathbf{Q} - \mu\mathbf{E} = \mathbf{C}' - \mu\mathbf{E}$. Daher sind $\mathbf{C}$ und $\mathbf{C}'$ orthogonal ähnlich. ■

Eine Darstellung des Algorithmus mit Shifting findet man in [G5] (Kap. 7), FORTRAN-Programme u.a. in EISPACK [G2], [S4], [E1] u.a. Die Shifting-Strategie wird etwas komplizierter, falls **A** konjugiert komplexe Eigenwerte hat, da dann die optimalen Shifts konjugiert komplex zu wählen sind. Man kann aber einen Doppelschritt $\mathbf{C}_n \to \mathbf{C}_{n+2}$ ausführen, der aus dem Bereich der reellen Matrizen nicht herausführt, vgl. [G5], Algorithmus 7.5.1.

Wir wollen noch den Algorithmus angeben, der bei reellen, symmetrischen Matrizen anwendbar ist. Durch die Transformation auf Hessenbergform kann man sie in symmetrische Tridiagonalmatrizen überführen. Es sei also $\mathbf{C}$ eine reelle, symmetrische Tridiagonalmatrix.

Dabei wird ein einzelner QR-Schritt ($\mathbf{C} - \mu\mathbf{E} = \mathbf{QR}$, $\mathbf{C}' := \mathbf{RQ} + \mu\mathbf{E}$) durch Ähnlichkeitstransformationen mit (p − 1) Jacobimatrizen (siehe Gl. (40)) durchgeführt.

Dabei entstehen im Laufe der Rechnung Matrizen $\mathbf{C}(k)$ $(k = 0, \ldots, p-1)$, die folgende Gestalt haben:

$$\mathbf{C}(k) = \begin{pmatrix} a_1(k) & b_2(k) & & \vdots & & \\ b_2(k) & a_2(k) & \ddots & z(k) \ldots & & \\ & \ddots & \ddots & \ddots & & \\ \ldots z(k) & & \ddots & \ddots & b_p(k) \\ \vdots & & & b_p(k) & a_p(k) \end{pmatrix} \qquad (8.46)$$

(Beschriftungen: oben „(k+2)te Spalte“, rechts „k-te Zeile“, links „(k+2)te Zeile“, unten „k-te Spalte“)

Außerhalb der Hauptdiagonalen und den beiden anschließenden Diagonalen ist ein einzelnes weiteres Element $z(k)$ von Null verschieden.

8.22 **Algorithmus.** (Er beschreibt einen einzelnen *QR-Schritt mit Shift* für eine symmetrische Tridiagonalmatrix $\mathbf{C} \to \mathbf{C}'$

Gegeben sei die Tridiagonalmatrix $\mathbf{C} = \begin{pmatrix} a_1 & b_2 & & \\ b_2 & \ddots & \ddots & \\ & \ddots & \ddots & b_p \\ & & b_p & a_p \end{pmatrix}$.

1. Setze $\tau = (a_{p-1} - a_p)/2$ und
   $\mu = a_p - b_p^2/(\tau + \operatorname{sign}(\tau) \cdot \sqrt{\tau^2 + b_p^2})$. (8.47)

   Setze für $j = 1\,(1)\,p$: $a_j(0) := a_j - \mu$, sowie $(j > 1)$
   $b_j(0) := b_j$.
2. Setze $x := a_1(0)$, $z := b_2(0)$.
3. Für $k = 1\,(1)\,(p-1)$ führe folgende Schritte aus:
   a) Berechne $c := \cos\varphi_k$ und $s := \sin\varphi_k$, so daß $xs + zc = 0$ ist.
   b) Bilde $\mathbf{C}(k) := \mathbf{J}^T(k, k+1, \varphi_k)\,\mathbf{C}(k-1)\,\mathbf{J}(k, k+1, \varphi_k)$. (8.48)
   c) Falls $k \leqslant p-2$ ist, setze $x := b_{k+1}(k)$ und $z := z(k)$.
4. Setze $\mathbf{C}' := \mathbf{C}(p-1) + \mu\mathbf{E}$.

Auch in diesem Fall unterbricht man das QR-Verfahren, falls ein Außerdiagonalelement hinreichend klein geworden ist und daher gleich Null gesetzt werden kann. Die Matrix zerfällt dann in Teilmatrizen, die mit geringerem Rechenaufwand weiter behandelt werden können, vgl. die Schritte 3. und 4. auf S. 335.

8.23 Beispiel (Vgl. Beispiel 8.15).

Es sollen alle Eigenwerte der Matrix aus Beispiel 8.15 berechnet werden. Wendet man den Algorithmus 8.22 n-mal an, so erhält man u.a. folgende Werte

n	a_4	b_4
1	4.73825166	0.110403696
2	4.74528124	$-3.11639 \cdot 10^{-5}$
3	4.74528124 (= λ_1)	$3.40283 \cdot 10^{-14}$.

Damit ist ein Eigenwert bereits bestimmt. Spaltet man die letzte Spalte und Zeile ab und wendet 8.22 auf die verbleibende Matrix an, so erhält man weiterhin die Werte

	a_3	b_3
4	3.17728292	$8.9717 \cdot 10^{-5}$
5	3.17728292 (= λ_2)	$-6.83891 \cdot 10^{-14}$.

Damit ist der zweite Eigenwert berechnet. Die verbleibende zweireihige Matrix ist in einem weiteren Schritt diagonalisiert:

6	(a_2) 0.254718769 (= λ_4) (a_1) 1.82271709 (= λ_3)	0 (b_2)

Damit sind die Eigenwerte bei sechsmaliger Anwendung von 8.22 berechnet. Sie stimmen mit den exakten Eigenwerten ($\pm\sqrt{11 \pm 2\sqrt{21}}/2$) bis auf eine oder zwei Einheiten der letzten Dezimalstelle überein. An der schnellen Abnahme des letzten Außerdiagonalelements erkennt man, daß das QR-Verfahren mit Shift lokal von dritter Ordnung konvergiert. □

8.4.5 Eigenvektoren symmetrischer Tridiagonalmatrizen

Für eine symmetrische Tridiagonalmatrix

$$\mathbf{A} = \begin{pmatrix} a_1 & b_2 & & & \\ b_2 & a_2 & b_3 & & \\ & \ddots & \ddots & \ddots & \\ & & \ddots & \ddots & b_p \\ & & & b_p & a_p \end{pmatrix}$$

sei ein Eigenwert λ_0 bereits berechnet. Dann erfüllt der zugehörige Eigenvektor das homogene Gleichungssystem

$$\begin{aligned} (a_1 - \lambda_0)\, x_1 + b_2 x_2 &= 0 \\ b_2 x_1 + (a_2 - \lambda_0)\, x_2 + b_3 x_3 &= 0 \\ \cdots\cdots\cdots\cdots\cdots\cdots & \\ b_p x_{p-1} + (a_p - \lambda_0)\, x_p &= 0\,. \end{aligned} \tag{8.49}$$

Wäre $x_1 = 0$, so würde sich wegen $b_j \neq 0$ ($j = 2, \ldots, p$) sukzessiv $x_2 = x_3 = \ldots = x_p = 0$ ergeben. Man kann daher $x_1 = 1$ wählen und sieht, daß sich die übrigen Komponenten durch die Werte der Polynome $\chi_j(\lambda_0)$ ausdrücken lassen, vgl. Algorithmus 8.14.

$$x_j = (-1)^{j-1} \chi_{j-1}(\lambda_0) / \prod_{\nu=2}^{j} b_\nu \,.$$

Diese expliziten Formeln für die Komponenten des Eigenvektors sind aber numerisch instabil, vgl. [W3], Kap. 5.49.

Man berechnet die Eigenvektoren daher besser mit Hilfe der gebrochenen Vektoriteration (s. Abschnitt 8.3)

$$(\mathbf{A} - \lambda_0 \mathbf{E})\, x_{n+1} = x_n \,.$$

Dabei sollte eine LR-Zerlegung mit teilweiser Pivotisierung verwendet werden.

8.5 Transformation auf Hessenbergform

Für die Anwendung des QR-Verfahrens zur Berechnung der Eigenwerte einer Matrix **A** war es wesentlich im Hinblick auf den erforderlichen Rechenaufwand, die Matrix vorher auf Hessenbergform, also im Fall einer symmetrischen Matrix auf Tridiagonalform zu transformieren. Soll das Spektrum von **A** und eine eventuell gegebene Symmetrie erhalten bleiben, kommt nur eine Ähnlichkeitstransformation mit orthogonalen Matrizen in Betracht:

$$\mathbf{A} \rightarrow \mathbf{T}^T \mathbf{A} \mathbf{T} \quad \text{mit} \quad \mathbf{T}^T \mathbf{T} = \mathbf{E} \,. \tag{8.50}$$

Könnte man für die Spaltenvektoren von **T** die noch unbekannten Eigenvektoren von **A** wählen (falls **A** symmetrisch ist), so hätte $T^T AT$ bereits Diagonalgestalt. Es ist interessant, daß es gelingt, in endlich vielen Schritten mit den rationalen Operationen (+, −, ·, /) und Quadratwurzelberechnungen eine orthogonale Matrix **T** zu erzeugen, so daß in Gl. (8.50) $\mathbf{T}^T \mathbf{A} \mathbf{T}$ Tridiagonalgestalt besitzt. Das Verfahren ist auf nichtsymmetrische Matrizen ebenfalls anwendbar, führt dann aber im allgemeinen nicht auf eine Tridiagonalmatrix, sondern auf eine Matrix in oberer Hessenbergform. Deswegen soll das Verfahren gleich für beliebige reelle quadratische Matrizen erläutert werden.

Die Konstruktion von **T** kann wieder mit Hilfe der bereits in Abschnitt 6.4 eingeführten ‚Householdermatrizen'

$$\mathbf{H} = \mathbf{E} - 2\,\mathbf{u}\mathbf{u}^T, \quad \|\mathbf{u}\|^2 = 1$$

erfolgen, die symmetrische und orthogonale Matrizen darstellen (Lemma 6.25). Im Unterschied zur QR-Zerlegung ist jetzt zu berücksichtigen, daß mit diesen Matrizen Ähnlichkeitstransformationen, also Transformationen der Form

$$\mathbf{H}^T \mathbf{A} \mathbf{H} = \mathbf{H} \mathbf{A} \mathbf{H} \tag{8.51}$$

ausgeführt werden sollen. Man könnte zwar **H** wie in (6.36) zunächst so bestimmen, daß **H** den ersten Spaltenvektor von **A** auf die Achse durch $\mathbf{e}_1$ spiegelt, also **HA** in der ersten Spalte von der zweiten bis zur letzten Komponente nur Nullen enthält, aber dies wird durch die anschließende Multiplikation mit **H** von rechts wieder zerstört.

$$\mathbf{HA} = \begin{pmatrix} * & * & \dots & * \\ 0 & * & \dots & * \\ \vdots & \vdots & & \vdots \\ 0 & * & \dots & * \end{pmatrix} \rightarrow \mathbf{HAH} = \begin{pmatrix} * & \dots & * \\ \vdots & & \vdots \\ * & \dots & * \end{pmatrix} .$$

Wählt man dagegen die erste Transformationsmatrix in der Form

$$\mathbf{H}_1 = \begin{pmatrix} 1 & 0 & 0 & \dots & 0 \\ 0 & & & & \\ 0 & & \tilde{\mathbf{H}}_1 & & \\ \vdots & & & & \\ 0 & & & & \end{pmatrix}, \text{ setzt entsprechend } \mathbf{A} = \begin{pmatrix} a_{11} & a_{12} & \dots & a_{1p} \\ a_{21} & & & \\ \vdots & & \tilde{\mathbf{A}} & \\ a_{p1} & & & \end{pmatrix},$$

so ergibt sich für die transformierte Matrix

$$\mathbf{H}_1\mathbf{A}\mathbf{H}_1 = \begin{pmatrix} & a_{11} & * \dots * \\ \tilde{\mathbf{H}}_1 & \begin{pmatrix} a_{21} \\ \vdots \\ a_{p1} \end{pmatrix} & \tilde{\mathbf{H}}_1\tilde{\mathbf{A}}\tilde{\mathbf{H}}_1 \end{pmatrix} .$$

Nun kann man für $\tilde{\mathbf{H}}_1$ die (p − 1)-reihige Householdermatrix nehmen, die den Vektor $(a_{21}, \dots, a_{p1})^T$ auf $(*, 0, \dots, 0)^T$ abbildet. Dann hat die transformierte Matrix die Gestalt

$$\mathbf{H}_1\mathbf{A}\mathbf{H}_1 = \begin{pmatrix} a_{11} & * \dots * \\ * & \\ 0 & \\ \vdots & \tilde{\mathbf{H}}_1\tilde{\mathbf{A}}\tilde{\mathbf{H}}_1 \\ 0 & \end{pmatrix},$$

und das Verfahren kann auf die (p − 1)-reihige Untermatrix $\tilde{\mathbf{H}}_1\tilde{\mathbf{A}}\tilde{\mathbf{H}}_1$ erneut angewendet werden.

Das führt zu dem folgenden

8.24 **Algorithmus.** (*Transformation* einer reellen (p,p) Matrix A auf *obere Hessenbergform*)

Es sei $\mathbf{A}_1 := \mathbf{A} = (a_{ij}^{(1)})$.

Für k = 1 (1) (p − 2) führe folgende Schritte aus

1. Bestimme die (p − k)-reihige Householdermatrix $\tilde{\mathbf{H}}_k$ so, daß

$$\tilde{\mathbf{H}}_k \begin{pmatrix} a_{k+1,k}^{(k)} \\ \vdots \\ a_{p,k}^{(k)} \end{pmatrix} = \begin{pmatrix} a_{k+1,k}^{(k+1)} \\ 0 \\ \vdots \\ 0 \end{pmatrix} \quad \text{ist ,} \tag{8.52}$$

– vgl. Gl. (6.33) und (6.34) –

2. Setze

$$\mathbf{H}_k = \begin{pmatrix} \mathbf{E}_k & \Omega \\ \Omega & \tilde{\mathbf{H}}_k \end{pmatrix} \quad \text{und bilde} \tag{8.53}$$

$$\mathbf{A}_{k+1} := \mathbf{H}_k \mathbf{A}_k \mathbf{H}_k \,. \tag{8.54}$$

Dann hat $\mathbf{A}_{p-1}$ obere Hessenbergform.

Bemerkungen.

(1) Im allgemeinen wird man die Matrizen $\mathbf{A}_k$ auf die Speicherplätze von **A** abspeichern. Die unterhalb der Nebendiagonalen freiwerdenden Plätze können dazu verwendet werden, die wesentlichen Komponenten von $\mathbf{H}_k$ abzuspeichern.

ALGOL-Programme findet man bei [W5], FORTRAN-Programme bei [S4], [G2], [E1].

(2) Für eine beliebige (p, p)-Matrix **A** benötigt der Algorithmus ca. 5 $p^3/3$ Punktoperationen. Ist **A** symmetrisch, so hat die transformierte Matrix $\mathbf{A}_{p-1}$ Tridiagonalform. Nutzt man die Symmetrie in jedem Schritt aus, so reduziert sich der Rechenaufwand auf etwa 2 $p^3/3$, siehe [G5].

(3) Es gibt andere Verfahren, **A** auf Hessenbergform zu transformieren. Ein Verfahren, daß sich an das Gaußsche Eliminationsverfahren anlehnt, findet man z.B. bei [W3]. Es benötigt nur ca. 5 $p^3/6$ Punktoperationen, hat allerdings den Nachteil, daß die Symmetrie der Matrix **A** nicht erhalten bleibt.

(4) Bei nicht-symmetrischen Matrizen ist es empfehlenswert, zunächst die Kondition der Matrix durch Skalierung zu verbessern. Ein Algorithmus hierfür wurde von Parlett und Reinsch angegeben [P3], mit ALGOL-Programm.

Sei $\mathbf{A} = \mathbf{D} + \mathbf{A}_0$, wobei **D** die Hauptdiagonalelemente von **A** und $\mathbf{A}_0$ die Außendiagonalelemente enthält. In jedem Schritt wird nur eine Zeile und die entsprechende Spalte von $\mathbf{A}_0$ abgeändert, wobei zur Vermeidung von Rundungsfehlern Zeilen und Spalten lediglich mit ganzzahligen Potenzen der – maschinenabhängigen – Basis β der Gleitpunktzahlen multipliziert wird. Die Abänderung der i-ten Zeile und i-ten Spalte geschieht in natürlicher Reihenfolge, $i = 1, 2, \dots, p$, wobei dieser Zyklus ggf. mehrfach durchlaufen wird.

Ist also nach $(k-1)$ Schritten aus $\mathbf{A}_0$ bereits die Matrix $\mathbf{A}_{k-1}$ entstanden, so wird im k-ten Schritt die Zeile $\mathbf{z}_i$ sowie die Spalte $\mathbf{a}_i$ der Matrix $\mathbf{A}_{k-1}$ (mit $i \equiv k \bmod p$) wie folgt abgeändert:

1. Berechne $\|\mathbf{a}_i\|_1$ und $\|\mathbf{z}_i\|_1$ und bestimme eine ganze Zahl δ, so daß
$$\beta^{2\delta-1} < \|\mathbf{z}_i\|_1 / \|\mathbf{a}_i\|_1 \leqslant \beta^{2\delta+1}$$
ist. Setze $f = f_k = \beta^\delta$.
2. Ersetze $\mathbf{z}_i$ durch $\mathbf{z}_i/f$ und $\mathbf{a}_i$ durch $\mathbf{a}_i f$, falls mit einem festen γ $(0 < \gamma < 1$, etwa $\gamma = 0.95)$
$$\|\mathbf{z}_i/f\|_1 + \|\mathbf{a}_i f\|_1 < \gamma\,(\|\mathbf{z}_i\|_1 + \|\mathbf{a}_i\|_1)$$
ist, andernfalls lasse die Zeile $\mathbf{z}_i$ und Spalte $\mathbf{a}_i$ ungeändert.
3. Breche ab, falls bei einem ganzen Zyklus $(i = 1, 2, \dots, p)$ keine Änderung mehr eintritt.

Das Verfahren setzt voraus, daß die Matrix $\mathbf{A}_0$ keine Nullzeile oder Nullspalte enthält. Sind solche vorhanden, liefert das zugehörige Diagonalelement der Matrix $\mathbf{D}$ unmittelbar einen Eigenwert von $\mathbf{A}$. Solche Zeilen und zugehörige Spalten können bei Anwendung des Verfahrens außer Betracht bleiben. Insgesamt wird durch das Verfahren eine Ähnlichkeitstransformation

$$\mathbf{A} \to \mathbf{T}^{-1}\mathbf{A}\mathbf{T}$$

mit einer regulären Diagonalmatrix $\mathbf{T}$ erzielt. Für weitere Einzelheiten siehe [P3].

8.25 **Beispiel.** Gegeben sei die Matrix

$$\mathbf{A} = \begin{pmatrix} 2 & -3 & 4 \\ -3 & 5 & -2 \\ 4 & -2 & 3 \end{pmatrix}.$$

Es braucht nur eine Householdermatrix bestimmt zu werden:
$\tilde{\mathbf{H}}_1 = \mathbf{E}_2 - (2/5)\begin{pmatrix} -2 \\ 1 \end{pmatrix}(-2, 1)$. Damit ist

$$\mathbf{T} = \begin{pmatrix} 1 & 0 & 0 \\ 0 & -0.6 & 0.8 \\ 0 & 0.8 & 0.6 \end{pmatrix} \quad \text{und} \quad \mathbf{TAT} = \begin{pmatrix} 2 & 5 & 0 \\ 5 & 5.64 & -1.52 \\ 0 & -1.52 & 2.36 \end{pmatrix}. \qquad \square$$

8.6 Beispiele und Aufgaben

8.6.1 Beispiel (Rayleigh-Quotient und Ritzsches Verfahren)

Wie wir schon mehrfach an Beispielen gesehen haben, entstehen lineare Gleichungssysteme oder Matrizen-Eigenwertprobleme häufig durch Diskretisierung oder Approximation von Randwert- bzw. Randeigenwertproblemen gewöhnlicher oder partieller Differentialgleichungen. Dabei gibt es durchaus verschiedene Wege, von dem Differentialgleichungsproblem zu einem ‚endlich-dimensionalen' Problem überzugehen. Eine Möglichkeit besteht darin, die Differentialoperatoren durch geeignete Differenzenoperatoren zu ersetzen und somit das ursprüngliche Problem zu diskretisieren. Für die sogenannten selbstadjungierten und volldefiniten Randeigenwertprobleme bietet aber das Ritzsche Verfahren in Verbindung mit dem Rayleigh-Quotient eine wichtige Alternative.

(Hinsichtlich der Begriffe „selbstadjungiert" und „volldefinit" vgl. den Band „Gewöhnliche Differentialgleichungen" dieser Reihe oder [C1].)

Das Ritzsche Verfahren soll an dem einfachen Beispiel der schwingenden Saite, das bereits wiederholt behandelt wurde, kurz erläutert werden. Gesucht sind also Eigenwerte und Eigenfunktionen des Randwertproblems $-y'' = \lambda y$, $y(0) = y(1) = 0$. Bezeichnet man die im Intervall $[0, 1]$ zweimal stetig-differenzierbaren Funktionen, die die Randbedingungen $y(0) = y(1) = 0$ erfüllen, als ‚Vergleichsfunktionen', so ist das Randwertproblem gleichbedeutend mit der Frage nach den Eigenfunktionen des Operators $A := -(d/dx)^2$ in der Menge der Vergleichsfunktionen. Mit $(u, v) = \int_0^1 u(x)\, v(x)\, dx$ als Skalarprodukt läßt sich der Rayleigh-Quotient analog zu Def. 8.3 gemäß

$$R(y) := \frac{-\int_0^1 y''(x)\, y(x)\, dx}{\int_0^1 (y(x))^2\, dx} \tag{8.55}$$

bilden. In der Theorie der Randwertprobleme bei gewöhnlichen und partiellen Differentialgleichungen wird gezeigt, daß der Rayleigh-Quotient in der Menge der Vergleichsfunktionen ein Minimum annimmt und zwar für $y = y_1$ (1. Eigenfunktion) und

$$R(y_1) = \operatorname{Min} R(y) = \lambda_1 . \tag{8.56}$$

Auch die weiteren Eigenwerte lassen sich durch eine Minimaleigenschaft des Rayleigh-Quotienten charakterisieren, falls man als Nebenbedingungen die Orthogonalität der zur Minimumbildung zugelassenen Vergleichsfunktionen mit den vorhergehenden Eigenfunktionen fordert.

Der Ansatz von Ritz geht von einer Menge von Vergleichsfunktionen aus, die im Vektorraum aller Vergleichsfunktionen einen endlich-dimensionalen Unterraum bildet. Sind also $v_1(x), \ldots, v_n(x)$ gegebene Vergleichsfunktionen, die linear unabhängig und nicht alle orthogonal zur ersten Eigenfunktion sein sollen, so ist

$$y(x) = a_1 v_1(x) + a_2 v_2(x) + \ldots + a_n v_n(x)$$

eine Vergleichsfunktion dieses Unterraums.

Der Rayleigh-Quotient $R(y)$ ist dann lediglich eine Funktion der Koeffizienten $a_1, \ldots, a_n$. Man sucht die Koeffizienten so zu bestimmen, daß der Rayleigh-Quotient

$$R(y) = \tilde{R}(a_1, \ldots, a_n) = Z/N$$

minimal wird. (Zur Abkürzung werde Z bzw. N für den Zähler bzw. Nenner des Rayleigh-Quotienten gesetzt.) Im Band „Funktionen mehrerer Veränderlicher" dieser Reihe wird gezeigt, daß hierfür notwendig die Bedingungen $\partial\tilde{R}/\partial a_j = 0$ erfüllt sein müssen für $j = 1, \ldots, n$.

Daraus folgt

$$\begin{aligned} \partial\tilde{R}/\partial a_j = (N\,\partial Z/\partial a_j - Z\,\partial N/\partial a_j)\,N^{-2} &= 0 \quad \text{oder} \\ \partial Z/\partial a_j - \tilde{R}\,\partial N/\partial a_j &= 0. \end{aligned} \tag{8.57}$$

Die hier auftretenden partiellen Ableitungen sind leicht zu berechnen. Integriert man den Zähler $Z = -\int_0^1 yy''dx$ unter Berücksichtigung der Randbedingungen $y(0) = y(1) = 0$ einmal partiell, so folgt

$$Z = -\int_0^1 yy''dx = \int_0^1 (y')^2\,dx = \sum_{i,k=1}^{n} a_i a_k \int_0^1 v_i' v_k'\,dx\,,$$

also

$$\partial Z/\partial a_j = 2\sum_{k=1}^{n} m_{jk} a_k \quad \text{mit} \quad m_{jk} = \int_0^1 v_j' v_k'\,dx\,.$$

Entsprechend ist $\partial N/\partial a_j = 2\sum_{k=1}^{n} n_{jk} a_k$ mit $n_{jk} = \int_0^1 v_j v_k\,dx$.

Für die n-reihigen Matrizen $\mathbf{M} = (m_{jk})$ und $\mathbf{N} = (n_{jk})$ erhält man daher folgendes allgemeine Eigenwertproblem

$$\mathbf{Ma} - \tilde{R}\,\mathbf{Na} = \mathbf{0}\,. \tag{8.58}$$

Die Eigenwerte dieses Matrizen-Eigenwertproblems sind somit die gesuchten Werte des Rayleigh-Quotienten $\tilde{R}$.

Allgemein gilt noch: Da der Nenner N stets positiv ist ($y \not\equiv 0$), ist auch die Matrix **N** positiv definit. Die n Eigenwerte aus Gl. (8.58), der Größe nach geordnet ($\Lambda_1^{(n)} \in \Lambda_2^{(n)} \leqslant \ldots \leqslant \Lambda_n^{(n)}$) sind Approximationen der Eigenwerte des Randwertproblems von oben, d.h. $\lambda_j \leqslant \Lambda_j^n$ für $j = 1, \ldots, n$.

Im vorliegenden Beispiel sollen als Vergleichsfunktionen Polynome gewählt werden, die die Randbedingungen erfüllen. Sie müssen also alle den Faktor $x(1-x)$ enthalten. Setzt man daher $v_j(x) = x^j(1-x)$ $(j = 1, \ldots, n)$, so erhält man für jedes n ein linear unabhängiges System von Vergleichsfunktionen.

Dann ist, wie man leicht nachrechnet,

$$m_{ik} = \frac{2\,ik}{(i+k-1)(i+k)(i+k+1)}, \qquad n_{ik} = \frac{2}{(i+k+1)(i+k+2)(i+k+3)}.$$

Schon für kleine Werte von n ergeben sich erstaunlich gute Approximationen der ersten Eigenwerte des Randwertproblems, vgl. die folgende Tabelle.

n	$\Lambda_1^{(n)}$ (rel. Fehler)	$\Lambda_2^{(n)}$ (rel. Fehler)	$\Lambda_3^{(n)}$ (rel. Fehler)
1	10 (+ 1.32 %)	–	–
2	10 (+ 1.32 %)	42 (+ 6.31 %)	–
3	9.8697496 (+ 0.0015 %)	42 (+ 6.31 %)	102.13025 (+ 14.9 %)

Will man den kleinsten Eigenwert mit derselben Genauigkeit wie im Fall $n = 3$ mit Hilfe des Eigenwertproblems Gl. (8.7) berechnen, so muß man mit Matrizen mit über 200 Zeilen und Spalten arbeiten ($N \simeq 240$). Allerdings liefert dann das Eigenwertproblem (8.7) auch eine Reihe weiterer Eigenwerte mit besserer Genauigkeit.

8.6.2 Aufgaben zu Kapitel 8

1. Wende die Potenzmethode an auf

$$\mathbf{A} = \begin{pmatrix} 2 & 1 & 3 & 4 \\ 1 & -3 & 1 & 5 \\ 3 & 1 & 6 & -2 \\ 4 & 5 & -2 & -1 \end{pmatrix}, \quad \mathbf{v}_0 = \begin{pmatrix} 1 \\ 1 \\ 1 \\ 1 \end{pmatrix}.$$

Wieviel Schritte sind ungefähr erforderlich, um a) den dominanten Eigenwert und b) den zugehörigen Eigenvektor mit einem relativen Fehler von 10^{-5} zu berechnen? Was wäre ein guter Shift?

2. Diskutiere das Verhalten der Vektorfolgen bei Anwendung der Potenzmethode auf die Matrizen

$$\text{a)} \begin{pmatrix} a & b \\ -b & a \end{pmatrix}, \quad \text{b)} \begin{pmatrix} 0 & -1 & 1 \\ 1 & 0 & -1 \\ -1 & 1 & 0 \end{pmatrix}, \quad \text{c)} \begin{pmatrix} \lambda & 1 \\ 0 & \lambda \end{pmatrix}, \quad (\lambda \in \mathbb{R})$$

3. Gebe die Transformationsformeln der Matrixelemente für die Transformation $\mathbf{C}(k-1) \to \mathbf{C}(k)$ in Algorithmus 8.22 an.

4. Berechne $c = \cos\varphi$ und $s = \sin\varphi$ so, daß $x \cdot s + z \cdot c = 0$ ist ($x^2 + z^2 > 0$), und zwar lediglich durch rationale Rechenoperationen und Quadratwurzeln.

5. a) Es seien **A** und **B** reell-symmetrische Matrizen und

$$\mathbf{F} = \begin{pmatrix} \mathbf{A} & \mathbf{C} \\ \mathbf{C}^T & \mathbf{B} \end{pmatrix} \quad \text{mit reellem } \mathbf{C}\,.$$

Dann gilt: Zu jedem Eigenwert $\lambda(\mathbf{A})$ existiert ein Eigenwert $\lambda(\mathbf{F})$ mit

$$|\lambda(\mathbf{A}) - \lambda(\mathbf{F})| \leqq \sqrt{\|\mathbf{C}^T\mathbf{C}\|_2}$$

b) Wende a) auf den Fall an, daß **F** eine Tridiagonalmatrix der Form

$$\mathbf{F} = \begin{pmatrix} * & * & & & & & \\ * & \ddots & \ddots & & & & \\ & & * & * & & & \\ & & * & * & \epsilon & & \\ & & & \epsilon & * & * & \\ & & & & * & \ddots & \ddots & * \\ & & & & & & * & * \end{pmatrix}$$

ist, also „fast zerfällt“.

6. Gegeben sei die Matrix

$$\mathbf{A} = \begin{pmatrix} 1 & 10^{-3} & 10^{-4} \\ 10^{-3} & 2 & 10^{-3} \\ 10^{-4} & 10^{-3} & 3 \end{pmatrix}.$$

Man zeige, für $i = 1, 2, 3$ ist $|\lambda_i - i| \leqslant 10^{-5}$.

Hinweis: Wende zunächst das Kriterium von Gerschgorin an (vgl. Abschnitt 8.1) und gewinne daraus eine untere Schranke für δ_{λ_i} in Satz 8.4b.

8.7 Bemerkungen zur Auswahl der Verfahren und Hinweise auf weitere Literatur

Bei der Auswahl eines Verfahrens zur Berechnung von Eigenwerten und Eigenvektoren sind folgende Punkte von Bedeutung:

– Typ des Eigenwertproblems (liegt ein allgemeines Eigenwertproblem der Form $(\mathbf{A} - \lambda\mathbf{B})\,\mathbf{x} = \mathbf{0}$ vor oder ein spezielles der Form $(\mathbf{A} - \lambda\mathbf{E})\,\mathbf{x} = \mathbf{0}$?). In manchen Anwendungen treten Eigenwertprobleme auf, die den Eigenwertparameter nichtlinear enthalten, s. hierzu [F6].
– Typ der Matrix (bei einem speziellen Eigenwertproblem), (welche Ordnung liegt vor, ist die Matrix reell oder komplex, sind komplexe Eigenwerte zu erwarten, besitzt sie Bandstruktur, ist sie symmetrisch, ist die Matrix von großer Ordnung, aber nur schwach besetzt – also eine sog. sparse Matrix).
– Sollen nur einige Eigenwerte (die kleinsten bzw. die größten Eigenwerte) berechnet werden, zusätzlich einige oder alle Eigenvektoren?
– Welche Anforderungen an Genauigkeit, Rechenzeitbedarf, Speicherplatzbedarf werden gestellt?

Für das allgemeine Eigenwertproblem (s. Gl. (8.5)) sind einige spezielle Verfahren entwickelt worden, die auch im Fall nicht-symmetrischer Matrizen **A** und **B** anwendbar sind, so z.B. der QZ-Algorithmus, s. [G5]. FORTRAN-Programme hierfür sind im Programmpaket EISPACK enthalten, vgl. [S4], ferner [E1].

Liegt ein spezielles Eigenwertproblem vor, ist die Matrix **A** vollbesetzt und sind alle Eigenwerte zu berechnen, so empfiehlt es sich, nach Transformation auf obere Hessenbergform bzw. auf Tridiagonalform (falls **A** symmetrisch ist) den QR-Algorithmus anzuwenden. Hiermit können auch komplexe Eigenwerte berechnet werden, s. [G5], Kap. 7, [S7]. FORTRAN-Programme findet man in EISPACK [S4], [G2], [E1], ALGOL-Programme in [W5].

Sind zusätzlich die Eigenvektoren zu berechnen, so muß man entweder die relevanten Parameter der orthogonalen Transformationen, die in den Algorithmen 8.24 und 8.22 verwendet wurden, speichern und die Eigenvektoren daraus durch Rücktransformation berechnen, oder man wendet die gebrochene Vektoriteration mit den bereits berechneten Eigenwerten auf die ursprüngliche Matrix an.

Die Transformation symmetrischer Matrizen auf Tridiagonalform kommt auch in Betracht, falls alle Eigenwerte in einem bestimmten Intervall berechnet werden sollen. Man kann dann diese Eigenwerte mit der Bisektionsmethode oder anderen Verfahren zur Bestimmung von Nullstellen gegebener Polynome verwenden, s. Bd. „Funktionen einer Veränderlichen", Kap. 7.

Sind einige Eigenwerte und zugehörige Eigenvektoren am Ende des Spektrums gesucht, können die Potenzmethode oder die gebrochene Vektoriteration angewendet werden, eventuell in der Variante der simultanen Vektoriteration, s. [S2], Abschnitt 4.7, ferner [G5], Kap. 7.3.

Für dünn besetzte Matrizen großer Ordnung (sparse Matrizen) kann ebenfalls die Potenzmethode bzw. simultane Vektoriteration verwendet werden, falls die Konvergenzgeschwindigkeit nicht zu gering ist. Weitere Verfahren, die speziell für diese Klasse von Matrizen in Betracht kommen, sind die Lanczos Algorithmen bzw. Gradientenverfahren, vgl. [G5], Kap. 9, ferner [D4], [R2].

Im übrigen enthält das bereits zitierte Programmsystem EISPACK Empfehlungen über den Einsatz der verschiedenen in diesem Programmsystem enthaltenen Verfahren für die verschiedenen Typen von Eigenwertproblemen, die zu bearbeitenden Matrizen und Anforderungen an die Lösungen der Aufgabe.

An weiterführender Literatur seien neben den bereits zitierten Lehrbüchern der numerischen Mathematik vor allem folgende Standardwerke erwähnt:

Ausführliche Darstellungen der bis 1965 entwickelten Verfahren einschließlich Konvergenzbeweise, Fehlerabschätzungen und Beispielen s. [W3], ferner die Übersichtsartikel mit zahlreichen ALGOL-Programmen in [W5]. Neuere Darstellungen einschließlich Algorithmen und Beispielen s. das bereits zitierte Buch [G5], sowie [P4]. Ferner sei hingewiesen auf [Z1] und [Z2] und das Programmpaket [S4], [G2]. Eine Sammlung von Testmatrizen enthält [G6].

Lösungen der Aufgaben

Kapitel 1

1. a) Gerade (im $\mathbb{R}^3$) mit Parameterdarstellung z.B. $\mathbf{x} = (\mathbf{g} \times \mathbf{a})/|\mathbf{g}|^2 + \lambda\mathbf{g}$
   b) Inneres und Rand der Kugel vom Radius r mit dem Mittelpunkt $\mathbf{x}_0$.
   c) Mantelfläche eines Kegels mit Spitze in P_0 ($\mathbf{x}(P_0) = \mathbf{x}_0$), Achsenrichtung a und Öffnungswinkel α;
   d) Dreiecksfläche des Dreiecks durch P_1, P_2, P_3.
2. a) $\mathbf{x} = \mathbf{b} - \dfrac{(\mathbf{a}, \mathbf{b})\mathbf{a}}{1 + |\mathbf{a}|^2}$
   b) (Multipliziere die Gleichung skalar und vektoriell mit $\mathbf{a}$):
   $$\mathbf{x} = \mathbf{b} + (\mathbf{a} \times (\mathbf{a} \times \mathbf{b}) - \mathbf{a} \times \mathbf{b})/(1 + |\mathbf{a}|^2)$$
3. $(\mathbf{x} - \mathbf{x}_0, \mathbf{x}_1 - \mathbf{x}_0) = r^2$ bzw. $(\mathbf{x} - \mathbf{x}_1, \mathbf{x}_1 - \mathbf{x}_0) = 0$
4. $\{(\mathbf{x} - \mathbf{x}_1, \mathbf{x}_0 - \mathbf{x}_1)\}^2 = (\mathbf{x} - \mathbf{x}_1)^2 \cdot \{(\mathbf{x}_1 - \mathbf{x}_0)^2 - r^2\}$

Kapitel 2

1. $\mathbf{a}, \mathbf{b}, \mathbf{c}$ sind linear unabhängig für $\lambda \neq 8$, $\mathbf{x} = ((\lambda - 6)\mathbf{a} - 6\mathbf{b} + 2\mathbf{c})/(\lambda - 8)$
2. $c_1\mathbf{a} + c_2\mathbf{b} + c_3\mathbf{c} = \mathbf{0}$ hat nur die Lösung $c_1 = c_2 = c_3 = 0$
   $\mathbf{x} = ((3 + 4i)\mathbf{a} + (2 + i)\mathbf{b} - (1 - 2i)\mathbf{c})/5$
3. $b_\nu(x) = \sum\limits_{\mu=0}^{\nu} \binom{\nu}{\mu}\alpha^{\nu-\mu} a_\mu(x)$, $a_\nu(x) = \sum\limits_{\mu=0}^{\nu} \binom{\nu}{\mu}(-\alpha)^{\nu-\mu} b_\mu(x)$.
4. U_1, U_2 sind Unterräume, da die Unterraumbedingungen erfüllt sind
   $$U_1 = < \begin{pmatrix} -1 \\ 1 \\ 1 \\ 0 \end{pmatrix}, \begin{pmatrix} 1 \\ -1 \\ 0 \\ 1 \end{pmatrix} >, \quad U_2 = < \begin{pmatrix} 0 \\ -1 \\ 1 \\ 0 \end{pmatrix}, \begin{pmatrix} 0 \\ -1 \\ 0 \\ 1 \end{pmatrix} >$$
   Da $\dim(U_1) = \dim(U_2) = 2$ und $U_1 \cap U_2 = \{\mathbf{0}\}$ ist, folgt $V_4(\mathbb{R}) = U_1 \oplus U_2$
5. Ist $L \subseteq V(\mathbb{R})$ lineare Mannigfaltigkeit, also $L = \{\mathbf{x}_0 + \mathbf{u} | \mathbf{u} \in U\}$, sind $\mathbf{x}_1, \mathbf{x}_2 \in L$, so folgt $\mathbf{x}_1 = \mathbf{x}_0 + \mathbf{u}_1, \mathbf{x}_2 = \mathbf{x}_0 + \mathbf{u}_2$, daher
   $$\mathbf{x}_1 + \lambda(\mathbf{x}_2 - \mathbf{x}_1) = \mathbf{x}_0 + \lambda(\mathbf{u}_2 - \mathbf{u}_1) \in L \text{ für alle } \lambda \in \mathbb{R}.$$
   Gilt umgekehrt für beliebige $\mathbf{x}_1, \mathbf{x}_2 \in L$: $\mathbf{x}_1 + \lambda(\mathbf{x}_2 - \mathbf{x}_1) \in L$, so setze man $L = \{\mathbf{x}_0 + \mathbf{u} | \mathbf{u} \in U\}$ für ein $\mathbf{x}_0 \in L$ und erhält $\mathbf{x}_1 = \mathbf{x}_0 + \mathbf{u}_1, \mathbf{x}_2 = \mathbf{x}_0 + \mathbf{u}_2$ und $\mathbf{x}_1 + \lambda(\mathbf{x}_2 - \mathbf{x}_1) = \mathbf{x}_0 + \lambda(\mathbf{u}_2 - \mathbf{u}_1) \in L$, so daß mit $\mathbf{u}_1, \mathbf{u}_2 \in U$ und $\lambda \in \mathbb{R}$ auch $\lambda(\mathbf{u}_2 - \mathbf{u}_1) \in U$ ist. Das ist aber gleichbedeutend mit den Unterraumeigenschaften Gl. (2.15). (Aus $\lambda = 0$ folgt $\mathbf{0} \in U$, aus $\mathbf{u}_2 = \mathbf{u}$ und $\mathbf{u}_1 = \mathbf{0}$ folgt $\mathbf{u} \in U$, insbesondere $(-1)\mathbf{u} \in U$ und aus $\mathbf{u}_2 = \mathbf{u}$ und $\mathbf{u}_1 = -\mathbf{v}$ folgt $\mathbf{u} + \mathbf{v} \in U$.)

6. a) Das charakteristische Polynom $P(\rho) = \rho^2 - \rho - 6$ hat die Nullstellen $\rho_1 = 3$, $\rho_2 = -2$, also $a_n = c_1 3^{n-1} + c_2(-2)^{n-1}$.
Aus den Anfangswerten ergeben sich $c_1 = c_2 = 1$ und damit $a_n = 3^{n-1} + (-2)^{n-1}$.

b) Das charakteristische Polynom $P(\rho) = \rho^2 - 2\rho + 2$ hat die Nullstellen $\rho_1 = 1 + i$, $\rho_2 = 1 - i$, also $a_n = c_1(1+i)^{n-1} + c_2(1-i)^{n-1}$. Die Anfangswerte ergeben $c_1 = 1 + i/2$ und $c_2 = 1 - i/2$ und damit $a_n = \frac{1}{2}[(1+i)^n + (1-i)^n + (1+i)^{n-1} + (1-i)^{n-1}] =$
$= (\sqrt{2})^{n-2}(3\cos\frac{n\pi}{4} + \sin\frac{n\pi}{4})$.
Für die letzte Umformung wurde $(1+i)^n = \sqrt{2}^n(\cos n\cdot\frac{\pi}{4} + i\sin n\cdot\frac{\pi}{4})$ verwendet.

Kapitel 3

1. $\mathbf{A}_1 = \begin{pmatrix} 0 & -3 \\ 5 & 0 \end{pmatrix}$, $\mathbf{A}_2 = \begin{pmatrix} 23 & 44 & 31 \\ -1 & -3 & -2 \\ -16 & -28 & -20 \end{pmatrix}$, $\mathbf{A}_3 = (-2+6i, -13+8i)$

2. **A** muß ebenfalls eine $(n+m)$-reihige quadratische Matrix sein. Der Ansatz in Blockstruktur

$$\begin{array}{cccc} & n & m & \text{Spalten} \\ \mathbf{A} = & \mathbf{A}_{11} & \mathbf{A}_{12} & n \\ & \mathbf{A}_{21} & \mathbf{A}_{22} & m \end{array} \quad \text{Zeilen}$$

führt auf

$$\mathbf{AB} = \begin{pmatrix} \mathbf{A}_{11} & -\mathbf{A}_{12} \\ \mathbf{A}_{21} & -\mathbf{A}_{22} \end{pmatrix} \quad \text{und} \quad \mathbf{BA} = \begin{pmatrix} \mathbf{A}_{11} & \mathbf{A}_{12} \\ -\mathbf{A}_{21} & -\mathbf{A}_{22} \end{pmatrix},$$

daher ist $\mathbf{AB} = \mathbf{BA}$ genau dann, wenn $\mathbf{A}_{12} = \Omega_1$, $\mathbf{A}_{21} = \Omega_2$, also

$\mathbf{A} = \begin{pmatrix} \mathbf{A}_{11} & \Omega_1 \\ \Omega_2 & \mathbf{A}_{22} \end{pmatrix}$ ist mit beliebiger (n,n) Matrix $\mathbf{A}_{11}$ und (m,m) Matrix $\mathbf{A}_{22}$.

3. $\mathrm{Rg}(\mathbf{A}_4) = 3$, $\mathrm{Rg}(\mathbf{A}_5) = 0$, falls $a = b = c = 0$, sonst $\mathrm{Rg}(\mathbf{A}_5) = 2$, $\mathrm{Rg}(\mathbf{A}_6) = 2$

4. Für $\lambda \neq 1$ ist $\mathrm{Rg}(\mathbf{A}) = 3$, $\mathrm{Kern}(\mathbf{f}) = \{\mathbf{0}\}$, $\mathbf{f}(V_3) = V_3$, für $\lambda = 1$ dagegen ist $\mathrm{Rg}(\mathbf{A}) = 2$, ferner

$$\mathrm{Kern}(\mathbf{f}) = \left\langle \begin{pmatrix} 2 \\ 2 \\ -1 \end{pmatrix} \right\rangle, \quad \mathbf{f}(V_3) = \left\langle \begin{pmatrix} 1 \\ 0 \\ 0 \end{pmatrix}, \begin{pmatrix} 0 \\ 1 \\ -1 \end{pmatrix} \right\rangle$$

5. Es ist $\mathbf{C}^2 = -(\omega t)^2\mathbf{E}_2$, $\mathbf{C}^3 = -(\omega t)^2\mathbf{C}$, $\mathbf{C}^4 = (\omega t)^4\mathbf{E}_2$ usw., daher $e^{\mathbf{C}} = \begin{pmatrix} \cos\omega t & \sin\omega t \\ -\sin\omega t & \cos\omega t \end{pmatrix}$.

Kapitel 4

1. (i) 0, (ii) $4(a-b)(a-c)(b-c)$, (iii) -60

2. Subtrahiert man, wie in der Anleitung angegeben, das x_1-fache der vorletzten Spalte von der letzten Spalte, sodann das x_1-fache der drittletzten Spalte von der vorletzten etc. bis schließlich das x_1-fache der ersten Spalte von der zweiten, so erhält man

$$V_p = \begin{vmatrix} 1 & 0 & 0 & \dots & 0 \\ 1 & x_2 - x_1 & x_2^2 - x_1x_2 & \dots & x_2^{p-1} - x_1x_2^{p-2} \\ \vdots & \vdots & \vdots & & \vdots \\ 1 & x_p - x_1 & x_p^2 - x_1x_p & \dots & x_p^{p-1} - x_1x_p^{p-2} \end{vmatrix}$$

Entwickelt man diese Determinante nach der ersten Zeile, so entsteht eine (p − 1)-reihige Determinante, bei der aus der ersten Zeile der Faktor $(x_2 - x_1)$, aus der zweiten Zeile der Faktor $(x_3 - x_1)$ usw., aus der letzten Zeile der Faktor $(x_p - x_1)$ herausgezogen werden kann:

$$V_p = (x_2 - x_1)(x_3 - x_1) \ldots (x_p - x_1) \begin{vmatrix} 1 & x_2 & x_2^2 & \ldots & x_2^{p-2} \\ 1 & x_3 & x_3^2 & \ldots & x_3^{p-2} \\ \vdots & \vdots & \vdots & & \vdots \\ 1 & x_p & x_p^2 & \ldots & x_p^{p-2} \end{vmatrix} \quad , \text{ also}$$

$$V_p = V_p(x_1, x_2, \ldots, x_p) = \left\{ \prod_{j=2}^{p} (x_j - x_1) \right\} \cdot V_{p-1}(x_2, \ldots, x_p) .$$

Mit vollständiger Induktion nach p folgt die Behauptung. Die Vandermondsche Determinante verschwindet daher genau dann, wenn mindestens zwei der Zahlen $x_1, x_2, \ldots, x_p$ übereinstimmen.

3. Subtrahiert man von jeder Spalte, mit der letzten Spalte beginnend bis zur zweiten Spalte, jeweils die vorangehende Spalte, so erhält man eine untere Dreiecksmatrix, bei der die Zahlen $1, a_1 - b_1, a_2 - b_2, \ldots, a_{p-1} - b_{p-1}$ in der Hauptdiagonalen stehen. Ihr Produkt ist gleich der Determinante.

4. (i) Man forme die Blöcke nach folgendem Schema um

$$\det\begin{pmatrix} \mathbf{A} & \mathbf{B} \\ \mathbf{B} & \mathbf{A} \end{pmatrix} = \det\begin{pmatrix} \mathbf{A}+\mathbf{B} & \mathbf{B}+\mathbf{A} \\ \mathbf{B} & \mathbf{A} \end{pmatrix} = \det\begin{pmatrix} \mathbf{A}+\mathbf{B} & \Omega \\ \mathbf{B} & \mathbf{A}-\mathbf{B} \end{pmatrix} = \det(\mathbf{A}+\mathbf{B})\det(\mathbf{A}-\mathbf{B})$$

(ii) analog

$$\det\begin{pmatrix} \mathbf{A} & -\mathbf{B} \\ \mathbf{B} & \mathbf{A} \end{pmatrix} = \det(\mathbf{A} + i\mathbf{B}) \det(\mathbf{A} - i\mathbf{B})$$

5. Setzt man zur Abkürzung $c := 1/(1 + \mathbf{v}^T\mathbf{A}^{-1}\mathbf{u})$, so erhält man durch Ausmultiplizieren

$$(\mathbf{A} + \mathbf{u}\mathbf{v}^T)(\mathbf{A}^{-1} - c\mathbf{A}^{-1}\mathbf{u}\mathbf{v}^T\mathbf{A}^{-1}) = \mathbf{E} + \mathbf{u}\mathbf{v}^T\mathbf{A}^{-1} - c\mathbf{u}\mathbf{v}^T\mathbf{A}^{-1} - c\mathbf{u}\mathbf{v}^T\mathbf{A}^{-1}\mathbf{u}\mathbf{v}^T\mathbf{A}^{-1} .$$

Nun ist $1 - c = (\mathbf{v}^T\mathbf{A}^{-1}\mathbf{u})c$, mithin

$$(\mathbf{A} + \mathbf{u}\mathbf{v}^T)(\mathbf{A}^{-1} - c\mathbf{A}^{-1}\mathbf{u}\mathbf{v}^T\mathbf{A}^{-1}) = \mathbf{E} + c\mathbf{v}^T\mathbf{A}^{-1}\mathbf{u}\mathbf{u}\mathbf{v}^T\mathbf{A}^{-1} - c\mathbf{u}\mathbf{v}^T\mathbf{A}^{-1}\mathbf{u}\mathbf{v}^T\mathbf{A}^{-1} = \mathbf{E} ,$$

denn die beiden letzten Summanden heben sich gegenseitig auf, da man die reelle Zahl $\mathbf{v}^T\mathbf{A}^{-1}\mathbf{u}$ an eine beliebige Stelle des Matrizenprodukts verschieben darf, also im vorletzten Summanden mit $\mathbf{u}$ vertauschen darf.

6. Die Berechnung von $\det(\mathbf{B})$ kann an folgender, etwas allgemeinerer Matrix $\mathbf{C}$ erläutert werden. Es sei

$$\mathbf{C} = \begin{pmatrix} a_1 & & & \\ & a_2 & & \\ & & \ddots & \\ & & & a_p \end{pmatrix} + b\,\mathbf{x}\mathbf{x}^T .$$

Dann läßt sich die Determinante der Matrix $\mathbf{C}$ auch folgendermaßen darstellen:

$$\det(\mathbf{C}) = \det(a_1\mathbf{e}_1 + bx_1\mathbf{x},\ a_2\mathbf{e}_2 + bx_2\mathbf{x}, \ldots, a_p\mathbf{e}_p + bx_p\mathbf{x}),$$

mit $(x_1, x_2, \ldots, x_p) = \mathbf{x}^T$.

Jeder Spaltenvektor der Determinante ist eine Summe von zwei Vektoren. Verwendet man daher die Linearität der Determinante – s. Gl. (4.26) –, so ergibt sich $\det(\mathbf{C})$ als Summe von

Determinanten, bei denen in der j-ten Spalte $a_j \mathbf{e}_j$ oder $bx_j\mathbf{x}$ steht. Alle Determinanten, bei denen in mindestens zwei Spalten der Vektor $bx_j\mathbf{x}$ (mit verschiedenen x_j) steht, verschwinden aber, da diese Vektoren linear abhängig sind. Es bleibt

$$\begin{aligned}\det(\mathbf{C}) &= \det(a_1\mathbf{e}_1, \ldots, a_p\mathbf{e}_p) + \sum_{j=1}^{p} \det(a_1\mathbf{e}_1, \ldots, bx_j\mathbf{x}, \ldots, a_p\mathbf{e}_p)\\ &= a_1 a_2 \ldots a_p + \sum_{j=1}^{p} a_1 a_2 \ldots a_{j-1} b x_j^2 a_{j+1} \ldots a_p\\ &= a_1 a_2 \ldots a_p \cdot \left(1 + b\sum_{j=1}^{p} x_j^2/a_j\right).\end{aligned}$$

Für $a_1 = a_2 = \ldots = a_p = a$ folgt $\det(\mathbf{B}) = a^{p-1}(a + b\mathbf{x}^T\mathbf{x})$, und – falls $\det(\mathbf{B}) \neq 0$ ist nach Aufgabe 5

$$\mathbf{B}^{-1} = a^{-1}(\mathbf{E} - b\mathbf{x}\mathbf{x}^T/(a + b\mathbf{x}^T\mathbf{x})).$$

Kapitel 5

1. Es ist $\|\mathbf{Ax}\|_1 = \sum_{i=1}^{p} \left|\sum_{j=1}^{p} a_{ij}x_j\right| \leqslant \sum_{i=1}^{p}\sum_{j=1}^{p} |a_{ij}||x_j| \leqslant \sum_{j=1}^{p}\left(\sum_{i=1}^{p}|a_{ij}|\right)|x_j| \leqslant \left(\underset{j}{\mathrm{Max}}\sum_{i=1}^{p}|a_{ij}|\right)\sum_{j=1}^{p}|x_j|$,

also $\|\mathbf{A}\|_1 \leqslant \underset{j}{\mathrm{Max}} \sum_{i=1}^{p} |a_{ij}| = \sum_{i=1}^{p} |a_{ij_0}|$.

Für $\mathbf{x}_0 = \mathbf{e}_{j_0}$ ist $\|\mathbf{x}_0\|_1 = 1$ und $\|\mathbf{Ax}_0\|_1 = \sum_{i=1}^{p} |a_{ij_0}|$, daher

$$\|\mathbf{A}\|_1 = \underset{j}{\mathrm{Max}} \sum_{i=1}^{p} |a_{ij}|.$$

2. $\mathbf{y} = \begin{pmatrix}2\\2\\2\\3\end{pmatrix}$, $\|\mathbf{x} - \mathbf{y}\| = \sqrt{158}$

3. $\mathbf{A} = \frac{1}{3}\begin{pmatrix}2 & -1 & 2 & 0\\ 2 & 0 & -2 & 1\\ 0 & 2 & 1 & 2\\ 1 & 2 & 0 & -2\end{pmatrix} \cdot \begin{pmatrix}3 & -6 & 0 & 3\\ 0 & 6 & -9 & -3\\ 0 & 0 & 3 & -3\\ 0 & 0 & 0 & 3\end{pmatrix}$

4. $T_0 = 1$, $T_1(x) = x$, $T_2(x) = 2x^2 - 1$, $T_3(x) = 4x^3 - 3x, \ldots$

Substituiert man $x = \cos\varphi$ $(0 \leqslant \varphi \leqslant \pi)$ in $\int_{-1}^{1} T_n(x)T_m(x)(1 - x^2)^{-1/2}dx$, so erhält man $\int_0^{\pi} T_n(\cos\varphi)T_m(\cos\varphi)d\varphi = 0$ $(n \neq m)$.

Da alle Potenzen von $\cos\varphi$ und damit auch $T_n(\cos\varphi)$ als Linearkombination der Funktionen $\cos\nu\varphi$ $(\nu = 1, 2, \ldots, n)$ dargestellt werden können, die Funktionen $\cos n\varphi$ $(n \in \mathbb{N}_0)$ aber bereits ein Orthogonalsystem bezüglich des Intervalls $[0, \pi]$ darstellen, folgt $T_n(\cos\varphi) = \cos n\varphi$, wobei die Normierungsbedingung für $\varphi = 0$ erfüllt ist.

5. Aus $\mathbf{T}\overline{\mathbf{T}}^T = \mathbf{E}$ folgt mit dem Determinantenproduktsatz (Satz 4.14) $\det \mathbf{T} \cdot \overline{\det \mathbf{T}} = 1$, d.h. $|\det(\mathbf{T})| = 1$, also $\det(\mathbf{T}) = e^{i\alpha}$, $0 \leqslant \alpha < 2\pi$). Für orthogonale Matrizen ergibt sich $\det(\mathbf{T}) = \pm 1$. Da eine orthogonale bzw. unitäre Transformation die (euklidische) Länge der Vektoren invariant läßt, ist $\|\mathbf{T}\|_2 = 1$. Mit Lemma 5.20 erhält man somit $1/\sqrt{p} \leqslant \|\mathbf{T}\|_\infty \leqslant \sqrt{p}$ und die gleiche Abschätzung für $\|\mathbf{T}\|_1$

6. Ist $\mathbf{A}$ negativ definit, also $(\mathbf{Ax}, \mathbf{x}) < 0$ für alle $\mathbf{x} \neq \mathbf{0}$, so ist die Matrix $(-\mathbf{A}) = (-a_{ij})$ positiv definit, $((-\mathbf{Ax}, \mathbf{x}) > 0)$.
Die r-reihigen Hauptunterdeterminanten der Matrix $(-\mathbf{A})$ sind gleich dem $(-1)^r$-fachen der r-reihigen Hauptunterdeterminanten der Matrix $\mathbf{A}$. Daher ist $\mathbf{A}$ genau dann negativ definit, falls

$$a_{11} < 0, \quad \begin{vmatrix} a_{11} & a_{12} \\ a_{21} & a_{22} \end{vmatrix} > 0, \quad \begin{vmatrix} a_{11} & a_{12} & a_{13} \\ a_{21} & a_{22} & a_{23} \\ a_{31} & a_{32} & a_{33} \end{vmatrix} < 0 \text{ usw. ist.}$$

7. Die r-reihigen Hauptunterdeterminanten der Matrizen $\mathbf{D}_p$ und $\mathbf{C}_p$ lassen sich rekursiv berechnen: Sie haben den Wert $(ra-(r-1))$ für die Matrix $\mathbf{D}_p$ und $(rb-(r-1))$ für $\mathbf{C}_p$, falls $r \leqslant p-1$.
Für $\det(\mathbf{C}_p)$ ergibt sich noch $(p-1)b^2 - 2(p-2)b + (p-3)$.
Da alle diese Werte positiv sein müssen, sind die Matrizen $\mathbf{C}_p$ und $\mathbf{D}_p$ genau dann positiv definit, falls $a > (p-1)/p$ und $b > 1$ ist.

Kapitel 6

1. a) $\mathbf{A}$ ist positiv definit. Das kann z.B. mit dem Kriterium Satz 5.31 nachgewiesen werden. Die Hauptunterdeterminanten errechnen sich zu $\Delta_1 = 10$, $\Delta_2 = 1$, $\Delta_3 = 2$, $\Delta_4 = 1$.
Hier soll nur die Berechnung von Δ_4 erfolgen.

$$\Delta_4 = \begin{vmatrix} 10 & 7 & 8 & 7 \\ 7 & 5 & 6 & 5 \\ 8 & 6 & 10 & 9 \\ 7 & 5 & 9 & 10 \end{vmatrix} = \begin{vmatrix} 3 & 2 & 2 & 2 \\ 7 & 5 & 6 & 5 \\ 1 & 1 & 4 & 4 \\ 0 & 0 & 3 & 5 \end{vmatrix} = \begin{vmatrix} 3 & 2 & 2 & 2 \\ 1 & 1 & 2 & 1 \\ 0 & 0 & 2 & 3 \\ 0 & 0 & 3 & 5 \end{vmatrix}$$
$$= (3-2)(10-9) = 1.$$

Dabei wurde im ersten Schritt die zweite Zeile von den übrigen Zeilen subtrahiert, im zweiten Schritt das doppelte der ersten Zeile von der zweiten Zeile und die entstehende zweite Zeile von der dritten Zeile subtrahiert.

b) Daß $\mathbf{A}$ positiv definit ist, ergibt sich auch durch die Cholesky-Zerlegung. Nach Algorithmus 6.23 erhalten wir

$$r_{11} = \sqrt{10}, r_{12} = 7/\sqrt{10}, r_{13} = 8/\sqrt{10}, r_{14} = 7/\sqrt{10};$$
$$r_{12}^2 + r_{22}^2 = 5, \text{ also } r_{22} = 1/\sqrt{10} \text{ und } r_{23} = 4/\sqrt{10}, r_{24} = 1/\sqrt{10};$$
$$r_{13}^2 + r_{23}^2 + r_{33}^2 = 10, \text{ daher } r_{33} = \sqrt{2} \text{ und } r_{34} = 3/\sqrt{2}, r_{44} = 1/\sqrt{2},$$

d.h.

$$\mathbf{R} = \begin{pmatrix} \sqrt{10} & 7/\sqrt{10} & 8/\sqrt{10} & 7/\sqrt{10} \\ & 1/\sqrt{10} & 4/\sqrt{10} & 1/\sqrt{10} \\ & & \sqrt{2} & 3/\sqrt{2} \\ & & & 1/\sqrt{2} \end{pmatrix}.$$

Das Gleichungssystem $\mathbf{A}\mathbf{x}_1 = \mathbf{b}_1$ läßt sich jetzt auf die Gleichungssysteme $\mathbf{R}^T\mathbf{y}_1 = \mathbf{b}_1$ und $\mathbf{R}\mathbf{x}_1 = \mathbf{y}_1$ zurückführen. Faßt man die Fälle i = 1, 2 durch

$$\mathbf{b} = \begin{pmatrix} 32+\epsilon \\ 23-\epsilon \\ 33+\epsilon \\ 31-\epsilon \end{pmatrix} \quad (\mathbf{b}_1 : \epsilon = 0,\ \mathbf{b}_2 : \epsilon = 0.01)$$

zusammen, so liefert das Vorwärtseinsetzen $\mathbf{y} = \begin{pmatrix} (32+\epsilon)/\sqrt{10} \\ (\ 6-17\epsilon)/\sqrt{10} \\ (\ 5+\ 7\epsilon)/\sqrt{2} \\ (\ 1-21\epsilon)/\sqrt{2} \end{pmatrix}$

und das Rückwärtseinsetzen schließlich $\mathbf{x} = \begin{pmatrix} 1+\ 82\epsilon \\ 1-136\epsilon \\ 1+\ 35\epsilon \\ 1-\ 21\epsilon \end{pmatrix}$.

c) Da die Cholesky-Zerlegung $\mathbf{A} = \mathbf{R}^T\mathbf{R}$ vorliegt, läßt sich $\mathbf{A}^{-1}$ durch $\mathbf{A}^{-1} = \mathbf{R}^{-1}(\mathbf{R}^T)^{-1}$ berechnen. Es ist

$$\mathbf{R}^{-1} = \begin{pmatrix} 1/\sqrt{10} & -7/\sqrt{10} & \sqrt{2} & -3\sqrt{2} \\ & \sqrt{10} & -2\sqrt{2} & 5\sqrt{2} \\ & & 1/\sqrt{2} & -3/\sqrt{2} \\ & & & \sqrt{2} \end{pmatrix} \quad \text{und } \mathbf{A}^{-1} = \begin{pmatrix} 25 & -41 & 10 & -6 \\ -41 & 68 & -17 & 10 \\ 10 & -17 & 5 & -3 \\ -6 & 10 & -3 & 2 \end{pmatrix}$$

Da $\mathbf{A}$ und damit auch $\mathbf{A}^{-1}$ symmetrisch sind, ist $\|\mathbf{A}\|_1 = \|\mathbf{A}\|_\infty = 33$ und $\|\mathbf{A}^{-1}\|_\infty = 136$. Daher ist $\kappa_1 = \kappa_\infty = 33 \cdot 136$, sowie $\|\mathbf{x}_1 - \mathbf{x}_2\|_\infty = 136\epsilon$, $\|\mathbf{x}_1\|_\infty = 1$, $\|\mathbf{b}_1 - \mathbf{b}_2\|_\infty = 0.01$, $\|\mathbf{b}_1\|_\infty = 33$, so daß die Abschätzung 6.5 scharf ist. (Vgl. [T1], Kap. 5).

2. a) Sind die Elemente einer Matrix $\mathbf{A}$ ganzzahlig, so sind alle Unterdeterminanten ganzzahlig (vgl. Satz 4.12), mithin auch die Elemente der $\operatorname{adj}(\mathbf{A})$. Da die inverse Matrix $\mathbf{A}^{-1}$ gleich der durch $\det(\mathbf{A})$ dividierten Adjunkten ist (Satz 4.20), sind die Elemente von $\mathbf{A}^{-1}$ ganzzahlig, wenn $\det(\mathbf{A}) = \pm 1$ ist.

b) Berechnet man die LR-Zerlegung der Matrix $\mathbf{A}$, so treten mindestens bei dem letzten Pivotelement erhebliche Auslöschungseffekte und damit größere relative Fehler auf. Löst man z.B. das Gleichungssystem $\mathbf{A}\mathbf{x}_6 = \mathbf{e}_6$ mit Hilfe der LR-Zerlegung, berechnet also den letzten Spaltenvektor der Matrix $\mathbf{A}^{-1}$, so erhält man (bei achtstelliger Rechnung) die Näherung $\tilde{\mathbf{x}}_6$ sowie für das ‚Residuum' $\Delta\mathbf{y} = \mathbf{A}\tilde{\mathbf{x}}_6 - \mathbf{e}_6$

$$\tilde{\mathbf{x}}_6 \cong \begin{pmatrix} -85.532095 \\ 71.31132 \\ 324.8733 \\ -2169.2412 \\ -6716.7529 \\ 8576.3293 \end{pmatrix} \quad \text{und } \Delta\mathbf{y} \cong \begin{pmatrix} 0.03043 \\ -0.03961 \\ -0.02391 \\ 0.03426 \\ 0.006125 \\ -0.00652 \end{pmatrix}.$$

Das Gleichungssystem ist also schlecht konditioniert. Berücksichtigt man jedoch, daß in den beiden letzten Zeilen und Spalten von $\mathbf{A}$ bereits die zweireihige Einheitsmatrix auftritt, und transformiert $\mathbf{A}$ auf eine untere Dreiecksmatrix, ausgehend von der letzten Spalte, so ergibt sich die RL-Zerlegung

$$\mathbf{A} = \mathbf{RL} = \begin{pmatrix} 1 & 0 & 7 & 5 & -4 & -8 \\ & 1 & -7 & 0 & 0 & 7 \\ & & 1 & -5 & 1 & 4 \\ & & & 1 & 3 & -3 \\ & & & & 1 & 0 \\ & & & & & 1 \end{pmatrix} \begin{pmatrix} 1 & & & & & \\ 0 & 1 & & & & \\ 2 & -2 & 1 & & & \\ -9 & 6 & 3 & 1 & & \\ 3 & 8 & -7 & -4 & 1 & \\ 4 & -12 & 4 & 4 & 0 & 1 \end{pmatrix}.$$

Aus dieser Zerlegung läßt sich ohne Mühe die Matrix $\mathbf{A}^{-1} = \mathbf{L}^{-1}\mathbf{R}^{-1}$ berechnen. Da die Matrizen $\mathbf{R}$ und $\mathbf{L}$ in den Hauptdiagonalen nur die Zahl 1 stehen haben, sind auch $\mathbf{L}^{-1}$ und $\mathbf{R}^{-1}$ ganzzahlig (und $\det(\mathbf{A}) = 1$). Es ist

$$\mathbf{A}^{-1} = \begin{pmatrix} 1 & 0 & -7 & -40 & 131 & -84 \\ 0 & 1 & 7 & 35 & -112 & 70 \\ -2 & 2 & 29 & 155 & -502 & 319 \\ 15 & -12 & -192 & -1034 & 3354 & -2130 \\ 43 & -42 & -600 & -3211 & 10406 & -6595 \\ -56 & 52 & 764 & 4096 & -13276 & 8421 \end{pmatrix}$$

und als Konditionszahlen erhält man

$$\kappa_1 = \|\mathbf{A}\|_1 \cdot \|\mathbf{A}^{-1}\|_1 = 307 \cdot 27781 \cong 8.53 \cdot 10^6$$

$$\kappa_\infty = \|\mathbf{A}\|_\infty \cdot \|\mathbf{A}^{-1}\|_\infty = 195 \cdot 26665 \cong 5.20 \cdot 10^6 ,$$

die Matrix ist also, wie bereits bemerkt, schlecht konditioniert. Dennoch läßt sich das Gleichungssystem $\mathbf{Ax} = \mathbf{b}$ mit Hilfe der RL-Zerlegung ohne nennenswerten Genauigkeitsverlust lösen. Durch Vorgabe einer entsprechenden LR- oder RL-Zerlegung mit ganzzahligen Elementen und Einsen in der Hauptdiagonalen lassen sich leicht ganzzahlige Matrizen erzeugen, deren Determinante = 1 ist und deren Inverse damit auch ganzzahlig sind.

3. Die in der Cholesky-Zerlegung $\mathbf{A}_p = \mathbf{R}_p^T \mathbf{R}_p$ auftretende obere Dreiecksmatrix $\mathbf{R}_p$ hat ebenfalls Bandstruktur. Nach Algorithmus 6.22 ist

$$\mathbf{R}_p = \begin{pmatrix} \sqrt{2} & -1/\sqrt{2} & & & & \\ & \sqrt{3/2} & -\sqrt{2/3} & & & \\ & & \sqrt{4/3} & -\sqrt{3/4} & & \\ & & & \ddots & \ddots & \\ & & & & \ddots & -\sqrt{(p-1)/p} \\ & & & & & \sqrt{(p+1)/p} \end{pmatrix}.$$

Die QR-Zerlegung nach Algorithmus 6.26 liefert für p = 2, 3, 4

$$\mathbf{A}_2 = \mathbf{H}_1\mathbf{T}_2 \qquad \text{mit } \mathbf{H}_1 = \begin{pmatrix} -2/\sqrt{5} & 1/\sqrt{5} \\ 1/\sqrt{5} & 2/\sqrt{5} \end{pmatrix} \qquad \text{und } \mathbf{T}_2 = \begin{pmatrix} -\sqrt{5} & 4/\sqrt{5} \\ 0 & 3/\sqrt{5} \end{pmatrix}$$

$$\mathbf{A}_3 = \mathbf{H}_2\mathbf{H}_1^*\mathbf{T}_3 \qquad \text{mit } \mathbf{H}_2 = \begin{pmatrix} 1 & 0 & 0 \\ 0 & -3/\sqrt{14} & \sqrt{5/14} \\ 0 & \sqrt{5/14} & 3/\sqrt{14} \end{pmatrix} \qquad \text{und } \mathbf{T}_3 = \begin{pmatrix} -\sqrt{5} & 4/\sqrt{5} & -1/\sqrt{5} \\ 0 & -\sqrt{14/5} & 16/\sqrt{70} \\ 0 & 0 & 4/\sqrt{14} \end{pmatrix}$$

$$A_4 = H_3 H_2^* H_1^* T_4 \quad \text{mit } H_3 = \begin{pmatrix} 1 & 0 & 0 & 0 \\ 0 & 1 & 0 & 0 \\ 0 & 0 & -4/\sqrt{30} & \sqrt{7/15} \\ 0 & 0 & \sqrt{7/15} & 4/\sqrt{30} \end{pmatrix}$$

$$\text{und } T_4 = \begin{pmatrix} -\sqrt{5} & 4/\sqrt{5} & -1/\sqrt{5} & 0 \\ 0 & -\sqrt{14/5} & 16/\sqrt{70} & -\sqrt{5/14} \\ 0 & 0 & -\sqrt{15/7} & 20/\sqrt{105} \\ 0 & 0 & 0 & 5/\sqrt{30} \end{pmatrix} .$$

Dabei sind H_1^* und entsprechend H_2^* die durch Einheitsspalten und Einheitszeilen geränderten Matrizen H_1 und H_2, sowie T_2, T_3 und T_4 die oberen Dreiecksmatrizen der QR-Zerlegung.

4. Es ist

$$P_N = \begin{pmatrix} A & -E & & & \\ -E & A & -E & & \\ & \ddots & \ddots & \ddots & \\ & & \ddots & \ddots & -E \\ & & & -E & A \end{pmatrix} \quad \text{und } A = \begin{pmatrix} 4 & -1 & & & \\ -1 & 4 & -1 & & \\ & \ddots & \ddots & \ddots & \\ & & \ddots & \ddots & -1 \\ & & & -1 & 4 \end{pmatrix} ,$$

wobei in den Spalten und Zeilen der Matrix P_N je N Blockmatrizen stehen und die Matrizen A und E jeweils p-reihig sein können. Außerdem gilt

$$A = 2E + A_p ,$$

mit der in Aufgabe 3 behandelten positiv definiten Matrix A_p.

Zerlegt man jetzt den N·p-reihigen Vektor x in N Blöcke bzw. Teilvektoren mit jeweils p Komponenten

$$x = \begin{pmatrix} x_1 \\ x_2 \\ \vdots \\ x_N \end{pmatrix} ,$$ so ergibt sich für die quadratische Form $(P_N x, x)$:

$$\begin{aligned} (P_N x, x) &= \sum_{j=1}^{N} (Ax_j, x_j) - 2 \sum_{j=1}^{N-1} (x_j, x_{j+1}) \\ &= 2 \sum_{j=1}^{N} x_j^2 + \sum_{j=1}^{N} (A_p x_j, x_j) - 2 \sum_{j=1}^{N-1} (x_j, x_{j+1}) \\ &\geqslant 2 \sum_{j=1}^{N} x_j^2 - 2 \sum_{j=1}^{N-1} (x_j, x_{j+1}) \\ &= x_1^2 + \sum_{j=1}^{N-1} (x_j - x_{j+1})^2 + x_N^2 > 0 \quad \text{für alle } x \neq \mathbf{0} . \end{aligned}$$

5. Für das Gleichungssystem $B_1 x = b$ lautet die Iterationsvorschrift für das Gesamtschrittverfahren

$$x_{n+1} = C_1 x_n + b \quad \text{mit } C_1 = \begin{pmatrix} 0 & 2 & -2 \\ 1 & 0 & 1 \\ 2 & 2 & 0 \end{pmatrix} .$$

Da $(\mathbf{C}_1)^3 = \mathbf{\Omega}$ (Nullmatrix) ist, konvergiert das Gesamtschrittverfahren trivialerweise. Spätestens nach drei Schritten erhält man die exakte Lösung.
Der Spektralradius $r_\sigma(\mathbf{C}_1) = 0$.
Das Einzelschrittverfahren für dieses Gleichungssystem ergibt sich aus

$$\begin{pmatrix} 1 & 0 & 0 \\ -1 & 1 & 0 \\ -2 & -2 & 1 \end{pmatrix} \mathbf{x}_{n+1} = \begin{pmatrix} 0 & 2 & -2 \\ 0 & 0 & 1 \\ 0 & 0 & 0 \end{pmatrix} \mathbf{x}_n + \mathbf{b} \text{ durch Multiplikation mit der Inversen}$$

$$\begin{pmatrix} 1 & 0 & 0 \\ -1 & 1 & 0 \\ -2 & -2 & 1 \end{pmatrix}^{-1} = \begin{pmatrix} 1 & 0 & 0 \\ 1 & 1 & 0 \\ 4 & 2 & 1 \end{pmatrix} \text{ zu } \mathbf{x}_{n+1} = \mathbf{D}_1 \mathbf{x}_n + \mathbf{b}^* \text{ mit } \mathbf{D}_1 = \begin{pmatrix} 0 & 2 & -2 \\ 0 & 2 & -1 \\ 0 & 8 & -6 \end{pmatrix}.$$

Da die Untermatrix $\left(\begin{smallmatrix} 2 & -1 \\ 8 & -6 \end{smallmatrix}\right)$ bei der Iteration, d.h. bei der Bildung von $\mathbf{D}_1^n$, ebenfalls in die n-te Potenz erhoben wird, erhält $\mathbf{D}_1^n$ für $n \to \infty$ beliebig große Elemente, die entsprechende Unterdeterminante hat den Wert $(-4)^n$.
Also divergiert das Einzelschrittverfahren.
Bei dem Gleichungssystem $\mathbf{B}_2 \mathbf{x} = \mathbf{b}$ gilt für das Gesamtschrittverfahren entsprechend

$$\mathbf{x}_{n+1} = \mathbf{C}_2 \mathbf{x}_n + \mathbf{b} \text{ mit } \mathbf{C}_2 = \begin{pmatrix} 0 & 1/2 & 1/2 \\ -1 & 0 & 1 \\ -1/2 & -1/2 & 0 \end{pmatrix}.$$

Hier ist $(\mathbf{C}_2)^3 = -(5/4)\ \mathbf{C}_2$
und daher allgemein $(\mathbf{C}_2)^{2n+1} = (-5/4)^n \mathbf{C}_2$
sowie $(\mathbf{C}_2)^{2n+2} = (-5/4)^n \mathbf{C}_2^2$.

Das Gesamtschrittverfahren divergiert daher. Aus den beiden letzten Gleichungen läßt sich der Spektralradius $r_\sigma(\mathbf{C}_2)$ berechnen. Es ist nämlich

$$\sqrt[2n+1]{\|(\mathbf{C}_2)^{2n+1}\|} = \sqrt[2n+1]{(5/4)^n \|\mathbf{C}_2\|} \to \sqrt{5/4} \quad \text{für } n \to \infty.$$

und entsprechend für die geraden Potenzen. Also ist $r_\sigma(\mathbf{C}_2) = \sqrt{5}/2 > 1$.
Das Einzelschrittverfahren für das Gleichungssystem $\mathbf{B}_2 \mathbf{x} = \mathbf{b}$ läßt sich auf die Form bringen

$$\mathbf{x}_{n+1} = \mathbf{D}_2 \mathbf{x}_n + \mathbf{b}^* \text{ mit } \mathbf{D}_2 = \frac{1}{2} \begin{pmatrix} 0 & 1 & 1 \\ 0 & -1 & 1 \\ 0 & 0 & -1 \end{pmatrix}.$$

Daraus folgt $(\mathbf{D}_2)^2 = \frac{1}{4} \begin{pmatrix} 0 & -1 & 0 \\ 0 & 1 & -2 \\ 0 & 0 & 1 \end{pmatrix}$ und damit $\|(\mathbf{D}_2)^2\|_1 = \|(\mathbf{D}_2)^2\|_\infty = 3/4 < 1$.

Mithin ist das Einzelschrittverfahren konvergent. (Durch Berechnung von $(\mathbf{D}_2)^n$ z.B. kann ferner gezeigt werden, daß $r_\sigma(\mathbf{D}_2) = 1/2$ ist.)
Aus diesen Beispielen entnimmt man, daß von der Konvergenz des Gesamtschrittverfahrens nicht auf die Konvergenz des Einzelschrittverfahrens oder umgekehrt geschlossen werden kann. Vgl. auch [T1], Kap. 9.

6. Diese Aufgabe soll das ‚Transferdenken' in höheren Dimensionen schulen. Die Schaltungen lassen sich natürlich im $\mathbb{R}^3$ realisieren. Wir denken uns die Knoten (Ecken) eines p-dimensionalen Würfels mit der Kantenlänge 1 durch ihre Ortsvektoren dargestellt. Die Kanten sollen parallel zu den Koordinatenachsen liegen. Dann werden die Knoten durch die Vektoren

$$x_j = \begin{pmatrix} d_1 \\ d_2 \\ \vdots \\ d_p \end{pmatrix} \quad \text{dargestellt, wobei } d_k \in \{0,1\}.$$

Da für jede Koordinate zwei Möglichkeiten gegeben sind, gibt es insgesamt 2^p Knoten. Der Ausgangsknoten wird durch den Nullvektor gegeben, die „gegenüberliegende' Ecke, also der Endknoten, durch den Vektor $(1, 1, \ldots, 1)^T$. Zwei Knoten sind gerade dann durch eine Kante verbunden, wenn ihre Ortsvektoren sich in genau einer Koordinate unterscheiden. Jeder Knoten liegt also auf p Kanten. Daher gibt es $p \cdot 2^p/2 = p \cdot 2^{(p-1)}$ Kanten. Man kann die Knoten, Kanten und Stromstärken nach folgendem Schema ordnen:

Schema:

Anzahl der bereits durchlaufenen Kanten	0	1	2	... k	... (p − 1)	p
Koordinaten der Knoten (Ecken)	0 0 0 : : 0 0	1 0 ... 0 0 1 0 0 0 0 : : : : : : 0 0 0 0, 0, ... ,1	1 1 .... 0 1 0 0 0 1 0 : 0 : : : 0 0 0 1 0, 0, ..., 1	(k Einsen und p − k Nullen)	0 ... 1 1 1 1 1 : : : : 1 1 1, ... ,0	1 1 1 : : 1 1
Anzahl dieser Knoten	$\binom{p}{0}$	$\binom{p}{1}$	$\binom{p}{2}$	$\binom{p}{k}$	$\binom{p}{p-1}$	$\binom{p}{p}$
Anzahl der hinführenden Kanten (je Knoten)	0	1	2	k	p − 1	p
Anzahl der wegführenden Kanten (je Knoten)	p	p − 1	p − 2	p − k	1	0
Stromstärke in den wegführenden Kanten	$\frac{I}{p}$	$\frac{I}{p(p-1)}$	$\frac{I \cdot 2!}{p(p-1)(p-2)}$	$\frac{I \cdot k!}{p(p-1)\ldots(p-k)}$	$\frac{I \cdot (p-1)!}{p \cdot (p-1)!}$	0

Dabei ist I die gesamte in den Ausgangsknoten eingespeiste Stromstärke. Da die Spannung zwischen Ausgangs- und Endknoten gleich der Summe der Spannungsabfälle in den Kanten eines Weges (vom Ausgangs- zum Endknoten) ist, ergibt sich als Widerstand:

$$W_p = \frac{R}{p} \sum_{k=0}^{p-1} \frac{1}{\binom{p-1}{k}} = \sum_{k=0}^{p-1} \frac{1}{\binom{p-1}{k}} \quad \text{(mit } R = p\text{)}.$$

R ist der Widerstand jeder Kante, laut Aufgabenstellung also R = p.
Es ist $W_2 = 2$, $W_3 = 5/2$, $W_4 = W_5 = 8/3$, usw.
Für $p \to \infty$ strebt $W_p \to 2$.

Kapitel 7

1. $$\begin{vmatrix} 6-\lambda & -1 & 0 & 4 \\ 8 & -2-\lambda & 0 & 4 \\ 0 & 1 & 2-\lambda & 2 \\ -4 & 2 & 0 & -\lambda \end{vmatrix} = (2-\lambda)\begin{vmatrix} 6-\lambda & -1 & 4 \\ 8 & -2-\lambda & 4 \\ -4 & 2 & -\lambda \end{vmatrix} = (2-\lambda)\begin{vmatrix} 6-\lambda & -1 & 4 \\ 0 & 2-\lambda & 4-2\lambda \\ -4 & 2 & -\lambda \end{vmatrix}$$

$$= (2-\lambda)^2 \begin{vmatrix} 6-\lambda & -1 & 4 \\ 0 & 1 & 2 \\ -4 & 2 & -\lambda \end{vmatrix} = (2-\lambda)^2\,\{(6-\lambda)(-\lambda-4)-4\cdot(-6)\} = -\lambda(2-\lambda)^3\ ,$$

also Eigenwerte 0 (einfach) und 2 (dreifach).

2. Eigenwertgleichung $\mathbf{A}\mathbf{x} = \lambda\mathbf{x}$ ist hier

$$(*)\quad a_j\, x_{n+1-j} = \lambda x_j \qquad (1 \leqslant j \leqslant n).$$

$n - \mathrm{Rg}\mathbf{A}$ = Anzahl der verschwindenden a_ν = geom. u. algebr. Vielfachheit des Eigenwertes 0. Ist $\lambda \neq 0$ Eigenwert, $x_j \neq 0$ Komponente eines Eigenvektors, so nach $(*)$ $a_j x_{n+1-j} = \lambda x_j$, $a_{n+1-j} x_j = \lambda x_{n+1-j}$, also $x_{n+1-j} \neq 0$, $a_j a_{n+1-j} \neq 0$. Umgekehrt ex. im Falle $a_j\, a_{n+1-j} \neq 0$ die Eigenwerte $\pm\sqrt{a_j a_{n+1-j}}$ und zugehörige Eigenvektoren mit $x_k = 0$ für $k \notin \{j, n+1-j\}$.
Fazit: **A** genau dann diagonalisierbar, wenn für $1 \leqslant j \leqslant n$ gilt: $a_j a_{n+1-j} \neq 0$ oder $a_j = a_{n+1-j} = 0$.

3. a) Fall $b = 0$ trivial. Sei $b \neq 0$. Dann gilt $\mathbf{A} = b\tilde{\mathbf{A}}$ mit

$$\tilde{\mathbf{A}} := \begin{pmatrix} \frac{a}{b} & 1 & & 0 \\ 1 & \ddots & \ddots & \\ & \ddots & \ddots & 1 \\ 0 & & 1 & \frac{a}{b} \end{pmatrix} .$$

Da $\mathbf{A}\mathbf{x} = \lambda\mathbf{x} \Leftrightarrow \tilde{\mathbf{A}}\mathbf{x} = \frac{\lambda}{b}\mathbf{x}$, hat **A** die Eigenvektoren aus Beispiel 7.3k) und die Eigenwerte $\lambda_j = a + 2b\cos\left(j \cdot \frac{\pi}{p+1}\right)$ $(1 \leqslant j \leqslant p)$.

b) Aus $\mathbf{B}\mathbf{y} = \mu\mathbf{y}$ und $\mathbf{C}\mathbf{z} = \nu\mathbf{z}$ folgt mit $\mathbf{y}^T = (y_1, \ldots, y_p)$

$$\begin{pmatrix} b_{11}\mathbf{C} \ldots b_{1p}\mathbf{C} \\ \vdots \\ b_{p1}\mathbf{C} \ldots b_{pp}\mathbf{C} \end{pmatrix} \begin{pmatrix} y_1\mathbf{z} \\ \vdots \\ y_p\mathbf{z} \end{pmatrix} = \nu \begin{pmatrix} (b_{11}y_1 + \ldots + b_{1p}y_p)\mathbf{z} \\ \vdots \\ (b_{p1}y_1 + \ldots + b_{pp}y_p)\mathbf{z} \end{pmatrix} = \mu\nu \begin{pmatrix} y_1\mathbf{z} \\ \vdots \\ y_p\mathbf{z} \end{pmatrix}$$

Fazit: Sind **y** und **z** Eigenvektoren zu den Eigenwerten μ und ν von **B** bzw. **C**, so

$$\mathbf{x} = \mathbf{y} \otimes \mathbf{z} := \begin{pmatrix} y_1\mathbf{z} \\ \vdots \\ y_p\mathbf{z} \end{pmatrix}$$ Eigenvektor zum Eigenwert $\lambda = \mu\nu$ von $\mathbf{B} \otimes \mathbf{C}$.

c) Gilt $\mathbf{A}\mathbf{x} = \lambda\mathbf{x}$ und ist **z** mit $\mathbf{z}^T = (z_1, \ldots, z_q)$ Eigenvektor zum Eigenwert ν der Tridiagonalmatrix

$$\mathbf{C} := \begin{pmatrix} \lambda & -1 & & 0 \\ -1 & \ddots & \ddots & \\ & \ddots & \ddots & -1 \\ 0 & & -1 & \lambda \end{pmatrix}$$ so folgt mit $\mathbf{y} = \mathbf{z} \otimes \mathbf{x}$ $$\mathbf{B}\mathbf{y} = \begin{pmatrix} (z_1\lambda - z_2)\mathbf{x} \\ \vdots \\ (-z_{q-1} + z_q\lambda)\mathbf{x} \end{pmatrix} = \nu\mathbf{y}\ .$$

Ist also $\{\mathbf{x}_1, \ldots, \mathbf{x}_p\}$ ein linear unabhängiges System von Eigenvektoren zu **A** mit den zugehörigen Eigenwerten $\lambda_1, \ldots, \lambda_p$ und sind $\mathbf{z}_1, \ldots, \mathbf{z}_q$ die (von λ unabhängigen) Eigenvektoren zu $\mathbf{C}$ gemäß Beispiel 7.3k) mit q anstelle von p, so bilden die Spalten der Matrix $(\mathbf{z}_1, \dots, \mathbf{z}_q) \otimes (\mathbf{x}_1, \dots, \mathbf{x}_p)$ ein linear unabhängiges System von Eigenvektoren von $\mathbf{B}$, und die Eigenwerte von $\mathbf{B}$ sind $\lambda_j - 2\cos\left(k \cdot \frac{\pi}{q+1}\right)$ $(1 \leqslant j \leqslant p,\ 1 \leqslant k \leqslant q)$.

4. Seien $\mathbf{f}_1(\mathbf{x}) = \mathbf{a}_1 + \mathbf{A}_1\mathbf{x}$, $\mathbf{f}_2(\mathbf{x}) = \mathbf{a}_2 + \mathbf{A}_2\mathbf{x}$ die beiden Bewegungen. $\mathbf{f}_1 \circ \mathbf{f}_2 = \mathbf{f}_2 \circ \mathbf{f}_1$ ergibt (1) $\mathbf{A}_1\mathbf{A}_2 = \mathbf{A}_2\mathbf{A}_1$ und (2) $\mathbf{a}_1 + \mathbf{A}_1\mathbf{a}_2 = \mathbf{a}_2 + \mathbf{A}_2\mathbf{a}_1$. Da $\mathbf{A}_1 = \mathbf{E}$ leichter Spezialfall, setzen wir im folgenden $\mathbf{A}_1 \neq \mathbf{E}$, $\mathbf{A}_2 \neq \mathbf{E}$ voraus. Gelte $\mathbf{A}_j\mathbf{b}_j = \mathbf{b}_j$, $\|\mathbf{b}_j\|_2 = 1$ $(j = 1, 2)$ (Drehachsen). Mit (1) folgt $\mathbf{A}_2\mathbf{b}_1 = \mathbf{A}_1\mathbf{A}_2\mathbf{b}_1$, $\mathbf{A}_1\mathbf{b}_2 = \mathbf{A}_2\mathbf{A}_1\mathbf{b}_2$, also $\mathbf{A}_2\mathbf{b}_1 = \pm\,\mathbf{b}_1$, $\mathbf{A}_1\mathbf{b}_2 = \pm\,\mathbf{b}_2$.
Zunächst der Fall $\mathbf{A}_2\mathbf{b}_1 = -\mathbf{b}_1$. Dann $\mathbf{b}_1 \perp \mathbf{b}_2$ (Eigenvektoren zu verschiedenen Eigenwerten), also $\mathbf{A}_1\mathbf{b}_2 = -\mathbf{b}_2$, d.h. $\mathbf{A}_1, \mathbf{A}_2$ Halbkreisdrehungen mit zueinander senkrechten Drehachsen. Mit $\mathbf{b}_3 := \mathbf{b}_1 \mathrm{x} \mathbf{b}_2$ gilt $\mathbf{A}_j\mathbf{b}_3 = -\mathbf{b}_3$ $(j = 1, 2)$, und (2) ergibt $\mathbf{a}_1 = \alpha_2\mathbf{b}_2 + \alpha_3\mathbf{b}_3$, $\mathbf{a}_2 = \alpha_1\mathbf{b}_1 + \alpha_3\mathbf{b}_3$. Mit $2\mathbf{c} := \alpha_1\mathbf{b}_1 + \alpha_2\mathbf{b}_2 + \alpha_3\mathbf{b}_3$ folgt also $\mathbf{f}_1(\mathbf{x}) = \mathbf{c} + \mathbf{A}_1(\mathbf{x} - \mathbf{c})$, $\mathbf{f}_2(\mathbf{x}) = \mathbf{c} + \mathbf{A}_2(\mathbf{x} - \mathbf{c})$, d.h. $\mathbf{c}$ ist Schnittpunkt der Drehachsen, und es sind reine Drehungen (siehe (7.17)).
Nun der Fall $\mathbf{A}_2\mathbf{b}_1 = \mathbf{b}_1$. Dann $\mathbf{b}_1 = \mathbf{b}_2 =: \mathbf{b}$ (oder $\mathbf{b}_1 = -\mathbf{b}_2 = \mathbf{b}$). Also $\mathbf{f}_1, \mathbf{f}_2$ parallele Schraubungen: $\mathbf{f}_1(\mathbf{x}) = \lambda_1\mathbf{b} + \mathbf{c}_1 + \mathbf{A}_1(\mathbf{x} - \mathbf{c}_1) =: \lambda_1\mathbf{b} + \mathbf{g}_1(\mathbf{x})$, $\mathbf{f}_2(\mathbf{x}) = \lambda_2\mathbf{b} + \mathbf{c}_2 + \mathbf{A}_2(\mathbf{x} - \mathbf{c}_2) =: \lambda_2\mathbf{b} + \mathbf{g}_2(\mathbf{x})$. Vertauschbarkeit ergibt $\mathbf{g}_1 \circ \mathbf{g}_2 = \mathbf{g}_2 \circ \mathbf{g}_1$. Dann müssen die Achsen der beiden Drehungen $\mathbf{g}_1, \mathbf{g}_2$ und daher die Schraubungsachsen von $\mathbf{f}_1, \mathbf{f}_2$ zusammenfallen. Beweis dazu: In der zu $\mathbf{b}$ senkrechten Ebene durch $\mathbf{0}$ bewirken $\mathbf{g}_1, \mathbf{g}_2$ vertauschbare zweidimensionale Drehungen. Seien $\tilde{\mathbf{g}}_j(\mathbf{x}) = \mathbf{x}_j + \mathbf{D}_{\varphi_j}(\mathbf{x} - \mathbf{x}_j)$ mit $0 < \varphi_j < 2\pi$ $(j = 1, 2,\ \mathbf{x} \in \mathbb{R}^2)$ vertauschbare echte ebene Drehungen ($\mathbf{D}_\varphi$ die (2,2)-Drehmatrix zur Drehung um den Winkel φ). Dann ergibt sich

$$\mathbf{x}_1 - \mathbf{x}_2 + \mathbf{D}_{\varphi_1+\varphi_2}(\mathbf{x}_1 - \mathbf{x}_2) = \mathbf{D}_{\varphi_1}(\mathbf{x}_1 - \mathbf{x}_2) + \mathbf{D}_{\varphi_2}(\mathbf{x}_1 - \mathbf{x}_2).$$

Für $\mathbf{u}, \mathbf{v}, \mathbf{x}, \mathbf{y} \in \mathbb{R}^2$ mit $\mathbf{u} + \mathbf{v} = \mathbf{x} + \mathbf{y}$, $\|\mathbf{u}\|_2 = \|\mathbf{v}\|_2 = \|\mathbf{x}\|_2 = \|\mathbf{y}\|_2$ gilt aber stets $\{\mathbf{u}, \mathbf{v}\} = \{\mathbf{x}, \mathbf{y}\}$. Also folgt $\mathbf{x}_1 - \mathbf{x}_2 \in \{\mathbf{D}_{\varphi_1}(\mathbf{x}_1 - \mathbf{x}_2), \mathbf{D}_{\varphi_2}(\mathbf{x}_1 - \mathbf{x}_2)\}$, d.h. $\mathbf{x}_1 = \mathbf{x}_2$.

5. a) $(\mathbf{A}\mathbf{x}, \mathbf{x}) \in \mathbb{R}$ $(\mathbf{x} \in \mathbb{C}^p)$ ergibt wegen $(\mathbf{A}(\mathbf{y} \pm i\mathbf{x}), \mathbf{y} \pm i\mathbf{x}) = (\mathbf{A}(\mathbf{x} \mp i\mathbf{y}), \mathbf{x} \mp i\mathbf{y})$

$$(\mathbf{A}\mathbf{x}, \mathbf{y}) = \tfrac{1}{4}\{(\mathbf{A}(\mathbf{x}+\mathbf{y}), \mathbf{x}+\mathbf{y}) - (\mathbf{A}(\mathbf{x}-\mathbf{y}), \mathbf{x}-\mathbf{y})\} + \tfrac{i}{4}\{\mathbf{A}(\mathbf{x}+i\mathbf{y}), \mathbf{x}+i\mathbf{y}) - (\mathbf{A}(\mathbf{x}-i\mathbf{y}), \mathbf{x}-i\mathbf{y})\}$$
$$= \overline{(\mathbf{A}\mathbf{y}, \mathbf{x})} = (\mathbf{x}, \mathbf{A}\mathbf{y}) \quad (\mathbf{x}, \mathbf{y} \in \mathbb{C}^p), \text{ also } \mathbf{A}^* = \mathbf{A}.$$

Für reelles $\mathbf{A}$ hingegen stets $(\mathbf{A}\mathbf{x}, \mathbf{x}) \in \mathbb{R}$ $(\mathbf{x} \in \mathbb{R}^p)$, also $\mathbf{A}$ nicht unbedingt symmetrisch.

b) Wähle als $\mathbf{A}$ irgendeine normale reelle Matrix, deren sämtliche Eigenwerte nichtnegativen Realteil haben, aber nicht sämtlich reell sind, (etwa Frobenius-Matrix zu $(x^2 + 1)(x - 1) \cdot \ldots \cdot (x - p + 2)$) und beachte Satz 7.32.

c) Ist $\mathbf{x}_j$ Eigenvektor zum Eigenwert λ_j von $\mathbf{A}$, so gilt

$$(\mathbf{A}\mathbf{x}_j, \mathbf{x}_j) = \lambda_j \|\mathbf{x}_j\|_2^2 > 0\ (\geqslant 0) \Leftrightarrow \lambda_j > 0\ (\geqslant 0).$$

Daraus folgt die Behauptung. Die Matrix $\left(\begin{smallmatrix}1 & 3\\ 0 & 1\end{smallmatrix}\right)$ ist nicht pos. semidefinit.

6. Ist f Polynom mit $f(\lambda_1) = 1$, $f(\lambda_2) = \ldots = f(\lambda_q) = 0$, so folgt $f(\mathbf{A}) = \mathbf{P}_1$. Ebenso $\mathbf{P}_2, \dots, \mathbf{P}_q$ Polynome in $\mathbf{A}$ und daher vertauschbar mit jeder mit $\mathbf{A}$ kommutierenden Matrix.

7. Sei $\{\mathbf{x}_1, \dots, \mathbf{x}_p\}$ Orthonormalbasis mit $\mathbf{A}\mathbf{x}_j = \lambda_j\mathbf{x}_j$ $(1 \leqslant j \leqslant p)$. Ist V $(n-k+1)$-dim. Teilraum des K^p, so ist die Summe $\langle \mathbf{x}_1, \dots, \mathbf{x}_k\rangle + V$ nicht direkt, da sonst $(n+1)$-dim. Teilraum. Also existiert ein $\mathbf{x} \in \langle \mathbf{x}_1, \dots, \mathbf{x}_k\rangle \cap V \setminus \{\mathbf{0}\}$ mit $\|\mathbf{x}\|_2 = 1$. Dann gilt mit

$$\mathbf{x} = \sum_{j=1}^{k} \xi_j\mathbf{x}_j \qquad (\mathbf{A}\mathbf{x}, \mathbf{x}) = \left(\sum_{j=1}^{k} \lambda_j\xi_j\mathbf{x}_j,\ \sum_{j=1}^{k} \xi_j\mathbf{x}_j\right) = \sum_{j=1}^{k} |\xi_j|^2\lambda_j \geqslant \lambda_k, \text{ da } \sum_{j=1}^{k} |\xi_j|^2 = 1.$$

Also $\max\{(\mathbf{A}\mathbf{x}, \mathbf{x}) \mid \mathbf{x} \in V,\ \|\mathbf{x}\|_2 = 1\} \geqslant \lambda_k$. Andererseits gilt für $V = \langle \mathbf{x}_k, \mathbf{x}_{k+1}, \dots, \mathbf{x}_p\rangle$ das Gleichheitszeichen.

8. Sei $p \leqslant q$ (anderenfalls betrachte man $\overline{\mathbf{A}}^T$) Ergänze $\mathbf{A}$ durch $q-p$ Nullspalten zu quadratischer Matrix $\tilde{\mathbf{A}}$. Es gibt eine Polarzerlegung (Satz 7.50)

$$\tilde{\mathbf{A}} = \tilde{\mathbf{U}}\mathbf{T} \begin{pmatrix} \sigma_1 & & & & 0 \\ & \ddots & & & \\ & & \sigma_p & & \\ & & & 0 & \\ & & & & \ddots \\ 0 & & & & 0 \end{pmatrix} \mathbf{T}^* \quad \text{mit } \sigma_1 \geqslant \sigma_2 \geqslant \ldots \geqslant \sigma_p \geqslant 0 .$$

Mit $\mathbf{U} := \tilde{\mathbf{U}}\mathbf{T}$, $\tilde{\mathbf{V}} := \mathbf{T}$ gilt also

$$\mathbf{U}^*\tilde{\mathbf{A}}\tilde{\mathbf{V}} = \begin{pmatrix} \sigma_1 & & & & 0 \\ & \ddots & & & \\ & & \sigma_p & & \\ & & & 0 & \\ & & & & \ddots \\ 0 & & & & 0 \end{pmatrix} .$$

Die Spalten $\tilde{\mathbf{v}}_1, \ldots, \tilde{\mathbf{v}}_q$ von $\tilde{\mathbf{V}}$ sind die Eigenvektoren zu den Eigenwerten $\sigma_1^2, \ldots, \sigma_p^2, 0, \ldots, 0$ von $\tilde{\mathbf{A}}^*\tilde{\mathbf{A}}$. Bei der (q,q)-Matrix $\tilde{\mathbf{A}}^*\tilde{\mathbf{A}}$ verschwinden die letzten $q-p$ Zeilen und Spalten. Also sind $\mathbf{e}_j$ $(p+1 \leqslant j \leqslant q)$ Eigenvektoren zum Eigenwert 0, und man kann $\tilde{\mathbf{v}}_j = \mathbf{e}_j$ $(p+1 \leqslant j \leqslant q)$ annehmen. Mit $\tilde{\mathbf{v}}_j^T = (v_{j1}, \ldots, v_{jq})$ $(1 \leqslant j \leqslant q)$ gilt dann $v_{jk} = 0$ $(1 \leqslant j \leqslant p, p+1 \leqslant k \leqslant q)$, so daß mit $\mathbf{v}_j^T := (v_{j1}, \ldots, v_{jp})$ $(1 \leqslant j \leqslant p)$ $\mathbf{V} := (\mathbf{v}_1, \ldots, \mathbf{v}_p)$ eine orthogonale (unitäre) (p,p)-Matrix und

$$\mathbf{U}^*\mathbf{A}\mathbf{V} = \begin{pmatrix} \sigma_1 & & 0 \\ & \ddots & \\ & & \sigma_p \\ 0 & & \end{pmatrix} .$$

9. Sei $\mathbf{A} = \mathbf{U}\mathbf{R}\mathbf{U}^*$ eine Schur-Zerlegung (Satz 7.64) mit einer unitären Matrix $\mathbf{U}$ und einer oberen Dreiecksmatrix

$$\mathbf{R} = \begin{pmatrix} \lambda_1 & r_{12} \ldots & r_{1p} \\ & \ddots & \vdots \\ & & r_{p-1,p} \\ 0 & & \lambda_p \end{pmatrix} .$$

Dann gilt (Lemma 7.20a)) $\mathrm{Sp}(\mathbf{A}^*\mathbf{A}) = \mathrm{Sp}(\mathbf{U}\mathbf{R}^*\mathbf{U}^*\mathbf{U}\mathbf{R}\mathbf{U}^*) = \mathrm{Sp}(\mathbf{R}^*\mathbf{R}) = \mathrm{Sp}(\mathbf{R}\mathbf{R}^*) =$

$$= \mathrm{Sp}\begin{pmatrix} |\lambda_1|^2 + \sum\limits_{j=2}^{p} |r_{1j}|^2 & & & * \\ & \ddots & & \\ & & |\lambda_{p-1}|^2 + |r_{p-1,p}|^2 & \\ 0 & & & |\lambda_p|^2 \end{pmatrix} = |\lambda_1|^2 + \ldots + |\lambda_p|^2 + \sum_{1 \leqslant i < j \leqslant p} |r_{ij}|^2 .$$

Das Gleichheitszeichen tritt in der behandelten Ungleichung also genau dann auf, wenn $r_{ij} = 0$ $(1 \leqslant i < j \leqslant p)$, d.h. wenn $\mathbf{R}$ Diagonalmatrix, also $\mathbf{A}$ normal ist.
(Mit singulären Werten ausgedrückt, lautet das Bewiesene: $\sigma_1^2 + \ldots + \sigma_p^2 \geqslant |\lambda_1|^2 + \ldots + |\lambda_p|^2$; allgemeinere derartige Aussagen macht der *Weylsche Majorantensatz*, z.B. $\sigma_1^2 + \ldots + \sigma_j^2 \geqslant |\lambda_1|^2 + \ldots + |\lambda_j|^2$ $(1 \leqslant j \leqslant p)$.)

10. a) $r_\sigma(\lambda\mathbf{A}) = \lim\limits_{n\to\infty} \sqrt[n]{\|(\lambda\mathbf{A}^n\|} = |\lambda| \lim\limits_{n\to\infty} \sqrt[n]{\|\mathbf{A}^n\|} = |\lambda| r_\sigma(\mathbf{A})$. Im allgemeinen gilt aber weder $r_\sigma(\mathbf{A}+\mathbf{B}) \leqslant r_\sigma(\mathbf{A}) + r_\sigma(\mathbf{B})$ noch $r_\sigma(\mathbf{A}\mathbf{B}) \leqslant r_\sigma(\mathbf{A})\, r_\sigma(\mathbf{B})$, wie das Beispiel $\mathbf{A} = \begin{pmatrix} 0 & 1 \\ 0 & 0 \end{pmatrix}$, $\mathbf{B} = \begin{pmatrix} 0 & 0 \\ 1 & 0 \end{pmatrix}$ zeigt. Also ist r_σ keine Matrixnorm.

b) Nach Satz 7.71 konvergiert (div.) die Reihe $\sum\limits_{n=0}^{\infty} r^n \mathbf{A}^n$, sofern $\frac{1}{r} > (<) \max |\lambda_j|$. Andererseits nach Wurzelkriterium, da nach Lemma 7.27 für jede Matrixnorm $\lim\limits_{n\to\infty} \sqrt[n]{\|\mathbf{A}^n\|}$ existiert, Konvergenz (Divergenz) für $r \cdot \lim \sqrt[n]{\|\mathbf{A}^n\|} < 1$ (> 1). Vergleich beider Aussagen ergibt $\lim \sqrt[n]{\|\mathbf{A}^n\|} = \max |\lambda_j|$.

11. $\det(\mathbf{A} - \lambda\mathbf{E}) = \begin{vmatrix} 2-\lambda & 1 & -1 \\ 0 & 2-\lambda & 3 \\ 0 & 0 & 2-\lambda \end{vmatrix} \cdot \begin{vmatrix} 1-\lambda & 0 \\ 5 & 1-\lambda \end{vmatrix} = (2-\lambda)^3(1-\lambda)^2$, also Eigenwerte $\lambda_1 = 1$ und $\lambda_2 = 2$. Da $\operatorname{Rg}(\mathbf{A} - \lambda_j\mathbf{E}) = 4$, gibt es jeweils nur einen Jordan-Block, d.h. Jordansche Normalform von $\mathbf{A}$ ist

$$\left(\begin{array}{ccc|cc} 2 & 1 & & & 0 \\ & 2 & 1 & & \\ & & 2 & & \\ \hline & & & 1 & 1 \\ 0 & & & & 1 \end{array}\right).$$

12. a) Wegen $\mathbf{X}^n = \mathbf{\Omega}$ ist das Minimalpolynom Teiler von λ^n, also 0 einziger Eigenwert. Da $(\mathbf{J}_m(0))^k = \mathbf{\Omega}$ genau dann, wenn $k \geqslant m$, folgt

$$\mathbf{X} = \mathbf{T} \begin{pmatrix} \mathbf{J}_{m_1}(0) & & 0 \\ & \ddots & \\ 0 & & \mathbf{J}_{m_q}(0) \end{pmatrix} \mathbf{T}^{-1} \quad \text{mit } m_1, \ldots, m_q \leqslant n\,.$$

b) $\mathbf{X}^2 = \mathbf{X}$ und $\mathbf{X} \neq \mathbf{\Omega}$, $\mathbf{X} \neq \mathbf{E}$ ergibt $\mu(\lambda) = \lambda(\lambda - 1)$, also keine mehrreihigen Jordan-Blöcke und Eigenwerte nur 0 und 1, also

$$\mathbf{X} = \mathbf{T} \begin{pmatrix} 1 & & & & 0 \\ & \ddots & & & \\ & & 1 & & \\ & & & 0 & \\ & & & & \ddots \\ 0 & & & & & 0 \end{pmatrix} \mathbf{T}^{-1}\,.$$

13. a) Satz 7.73a) und $\cos^2 x + \sin^2 x = 1$.

b) $(\mathbf{A} - i\mathbf{E})^{-1}(\mathbf{A} + i\mathbf{E})$ normale Matrix mit den Eigenwerten $(\lambda_j + i)/(\lambda_j - i)$, wobei $\lambda_j \in \mathbb{R}$ die Eigenwerte von $\mathbf{A}$. Da $|(\lambda + i)/(\lambda - i)| = 1$ $(\lambda \in \mathbb{R})$, ist also $(\mathbf{A} - i\mathbf{E})^{-1}(\mathbf{A} + i\mathbf{E})$ unitär.

14. a) Es gilt $e^{\mathbf{A}t} = \begin{pmatrix} 1 & 0 & 0 \\ t & 1 & 0 \\ e^t - 1 & 0 & e^t \end{pmatrix}$. b) Wähle etwa $\mathbf{A} = \begin{pmatrix} 2\pi i & 0 \\ 0 & 0 \end{pmatrix}$, $\mathbf{B} = \begin{pmatrix} 0 & 1 \\ 0 & 0 \end{pmatrix}$.

15. Für $n \in \mathbb{N}$ gilt

$$\|e^{\mathbf{A}} - e^{\mathbf{B}}\| = \|(e^{\mathbf{A}/n})^n - (e^{\mathbf{B}/n})^n\| \leqslant \|(e^{\mathbf{A}/n})^n - (e^{\mathbf{A}/n})^{n-1} e^{\mathbf{B}/n}\| +$$
$$+ \|(e^{\mathbf{A}/n})^{n-1} e^{\mathbf{B}/n} - (e^{\mathbf{A}/n})^{n-2} (e^{\mathbf{B}/n})^2\| + \ldots + \|e^{\mathbf{A}/n}(e^{\mathbf{B}/n})^{n-1} - (e^{\mathbf{B}/n})^n\| \leqslant$$
$$\leqslant \|e^{\mathbf{A}/n} - e^{\mathbf{B}/n}\| \cdot \{\|(e^{\mathbf{A}/n})^{n-1}\| + \|(e^{\mathbf{A}/n})^{n-2}\| \cdot \|e^{\mathbf{B}/n}\| + \ldots + \|(e^{\mathbf{B}/n})^{n-1}\|\}.$$

Durch Reihenentwicklung ergibt sich

$$n \cdot \| e^{\mathbf{A}/n} - e^{\mathbf{B}/n} \| \to \| \mathbf{A} - \mathbf{B} \| \quad (n \to \infty).$$

Andererseits ist das $\frac{1}{n}$-Fache der geschweiften Klammer im wesentlichen (Faktor $e^{-\mathbf{B}/n}$) Riemann-Zwischensumme zu $\int_0^1 \| e^{\mathbf{A}(1-t)} \| \cdot \| e^{\mathbf{B}t} \| dt$. Also folgt

$$\| e^{\mathbf{A}} - e^{\mathbf{B}} \| \leqslant \| \mathbf{A} - \mathbf{B} \| \cdot \int_0^1 \| e^{\mathbf{A}(1-t)} \| \cdot \| e^{\mathbf{B}t} \| dt .$$

Nehmen wir nun an, daß $\| \mathbf{A} \| \geqslant \| \mathbf{B} \|$, so folgt

$$\| e^{\mathbf{A}} - e^{\mathbf{B}} \| \leqslant \| \mathbf{A} - \mathbf{B} \| \int_0^1 e^{\| \mathbf{A} \| (1-t)} e^{\| \mathbf{B} \| t} dt = \| \mathbf{A} - \mathbf{B} \| e^{\| \mathbf{A} \|} \int_0^1 e^{(\| \mathbf{B} \| - \| \mathbf{A} \|)t} dt \leqslant$$

$$\leqslant \| \mathbf{A} - \mathbf{B} \| e^{\| \mathbf{A} \|} .$$

Die zweite Ungleichung folgt aus $\| e^{\mathbf{A}(1-t)} \| \cdot \| e^{\mathbf{B}t} \| \leqslant e^{(\| \mathbf{A}-\mathbf{B} \| + \| \mathbf{B} \|)(1-t)} \cdot e^{\| \mathbf{B} \| t}$.

16. $\mathbf{A}_1$ hat die Eigenwerte $1, 2, \dots, 10$, jeweils einfach, ist also diagonalisierbar. Nach Satz 7.38 sind Änderungen der Eigenwerte von gleicher Größenordnung wie die Änderungen der Matrixelemente bei kleinen Veränderungen der letzteren. Nun gilt $\det(\mathbf{A}_2 - \lambda \mathbf{E}) = (1 - \lambda)(2 - \lambda) \cdot \ldots \cdot (10 - \lambda) - \epsilon \cdot 10^9$. Wegen $10! = 3628\,800$ ergibt sich für $\epsilon = 10^{-2}$, daß der kleinste Eigenwert jetzt negativ ist, zwischen 0 und -1 liegt.
Bei schlecht konditionierter Diagonalisierbarkeit wird der Proportionalitätsfaktor in (7.35) zu groß und die Eigenwertberechnung numerisch instabil. Ist allerdings die Diagonalisierung durch *orthogonale (unitäre)* Transformationen erzielbar, liegt immer gute Kondition vor (Satz 7.36)!

Kapitel 8

1. Das Potenzverfahren konvergiert bei diesem Beispiel[1]) außerordentlich langsam. Während der ersten 10 Iterationen wächst der Rayleighquotient bis auf einen Wert 7.9173.. , nimmt danach langsam ab, wird nach 300 Iterationen negativ und stimmt erst nach über 800 Iterationen bis auf einen relativen Fehler von 10^{-5} mit dem dominanten Eigenwert überein.
Für den zugehörigen Eigenvektor sind ca. 1450 Iterationen erforderlich, um dieselbe relative Genauigkeit zu erreichen. Hierfür gibt es zwei Gründe.
Die Eigenwerte der Matrix sind $\lambda_1 \cong -8.028\,57836..$, $\lambda_2 \cong -1.573\,19073..$, $\lambda_3 \cong 5.668\,86437..$ und $\lambda_4 \cong 7.932\,90472..$. Die normierten Eigenvektoren lauten

$$\mathbf{x}_1 \cong \begin{pmatrix} 0.263\,462\,393 \\ 0.659\,040\,718 \\ -0.199\,633\,530 \\ -0.675\,573\,351 \end{pmatrix}, \ldots, \mathbf{x}_4 \cong \begin{pmatrix} 0.560\,144\,510 \\ 0.211\,632\,762 \\ 0.776\,708\,264 \\ 0.195\,381\,611 \end{pmatrix}.$$

Die Eigenwerte λ_1 und λ_4 sind dem Betrag nach schlecht getrennt, so daß der Quotient

$$q = |\lambda_4 / \lambda_1| = 0.988\,083\,365$$

nahe bei 1 liegt.

---

[1]) Vgl. Bodewig, Math. Tables Aids Comp. 8, 237–239, 1954.

Ferner ist der normierte Startvektor fast orthogonal zum Eigenvektor $\mathbf{x}_1$, das Skalarprodukt $\mathbf{v}_0/\|\mathbf{v}_0\|$ mit $\mathbf{x}_1$ ist $c_1 \cong 0.023\,64812$, während die Komponente von $\mathbf{v}_0/\|\mathbf{v}_0\|$ in Richtung $\mathbf{x}_4 : c_4 \cong 0.871\,93357$ beträgt.

Bildet man dagegen die Vektoren $\mathbf{y}_n^+$ und $\mathbf{y}_n^-$ gemäß Satz 8.6, so stimmen die aus ihnen gebildeten Rayleighquotienten bereits für $2n = 26$ bis auf einen relativen Fehler von $3 \cdot 10^{-7}$ mit den exakten Werten überein. Allerdings nimmt die Genauigkeit im weiteren Verlauf der Rechnung wieder ab und liegt erst bei $2n = 368$ für beide Rayleighquotienten wieder bei einer relativen Genauigkeit von 10^{-5}. Für $2n = 810$ stimmen $R(\mathbf{y}_n^+)$ und $R(\mathbf{y}_n^-)$ im Rahmen der angegebenen Dezimalstellen mit λ_4 bzw. λ_1 überein.
Die Vektoren $\mathbf{y}_n^+$ und $\mathbf{y}_n^-$ sind für $2n = 960$ noch mit einem relativen Fehler $\cong 10^{-5}$ behaftet. Allerdings ist zu berücksichtigen, daß die Folge $(\mathbf{y}_n^+)$ und die Folge der zugehörigen Rayleighquotienten letztlich divergiert, da $|\lambda_1|$ nicht exakt gleich λ_4 ist.

Wie deutlich die Konvergenz des Potenzverfahrens durch geeignete Shifts und Modifikation des Startvektors beschleunigt werden kann, kann am gleichen Beispiel demonstriert werden. Wendet man die Potenzmethode auf die Matrix $(\mathbf{A} - c\mathbf{E})$ an, so wäre $c = (\lambda_2 + \lambda_4)/2 = 3.1798..$ der optimale Shift. Wählt man etwa $c = 3$, und beginnt mit dem Startvektor $\mathbf{v}_0^T = (1, 1, -1, -1)$, so ist der Rayleighquotient bereits nach 10 Iterationen bis auf einen relativen Fehler von $5 \cdot 10^{-9}$ gleich $\lambda_1 - c$ und 22 Iterationen liefern die Komponenten des Eigenvektors $\mathbf{x}_1$ bis auf eine Einheit der letzten Dezimalstelle genau. Durch geeignete Shifts und Wahl des Startvektors sowie durch Orthogonalisierung der iterierten Vektoren zu den bereits berechneten Eigenvektoren können auch die übrigen Eigenwerte und Eigenvektoren ohne großen Aufwand berechnet werden.

2. Die Potenzmethode kann unter Umständen auch auf nicht-symmetrische Matrizen angewendet werden. Die drei Beispiele sollen zeigen, welche Phänomene dabei auftreten können.

   a) Die Matrix läßt sich mit $r = \sqrt{a^2 + b^2}$ umschreiben in

$$\mathbf{A} = \begin{pmatrix} a & -b \\ b & a \end{pmatrix} = r \begin{pmatrix} \cos\varphi & -\sin\varphi \\ \sin\varphi & \cos\varphi \end{pmatrix}, \quad 0 \leqslant \varphi < 2\pi.$$

   Sie stellt eine Drehstreckung dar. Geht man von einem normierten Startvektor $\mathbf{v}_0^T = (\cos\alpha, \sin\alpha)$ aus, so sind die iterierten Vektoren

$$\mathbf{v}_n = \mathbf{A}^n \mathbf{v}_0 = r^n \begin{pmatrix} \cos(n\varphi + \alpha) \\ \sin(n\varphi + \alpha) \end{pmatrix} \quad \text{bzw.} \quad \mathbf{w}_n = \frac{\mathbf{v}_n}{\|\mathbf{v}_n\|} = \begin{pmatrix} \cos(n\varphi + \alpha) \\ \sin(n\varphi + \alpha) \end{pmatrix}.$$

   Die Folge $(\mathbf{w}_n)$ ist periodisch, falls φ ein rationales Vielfaches von 2π ist, sonst liegt die Folge überall dicht auf dem Einheitskreis. Sie konvergiert nur für $\varphi = 0$, in diesem Fall ist sie konstant. Die Rayleighquotienten sind konstant

$$R(\mathbf{v}_n) = (\mathbf{A}\mathbf{v}_n, \mathbf{v}_n)/\|\mathbf{v}_n\|^2 = r\cos\varphi,$$

   sie stimmen mit dem Realteil der konjugiert komplexen Eigenwerte von $\mathbf{A}$ überein.

   b) Das charakteristische Polynom der Matrix

$$\mathbf{A} = \begin{pmatrix} 0 & -1 & 1 \\ 1 & 0 & -1 \\ -1 & 1 & 0 \end{pmatrix}$$

   lautet $\chi(\lambda) = -(\lambda^3 + 3\lambda)$. Nach Satz 7.26 erfüllt die Matrix $\mathbf{A}$ die Beziehung $\mathbf{A}^3 = -3\mathbf{A}$, die Eigenwerte von $\mathbf{A}$ sind 0, $\sqrt{3}\,i$, $-\sqrt{3}\,i$. Wählt man als Startvektor $\mathbf{v}_0$ den Vektor $(1,1,1)^T$ oder ein Vielfaches davon, so ist für $\mathbf{v}_n := \mathbf{A}^n\mathbf{v}_0$ $\mathbf{v}_1 = \mathbf{v}_2 = \mathbf{v}_3 = \ldots = \mathbf{0}$, denn $\mathbf{v}_0$ ist Eigenvektor zum Eigenwert $\lambda_1 = 0$.

Für einen davon linear unabhängigen Startvektor $\mathbf{v}_0$ gilt

$$\mathbf{A}^3\mathbf{v}_{n-1} = \mathbf{v}_{n+2} = (-3)\mathbf{A}\mathbf{v}_{n-1} = -3\mathbf{v}_n, \text{ also } \mathbf{v}_{n+2} = -3\mathbf{v}_n \quad (n = 1, 2, \dots).$$

Ferner ist

$$\mathbf{A}^2 = \begin{pmatrix} -2 & 1 & 1 \\ 1 & -2 & 1 \\ 1 & 1 & -2 \end{pmatrix} \text{ negativ semidefinit und Kern } (\mathbf{A}) = \text{Kern } (\mathbf{A}^2) = \left\langle \begin{pmatrix} 1 \\ 1 \\ 1 \end{pmatrix} \right\rangle$$

so daß $\mathbf{v}_1$ und $\mathbf{v}_2 \neq \mathbf{0}$ sind.

Außerdem ist $(\mathbf{v}_2, \mathbf{v}_1) = (\mathbf{A}\mathbf{v}_1, \mathbf{v}_1) = (\mathbf{v}_1, \mathbf{A}^T\mathbf{v}_1) = -(\mathbf{v}_1, \mathbf{v}_2)$ (da $\mathbf{A}^T = -\mathbf{A}$), so daß $(\mathbf{v}_1, \mathbf{v}_2) = 0$ ist, $\mathbf{v}_1$ und $\mathbf{v}_2$ daher ein orthogonales Paar von Eigenvektoren der Matrix $\mathbf{A}^2$ zum Eigenwert (-3) darstellen. Schließlich gilt
$\|\mathbf{A}\mathbf{v}_1\|^2 = (\mathbf{A}\mathbf{v}_1, \mathbf{A}\mathbf{v}_1) = (\mathbf{A}^T\mathbf{A}\mathbf{v}_1, \mathbf{v}_1) = -(\mathbf{A}^2\mathbf{v}_1, \mathbf{v}_1) = -(\mathbf{v}_3, \mathbf{v}_1) = 3\|\mathbf{v}_1\|^2$, also $\|\mathbf{v}_2\| = \sqrt{3}\|\mathbf{v}_1\|$.
Daher ist mit $\mathbf{w}_1/\|\mathbf{v}_1\|$ und $\mathbf{w}_2 = -\mathbf{v}_2/\|\mathbf{v}_2\|$ $\mathbf{A}\mathbf{w}_1 = -\sqrt{3}\,\mathbf{w}_2$ und $\mathbf{A}\mathbf{w}_2 = \sqrt{3}\,\mathbf{w}_1$, bzw. $\mathbf{A}(\mathbf{w}_1 + i\mathbf{w}_2) = i\sqrt{3}(\mathbf{w}_1 + i\mathbf{w}_2)$, so daß $\mathbf{w}_1 \pm i\mathbf{w}_2$ Eigenvektoren von $\mathbf{A}$ zu den Eigenwerten $\pm\sqrt{3}\,i$ sind.

c) Die Matrix $\mathbf{A} = \begin{pmatrix} \lambda & 1 \\ 0 & \lambda \end{pmatrix}$ ($\lambda \in \mathbb{R}, \lambda \neq 0$) steht als Beispiel für eine Matrix mit mehrfachen reellen Eigenwerten, zu denen es Hauptvektoren höherer Stufe gibt. Wie man durch vollständige Induktion nachprüfen kann, ist

$$\mathbf{A}^n = \begin{pmatrix} \lambda^n & n\cdot\lambda^{n-1} \\ 0 & \lambda^n \end{pmatrix}, \text{ so daß für } \mathbf{v}_n = \mathbf{A}^n\mathbf{v}_0, \mathbf{v}_0 = \begin{pmatrix} c_1 \\ c_2 \end{pmatrix} \neq \mathbf{0}$$

$\mathbf{v}_n = \lambda^n\mathbf{v}_0 + n\cdot\lambda^{n-1}c_2\mathbf{e}_1$ gilt.

Da für große n bei negativem λ die Komponenten von $\mathbf{v}_n$ bei jedem Schritt das Vorzeichen wechseln, normieren wir die Vektoren $\mathbf{v}_n$ durch $\mathbf{w}_n := (\operatorname{sign}\lambda)^{n-1}\mathbf{v}_n/\|\mathbf{v}_n\|$. Dann gilt

$$\lim_{n\to\infty} \mathbf{w}_n = \operatorname{sign}(c_2)\mathbf{e}_1, \text{ falls } c_2 \neq 0, \text{ sonst } \lim_{n\to\infty} \mathbf{w}_n = \operatorname{sign}(\lambda c_1)\mathbf{e}_1.$$

Für $c_2 \neq 0$ ist nämlich

$$\mathbf{v}_n = n\lambda^{n-1}c_2(\mathbf{e}_1 + \mathcal{O}(1/n)),$$

also $\mathbf{w}_n = \operatorname{sign}(c_2)(\mathbf{e}_1 + \mathcal{O}(1/n))$, $\quad (n \to \infty)$ und analog für $c_2 = 0$.

Die Folge $\mathbf{w}_n$ konvergiert also gegen den zum Eigenwert λ gehörigen Eigenvektor $\pm\mathbf{e}_1$. Allerdings ist die Konvergenz sehr langsam.

Dasselbe Resultat erhält man auch im Fall eines p-reihigen Jordanblocks, also der p-reihigen Matrix

$$\mathbf{A} = \begin{pmatrix} \lambda & 1 & & \\ & \lambda & \ddots & \\ & & \ddots & 1 \\ & & & \lambda \end{pmatrix}, \text{ denn dann ist (für } n \geq p-1)$$

$$\mathbf{A}^n = \begin{pmatrix} \lambda^n & \binom{n}{1}\lambda^{n-1} & \cdots & \binom{n}{p-1}\lambda^{n-p+1} \\ & \ddots & \ddots & \vdots \\ & & \ddots & \binom{n}{1}\lambda^{n-1} \\ & & & \lambda^n \end{pmatrix},$$

und für jeden Startvektor $\mathbf{v}_0 \neq \mathbf{0}$ konvergiert die Folge der geeignet normierten Vektoren $\mathbf{v}_n$, z.B. die Vektoren $\mathbf{w}_n = (\operatorname{sign}\lambda)^n\mathbf{v}_n/\|\mathbf{v}_n\|$, gegen $\pm\mathbf{e}_1$, den Eigenvektor von $\mathbf{A}$ zum Eigenwert λ.

Da sich jede quadratische Matrix auf Jordansche Normalform transformieren läßt (vgl. Abschnitt 7.5) folgt schließlich: Ist der möglicherweise mehrfache Eigenwert λ der reellen (p,p)-Matrix $\mathbf{A}$ dem Betrag nach dominant, d.h. für alle von λ verschiedenen Eigenwerte μ von $\mathbf{A}$ ist $|\mu| < |\lambda|$, so ist λ notwendig reell und die Potenzmethode liefert bei geeigneter Normierung eine gegen einen Eigenvektor zum Eigenwert λ von $\mathbf{A}$ konvergierende Folge. Die Rayleighquotienten konvergieren gegen λ. Hierbei ist vorausgesetzt, daß der Startvektor $\mathbf{v}_0$ eine von Null verschiedene Komponente im Hauptunterraum zum Eigenwert λ von $\mathbf{A}$ besitzt (vgl. Lemma 7.63).

3. a) Setzt man für $k = 0, 1, \ldots, p-1$

$$\mathbf{C}(k) = \begin{pmatrix} a_1(k) & b_2(k) & & & z(k) & \\ b_2(k) & a_2(k) & b_3(k) & & & \\ & \ddots & \ddots & \ddots & & \\ z(k) & & \ddots & \ddots & \ddots & \\ & & & \ddots & \ddots & b_p(k) \\ & & & & b_p(k) & a_p(k) \end{pmatrix}$$

((k+2)te Zeile, k-te Spalte)

wobei $z(k)$ in der k-ten Spalte und (k+2)ten Zeile sowie symmetrisch dazu in der (k+2)ten Spalte und k-ten Zeile steht. Dabei ist $z(k)$ das einzige von Null verschiedene Element außerhalb der Hauptdiagonalen und der beiden anschließenden Nebendiagonalen. Für $k = 0$ und $k = (p-1)$ tritt es nicht auf.

Ist nun für $k = 1, 2, \ldots, p-1$ die Matrix $\mathbf{C}(k-1)$ bereits berechnet, so ist mit $x := b_k(k-1)$ und $z := z(k-1)$ zunächst der Winkel φ_k bzw. Zahlen $c := \cos\varphi_k$ und $s := \sin\varphi_k$ so zu bestimmen, daß

$$xs + zc = b_k(k-1)s + z(k-1)c = 0$$

ist (s. Aufgabe 4). Für $k = 1$ sind c und s so zu bestimmen, daß $a_1(0)s + b_2(0)s = 0$ ist. Dann ergibt sich die Matrix $\mathbf{C}(k)$ gemäß

$$\mathbf{C}(k) = \mathbf{J}^T(k, k+1, \varphi_k)\,\mathbf{C}(k-1)\,\mathbf{J}(k, k+1, \varphi_k).$$

Dabei ist

$$\mathbf{J}^T(k, k+1, \varphi_k) = \begin{pmatrix} 1 & & & & & & \\ & \ddots & & & & & \\ & & 1 & & & & \\ & & & c & s & & \\ & & & s & c & & \\ & & & & & 1 & \\ & & & & & & \ddots \\ & & & & & & & 1 \end{pmatrix} \begin{matrix} \leftarrow \text{k-te} \\ \leftarrow \text{(k+1)te} \end{matrix} \Big\} \text{Zeile}\,.$$

Bildet man das Matrizenprodukt für $\mathbf{C}(k)$, so ergeben sich folgende Transformationsformeln.

$$\begin{aligned} a_k(k) &= c^2 a_k(k-1) - 2cs \cdot b_{k+1}(k-1) + s^2 a_{k+1}(k-1) \\ a_{k+1}(k) &= s^2 a_k(k-1) + 2cs \cdot b_{k+1}(k-1) + c^2 a_{k+1}(k-1)\,, \\ b_k(k) &= c \cdot b_k(k-1) - s \cdot z(k-1) \\ b_{k+1}(k) &= (a_k(k-1) - a_{k+1}(k-1))cs + b_{k+1}(k-1)(c^2 - s^2) \end{aligned}$$

$$\left.\begin{aligned} z(k) &= -sb_{k+2}(k-1) \\ b_{k+2}(k) &= cb_{k+2}(k-1) \end{aligned}\right\} \text{falls } k \leqslant p-2\,.$$

Alle anderen in der (symmetrischen) Matrix $\mathbf{C}(k)$ auftretenden Größen sind gleich den entsprechenden Größen der Matrix $\mathbf{C}(k-1)$.

Bei der Programmierung dieses Verfahrens wird man zur Einsparung von Speicherplätzen die Elemente in der Hauptdiagonalen und der Nebendiagonalen der Matrix $\mathbf{C}(k-1)$ durch die entsprechenden Elemente der Matrik $\mathbf{C}(k)$ überschreiben. Dabei sind einschließlich $z(k-1)$ nur die angegebenen sechs Größen zu ändern.

Man kann zeigen, daß das Produkt

$$\mathbf{J}^T(p-1, p, \varphi_{p-1})\,\mathbf{J}^T(p-2, p-1, \varphi_{p-2}) \;\ldots\; \mathbf{J}^T(1, 2, \varphi_1)\,\mathbf{C}(0)$$

eine obere Dreiecksmatrix $\mathbf{R}$ ist, so daß mit der orthogonalen Matrix

$$\mathbf{Q} := \mathbf{J}(1, 2, \varphi_1)\,\mathbf{J}(2, 3, \varphi_2) \;\ldots\; \mathbf{J}(p-1, p, \varphi_{p-1})$$

eine QR-Zerlegung von $\mathbf{C}(0)$ gegeben ist:

$$\mathbf{Q}^T\mathbf{C}(0) = \mathbf{R}, \quad \mathbf{C}(0) = \mathbf{QR}, \quad \mathbf{C}(p-1) = \mathbf{Q}^T\mathbf{C}(0)\mathbf{Q} = \mathbf{RQ}.$$

b) Die angegebenen Transformationsformeln sind Spezialfälle einer allgemeinen Jacobitransformation. Ist $\mathbf{A}$ eine reell-symmetrische (p,p)-Matrix, so wird durch

$$\mathbf{A}' = \mathbf{J}^T(j, k, \varphi)\,\mathbf{A}\mathbf{J}(j, k, \varphi) \qquad (1 \leqslant j < k \leqslant p,\ 0 \leqslant \varphi < 2\pi)$$

eine zu $\mathbf{A}$ orthogonal-äquivalente symmetrische Matrix $\mathbf{A}'$ erzeugt. Dabei ändern sich nur die Elemente in der j-ten und k-ten Zeile und Spalte von $\mathbf{A}$. Setzt man wieder $c := \cos\varphi$ und $s := \sin\varphi$, so lauten die Transformationsformeln (vgl. das folgende Schema)

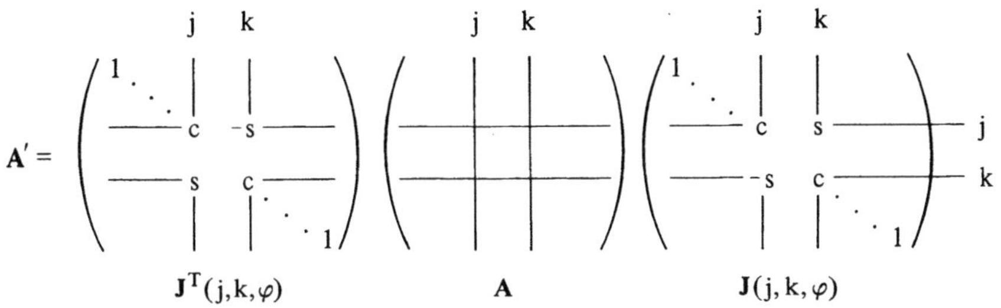

$$\begin{aligned}
a'_{j\mu} &= c a_{j\mu} - s a_{k\mu} \\
a'_{k\mu} &= s a_{j\mu} + c a_{k\mu}
\end{aligned} \qquad \text{für } \mu \neq j,\ \mu \neq k,\ 1 \leqslant \mu \leqslant p;$$

$$\begin{aligned}
a'_{jj} &= c^2 a_{jj} - 2cs\, a_{jk} + s^2 a_{kk} \\
a'_{kk} &= s^2 a_{jj} + 2cs\, a_{jk} + c^2 a_{kk} \\
a'_{jk} &= (a_{jj} - a_{kk})cs + a_{jk}(c^2 - s^2)
\end{aligned}$$

sowie

$$a'_{\mu\nu} = a'_{\nu\mu} \qquad (\nu, \mu = 1, \ldots, p).$$

Im klassischen Jacobiverfahren wählt man j und k so, daß das Element a_{jk} das betragsgrößte Element der symmetrischen Matrix $\mathbf{A}$ außerhalb der Hauptdiagonalen ist, und bestimmt φ so, daß $a'_{jk} = 0$ ist. Wiederholt man diesen Schritt, so nähert sich die Folge der entstehenden symmetrischen Matrizen der Diagonalform, deren Elemente die Eigenwerte der Ausgangsmatrix $\mathbf{A}$ sind. Das Verfahren konvergiert i.A. sogar von 2. Ordnung.

4. Zur Vermeidung von Auslöschungseffekten setze man

– falls $x = 0$ ist: $s = 1$ und $c = 0$,

– falls $x \neq 0$ und $|y| \leqslant |x|$: $t = y/x$ und $c = \dfrac{1}{\sqrt{1+t^2}}$, $s = -ct$,

– falls $x \neq 0$ und $|x| < |y|$: $t = x/y$ und $s = \dfrac{1}{\sqrt{1+t^2}}$, $c = -st$.

Dann ist $sx + cy = 0$, sowie $s^2 + c^2 = 1$.

Etwas schwieriger ist die Bestimmung von φ und $c = \cos\varphi$, $s = \sin\varphi$ beim Jacobiverfahren, so daß

$$a'_{jk} = (a_{jj} - a_{kk})cs + a_{jk}(c^2 - s^2) = 0 \text{ ist.}$$

Wegen $2cs = \sin(2\varphi)$ und $c^2 - s^2 = \cos(2\varphi)$ muß $Q := \operatorname{cotan}(2\varphi) = \frac{a_{kk} - a_{jj}}{2a_{jk}}$ sein. Da $\tan\varphi = \frac{s}{c} =: t$ und $Q = \operatorname{cotan}(2\varphi) = \frac{c^2 - s^2}{2sc} = \frac{1 - t^2}{2t}$ ist, ergibt sich für t zunächst die quadratische Gleichung

$$t^2 + 2Qt = 1 \quad \text{mit den Lösungen} \quad t = -Q \pm \sqrt{Q^2 + 1} = 1/(Q + \sqrt{Q^2 + 1}).$$

Zur Vermeidung von Auslöschungen wähle man

$$t = 1/(Q + \operatorname{sign}(Q)\sqrt{Q^2 + 1}) \quad \text{und erhält dann} \quad c = \frac{1}{\sqrt{1 + t^2}} \quad \text{sowie} \quad s = ct\,.$$

5. a) Zu der gegebenen Matrix $\mathbf{F} = \begin{pmatrix} \mathbf{A} & \mathbf{C} \\ \mathbf{C}^T & \mathbf{B} \end{pmatrix}$, wobei **A** eine symmetrische (p,p)-Matrix und **B** eine symmetrische (q,q)-Matrix sei, also **C** eine (p,q)-Matrix ist, betrachte die Matrix

$$\mathbf{G} := \begin{pmatrix} \mathbf{A} & \mathbf{\Omega} \\ \mathbf{\Omega} & \mathbf{B} \end{pmatrix}.$$

Nach Satz 7.36 oder nach den Courantschen Ungleichungen (s. Abschnitt 8.1) gilt:
Da jeder Eigenwert $\lambda(\mathbf{A})$ gleichzeitig Eigenwert $\lambda(\mathbf{G})$ ist, gibt es zu jedem Eigenwert $\lambda(\mathbf{A})$ einen Eigenwert $\lambda(\mathbf{F})$, so daß

$$|\lambda(\mathbf{A}) - \lambda(\mathbf{F})| \leqslant \|(\mathbf{F} - \mathbf{G})\|_2$$

ist.

Die euklidische Norm der symmetrischen Matrix $\mathbf{F} - \mathbf{G} = \begin{pmatrix} \mathbf{\Omega} & \mathbf{C} \\ \mathbf{C}^T & \mathbf{\Omega} \end{pmatrix}$ ist der betragsgrößte Eigenwert.

Aus $(\mathbf{F} - \mathbf{G})\mathbf{x} = \mu\mathbf{x}$ folgt, wenn man den (p+q)-Vektor $\mathbf{x}$ zerlegt in $\mathbf{x} = \begin{pmatrix} \mathbf{x}_1 \\ \mathbf{x}_2 \end{pmatrix}$ mit p-reihigem $\mathbf{x}_1$ und q-reihigem Vektor $\mathbf{x}_2$,

$$\mathbf{C}\mathbf{x}_2 = \mu\mathbf{x}_1, \quad \mathbf{C}^T\mathbf{x}_1 = \mu\mathbf{x}_2,$$

oder $\mathbf{C}^T\mathbf{C}\mathbf{x}_2 = \mu^2\mathbf{x}^2$.

Daher ist $\|\mathbf{F} - \mathbf{G}\|_2 = \operatorname{Max}|\mu| = \sqrt{\|\mathbf{C}^T\mathbf{C}\|_2}$.

b) In diesem Fall ist **A** die Tridiagonalmatrix der Elemente „oberhalb“ der beiden ϵ, **B** die Tridiagonalmatrix der Elemente „unterhalb“ der ϵ. Ist **A** p-reihig und **B** q-reihig, so ist **C** die (p,q)-Matrix

$$\mathbf{C} = \begin{pmatrix} 0 & \cdots & \cdots & 0 \\ \vdots & & & \vdots \\ 0 & & & \vdots \\ \epsilon & 0 & \cdots & 0 \end{pmatrix}.$$

Daher ist

$$\mathbf{C}^T\mathbf{C} = \begin{pmatrix} \epsilon^2 & 0 & \cdots & 0 \\ 0 & & & \vdots \\ \vdots & & & \vdots \\ 0 & \cdots & \cdots & 0 \end{pmatrix} \quad \text{und damit } \|\mathbf{C}^T\mathbf{C}\|_2 = \epsilon^2.$$

Es gilt also: Zu jedem Eigenwert $\lambda(\mathbf{A})$ oder auch $\lambda(\mathbf{B})$ existiert ein Eigenwert $\lambda(\mathbf{F})$ mit

$$|\lambda(\mathbf{A}) - \lambda(\mathbf{F})| \leqslant \epsilon\,.$$

6. Nach dem Einschließungskriterium von Gerschgorin, vgl. Abschnitt 8.1 bzw. Satz 7.34, gibt es zu jeder der Zahlen 1, 2, 3 einen Eigenwert $\lambda_1, \lambda_2, \lambda_3$ mit

$$|\lambda_i - i| \leqslant 2 \cdot 10^{-3}.$$

Damit ist aber für jeden Eigenwert λ_i $(i = 1, 2, 3)$

$$\delta_{\lambda_i} \geqslant 1 - 4 \cdot 10^{-3}$$

und Satz8.4b liefert, auf $\mathbf{w} = \mathbf{e}_i$ und $R(\mathbf{e}_i) = i$ angewendet,

$$|\lambda_i - i| \leqslant 2/\delta_{\lambda_i} \|\mathbf{A}\mathbf{e}_i - R(\mathbf{e}_i)\mathbf{e}_i\|^2 \leqslant 4.1 \cdot 10^{-6}.$$

Will man noch eine weitere Approximation der Eigenwerte und Eigenvektoren berechnen, so kann man die gebrochene Vektoriteration (Algorithmus 8.12) anwenden.
So ergibt sich z.B. für den ersten Eigenwert und Eigenvektor:

$$\mathbf{v}_1 \mathrel{\hat{=}} (\mathbf{A} - \mathbf{E})^{-1}\mathbf{e}_1 \mathrel{\hat{=}} \operatorname{adj}(\mathbf{A} - \mathbf{E})\mathbf{e}_1 = \begin{pmatrix} 2 - 10^{-6} \\ -2 \cdot 10^{-3} + 10^{-7} \\ -10^{-4} + 10^{-6} \end{pmatrix}.$$

Dabei ist berücksichtigt, daß es bei der Berechnung von $\mathbf{v}_1$ auf einen skalaren Faktor $(1/\det(\mathbf{A} - \mathbf{E}))$ nicht ankommt. Aus $\mathbf{v}_1$ ergibt sich ein Rayleighquotient als Approximation für λ_1

$$\lambda_1 \cong R(\mathbf{v}_1) = (\mathbf{A}\mathbf{v}_1, \mathbf{v}_1)/\|\mathbf{v}_1\|^2 = 1 - 10^{-6} - 5 \cdot 10^{-9} + 10^{-10},$$

mit einem Fehler von $O(10^{-12})$.

Literaturverzeichnis

[A1] Aitken, A.C.: Determinanten und Matrizen, Bibl. Institut, Mannheim etc. 1969 (BI–HTB Band 828)

[A2] Ameling, W.: Grundlagen der Elektrotechnik I, II; Vieweg, Braunschweig 1980

[A3] Arbenz, K. u. A. Wohlhauser: Numerische Mathematik für Ingenieure; Oldenbourg, München etc. 1982

[B1] Brieskorn, E.: Lineare Algebra und analytische Geometrie I, II; Vieweg, Braunschweig/Wiesbaden 1983, 1985

[B2] Bunse, W. u. A. Bunse-Gerstner: Numerische lineare Algebra; Teubner, Stuttgart 1985

[B3] Buzbee, B.L., G.H. Golub u. C.W. Nielson: On direct Methods for solving Poisson's equation, SIAM J. Numerical Analysis, 7, 1970, S. 627–656

[C1] Collatz, L.: Eigenwertaufgaben mit technischen Anwendungen; Akad. Verlagsgesellschaft Geest & Portig, Leipzig 1963

[C2] Collatz, L.: Funktionalanalysis und numerische Mathematik; Springer-Verlag, Berlin etc. 1968

[C3] Courant, R. u. D. Hilbert: Methoden der mathematischen Physik, Bd. I, Springer-Verlag Berlin, Heidelberg, New York 1968

[D1] Dallmann, H. u. K.-H. Elster: Einführung in die höhere Mathematik I, II, III; Vieweg, Braunschweig 1968, 1981, 1983

[D2] Dankert, J.: Numerische Methoden der Mechanik; Springer-Verlag, Wien etc. 1977

[D3] Dongarra, J., J.R. Bunch, C.B. Moler u. G.W. Stewart: LINPACK Users' Guide; SIAM Publications, Philadelphia 1978

[D4] Duff, I.S. (Hrsg.): Sparse Matrices and their Uses; Academic Press, London etc. 1980

[E1] Engeln-Müllges, G. u. F. Reutter: Formelsammlung zur Numerischen Mathematik mit Standard-FORTRAN77-Programmen; Bibl. Institut, Mannheim etc. 1986

[E2] Engeln-Müllges, G. u. F. Reutter: Numerische Mathematik für Ingenieure; Bibl. Institut, Mannheim etc. 1985

[F1] Faddejew, D.K. u. W.N. Faddejewa: Numerische Methoden der linearen Algebra; Deutscher Verlag d. Wissensch., Berlin (Ost) 1970

[F2] Finck v. Finckenstein, K. Graf: Einführung in die numerische Mathematik I, II; C. Hanser Verlag, München etc. 1977

[F3] Fischer, G.: Lineare Algebra; Vieweg, Braunschweig 1986

[F4] Forsythe, G.E.: Today's Computational Methods of Linear Algebra; in: Studies in Numerical Analysis I; SIAM Publications, Philadelphia 1968

[F5] Forsythe, G.E. u. W.R. Wasow: Finite Difference Methods for Partial Differential Equations; John Wiley & Sons, New York 1960

[F6] Falk, S.: Das Matrizeneigenwertproblem der Mechanik, ZAMM **64**, T 243–T 251, 1984

[G1] Gantmacher, F.R.: Matrizenrechnung I, II; Deutscher Verlag d. Wissensch., Berlin (Ost) 1958, 1959

[G2] Garbow, B.S., J.M. Boyle, J.J. Dongarra u. C.B. Moler: Matrix Eigensystem Routines – EISPACK Guide Extension; Springer-Verlag, Berlin etc. 1977 (Lecture Notes Computer Science, Vol. 51)

[G3] Gastinel, N.: Lineare numerische Analysis; Vieweg, Braunschweig 1972

[G4] Goldstein, H.: Klassische Mechanik; Akad. Verlagsgesellschaft, Wiesbaden 1981

[G5] Golub, G.H. u. C.F. van Loan: Matrix Computations; North Oxford Academic, Oxford 1983

[G6] Gregory, R.T. u. D.L. Karney: A Collection of Matrices for Testing Computational Algorithms; Wiley-Interscience, New York etc. 1969

[G7] Gröbner, W.: Matrizenrechnung; Bibl. Institut, Mannheim etc. 1966 (BI-HTB Band 103)

[H1] Hackbusch, W. u. U. Trottenberg: Multigrid Methods (Proceedings Conference Köln-Porz, Nov. 1981); Springer-Verlag, Berlin etc. 1982 (Lecture Notes Mathematics, Vol. 960)

[H2] Hajós, G.: Einführung in die Geometrie; Teubner Verlagsgesellschaft, Leipzig 1970

[H3] Halmos, P.R.: A Hilbert Space Problem Book; Springer-Verlag, New York etc. 1974

[H4] Halmos, P.R.: Finite-Dimensional Vector Spaces; Springer-Verlag, New York etc. 1974

[H5] Hämmerlin, G.: Numerische Mathematik I; Bibl. Institut, Mannheim etc. 1978 (BI-HTB Band 498)

[H6] Henrici, P.: Elemente der numerischen Analysis, Bde. 1, 2; Bibl. Institut, Mannheim etc. 1972 (BI-HTB Bände 551, 564)

[H7] Hilbert, D. u. S. Cohn-Vossen: Anschauliche Geometrie; Wiss. Buchgesellschaft Darmstadt 1973 (urspr. Springer-Verlag 1932)

[H8] Horn, R.A. u. C.R. Johnson: Matrix Analysis; Cambridge University Press, Cambridge etc. 1985

[H9] Hockney, R.W. u. J.W. Eastwood: Computer Simulation using Particles, McGraw-Hill New York 1981

[I1] Isaacson, E. u. H.B. Keller: Analyse numerischer Verfahren; Harri Deutsch, Zürich etc. 1973

[J1] Jänich, K.: Lineare Algebra; Springer-Verlag, Berlin etc. 1984

[K1] Klingbeil, E.: Tensorrechnung für Ingenieure; Bibl. Institut, Mannheim etc. 1966 (BI-HTB Band 197/197a)

[K2] Klingenberg, W. u. P. Klein: Lineare Algebra und Analytische Geometrie, Bde. 1, 2 u. Übungsband; Bibl. Institut, Mannheim etc. 1971–1973 (BI-HTB Bände 748, 749, 750)

[K3] Koecher, M.: Lineare Algebra und analytische Geometrie; Springer-Verlag, Berlin etc. 1983

[K4] Kowalewski, G.: Einführung in die Determinantentheorie, einschließlich der unendlichen und der Fredholmschen Determinanten; Verlag von Veit & Comp., Leipzig 1909

[K5] Kowalsky, H.-J.: Lineare Algebra; W. de Gruyter, Berlin 1979

[L1] Lang, S.: Linear Algebra; Addison-Wesley, Reading (Mass.) 1970

[L2] Lieberstein, M.H.. A Course in Numerical Analysis; Harper & Row, New York 1969

[L3] Lingenberg, R.: Lineare Algebra; Bibl. Institut, Mannheim etc. 1969 (BI-HTB Band 828)

[L4] Livesley, R.K.: Finite Elements – An Introduction for Engineers; Cambridge University Press, Cambridge etc. 1983

[L5] Ljusternik, L.A. u. W.F. Sobolew. Elemente der Funktionalanalysis; Akademie-Verlag, Berlin (Ost) 1955

[M1] Magnus, W., F. Oberhettinger u. R.P. Soni: Formulas and Theorems for the Special Functions of Mathematical Physics; Springer-Verlag, Berlin etc. 1963

[N1] Noble, B.: Numerisches Rechnen I, II; Bibl. Institut, Mannheim etc. 1973 (BI-HTB Bände 88, 147)

[N2] Niethammer, W.: Über- und Unterrelaxation bei linearen Gleichungssystemen, Computing, 5, 1970, S. 301–310

[P1] Pettofrezzo, A.J. u. M.M. Lacatena: Analytic Geometry with Vectors; Scott, Foresman & Co., Glenview (Ill.) 1970

[P2] Peschl, E.: Analytische Geometrie und Lineare Algebra; Bibl. Institut, Mannheim etc. 1964 (BI-HTB Band 15/15a)

[P3] Parlett, N.B. u. C. Reinsch: Balancing a Matrix for Calculation of Eigenvalues and Eigenvectors, Num. Math., **13**, 1969, S. 283–304

[P4] Parlett, N.B.: The Symmetric Eigenvalue Problem, Prentice-Hall Englewood Cliffs, 1980

[R1] Reimer, M.: Grundlagen der numerischen Mathematik I, II; Akad. Verlagsgesellschaft, Wiesbaden 1980, 1982

[R2] Rose, D.J. u. R.A. Willoughby (Hrsg.): Sparse Matrices and their Applications; Plenum Press, New York 1972

[S1] Schaal, H.: Lineare Algebra und Analytische Geometrie I, II, III (mit E. Glässner); Vieweg, Braunschweig 1976, 1977

[S2] Schwarz, H.R., H. Rutishauser u. E. Stiefel: Numerik symmetrischer Matrizen; Teubner, Stuttgart 1968

[S3] Smith, G.D.: Numerical Solution of Partial Differential Equations – Finite Difference Methods; Clarendon Press, Oxford 1978

[S4] Smith, B.T., J.M. Boyle, Y. Ikebe, V.C. Klema u. C.B. Moler: Matrix Eigensystem Routines – EISPACK Guide, 2nd ed.; Springer-Verlag, New York etc. 1976 (Lecture Notes Computer Science, Vol. 6)

[S5] Spellucci, P. u. W. Törnig: Eigenwertberechnung in den Ingenieurwissenschaften; Teubner, Stuttgart 1985

[S6] Stoer, J.: Einführung in die Numerische Mathematik I; Springer-Verlag, Berlin etc. 1983 (HTB Band 105)

[S7] Stoer, J. u. R. Bulirsch: Einführung in die Numerische Mathematik II; Springer-Verlag, Berlin etc. 1978 (HTB Band 114)

[S8] Stummel, E. u. K. Hainer: Praktische Mathematik; Teubner, Stuttgart 1970

[S9] Schröder, J. u. U. Trottenberg: Reduktionsverfahren für Differenzengleichungen bei Randwertaufgaben I, Num. Mathematik, **22**, 1973, S. 37–68

[T1] Todd, J.: Basic Numerical Mathematics, Vol. 2 (Numerical Algebra); Birkhäuser, Basel etc. 1977

[T2] Törnig, W.: Numerische Mathematik für Ingenieure und Physiker, Bde. 1, 2; Springer-Verlag, Berlin etc. 1979

[T3] Trottenberg, U.: Schnelle Lösung elliptischer Differentialgleichungen nach dem Mehrgitterprinzip; GAMM-Mitteilungen 1984

[W1] Werner, H.: Praktische Mathematik I; Springer-Verlag, Berlin etc. 1982

[W2] Werner, H. u. R. Schaback: Praktische Mathematik II; Springer-Verlag, Berlin etc. 1979

[W3] Wilkinson, J.H.: The Algebraic Eigenvalue Problem; Clarendon Press, Oxford 1969

[W4] Wilkinson, J.H.: Rundungsfehler; Springer-Verlag, Berlin etc. 1969 (HTB Band 44)

[W5] Wilkinson, J.H. u. C. Reinsch (Hrsg.): Handbook for Automatic Computation, Vol. 2 – Linear Algebra; Springer-Verlag, Berlin etc. 1971

[W6] Weizel, W.: Lehrbuch der theoretischen Physik I, II; Springer-Verlag, Berlin etc. 1958, 1963

[Y1] Young, D.M.: Iterative Solution of Large Linear Systems; Academic Press, New York etc. 1971

[Z1] Zurmühl, R.: Matrizen und ihre technischen Anwendungen; Springer-Verlag, Berlin etc. 1964

[Z2] Zurmühl, R. u. S. Falk: Matrizen und ihre Anwendungen, Teil 1 u. Teil 2; Springer-Verlag, Berlin etc. 1984, 1986

Sachwortverzeichnis

GPSR Compliance

The European Union's (EU) General Product Safety Regulation (GPSR) is a set of rules that requires consumer products to be safe and our obligations to ensure this.

If you have any concerns about our products, you can contact us on ProductSafety@springernature.com

In case Publisher is established outside the EU, the EU authorized representative is:

Springer Nature Customer Service Center GmbH
Europaplatz 3
69115 Heidelberg, Germany

Batch number: 10584556

Printed by Printforce, the Netherlands